工程结构优化设计

（第2版）

蔡新　郭兴文　张旭明　刘庆辉 等　编著

中国水利水电出版社
www.waterpub.com.cn

·北京·

内 容 提 要

本书主要介绍结构优化设计基本原理、方法及其在土木、水利、新能源等工程结构设计中的应用。首先介绍结构优化设计的概念、原理与方法，并重点介绍一维寻优方法、无约束最优化问题、线性规划问题、非线性规划问题、最优准则法、结构拓扑优化设计、多目标优化设计及现代优化设计方法等内容；其次介绍土木工程结构优化设计：渡槽、埋管、码头、隧道；水工结构优化设计：重力坝、拱坝、土石坝、胶结颗粒料坝、水闸、泵站；风电机组结构优化设计：叶片、传动系统、塔架等结构的优化设计。

本书内容丰富、涉及面广泛，实用性强。所列工程应用案例都为作者团队负责及参与的科研项目或工程项目研究成果。

本书可作为高等学校土木、水利、力学、新能源等专业本科生、研究生教材或教学参考书，也可供从事水利水电工程、建筑与土木工程、港口航道工程、交通工程、新能源科学与工程以及其他工程领域的工程技术人员阅读参考。

本书为河海大学研究生精品教材。

图书在版编目（CIP）数据

工程结构优化设计 / 蔡新等编著. -- 2版. -- 北京：中国水利水电出版社，2024.4
ISBN 978-7-5226-2423-5

Ⅰ. ①工… Ⅱ. ①蔡… Ⅲ. ①工程结构－结构设计 Ⅳ. ①TU318

中国国家版本馆CIP数据核字(2024)第075971号

书　　名	**工程结构优化设计（第2版）** GONGCHENG JIEGOU YOUHUA SHEJI
作　　者	蔡新　郭兴文　张旭明　刘庆辉　等 编著
出版发行	中国水利水电出版社 （北京市海淀区玉渊潭南路1号D座　100038） 网址：www.waterpub.com.cn E-mail：sales@mwr.gov.cn 电话：(010) 68545888（营销中心）
经　　售	北京科水图书销售有限公司 电话：(010) 68545874、63202643 全国各地新华书店和相关出版物销售网点
排　　版	中国水利水电出版社微机排版中心
印　　刷	天津嘉恒印务有限公司
规　　格	184mm×260mm　16开本　26.5印张　549千字
版　　次	2003年10月第1版第1次印刷 2024年4月第2版　2024年4月第1次印刷
定　　价	**78.00**元

本书编委会

主　　编： 蔡　新　郭兴文　张旭明

副 主 编： 刘庆辉　王　浩　汪亚洲

参编人员： 姜冬菊　朱　杰　林世发　任　磊
钱　龙　顾荣蓉　姚皓译　孙林松
许波峰　杨建贵　方忠强　杨付权
陆　俊　武颖利　谢能刚　许庆春
高　强

第1版序

由蔡新教授等编著的《工程结构优化设计》一书，即将由中国水利水电出版社出版，我很荣幸能阅读原稿，并欣然应允为本书写篇序言。

工程结构设计是建立结构方案的过程。随着计算机软硬件的飞速发展，借助于计算机，利用数学、力学等方法对工程结构进行最优化设计得到了广泛的应用。结构优化设计与传统结构设计均遵循相似的设计原则和设计过程。所不同的是传统设计缺乏安全性和经济性等衡量的标准；而最优设计是在明确结构的经济性与安全性等指标下，结合计算机辅助设计，很方便地实现分析计算、设计、出图等全过程的自动化，提高了设计效率和质量。

作者十多年来在水工结构工程、建筑与土木工程、港口航道工程、交通工程等领域做了大量的科研项目和工程项目。在结构优化设计的理论与方法及其应用研究方面取得了一大批成果，在总结研究成果的基础上吸收国内外优化理论成果，撰写成此书。

本书首先详细阐述了结构最优化设计的理论与方法，包括最优化设计的基本概念、优化准则法、无约束优化方法、线性规划法、非线性规划法、结构设计灵敏度分析等，还介绍了现代最新研究的不确定性优化方法、拓扑优化方法的概念，使读者对"优化"这一概念有较全面的认识和理解。然后着重介绍了优化设计理论在实际工程中的应用，包括：土木工程中钢筋混凝土梁、柱及结构的优化设计；地下埋管结构的优化设计；水利工程中水库大坝（如重力坝、拱坝、土石坝）和渡槽结构等的优化设计；港航交通工程中码头结构的优化设计等。针对不同的研究对象，建立合适的优化设计数学模型，选择适当的优化方法，解决了多个工程的实际问题。因此，本书既有详细的理论方法内容，又有丰富的工程应用实例，是一部典型的理论联系实际的著作。不仅具有较高的学术水平，而且具有重要的参考应用价值。因此，本书可作为高等学校水利、水电、土木、港航和工程力学等专业的本科生与研究生的教材或教学参考书，也可供从事水利水电工程、建筑与土木工程、港口航道工程等领域的工程技术人员参考。

中国工程院院士
河海大学教授
博士生导师
吴中如

2002年12月

前言

推动绿色发展，促进人与自然和谐共生，加快发展方式绿色转型，已成为全社会的共识。我国基础设施的建设仍然任重道远，基础设施的重要载体就是工程建筑物或工程结构，而生态环保、绿色低碳的大趋势对工程结构的安全与经济提出了更高的要求，工程结构的设计优化被赋予了更多的期待。结构优化设计的理论方法与应用将为基础设施和结构工程建设的高质量发展提供指导并发挥重要作用。

本书第1版出版20年来受到高校和工程界广大读者及技术人员的关注和欢迎，也作为教材和参考书在多个高校被使用，具备了一定的影响力。20年来随着我国经济的快速发展，土木、水利、交通、港工、能源建设日新月异，工程科学技术也取得了长足的进步。极端环境下更多复杂结构物的建设，需要更加先进的理论指导，从而确保安全和经济。基于此，进行了本书的修订和完善。

本书修订的思路：保留原作主体内容，进行了较大篇幅的调整和增减，特别增加了结构优化设计研究的最新理论方法和成果。修订和改写后，书稿内容更加系统、完整，更加符合认知规律。进一步增强了书稿的科学性、逻辑性、可读性、实用性，试图为高校学生、业内工程技术人员和研究者提供更为实用的参考。

本书第2版主要由蔡新、郭兴文、张旭明、刘庆辉、王浩、汪亚洲编著完成，仍由蔡新教授负责统稿定稿。在此对参加本书第1版撰写和相关工作的各位同仁及他们对本书所做出的贡献表示感谢，对作者团队在多年学习研究及本书第1版撰写过程中给予悉心指导帮助的王德信教授、杨仲侯教授、张瑞凯教授、范钦珊教授等，表示衷心感谢。

本书第1版初稿承蒙中国工程院吴中如院士审阅并作序，此次修订的主要框架仍得到吴院士审阅指导，并提出了宝贵意见。如今恩师已仙去，我们将以此书敬献给恩师。

本书被遴选为河海大学研究生精品教材并受到学校资助出版，本书出版得到中国水利水电出版社李莉首席、高丽霄老师的指导和大力支持，特此一并致谢。

限于作者水平及研究深度，书中不妥和谬误之处，恳请读者批评指正。

作者

2023年2月于南京

第1版前言

随着我国改革开放的日益深入，经济实力的不断提升，我国基础设施的建设上了一个新的台阶。大中小型土木建筑工程、水利水电工程、交通能源工程等可持续发展建设项目的开发利用，正在与时俱进。这些工程项目的建设离不开规划设计，而结构设计是其中的重要组成部分。结构设计是创造结构方案的过程，传统的结构设计是设计者按设计要求和设计者的实践经验，参考类似工程，通过判断创造结构方案，然后进行力学分析或按规范要求做安全校核，再修改设计。这一过程繁复，且往往只能创造出可行方案。而结构优化设计则把力学概念和优化技术有机地结合起来，根据设计要求，使参与计算的量部分以变量出现，形成全部可能的结构设计方案域，利用数学手段在域中找出满足预定要求的，不仅可行而且最好的设计方案。实践证明，结构优化设计能缩短设计周期，提高设计质量和水平，可取得显著的经济效益和社会效益。

本书稿的讲义在河海大学工程力学、土木建筑工程等专业本科生、研究生课程教学中试用了多年，其间曾做过修订，并得到了杨仲侯教授、王德信教授等的悉心指导，凝聚了河海大学结构优化设计与CAD研究室成员的心血。在此谨向他们一并表示衷心的感谢。在这次正式出版之前，对全书内容又做了适当的调整，吸收了同类书籍的理论精华，并在总结作者十多年来所进行的科研项目的研究成果和经验体会的基础上，撰写成了本书。

本书分为两篇：上篇为“结构优化设计基本理论”，下篇为“结构优化设计工程应用”。全书共13章：主要介绍结构优化设计的基本理论及其在水利工程、土木工程、港口工程等领域的实际应用。由蔡新、郭兴文、张旭明编著，蔡新统稿。孙林松、谢能刚、方维凤、吴威也参加了部分编写工作。姜冬菊、杨建贵、方忠强及杨付权、杜荣强等参加了例题的计算校核工作。张媛、张梅静、张允领承担了书稿的排版及CAD绘图和校对工作。

本书稿在定稿出版过程中还得到了清华大学博士生导师范钦珊教授的指

导、关心和帮助，特此致谢。

本书稿由河海大学博士生导师王德信教授和水利部、交通部、电力工业部南京水利科学研究院博士生导师张瑞凯教授担任主审。他们对本书的初稿进行了详细的审阅，提出了宝贵的修改意见，作者谨向他们表示诚挚的谢意。

限于作者水平，书中难免存在不妥和谬误之处，恳请读者批评指正。

本书受水利部、交通部、电力工业部南京水利科学研究院出版基金资助出版。

蔡　新

2002 年 10 月于南京

目录

第1章

绪　　论

优化（optimization）是在给定条件下追求最好的结果，最优化理论是数学的一个重要分支，研究如何在所有可能的方案中寻找最优方案。工程结构优化设计的理论和方法源于最优化理论，是基于现代数学、力学的理论与数值方法，解决工程结构设计中在满足一些预定限制条件的前提下，追求某个或某几个重要指标达到最优的设计理论和方法。

本章介绍结构优化设计的基本概念、理论方法和数学基础。

1.1　结构设计与优化设计

工程结构优化设计与传统结构设计遵循相同的设计原则，不同的是传统结构设计缺乏对设计方案的安全性和经济性的全面分析、比较，而结构优化设计则将最优化理论和计算机技术应用于工程结构设计，在明确结构的安全性和经济性等指标的前提下，结合数值计算及辅助设计，实现结构设计、分析计算和最优化一体化的过程。

1.1.1　结构设计的基本流程

传统的工程结构设计一般根据结构设计原则、参考工程经验，并利用一些简便的分析方法进行结构的初步设计，然后对初步设计方案采用较精确的方法进行强度、刚度和稳定性等性能的计算和校核。如果满足设计要求则形成一个可行设计，如果不满足设计要求则需要对设计参数进行调整。结构设计参数的变化会引起结构内力的重分布，于是需要再一次进行结构计算和校核。如此需要进行反复多次的再调整与再分析，通过多次迭代才能得到可行的设计方案。

传统设计的过程是人工试凑和定量分析比较的过程，设计参数的修改调整仅仅凭借经验或直观判断，并不是根据某种理论精确计算出来的。由于缺乏对设计方案的安全性和经济性等指标全面系统的分析、比较，方案的优劣主要依赖于设计人员的水平，这样得到的可行设计方案不一定是理想的最优设计方案。为了得到较好的设计方案，设计人员会应用传统的设计方法设计少量的可行设计方案，从中进行比选，找出相对最好的设计方案。这种比选的设计过程耗时、费力，且设计结果缺乏理性支持。

1.1.2 优化设计的基本思想

优化的思想由来已久，工程结构优化设计的概念来源于最优化问题在结构设计中的应用。在设计工程结构时，设计人员希望将它们设计得尽可能优。即在一定的外荷载作用下，追求某个或某几个重要指标达到最优，而同时满足一定的限制条件。对于结构设计，其最主要的要求就是使结构在外荷载作用下，既具有足够的强度、刚度和稳定性，又具有尽可能轻的结构质量或尽可能低的建设成本，以提高结构的工作性能并节约资源。但是，这些要求通常是互相矛盾的，要处理好这些矛盾，设计出最优的结构不是简单的事。最优化理论为这些问题的解决提供了理论基础和求解方法。

要做出优化设计，必须解决两个问题：一是评判设计优劣的标准；二是是否具有按标准评定结构优劣的工具。这就需要了解结构应该满足的性能，掌握分析性能的手段，一个实际结构的分析往往需要复杂、冗长的计算。20世纪60年代前，由于缺乏高性能计算工具进行结构分析，同时缺乏系统的方法指导结构的改进，结构优化设计的发展以进化的方式缓慢地进行。20世纪中叶以后，电子计算机科学的飞速发展，以及随之而来的结构高效力学数值分析方法的出现，极大地提高了大型复杂结构分析的精度和效率，加之数学规划理论的发展，为设计方案参数调整的科学化奠定了理论基础和保障。

通常用某一个或几个指标作为衡量结构设计优劣的标准，称之为结构优化设计的目标函数；将结构设计中的一些关键参数作为设计变量，通过调整设计变量改变结构设计；设计变量的修改和调整会受到各种各样的限制，以使结构在施工和服役过程中满足安全、可靠、舒适、美观等要求，这些限制条件称为约束条件。显然，目标函数和约束条件都随着设计变量的改变而发生变化，是设计变量的函数。结构优化设计就是根据某种理论和方法确定设计变量，在满足所有约束条件的前提下，使得目标函数最优。

工程结构优化设计问题的解决过程，主要包含以下三个方面：首先，确定结构设计问题的目标函数、设计变量和约束条件，提出优化设计问题，并建立结构优化设计问题的数学模型；其次，根据优化设计问题的特点，采用合适的方法寻求设计变量的最优值，使之既满足约束条件又使目标函数最优；最后，全面考察、评估所得优化结果的正确性和可行性。

相对于分析问题而言，优化问题是其逆问题，一般说来，逆问题的求解更为困难。主要是由于：①优化问题的数学性质更为复杂，一般是非线性的；②寻求最优解的路径是复杂的，且可能不唯一；③在寻优过程中，需要利用工程分析不断提取和利用新的当前信息。

总而言之，工程结构优化设计是一种方法学，其理论与算法建立在数学基础之上，但不过于追求数学的严密性，只是要同时考虑工程应用背景。工程设计是一种复杂的理念与行为，它不仅受相关学科原理与法则的支配与约束，人的经验与习惯也不可避免地在其中起到一定的作用，以计算机为基础的模拟人类智能行为的人工智能设计方法，给人们以启发并提供了新的设计思路与方案。因此，工程设计是多种方法与技术的综合，而工程优化设计是其中的重要组成部分，并起着核心作用。

1.2 结构优化设计的一般表述

1.2.1 结构优化设计的数学描述

最优化设计的数学模型由设计变量、目标函数和约束条件三部分组成，可以由以下一般形式描述：

$$\begin{cases} \text{求设计向量} & \boldsymbol{X}=[x_1,x_2,\cdots,x_n]^{\mathrm{T}} \\ \text{极小化目标函数} & f(\boldsymbol{X}) \\ \text{满足约束条件} & g_j(\boldsymbol{X})\leqslant 0 \quad (j=1,2,\cdots,m) \\ & h_k(\boldsymbol{X})=0 \quad (k=1,2,\cdots,p) \end{cases} \tag{1-1}$$

其中，$\boldsymbol{X}=[x_1, x_2, \cdots, x_n]^{\mathrm{T}}$ 是 n 维向量，由 n 个设计变量组成，称为设计向量；$f(\boldsymbol{X})$ 是评价设计优劣的指标，称为目标函数，它是设计向量 $\boldsymbol{X}$ 的函数；$g_j(\boldsymbol{X})\leqslant 0$ 称为不等式约束条件，简称为不等式约束；$h_k(\boldsymbol{X})=0$ 称为等式约束条件，简称为等式约束；m 和 p 分别为不等式约束和等式约束的个数，n、m 和 p 不必以任何方式互相关联。用 $\boldsymbol{X}\in\boldsymbol{R}^n$ 表示设计向量 $\boldsymbol{X}$ 属于 n 维实欧氏空间，用 find 表示求设计变量，用 min 表示极小化，用 s. t. (subject to) 表示“满足”约束条件，则优化设计的数学模型可以简写为以下形式：

$$\begin{cases} \text{find } \boldsymbol{X}=[x_1,x_2,\cdots,x_n]^{\mathrm{T}} \\ \min f(\boldsymbol{X}), \quad \boldsymbol{X}\in\boldsymbol{R}^n \\ \text{s.t. } g_j(\boldsymbol{X})\leqslant 0 \quad (j=1,2,\cdots,m) \\ \qquad h_k(\boldsymbol{X})=0 \quad (k=1,2,\cdots,p) \end{cases} \tag{1-2}$$

由于工程设计中最优问题的解都是实数，故式（1-2）中 $\boldsymbol{X}\in\boldsymbol{R}^n$ 常常可以省略。最优化设计问题式（1-2）中考虑了约束条件，因而称为约束最优化问题，而有些最优化设计问题不包含约束条件，故而称为无约束最优化问题，表述为

$$\begin{cases} \text{find } \boldsymbol{X}=[x_1,x_2,\cdots,x_n]^{\mathrm{T}} \\ \min f(\boldsymbol{X}) \end{cases} \tag{1-3}$$

式（1-2）和式（1-3）是优化设计问题数学模型的一般形式，本书后面将以此

一般形式为基础，推导求解优化设计问题的算法以及相关公式。当实际问题与此一般形式不一致时，应先将其转化为一般形式。例如，实际问题要求目标函数 $f(\boldsymbol{X})$ 极大化时，可以将目标函数以 $-f(\boldsymbol{X})$ 代替，因为对同一个问题，$\max f(\boldsymbol{X})$ 和 $\min[-f(\boldsymbol{X})]$ 具有相同的解，如图1-1（a）所示。此外，下列对目标函数的简单代数运算也不改变最优解：①目标函数乘以或除以一个正数；②目标函数加上或减去一个正数。目标函数乘以或加上一个正数如图1-1（b）所示。又例如，当实际问题的约束条件要求不小于某个特定值，即要求 $g_j(\boldsymbol{X})\geqslant g_j^0$ 时，可以将不等式两边同时乘以“-1”，即将约束条件转化为标准形式 $-[g_j(\boldsymbol{X})-g_j^0]\leqslant 0$。

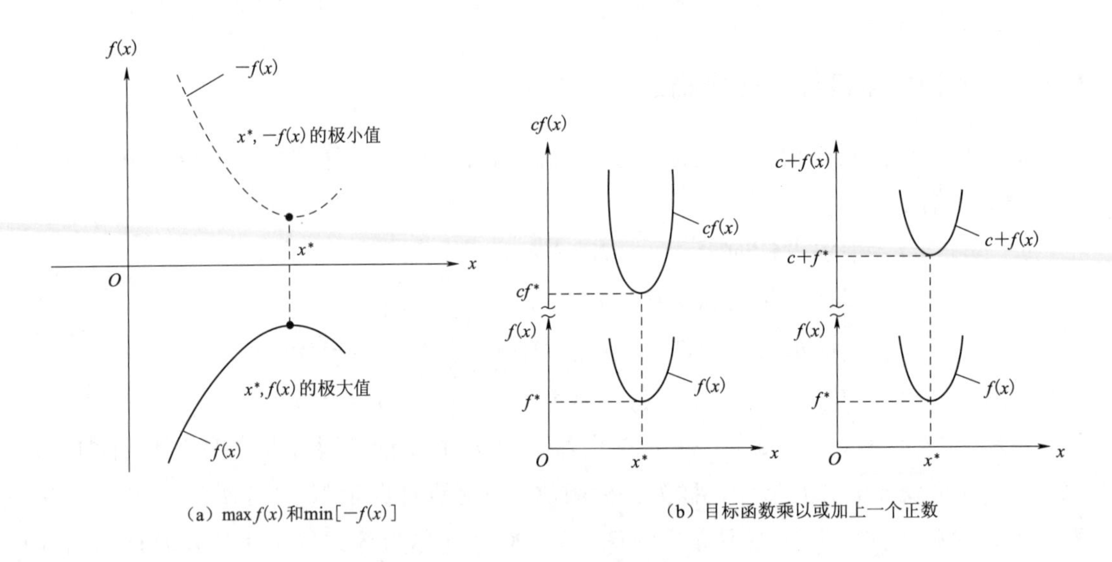

图1-1 具有相同最优解的几种情形

以数学模型式（1-2）和式（1-3）描述的优化设计问题也称为数学规划问题。

1.2.2 设计变量与设计空间

工程结构的设计可以用一组参数来描述，一组特定的设计参数表示一个特定的设计方案。描述结构设计的参数一般是比较多的，其中一部分设计参数在工程结构的设计过程中是变量，设计者可以改变这部分设计参数，从而得到不同性能的结构。这部分可以变化的设计参数称为设计变量，用 $x_i(i=1,2,\cdots,n)$ 表示，其中，n 为设计变量的个数，设计变量也可以用设计向量 $\boldsymbol{X}=[x_1,\quad x_2,\quad \cdots,\quad x_n]^{\mathrm{T}}$ 表示。通常将对结构性能影响最为显著的设计参数取为设计变量。描述工程结构的另一部分参数在设计之初就已经确定，在设计过程中为常量，这部分保持不变的设计参数称为预设参数。显然，工程结构的设计方案由设计变量和预设参数共同确定，在最优化问题中，设计变量是一组待求的未知变量。以图1-2所示重力坝的断面为例，坝高 H、坝顶宽度 B_0

一般作为预设参数；而上游面折坡高度 x_1、坝底宽度 x_2 和 x_3 取为设计变量。设计向量 $\boldsymbol{X}=[x_1,\ x_2,\ x_3]^{\mathrm{T}}$ 和预设参数 H、B_0 一起确定了重力坝断面的形状。改变设计变量 x_1、x_2 和 x_3 可以得到不同的重力坝断面设计，重力坝的性能也会不同。

若以一个 n 维笛卡尔坐标系的每一个坐标轴表示一个设计变量 $x_i(i=1,\ 2,\ \cdots,\ n)$，可以形成一个 n 维实欧氏空间，则该欧氏空间称为设计变量空间，简称为设计空间。n 维设计空间中的一个点称为一个设计点，代表工程结构的一个特定设计方案。三维设计空间中的一个设计点 P^* 如图 1-3 所示。可见，设计空间就是最优化问题的解空间，最优化问题的任务就是在设计空间的无穷多个设计点中，寻找既满足所有约束条件，又使目标函数取得最小值的点，称之为最优设计点，它所代表的解称为设计问题的最优解。

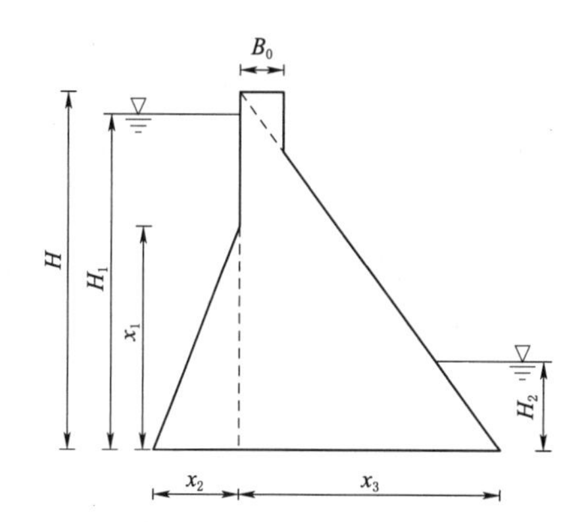

图 1-2 重力坝断面的设计变量和预设参数

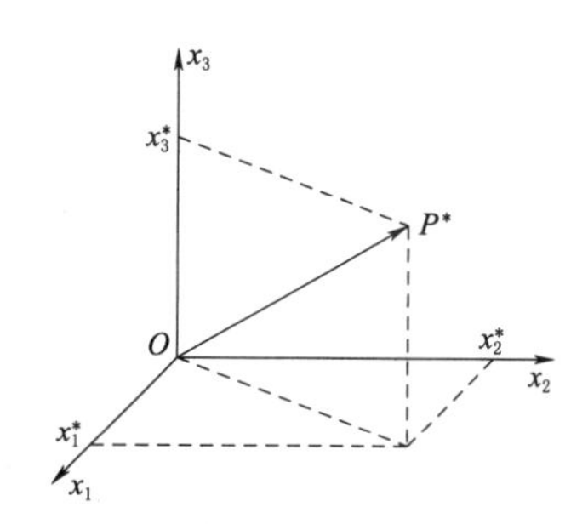

图 1-3 三维设计空间的一个设计点

1.2.3 约束条件与可行域

在工程结构的设计过程中，设计变量的大小不能随意选取，设计变量的选取应使结构满足所有设计要求和限制条件，这些设计要求和限制条件统称为设计约束。其中，表示结构性能的约束称为性态约束，例如反映结构强度、刚度、稳定性等要求的约束；反映施工或生产限制条件、运输限制条件、结构可用性等限制条件的约束称为几何约束或边际约束。满足所有设计约束的设计称为可行设计，不能满足所有设计约束的设计称为非可行设计。

显然，约束是设计变量的函数，约束条件可以用数学不等式或等式表达，即

$$
\begin{aligned}
&g_j(\boldsymbol{X})\leqslant 0 \quad (j=1,2,\cdots,m)\\
&h_k(\boldsymbol{X})=0 \quad (k=1,2,\cdots,p)
\end{aligned}
\tag{1-4}
$$

将不等式约束中的不等号取为等号后得到的方程 $g_j(\boldsymbol{X})=0(j=1,2,\cdots,m)$ 称为约束方程。约束方程在设计空间中的图形称为约束边界，是 $n-1$ 维的超曲面，也称

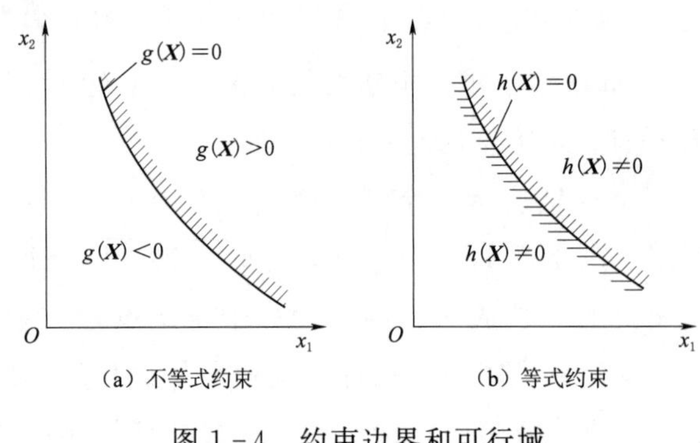

(a) 不等式约束　(b) 等式约束

图1-4　约束边界和可行域

为约束曲面。二维设计空间中的约束边界为约束曲线，如图1-4所示。一个约束边界将设计空间一分为二，如图1-4（a）所示，其中一部分区域内的设计点满足不等式约束条件，$g_j(\boldsymbol{X})<0$，这部分区域称为可行域，可行域中的设计点为可行设计。而位于另一部分区域的设计点使得 $g_j(\boldsymbol{X})>0$，不满足不等式约束条件，因而该部分区域称为非可行域。图中约束曲线上阴影线一侧区域表示非可行域，非可行域中的设计点为非可行设计。

等式约束本身就是约束方程和约束边界，此时只有约束边界上的点满足等式约束，边界之外的任何点都不满足等式约束。二维设计空间中的约束边界如图1-4（b）所示。

一个二维设计空间中的约束边界、可行域和非可行域如图1-5所示，一般可行域是由多个约束边界围成的区域。若设计点 $\boldsymbol{X}^k$ 位于一个或多个约束曲面上，则相应的不等式约束条件 $g_j(\boldsymbol{X}^k)\leqslant0$ 成为等式，即 $g_j(\boldsymbol{X}^k)=0$，这样的设计点称为边界点，相应的约束称为主动约束。没有落在任一约束曲面上的设计点称为自由点。根据一个设计点是否属于可行域或非可行域，可以将设计点分为以下四种类型：①可行自由点；②非可行自由点；③可行边界点；④非可行边界点。

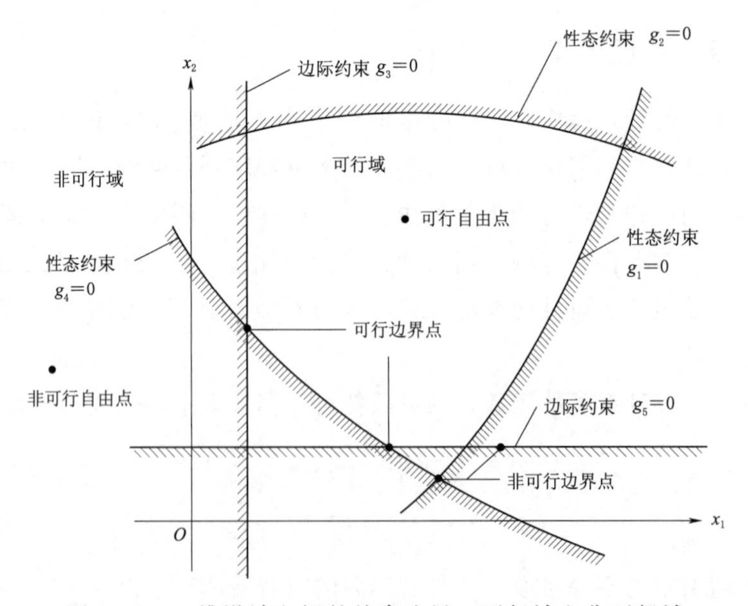

图1-5　二维设计空间的约束边界、可行域和非可行域

对于点 $\boldsymbol{X}^k$，主动约束的个数和约束条件序号可以用集合的形式表示为

$$I_k=\{j\,|\,g_j(\boldsymbol{X}^k)=0,j=1,2,\cdots,m\} \tag{1-5}$$

式中 I_k——主动约束的约束条件序号集合；

j——主动约束的约束条件序号；

m——所有约束的个数。

1.2.4 目标函数与等值面

传统设计方法的目标是寻求一个满足所有性态约束和几何约束的可行设计或合理设计，一般情况下可行设计不止一种，结构优化设计的目标是在许多可行设计中寻求最优设计。寻求最优设计，必须确定评判各种不同可行设计优劣的标准。在最优设计过程中衡量设计方案优劣的定量标准称为目标函数。目标函数的选择取决于工程设计问题的性质，对于极小化问题，目标函数的值越小，对应的设计方案越好。例如，在航空、航天飞行器结构优化设计中，目标函数常常取结构的自重；在土木工程结构优化设计中，通常考虑极小化结构的造价；在机械工程系统优化设计中，极大化机械效率是显然的目标。

不同的优化设计问题有不同的评价准则，甚至一个问题有几个不同的评价标准，因此，选择目标函数是整个优化设计过程中最重要的决策之一。一般选择优化设计问题的某个重要技术、经济指标作为目标函数。显然，目标函数与设计方案有关，因而目标函数是设计变量和预设参数的函数。因为预设参数在优化设计过程中保持不变，影响目标函数的自变量只有设计变量，所以目标函数一般表示为设计变量 $\boldsymbol{X}$ 的函数 $f(\boldsymbol{X})$。

通常一个优化设计问题只考虑一个目标函数，即单目标最优化问题。但在某些情况下，可能会同时考虑多个最优目标，包含多个目标函数的最优化问题称为多目标最优化问题。

令目标函数 $f(\boldsymbol{X})$ 等于某一常数 C，则满足 $f(\boldsymbol{X})=C$ 的点在设计空间中定义了一个点集。该点集是设计空间中的一族超曲面，一个特定的常数 C 对应了一枝超曲面，不同的常数对应不同的超曲面。对于一枝超曲面上的各个点，其函数值都是相等的，均等于常数 C。设计空间中的这些超曲面称为目标函数等值面，如图 1-6 所示。

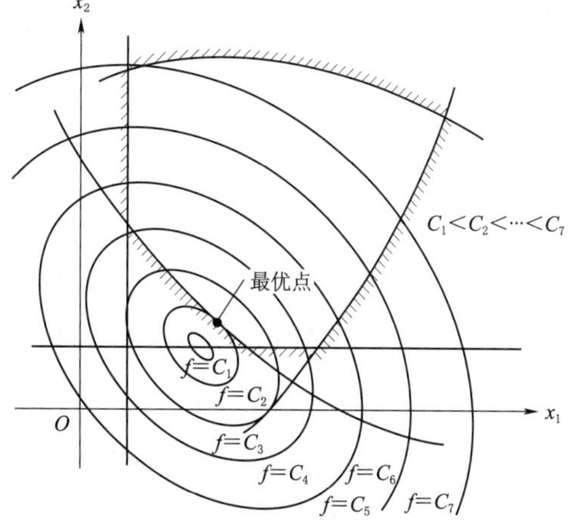

图 1-6 目标函数等值线（面）

1.3 结构优化设计问题的分类

根据设计变量、约束和目标函数的性质不同，结构优化设计可以进行下列分类。

1. 根据设计变量的数学特征分类

根据设计变量的数学特征可以将最优化问题分为离散参数系统最优化问题和分布参数系统最优化问题。

如果设计参数是有限维的实数，例如，考虑图1-7（a）所示梁的横截面尺寸 b 和 d 为设计变量，在一定约束条件下极小化梁的质量。因为目标函数以及每一个设计变量都是一维实数，所以这样的问题称为离散参数系统最优化问题。如果设计参数是无穷维的，是连续场或连续函数，例如，考虑图1-7（b）所示梁的横截面尺寸 $b(t)$ 和 $d(t)$，此时，设计变量是 t 的连续函数，因而是无穷维的，该类问题称为分布参数系统最优化问题。

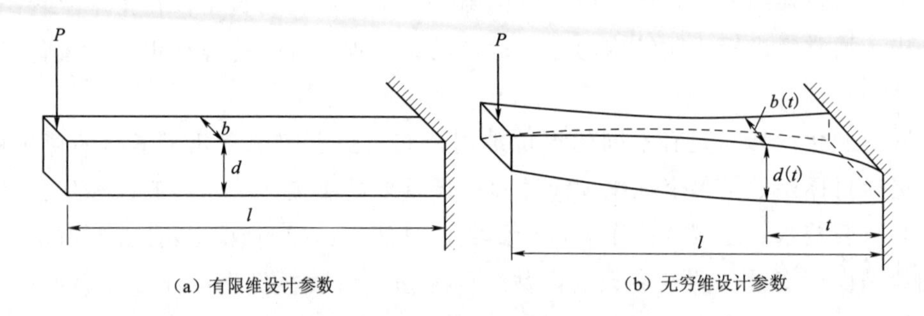

图1-7 离散参数系统和分布参数系统最优化问题

2. 根据设计变量的物理特征分类

考虑设计变量所表示的结构几何特征、结构的连接方式，或材料的分布形式，结构优化设计问题可以分为尺寸优化、形状优化和拓扑优化三类。

如果设计变量表示结构的几何尺寸，例如桁架结构的杆件横截面尺寸、板的厚度或厚度分布等，则称这一类问题为尺寸优化设计。桁架截面积尺寸优化设计如图1-8（a）所示。

在结构形状优化设计问题中，设计变量表示结构的外形或部分边界的轮廓。例如，将桁架的结点位置作为设计变量，修改这些设计变量，桁架的形状发生变化，桁架形状优化设计如图1-8（b）所示。又例如，图1-8（c）所示连续体形状优化设计，将表示下边界形状的函数 $\eta(x)$ 取为设计变量，不同的函数 $\eta(x)$ 确定了不同形状的结构。确定这些形状设计变量的最优解构成了结构形状优化设计问题。需要注意的是，形状优化设计不会改变结构的连接方式，不会产生新的边界，因而不会改变结构的拓扑形式。

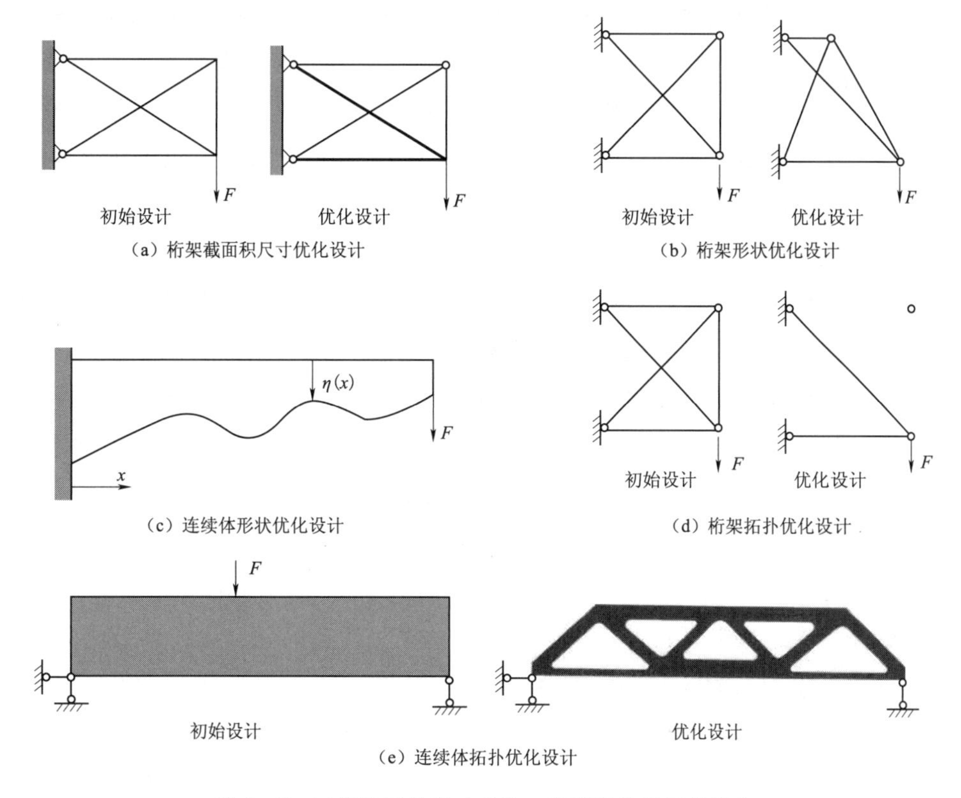

图 1-8 二维结构的尺寸优化、形状优化和拓扑优化

结构拓扑优化设计是最一般形式的结构优化设计，这类优化设计首先寻找结构的最优拓扑形式，在最优拓扑下再优化结构的形状与尺寸。在结构拓扑优化设计中，设计变量反映的是结构的连接方式或材料的分布形式。对离散结构，例如桁架，将桁架杆件横截面面积取为设计变量，并允许设计变量为零。当某根杆件横截面积为零时，意味着该杆件从桁架中移除，这样便改变了桁架结点的连接方式，使得桁架结构的拓扑形式发生改变，桁架拓扑优化设计如图 1-8（d）所示。对于连续体结构，预先给定结构可能占据的空间，在该空间布满材料，将表示材料分布形式的量作为设计变量，例如子区域尺寸、子区域材料密度、子区域材料的某种力学参数等。设定设计变量的某种阈值，当设计变量小于该阈值时，移除该子区域的材料，从而形成孔洞，产生新的边界，改变结构的拓扑形式，连续体拓扑优化设计如图 1-8（e）所示。

3. 根据设计变量允许值分类

根据设计变量允许值的性质，可将最优化问题分为整数规划和实数规划。如果所有或部分设计变量只能选取整数或某些离散值，则最优化问题称为整数规划问题或离散变量优化设计问题。例如，梁的断面最优化设计问题涉及钢筋面积的最优设计，但是钢筋的型号是固定的，因此，严格地说这一类问题属于整数规划问题。如果设计变量可以选取任意实数值，也即设计变量是连续变量，则最优化问题称为实数规划问题。

对于整数规划问题或离散变量优化设计问题，因为变量取整数值或某些离散值的要求从本质上来说是一种非线性约束，所以求解整数规划问题的难度大大超过了实数规划问题。工程实际问题常常会将整数规划问题或离散变量优化设计问题作为实数规划问题求解，在得到实数规划问题的最优解后，再对其进行圆整，或选取最为接近的离散值，得到此类问题的近似解。

4. 根据变量的确定性性质分类

根据变量的确定性性质，可将最优设计问题分为确定性规划和不确定性规划，其中，不确定性规划又可分为随机规划和模糊规划。

在最优化设计问题中，如果部分或全部设计参数是不确定的，例如随机的或模糊的，则最优化问题称为不确定性规划，根据设计参数的具体不确定性又可称为随机规划（设计参数是随机的）和模糊规划（设计参数是模糊的）。否则，最优化问题为确定性规划。

5. 根据是否存在约束分类

根据是否存在约束分可将最优化问题分为约束最优化问题和无约束最优化问题。

6. 根据目标函数和约束方程的性质分类

根据目标函数和约束方程的性质，可将优化设计问题分为线性规划、非线性规划、二次规划等问题。从计算的角度看，这种分类特别有用，因为对某一类问题，有许多特定的行之有效的求解方法。因此，设计者首先要做的就是确定最优设计问题的分类，据此决定了求解最优设计问题的方法和过程。

如果在目标函数和所有约束条件中，任意一个或几个为设计变量的非线性函数，则最优化问题称为非线性规划（NLP）问题。非线性规划问题是最一般的规划问题，其他类型的规划问题可以看成是非线性规划问题的特殊情况。

如果目标函数和所有约束都是设计变量的线性函数，则最优化问题称为线性规划（LP）问题，其标准形式为

$$\begin{cases} \text{find } \boldsymbol{X}=[x_1,x_2,\cdots,x_n]^{\mathrm{T}} \\ \min\ f(\boldsymbol{X})=\sum\limits_{i=1}^{n}c_i x_i \\ \text{s. t. } \sum\limits_{i=1}^{n}a_{ij}x_i=b_j \quad (j=1,2,\cdots,m) \\ \qquad x_i \geqslant 0 \quad (i=1,2,\cdots,n) \end{cases} \tag{1-6}$$

式中　c_i、a_{ij}、b_j——常数。

如果目标函数为设计变量的二次函数，所有约束都是设计变量的线性函数，则最优化问题称为二次规划问题，其标准形式为

$$
\begin{cases}
\text{find } \boldsymbol{X}=[x_1,x_2,\cdots,x_n]^{\mathrm{T}} \\
\min f(\boldsymbol{X})=c+\sum_{i=1}^{n}q_i x_i+\sum_{i=1}^{n}Q_{ij}x_i x_j \\
\text{s. t. } \sum_{i=1}^{n}a_{ij}x_i \leqslant b_j \quad (j=1,2,\cdots,m) \\
\quad x_i \geqslant 0 \quad (i=1,2,\cdots,n)
\end{cases}
\tag{1-7}
$$

式中 c、q_i、Q_{ij}、a_{ij}、b_j——常数。

7. 根据目标函数的数量分类

根据目标函数的数量可以将最优化问题分为单目标规划问题和多目标规划问题。如果只有一个目标函数，则称为单目标优化问题；如果目标函数不止一个，则称为多目标优化问题。

1.4 结构优化设计问题的求解策略

一个完整的优化设计过程通常包含以下几个基本步骤：①建立优化设计问题的数学模型；②选择求解最优化问题的计算方法；③应用计算机求解得到最优方案。

通常优化设计问题的求解方法可以分为具体方法和一般方法。具体方法是针对特定结构优化设计的特定方法，而一般方法则可以用于求解不同领域的优化设计问题。在结构优化设计发展的初期，特定的具体方法很受欢迎，这些特定的求解方法包括为了提高求解效率而从一般优化方法改进得到的具体方法。满应力设计是最为成功的结构优化设计具体求解方法，该方法只能用于求解应力约束的结构优化设计问题，对于具有单一材料的低次超静定结构尤其有效。由于具体解法的应用具有局限性，随着优化设计在越来越多的领域得到广泛应用，人们更加关注通用方法，不同领域的研究者们持续不断地改进通用算法，并且研发了稳定、高效的优化设计软件。

优化设计问题的求解方法还可以根据解的性质分为寻找解析解的方法和求解数值解的方法。古典的优化设计方法应用微分和变分的方法寻找优化设计问题的精确解或解析解，由于优化问题的复杂性，寻找解析解非常困难。于是研究者们提出许多数值解法，尽管数值方法给出的是满足一定精度要求的近似解，但解法的效率、稳定性以及解的精度令人满意。

随着仿生学、遗传学和人工智能科学的发展，从 20 世纪 70 年代以来，研究者们相继将遗传学、神经网络科学的原理和方法应用到优化设计领域，形成了一系列新的优化方法，如遗传算法、神经网络算法、蚁群算法和模拟退火算法等。这些方法不需要构造精确的搜索方向，不需要进行繁杂的一维搜索，而是通过大量简单的信息传播和演变方法得到问题的最优解。这些智能方法具有全局性、自适应、离散化等特点。

本节简要介绍具有代表性的几类求解方法的基本思路及其特点。

1.4.1 古典方法

古典优化方法将求解函数极值问题和泛函极值问题的经典方法直接应用到结构优化设计中，这里使用“古典”这个词指的是应用经典的函数微分和泛函变分方法求解函数极值问题和泛函极值问题。对于一些相对简单的无约束问题或等式约束问题，应用古典方法可以得到精确解和解析解。

1. 应用微积分进行优化设计

对于无约束优化设计问题，当目标函数连续、可微时，可以直接应用函数取得极值的必要条件求解，即函数在极值点的梯度等于 0：

$$\nabla f(\boldsymbol{X})=\boldsymbol{0} \tag{1-8}$$

写成分量形式

$$\begin{cases}\dfrac{\partial f(\boldsymbol{X})}{\partial x_1}=0\\ \dfrac{\partial f(\boldsymbol{X})}{\partial x_2}=0\\ \vdots\\ \dfrac{\partial f(\boldsymbol{X})}{\partial x_n}=0\end{cases} \tag{1-9}$$

求解方程组（1-9）可得到驻点 $\boldsymbol{X}^*$，函数 $f(\boldsymbol{X})$ 在点 $\boldsymbol{X}^*$ 取得极小值的充分条件是函数在该点二阶导数矩阵是正定的，即

$$\boldsymbol{H}(\boldsymbol{X}^*)=\begin{bmatrix}\dfrac{\partial^2 f(\boldsymbol{X}^*)}{\partial x_1^2} & \dfrac{\partial^2 f(\boldsymbol{X}^*)}{\partial x_1\partial x_2} & \cdots & \dfrac{\partial^2 f(\boldsymbol{X}^*)}{\partial x_1\partial x_n}\\ \dfrac{\partial^2 f(\boldsymbol{X}^*)}{\partial x_2\partial x_1} & \dfrac{\partial^2 f(\boldsymbol{X}^*)}{\partial x_2^2} & \cdots & \dfrac{\partial^2 f(\boldsymbol{X}^*)}{\partial x_2\partial x_n}\\ \vdots & \vdots & & \vdots\\ \dfrac{\partial^2 f(\boldsymbol{X}^*)}{\partial x_n\partial x_1} & \dfrac{\partial^2 f(\boldsymbol{X}^*)}{\partial x_n\partial x_2} & \cdots & \dfrac{\partial^2 f(\boldsymbol{X}^*)}{\partial x_n^2}\end{bmatrix} \tag{1-10}$$

正定。

以图 1-9 所示对称桁架为例，确定桁架竖向杆件的高度 h_1 和 h_2，使得桁架的重量最轻。由于图示桁架为静定桁架，其内力与杆件横截面积无关，因此，各杆横截面积可以尽量减少，使得各杆达到满应力状态，即各杆的应力都等于允许应力 σ_0。

图示荷载作用下，各杆的内力为

$$\begin{cases}F_{N1}=\dfrac{h_1-h_2}{h_1}F_P\\F_{N2}=-\dfrac{F_P}{2}\\F_{N3}=0\\F_{N4}=\dfrac{\sqrt{h_2^2+l^2}}{2h_1}F_P\\F_{N5}=-\dfrac{\sqrt{(h_1-h_2)^2+l^2}}{2h_1}F_P\end{cases}\tag{1-11}$$

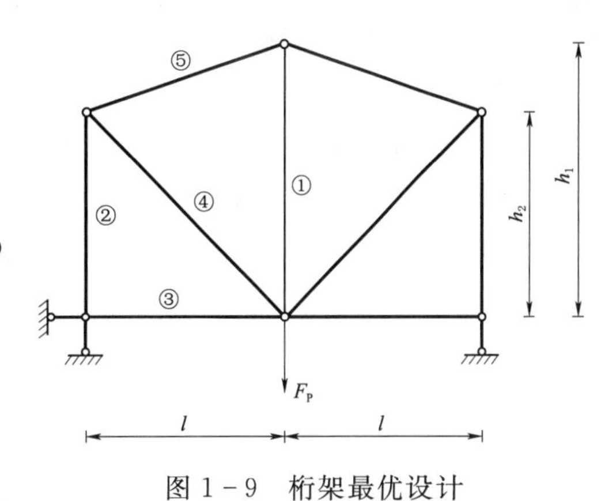

图 1-9 桁架最优设计

其余对称杆件的内力与对应杆件的内力相等。

设各杆处于满应力状态，则各杆的横截面积为

$$A_i=\frac{|F_{Ni}|}{\sigma_0}\quad(i=1,2,\cdots,9)\tag{1-12}$$

因为 $F_{N3}=0$，故 $A_3=A_{\min}$，相应对称杆件也取最小面积。这两根杆件的重量与设计变量 h_1 和 h_2 无关，在优化设计过程中保持不变，故而可以不计入目标函数。

桁架的重量与桁架的体积相关，故目标函数取除去零杆以外其余杆件的体积，即

$$f(\boldsymbol{X})=f(h_1,h_2)=2\frac{F_P}{\sigma_0}\left(h_1-h_2+\frac{h_2^2}{h_1}+\frac{l^2}{h_1}\right)\tag{1-13}$$

将目标函数对设计变量求导，得

$$\begin{cases}\dfrac{\partial f(\boldsymbol{X})}{\partial h_1}=2\dfrac{F_P}{\sigma_0}\left(1-\dfrac{h_2^2}{h_1^2}-\dfrac{l^2}{h_1^2}\right)=0\\\dfrac{\partial f(\boldsymbol{X})}{\partial h_2}=2\dfrac{F_P}{\sigma_0}\left(-1+\dfrac{2h_2}{h_1}\right)=0\end{cases}\tag{1-14}$$

解方程组得

$$h_1^*=\frac{2}{\sqrt{3}}l,\quad h_2^*=\frac{1}{\sqrt{3}}l$$

目标函数对设计变量的二阶导数矩阵为

$$H(\boldsymbol{X})=2\frac{F_P}{\sigma_0}\begin{bmatrix}\dfrac{2}{h_1^3}(h_2^2+l^2) & -2\dfrac{h_2}{h_1^2}\\-2\dfrac{h_2}{h_1^2} & -\dfrac{2}{h_1}\end{bmatrix}=2\frac{F_P\sqrt{3}}{\sigma_0\, l}\begin{bmatrix}1 & -\dfrac{1}{2}\\-\dfrac{1}{2} & 1\end{bmatrix}\tag{1-15}$$

该矩阵是正定的。由此得到 $h_1^*=\dfrac{2}{\sqrt{3}}l$、$h_2^*=\dfrac{1}{\sqrt{3}}l$ 即为桁架优化设计的最优解。

2. 应用变分法进行优化设计

有些优化设计问题的目标函数可以用泛函来表达，优化的任务是确定一个函数，

使得泛函取得极值，最速下降线（brachistochrone curve 或 curve of fastest descent）就是最典型的例子。用一条曲线连接平面上的两点 A 和 B，其中 B 点低于 A 点，质量为 m 的小球在重力作用下沿该曲线从 A 点滑动到 B 点，不计摩擦力作用，确定曲线的方程，使得小球到达 B 点的用时最少。

这是一个古典的泛函极值问题，人们的直觉也许是沿两点间的直线或折线用时最短，如图 1-10（a）所示，事实果真如此吗？设曲线方程为 y，在曲线上任取一个微段 $\mathrm{d}s$，如图 1-10（b）所示，则

$$\mathrm{d}s=\sqrt{(\mathrm{d}x)^2+(\mathrm{d}y)^2}=\sqrt{1+\left(\frac{\mathrm{d}y}{\mathrm{d}x}\right)^2}\,\mathrm{d}x=\sqrt{1+(y')^2}\,\mathrm{d}x \tag{1-16}$$

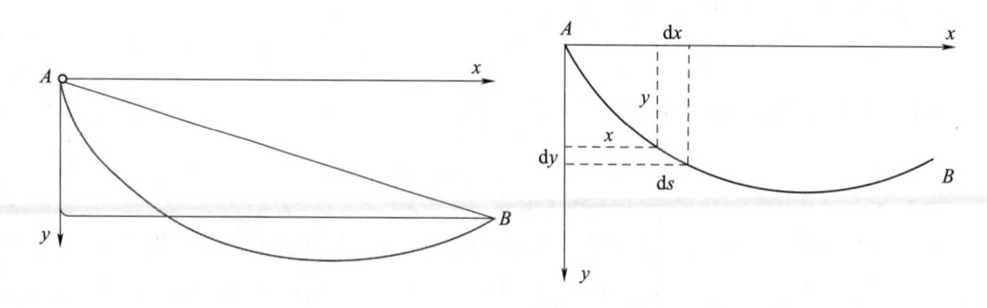

（a）两点间的几种连接方式　　（b）曲线微段

图 1-10　最速下降线

由能量守恒可以确定在微段起点处小球的速度，即

$$\frac{1}{2}mv^2=mgy,\ v=\sqrt{2gy} \tag{1-17}$$

小球通过微段所需的时间为

$$\mathrm{d}T=\frac{\mathrm{d}s}{v}=\frac{\sqrt{1+(y')^2}\,\mathrm{d}x}{\sqrt{2gy}} \tag{1-18}$$

小球从 A 点到 B 点所需的时间为

$$T=\int_A^B \mathrm{d}T=\int_0^{x_B}\frac{\sqrt{1+(y')^2}}{\sqrt{2gy}}\mathrm{d}x \tag{1-19}$$

于是优化设计问题成为求曲线 y，使得时间 T 最小。由于曲线 y 是 x 的函数，故时间 T 是函数的函数，为泛函。由泛函变分可求得最速下降线 y，如图 1-10（a）中的曲线所示。

3. 求解约束优化设计问题的古典方法

大多数结构优化设计问题都是有约束的，由式（1-2）可知优化设计问题可以表示为

$$\begin{cases}\text{find } \boldsymbol{X} \\ \min\ f(\boldsymbol{X}) \\ \text{s. t. } g_j(\boldsymbol{X}) \leqslant 0 \quad (j=1,2,\cdots,m) \\ \qquad h_k(\boldsymbol{X})=0 \quad (k=1,2,\cdots,p)\end{cases} \tag{1-20}$$

这里以等式约束问题为例，不等式约束可以通过引入松弛变量转化为等式约束。运用拉格朗日乘子法将约束优化设计问题转化为无约束优化设计问题求解。

构造拉格朗日函数

$$L(\boldsymbol{X},\boldsymbol{\lambda})=f(\boldsymbol{X})+\sum_{j=1}^{p}\lambda_j h_j(\boldsymbol{X})=f(\boldsymbol{X})+\boldsymbol{\lambda}^{\mathrm{T}}\boldsymbol{h}(\boldsymbol{X}) \tag{1-21}$$

式中 $\boldsymbol{\lambda}$——拉格朗日乘子向量，$\boldsymbol{\lambda}=[\lambda_1 \quad \lambda_2 \quad \cdots \quad \lambda_p]^{\mathrm{T}}$；

$\boldsymbol{h}$——等式约束向量，$\boldsymbol{h}=[h_1 \quad h_2 \quad \cdots \quad h_p]^{\mathrm{T}}$。

考虑拉格朗日函数的无约束极值问题

$$\min L(\boldsymbol{X},\boldsymbol{\lambda}) \tag{1-22}$$

拉格朗日函数的梯度为

$$\nabla L(\boldsymbol{X},\boldsymbol{\lambda})=\begin{bmatrix}\nabla_{\boldsymbol{X}} L \\ \nabla_{\boldsymbol{\lambda}} L\end{bmatrix} \tag{1-23}$$

其中

$$\nabla_{\boldsymbol{X}} L=\nabla f(\boldsymbol{X})+\sum_{j=1}^{p}\lambda_j \nabla h_j(\boldsymbol{X})$$

$$\nabla_{\boldsymbol{\lambda}} L=\boldsymbol{h}(\boldsymbol{X})=[h_1(\boldsymbol{X}) \quad h_2(\boldsymbol{X}) \quad \cdots \quad h_p(\boldsymbol{X})]^{\mathrm{T}}$$

由无约束极值问题的必要条件$\nabla L(\boldsymbol{X},\boldsymbol{\lambda})=\boldsymbol{0}$得

$$\begin{cases}\nabla f(\boldsymbol{X})+\sum_{j=1}^{p}\lambda_j \nabla h_j(\boldsymbol{X})=0\text{，}\lambda_j \text{ 不全为 } 0 \\ h_j(\boldsymbol{X})=0 \quad (j=1,2,\cdots,p)\end{cases} \tag{1-24}$$

式（1-24）即为拉格朗日函数取得极值的必要条件，其中第二式表明拉格朗日函数取得极值时所有等式约束必须得到满足。可见，拉格朗日函数取得极值的必要条件与等式约束最优化问题取得极值的必要条件是完全等价的。借助拉格朗日函数将约束最优化问题转化为无约束最优化问题研究。

1.4.2 最优准则法

最优准则法是工程结构优化设计中的一类重要求解方法，其特点是用适当的最优准则来代替原来非线性规划问题中的最优目标，构造一个迭代算法寻求满足最优准则的解。最优准则可以是工程经验总结出来的，如满应力准则、满比应变能准则等；也可以是根据非线性数学规划问题的最优解应满足的最优条件（库恩—塔克）条件推导出来的。所构造的迭代格式是用来寻求满足最优准则的设计点，对于用库恩—塔克条

件构造的最优准则，在构造迭代格式时的主要任务是准确区分主动变量和被动变量，主动约束和被动约束，以及求解拉格朗日乘子所满足的非线性方程组。这三项任务也是最优准则法所面临的主要困难。

采用最优准则法时，迭代收敛到最优解的速度一般较快，且与结构的规模大小无关。这个特点使得准则法特别适用于大型结构的优化设计。但最优准则法不具有通用性，且由于准则法的迭代格式是基于直觉的，算法的收敛性并无保证，在实际计算中也会遇到发生收敛困难的情况。通过改进迭代格式的形式，准则法在很多问题中得到应用。

近年来在结构拓扑优化设计中所采用的准则法、渐进结构优化方法以及元胞自动机法都使用了最优准则法的基本思想。基于最优准则法的这类算法，由于计算效率较高，也被商用结构优化设计计算机软件采用。

1.4.3 数学规划法

数学规划法是求解优化设计问题的一般方法。依据优化设计问题是否有约束，将数学规划算法分为无约束算法和有约束算法两类，线性规划算法和无约束优化算法是求解非线性规划问题的基础。

求解无约束数学规划问题的算法可以分为直接搜索法和导数搜索法。直接搜索法也称为非梯度的方法，或零阶的方法，这一类方法只需要计算搜索点的函数值，并利用函数值的信息确定搜索方向。因为不涉及函数梯度和海森矩阵的计算，所以算法构造简单，适应性强。但一般迭代次数多，收敛速度较慢。常用的直接搜索方法包括随机搜索法、坐标轮换法、鲍威尔法、单纯形法等。导数搜索法除了函数值外，还利用函数的梯度信息，甚至在某些情况下利用二阶导数信息构造搜索方向，由于导数是函数变化率的具体描述，因而导数搜索法能够较好地构造函数值下降的方向，收敛性和收敛速度都比较好。在所有导数搜索法中，只需要计算函数一阶导数的方法称为一阶的方法，也称为梯度的方法；需要计算二阶导数的方法称为二阶的方法。常用的导数搜索法包括最速下降法、共轭梯度法、牛顿法、变尺度法等。

有约束数学规划问题的算法可分为线性规划问题和非线性规划问题。线性规划问题的可行域是一种封闭的凸多边形或多面体，其最优解一般位于可行域的某一顶点上，而可行域的顶点是有限的，故线性规划问题相对于非线性规划问题比较简单，其算法也最为成熟。二次规划问题是一种特殊的非线性规划问题，虽然目标函数是二次的，但约束条件仍然是设计变量的线性函数。由于约束是线性的，故可行域是凸的，如目标函数也是凸的，则这样的二次规划问题就是凸规划，不仅具有唯一解，而且库恩—塔克条件是最优解的充分必要条件。求解一般非线性规划问题的算法大致可以分为三类：第一类方法称为直接法，这类方法在优化过程中直接处理约束，值得注意的是，由于直接法中必须考虑约束，无约束优化方法不能直接套用，但它们的基本思想却可以吸收利用。因此，对应每一种无约束优化算法，几乎都存在相应的约束优化算法，例如，对应于无约束优化算法的单纯形法，有直接处理约束的复合形法等。第二类方法称为转化法，或系列无约束最优化算法。这一类方法将非线性约束规划问题转化为一系列无约束非线性规划问题，然后利用无约束最优化算法求解。这一类方法包括罚函数法、增广拉格朗日乘子法等。第三类方法称为序列近似规划法，其基本思想是将一般非线性约束优化设计问题用一系列特殊的数学规划问题近似，通过求解近似规划问题来逐步逼近原问题的解。主要有序列线性规划法、序列二次规划法等。

1.4.4 智能最优化方法

智能算法的发展已有较悠久的历史，早期发展起来的符号主义、联结主义、进化算法、模拟退火算法等作为经典智能算法的主要研究学派，已取得丰硕的理论和应用成果。经典智能算法与来自生命科学中其他生物理论的结合，使得这类算法有了较大进展。例如，遗传算法与生物免疫或模糊逻辑的结合，形成了免疫遗传算法或模糊遗传算法；神经网络与免疫网络的结合形成了免疫神经网络等。如今，新的智能算法不断涌现，应用领域不断增多，如优化设计、模式识别、智能制造、计算机安全等。本节对几种成熟、经典的算法进行简介，例如遗传算法、模拟退火算法、蚁群算法和人工神经网络算法。其他智能算法如免疫算法、分形算法等，这里不做介绍。

1. 遗传算法

遗传算法（genetic algorithms）是基于Darwin的进化理论和Mendel的遗传学说，模拟生物在自然环境中的遗传和进化过程而发展起来的一种自适应全局优化随机搜索方法，最早由美国Michigan大学的Holland教授于20世纪60年代提出。

遗传算法的主要特点是群体搜索策略和群体中个体之间的信息交换，搜索不依赖于梯度信息，适用于复杂非线性优化问题的鲁棒性搜索策略。算法将问题的解用数码表示，以此类比生物中的染色体，也称为个体。对每个个体利用适应度函数表示其所代表的解的优劣，适应度越大，越接近目标函数的最优解。

与一些传统的优化设计算法比较，遗传算法具有下列特点：①运算对象是所求问题的编码，而不是设计变量本身。算法在搜索过程中不再有函数连续性、可导性要求。通过优良染色体基因的复制、交叉和变异过程，有效地处理各种复杂的非线性优化设计问题。②运算对象是一组可行解，而非单个可行解，具有良好的并行性。③无须利用导数信息，适用于大规模、高度非线性、不连续的多谷函数的优化设计问题。④运用随机的概率搜索策略，增加了搜索过程的灵活性，具有良好的全局最优性和鲁棒性。

2. 模拟退火算法

模拟退火算法（simulated annealing）最早由Metropolis等于1953年提出。1983

年，Kirkpatrick 等成功地将退火思想引入到组合优化领域。模拟退火算法以固体退火过程中的物理现象和统计物理学原理为背景，基于 Monte Carlo 迭代求解策略的一种随机寻优算法。

固体退火过程是将固体加热至融化状态，再慢慢冷却，使之凝固成规整晶体的热力学过程，物体退火过程和优化设计问题的求解过程具有相似性，优化设计问题的解和目标函数类似于退火过程中的状态和能量函数，最优解就是能量达到最低时的状态。

模拟退火算法主要包含两个部分：一是基于 Metropolis 准则的抽样过程模拟等温过程；二是引入一个控制参数类比温度，以控制参数的下降来模拟降温过程。算法从某一较高初始温度出发，伴随温度参数的不断下降，结合概率突跳特性在解空间中随机寻找目标函数的全局最优解。

3. 蚁群算法

蚁群算法（ant colony optimization）是一种模仿蚂蚁觅食行为的仿生优化算法，这种算法具有分布计算、信息正反馈和启发式搜索的特征，本质上是进化算法中的一种启发式全局优化算法。

20 世纪 90 年代意大利学者 Dorigo M 等通过模拟自然界中蚂蚁搜索路径的行为，提出了蚁群算法。他们在研究蚂蚁觅食的过程中，发现单个蚂蚁的行为比较简单，但是蚁群整体却可以体现一些智能行为。例如蚁群可以在不同环境下，寻找最短到达食物源的路径。这是因为蚁群内的蚂蚁可以通过某种信息机制实现信息的传递。蚂蚁会在其经过的路径上释放一种可以称之为“信息素”的物质，蚁群内的蚂蚁对“信息素”具有感知能力，它们会沿着“信息素”浓度较高路径行走，而每只路过的蚂蚁都会在路上留下“信息素”，这就形成一种类似正反馈的机制，这样经过一段时间后，整个蚁群就会沿着最短路径到达食物源了。

将蚁群算法应用于解决优化问题的基本思路为：用蚂蚁的行走路径表示待优化问题的可行解，整个蚂蚁群体的所有路径构成待优化问题的解空间。路径较短的蚂蚁释放的信息素量较多，随着时间的推进，较短的路径上累积的信息素浓度逐渐增高，选择该路径的蚂蚁个数也越来越多。最终，整个蚁群会在正反馈的作用下集中到最佳的路径上，此时对应的便是待优化问题的最优解。

蚁群算法具有以下特点：①采用正反馈机制，使得搜索过程不断收敛，最终逼近最优解；②每个个体可以通过释放信息素来改变周围的环境，且每个个体能够感知周围环境的实时变化，个体间通过环境进行间接通信；③搜索过程采用分布式计算方式，多个个体同时进行并行计算，大大提高了算法的计算能力和运行效率；④启发式的概率搜索方式不容易陷入局部最优，易于寻找到全局最优解。

4. 人工神经网络算法

人工神经网络（artificial neutral network）是模拟人类形象（直观）思维方式的

一种非线性动力学系统，其特色在于信息的分布式存储和并行协同处理。虽然单个神经元的结构极其简单，功能有限，但大量神经元构成的网络系统所能实现的行为却是极其丰富多彩的。

神经网络的研究内容相当广泛，反映了多学科交叉技术领域的特点。主要的研究工作集中在以下几个方面：

（1）生物原型研究。从生理学、心理学、解剖学、脑科学、病理学等生物科学方面研究神经细胞、神经网络、神经系统的生物原型结构及其功能机理。

（2）建立理论模型。根据生物原型的研究，建立神经元、神经网络的理论模型。其中包括概念模型、知识模型、物理化学模型、数学模型等。

（3）网络模型与算法研究。在理论模型研究的基础上构建具体的神经网络模型，以实现计算机模拟或准备制作硬件，包括网络学习算法的研究。这方面的工作也称为技术模型研究。

（4）人工神经网络应用系统。在网络模型与算法研究的基础上，利用人工神经网络组成实际的应用系统，例如，完成某种信号处理或模式识别的功能、构造专家系统、制成机器人等。

BP（back propagation）算法又称为误差反向传播算法，是人工神经网络中的一种监督式的学习算法。BP 神经网络算法在理论上可以逼近任意函数，基本的结构由非线性变化单元组成，具有很强的非线性映射能力。而且网络的中间层数、各层的处理单元数及网络的学习系数等参数可根据具体情况设定，灵活性很大，在优化、信号处理与模式识别、智能控制、故障诊断等许多领域都有着广泛的应用前景。

1.5 结构优化设计的发展概况

最优化问题是个古老的课题，最优化理论的建立可以追溯到牛顿、拉格朗日和柯西所生活的年代，牛顿和莱布尼兹建立了微积分理论，以及伯努利、欧拉、拉格朗日和魏尔斯特拉斯等对泛函极值问题的贡献，奠定了最优化理论的基础。工程结构优化设计的理论和方法源于最优化理论，是基于现代数学、力学的理论和数值方法，借助于计算机技术，在工程设计中满足一些限制条件的情况下，追求某个或几个重要指标达到最优的设计理论和方法。

20 世纪 60 年代之前，虽然已有桁架最优布局、航空结构“同步失效”等结构优化设计问题的研究，但受限于没有高速计算工具，优化设计从理论到应用的发展都极其缓慢。1960 年，Schmit 教授将力学理论与数学规划方法结合，提出处理含不等式隐式约束条件的结构优化设计问题的概念与方法，从而奠定了工程结构优化设计方法的基础。此后，很多学者相继开展了应用数学规划方法进行结构优化设计的研究，设计工作的自动化优化设计受到人们的重视，并日益发展。数学规划法能处理各种性质不同的优化设计问题，具有通用性，但随着结构优化设计问题的设计变量和约束条件增多，以及约束条件大多为复杂的隐式函数，求解过程复杂，结构重分析次数增多。在20世纪60年代后期至80年代初期，最优准则法得到了重视，并发展出以数学规划中的库恩—塔克条件为基础的理性准则。准则法引入某种力学的（直观的）或数学的（理性的）准则，建立对隐式结构优化设计问题具有较好近似精度的显式优化模型。准则法用最优准则的满足代替使目标函数取得极值，计算简单，收敛快，要求重分析的次数与设计变量的数目关系不大，但不具通用性，且收敛性没有保证。

从20世纪70年代末80年代初至今，结构优化设计的研究得到了迅猛发展。结构优化设计的层次从结构构件的尺寸优化发展到结构形状优化和结构拓扑优化。由于在结构尺寸和形状优化的过程中，不会改变结构的拓扑，故而是在一定拓扑形式下的最优尺寸和最优形状。而结构拓扑优化可以优化结构的拓扑，在工程结构设计的初始阶段提供概念设计，最优拓扑可以帮助设计者对复杂结构进行灵活、合理的优化设计，带来比尺寸优化和形状优化更好的结构设计。结构拓扑优化正成为研究的主流方向之一。结构优化设计的内容也有了很大的拓展，例如从静力优化发展到动力优化和稳定优化，从弹性结构的优化发展到弹塑性结构的优化，从考虑确定性设计参数的结构优化到考虑设计参数不确定性的结构随机优化和结构模糊优化，从结构单学科优化发展到考虑结构、热、流、声等耦合作用的多学科优化，从单目标优化到多目标优化，从针对设计工况的结构优化到考虑结构全寿命周期的优化等。

在优化设计的算法方面，充分吸收数学、计算机科学、生命科学等其他学科的最新研究成果，优化算法从串行算法向并行算法发展；智能优化算法也成为与数学规划法、准则法相并列的一类结构优化设计方法，近年来成为优化设计研究的热点。

在工程应用方面，结构优化设计越来越受到重视，在土木、水利、航空航天、机械等领域的应用逐步深入。以水利工程中的拱坝为例，我国近二三十年来修建的几十座大中型拱坝均采用了结构优化设计的方法进行拱坝体形设计研究，在减少坝体混凝土方量、降低造价、改善拱坝工作性能等方面取得了很好的效果。结合实际工程结构优化设计，研究人员还研制了很多专用结构优化设计软件。目前，许多大型通用商业软件也纷纷开发了结构优化设计模块。

1.6 优化设计的数学基础

1.6.1 方向导数与梯度

函数 $f(\boldsymbol{X})$ 在点 $\boldsymbol{X}^k$ 沿某一坐标方向的变化率，称为函数在该点沿该坐标方向的偏导数$\dfrac{\partial f(\boldsymbol{X}^k)}{\partial x_j}$；函数 $f(\boldsymbol{X})$ 在点 $\boldsymbol{X}^k$ 沿任意方向 $\boldsymbol{S}$ 的变化率$\dfrac{\partial f(\boldsymbol{X}^k)}{\partial \boldsymbol{S}}$，称为函数 $f(\boldsymbol{X})$ 在点 $\boldsymbol{X}^k$ 沿方向 $\boldsymbol{S}$ 的方向导数。

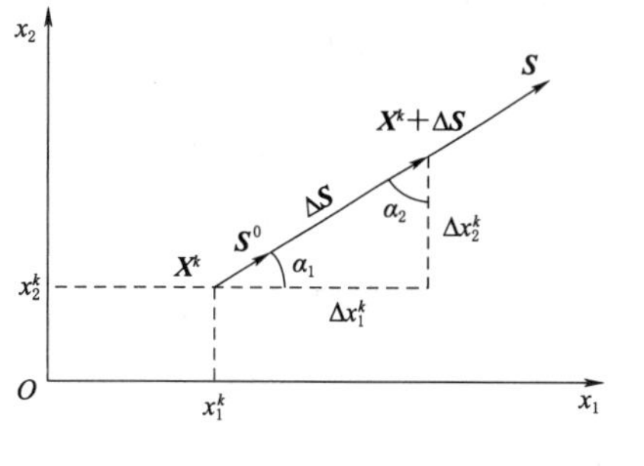

图 1－11　二元函数沿 $\boldsymbol{S}$ 方向的变化

对于二元函数，函数 $f(\boldsymbol{X})$ 在点 $\boldsymbol{X}^k$ 沿任意方向 $\boldsymbol{S}$ 的变化如图 1－11 所示，方向导数可定义为

$$\begin{aligned}\frac{\partial f(\boldsymbol{X}^k)}{\partial \boldsymbol{S}} &= \lim_{\|\Delta \boldsymbol{S}\|\to 0}\frac{f(\boldsymbol{X}^k+\Delta \boldsymbol{S})-f(\boldsymbol{X}^k)}{\|\Delta \boldsymbol{S}\|}\\ &= \lim_{\|\Delta \boldsymbol{S}\|\to 0}\frac{f(x_1^k+\Delta x_1^k, x_2^k+\Delta x_2^k)-f(x_1^k, x_2^k+\Delta x_2^k)}{\Delta x_1^k}\frac{\Delta x_1^k}{\|\Delta \boldsymbol{S}\|}\\ &\quad+\lim_{\|\Delta \boldsymbol{S}\|\to 0}\frac{f(x_1^k, x_2^k+\Delta x_2^k)-f(x_1^k, x_2^k)}{\Delta x_2^k}\frac{\Delta x_2^k}{\|\Delta \boldsymbol{S}\|}\\ &= \frac{\partial f(\boldsymbol{X}^k)}{\partial x_1}\cos\alpha_1+\frac{\partial f(\boldsymbol{X}^k)}{\partial x_2}\cos\alpha_2 \end{aligned} \tag{1-25}$$

同样，对于一般 n 元函数，方向导数可以定义为

$$\begin{aligned}\frac{\partial f(\boldsymbol{X}^k)}{\partial \boldsymbol{S}} &= \frac{\partial f(\boldsymbol{X}^k)}{\partial x_1}\cos\alpha_1+\frac{\partial f(\boldsymbol{X}^k)}{\partial x_2}\cos\alpha_2+\cdots+\frac{\partial f(\boldsymbol{X}^k)}{\partial x_n}\cos\alpha_n\\ &= \left[\frac{\partial f(\boldsymbol{X}^k)}{\partial x_1},\frac{\partial f(\boldsymbol{X}^k)}{\partial x_2},\cdots,\frac{\partial f(\boldsymbol{X}^k)}{\partial x_n}\right]\begin{bmatrix}\cos\alpha_1\\ \cos\alpha_2\\ \vdots\\ \cos\alpha_n\end{bmatrix}\\ &= [\nabla f(\boldsymbol{X}^k)]^{\mathrm{T}}\boldsymbol{S}^0 \end{aligned} \tag{1-26}$$

式中　$\nabla f(\boldsymbol{X}^k)$——函数在点 $\boldsymbol{X}^k$ 的梯度，是由函数在该点沿该坐标方向的偏导数所形成的向量，$\nabla f(\boldsymbol{X}^k)=\left[\dfrac{\partial f(\boldsymbol{X}^k)}{\partial x_1},\dfrac{\partial f(\boldsymbol{X}^k)}{\partial x_2},\cdots,\dfrac{\partial f(\boldsymbol{X}^k)}{\partial x_n}\right]^{\mathrm{T}}$；

$\boldsymbol{S}^0$——方向 $\boldsymbol{S}$ 上的单位向量，$\boldsymbol{S}^0=[\cos\alpha_1,\cos\alpha_2,\cdots,\cos\alpha_n]^{\mathrm{T}}$；

$\alpha_1,\alpha_2,\cdots,\alpha_n$——$\boldsymbol{S}$ 的方向角；

$\cos\alpha_1,\cos\alpha_2,\cdots,\cos\alpha_n$——$\boldsymbol{S}$ 的方向余弦。

根据矢量点积的定义，式（1－26）可进一步表示为

$$\begin{aligned}\frac{\partial f(\boldsymbol{X}^k)}{\partial \boldsymbol{S}} &= \nabla f(\boldsymbol{X}^k)\cdot\boldsymbol{S}^0=\|\nabla f(\boldsymbol{X}^k)\|\ \|\boldsymbol{S}^0\|\cos\langle\nabla f(\boldsymbol{X}^k),\boldsymbol{S}\rangle\\ &= \|\nabla f(\boldsymbol{X}^k)\|\cos\langle\nabla f(\boldsymbol{X}^k),\boldsymbol{S}\rangle \end{aligned} \tag{1-27}$$

式中　$\langle\nabla f(\boldsymbol{X}^k),\boldsymbol{S}\rangle$——梯度向量$\nabla f(\boldsymbol{X}^k)$ 与方向向量 $\boldsymbol{S}$ 之间的夹角；

$\|\nabla f(\boldsymbol{X}^k)\|$ 和 $\|\boldsymbol{S}^0\|$——梯度向量$\nabla f(\boldsymbol{X}^k)$ 和方向 $\boldsymbol{S}$ 上的单位向量 $\boldsymbol{S}^0$ 的模。

$$\| \nabla f(\boldsymbol{X}^k) \| = \sqrt{\left[\frac{\partial f(\boldsymbol{X}^k)}{\partial x_1}\right]^2 + \left[\frac{\partial f(\boldsymbol{X}^k)}{\partial x_2}\right]^2 + \cdots + \left[\frac{\partial f(\boldsymbol{X}^k)}{\partial x_n}\right]^2} \tag{1-28}$$

$$\| \boldsymbol{S}^0 \| = \sqrt{\cos^2\alpha_1 + \cos^2\alpha_2 + \cdots + \cos^2\alpha_n} = 1 \tag{1-29}$$

式（1－27）表明，函数 $f(\boldsymbol{X})$ 在点 $\boldsymbol{X}^k$ 沿方向 $\boldsymbol{S}$ 的方向导数等于函数在该点的梯度 $\nabla f(\boldsymbol{X}^k)$ 在方向 $\boldsymbol{S}$ 上的投影，如图 1－12 所示。可见，梯度是函数在一点变化率的综合描述。

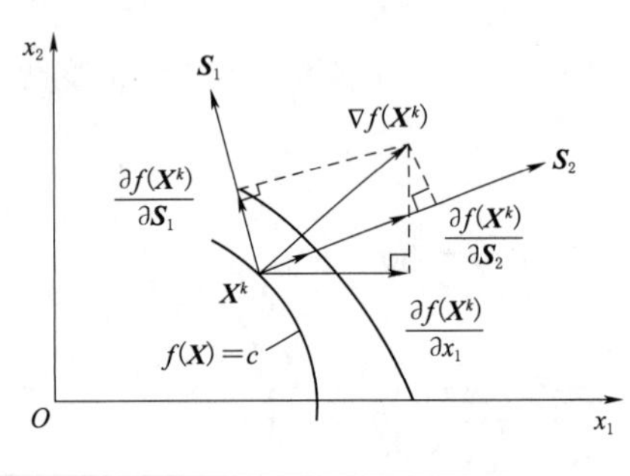

图 1－12　梯度及其投影

由式（1－27）可知：

（1）当 $\cos\langle \nabla f(\boldsymbol{X}^k), \boldsymbol{S} \rangle = -1$ 时，$\frac{\partial f(\boldsymbol{X}^k)}{\partial \boldsymbol{S}} = -\| \nabla f(\boldsymbol{X}^k) \|$。此时，方向 $\boldsymbol{S}$ 与函数梯度方向的夹角为 π，即方向 $\boldsymbol{S}$ 与梯度方向相反，或方向 $\boldsymbol{S}$ 沿负梯度方向。在负梯度方向，函数的变化率为负值，且取得最小值（负向最大值），说明沿负梯度方向，函数值不但是下降的，而且下降最快。负梯度方向是函数值下降最快的方向，这一结论在后面章节中选择搜索方向时会用到。

（2）当 $\cos\langle \nabla f(\boldsymbol{X}^k), \boldsymbol{S} \rangle < 0$ 时，函数在该点的变化率为负值，说明当方向 $\boldsymbol{S}$ 与函数梯度方向的夹角为钝角时，或方向 $\boldsymbol{S}$ 与负梯度方向的夹角为锐角时，沿该方向函数值是下降的。

（3）当 $\cos\langle \nabla f(\boldsymbol{X}^k), \boldsymbol{S} \rangle > 0$ 时，函数在该点的变化率为正值，说明当方向 $\boldsymbol{S}$ 与函数梯度方向的夹角为锐角时，沿该方向函数值是上升的。当 $\cos\langle \nabla f(\boldsymbol{X}^k), \boldsymbol{S} \rangle = 1$ 时，$\frac{\partial f(\boldsymbol{X}^k)}{\partial \boldsymbol{S}} = \| \nabla f(\boldsymbol{X}^k) \|$。此时，方向 $\boldsymbol{S}$ 与梯度方向的夹角为 0，即方向 $\boldsymbol{S}$ 沿梯度方向。在梯度方向，函数的变化率取得最大值，说明沿梯度方向函数值上升最快。

（4）当 $\cos\langle \nabla f(\boldsymbol{X}^k), \boldsymbol{S} \rangle = 0$ 时，$\frac{\partial f(\boldsymbol{X}^k)}{\partial \boldsymbol{S}} = 0$。此时，方向 $\boldsymbol{S}$ 与函数梯度方向的夹角为直角，即方向 $\boldsymbol{S}$ 与梯度方向垂直（正交），说明方向 $\boldsymbol{S}$ 位于该点等值线的切线上或切平面内，也就是函数在该点的梯度必定是该点等值线（面）的法线方向。函数在与梯度正交的方向上变化率为 0。

1.6.2　函数的泰勒展开与海森矩阵

若一元函数 $f(x)$ 在点 x^k 的邻域内 n 阶可导，则函数 $f(x)$ 在该点的邻域内可作泰勒展开，即

$$f(x) = f(x^k) + f'(x^k)(x - x^k) + \frac{1}{2!}f''(x^k)(x - x^k)^2 + \cdots + R_n \tag{1-30}$$

式中 R_n——余项。

多元函数 $f(\boldsymbol{X})$ 也可在点 $\boldsymbol{X}^k$ 处做泰勒展开，考虑展开式的前三项，函数 $f(\boldsymbol{X})$ 的泰勒二次近似式可表示为

$$f(\boldsymbol{X})=f(\boldsymbol{X}^k)+[\nabla f(\boldsymbol{X}^k)]^{\mathrm{T}}[\boldsymbol{X}-\boldsymbol{X}^k]+\frac{1}{2!}[\boldsymbol{X}-\boldsymbol{X}^k]^{\mathrm{T}}\nabla^2 f(\boldsymbol{X}^k)[\boldsymbol{X}-\boldsymbol{X}^k] \tag{1-31}$$

式中 $\nabla f(\boldsymbol{X}^k)$——函数在点 $\boldsymbol{X}^k$ 的梯度；

$\nabla^2 f(\boldsymbol{X}^k)$——由函数在点 $\boldsymbol{X}^k$ 处所有二阶偏导数组成的矩阵，称为函数 $f(\boldsymbol{X})$ 在点 $\boldsymbol{X}^k$ 处的二阶导数矩阵，也称海森矩阵（Hessian Matrix），记为 $\boldsymbol{H}(\boldsymbol{X}^k)$。

$\boldsymbol{H}(\boldsymbol{X}^k)$ 可表示为

$$\boldsymbol{H}(\boldsymbol{X}^k)=\begin{bmatrix} \dfrac{\partial^2 f(\boldsymbol{X}^k)}{\partial x_1^2} & \dfrac{\partial^2 f(\boldsymbol{X}^k)}{\partial x_1 \partial x_2} & \cdots & \dfrac{\partial^2 f(\boldsymbol{X}^k)}{\partial x_1 \partial x_n} \\ \dfrac{\partial^2 f(\boldsymbol{X}^k)}{\partial x_2 x_1} & \dfrac{\partial^2 f(\boldsymbol{X}^k)}{\partial x_2^2} & \cdots & \dfrac{\partial^2 f(\boldsymbol{X}^k)}{\partial x_2 \partial x_n} \\ \vdots & \vdots & & \vdots \\ \dfrac{\partial^2 f(\boldsymbol{X}^k)}{\partial x_n \partial x_1} & \dfrac{\partial^2 f(\boldsymbol{X}^k)}{\partial x_n \partial x_2} & \cdots & \dfrac{\partial^2 f(\boldsymbol{X}^k)}{\partial x_n^2} \end{bmatrix} \tag{1-32}$$

1.6.3 二次型与正定矩阵

二次函数是最简单的非线性函数，在最优化理论中具有重要意义。根据函数的泰勒二次展开式（1-31），可以把一般的二次函数写成

$$f(\boldsymbol{X})=\frac{1}{2}\boldsymbol{X}^{\mathrm{T}}\boldsymbol{H}\boldsymbol{X}+\boldsymbol{B}^{\mathrm{T}}\boldsymbol{X}+C \tag{1-33}$$

式中 $\boldsymbol{H}$——$n\times n$ 阶常数矩阵，相当于函数的二阶导数矩阵；

$\boldsymbol{B}$——常数向量，相当于函数的梯度；

C——常数，相当于函数在某点的值；

$\boldsymbol{X}^{\mathrm{T}}\boldsymbol{H}\boldsymbol{X}$——二次型，是二次函数中仅包含变量二次项的部分，矩阵 $\boldsymbol{H}$ 也称为二次型矩阵。

设有二次型 $f(\boldsymbol{X})=\boldsymbol{X}^{\mathrm{T}}\boldsymbol{H}\boldsymbol{X}$，对于任意不为 $\boldsymbol{0}$ 的向量 $\boldsymbol{X}$，若恒有 $\boldsymbol{X}^{\mathrm{T}}\boldsymbol{H}\boldsymbol{X}>0$，则称二次型 $\boldsymbol{X}^{\mathrm{T}}\boldsymbol{H}\boldsymbol{X}$ 是正定的，其相应的二次型矩阵 $\boldsymbol{H}$ 也是正定的；若恒有 $\boldsymbol{X}^{\mathrm{T}}\boldsymbol{H}\boldsymbol{X}\geqslant 0$，则称二次型 $\boldsymbol{X}^{\mathrm{T}}\boldsymbol{H}\boldsymbol{X}$ 是半正定的，其相应的二次型矩阵 $\boldsymbol{H}$ 也是半正定的；若恒有 $\boldsymbol{X}^{\mathrm{T}}\boldsymbol{H}\boldsymbol{X}<0$，则称二次型 $\boldsymbol{X}^{\mathrm{T}}\boldsymbol{H}\boldsymbol{X}$ 是负定的，其相应的二次型矩阵 $\boldsymbol{H}$ 也是负定的；若对某些向量 $\boldsymbol{X}$ 有 $\boldsymbol{X}^{\mathrm{T}}\boldsymbol{H}\boldsymbol{X}>0$，而对另一些向量 $\boldsymbol{X}$ 有 $\boldsymbol{X}^{\mathrm{T}}\boldsymbol{H}\boldsymbol{X}<0$，则称二次型 $\boldsymbol{X}^{\mathrm{T}}\boldsymbol{H}\boldsymbol{X}$ 是不定的，其相应的二次型矩阵 $\boldsymbol{H}$ 也是不定的。

矩阵 $\boldsymbol{H}$ 的正定性可以用矩阵的各阶主子式进行判别。可以证明，对称矩阵 $\boldsymbol{H}$ 为正定的充要条件是 $\boldsymbol{H}$ 的各阶主子式均大于 0，这一条件可以用来判别矩阵 $\boldsymbol{H}$ 的正定性。对称矩阵

$$\boldsymbol{H}=\begin{bmatrix} h_{11} & h_{12} & \cdots & h_{1n} \\ h_{21} & h_{22} & \cdots & h_{2n} \\ \vdots & \vdots & & \vdots \\ h_{n1} & h_{n2} & \cdots & h_{nn} \end{bmatrix}$$

若各阶主子式

$$h_{11}>0,\begin{vmatrix} h_{11} & h_{12} \\ h_{21} & h_{22} \end{vmatrix}>0,\cdots,\begin{vmatrix} h_{11} & h_{12} & \cdots & h_{1n} \\ h_{21} & h_{22} & \cdots & h_{2n} \\ \vdots & \vdots & & \vdots \\ h_{n1} & h_{n2} & \cdots & h_{nn} \end{vmatrix}>0$$

则矩阵 $\boldsymbol{H}$ 是正定的。

若式（1－33）中二次型矩阵 $\boldsymbol{H}$ 是正定的，则称函数 $f(\boldsymbol{X})$ 为正定二次函数。在最优化理论中，正定二次函数具有特殊作用，许多最优化理论和方法都是根据正定二次函数提出的，而且对正定二次函数适用且有效的优化算法，对一般非线性函数也是适用且有效的。

可以证明，二次函数具有以下性质：

（1）正定二元二次函数的等值线（面）是一族同心椭圆（球），椭圆（球）族的中心就是该二次函数的极小点，如图 1－13（a）所示。

（2）非正定二元二次函数在极小点附近的等值线（面）近似于椭圆（球），如图 1－13（b）所示。

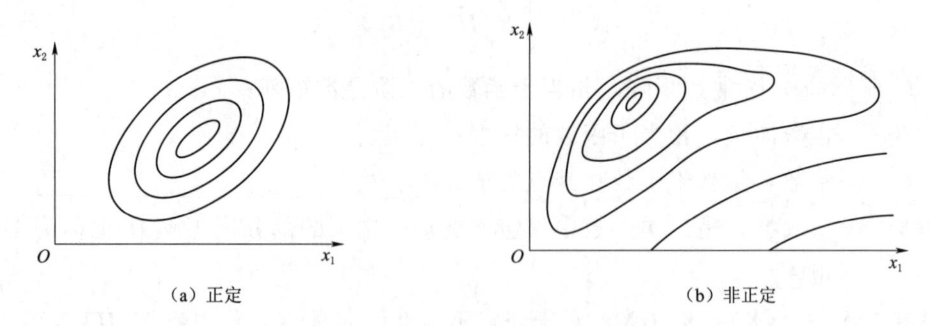

图 1－13　二元二次函数等值线

1.6.4　凸集与凸函数

凸集与凸函数在最优化问题的理论分析与算法研究中具有重要作用。关于凸集与凸函数的内容十分丰富，这里仅介绍基本定义和性质。

设 $\boldsymbol{D}$ 为 n 维欧氏空间的一个集合，若其中任意两点之间的连线上的所有点都属于该集合，则称集合 $\boldsymbol{D}$ 为 n 维欧氏空间中的一个凸集。二维空间中的凸集如图 1-14（a）所示，非凸集如图 1-14（b）所示。

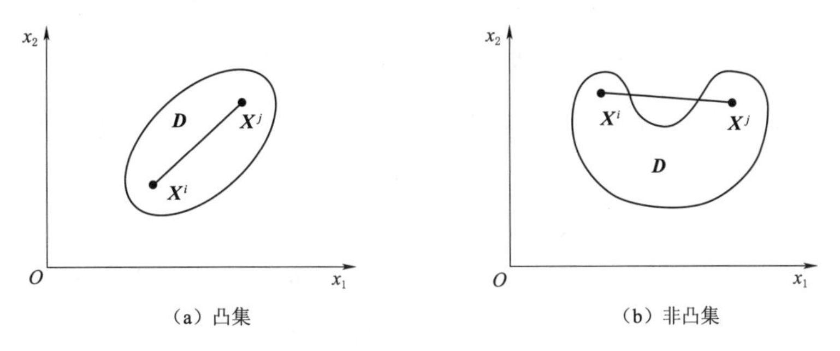

图 1-14　凸集与非凸集

集合 $\boldsymbol{D}$ 中任意两点 $\boldsymbol{X}^i$ 和 $\boldsymbol{X}^j$ 的连线上的点可表示为

$$\boldsymbol{X}=\alpha\boldsymbol{X}^i+(1-\alpha)\boldsymbol{X}^j \quad \alpha\in[0,1] \tag{1-34}$$

因此，凸集的定义也可以表达为：对任意 $\boldsymbol{X}^i$，$\boldsymbol{X}^j\in\boldsymbol{D}$，以及 $\alpha\in[0,1]$，都有 $\boldsymbol{X}=\alpha\boldsymbol{X}^i+(1-\alpha)\boldsymbol{X}^j\in\boldsymbol{D}$，则集合 $\boldsymbol{D}$ 为凸集。

了解了凸集的概念后，就可以定义凸集上的凸函数。设 $\boldsymbol{D}$ 为 n 维欧氏空间的一个非空凸集，函数 $f(\boldsymbol{X})$ 是定义在 $\boldsymbol{D}$ 上的实函数，若对任意两点 $\boldsymbol{X}^i$，$\boldsymbol{X}^j\in\boldsymbol{D}$，以及 $\alpha\in[0,1]$，都有

$$f[\alpha\boldsymbol{X}^i+(1-\alpha)\boldsymbol{X}^j]\leqslant\alpha f(\boldsymbol{X}^i)+(1-\alpha)f(\boldsymbol{X}^j) \tag{1-35}$$

则称函数 $f(\boldsymbol{X})$ 为定义在集合 $\boldsymbol{D}$ 上的凸函数。如果 $\boldsymbol{X}^i\neq\boldsymbol{X}^j$ 时，有

$$f[\alpha\boldsymbol{X}^i+(1-\alpha)\boldsymbol{X}^j]<\alpha f(\boldsymbol{X}^i)+(1-\alpha)f(\boldsymbol{X}^j) \tag{1-36}$$

则称函数 $f(\boldsymbol{X})$ 为 $\boldsymbol{D}$ 上的严格凸函数。

如果函数 $-f(\boldsymbol{X})$ 为 $\boldsymbol{D}$ 上的凸函数，则称函数 $f(\boldsymbol{X})$ 为 $\boldsymbol{D}$ 上的凹函数。

一元函数情况下凸函数、凹函数和非凸非凹函数的示例如图 1-15 所示。

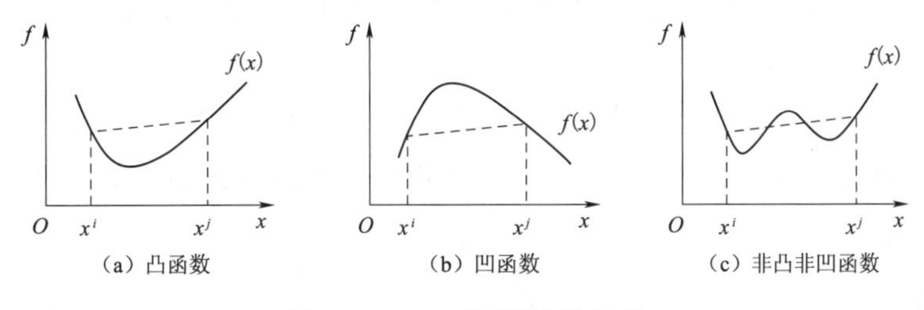

图 1-15　一元函数的凸性

一般情况下，可以直接利用凸函数的定义来研究一个函数是否具有凸性，如果函数是一阶或二阶连续可微的，也可以利用函数的梯度以及二阶导数来判断。

设 $\boldsymbol{D}$ 为 n 维欧氏空间的一个非空凸集，函数 $f(\boldsymbol{X})$ 是定义在 $\boldsymbol{D}$ 上的一阶连续可

微实函数，则 $f(\boldsymbol{X})$ 是 $\boldsymbol{D}$ 上凸函数的充分必要条件为：对任意 $\boldsymbol{X}^i$，$\boldsymbol{X}^j \in \boldsymbol{D}$，有

$$f(\boldsymbol{X}^j) \geqslant f(\boldsymbol{X}^i) + [\nabla f(\boldsymbol{X}^i)]^{\mathrm{T}}(\boldsymbol{X}^j - \boldsymbol{X}^i) \tag{1-37}$$

$f(\boldsymbol{X})$ 是 $\boldsymbol{D}$ 上严格凸函数的充分必要条件为：对任意 $\boldsymbol{X}^i$，$\boldsymbol{X}^j \in \boldsymbol{D}$，当 $\boldsymbol{X}^i \neq \boldsymbol{X}^j$ 时，有

$$f(\boldsymbol{X}^j) > f(\boldsymbol{X}^i) + [\nabla f(\boldsymbol{X}^i)]^{\mathrm{T}}(\boldsymbol{X}^j - \boldsymbol{X}^i) \tag{1-38}$$

上述函数凸性条件式（1-37）和式（1-38）给出了判断可微函数为凸函数的一阶充要条件，其几何意义如图1-16所示，不难看出，凸函数的图形位于其图形上任意一点切线的上方。

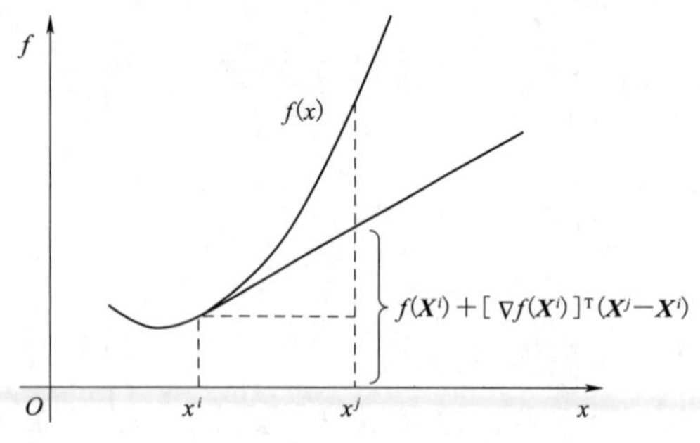

图1-16 凸函数判别式的几何意义

下面给出判断可微函数为凸函数的二阶充要条件。设 $\boldsymbol{D}$ 为 n 维欧氏空间的一个非空凸集，函数 $f(\boldsymbol{X})$ 是定义在 $\boldsymbol{D}$ 上的二阶连续可微实函数，则 $f(\boldsymbol{X})$ 是 $\boldsymbol{D}$ 上凸函数的充分必要条件是在 $\boldsymbol{D}$ 的每一点处海森矩阵是半正定的。如果海森矩阵在每个点处是正定的，则 $f(\boldsymbol{X})$ 在 $\boldsymbol{D}$ 上是严格凸函数。

求解凸函数在凸集上的极小点，这一类问题称为凸规划。凸规划问题可描述为

$$\begin{cases} \text{find } \boldsymbol{X} \\ \min f(\boldsymbol{X}) \\ \text{s.t. } g_j(\boldsymbol{X}) \leqslant 0 \quad (j=1,2,\cdots,m) \\ \qquad h_j(\boldsymbol{X}) = 0 \quad (j=1,2,\cdots,p) \end{cases} \tag{1-39}$$

式中 $f(\boldsymbol{X})$——凸函数；

$g_j(\boldsymbol{X})$——凸函数，即满足 $g_j(\boldsymbol{X}) \leqslant 0$ 的点的集合是凸集；

$h_j(\boldsymbol{X})$——线性函数。需要注意的是，对于非线性凸函数 $h_j(\boldsymbol{X})$，满足 $h_j(\boldsymbol{X})=0$ 的点的集合不是凸集，因此，具有非线性凸函数等式约束问题不属于凸规划。

凸规划是最优化问题中的一类重要的特殊形式，具有良好的性质。凸规划的局部极小点就是全局极小点；如果凸规划的目标函数是严格凸函数，则如果存在极小点，极小点是唯一的。

1.6.5 最优性条件

从数学的角度看，最优化问题本质上是求解函数的极（小）值。由于最优化问题的复杂性，包括无约束最优化问题和约束最优化问题，极值点可以在全体实数域求解（无约束最优化问题），或只能在可行域求解（约束最优化问题）。又由于函数本身

的复杂性，其极值点可能不是唯一的，因此，极值点可分为局部极值点和全局极值点，从而最优化问题的解可分为局部最优解和全局最优解。如图 1-17 所示，在区间 $[a, b]$ 中，局部极小点为 x_1，(x_2, x_3)；x_4 为全局极小点。

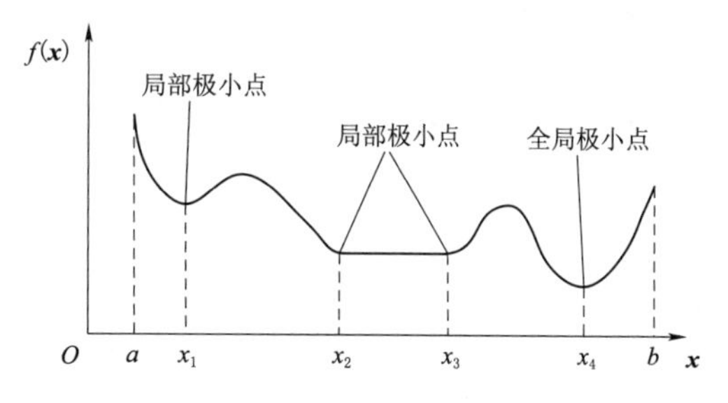

图 1-17　函数的极值点类型

1.6.5.1　局部最优解和全局最优解

考虑最优化问题：$\min f(\boldsymbol{X})$，$\boldsymbol{X} \in \boldsymbol{D}$，其中，$\boldsymbol{D} \in \boldsymbol{R}^n$ 为设计域，若 $\boldsymbol{D} = \boldsymbol{R}^n$，则为无约束最优化问题；若 $\boldsymbol{D}$ 为 $\boldsymbol{R}^n$ 的真子集，则为约束最优化问题，$\boldsymbol{D}$ 为可行域。

设最优化问题的解为 $\boldsymbol{X}^* \in \boldsymbol{D}$，如果对任意点 $\boldsymbol{X} \in \boldsymbol{D}$ 都有

$$f(\boldsymbol{X}^*) \leqslant f(\boldsymbol{X}) \tag{1-40}$$

则 $\boldsymbol{X}^*$ 为全局极小点，或称为最优化问题的全局最优解。若对 $\boldsymbol{X} \neq \boldsymbol{X}^*$，不等式 (1-40) 严格成立，即 $f(\boldsymbol{X}^*) < f(\boldsymbol{X})$，则称 $\boldsymbol{X}^*$ 为全局严格极小点。若存在一个包含点 $\boldsymbol{X}^*$ 的 δ 邻域 $\boldsymbol{N}(\boldsymbol{X}^*, \delta)$，使得对于该邻域中的任意点 $\boldsymbol{X} \in \boldsymbol{N}(\boldsymbol{X}^*, \delta)$，都有上述不等式 (1-40) 成立，则点 $\boldsymbol{X}^*$ 为函数 $f(\boldsymbol{X})$ 的一个局部极小点，或称为最优化问题的局部最优解。若不等式严格成立，则称 $\boldsymbol{X}^*$ 为局部严格极小点。

一般地，在设计域中存在若干个局部极小点，其中，函数值最小的局部极小点即为全局极小点。显然，全局极小点也是局部极小点；但并不是所有局部极小点都是全局极小点。通常求解全局极小点是比较困难的，算法往往收敛到一个局部极小点，仅当最优化问题具有某种凸性时，局部极小点才是全局极小点。对许多实际工程问题，局部最优解已经满足了问题的要求，因此，本书所介绍的理论和方法通常是求解局部最优解，关于求解全局最优解的理论和方法可参见相关文献。

1.6.5.2　无约束最优化问题的极值条件

无约束最优化问题就是求函数在整个实空间上的极值，这是一个古典的极值问题，可根据微分理论求解。

一元函数 $f(x)$ 在点 x^k 取得极值的必要条件是函数在该点的一阶导数等于 0，充分条件是对应的二阶导数不等于 0，即

$$f'(x^k) = 0 \text{ 且 } f''(x^k) \neq 0 \tag{1-41}$$

当 $f''(x) > 0$ 时，二阶导数在点 x^k 取得极小值，当 $f''(x) < 0$ 时，二阶导数在点 x^k 取得极大值。函数 $f(x)$ 的极值点和极值分别记为 $x^* = x^k$ 和 $f^* = f(x^k)$。

多元函数 $f(\boldsymbol{X})$ 在点 $\boldsymbol{X}^k$ 取得极值的必要条件是函数在该点的所有方向导数都等于 0，即函数在该点的梯度等于 $\boldsymbol{0}$：

$$\nabla f(\boldsymbol{X}^k) = \boldsymbol{0} \tag{1-42}$$

将函数在点 $\boldsymbol{X}^k$ 作泰勒展开，考虑二次近似式，有

$$f(\boldsymbol{X})=f(\boldsymbol{X}^k)+[\nabla f(\boldsymbol{X}^k)]^{\mathrm{T}}[\boldsymbol{X}-\boldsymbol{X}^k]+\frac{1}{2!}[\boldsymbol{X}-\boldsymbol{X}^k]^{\mathrm{T}}\nabla^2 f(\boldsymbol{X}^k)[\boldsymbol{X}-\boldsymbol{X}^k] \tag{1-43}$$

将极值的必要条件$\nabla f(\boldsymbol{X}^k)=\boldsymbol{0}$代入，整理后得

$$f(\boldsymbol{X})-f(\boldsymbol{X}^k)=\frac{1}{2}[\boldsymbol{X}-\boldsymbol{X}^k]^{\mathrm{T}}\nabla^2 f(\boldsymbol{X}^k)[\boldsymbol{X}-\boldsymbol{X}^k] \tag{1-44}$$

当点 $\boldsymbol{X}^k$ 为极小点时，显然 $f(\boldsymbol{X})>f(\boldsymbol{X}^k)$，由式（1-44）可得

$$[\boldsymbol{X}-\boldsymbol{X}^k]^{\mathrm{T}}\nabla^2 f(\boldsymbol{X}^k)[\boldsymbol{X}-\boldsymbol{X}^k]>0 \tag{1-45}$$

此式说明函数的二阶导数矩阵（海森矩阵）必须是正定的，即

$$\nabla^2 f(\boldsymbol{X}^k)=\begin{bmatrix} \frac{\partial^2 f(\boldsymbol{X}^k)}{\partial x_1^2} & \frac{\partial^2 f(\boldsymbol{X}^k)}{\partial x_1 \partial x_2} & \cdots & \frac{\partial^2 f(\boldsymbol{X}^k)}{\partial x_1 \partial x_n} \\ \frac{\partial^2 f(\boldsymbol{X}^k)}{\partial x_2 \partial x_1} & \frac{\partial^2 f(\boldsymbol{X}^k)}{\partial x_2^2} & \cdots & \frac{\partial^2 f(\boldsymbol{X}^k)}{\partial x_2 \partial x_n} \\ \vdots & \vdots & & \vdots \\ \frac{\partial^2 f(\boldsymbol{X}^k)}{\partial x_n \partial x_1} & \frac{\partial^2 f(\boldsymbol{X}^k)}{\partial x_n \partial x_2} & \cdots & \frac{\partial^2 f(\boldsymbol{X}^k)}{\partial x_n^2} \end{bmatrix} \tag{1-46}$$

正定。式（1-46）为多元函数取得极小值的充分条件。

综上，多元函数 $f(\boldsymbol{X})$ 在点 $\boldsymbol{X}^k$ 取得极值的充分必要条件是函数在该点的梯度等于 $\boldsymbol{0}$，二阶导数矩阵是正定的，即

$$\begin{cases} \nabla f(\boldsymbol{X}^k)=\boldsymbol{0} \\ \nabla^2 f(\boldsymbol{X}^k)\text{正定} \end{cases} \tag{1-47}$$

对于工程最优化问题，由于多元函数 $f(\boldsymbol{X})$ 比较复杂，一般函数的导数不容易求得，二阶导数矩阵的正定性判断更加困难。因此，式（1-47）只具有理论意义，在最优化算法中，只将式（1-47）作为判断搜索点达到极小点的迭代终止准则。

1.6.5.3 约束最优化问题的极值条件

考虑约束时，最优化问题具有以下特征：

（1）若约束对最优点无影响，即函数的极值点在可行域内，是可行自由点，这种情况相当于无约束问题，约束问题的极值点就是无约束问题的极值点，如图1-18（a）所示。

（2）函数的极值点在可行域外，此时，约束问题的极值点是约束边界上的一点，该点是约束边界与函数的一条等值线的切点，如图1-18（b）所示。

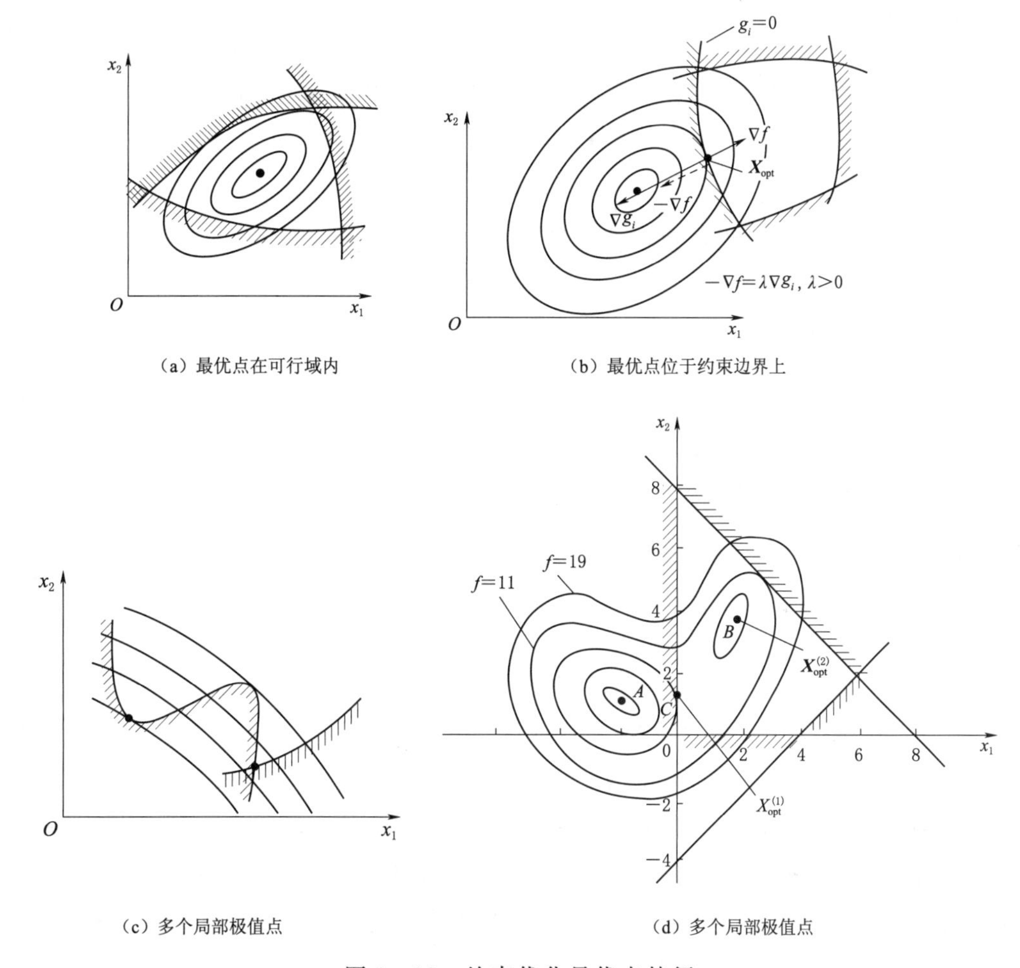

图 1-18　约束优化最优点特征

(3) 由于约束作用可能会产生多个局部极值点，例如，图 1-18 (c) 中有两个极值点，一个是约束边界与函数等值线的切点，另一个是两个约束边界的交点。

(4) 如果函数有两个或两个以上的无约束局部极值点，则约束问题也会产生多个局部极值点，如图 1-18 (d) 所示。

可见，约束最优化问题的极值条件比起无约束问题要复杂得多。从数学的角度看，约束不外乎等式约束和不等式约束两种形式，下面分别就等式约束和不等式约束两种情况加以讨论。

1. 等式约束最优化问题的极值条件

考虑等式约束最优化问题

$$\begin{cases} \text{find } \boldsymbol{X} \\ \min\ f(\boldsymbol{X}) \\ \text{s.t. } h_j(\boldsymbol{X})=0 \quad (j=1,2,\cdots,p) \end{cases} \tag{1-48}$$

构造拉格朗日函数

$$L(\boldsymbol{X},\boldsymbol{\lambda})=f(\boldsymbol{X})+\sum_{j=1}^{p}\lambda_j h_j(\boldsymbol{X})=f(\boldsymbol{X})+\boldsymbol{\lambda}^{\mathrm{T}}\boldsymbol{h}(\boldsymbol{X}) \tag{1-49}$$

式中 $\boldsymbol{\lambda}=[\lambda_1 \quad \lambda_2 \quad \cdots \quad \lambda_p]^{\mathrm{T}}$——拉格朗日乘子向量；

$\boldsymbol{h}=[h_1 \quad h_2 \quad \cdots \quad h_p]^{\mathrm{T}}$——等式约束向量。

考虑拉格朗日函数的无约束极值问题

$$\min L(\boldsymbol{X},\boldsymbol{\lambda}) \tag{1-50}$$

拉格朗日函数的梯度为

$$\nabla L(\boldsymbol{X},\boldsymbol{\lambda})=\begin{bmatrix}\nabla_{\boldsymbol{X}}L\\ \nabla_{\boldsymbol{\lambda}}L\end{bmatrix} \tag{1-51}$$

式中 $\nabla_{\boldsymbol{X}}L=\nabla f(\boldsymbol{X})+\sum_{j=1}^{p}\lambda_j\nabla h_j(\boldsymbol{X})$

$\nabla_{\boldsymbol{\lambda}}L=\boldsymbol{h}(\boldsymbol{X})=[h_1(\boldsymbol{X}) \quad h_2(\boldsymbol{X}) \quad \cdots \quad h_p(\boldsymbol{X})]^{\mathrm{T}}$

由无约束极值问题的必要条件$\nabla L(\boldsymbol{X},\boldsymbol{\lambda})=\boldsymbol{0}$得

$$\nabla f(\boldsymbol{X})+\sum_{j=1}^{p}\lambda_j\nabla h_j(\boldsymbol{X})=\boldsymbol{0},\lambda_j\text{ 不全为 }0 \tag{1-52}$$

$$h_j(\boldsymbol{X})=0 \quad (j=1,2,\cdots,p) \tag{1-53}$$

式（1-52）和式（1-53）即为拉格朗日函数取得极值的必要条件，式（1-53）表明拉格朗日函数取得极值时所有等式约束必须得到满足。可见，拉格朗日函数取得极值的必要条件与等式约束最优化问题式（1-48）取得极值的必要条件是完全等价的。借助拉格朗日函数将约束最优化问题转化为无约束最优化问题研究，这种方法称为拉格朗日乘子法。

综上，等式约束最优化问题取得极值的必要条件可概括为：在等式约束的极值点上，函数的负梯度等于各约束函数的非零线性组合。即

$$-\nabla f(\boldsymbol{X})=\sum_{j=1}^{p}\lambda_j\nabla h_j(\boldsymbol{X}),\ \lambda_j\text{ 不全为 }0 \tag{1-54}$$

2. 不等式约束最优化问题的极值条件

考虑不等式约束最优化问题

$$\begin{cases}\text{find } \boldsymbol{X}\\ \min\ f(\boldsymbol{X})\\ \text{s.t.}\ \ g_j(\boldsymbol{X})\leqslant 0 \quad (j=1,2,\cdots,m)\end{cases} \tag{1-55}$$

如前所述，在所有约束形成的可行域中，若某个设计点 $\boldsymbol{X}^k$ 位于一个或多个约束曲面上，则相应的不等式约束条件 $g_j(\boldsymbol{X}^k)\leqslant 0$ 成为等式，即 $g_j(\boldsymbol{X}^k)=0$，这样的设计点为边界点，相应的约束为主动约束。对于边界点 $\boldsymbol{X}^k$，主动约束的个数和约束条件序号可以用集合的形式表示：

$$I_k=\{j\mid g_j(\boldsymbol{X}^k)=0,\ j=1,2,\cdots,m\} \tag{1-56}$$

式中 I_k——主动约束的约束条件序号集合；

j——主动约束的约束条件序号；

m——所有约束的个数。

引入 m 个松弛变量 $s_j\geqslant 0$，将式（1－55）中的不等式约束转化为等式约束

$$g_j(\boldsymbol{X})+s_j^2=0\quad (j=1,2,\cdots,m) \tag{1-57}$$

其中，当松弛变量 $s_j=0$ 时，$g_j(\boldsymbol{X})=0$，该约束为主动约束；当 $s_j\neq 0$ 时，$g_j(\boldsymbol{X})<0$，该约束条件对设计点不起约束作用。

考虑等式约束问题

$$\begin{cases}\text{find } \boldsymbol{X}\\ \min\ f(\boldsymbol{X})\\ \text{s.t.}\ \ g_j(\boldsymbol{X})+s_j^2=0\quad (j=1,2,\cdots,m)\end{cases} \tag{1-58}$$

采用拉格朗日乘子法研究等式约束极值问题，构造拉格朗日函数

$$L(\boldsymbol{X},\boldsymbol{\lambda},\boldsymbol{s})=f(\boldsymbol{X})+\sum_{j=1}^{m}\lambda_j\left[g_j(\boldsymbol{X})+s_j^2\right] \tag{1-59}$$

式中 $\boldsymbol{\lambda}$——拉格朗日乘子向量，$\boldsymbol{\lambda}=[\lambda_1\quad \lambda_2\quad \cdots\quad \lambda_m]^{\mathrm{T}}$；

$\boldsymbol{s}$——松弛变量向量，$\boldsymbol{s}=[s_1\quad s_2\quad \cdots\quad s_m]^{\mathrm{T}}$。

拉格朗日函数 $L(\boldsymbol{X},\boldsymbol{\lambda},\boldsymbol{s})$ 取得极值的必要条件为$\nabla L(\boldsymbol{X},\boldsymbol{\lambda},\boldsymbol{s})=\boldsymbol{0}$，展开后有

$$\begin{cases}\dfrac{\partial}{\partial \boldsymbol{X}}L(\boldsymbol{X},\boldsymbol{\lambda},\boldsymbol{s})=\nabla f(\boldsymbol{X})+\displaystyle\sum_{j=1}^{m}\lambda_j\ \nabla g_j(\boldsymbol{X})=\boldsymbol{0}\\ \dfrac{\partial}{\partial \boldsymbol{\lambda}}L(\boldsymbol{X},\boldsymbol{\lambda},\boldsymbol{s})=g_j(\boldsymbol{X})+s_j^2=0\quad (j=1,2,\cdots,m)\\ \dfrac{\partial}{\partial \boldsymbol{s}}L(\boldsymbol{X},\boldsymbol{\lambda},\boldsymbol{s})=2\lambda_j s_j=0\quad (j=1,2,\cdots,m)\end{cases} \tag{1-60}$$

由式（1－60）中的第 2 式和第 3 式可知，当 $\lambda_j\neq 0$ 时，$s_j=0$，此时 $g_j(\boldsymbol{X})=0$，说明点 $\boldsymbol{X}$ 在约束边界上，$g_j(\boldsymbol{X})\leqslant 0$ 是主动约束；当 $s_j\neq 0$ 时，$\lambda_j=0$，此时 $g_j(\boldsymbol{X})<0$，说明 $g_j(\boldsymbol{X})\leqslant 0$ 是非主动约束，对设计点不起约束作用。将约束条件序号集合 $\boldsymbol{I}$ 分为两个子集合 $\boldsymbol{I}_1$ 和 $\boldsymbol{I}_2$ 之和，即 $\boldsymbol{I}=\boldsymbol{I}_1+\boldsymbol{I}_2$，其中，$\boldsymbol{I}_1$ 为所有主动约束的约束条件序号集合，$\boldsymbol{I}_2$ 为所有非主动约束的约束条件序号集合。当集合 $\boldsymbol{I}_1$ 非空时，说明设计点 $\boldsymbol{X}$ 在一个约束边界上或多个约束的交点上，当集合 $\boldsymbol{I}_1$ 为空集合时，说明设计点 $\boldsymbol{X}$ 在可行域内。当 $j\in\boldsymbol{I}_1$ 时，$s_j=0$，$g_j(\boldsymbol{X})=0$；当 $j\in\boldsymbol{I}_2$ 时，$\lambda_j=0$，$g_j(\boldsymbol{X})<0$。由于不等式约束条件为“$\leqslant$”的形式，约束函数的梯度指向可行域外，此时为使设计点成为约束极小点，函数的梯度必须指向可行域内，由式（1－60）中的第 1 式可知，必须有 $\lambda_j>0$。

综上，不等式约束最优化问题的极小点要么在可行域内，要么在约束边界上。不等式约束问题的极值条件可以表述为

当点 $\boldsymbol{X}$ 在约束边界上，即集合 $\boldsymbol{I}_1$ 非空时：

$$\begin{cases}\nabla f(\boldsymbol{X})+\sum\limits_{j\in \boldsymbol{I}_1}\lambda_j\nabla g_j(\boldsymbol{X})=\boldsymbol{0}\\ \lambda_j>0,\quad j\in \boldsymbol{I}_1\end{cases}\tag{1-61}$$

或写成分量的形式

$$\begin{cases}\dfrac{\partial f(\boldsymbol{X})}{\partial x_i}+\sum\limits_{j\in \boldsymbol{I}_1}\lambda_j\dfrac{\partial g_j(\boldsymbol{X})}{\partial x_i}=0\quad (i=1,2,\cdots,n)\\ \lambda_j>0,\quad j\in \boldsymbol{I}_1\end{cases}\tag{1-62}$$

当点 $\boldsymbol{X}$ 在可行域内，即集合 $\boldsymbol{I}_1$ 为空集合时，可以按无约束问题求解，极值条件如式（1-47）。

不等式约束问题的极值条件式（1-61）或式（1-62）称为库恩—塔克（Kuhn-Tuck）条件（简称K-T条件），其意义可以概括为：在不等式约束问题的极小点上，目标函数的负梯度等于主动约束函数梯度的非负线性组合。K-T条件的几何意义为：在不等式约束问题的极小点上，目标函数的负梯度方向位于主动约束函数梯度方向所形成的夹角或锥体内，如图1-19所示。

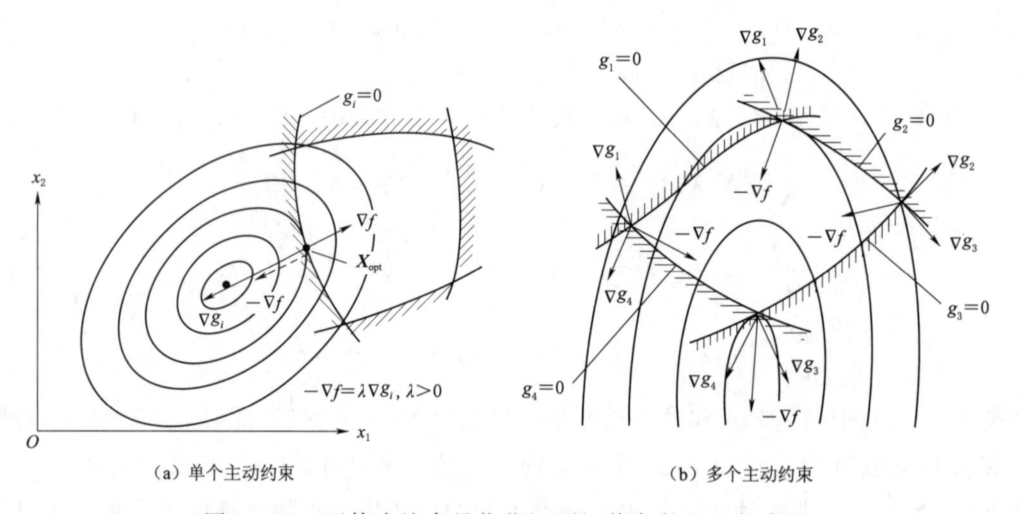

图1-19 不等式约束最优化问题极值条件的几何意义

1.6.6 最优化问题解的结构

最优化问题通常采用迭代方法求最优解，由最优化问题的数学表达式（1-2）可知，最优化方法是求解目标函数的极小值，因而这种迭代方法称为下降迭代算法。

下降迭代算法的基本思想是：给定一个初始点 $\boldsymbol{X}^0$，按照某一迭代规则产生一个点列 $\{\boldsymbol{X}^k\}$。当 $\{\boldsymbol{X}^k\}$ 是有穷点列时，其最后一个点是最优问题的解；当 $\{\boldsymbol{X}^k\}$ 是无穷点列时，它有极限点，且其极限点是最优问题的解。

一个好的下降迭代算法应该具备的典型特征为：迭代点 $\boldsymbol{X}^k$ 应该快速、稳定地趋向最优化问题的局部极小点 $\boldsymbol{X}^*$ 的邻域，然后迅速收敛于局部极小点 $\boldsymbol{X}^*$。当给定的某种收敛准则得到满足时，迭代终止。

设 $\boldsymbol{X}^k$ 为第 k 次迭代点，从当前点 $\boldsymbol{X}^k$ 出发，以 $\boldsymbol{S}^k$ 为搜索方向，α^k 为步长因子，进行迭代搜索，则下一个迭代点 $\boldsymbol{X}^{k+1}$ 为

$$\boldsymbol{X}^{k+1}=\boldsymbol{X}^k+\alpha^k\boldsymbol{S}^k \tag{1-63}$$

从这个迭代格式可以看出，不同的步长因子 α^k 和不同的搜索方向 $\boldsymbol{S}^k$，决定了迭代点趋向于极小点的速度，如何选择步长因子 α^k 和不同的搜索方向 $\boldsymbol{S}^k$ 构成了各种不同的最优化算法。在下降迭代算法中，搜索方向 $\boldsymbol{S}^k$ 是函数 f 在点 $\boldsymbol{X}^k$ 处的下降方向，即 $\boldsymbol{S}^k$ 应该满足

$$[\nabla f(\boldsymbol{X}^k)]^{\mathrm{T}}\boldsymbol{S}^k<0$$

或

$$f(\boldsymbol{X}^k+\alpha^k\boldsymbol{S}^k)<f(\boldsymbol{X}^k)$$

下降迭代算法的基本步骤为：

(1) 给定初始点 $\boldsymbol{X}^0$。

(2) 确定搜索方向 $\boldsymbol{S}^k$，即构造函数 f 在 $\boldsymbol{X}^k$ 点处的下降方向作为搜索方向。

(3) 确定最优步长因子 $\alpha^k=\alpha^*$，使函数 f 尽可能下降。

(4) 产生新的搜索点，即

$$\boldsymbol{X}^{k+1}=\boldsymbol{X}^k+\alpha^k\boldsymbol{S}^k$$

(5) 收敛判断。

若 $\boldsymbol{X}^{k+1}$ 满足某种收敛准则，则终止迭代，将 $\boldsymbol{X}^{k+1}$ 作为满足某种精度要求的近似最优解；否则返回步骤 (2)，重复以上步骤。

下降迭代算法从初始点开始，逐步趋向极小点的收敛路径如图 1-20 所示。

1.6.7 迭代算法的收敛准则

当迭代算法产生的点列对应的函数值严格地单调递减，并且最终收敛于最优化问题的极小点时，称迭代算法具有收敛性。点列向极小点逼近的速度称为算法的收敛速度。可靠实用的优化算法不仅要有良好的收敛性，而且应该具有尽可能快的收敛速度。

最优化算法的收敛速度可以用下列定义描述：

设迭代算法产生的点列 $\boldsymbol{X}^k$ 在某种范数意义下收敛，即

$$\lim_{k\to\infty}\|\boldsymbol{X}^k-\boldsymbol{X}^*\|=0 \tag{1-64}$$

若对于与迭代次数 k 无关的常数 σ，$0<\sigma<1$，存在常数 β，使得

$$\lim_{k\to\infty}\frac{\|\boldsymbol{X}^{k+1}-\boldsymbol{X}^*\|}{\|\boldsymbol{X}^k-\boldsymbol{X}^*\|^{\beta}}=\sigma \tag{1-65}$$

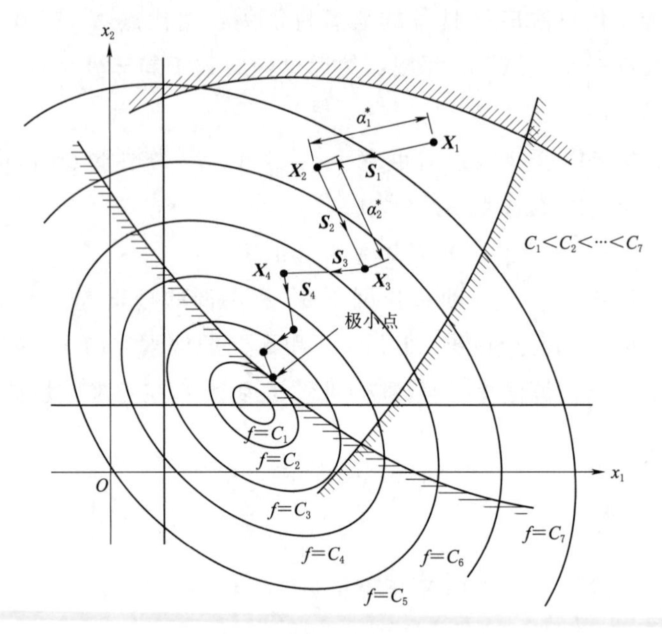

图 1-20 下降迭代算法收敛路径

则称算法产生的点列 $\{\boldsymbol{X}^k\}$ 具有至少 β 阶收敛性，即具有 β 阶收敛速度。

当 $\beta=1$ 时，称算法线性收敛；当 $1<\beta<2$ 时，称算法超线性收敛；当 $\beta=2$ 时，称算法二次收敛。

二次收敛快于超线性收敛，超线性收敛快于线性收敛。一般认为，具有超线性收敛速度和二次收敛速度的算法是比较快的算法，具有线性收敛性的算法是收敛速度比较缓慢的算法。

在最优化问题的迭代算法中，如何判断迭代点收敛于极小点？一般来说，求得精确解是很困难的，因此，最优化算法只要求得到满足给定精度要求的近似解。根据设计点或函数值的某种度量判断迭代点是否达到给定精度要求的判别式称为最优算法的收敛准则，一旦迭代点满足收敛准则，则终止迭代，并将当前的迭代点作为最优问题的近似解。

常用的收敛准则有以下三种。

1. 点距准则

一般说来，迭代点向极小点逼近的速度是逐渐变慢的，越接近极小点，相邻迭代点之间的距离越小。当相邻迭代点之间的距离充分小，并且小于给定的精度 $\varepsilon>0$ 时，便可认为迭代点为满足精度要求的近似最优解。于是点距准则可表示为

$$\|\boldsymbol{X}^{k+1}-\boldsymbol{X}^k\|\leqslant\varepsilon \tag{1-66}$$

当式（1-66）得到满足时，迭代终止，令最优解 $\boldsymbol{X}^*=\boldsymbol{X}^{k+1}$，$f(\boldsymbol{X}^*)=f(\boldsymbol{X}^{k+1})$。给定的精度 ε 可以根据不同要求选取，一般取为 $10^{-6}\sim10^{-4}$。

2. 值差准则

在迭代点向极小点逼近的过程中，不仅相邻迭代点之间的距离越来越小，而且相邻迭代点的函数值也越来越接近。因此，可以将相邻迭代点的函数值之间的差值作为迭代收敛的另一个准则，即值差准则。值差准则可表示为：给定的精度 $\varepsilon>0$，则有

$$|f(\boldsymbol{X}^{k+1})-f(\boldsymbol{X}^{k})|\leqslant\varepsilon \tag{1-67}$$

或者

$$\left|\frac{f(\boldsymbol{X}^{k+1})-f(\boldsymbol{X}^{k})}{f(\boldsymbol{X}^{k})}\right|\leqslant\varepsilon \tag{1-68}$$

当式（1－67）或式（1－68）得到满足时，迭代终止，令最优解 $\boldsymbol{X}^{*}=\boldsymbol{X}^{k+1}$，$f(\boldsymbol{X}^{*})=f(\boldsymbol{X}^{k+1})$。

3. 极值条件准则

对无约束极值问题，函数在某点取得极值的必要条件是函数在该点的梯度等于 $\boldsymbol{0}$，一般情况下，除了鞍点外，梯度等于 $\boldsymbol{0}$ 的点就是函数的极值点。于是，可以将函数在某点取得极值的必要条件，即函数在该点的梯度等于零作为判断近似最优解的准则，称为极值条件准则。对无约束问题，极值条件准则可表示为：给定的精度 $\varepsilon>0$。则有

$$\|\nabla f(\boldsymbol{X}^{k+1})\|\leqslant\varepsilon \tag{1-69}$$

当式（1－69）得到满足时，迭代终止，令最优解 $\boldsymbol{X}^{*}=\boldsymbol{X}^{k+1}$，$f(\boldsymbol{X}^{*})=f(\boldsymbol{X}^{k+1})$。

对约束极值问题，由于 K－T 条件是取得极值的必要条件，因此，可以将迭代点是否满足 K－T 条件作为判断近似最优解的准则。式（1－62）可写为

$$\sum_{j\subset J_p}\lambda_j\frac{\partial g_j}{\partial x_i}=-\frac{\partial f}{\partial x_i}\quad(i=1,2,\cdots,n) \tag{1-70}$$

式中　J_p——在点 $\boldsymbol{X}$ 处所有主动约束的序号组成的集合。

式（1－70）可以用矩阵形式表示为

$$\boldsymbol{G\lambda}=\boldsymbol{F} \tag{1-71}$$

其中，$\boldsymbol{G}=\begin{bmatrix}\dfrac{\partial g_{j1}}{\partial x_1} & \dfrac{\partial g_{j2}}{\partial x_1} & \cdots & \dfrac{\partial g_{jp}}{\partial x_1}\\ \dfrac{\partial g_{j1}}{\partial x_2} & \dfrac{\partial g_{j2}}{\partial x_2} & \cdots & \dfrac{\partial g_{jp}}{\partial x_2}\\ \vdots & \vdots & & \vdots\\ \dfrac{\partial g_{j1}}{\partial x_n} & \dfrac{\partial g_{j2}}{\partial x_n} & \cdots & \dfrac{\partial g_{jp}}{\partial x_n}\end{bmatrix}$，$\boldsymbol{\lambda}=\begin{Bmatrix}\lambda_{j1}\\ \lambda_{j2}\\ \vdots\\ \lambda_{jp}\end{Bmatrix}$，$\boldsymbol{F}=-\begin{Bmatrix}\dfrac{\partial f(\boldsymbol{X})}{\partial x_1}\\ \dfrac{\partial f(\boldsymbol{X})}{\partial x_2}\\ \vdots\\ \dfrac{\partial f(\boldsymbol{X})}{\partial x_n}\end{Bmatrix}$

从式（1－71）中可以得到 $\boldsymbol{\lambda}$ 的表达式为

$$\boldsymbol{\lambda}=(\boldsymbol{G}^{\mathrm{T}}\boldsymbol{G})^{-1}\boldsymbol{G}^{\mathrm{T}}\boldsymbol{F} \tag{1-72}$$

在迭代点 $\boldsymbol{X}^{k+1}$ 处，如果由上式得到 $\boldsymbol{\lambda}$ 的所有分量均大于 0，则 K－T 条件得到满足，点 $\boldsymbol{X}^{k+1}$ 为近似最优点，迭代终止，令最优解 $\boldsymbol{X}^*=\boldsymbol{X}^{k+1}$，$f(\boldsymbol{X}^*)=f(\boldsymbol{X}^{k+1})$。

4. 联合条件准则

通常，上述三种收敛准则分别从不同角度反映了搜索点逼近极小点的情况，可以单独用于判断搜索点是否满足给定的精度要求。但是，这三种收敛准又都有其局限性，在某些情况下，需要联合使用才能保证得到真正的近似最优解。例如，当局部极小点 $\boldsymbol{X}^*$ 的邻域内函数值变化剧烈时，虽然点距准则 $\|\boldsymbol{X}^{k+1}-\boldsymbol{X}^k\|\leqslant\varepsilon$ 得到满足，但函数值 $f(\boldsymbol{X}^{k+1})$ 和 $f(\boldsymbol{X}^k)$ 相差较大；或目标函数变化平缓，值差准则可以得到满足，但搜索点 $\boldsymbol{X}^{k+1}$ 和 $\boldsymbol{X}^k$ 相差较远。极值点附近函数值变化特征如图 1－21 所示，相邻迭代点及其函数值不可能同时达到充分接近，只有将点距准则和值差准则联合使用，即同时满足点距准则和值差准则的搜索点才是真正的近似最优解。

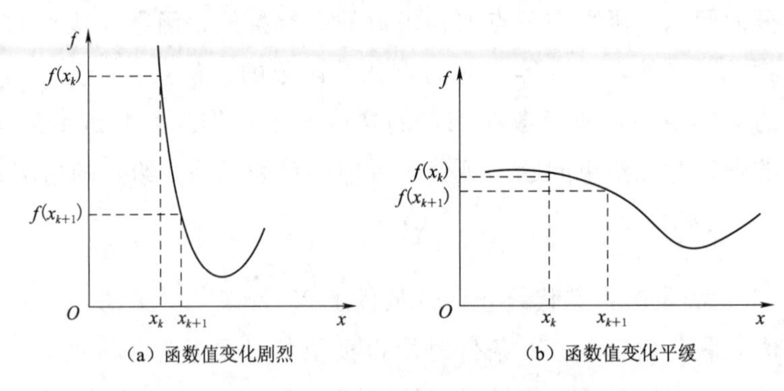

图 1－21 极值点附近函数值变化特征

习 题

1.1 思考题

(1) 最优化问题的数学模型由哪几部分组成？列出最优化问题的标准形式。

(2) 如何选择设计变量？设计变量和预设参数的区别是什么？何为设计空间？

(3) 约束的含义是什么？什么是性态约束？什么是边界约束？

(4) 约束边界的意义是什么？如何确定约束边界？

(5) 什么是可行域？什么是非可行域？如何理解 4 类设计点？

(6) 如何选择目标函数？目标函数和设计变量的关系是什么？

(7) 什么是目标函数等值线？

(8) 什么是线性规划、二次规划和非线性规划？列出线性规划和二次规划的一般形式。

（9）如何理解结构尺寸优化、形状优化和拓扑优化？

（10）结构优化设计问题的求解策略一般有哪些？常用的数值求解方法有几类？

（11）无约束问题极值的必要条件条件是什么？充分条件是什么？

（12）非线性约束问题的解具有哪些特征？

（13）等式约束问题和不等式约束问题的 K－T 条件有什么不同？

（14）不等式约束问题的 K－T 条件的几何意义是什么？

（15）下降迭代算法的基本结构是什么？包含那两个重要因素？

（16）迭代算法的收敛准则有哪些？

（17）如何评价迭代算法的优劣？

1.2　横截面为矩形的杆件受到轴向荷载和横向荷载作用，如图 1－22 所示，杆件长度为 l，横截面尺寸为 b、h，轴向和横向荷载分别为 F_x 和 F_y，设材料的比重为 ρ，弹性模量为 E，材料的屈服应力为 σ^y。试建立结构优化设计模型，要求：①重量最轻；②最大应力不超过屈服应力；③轴力不超过屈曲临界荷载；④截面最小宽度为 $b_{\min}$，且宽度不大于截面高度的两倍。提示：屈曲临界荷载 $F_{cr}=\dfrac{\pi^2 EI}{4l^2}$

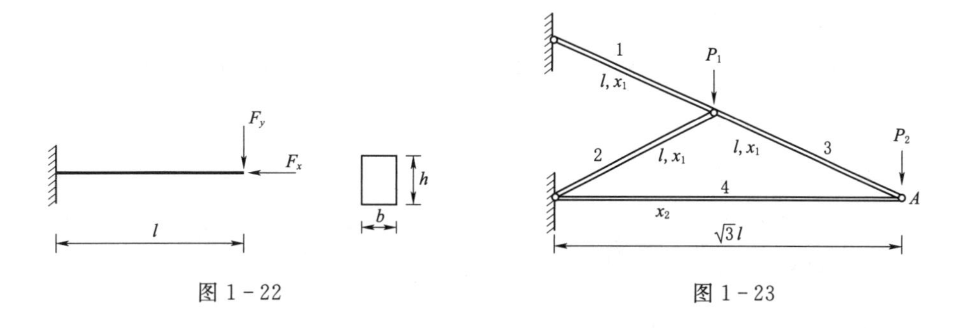

图 1－22　　　　图 1－23

1.3　四杆桁架受集中力 P_1 和 P_2 作用，如图 1－23 所示，其中，杆件 1、2 和 3 具有相同的横截面积 x_1 和长度 l，杆件 4 的横截面积为 x_2，长度 $\sqrt{3}l$，杆件材料的比重为 ρ，弹性模量为 E。试建立桁架重量最轻的优化设计模型，要求：①A 点的竖向位移不超过允许位移 $v^{\max}$；②杆件的最大（小）应力不超过 $\sigma^{\max}$（$\sigma^{\min}$）；③$P_2=2P_1=2P$；④1、2 和 3 杆的最小横截面积取 $(x_1)_{\min}$，4 杆的最小横截面积取 $(x_2)_{\min}$。

1.4　结合各自的专业，提出一个最优化问题，并列出其数学模型。

1.5　将下列函数在指定点上简化为二次函数，并标准矩阵形式 $f(\boldsymbol{X})=\frac{1}{2}\boldsymbol{X}^{\mathrm{T}}\boldsymbol{A}\boldsymbol{X}+\boldsymbol{B}^{\mathrm{T}}\boldsymbol{X}+C$ 表示，判断矩阵是正定的、负定的，或都不是。

（1）$f(\boldsymbol{X})=x_1^3-x_2^3+3x_1^2+3x_2^2-8x_1$，$\boldsymbol{X}_1=[1,\ 2]^{\mathrm{T}}$。

（2）$f(\boldsymbol{X})=x_1^4+x_2^3$，$\boldsymbol{X}_1=[1,\ 1]^{\mathrm{T}}$。

1.6　求下列函数在点 $\boldsymbol{X}_1=[0,\ 0]^{\mathrm{T}}$、$\boldsymbol{X}_2=[1,\ 1]^{\mathrm{T}}$、$\boldsymbol{X}_3=[4,\ 1]^{\mathrm{T}}$ 的梯度和海

森矩阵。

（1）$f(\boldsymbol{X})=x_1^2-4x_1x_2+x_2^2-4x_1-3x_2$。

（2）$f(\boldsymbol{X})=[x_1 \quad x_2]\begin{bmatrix}2 & 1\\ 1 & 2\end{bmatrix}\begin{Bmatrix}x_1\\ x_2\end{Bmatrix}+[1 \quad 3]\begin{Bmatrix}x_1\\ x_2\end{Bmatrix}$。

（3）$f(\boldsymbol{X})=x_1^4-2x_1^2x_2+x_1^2+x_2^2-2x_1+5$。

（4）$f(\boldsymbol{X})=(x_1-x_2)^2+4x_1x_2+\mathrm{e}^{x_1+x_2}$。

1.7 判断下列函数是否为凸函数。

（1）$f(\boldsymbol{X})=x_1^2-2x_1x_2+x_2^2+x_1+x_2$。

（2）$f(\boldsymbol{X})=2x_1^2+x_1x_2+x_2^2+2x_3^2-6x_1x_3$。

1.8 求下列函数的极值点，并判断是极大点或极小点。

（1）$f(\boldsymbol{X})=5x_1^2+4x_1x_2+8x_2^2-32x_1-56x_2$。

（2）$f(\boldsymbol{X})=-9x_1^2+20x_1x_2-16x_2^2+26x_1+20x_2$。

（3）$f(\boldsymbol{X})=\frac{1}{3}x_1^3+\frac{2}{3}x_2^3-\frac{3}{2}x_1^2-\frac{1}{2}x_2^2-4x_1-6x_2$。

1.9 证明函数 $f(\boldsymbol{X})=x_1^4-2x_1^2x_2+x_1^2+x_2^2-4x_1+5$ 在点 $\boldsymbol{X}=[2,4]^{\mathrm{T}}$ 处具有极小值。

1.10 用 K－T 条件判断给定点是否为下列约束最优化问题的最优解。

$$
(1)\begin{cases}\text{find } \boldsymbol{X}=[x_1, x_2, x_3]^{\mathrm{T}}\\ \min f(\boldsymbol{X})=-3x_1^2+x_2^2+2x_3^2\\ \text{s.t. } x_1-x_2\leqslant 0\\ x_1^2-x_3^2\leqslant 0\\ x_1, x_2, x_3\geqslant 0\end{cases}
$$

$\boldsymbol{X}=[1, 1, 1]^{\mathrm{T}}$

$$
(2)\begin{cases}\text{find } \boldsymbol{X}=[x_1, x_2]^{\mathrm{T}}\\ \min f(\boldsymbol{X})=(x_1-3)^2+(x_2+5)^2\\ \text{s.t. } (x_1-2)^2+x_2^2\leqslant 9\\ (x_1+2)^2+x_2^2\leqslant 25\end{cases}
$$

$\boldsymbol{X}_1=[2, 3]^{\mathrm{T}}$，$\boldsymbol{X}_2=[2, -3]^{\mathrm{T}}$

第 2 章

一 维 寻 优 方 法

当优化问题的目标函数是一元函数时，这是一个单变量优化问题，求解该类问题的优化方法就是一维寻优方法，也称为一维搜索方法。下降搜索方法的迭代过程中需要确定两个变量：下降方向和步长。在下降方向确定的情况下，如何取得最优步长，是一维搜索的核心内容。

本章介绍一维搜索的基本思想和主要方法，包括区间排除法和插值法等。

2.1 一维搜索

最优化问题迭代算法的基本思想是从当前设计点 $\boldsymbol{X}^k$ 出发，沿方向 $\boldsymbol{S}^k$ 跨出步长 α^k 得到新的设计点 $\boldsymbol{X}^{k+1}$。迭代算法的数学表达为

$$\boldsymbol{X}^{k+1}=\boldsymbol{X}^k+\alpha^k\boldsymbol{S}^k \tag{2-1}$$

从式（2-1）可以看出，不同的搜索方向 $\boldsymbol{S}$ 和步长 α 决定了迭代算法的精度和效率，如何确定搜索方向 $\boldsymbol{S}$ 和步长 α 构成了不同的最优化方法。

在式（2-1）中，从当前设计点 $\boldsymbol{X}^k$ 出发，沿特定方向 $\boldsymbol{S}^k$，通过调整步长因子 α 得到新的设计点 $\boldsymbol{X}^{k+1}$，最大限度减小目标函数 $f(\boldsymbol{X}^{k+1})$ 的值。也就是将步长因子 α 视为变量，极小化目标函数 $f(\boldsymbol{X}^{k+1})$，得到最优步长因子 α^*。在这个过程中，当前设计点 $\boldsymbol{X}^k$ 和方向 $\boldsymbol{S}^k$ 都是确定的，唯有步长因子 α 是待定的变量，目标函数仅仅是单变量 α 的函数。确定单变量函数最优解的问题称为一维搜索问题。

一维搜索问题的数学表达为

$$\min f(\boldsymbol{X}^{k+1})=\min f(\boldsymbol{X}^k+\alpha\boldsymbol{S}^k)=\min f(\alpha) \tag{2-2}$$

一维搜索问题的数值迭代算法可分为两类。第一类是直接求根的方法，根据函数 $f(\alpha)$ 或插值近似函数 $p(\alpha)$ 的导数建立直接求解极小点 α^* 的迭代公式；第二类方法称为区间排除法，首先确定一个包含极小点的初始区间，然后逐步缩小区间（区间排除法）或反复插值逼近（插值法），找到满足一定精度要求的最优步长因子 α^*。

2.2 初始区间确定

1. 极小点估计

设函数 $f(\alpha)$ 在考察区间内为一单谷函数，即在该区间内只存在一个极小点。在极小点的左侧，函数值单调下降；在极小点的右侧，函数单调上升，在极小点附近函数值呈“大—小—大”变化。如果已知该区间内的三个点 $\alpha_1<\alpha_2<\alpha_3$ 及其对应的函数值 $f(\alpha_1)$、$f(\alpha_2)$ 和 $f(\alpha_3)$，便可以通过比较这三个点函数值的大小判断出极小点所在的方位，进而确定包含极小点的一个闭区间，即初始区间。

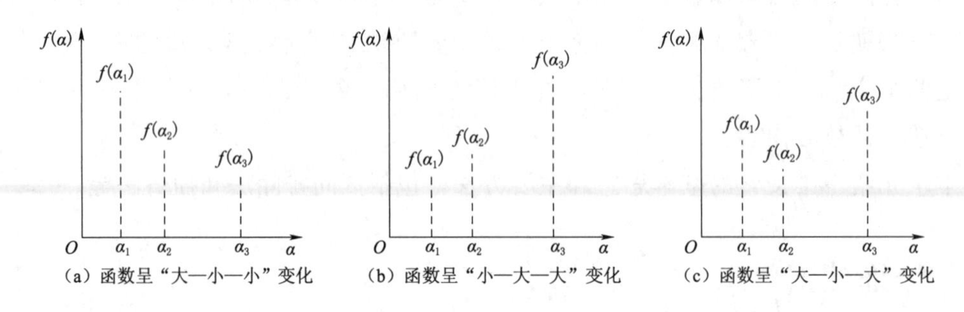

图 2-1 极小点估计

极小点估计如图 2-1 所示，考虑 3 个点 $\alpha_1<\alpha_2<\alpha_3$：

(1) 若 $f(\alpha_1)>f(\alpha_2)>f(\alpha_3)$，则极小点位于点 α_2 的右侧，如图 2-1 (a) 所示。

(2) 若 $f(\alpha_1)<f(\alpha_2)<f(\alpha_3)$，则极小点位于点 α_2 的左侧，如图 2-1 (b) 所示。

(3) 若 $f(\alpha_1)>f(\alpha_2)<f(\alpha_3)$，则极小点位于点 α_1 和 α_3 之间，如图 2-1 (c) 所示。$[x_1, x_3]$ 就是一个包含极小点的区间。

2. 寻找初始区间

寻找初始区间的基本方法可以描述为：选取三个探测点 $\alpha_1<\alpha_2<\alpha_3$，根据对应函数值 $f(\alpha_1)$、$f(\alpha_2)$ 和 $f(\alpha_3)$ 的大小判断极小点的方位，去掉不可能包含极小点的区段，在可能包含极小点的方向选取一个新的探测点，形成 3 个新的探测点。如此反复判断，直到确定函数值呈“大—小—大”变化的 3 个相邻点，这样的区间一定包含极小点，即为初始区间。

这种确定初始区间的方法可以归结为以下算法：

(1) 给定初始点 α_0，初始步长 h，令 $\alpha_1=\alpha_0$，计算函数值 $f_1=f(\alpha_1)$。

(2) 产生新的探索点 $\alpha_2=\alpha_0+h$，计算函数值 $f_2=f(\alpha_2)$。

比较函数值 f_1 和 f_2 的大小，确定向前或向后探测的策略。若 $f_1>f_2$，则加大步长，令 $h=2h$，转步骤 (3) 向前探测；若 $f_1<f_2$，则调转方向，令 $h=-2h$，并将

α_1 和 α_2、f_1 和 f_2 分别对调，转步骤（3）向后探测。进、退探测如图 2－2 所示。

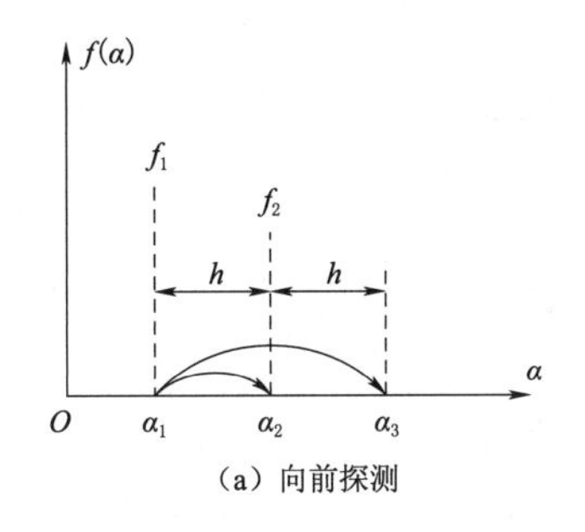

（a）向前探测

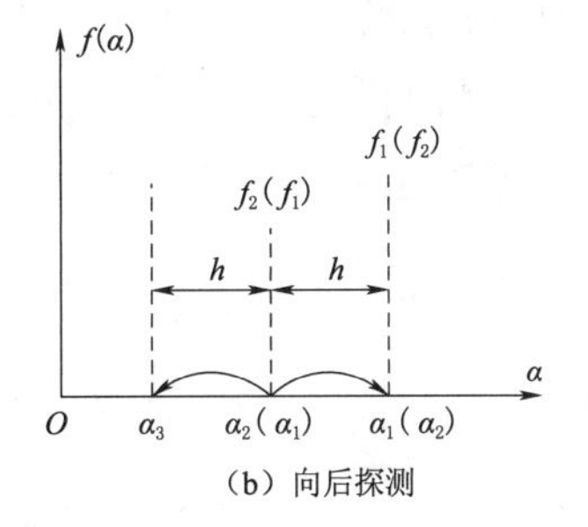

（b）向后探测

图 2－2　进、退探测

（3）产生新的探测点 $\alpha_3=\alpha_1+h$，计算函数值 $f_3=f(\alpha_3)$。

（4）比较函数值 f_2 和 f_3 的大小。若 $f_2<f_3$，则得到包含极小点的初始区间。当 $h>0$ 时，令 $[a,b]=[\alpha_1,\alpha_3]$；当 $h<0$ 时，令 $[a,b]=[\alpha_3,\alpha_1]$。若 $f_2>f_3$，则继续向前或向后探测，令 $\alpha_1=\alpha_2$，$\alpha_2=\alpha_3$，转步骤（3）继续探测。

确定初始搜索区间的算法框图如图 2－3 所示。

需要指出的是，在上述初始区间内，函数是单谷函数，即在每一个初始区间内，函数只有一个极小值，因此初始区间也称为单谷区间。如果函数是多谷的，即在一个区间内存在多个极小值，则可以把多谷函数分为若干部分，使得在每一个子区间上，函数是单谷的。

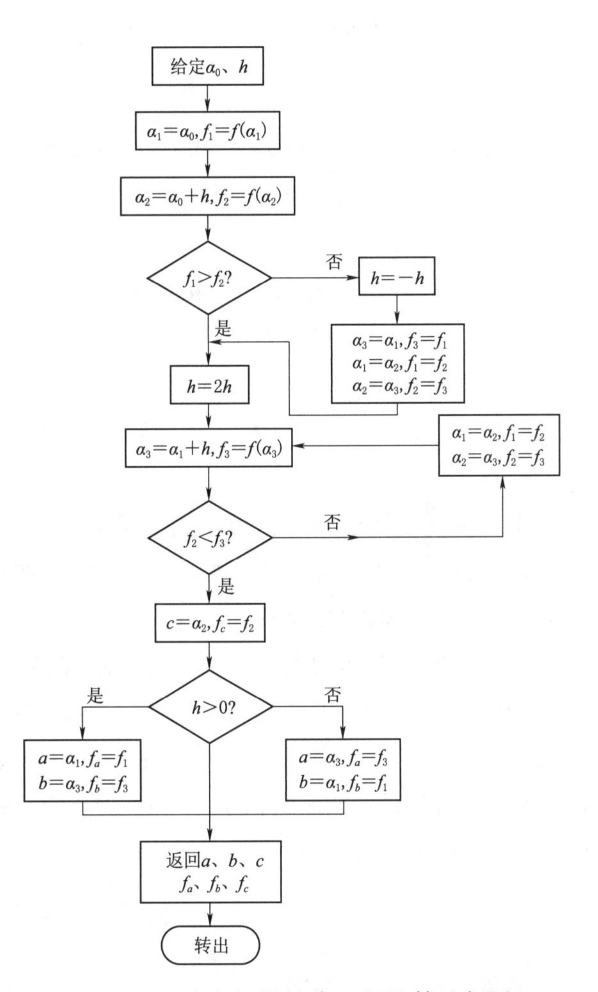

图 2－3　确定初始搜索区间的算法框图

2.3　区间排除法

区间排除法就是在给定的方向和区间上不断缩小区间，以得到该区间上的一维极小点的数值方法。缩小区间的基本方法是，在已知区间内插入两个不同的中间点，将原区间分成三个子区间，通过比较这两个点上函数值的大小，根据单谷函数的性质舍去不包含极小点的子区间，将原区间缩小一次。这样反复缩小区间，可以得到满足一定精度要求的近似极小点。

在区间 $[a, b]$ 内任选两个点 α_1 和 α_2，满足 $\alpha_1 < \alpha_2$，将原区间分为三个子区间，如图 2－4 所示。比较这两个点的函数值：

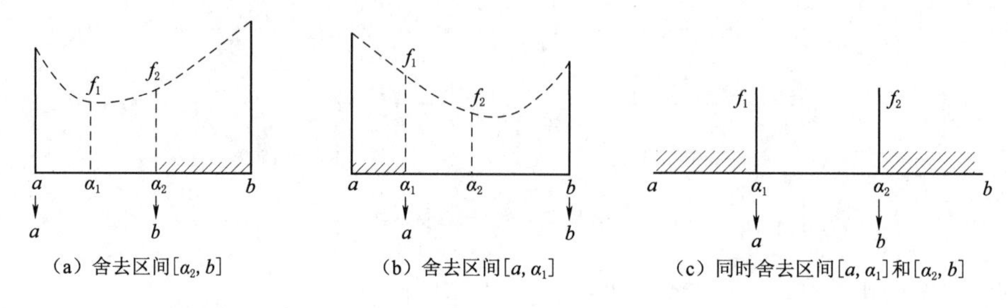

(a) 舍去区间$[\alpha_2, b]$　(b) 舍去区间$[a, \alpha_1]$　(c) 同时舍去区间$[a, \alpha_1]$和$[\alpha_2, b]$

图 2－4　缩小区间的方法

(1) 如果 $f(\alpha_1) < f(\alpha_2)$，根据单谷函数的性质可知，极小点一定在 a 和 α_2 之间，如图 2－4 (a) 所示，于是舍去区间 $[\alpha_2, b]$，得到缩小的且包含极小点的新区间 $[a, b] = [a, \alpha_2]$。

(2) 如果 $f(\alpha_1) > f(\alpha_2)$，极小点一定在 α_1 和 b 之间，如图 2－4 (b) 所示，于是舍去区间 $[a, \alpha_1]$，得到缩小的且包含极小点的新区间 $[a, b] = [\alpha_1, b]$。

(3) 如果 $f(\alpha_1) = f(\alpha_2)$，极小点一定在 α_1 和 α_2 之间，如图 2－4 (c) 所示，于是同时舍去区间 $[a, \alpha_1]$ 和 $[\alpha_2, b]$，得到缩小的且包含极小点的新区间 $[a, b] = [\alpha_1, \alpha_2]$。

不断重复上述过程，就可以将包含极小点的区间不断缩小，当区间长度 $b-a$ 小于给定的精度 ε 时，或区间内两个点 α_1 和 α_2 的距离小于给定的精度 ε 时，便可将区间内某一点作为近似的极小点。

由于布置两个搜索点 α_1 和 α_2 时并不知道删除哪一段子区间，故一般将两个搜索点关于区间 $[a, b]$ 的中点对称布置，使得左右两个子区间的长度相等，即

$$\alpha_1 - a = b - \alpha_2 \tag{2-3}$$

删除某一子区间后，原区间缩小为 $[a, \alpha_2]$ 或 $[\alpha_1, b]$，其长度由 $b-a$ 缩小为 $\alpha_2 - a = b - \alpha_1$。定义区间缩小率为

$$\lambda = \frac{\alpha_2 - a}{b-a} = \frac{b - \alpha_1}{b-a} \tag{2-4}$$

则两个搜索点可以表示为

$$\begin{cases} \alpha_1 = b - \lambda(b-a) = a + (1-\lambda)(b-a) \\ \alpha_2 = a + \lambda(b-a) \end{cases} \tag{2-5}$$

由式 (2－5) 产生两个搜索点，通过比较这两个搜索点处的函数值，根据单谷函数的特性，可以删除一小段区间，将区间缩小一次，完成一次迭代。但每一次迭代都

要在新区间中产生两个新的搜索点，该区间中保留的一个搜索点及其函数值不再重复使用。如果在新区间中保留原来的搜索点，每一次迭代只产生一个新的搜索点，可以提高计算效率。由式（2-3）可知

$$\alpha_1=a+b-\alpha_2 \quad 或 \quad \alpha_2=a+b-\alpha_1 \tag{2-6}$$

由式（2-6）可知，只要区间中确定了一个搜索点，就可以确定另一个关于区间中点对称的搜索点。

区间排除法在区间内任选两个或一个搜索点，就可以将区间缩小一次，但是选取不同的搜索点所产生的区间缩小效果是不一样的，得到一维极小点的速度是不同的，也就是算法的效率不一样。不同搜索点的选取方法构成了不同的一维搜索算法，本节介绍穷举法、二分搜索法、Fibonacci 法和黄金分割法。

2.3.1 穷举法

穷举法（exhaustive search method）的基本思路是根据计算精度要求将初始区间均分，得到若干个等分点，计算函数在这些等分点的函数值，根据单谷函数的特点确定极小点所在的子区间。例如，函数在初始区间（a，b）上为单谷函数，将初始区间 9 等分，在初始区间内插入 8 个等分点 $\alpha_1 \sim \alpha_8$，假设函数值的变化如图 2-5 所示。显然，极小点位于子区间（α_5，α_7）中。

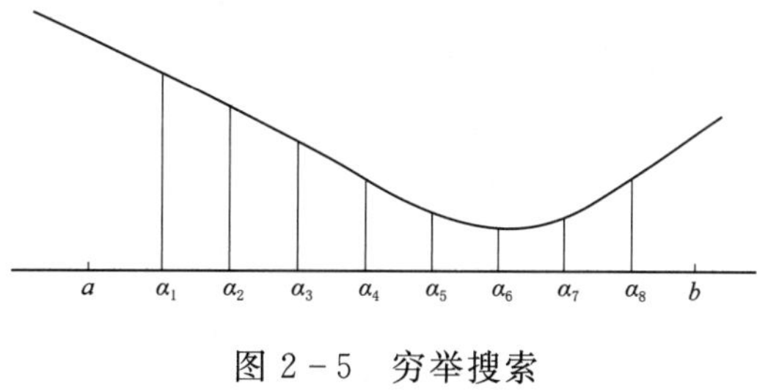

图 2-5　穷举搜索

一般地，假设在初始区间（a，b）内设置了 n 个等分点，令初始区间的长度为 $L_0=b-a$，则每一个子区间的长度为 $L_n=\frac{1}{n+1}L_0$。计算函数在各个等分点的值，根据单谷函数的性质可以确定极小点所在的子区间。设函数值满足 $f(\alpha_{i-1})>f(\alpha_i)<f(\alpha_{i+1})$，则极小点位于子区间（$\alpha_{i-1}$，$\alpha_{i+1}$）中。该子区间的长度为 $2L_n=\frac{2}{n+1}L_0$，其长度与初始区间长度的比值为 $2L_n/L_0=\frac{2}{n+1}$，不同插值点数时的区间长度比值如图 2-6 所示。

插值点数	2	3	4	5	6	…	n
$2L_n/L_0$	2/3	2/4	2/5	2/6	2/7	…	$2/(n+1)$

图 2-6　区间长度比值

穷举法得到的是极小点所在的子区间（α_{i-1}，α_{i+1}），可以将子区间的中点 α_i 作为

近似的极小点，函数值 $f(\alpha_i)$ 作为近似的极小值。显然，子区间越小，也就是插值点越多，计算精度越高。因此，子区间与初始区间长度的比值可以作为计算精度的控制值，并据此确定最小插值点的数目。例如，计算精度的控制值取 $\varepsilon=0.1$，即 $\frac{2}{n+1}\leqslant 0.1$，则 $n\geqslant 19$。

因为穷举法预先设定搜索点，同时计算所有搜索点的函数值，所以穷举法属于同时搜索方法。与下面将要介绍的序列搜索的方法相比，穷举法的计算效率不高。

2.3.2 二分搜索法

二分搜索法（dichotomous search method）以及 Fibonacci 法、黄金分割法等均属于序列搜索的方法，当前搜索步骤的结果会影响下一步骤搜索过程。它们的基本思想都是在搜索区间中布置两个搜索点，将原区间分为三个子区间，通过比较搜索点处函数值的大小，根据单谷函数的性质删除不包含极小点的一段子区间，从而不断缩小区间，直至满足预先设定的精度要求。

二分搜索法的基本思路是，在当前搜索区间内设置两个尽可能靠近区间中点的搜索点，根据这两个搜索点函数值的大小，判断极小点所在的区间，排除另外接近一半的区间。二分搜索法如图 2－7 所示。

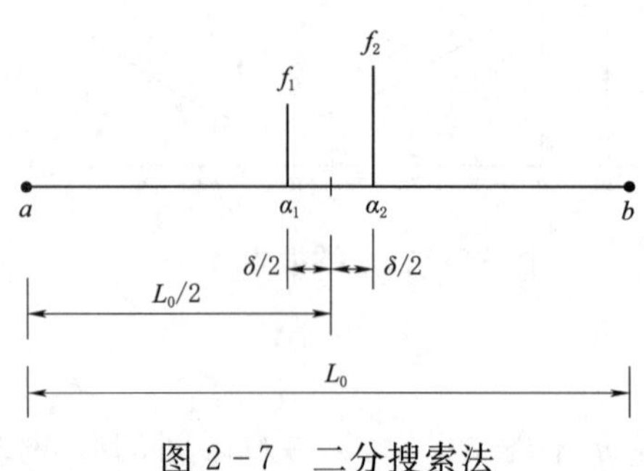

图 2－7 二分搜索法

图 2－7 中，令两个搜索点的位置为

$$\alpha_1=\frac{L_0}{2}-\frac{\delta}{2},\ \alpha_2=\frac{L_0}{2}+\frac{\delta}{2}$$

式中 δ——微小的正数。

计算函数值 $f(\alpha_1)$ 和 $f(\alpha_2)$，并比较它们的大小，根据单谷函数的性质可以确定极小点所在的区间。

（1）如果 $f_1>f_2$，则删除区间（a，α_1），保留区间（α_1，b）。

（2）如果 $f_1<f_2$，则删除区间（a_2，b），保留区间（a，α_2）。无论极小点位于（a，α_2）或（α_1，b），新的搜索区间的长度均为 $\frac{L_0}{2}+\frac{\delta}{2}$。

在新的区间再设置两个尽可能靠近区间中点的搜索点，再通过计算并比较搜索点的函数值，确定极小点所在的区间，又可以排除另外接近一半的区间。此时，新的搜索区间长度为 $\frac{1}{2}\left(\frac{L_0}{2}+\frac{\delta}{2}\right)+\frac{\delta}{2}$。如此不断重复上述搜排除过程，经过 n 次搜索，最终的搜索区间长度为 $L_{n/2}=\frac{L_0}{2^{n/2}}+\delta\left(1-\frac{1}{2^{n/2}}\right)$。因为每一次搜索都设置两个搜索点，上述公式中 n 为搜索点的个数，所以必定为偶数。

最终搜索区间的长度与初始区间长度的比值，可以作为计算精度的控制值。设定计算精度控制值，可以预估搜索点的最少个数，或最少迭代次数。设计算控制精度为 ε，由 $L_{n/2}/L_0 \leqslant \varepsilon$ 可得

$$n \geqslant 2\log_2\left(\frac{1-\frac{\delta}{L_0}}{\varepsilon-\frac{\delta}{L_0}}\right) \tag{2-7}$$

最少迭代次数取满足式（2-7）的最小偶数。

【例题 2-1】 用二分搜索法确定函数 $f(\alpha)=\alpha(\alpha-1.5)$ 在区间（0，1）中的极小值。精度控制值取 0.1。

解： 取 $\delta=0.001$，如果将最终区间的中点取为近似极小点，可将精度控制值取为 0.2，迭代次数可以由式（2-7）计算：

$$n \geqslant 2\log_2\left(\frac{1-\frac{\delta}{L_0}}{\varepsilon-\frac{\delta}{L_0}}\right)=2\log_2\left(\frac{1-0.001}{0.2-0.001}\right)=4.655$$

由于 n 为偶数，故由上述不等式可知，n 最小值取为 6。

搜索过程如下：

（1）第 1、第 2 个搜索点为

$$\alpha_1=\frac{L_0}{2}-\frac{\delta}{2}=0.5-0.0005=0.4995$$

$$\alpha_2=\frac{L_0}{2}+\frac{\delta}{2}=0.5+0.0005=0.5005$$

计算函数值

$$f_1=f(\alpha_1)=0.4995(0.4995-1.5)=-0.49975$$

$$f_2=f(\alpha_2)=0.5005(0.5005-1.5)=-0.50025$$

由于 $f_1>f_2$，删除区间（0，0.4995），得到新的搜索区间为（0.4995，1）

（2）第 3、第 4 个搜索点为

$$\alpha_3=\left(0.4995+\frac{1-0.4995}{2}\right)-\frac{0.001}{2}=0.74925$$

$$\alpha_4=\left(0.4995+\frac{1-0.4995}{2}\right)+\frac{0.001}{2}=0.75025$$

计算函数值

$$f_3=f(\alpha_3)=0.74925(0.74925-1.5)=-0.5624994375$$

$$f_4=f(\alpha_4)=0.75025(0.75025-1.5)=-0.5624999375$$

由于 $f_3>f_4$，删除区间（0.4995，0.74925），得到新的搜索区间为（0.74925，1）

(3) 最后一组搜索点为

$$\alpha_5=\left(0.74925+\frac{1-0.74925}{2}\right)-\frac{0.001}{2}=0.874125$$

$$\alpha_6=\left(0.74925+\frac{1-0.74925}{2}\right)+\frac{0.001}{2}=0.875125$$

计算函数值

$$f_5=f(\alpha_5)=0.874125(0.874125-1.5)=-0.5470929844$$

$$f_6=f(\alpha_6)=0.875125(0.875125-1.5)=-0.5468437342$$

因为 $f_5<f_6$，删除区间（0.875125，1），近似极小点在区间（0.74925，0.875125）内。将该区间的中点作为近似极小点，则

$$\alpha^*=\left(\frac{0.74925+0.875125}{2}\right)=0.8121875$$

$$f(\alpha^*)=0.8121875(0.8121875-1.5)=-0.55863271484375$$

显然，通过求导可以找到该函数的精确极小点 $\alpha_e^*=0.75$，二分法得到的解答与精确解相比，误差为 8.267%<10%。

2.3.3 Fibonacci 法

Fibonacci 法利用 Fibonacci 数列 $\{F_n\}$ 设置搜索点。

Fibonacci 数列的定义为

$$\begin{aligned}&F_0=F_1=1\\&F_n=F_{n-1}+F_{n-2}\quad(n=2,3,\cdots)\end{aligned}\tag{2-8}$$

由此可以产生数列 1，1，2，3，5，8，13，21，34，55，89，144，…。

设初始搜索区间为 $[a, b]$，区间长度为 $L_0=b-a$，搜索迭代次数为 n，定义长度

$$L_2^*=\frac{F_{n-2}}{F_n}L_0\tag{2-9}$$

在区间 $[a, b]$ 中距离两个端点各 L_2^* 处设置两个搜索点 α_1 和 α_2，如图 2-8 所示。则

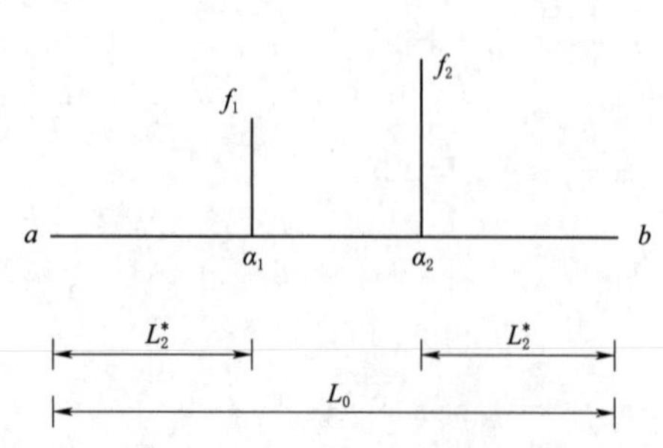

图 2-8 Fibonacci 法区间插值点

$$\alpha_1=a+L_2^*=a+\frac{F_{n-2}}{F_n}L_0\tag{2-10}$$

$$\alpha_2=b-L_2^*=b-\frac{F_{n-2}}{F_n}L_0\tag{2-11}$$

显然，这两个搜索点关于区间中点对称。由式（2-11）可得

$$b-\frac{F_{n-2}}{F_n}L_0=a+L_0-\frac{F_{n-2}}{F_n}L_0=a+\left(1-\frac{F_{n-2}}{F_n}\right)L_0=a+\frac{F_{n-1}}{F_n}L_0$$

于是

$$\alpha_1=a+L_2^*=a+\frac{F_{n-2}}{F_n}L_0,\quad \alpha_2=a+\frac{F_{n-1}}{F_n}L_0 \tag{2-12}$$

比较点 α_1 和 α_2 处的函数值的大小 f_1 和 f_2，若 $f_1>f_2$，则删除区间（a，α_1）；否则删除区间（α_2，b）。由于点 α_1 和 α_2 距离端点的距离均为 L_2^*，故不管删除哪个区间，删除后得到的区间长度为

$$L_2=L_0-L_2^*=L_0-\frac{F_{n-2}}{F_n}L_0=\frac{F_{n-1}}{F_n}L_0 \tag{2-13}$$

此时，区间内只有一个搜索点，该点距离新区间的一个端点距离为 L_2^*：

$$L_2^*=\frac{F_{n-2}}{F_n}L_0=\frac{F_{n-2}}{F_{n-1}}L_2 \tag{2-14}$$

距离另一个端点的距离为

$$L_2-L_2^*=\frac{F_{n-1}}{F_n}L_0-\frac{F_{n-2}}{F_n}L_0=\frac{F_{n-3}}{F_n}L_0=\frac{F_{n-3}}{F_{n-1}}L_2 \tag{2-15}$$

定义长度

$$L_3^*=\frac{F_{n-3}}{F_n}L_0=\frac{F_{n-3}}{F_{n-1}}L_2 \tag{2-16}$$

在新区间 L_2 中距离两个端点各 L_3^* 处设置两个搜索点，同样地，比较函数在两个搜索点的大小，可以删除长度为 L_3^* 的小区间，得到长度为 L_3 的新区间：

$$L_3=L_2-L_3^*=L_2-\frac{F_{n-3}}{F_{n-1}}L_2=\frac{F_{n-2}}{F_{n-1}}L_2=\frac{F_{n-2}}{F_n}L_0 \tag{2-17}$$

重复上述设置搜索点、比较函数值大小、删除区间得到新的搜索区间的过程，设第 j 次迭代时，搜索点距离搜索区间端点的距离以及区间长度分别为

$$L_j^*=\frac{F_{n-j}}{F_{n-(j-2)}}L_{j-1} \tag{2-18}$$

$$L_j=\frac{F_{n-(j-1)}}{F_n}L_0 \tag{2-19}$$

当前区间与初始区间的长度比为

$$\frac{L_j}{L_0}=\frac{F_{n-(j-1)}}{F_n} \tag{2-20}$$

设总迭代次数为 n，令 $j=n$，由式（2-20）得

$$\frac{L_n}{L_0}=\frac{F_1}{F_n}=\frac{1}{F_n} \tag{2-21}$$

由区间长度比$\frac{L_n}{L_0}\leqslant\varepsilon$便可以确定总迭代次数$n$。不同迭代次数时区间长度的比值见表2-1。

表2-1 区间长度比值

迭代次数 n	Fibonacci数列 F_n	区间长度比 L_n/L_0	迭代次数 n	Fibonacci数列 F_n	区间长度比 L_n/L_0
0	1	1.0	11	144	0.006944
1	1	1.0	12	233	0.004292
2	2	0.5	13	377	0.002653
3	3	0.3333	14	610	0.001639
4	5	0.2	15	987	0.001013
5	8	0.1250	16	1597	0.0006406
6	13	0.07692	17	2584	0.0003870
7	21	0.04762	18	4181	0.0002392
8	34	0.02941	19	6765	0.0001479
9	55	0.01818	20	10946	0.00009135
10	89	0.01124			

在上述迭代过程中，最后一次搜索需要予以关注，由式（2-18）得

$$L_n^*=\frac{F_0}{F_2}L_{n-1}=\frac{1}{2}L_{n-1} \tag{2-22}$$

式（2-22）说明，经过$n-1$次缩小区间后，剩余区间的搜索点恰好是区间中点，第n次迭代搜索点与$n-1$次迭代的搜索点相同，此时认为迭代收敛。

Fibonacci法的算法框图如图2-9所示。

【例题2-2】 用Fibonacci法求函数$f(\alpha)=0.65-[0.75/(1+\alpha^2)]-0.65\alpha\tan^{-1}(1/\alpha)$在区间[0，3]中的极小值，容许误差$\varepsilon=0.1$。

解： 由$\frac{L_n}{L_0}=\frac{1}{F_n}\leqslant\varepsilon$可知$F_n\geqslant\frac{1}{\varepsilon}=10$，查表2-1得迭代次数$n=6$

初始区间长度$L_0=3-0=3$，则长度为

$$L_2^*=\frac{F_{n-2}}{F_n}L_0=\frac{F_4}{F_6}L_0=\frac{5}{13}(3)=1.153846$$

（1）在区间[0，3]内布置两个搜索点：

$$\alpha_1=a+L_2^*=1.153846,\quad \alpha_2=b-L_2^*=3-1.153846=1.846154$$

计算搜索点处的函数：

$$f_1=f(\alpha_1)=-0.20727,\quad f_2=f(\alpha_2)=-0.115843$$

因为$f_1<f_2$，故删除区间$[\alpha_2, 3]$，新的搜索区间为$[a,\alpha_2]=[0,1.846154]$。

（2）新的搜索点为

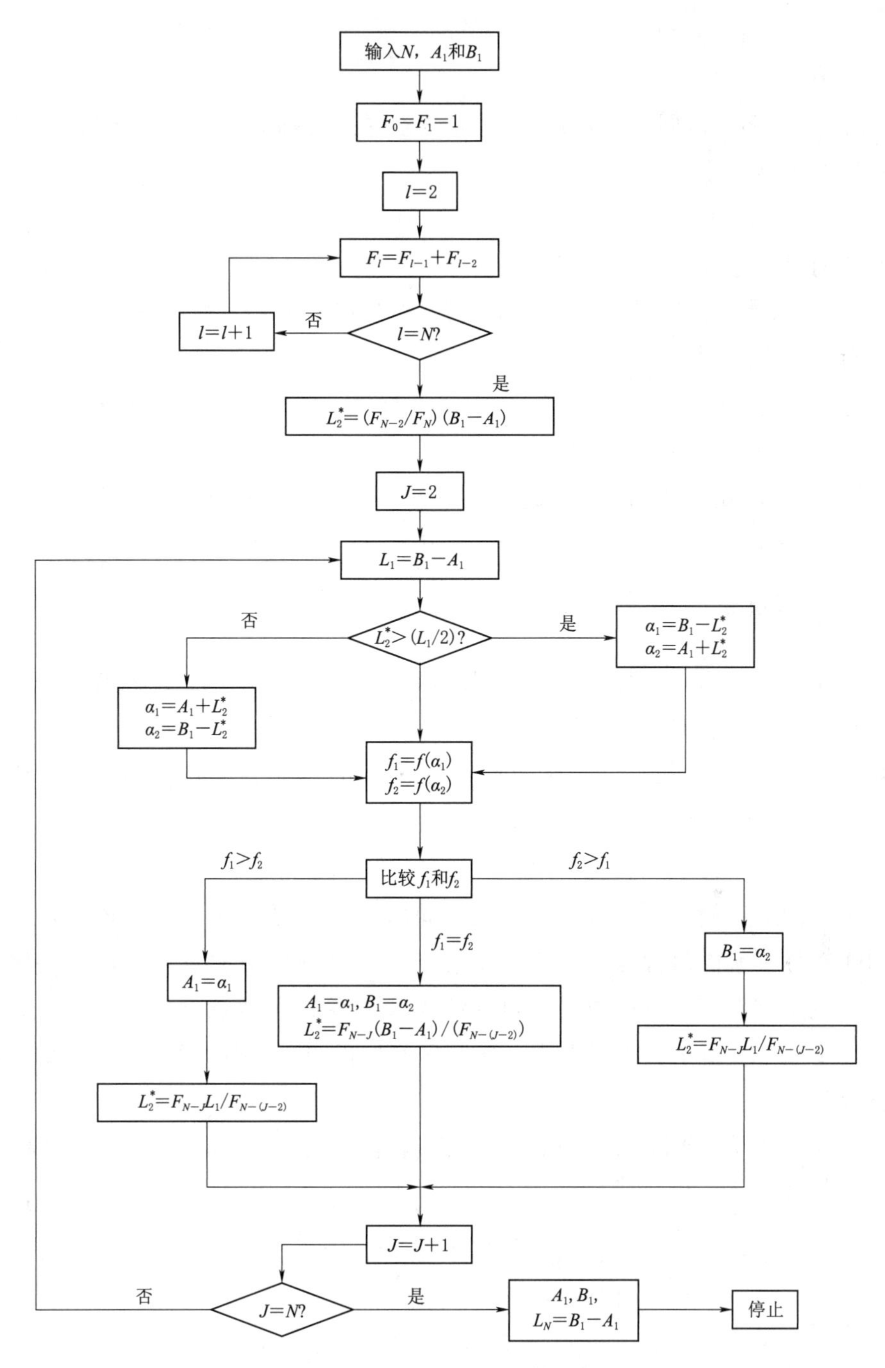

图 2-9 Fibonacci 法的算法框图

$$\alpha_3=a+(\alpha_2-\alpha_1)=0+(1.846154-1.153846)=0.692308$$

该点的函数值 $f_3=f(\alpha_3)=-0.291364$。

因为 $f_1>f_3$，故删除区间 $[\alpha_1,\ \alpha_2]$，新的搜索区间为 $[a,\alpha_1]=[0,1.153846]$。

(3) 新的搜索点为

$$\alpha_4=a+(\alpha_1-\alpha_3)=1.153846-0.692308=0.461538$$

该点的函数值 $f_4=f(\alpha_4)=-0.309811$。

因为 $f_4<f_3$，故删除区间 $[\alpha_3,\ \alpha_1]$，新的搜索区间为$[a, \alpha_3]=[0,0.692038]$。

(4) 新的搜索点为

$$\alpha_5=a+(\alpha_3-\alpha_4)=0.692308-0.461538=0.23077$$

该点的函数值 $f_5=f(\alpha_5)=-0.263678$。

因为 $f_4<f_5$，故删除区间 $[a,\ \alpha_5]$，新的搜索区间为$[\alpha_5, \alpha_3]=[0.23077,0.692038]$。

(5) 新的搜索点为

$$\alpha_6=\alpha_5+(\alpha_3-\alpha_4)=0.23077+(0.692308-0.461538)=0.46154$$

该点的函数值 $f_6=f(\alpha_6)=-0.30981$。

因为 $f_4<f_6$，所以删除区间 $[\alpha_6,\ \alpha_3]$，保留区间$[\alpha_5, \alpha_6]=[0.23077,0.46154]$

最优解在区间$[\alpha_5, \alpha_6]=[0.23077,0.46154]$中。

2.3.4 黄金分割法

在 Fibonacci 法中，各次迭代的区间长度缩短率是不一样的，而黄金分割法则考虑每次迭代具有相同的区间长度缩短率。

设初始搜索区间为 $[a,\ b]$，区间长度为 $L_0=b-a$，每次迭代的区间长度缩短率为 λ，区间内的两个对称搜索点可由如下方式产生：

$$\alpha_1=a+(1-\lambda)L_0, \quad \alpha_2=a+\lambda L_0 \tag{2-23}$$

若缩小一次后的新区间为 $[a,\ \alpha_2]$，则新区间内有一个搜索点 α_1，将该点作为新区间内具有同样对称关系的对称点，这样只要再产生一个新的对称点，就可以将区间再次缩小。考察该点在新区间中的位置和对称性要求，将 α_1 作为新区间中的 α_2，黄金分割法插值点如图 2-10 所示。可以看出，新旧区间内的点 α_2 到区间起点的距离与区间长度的比值都是 λ。

而新区间中点 α_2 到区间起点的距离也就是原区间中的点 α_1 到区间起点的距离，即

$$(1-\lambda)L_0=\lambda L_1=\lambda(\lambda L_0) \tag{2-24}$$

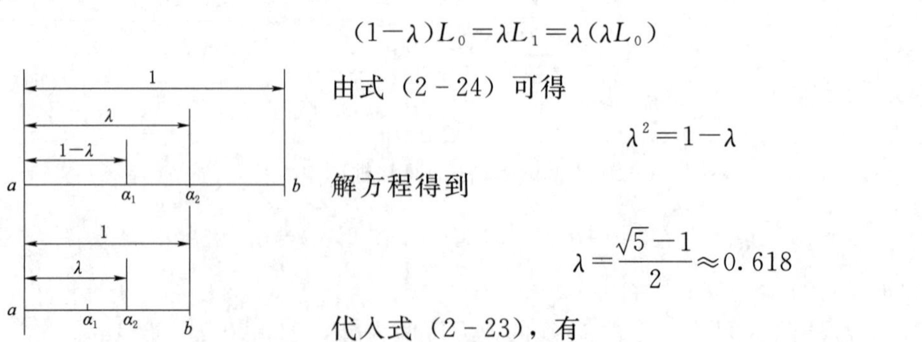

图 2-10 黄金分割法插值点

由式 (2-24) 可得

$$\lambda^2=1-\lambda$$

解方程得到

$$\lambda=\frac{\sqrt{5}-1}{2}\approx 0.618$$

代入式 (2-23)，有

$$\alpha_1=a+0.382L_k, \alpha_2=a+0.618L_k \tag{2-25}$$

每一次缩小区间的比例是相同的，每次迭代时，按照式（2－25）以同样的比例，生成新的 α_1 或新的 α_2。当新产生的区间长度小于预先给定的迭代精度时，停止迭代，并将收敛时区间中点作为极小点。

黄金分割法每一次区间缩小的比例是固定的 0.618，如果给定收敛精度 ε，则可以推算出满足精度要求所需要的迭代次数 n，由

$$\lambda^n L_0 \leqslant \varepsilon$$

可推出

$$n \geqslant \log_\lambda\left(\frac{\varepsilon}{L_0}\right)=\frac{\ln\left(\frac{\varepsilon}{L_0}\right)}{\ln\lambda}=\frac{\ln\left(\frac{\varepsilon}{L_0}\right)}{\ln 0.618} \tag{2-26}$$

虽然黄金分割法也可以推算出满足精度要求所需要的迭代次数，但是与 Fibonacci 法不同的是，黄金分割法在迭代时并不需要知道总的迭代次数，而 Fibonacci 法在开始迭代之前就必须计算出总的迭代次数。

黄金分割法的计算步骤如下：

（1）给定初始区间 $[a, b]$ 和收敛精度 ε。

（2）产生中间搜索点，并计算搜索点处的函数值：

$$\alpha_1=a+0.382(b-a), \quad f_1=f(\alpha_1)$$
$$\alpha_2=a+0.618(b-a), \quad f_2=f(\alpha_2)$$

（3）比较函数值 f_1 和 f_2 的大小，确定区间取舍，黄金分割法区间取舍如图 2－11 所示。

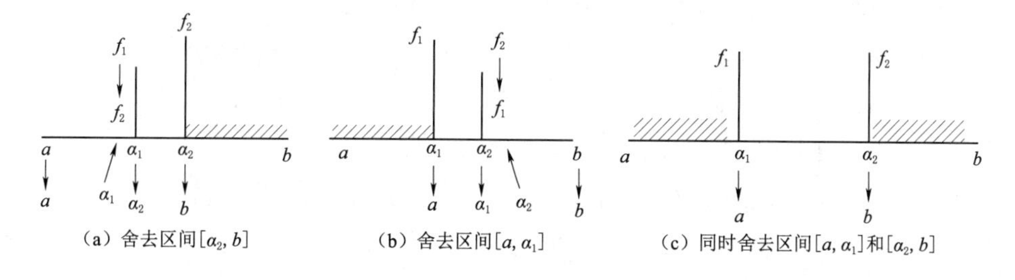

图 2－11　黄金分割法区间取舍

若 $f_1<f_2$，则新区间 $[a, b]=[a, \alpha_2]$，令 $b=\alpha_2$，$\alpha_2=\alpha_1$，$f_2=f_1$，记 $C_a=1$；
若 $f_1>f_2$，则新区间 $[a, b]=[\alpha_1, b]$，令 $a=\alpha_1$，$\alpha_1=\alpha_2$，$f_1=f_2$，记 $C_a=2$；
若 $f_1=f_2$，则新区间 $[a, b]=[\alpha_1, \alpha_2]$，令 $a=\alpha_1$，$b=\alpha_2$，记 $C_a=0$；

（4）收敛性判断。若 $b-a\leqslant\varepsilon$，令 $\alpha^*=\dfrac{a+b}{2}$，结束搜索；否则转步骤（5）。

（5）产生新的搜索点：

若 $C_a=0$，转步骤（2）；

若 $C_a=1$，$\alpha_1=a+0.382(b-a)$，$f_1=f(\alpha_1)$，转步骤（3）；

若 $C_a=2$，$\alpha_2=a+0.618(b-a)$，$f_2=f(\alpha_2)$，转步骤（3）。

黄金分割法的程序框图如图 2-12 所示。

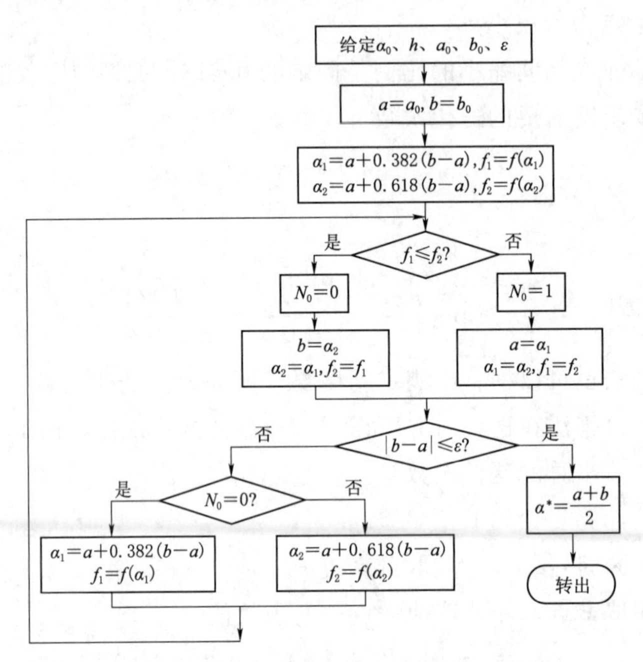

图 2-12　黄金分割法的程序框图

【例题 2-3】 用黄金分割法计算例题 2-2

解： 初始区间 $[a,b]=[0,3]$，收敛精度 $\varepsilon=0.1$

（1）产生中间搜索点，并计算搜索点处的函数值：

$$\alpha_1=a+0.382(b-a)=1.146,\quad f_1=f(\alpha_1)=-0.20856$$

$$\alpha_2=a+0.618(b-a)=1.854,\quad f_2=f(\alpha_2)=-0.11494$$

因为 $f_1<f_2$，新区间 $[a,b]=[a,\alpha_2]=[0,1.854]$，

令 $b=\alpha_2=1.854$，$\alpha_2=\alpha_1=1.146$，$f_2=f_1=-0.20856$，记 $C_a=1$；

$|b-a|=|1.854-0|=1.854>\varepsilon$，继续迭代。

（2）产生新的搜索点，并计算搜索点处的函数值：

由于 $C_a=1$，$\alpha_1=a+0.382(b-a)=0.70823$，$f_1=f(\alpha_1)=-0.28891$。

因为 $f_1<f_2$，新区间 $[a,b]=[a,\alpha_2]=[0,1.146]$，

令 $b=\alpha_2=1.146$，$\alpha_2=\alpha_1=0.70823$，$f_2=f_1=-0.28891$，记 $C_a=1$；

$|b-a|=|1.146-0|=1.146>\varepsilon$，继续迭代。

（3）产生新的搜索点，并计算搜索点处的函数值：

由于 $C_a=1$，$\alpha_1=a+0.382(b-a)=0.43777$，$f_1=f(\alpha_1)=-0.30894$。

因为 $f_1<f_2$，新区间 $[a,b]=[a,\alpha_2]=[0,0.70823]$，

令 $b=\alpha_2=0.70823$，$\alpha_2=\alpha_1=0.43777$，$f_2=f_1=-0.30894$，记 $C_a=1$；

$|b-a|=0.70823>\varepsilon$，继续迭代。

（4）产生新的搜索点，并计算搜索点处的函数值：

由于 $C_a=1$，$\alpha_1=a+0.382(b-a)=0.27054$，$f_1=f(\alpha_1)=-0.27861$，

因为 $f_1>f_2$，新区间 $[a,b]=[\alpha_1,b]=[0.27054,0.70823]$，

令 $a=\alpha_1=0.27054$，$\alpha_1=\alpha_2=0.43777$，$f_1=f_2=-0.30894$，记 $C_a=2$；

$|b-a|=|0.70823-0.27054|=0.43769>\varepsilon$，继续迭代。

（5）产生新的搜索点，并计算搜索点处的函数值。由于 $C_a=2$，$\alpha_2=a+0.618(b-a)=0.54103$，$f_2=f(\alpha_2)=-0.30817$，

因为 $f_1<f_2$，新区间 $[a,b]=[a,\alpha_2]=[0.27054,0.54103]$，

令 $b=\alpha_2=0.54103$，$\alpha_2=\alpha_1=0.43777$，$f_2=f_1=-0.30894$，记 $C_a=1$；

$|b-a|=|0.54103-0.27054|=0.27049>\varepsilon$，继续迭代。

（6）产生新的搜索点，并计算搜索点处的函数值：

由于 $C_a=1$，$\alpha_1=a+0.382(b-a)=0.37387$，$f_1=f(\alpha_1)=-0.3028$，

因为 $f_1>f_2$，新区间 $[a,b]=[\alpha_1,b]=[0.37387,0.54103]$，

令 $a=\alpha_1=0.37387$，$\alpha_1=\alpha_2=0.43777$，$f_1=f_2=-0.30894$，记 $C_a=2$；

$|b-a|=|0.54103-0.37387|=0.16716>\varepsilon$，继续迭代。

（7）产生新的搜索点，并计算搜索点处的函数值：

由于 $C_a=2$，$\alpha_2=a+0.618(b-a)=0.47718$，$f_2=f(\alpha_2)=-0.31001$，

因为 $f_1>f_2$，新区间 $[a,b]=[\alpha_1,b]=[0.43777,0.54103]$，

令 $a=\alpha_1=0.43777$，$\alpha_1=\alpha_2=0.47718$，$f_1=f_2=-0.31001$，记 $C_a=2$；

$|b-a|=|0.54103-0.43777|=0.10326>\varepsilon$，继续迭代。

（8）产生新的搜索点，并计算搜索点处的函数值：

由于 $C_a=2$，$\alpha_2=a+0.618(b-a)=0.50158$，$f_2=f(\alpha_2)=-0.30979$，

因为 $f_1<f_2$，新区间 $[a,b]=[a,\alpha_2]=[0.43777,0.50158]$，

令 $b=\alpha_2=0.50158$，$\alpha_2=\alpha_1=0.47718$，$f_2=f_1=-0.31001$，记 $C_a=1$；

$|b-a|=|0.50158-0.43777|=0.0638<\varepsilon$，迭代收敛。

最优解在区间 [0.43777，0.50158] 中，取 $\alpha^*=\dfrac{a+b}{2}=0.46968$。

2.3.5 方法比较

区间排除法的效率可以用最终区间长度与初始区间长度的比值$\dfrac{L_n}{L_0}$来衡量，各种方法在给定迭代次数（$n=5$ 和 $n=10$）时最终区间的长度见表 2-2。从表中可以看出，Fibonacci 法效率最高，黄金分割法次之。

表 2-2　各种方法在给定迭代次数时的最终区间的长度

方法	公式	$n=5$	$n=10$
穷举法	$L_n=\frac{2}{n+1}L_0$	$L_n=0.33333L_0$	$L_n=0.18182L_0$
二分搜索法 ($\delta=0.01$ 且 $n=$偶数)	$L_n=\frac{L_0}{2^{n/2}}+\delta\left(1-\frac{1}{2^{n/2}}\right)$	$L_n=\frac{1}{4}L_0+0.0075(n=4)$ $\frac{1}{8}L_0+0.00875(n=6)$	$L_n=0.03125L_0+0.0096875$
Fibonacci 法	$L_n=\frac{1}{F_n}L_0$	$L_n=0.125L_0$	$L_n=0.01124L_0$
黄金分割法	$L_n=(0.618)^{n-1}L_0$	$L_n=0.1459L_0$	$L_n=0.01315L_0$

各种方法给定迭代精度要求时各种方法所需要的迭代次数见表 2-3，可以看出，要达到给定迭代精度要求，Fibonacci 法需要的迭代次数最少，黄金分割法次之。

表 2-3　各种方法在给定迭代精度时所需的迭代次数 n

方法	n	
	误差：$\frac{1}{2}\frac{L_n}{L_0}\leqslant 0.1$	误差：$\frac{1}{2}\frac{L_n}{L_0}\leqslant 0.01$
穷举法	$\geqslant 9$	$\geqslant 99$
二分搜索法 ($\delta=0.01$，$L_0=1$)	$\geqslant 6$	$\geqslant 14$
Fibonacci 法	$\geqslant 4$	$\geqslant 9$
黄金分割法	$\geqslant 5$	$\geqslant 10$

2.4 插值法

由数值分析可知，通过几个已知点所形成的曲线称为这些点的插值曲线，插值曲线对应的函数称为插值函数。常用的插值方法有多项式插值和样条插值等。多项式插值方法有线性插值、二次插值和三次插值。

插值法利用目标函数在搜索区间端点和区间内某些点的函数值构造插值函数，确定插值函数的极小点，并以此极小点作为原目标函数的近似极小点，或以此极小点作为缩小搜索区间的一个中间点。插值函数是根据原目标函数的信息构造的近似函数，其极小点也是原目标函数的近似极小点，反复迭代，此近似极小点会很快逼近原目标函数的极小点；若根据此极小点缩小搜索区间，无疑可以加快缩小区间的过程，提高算法的效率。

常用的插值法包括二次插值法、三次插值法、直接求根法等。二次插值法构造目标函数的二次插值函数，以二次插值函数的极小点作为近似极小点。设二次插值多项

式函数为

$$p(\alpha)=a\alpha^2+b\alpha+c \tag{2-27}$$

若 α^* 为多项式 $p(\lambda)$ 的极小点，根据极值条件 $\frac{\mathrm{d}p(\alpha)}{\mathrm{d}\alpha}=0$ 可求得

$$\alpha^*=-\frac{b}{2a} \tag{2-28}$$

式（2－27）中插值函数的系数 a、b、c 根据目标函数的解析性质选择适当的插值条件确定。根据所选插值条件的不同可以将二次插值法分为一点二次插值法、两点二次插值法和三点二次插值法。

2.4.1 一点二次插值法

当目标函数的一阶、二阶导数均易于计算时，可以利用目标函数在某一点 α_0 的函数值 $f(\alpha_0)$、一阶导数值 $f'(\alpha_0)$ 和二阶导数值 $f''(\alpha_0)$ 来构造式（2－27）所示插值函数 $p(\alpha)$，插值条件为

$$\begin{cases} p(\alpha_0)=a\alpha_0^2+b\alpha_0+c=f(\alpha_0) \\ p'(\alpha_0)=2a\alpha_0+b=f'(\alpha_0) \\ p''(\alpha_0)=2a=f''(\alpha_0) \end{cases} \tag{2-29}$$

从式（2－29）解得

$$a=\frac{f''(\alpha_0)}{2},\ b=f'(\alpha_0)-\alpha_0 f''(\alpha_0)$$

插值函数的极小点为

$$\alpha^*=-\frac{b}{2a}=\alpha_0-\frac{f'(\alpha_0)}{f''(\alpha_0)} \tag{2-30}$$

上述插值函数的极小点也可以利用目标函数的二阶泰勒展开式确定。目标函数 $f(\alpha)$ 的二阶泰勒展开式 $p(\alpha)$ 为

$$f(\alpha)\approx p(\alpha)=f(\alpha_0)+f'(\alpha_0)(\alpha-\alpha_0)+\frac{1}{2}f''(\alpha_0)(\alpha-\alpha_0)^2$$

根据极值条件

$$\frac{\mathrm{d}p(\alpha)}{\mathrm{d}\alpha}=f'(\alpha_0)+f''(\alpha_0)(\alpha-\alpha_0)=0$$

可求得

$$\alpha^*=\alpha_0-\frac{f'(\alpha_0)}{f''(\alpha_0)}$$

式（2－30）是由某一点 α_0 处目标函数的信息所构造的插值函数的极小点，一般说来并非原目标函数的极小点，而只是近似值。为了得到更高精度的极小点，可以将

插值函数的极小点作为新的插值点，重新构造插值函数，确定新的插值函数的极小点，这样形成一个迭代过程。设当前插值函数的极小点为 α^k，新的插值函数的极小点 α^{k+1} 可计算为

$$\alpha^{k+1}=\alpha^k-\frac{f'(\alpha^k)}{f''(\alpha^k)} \tag{2-31}$$

式（2-31）即为计算目标函数极小点的迭代公式，称为牛顿迭代公式，该方法也称为牛顿法。

由于迭代公式式（2-31）从任意点出发，利用函数一阶、二阶导数直接迭代计算极小点，而不必先确定初始搜索区间，再不断缩小区间求解极小点，故该方法属于直接求根的方法。

上述迭代过程在迭代点 α^k 处，用二次插值函数 $p(\alpha)$ 代替原目标函数 $f(\alpha)$，并寻找 $p(\alpha)$ 的极小点 α^* 作为新的迭代点。而二次插值函数 $p(\alpha)$ 的极小点 α^* 满足 $f'(\alpha^*)=0$，也就是斜直线方程 $f'(\alpha)=0$ 的解。从几何的角度看，迭代过程就是在迭代点 α^k 处作切线 $p'(\alpha)=0$，并寻找该切线与坐标轴 α 的交点（即极小点 α^*）作为新的迭代点。故一点二次插值法也称为切线法。切线法迭代过程的几何解释如图 2-13 所示。

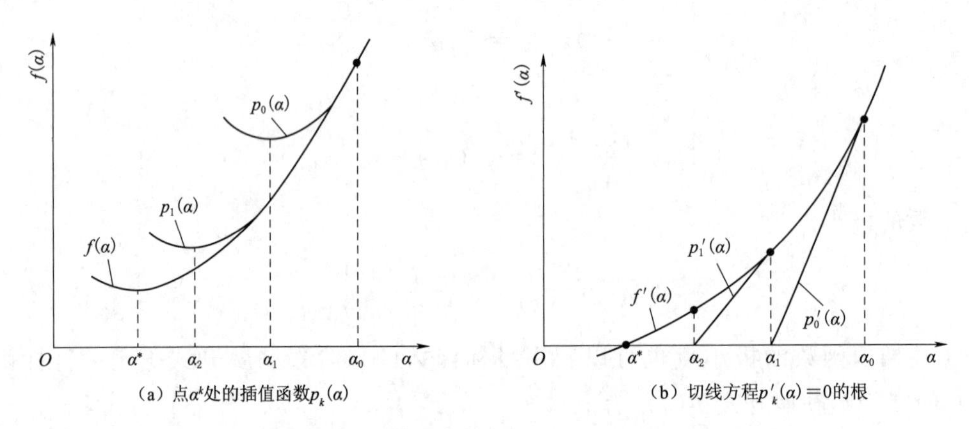

图 2-13 切线法迭代过程的几何解释

切线法（牛顿法）的计算步骤如下：

(1) 给定初始点 α^0，迭代收敛精度 ε，置迭代次数 $k=0$。

(2) 计算函数在迭代点 α^k 的一阶、二阶导数值 $f'(\alpha^k)$、$f''(\alpha^k)$。

(3) 若 $|f'(\alpha^k)|<\varepsilon$，则迭代结束，输出 $\alpha^*=\alpha^k$ 和 $f^*=f(\alpha^*)$。否则，转下一步。

(4) 计算 $\alpha^{k+1}=\alpha^k-\dfrac{f'(\alpha^k)}{f''(\alpha^k)}$，令 $k=k+1$，转步骤（2）。

【例题 2-4】 用切线法求函数 $f(\alpha)=\alpha^4-4\alpha^3-6\alpha^2-16\alpha+4$ 的极小点。初始点

取为 $\alpha^0=0$，迭代收敛精度 $\varepsilon=0.01$。

解：函数的一阶、二阶导数为

$$f'(\alpha)=4\alpha^3-12\alpha^2-12\alpha-16$$
$$f''(\alpha)=12\alpha^2-24\alpha-12$$

第 1 次迭代：

$$\alpha^0=0，f'(\alpha^0)=-16，f''(\alpha^0)=-12，|f'(\alpha^0)|>\varepsilon，\alpha^1=\alpha^0-\frac{f'(\alpha^0)}{f''(\alpha^0)}=\frac{4}{3}$$

第 2 次迭代：

$$f'(\alpha^1)=-30.8148，f''(\alpha^1)=41.3333，|f'(\alpha^1)|>\varepsilon，\alpha^2=\alpha^1-\frac{f'(\alpha^1)}{f''(\alpha^1)}=-0.5878$$

第 3 次迭代：

$$f'(\alpha^2)=-13.905，f''(\alpha^2)=6.2538，|f'(\alpha^2)|>\varepsilon，\alpha^3=\alpha^2-\frac{f'(\alpha^2)}{f''(\alpha^2)}=1.6356$$

第 4 次迭代：

$$f'(\alpha^3)=-50.2276，f''(\alpha^3)=-19.1519，|f'(\alpha^3)|>\varepsilon，\alpha^4=\alpha^3-\frac{f'(\alpha^3)}{f''(\alpha^3)}=-0.987$$

第 5 次迭代：

$$f'(\alpha^4)=-19.6915，f''(\alpha^4)=23.377，|f'(\alpha^4)|>\varepsilon，\alpha^5=\alpha^4-\frac{f'(\alpha^4)}{f''(\alpha^4)}=-0.1446$$

第 6 次迭代：

$$f'(\alpha^5)=-14.5275，f''(\alpha^5)=-8.2778，|f'(\alpha^5)|>\varepsilon，\alpha^6=\alpha^5-\frac{f'(\alpha^5)}{f''(\alpha^5)}=-1.8996$$

第 7 次迭代：

$$f'(\alpha^6)=-63.9272，f''(\alpha^6)=76.8939，|f'(\alpha^6)|>\varepsilon，\alpha^7=\alpha^6-\frac{f'(\alpha^6)}{f''(\alpha^6)}=-1.0683$$

⋮

第 25 次迭代：

$$f'(\alpha^{24})=135.4535，f''(\alpha^{24})=174.4752，|f'(\alpha^{24})|>\varepsilon，\alpha^{25}=\alpha^{24}-\frac{f'(\alpha^{24})}{f''(\alpha^{24})}=4.2905$$

第 26 次迭代：

$$f'(\alpha^{25})=27.5425，f''(\alpha^{25})=105.932，|f'(\alpha^{25})|>\varepsilon，\alpha^{26}=\alpha^{25}-\frac{f'(\alpha^{25})}{f''(\alpha^{25})}=4.0305$$

第 27 次迭代：

$$f'(\alpha^{26})=2.599，f''(\alpha^{26})=86.21，|f'(\alpha^{26})|>\varepsilon，\alpha^{27}=\alpha^{26}-\frac{f'(\alpha^{26})}{f''(\alpha^{26})}=4.0004$$

第 28 次迭代：

$f'(\alpha^{27})=3.2943\times10^{-2}$，$f''(\alpha^{27})=84.028$，$|f'(\alpha^{27})|>\varepsilon$，$\alpha^{28}=\alpha^{27}-\dfrac{f'(\alpha^{27})}{f''(\alpha^{27})}=4.0000$

第 29 次迭代：

$f'(\alpha^{28})=5.5337\times10^{-6}$，$|f'(\alpha^{28})|<\varepsilon=0.01$，$\alpha^*=\alpha^{28}=4.0000$，$f(\alpha^*)=-156$

如果换一个初始点，例如取 $\alpha^0=5$，则只需要 5 次迭代就可以收敛到上述极小点。

2.4.2 二点二次插值法

二点二次插值法利用二点处的函数值和一阶导数值构造二次插值函数。点 α_1 的函数值为 $f(\alpha_1)$，点 α_1 和 α_2 处的一阶导数值为 $f'(\alpha_1)$ 和 $f'(\alpha_2)$，构造二次插值函数 $p(\alpha)$ 的插值条件为

$$\begin{cases}p(\alpha_1)=a\alpha_1^2+b\alpha_1+c=f(\alpha_1)\\p'(\alpha_1)=2a\alpha_1+b=f'(\alpha_1)\\p'(\alpha_2)=2a\alpha_2+b=f'(\alpha_2)\end{cases}\tag{2-32}$$

由式（2-32）解出系数 a、b 后，可得到二次函数的极小点

$$\alpha^*=-\frac{b}{2a}=\alpha_2-\frac{\alpha_2-\alpha_1}{f'(\alpha_2)-f'(\alpha_1)}f'(\alpha_2)\tag{2-33}$$

将式（2-33）写成迭代公式

$$\alpha^{k+1}=\alpha^k-\frac{\alpha^k-\alpha^{k-1}}{f'(\alpha^k)-f'(\alpha^{k-1})}f'(\alpha^k)\tag{2-34}$$

二点二次插值法相当于对目标函数的导函数 $f'(\alpha)$ 用过 $[\alpha_1,\ f'(\alpha_1)]$ 和 $[\alpha_2,\ f'(\alpha_2)]$ 两点的割线近似，进而寻找该割线与坐标轴 α 的交点，作为新的迭代点。故二点二次插值法也称为割线法。

割线法还可以利用点 α_1 和 α_2 处的函数值为 $f(\alpha_1)$ 和 $f(\alpha_2)$，以及点 α_1 或 α_2 处的一阶导数值为 $f'(\alpha_1)$ 或 $f'(\alpha_2)$ 构造二次插值函数 $p(\alpha)$，插值条件以及迭代公式读者可自行推导。

割线法利用函数一阶导数直接迭代计算极小点，而不必通过缩小搜索区间求解极小点，故该方法也属于直接求根的方法。

2.4.3 三点二次插值法

当目标函数的导数不易计算时，可利用三个点处的函数值来构造二次插值函数，设 $\alpha_1<\alpha_2<\alpha_3$ 为搜索区间中的三个点，插值条件为

$$\begin{cases}p(\alpha_1)=a\alpha_1^2+b\alpha_1+c=f(\alpha_1)=f_1\\p(\alpha_2)=a\alpha_2^2+b\alpha_2+c=f(\alpha_2)=f_2\\p(\alpha_3)=a\alpha_3^2+b\alpha_3+c=f(\alpha_3)=f_3\end{cases}\tag{2-35}$$

由式（2-35）解出

$$a=-\frac{(\alpha_2-\alpha_3)f_1+(\alpha_3-\alpha_1)f_2+(\alpha_1-\alpha_2)f_3}{(\alpha_1-\alpha_2)(\alpha_2-\alpha_3)(\alpha_3-\alpha_1)} \tag{2-36}$$

$$b=-\frac{(\alpha_2^2-\alpha_3^2)f_1+(\alpha_3^2-\alpha_1^2)f_2+(\alpha_1^2-\alpha_2^2)f_3}{(\alpha_1-\alpha_2)(\alpha_2-\alpha_3)(\alpha_3-\alpha_1)} \tag{2-37}$$

$$c=-\frac{\alpha_2\alpha_3(\alpha_2-\alpha_3)f_1+\alpha_3\alpha_1(\alpha_3-\alpha_1)f_2+\alpha_1\alpha_2(\alpha_1-\alpha_2)f_3}{(\alpha_1-\alpha_2)(\alpha_2-\alpha_3)(\alpha_3-\alpha_1)} \tag{2-38}$$

二次插值函数的极小点为

$$\alpha^*=-\frac{b}{2a}=\frac{1}{2}\frac{(\alpha_2^2-\alpha_3^2)f_1+(\alpha_3^2-\alpha_1^2)f_2+(\alpha_1^2-\alpha_2^2)f_3}{(\alpha_2-\alpha_3)f_1+(\alpha_3-\alpha_1)f_2+(\alpha_1-\alpha_2)f_3} \tag{2-39}$$

插值函数 $p(\alpha)$ 取得极小值的充分条件为

$$f''(\alpha)=2a>0 \tag{2-40}$$

为方便说明问题，将三个搜索点取为 0、t、$2t$，其中，t 为搜索步长。则有

$$a=\frac{f_1+f_3-2f_2}{2t^2} \tag{2-41}$$

由条件（2-40）得

$$a=\frac{f_1+f_3-2f_2}{2t^2}>0 \tag{2-42}$$

即

$$f_2<\frac{f_1+f_3}{2} \tag{2-43}$$

式（2-43）要求初始区间为函数值呈“两端大中间小”的单谷区间。

以 α_1、α_3 为端点，α_2 和 α^* 为中间点，采用区间排除法缩小区间，三点二次插值法缩小区间，如图 2-14 所示。由于 α^* 是原目标函数的近似极小点，以此点作为缩小区间的一个中间点，无疑可以加快缩小区间的过程。

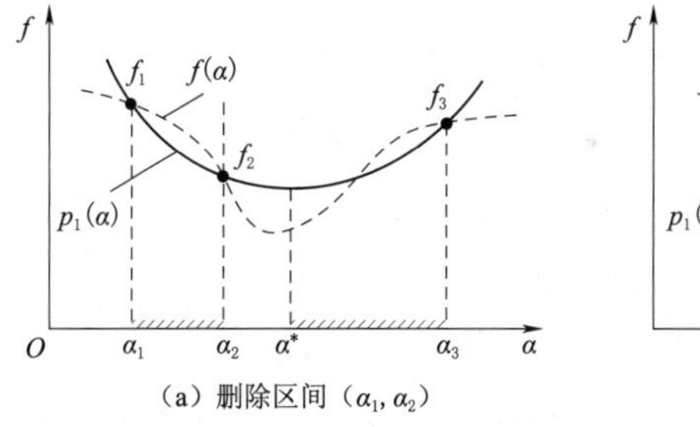

（a）删除区间（α_1, α_2）

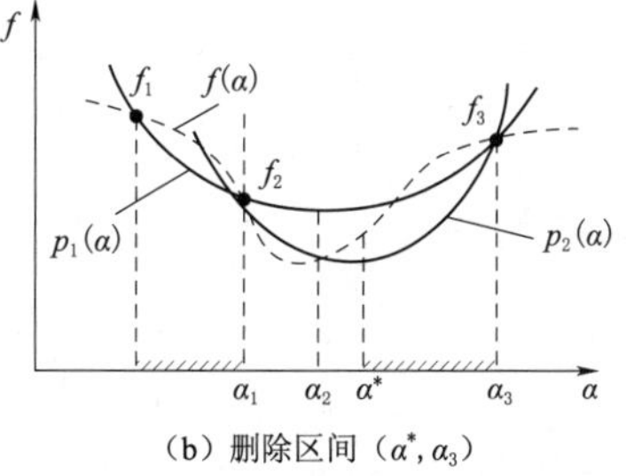

（b）删除区间（α^*, α_3）

图 2-14　三点二次插值法缩小区间

三点二次插值法需要首先确定搜索区间，再采用区间排除法缩小区间，最终求得原目标函数的极小点，属于区间排除法。由于该方法利用区间端点及区间中的搜索点

插值抛物线逼近原目标函数，故也称为抛物线法。

抛物线法的计算步骤如下：

(1) 给定三点 $\alpha_1<\alpha_2<\alpha_3$，对应的函数值为 $f_1=f(\alpha_1)$，$f_2=f(\alpha_2)$，$f_3=f(\alpha_3)$，且满足 $f_1>f_2$，$f_2<f_3$，给定迭代收敛精度 ε。

(2) 计算 $A=(\alpha_2-\alpha_3)f_1+(\alpha_3-\alpha_1)f_2+(\alpha_1-\alpha_2)f_3$，若 $A=0$ 转步骤 (1)，重新设定三个初始点，否则转步骤 (3)。

(3) 计算插值点 α^*。

$$\alpha^*=\frac{1}{2}\frac{(\alpha_2^2-\alpha_3^2)f_1+(\alpha_3^2-\alpha_1^2)f_2+(\alpha_1^2-\alpha_2^2)f_3}{(\alpha_2-\alpha_3)f_1+(\alpha_3-\alpha_1)f_2+(\alpha_1-\alpha_2)f_3} \tag{2-44}$$

以及函数值 $f^*=f(\alpha^*)$。若 $|\alpha^*-\alpha_2|<\varepsilon$ 转步骤 (7)，否则转步骤 (4)。

(4) 若 $f^*<f_2$ 转步骤 (5)，否则转步骤 (6)。

(5) 若 $\alpha^*<\alpha_2$，则令 $\alpha_3=\alpha_2$，$f_3=f_2$，$\alpha_2=\alpha^*$，$f_2=f^*$，转步骤 (2)。否则令 $\alpha_1=\alpha_2$，$f_1=f_2$，$\alpha_2=\alpha^*$，$f_2=f^*$，转步骤 (2)。

(6) 若 $\alpha^*<\alpha_2$，则令 $\alpha_1=\alpha^*$，$f_1=f^*$，转步骤 (2)。否则令 $\alpha_3=\alpha^*$，$f_3=f^*$，转步骤 (2)。

(7) 若 $f^*<f_2$，输出近似最优点 α^*，否则将 α_2 作为近似最优点，停止迭代。

【例题 2-5】 用抛物线法求函数 $f(\alpha)=\alpha^4-4\alpha^3-6\alpha^2-16\alpha+4$ 的极小点，初始区间取 $[-1, 6]$，迭代收敛精度 $\varepsilon=0.01$。

解： 第 1 次迭代：

(1) 取 $\alpha_1=-1$，$\alpha_2=2.5$，$\alpha_1=6$，对应的函数值为 $f_1=19.0$，$f_2=-96.9375$，$f_3=124.0$。

(2) 计算插值点 $\alpha^*=1.9545$，$f^*=-65.4673$。

(3) 由于 $f^*>f_2$，又由于 $\alpha^*<\alpha_2$，故舍去区间 $[\alpha_1, \alpha^*]$，取 $\alpha_1=\alpha^*=1.9545$，$f_1=f^*=-65.4673$。

第 2 次迭代：

(1) 计算插值点 $\alpha^*=3.1932$，$f^*=-134.5387$。

(2) $|\alpha^*-\alpha_2|=|3.1932-2.5|=0.6932>\varepsilon$，继续迭代。

(3) 由于 $f^*<f_2$，$\alpha^*>\alpha_2$，故舍去区间 $[\alpha_1, \alpha_2]$，取 $\alpha_1=\alpha_2=2.5$，$f_1=f_2=-96.9375$，$\alpha_2=\alpha^*=3.1932$，$f_2=f^*=-134.5387$。

第 3 次迭代：

(1) 计算插值点 $\alpha^*=3.4952$，$f^*=-146.7761$。

(2) $|\alpha^*-\alpha_2|=|3.4952-3.1932|=0.302>\varepsilon$，继续迭代。

(3) 由于 $f^*<f_2$，$\alpha^*>\alpha_2$，故舍去区间 $[\alpha_1, \alpha_2]$，取 $\alpha_1=\alpha_2=3.1932$，$f_1=f_2=-134.5387$，$\alpha_2=\alpha^*=3.4952$，$f_2=f^*=-146.7761$。

重复上述迭代过程，直至$|\alpha^*-\alpha_2|<\varepsilon$，满足收敛精度要求。

2.5 约束一维搜索

约束一维搜索，就是求解单变量函数满足约束条件的极小点算法。与无约束一维搜索相比，不同之处在于，确定初始区间时，对产生的每一个探测点都必须进行可行性判断，即对每一个探测点都必须检查是否满足约束条件。如果违反了某个或某些约束条件，就必须减小步长因子，以使新的探测点落在最近的约束边界上，或位于约束边界的一个容许区间内，如图 2-15（a）和（c）所示。

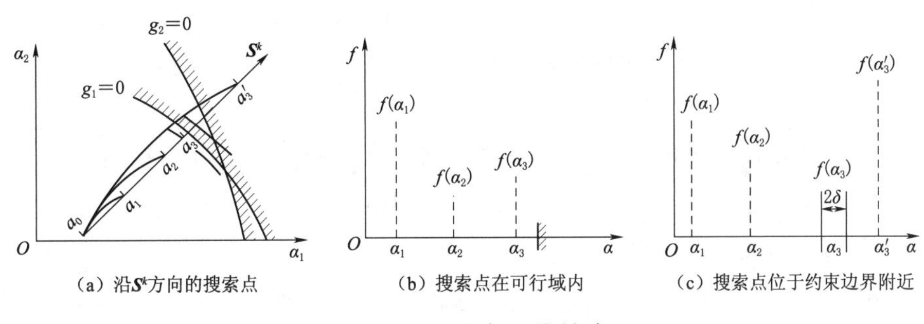

（a）沿S^k方向的搜索点　（b）搜索点在可行域内　（c）搜索点位于约束边界附近

图 2-15 约束一维搜索

若得到的相邻 3 个探测点都是可行点，且该 3 点处的函数值呈“大—小—大”变化关系，则相邻 3 点中的两个端点所决定的区间就是初始区间，采用与无约束一维搜索相同的算法，通过不断缩小区间或反复插值逼近，找到满足一定精度要求的一维极小点，如图 2-15（b）所示。

若得到的探测点位于约束边界的一个容许（$\pm\delta$）区间内，且函数值比前一点的小，则该点就是一维极小点，不再需要进行搜索运算，如图 2-15（c）所示。

习　　题

2.1 思考题

（1）什么是一维极小化问题？

（2）一维搜索问题的数值迭代算法可分为几大类？

（3）确定初始区间的基本方法是什么？

（4）在确定初始区间时为什么假设在考察区间内函数是单谷函数？如果是多谷函数应该如何处理？

（5）区间排除法和插值法有哪些区别？

（6）Fibonacci 法和黄金分割法有哪些不同？

(7) 插值法的基本思路是什么？常用的插值法有哪些？

(8) 二次插值法和黄金分割法有哪些相同点和不同点？

(9) 分析、评价常用一维搜索方法的优缺点。

(10) 约束一维搜索与无约束一维搜索有哪些相同点？有哪些不同点？

2.2 用下列指定方法求函数 $f(\alpha)=\alpha^5-5\alpha^3-20\alpha+5$ 的极小值，初始区间取 (0，5)，允许误差 $\varepsilon=0.1$。

(1) 二分搜索法，$\delta=0.0001$；(2) Fibonacci 法；(3) 黄金分割法。

2.3 用 Fibonacci 法求解下列一维最优化问题。

(1) $\min f(\alpha)=\alpha^2-6\alpha+2$，初始区间取 [0，10]，要求缩小后的区间长度不大于原区间长度的 5%；

(2) $\min f(\alpha)=\cos\alpha$，初始区间取 $[0, 2\pi]$，要求缩小后的区间长度不大于原区间长度的 8%。

2.4 用黄金分割法求解下列一维最优化问题，初始区间取 [−1，1]。

(1) $\min f(\alpha)=2\alpha^2-\alpha-1$，允许误差 $\varepsilon=0.16$；

(2) $\min f(\alpha)=3\alpha^2+1$，允许误差 $\varepsilon=0.04$。

2.5 用牛顿法（一点二次插值法或切线法）求解下列一维最优化问题，初始点取 $x_0=6$，允许误差 $\varepsilon=0.01$。

(1) $\min f(\alpha)=3\alpha^3-4\alpha+5$；(2) $\min f(\alpha)=\alpha^4-4\alpha^3-6\alpha^2-16\alpha+4$。

2.6 用割线法（二点二次插值法）求解一维最优化问题 $\min f(\alpha)=8\alpha^3-2\alpha^2-7\alpha+3$，初始区间取 [0，1]，允许误差 $\varepsilon=0.1$。

2.7 用抛物线法（三点二次插值法）求解下列一维最优化问题。

(1) $\min f(\alpha)=\frac{1}{4}\alpha^4-\frac{4}{3}\alpha^3+\frac{5}{2}\alpha^2-2\alpha$，初始区间取 [1，3]，允许误差 $\varepsilon=0.1$；

(2) $\min f(\alpha)=8\alpha^3-2\alpha^2-7\alpha+3$，初始区间取 [0，2]，允许误差 $\varepsilon=0.001$。

第3章

无约束最优化问题

在优化领域中，有一类求极值的问题，其在求解目标函数极小值的过程中，对设计变量不加任何限制，这类优化问题就是无约束最优化问题。实际工程中多数问题是有约束的，约束优化问题可以通过对约束条件的处理转化为无约束最优化问题求解。

本章介绍无约束优化问题的直接搜索方法和导数搜索方法。

3.1 无约束最优化问题及其求解方法

无约束最优化问题可以描述为

$$\begin{cases}\text{find } \boldsymbol{X}=[x_1,x_2,\cdots,x_n]^{\mathrm{T}} \\ \min f(\boldsymbol{X})\end{cases} \tag{3-1}$$

式（3－1）不考虑对设计变量 $\boldsymbol{X}$ 的约束条件。虽然在工程中遇到的结构优化设计问题大多是有约束的，但是研究无约束最优化问题及其求解方法仍然是很有意义的，理由如下：①工程中确有一些最优设计问题为无约束问题，或者在求解过程中，约束对设计变量无直接影响，可以作为无约束问题求解；②无约束问题的研究为理解和认识约束最优化问题提供坚实的基础；③无约束最优化方法是构成约束最优化方法的基础算法，一些功能强大的约束最优化方法常常是通过转化为无约束最优化方法实现的。另外，一些无约束最优化方法只需略加处理，即可用于求解约束最优化问题。

无约束最优化问题的解，即函数 $f(\boldsymbol{X})$ 的极小点可定义为：对所有点 $\boldsymbol{X}$，若存在点 $\boldsymbol{X}^*$，使得

$$f(\boldsymbol{X}^*)\leqslant f(\boldsymbol{X}) \tag{3-2}$$

则点 $\boldsymbol{X}^*$ 是函数 $f(\boldsymbol{X})$ 的全局极小点。若存在一个包含点 $\boldsymbol{X}^*$ 的邻域，使得对于该邻域中的任意点 $\boldsymbol{X}$，都有式（3－2）成立，则点 $\boldsymbol{X}^*$ 为函数 $f(\boldsymbol{X})$ 的一个局部极小点。对大多数最优化方法，一般只能求得局部最优点，要求解全局最优点在理论上是一个复杂的问题，有兴趣的读者可阅读文献（全局优化引论，R. Horst，P. M. Pardalos，N. V. Thoai 著，黄红选译，清华大学出版社，2003）。对于实际工程结构优化设计问

题，在找到局部最优点后，可根据具体问题的特性，分析、评估局部最优点是否为全局最优点。

函数 $f(\boldsymbol{X})$ 在点 $\boldsymbol{X}^*$ 取得极值的必要条件是函数在该点的所有方向导数都等于零，即函数在该点的梯度等于零

$$\nabla f(\boldsymbol{X}^*)=\left[\frac{\partial f(\boldsymbol{X}^*)}{\partial x_1} \quad \frac{\partial f(\boldsymbol{X}^*)}{\partial x_2} \quad \cdots \quad \frac{\partial f(\boldsymbol{X}^*)}{\partial x_n}\right]^{\mathrm{T}}=\boldsymbol{0} \tag{3-3}$$

满足上述条件的点称为函数的驻点，为保证函数在驻点取得极小值，则函数的二阶导数矩阵即海森矩阵必须是正定的，即

$$\nabla^2 f(\boldsymbol{X}^k)=\begin{bmatrix} \frac{\partial^2 f(\boldsymbol{X}^k)}{\partial x_1^2} & \frac{\partial^2 f(\boldsymbol{X}^k)}{\partial x_1 \partial x_2} & \cdots & \frac{\partial^2 f(\boldsymbol{X}^k)}{\partial x_1 \partial x_n} \\ \frac{\partial^2 f(\boldsymbol{X}^k)}{\partial x_2 \partial x_1} & \frac{\partial^2 f(\boldsymbol{X}^k)}{\partial x_2^2} & \cdots & \frac{\partial^2 f(\boldsymbol{X}^k)}{\partial x_2 \partial x_n} \\ \vdots & \vdots & & \vdots \\ \frac{\partial^2 f(\boldsymbol{X}^k)}{\partial x_n \partial x_1} & \frac{\partial^2 f(\boldsymbol{X}^k)}{\partial x_n \partial x_2} & \cdots & \frac{\partial^2 f(\boldsymbol{X}^k)}{\partial x_n^2} \end{bmatrix} \tag{3-4}$$

由函数 $f(\boldsymbol{X})$ 取得极值的必要条件式（3-3），可以得到一组求解极小点 $\boldsymbol{X}^*$ 的方程。但是，除非一些特殊问题，一般情况下方程组是非线性的，求解非线性方程组极其困难。而采用前面章节介绍的下降迭代算法直接求解无约束最优化问题则更为方便。

如前所述，下降迭代算法具有统一的迭代格式

$$\boldsymbol{X}^{k+1}=\boldsymbol{X}^k+\alpha^k \boldsymbol{S}^k \tag{3-5}$$

其基本问题是选择搜索方向 $\boldsymbol{S}^k$，在这些方向上进行一维搜索。由于选择搜索方向 $\boldsymbol{S}^k$ 和所采用的一维搜索方法不同，从而形成了各种不同的无约束最优化算法。

根据搜索方法的不同构成方式，无约束最优化算法可以分为直接搜索的方法和导数搜索的方法。直接搜索的方法只需要计算点的函数值，并利用函数值的信息确定搜索方向。因为不涉及函数梯度和海森矩阵的计算，所以算法构造简单，适应性强。但仅利用若干点的函数值难以构造出较为理想的搜索方向，因而直接搜索的方法一般迭代次数多，收敛速度较慢。因为直接搜索的方法不需要计算导数，所以也称为非梯度的方法，或零阶的方法。导数搜索的方法除了函数值外，还要利用函数的梯度信息，甚至在某些情况下利用二阶导数信息构造搜索方向，因为导数是函数变化率的具体描述，所以导数搜索的方法能够较好地构造函数值下降的方向，收敛性和收敛速度都比较好。在所有导数搜索的方法中，只需要计算函数一阶导数的方法称为一阶的方法，或梯度的方法；需要计算二阶导数的方法称为二阶的方法。

对于某些问题，函数梯度和海森矩阵的计算往往比较困难。一般经验是，在可能

计算函数导数的情况下，尽可能使用导数搜索的方法，在导数不存在或导数计算困难的情况下，只能使用直接搜索的方法。

3.2 直接搜索的方法

3.2.1 随机搜索法

随机搜索法是在下降迭代格式 $\boldsymbol{X}^{k+1}=\boldsymbol{X}^k+\alpha^k\boldsymbol{S}^k$ 中随机生成搜索方向 $\boldsymbol{S}^k$，使得沿方向 $\boldsymbol{S}^k$ 函数值下降。随机搜索法的基本步骤为：

(1) 从初始点 $\boldsymbol{X}^1$ 出发，取足够大的初始步长 α，设置允许最小步长值 ε 以及最大迭代步数 N。

(2) 计算函数值 $f_1=f(\boldsymbol{X}^1)$。

(3) 设置当前迭代步数 $I=1$。

(4) 生成一组位于区间［0，1］的随机数 r_1，r_2，…，r_n，构造方向向量：

$$\boldsymbol{S}=\frac{1}{\sqrt{r_1^2+r_2^2+\cdots+r_n^2}}\begin{Bmatrix}r_1\\r_2\\\vdots\\r_n\end{Bmatrix} \tag{3-6}$$

方向向量的长度 $R=\sqrt{r_1^2+r_2^2+\cdots+r_n^2}$，只有 $R<1$ 时，随机产生的方向是可接受的；而 $R>1$ 时，则重新产生方向。

(5) 计算新的搜索点及相应的函数值。

$$\boldsymbol{X}=\boldsymbol{X}^1+\alpha\boldsymbol{S} \text{ 和 } f=f(\boldsymbol{X}) \tag{3-7}$$

(6) 比较函数值 f 和 f_1。如果 $f<f_1$ 则令 $\boldsymbol{X}^1=\boldsymbol{X}$，$f_1=f$，转步骤 (3)；如果 $f\geqslant f_1$ 则转步骤 (7)。

(7) 如果 $I\leqslant N$ 则令 $I=I+1$，转步骤 (4)；如果 $I>N$ 则转步骤 (8)。

(8) 步长减半，即令 α 等于原本的 $\alpha/2$，如果 $\alpha\leqslant\varepsilon$ 转步骤 (9)，否则转步骤 (4)。

(9) 令 $\boldsymbol{X}^*=\boldsymbol{X}^1$，$f^*=f_1$ 停止迭代。

【例题 3-1】 利用随机搜索法极小化函数 $f(x_1,x_2)=x_1-x_2+2x_1^2+2x_1x_2+x_2^2$，初始点取为 $\boldsymbol{X}^1=(0,0)^{\mathrm{T}}$，初始步长取为 $\alpha=1$，设 $\varepsilon=0.05$，$N=100$。

解： 求解的迭代过程见表 3-1，从表中可以得到近似最优解为 $\boldsymbol{X}^*=(-0.97986,1.50538)^{\mathrm{T}}$，$f(\boldsymbol{X}^*)=-1.24894$。该问题的精确解为 $(-1.0,1.5)^{\mathrm{T}}$，极小值为 -1.25。

表 3-1　　　　迭　代　过　程

步长	试验次数	向量 $\boldsymbol{X}_1+\lambda\boldsymbol{u}$ 的分量		函数值 $f_1=f(\boldsymbol{X}_1+\lambda\boldsymbol{u})$
		x_1	x_1	
1.0	1	−0.93696	0.34943	−0.06329
1.0	2	−1.15271	1.32588	−1.11986
100 次试验未使函数值下降				
0.5	1	−1.34361	1.78800	−1.12884
0.5	3	−1.07318	1.36744	−1.20232
100 次试验未使函数值下降				
0.25	4	−0.86419	1.23025	−1.21362
0.25	2	−0.86955	1.48019	−1.22074
0.25	8	−1.10661	1.55958	−1.23642
0.25	30	−0.94278	1.37074	−1.24154
0.25	6	−1.08729	1.57474	−1.24222
0.25	50	−0.92606	1.38368	−1.24274
0.25	23	−1.07912	1.58135	−1.24374
100 次试验未使函数值下降				
0.125	1	−0.97986	1.50538	−1.24894
100 次试验未使函数值下降				
0.0625	100 次试验未使函数值下降			
0.03125	步长小于给定 ε，结束搜索试验			

上述随机搜索法还可以做进一步改进。在上述算法中，步长 α 是固定的，一旦得到一个下降方向 $\boldsymbol{S}^k$，以固定步长 α 生成新的搜索点后，随即生成新的搜索方向 $\boldsymbol{S}^{k+1}$。事实上，沿下降方向 $\boldsymbol{S}^k$ 调整步长大小，有可能找到一个最佳步长 α^*，从而使得在新的搜索点 $\boldsymbol{X}^{k+1}=\boldsymbol{X}^k+\alpha^*\boldsymbol{S}^k$ 函数值 $f(\boldsymbol{X}^{k+1})$ 下降最多。这个最佳步长 α^* 可以利用第2章介绍的一维极小化方法得到。

随机搜索法方法简单，应用面广，但计算效率不高。随机搜索法的优点可以总结如下：

(1) 即使目标函数在某些点不连续、不可微，或函数值变化剧烈等导致其他一些方法无法使用时，随机搜索法也可以应用。

(2) 目标函数具有多个局部极小值时，随机搜索法可以用于寻找整体极小值。

(3) 尽管随机搜索法计算效率不高，但在优化设计的初始阶段，可以利用随机搜索法判断整体极小点可能存在的区域，一旦判断出整体极小点所在的区域，可以使用其他高效的方法精确确定整体极小点。

3.2.2 坐标轮换法

坐标轮换法的基本思想是一次只改变一个变量，从而将一个多维问题转化为一系列沿坐标轴方向的单变量最优化问题求解。在第 i 次迭代中，从基点 $\boldsymbol{X}^i$ 出发，依次改变 n 个设计变量中的一个，即确定该坐标方向为搜索方向，其余 $n-1$ 个设计变量保持不变。因为每次只改变一个变量，所以可以利用第 2 章介绍的一维极小化方法得到沿该坐标方向的近似极小点。当所有 n 个坐标方向都依次搜索完成，本次迭代结束。重复上述迭代过程，直到沿任何一个坐标方向函数值都不再减小。

坐标轮换法的基本步骤如下：

(1) 选择任一起始点 $\boldsymbol{X}^1$，令 $i=1$。

(2) 确定搜索方向 $\boldsymbol{S}^i$。

$$(\boldsymbol{S}^i)^{\mathrm{T}}=\begin{cases}(1,0,0,\cdots,0) & (i=1,n+1,2n+1,\cdots)\\(0,1,0,\cdots,0) & (i=2,n+2,2n+2,\cdots)\\(0,0,1,\cdots,0) & (i=3,n+3,2n+3,\cdots)\\ & \vdots\\(0,0,0,\cdots,1) & (i=n,n+n,2n+n,\cdots)\end{cases} \tag{3-8}$$

(3) 确定沿坐标轴正方向或负方向移动，也就是确定步长取正值还是取负值。如果沿坐标轴正向函数值下降则沿坐标轴正向移动，即步长取正值；反之步长取负值。考虑试探步长 ε，分别计算函数值 $f_i=f(\boldsymbol{X}^i)$、$f_i^+=f(\boldsymbol{X}^i+\varepsilon\boldsymbol{S}^i)$、$f_i^-=f(\boldsymbol{X}^i-\varepsilon\boldsymbol{S}^i)$。若 $f_i^+<f_i$ 则取坐标轴正方向为搜索方向，若 $f_i^-<f_i$ 则取坐标轴负方向为搜索方向，如果 f_i^+、f_i^- 均比 f_i 大，则 $\boldsymbol{X}^i$ 即为沿方向 $\boldsymbol{S}^i$ 的极小点。

(4) 应用一维极小化方法确定最优步长 α^*

$$f(\boldsymbol{X}^i\pm\alpha^*\boldsymbol{S}^i)=\min f(\boldsymbol{X}^i\pm\alpha\boldsymbol{S}^i)$$

式中“$\pm$”由步骤 (3) 确定。

(5) 计算新的搜索点 $\boldsymbol{X}^{i+1}=\boldsymbol{X}^i\pm\alpha^*\boldsymbol{S}^i$，以及函数值 $f_{i+1}=f(\boldsymbol{X}^{i+1})$。

(6) 令 $i=i+1$，转步骤 (2)。重复步骤 (2)～(6)，直到收敛准则得到满足。

坐标轮换法简单易行，但收敛较慢，甚至在某些情况下不收敛。例如图 3-1 所示二维问题，当搜索点位于脊线上时，沿任何坐标方向的移动都不会使函数值下降，寻优过程无法继续，方法不收敛。

【例题 3-2】 利用坐标轮换法极小化函数 $f(x_1,x_2)=x_1-x_2+2x_1^2+2x_1x_2+x_2^2$，初始点取为 $\boldsymbol{X}^1=[0,0]^{\mathrm{T}}$，试探步长 $\varepsilon=0.05$。

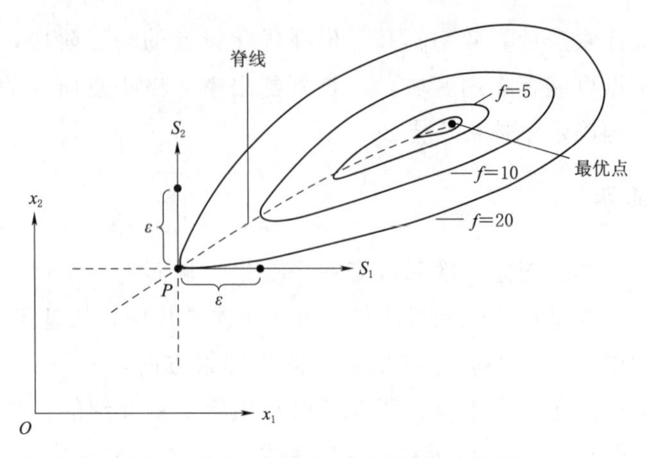

图 3-1 坐标轮换法不收敛的情况

解：

第一迭代步

(1) 搜索方向取为 $\boldsymbol{S}^1=[1,0]^{\mathrm{T}}$。

(2) 确定沿正方向还是负方向搜索。

$$f_1=f(\boldsymbol{X}^1)=f(0,0)=0$$

$$f_1^+=f(\boldsymbol{X}^1+\varepsilon\boldsymbol{S}^1)=f(\varepsilon,0)=0.01-0+2(0.0001)+0+0=0.0102$$

$$f_1^-=f(\boldsymbol{X}^1-\varepsilon\boldsymbol{S}^1)=f(-\varepsilon,0)=-0.01-0+2(0.0001)+0+0=-0.0098$$

因为 $f_1^+>f_1$，且 $f_1^-<f_1$，故 $-\boldsymbol{S}^1$ 是下降方向。

(3) 极小化 $\min f(\boldsymbol{X}^1-\alpha\boldsymbol{S}^1)$ 得到 α^*。

$$f(\boldsymbol{X}^1-\alpha\boldsymbol{S}^1)=f(\alpha,0)=(-\alpha)-0+2(-\alpha)^2+0+0=2\alpha^2-\alpha$$

由 $\dfrac{\mathrm{d}f}{\mathrm{d}\alpha}=0$ 得 $\alpha^*=\dfrac{1}{4}$，令 $\alpha^1=\alpha^*=\dfrac{1}{4}$

(4) $\boldsymbol{X}^2=\boldsymbol{X}^1-\alpha^1\boldsymbol{S}^1=\begin{Bmatrix}0\\0\end{Bmatrix}-\dfrac{1}{4}\begin{Bmatrix}1\\0\end{Bmatrix}=\begin{Bmatrix}-\dfrac{1}{4}\\0\end{Bmatrix}$

$$f_2=f(\boldsymbol{X}^2)=f\left(-\frac{1}{4},0\right)=-\frac{1}{8}$$

第二迭代步

(1) 搜索方向取为 $\boldsymbol{S}^2=[0,1]^{\mathrm{T}}$。

(2) 确定沿正方向还是负方向搜索。

$$f_2=-0.125$$

$$f_2^+=f(\boldsymbol{X}^2+\varepsilon\boldsymbol{S}^2)=f(-0.25,0.01)=-0.1399$$

$$f_2^-=f(\boldsymbol{X}^2-\varepsilon\boldsymbol{S}^2)=f(-0.25,-0.01)=-0.1099$$

因为 $f_2^+<f_2$，且 $f_2^->f_2$，故 $\boldsymbol{S}^2$ 是下降方向。

(3) 极小化 $\min f(\boldsymbol{X}^2+\alpha\boldsymbol{S}^2)$ 得到 α^*。

$$f(\boldsymbol{X}^2+\alpha\boldsymbol{S}^2)=f(-0.25,\alpha)=\alpha^2-1.5\alpha-0.125$$

由 $\dfrac{\mathrm{d}f}{\mathrm{d}\alpha}=0$ 得 $\alpha^*=0.75$，令 $\alpha^2=\alpha^*=0.75$

(4) $\boldsymbol{X}^3=\boldsymbol{X}^2+\alpha^2\boldsymbol{S}^2=\begin{Bmatrix}-\dfrac{1}{4}\\0\end{Bmatrix}+0.75\begin{Bmatrix}0\\1\end{Bmatrix}=\begin{Bmatrix}-0.25\\0.75\end{Bmatrix}$

$$f_3=f(\boldsymbol{X}^3)=f(-0.25,0.75)=-0.6875$$

再次沿 $\begin{Bmatrix}1\\0\end{Bmatrix}$ 和 $\begin{Bmatrix}0\\1\end{Bmatrix}$ 方向搜索，重复上述步骤，直至收敛准则得到满足，最优解为 $\boldsymbol{X}^*=\begin{Bmatrix}-1.0\\1.5\end{Bmatrix}$，$f^*=f(\boldsymbol{X}^*)=-1.25$。

3.2.3 鲍威尔法

在上述坐标轮换法中，采用与坐标轴平行的方向作为搜索方向，寻找最优点。这种方法在接近最优点时，收敛速度很慢，在某些情况下甚至不收敛。为避免出现收敛性问题，可以考虑改变搜索方向，采用有利于收敛的某些方向，而不总是使用平行于坐标轴的方向。为了更好地理解这样的想法，以图 3-2 所示问题为例，图中，点 1、2、3、…，为坐标轮换法中确定的各个迭代点（沿坐标方向的极小点），将相间隔的两点连接起来所形成的直线总是指向极小点方向，例如点 1、3 的连线，点 2、4 的连线等，这样的方向称为模式方向。

可以证明，如果函数是两个变量的二次函数，这样的连线通过极小点，沿模式方

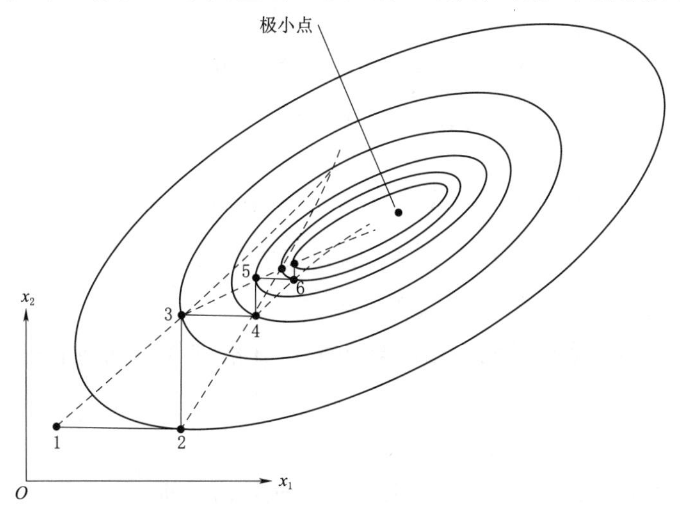

图 3-2 模式方向

向一次搜索即可得到极小点。然而这个性质对于多变量函数，即便是二次函数也是不成立的。尽管如此，对于多变量目标函数，模式方向仍可以用于改善收敛速度。将模式方向作为搜索方向的方法称为模式搜索法，其中，最为著名的一种模式搜索法即为鲍威尔法（Powell's method）。

鲍威尔法在基本模式搜索法的基础上进行拓展，构造共轭方向作为搜索方向，进行一维极小化，逐步逼近极小点。采用共轭方向可以加快收敛速度，同时构造共轭方向不需要计算函数的导数，是一种应用最为广泛的直接搜索方法。

1. 共轭方向

在最优化算法中，共轭方向具有重要意义，一些有效的无约束最优化方法大多是以共轭方向作为搜索方向的。

设 $\boldsymbol{A}$ 为 $n\times n$ 对称矩阵，若有一组非零向量 $\boldsymbol{S}_1$，$\boldsymbol{S}_2$，…，$\boldsymbol{S}_n$ 满足

$$\boldsymbol{S}_i^{\mathrm{T}}\boldsymbol{A}\boldsymbol{S}_j=0 \quad (i\neq j)$$

则称这组向量关于矩阵 $\boldsymbol{A}$ 共轭，或称这组向量是矩阵 $\boldsymbol{A}$ 的一组共轭向量（方向）。特别地，当 $\boldsymbol{A}$ 为单位向量时，有

$$\boldsymbol{S}_i^{\mathrm{T}}\boldsymbol{S}_j=0 \quad (i\neq j)$$

此时，称这组向量互相正交。显然，正交是共轭的特例。一组坐标向量或基向量之间都是正交向量。

考虑正定二次函数

$$f(\boldsymbol{X})=\frac{1}{2}\boldsymbol{X}^{\mathrm{T}}\boldsymbol{H}\boldsymbol{X}+\boldsymbol{B}^{\mathrm{T}}\boldsymbol{X}+C \tag{3-9}$$

其梯度为 $\nabla f(\boldsymbol{X})=\boldsymbol{H}\boldsymbol{X}+\boldsymbol{B}$。任选两点 $\boldsymbol{X}_a$ 和 $\boldsymbol{X}_b$ 为出发点，沿某一下降方向 $\boldsymbol{S}$ 作一维极小化搜索，分别得到两个极小点 $\boldsymbol{X}_1$ 和 $\boldsymbol{X}_2$，显然，函数在点 $\boldsymbol{X}_1$ 和 $\boldsymbol{X}_2$ 的梯度必定与方向 $\boldsymbol{S}$ 相垂直，即

$$\boldsymbol{S}^{\mathrm{T}}\nabla f(\boldsymbol{X}_1)=\boldsymbol{S}^{\mathrm{T}}(\boldsymbol{H}\boldsymbol{X}_1+\boldsymbol{B})=0$$

$$\boldsymbol{S}^{\mathrm{T}}\nabla f(\boldsymbol{X}_2)=\boldsymbol{S}^{\mathrm{T}}(\boldsymbol{H}\boldsymbol{X}_2+\boldsymbol{B})=0$$

两式相减得

$$\boldsymbol{S}^{\mathrm{T}}[\nabla f(\boldsymbol{X}_2)-\nabla f(\boldsymbol{X}_1)]=\boldsymbol{S}^{\mathrm{T}}\boldsymbol{H}(\boldsymbol{X}_2-\boldsymbol{X}_1)=0 \tag{3-10}$$

式（3-10）表明，$\boldsymbol{S}$ 方向与点 $\boldsymbol{X}_1$ 和 $\boldsymbol{X}_2$ 的连线方向关于矩阵 $\boldsymbol{H}$ 共轭，如图3-3所示。沿 $\boldsymbol{S}$ 方向的两次平行搜索得到共轭方向。

鲍威尔法就是利用平行搜索构造共轭方向，并沿共轭方向进行一维搜索，逐渐逼近极小点的算法。

2. 基本鲍威尔法

以 n 个基向量 $\boldsymbol{e}_1$，$\boldsymbol{e}_2$，…，$\boldsymbol{e}_n$ 构成初始方向组 $\boldsymbol{P}_0$，即

$$\boldsymbol{P}_0=[\boldsymbol{P}_0^1,\boldsymbol{P}_0^2,\cdots,\boldsymbol{P}_0^n]=[\boldsymbol{e}_1,\boldsymbol{e}_2,\cdots,\boldsymbol{e}_n]$$

由点 $\boldsymbol{X}_0^0$ 出发，分别沿 $\boldsymbol{P}_0$ 中的 n 个方向作 n 次一维搜索，得到点 $\boldsymbol{X}_0^n$；再以点 $\boldsymbol{X}_0^0$ 和 $\boldsymbol{X}_0^n$ 的连线作为第一个新产生的方向 $\boldsymbol{S}^0=\boldsymbol{X}_0^n-\boldsymbol{X}_0^0$，从点 $\boldsymbol{X}_0^n$ 出发，进行一维搜索，得到点 $\boldsymbol{X}_0^{n+1}$。将此点作为下一轮迭代的起始点，即令 $\boldsymbol{X}_1^0=\boldsymbol{X}_0^{n+1}$，用方向 $\boldsymbol{S}^0$ 替换原方向组 $\boldsymbol{P}_0$ 中的某个基向量 $\boldsymbol{e}_i$，形成新的方向组 $\boldsymbol{P}_1$，进行下一轮迭代。需要说明的是，用方向 $\boldsymbol{S}^0$ 替换基向量 $\boldsymbol{e}_i$ 意味着将沿基向量 $\boldsymbol{e}_i$ 方向的一维搜索改为沿 $\boldsymbol{S}^0$ 方向的一维搜索，其余一维搜索方向不变。从点 $\boldsymbol{X}_1^0$ 出发，分别沿 $\boldsymbol{P}_1$ 中的 n 个方向作 n 次一维搜索，得到点 $\boldsymbol{X}_1^n$，以及以点 $\boldsymbol{X}_1^0$ 和 $\boldsymbol{X}_1^n$ 的连线所产生的新方向 $\boldsymbol{S}^1=\boldsymbol{X}_1^n-\boldsymbol{X}_1^0$，再沿 $\boldsymbol{S}^1$ 方向作一维搜索得到点 $\boldsymbol{X}_1^{n+1}$。此时，点 $\boldsymbol{X}_1^0$ 和 $\boldsymbol{X}_1^n$ 分别是由点 $\boldsymbol{X}_0^0$ 和 $\boldsymbol{X}_1^1$ 和沿同一方向 $\boldsymbol{S}^0$ 作两次（平行）一维搜索得到的两个极小点，因此方向 $\boldsymbol{S}^0$ 和 $\boldsymbol{S}^1$ 共轭。

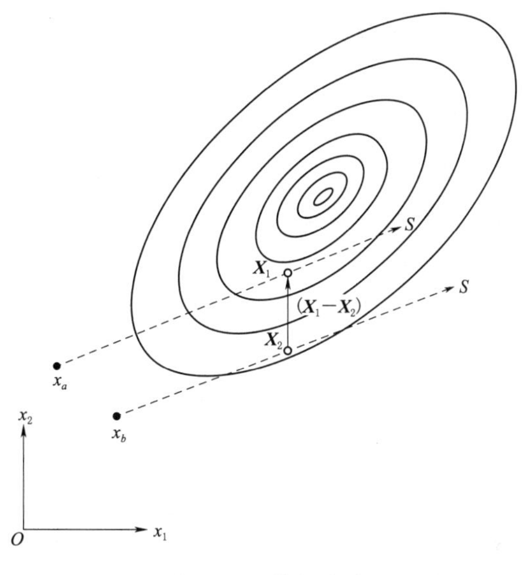

图 3-3　共轭方向

如果目标函数是正定二元二次函数，则点 $\boldsymbol{X}_1^{n+1}$ 即为函数的极小点。若目标函数是 n 元二次函数，则继续上述过程，从点 $\boldsymbol{X}_2^0=\boldsymbol{X}_1^{n+1}$ 出发，用方向 $\boldsymbol{S}^1$ 替换原方向组 $\boldsymbol{P}_1$ 中的某个基向量 $\boldsymbol{e}_i$，形成新的方向组 $\boldsymbol{P}_2$，进行下一轮迭代。这样，第 n 次迭代所形成的方向组 $\boldsymbol{P}_n$ 就是包含共轭方向的共轭方向组。

显然，这种算法属于共轭方向法。对于正定二次函数，最多经过 n 轮迭代，就可以得到最优点。每一轮迭代需要 $n+1$ 次一维搜索，故最多需要进行 $n(n+1)$ 次一维搜索。

对于一般函数，若经过 n 轮迭代得到的点不满足收敛条件，则以该点为新的初始点，重新以 n 个基向量构造方向组，进行新的一维搜索和方向替换，直至满足收敛条件为止。

上述鲍威尔法的基本迭代算法包括共轭方向的产生和方向替换两个关键环节，其中方向替换可以采用不同的方式。鲍威尔于 1964 年提出一种方向替换算法，该算法在第 k 次迭代产生新的共轭方向 $\boldsymbol{S}^k$ 后，去掉原方向组 $\boldsymbol{P}^k$ 中的第一个方向 $\boldsymbol{P}_k^1$（基向量 $\boldsymbol{e}_{k+1}$），将新的共轭方向添加到方向组的末尾 $\boldsymbol{P}_k^n$，形成新的方向组 $\boldsymbol{P}_{k+1}$，即

$$\begin{cases}\boldsymbol{P}_0: \boldsymbol{e}_1,\boldsymbol{e}_2,\boldsymbol{e}_3,\cdots,\boldsymbol{e}_{n-2},\boldsymbol{e}_{n-1},\boldsymbol{e}_n\rightarrow\boldsymbol{S}^0\\ \boldsymbol{P}_1: \boldsymbol{e}_2,\boldsymbol{e}_3,\boldsymbol{e}_4,\cdots,\boldsymbol{e}_{n-1},\boldsymbol{e}_n,\boldsymbol{S}^0\rightarrow\boldsymbol{S}^1\\ \boldsymbol{P}_2: \boldsymbol{e}_3,\boldsymbol{e}_4,\boldsymbol{e}_5,\cdots,\boldsymbol{e}_n,\boldsymbol{S}^0,\boldsymbol{S}^1\rightarrow\boldsymbol{S}^2\\ \vdots\\ \boldsymbol{P}_n: \boldsymbol{e}_n,\boldsymbol{S}^0,\boldsymbol{S}^1,\cdots,\boldsymbol{S}^{n-2},\boldsymbol{S}^{n-1}\rightarrow\boldsymbol{S}^n\end{cases}\tag{3-11}$$

该算法称为基本鲍威尔法。

在基本鲍威尔算法中，方向替换采用式（3-11）所示固定格式，运算简便，但由此形成的方向组中，有可能出现几个方向线性相关的情况，即存在两个方向平行或三个方向共面的现象，这将使独立的共轭方向的数目减少，从而使迭代运算退化到低维空间中进行，无法得到最优值。为避免这样的问题，鲍威尔对基本算法进行了改进，形成了修正鲍威尔法。

3. 修正鲍威尔法

为了防止方向组中新加入的方向与原来的方向线性相关，在用新的方向作替换之前，先要确定是否可以替换和替换哪个方向。为此，在得到新的方向 $\boldsymbol{S}^k=\boldsymbol{X}_k^n-\boldsymbol{X}_k^0$ 后，先找到点 $\boldsymbol{X}_k^0$ 沿 $\boldsymbol{S}^k$ 方向关于点 $\boldsymbol{X}_k^n$ 的反射点 $\boldsymbol{X}_k^{n+2}$

$$\boldsymbol{X}_k^{n+2}=\boldsymbol{X}_k^n+(\boldsymbol{X}_k^n-\boldsymbol{X}_k^0)=2\boldsymbol{X}_k^n-\boldsymbol{X}_k^0 \quad (3-12)$$

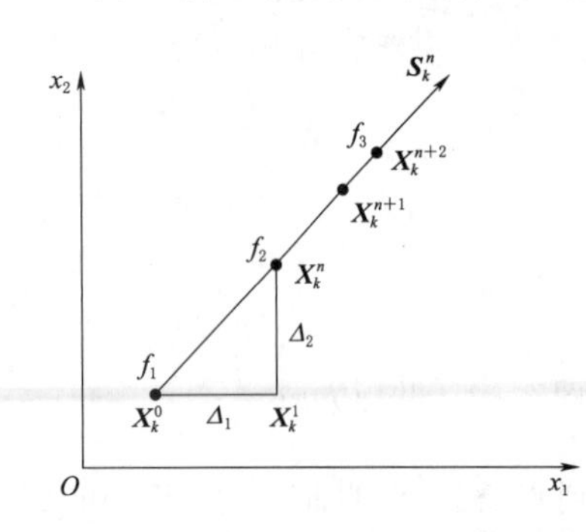

图 3-4　沿 $\boldsymbol{S}^k$ 方向关于点 $\boldsymbol{X}_k^n$ 的反射点 $\boldsymbol{X}_k^{n+2}$

沿 $\boldsymbol{S}^k$ 方向关于点 $\boldsymbol{X}_k^n$ 的反射点 $\boldsymbol{X}_k^{n+2}$ 如图 3-4 所示。

分别计算三点的函数值，并记 $f_1=f(\boldsymbol{X}_k^0)$，$f_2=f(\boldsymbol{X}_k^n)$ 和 $f_3=f(\boldsymbol{X}_k^{n+2})$，然后找出前一轮迭代搜索中函数值下降最多的方向 $\boldsymbol{P}_k^m$ 及其下降量 Δ_m，

$$\Delta_m=\max_{i=1,2,\cdots,n-1}\{f(\boldsymbol{X}_k^i)-f(\boldsymbol{X}_k^{i+1})\} \quad (3-13)$$

可以证明，若存在

$$\begin{cases} f_3<f_1 \\ (f_1-2f_2+f_3)(f_1-f_2-\Delta_m)^2<\dfrac{1}{2}\Delta_m(f_1-f_3)^2 \end{cases} \quad (3-14)$$

则方向 $\boldsymbol{S}^k$ 与原方向组线性无关，可以用它进行方向替换。替换的对象就是方向组中函数值下降最多的方向 $\boldsymbol{P}_k^m$，替换的方法是去掉该方向 $\boldsymbol{P}_k^m$，把新方向 $\boldsymbol{S}^k$ 加到方向组的末尾 $\boldsymbol{P}_k^n$，即

$$\begin{cases} \boldsymbol{P}^k:\boldsymbol{P}_1^k,\boldsymbol{P}_2^k,\cdots,\boldsymbol{P}_{m-1}^k,\boldsymbol{P}_m^k,\boldsymbol{P}_{m+1}^k,\cdots,\boldsymbol{P}_n^k \\ \boldsymbol{P}^{k+1}:\boldsymbol{P}_1^k,\boldsymbol{P}_2^k,\cdots,\boldsymbol{P}_{m-1}^k,\boldsymbol{P}_{m+1}^k,\cdots,\boldsymbol{S}^k \end{cases} \quad (3-15)$$

替换算式为

$$\begin{cases} \boldsymbol{P}_i^{k+1}=\boldsymbol{P}_i^k & (i=1,2,\cdots,m-1) \\ \boldsymbol{P}_i^{k+1}=\boldsymbol{P}_{i+1}^k & (i=m,m+1,\cdots,n-1) \\ \boldsymbol{P}_n^{k+1}=\boldsymbol{S}^k & (i=n) \end{cases} \quad (3-16)$$

若式（3-14）不成立，则表明方向与原方向组中的某些方向线性相关，不能用它进行方向替换，而应以原方向组中的 n 个方向进行新的迭代，即令

$$\boldsymbol{P}_i^{k+1}=\boldsymbol{P}_i^k \quad (i=1,2,\cdots,n) \quad (3-17)$$

可以看出，鲍威尔法属于共轭方向法，共轭方向的产生不需要计算函数的导数。对于正定二元二次函数，只需经过两轮迭代，六次一维搜索就可得到最优解。对于正定 n 元二次函数，最多需经过 n 轮迭代，$n(n+1)$ 次一维搜索就可得到最优解。

修正鲍威尔法的步骤为

(1) 给定初始点 $\boldsymbol{X}_0^0$，计算函数值 $f(\boldsymbol{X}_0^0)$，选择 n 个初始方向 $\boldsymbol{P}_i^0=\boldsymbol{e}_i$，$i=1, 2, \cdots, n$，允许误差 $\varepsilon>0$，置 $k=0$。

(2) 从点 $\boldsymbol{X}_0^k$ 出发，依次沿方向 $P_i^k(i=1, 2, \cdots, n)$ 进行一维搜索，分别得到点 $\boldsymbol{X}_i^k(i=1, 2, \cdots, n)$，计算相应的函数值 $f_i=f(\boldsymbol{X}_i^k)$ $(i=1, 2, \cdots, n)$。

(3) 若 $\|\boldsymbol{X}_n^k-\boldsymbol{X}_0^k\|<\varepsilon$，且 $|f(\boldsymbol{X}_n^k)-f(\boldsymbol{X}_0^k)|<\varepsilon$，则停止迭代，最优解取 $\boldsymbol{X}^*=\boldsymbol{X}_n^k$，$f(\boldsymbol{X}^*)=f(\boldsymbol{X}_n^k)$。否则，转步骤 (4)。

(4) 求函数值最大下降量 $\Delta_m=\max\limits_{0\leqslant j\leqslant n-1}(f_j-f_{j+1})=f_m-f_{m+1}$，构造新方向 $\boldsymbol{S}^k=\boldsymbol{X}_n^k-\boldsymbol{X}_0^k$，求反射点 $\boldsymbol{X}_{n+2}^k=2\boldsymbol{X}_n^k-\boldsymbol{X}_0^k$，计算函数值 $f_1=f(\boldsymbol{X}_0^k)$，$f_2=f(\boldsymbol{X}_n^k)$，$f_3=f(\boldsymbol{X}_{n+2}^k)$，$y_1=\dfrac{1}{2}\Delta_m(f_1-f_3)^2$，$y_2=(f_1-2f_2+f_3)(f_1-f_2-\Delta_m)^2$。

(5) 若 $f_3<f_1$，且 $y_2<y_1$，则转步骤 (6)；否则转步骤 (7)。

(6) 沿 $\boldsymbol{S}^k$ 方向进行一维搜索，得极小点 $\boldsymbol{X}_{n+1}^k=\boldsymbol{X}_n^k+\alpha^k\boldsymbol{S}^k$

方向替换：$\boldsymbol{P}_i^{k+1}=\boldsymbol{P}_i^k$ $(i=1, 2, \cdots, m-1)$；

$\boldsymbol{P}_i^{k+1}=\boldsymbol{P}_i^k$ $(i=m, m+1, \cdots, n-1)$；

$\boldsymbol{P}_n^{k+1}=\boldsymbol{S}^k$ $(i=n)$。

令 $\boldsymbol{X}_0^{k+1}=\boldsymbol{X}_{n+1}^k$，置 $k=k+1$，转步骤 (2)。

(7) 维持原方向：令 $\boldsymbol{P}_i^{k+1}=\boldsymbol{P}_i^k(i=0, 1, \cdots, n-1)$

若 $f_2<f_3$，则令 $\boldsymbol{X}_0^{k+1}=\boldsymbol{X}_n^k$；否则令 $\boldsymbol{X}_0^{k+1}=\boldsymbol{X}_{n+2}^k$。置 $k=k+1$，转步骤 (2)。

修正鲍威尔法的算法框图如图 3-5 所示。

【例题 3-3】 用修正鲍威尔法求解无约束最优化问题：$\min f(x_1, x_2)=x_1^2+2x_2^2-2x_1x_2-4x_1$，初始点 $\boldsymbol{X}_0^0=[1, 1]$，$\varepsilon=0.1$。

解：(1) 第一轮迭代

$$\boldsymbol{X}_0^0=\begin{Bmatrix}1\\1\end{Bmatrix},\ f(\boldsymbol{X}_0^0)=-3,\ \boldsymbol{e}_0=\begin{Bmatrix}1\\0\end{Bmatrix},\ \boldsymbol{e}_1=\begin{Bmatrix}0\\1\end{Bmatrix}$$

1) 沿 $\boldsymbol{e}_0$ 方向进行一维搜索。令

$$\boldsymbol{X}_1^0=\boldsymbol{X}_0^0+\alpha\boldsymbol{e}_0=\begin{Bmatrix}1\\1\end{Bmatrix}+\alpha\begin{Bmatrix}1\\0\end{Bmatrix}=\begin{Bmatrix}1+\alpha\\1\end{Bmatrix}$$

代入函数并极小化得 $\alpha^*=2$，故 $\boldsymbol{X}_1^0=\begin{Bmatrix}3\\1\end{Bmatrix}$，$f(X_1^0)=-7$，$\Delta_1=4$。

2) 沿 $\boldsymbol{e}_1$ 方向进行一维搜索。令

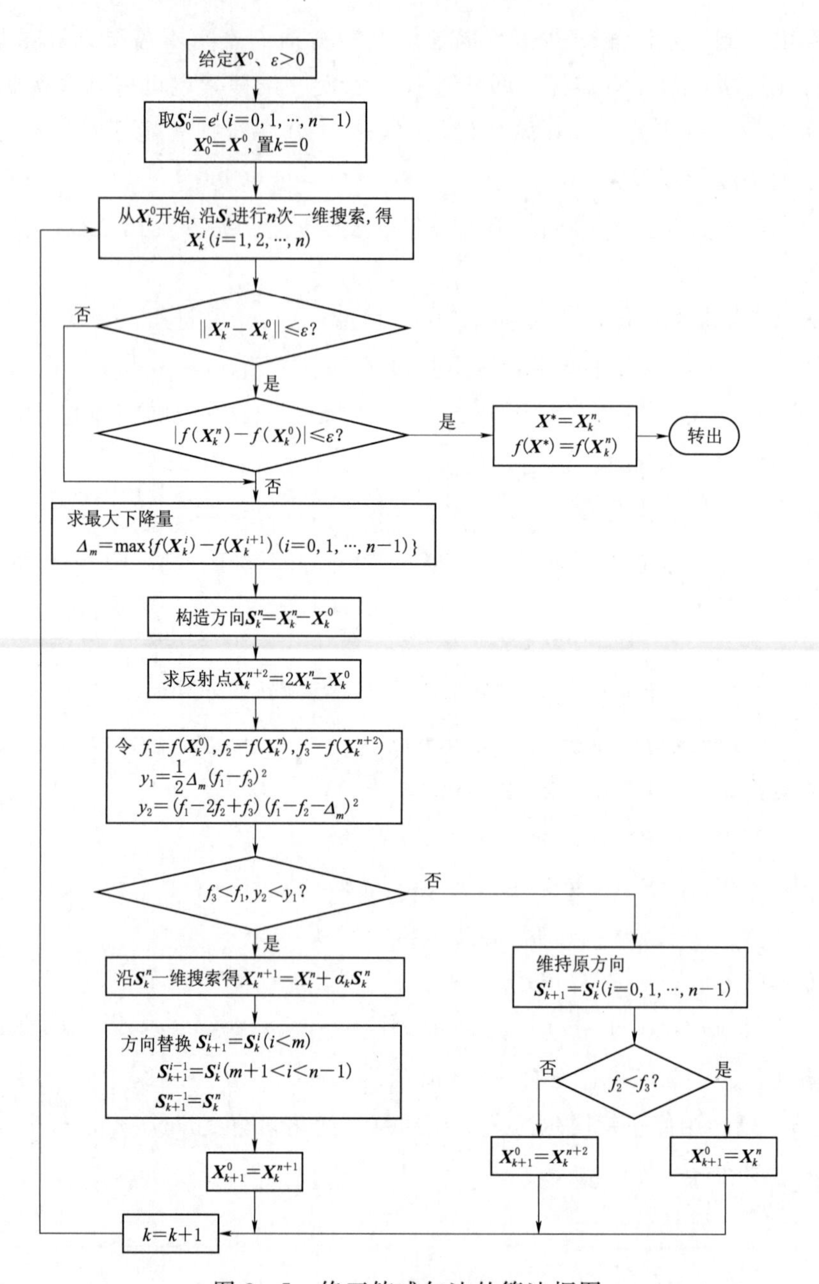

图 3－5　修正鲍威尔法的算法框图

$$\boldsymbol{X}_2^0=\boldsymbol{X}_1^0+\alpha\boldsymbol{e}_1=\begin{Bmatrix}3\\1\end{Bmatrix}+\alpha\begin{Bmatrix}0\\1\end{Bmatrix}=\begin{Bmatrix}3\\1+\alpha\end{Bmatrix}$$

代入函数并极小化得 $\alpha^*=0.5$，故 $\boldsymbol{X}_2^0=\begin{Bmatrix}3\\1.5\end{Bmatrix}$，$f(X_2^0)=-7.5$，$\Delta_2=0.5$。

3）收敛判断

$$\|\boldsymbol{X}_2^0-\boldsymbol{X}_0^0\|=\sqrt{2^2+0.5^2}=2.06>\varepsilon$$

4）最大下降量$\Delta_m=\Delta_1=4$，构造新方向$\boldsymbol{S}^0=\boldsymbol{X}_2^0-\boldsymbol{X}_0^0=\begin{Bmatrix}3\\1.5\end{Bmatrix}-\begin{Bmatrix}1\\1\end{Bmatrix}=\begin{Bmatrix}2\\0.5\end{Bmatrix}$，

求反射点$\boldsymbol{X}_4^0=2\boldsymbol{X}_2^0-\boldsymbol{X}_0^0=2\begin{Bmatrix}3\\1.5\end{Bmatrix}-\begin{Bmatrix}1\\1\end{Bmatrix}=\begin{Bmatrix}5\\2\end{Bmatrix}$，$f(\boldsymbol{X}_4^0)=-7$。

5）方向的相关性判断。计算函数值$f_1=f(\boldsymbol{X}_0^0)=-3$，$f_2=f(\boldsymbol{X}_2^0)=-7.5$，$f_3=f(\boldsymbol{X}_4^0)=-7$。

$y_1=\frac{1}{2}\Delta_m(f_1-f_3)^2=32$，$y_2=(f_1-2f_2+f_3)(f_1-f_2-\Delta_m)^2=1.25$。

判断式$f_3<f_1$和$y_2<y_1$成立，可以用$\boldsymbol{S}^0$进行方向替换。

6）方向替换。用方向$\boldsymbol{S}^0$替换$\boldsymbol{e}_0$，新的方向组为$\boldsymbol{e}_1=\begin{Bmatrix}0\\1\end{Bmatrix}$，$\boldsymbol{S}^0=\begin{Bmatrix}2\\0.5\end{Bmatrix}$

7）沿$\boldsymbol{S}^0$进行一维搜索。令

$$\boldsymbol{X}_3^0=\boldsymbol{X}_0^0+\alpha\boldsymbol{S}^0=\begin{Bmatrix}1\\1\end{Bmatrix}+\alpha\begin{Bmatrix}2\\0.5\end{Bmatrix}=\begin{Bmatrix}1+2\alpha\\1+0.5\alpha\end{Bmatrix}$$

代入函数并极小化得$\alpha^*=1.4$，故$\boldsymbol{X}_3^0=\begin{Bmatrix}3.8\\1.7\end{Bmatrix}$，$f(\boldsymbol{X}_3^0)=-7.9$。

令$\boldsymbol{X}_0^1=\boldsymbol{X}_3^0=\begin{Bmatrix}3.8\\1.7\end{Bmatrix}$，继续下一轮迭代。

（2）第二轮迭代。

1）沿$\boldsymbol{e}_1$方向进行一维搜索。令

$$\boldsymbol{X}_1^1=\boldsymbol{X}_0^1+\alpha\boldsymbol{e}_1=\begin{Bmatrix}3.8\\1.7\end{Bmatrix}+\alpha\begin{Bmatrix}0\\1\end{Bmatrix}=\begin{Bmatrix}3.8\\1.7+\alpha\end{Bmatrix}$$

代入函数并极小化得$\alpha^*=0.2$，故$\boldsymbol{X}_1^1=\begin{Bmatrix}3.8\\1.9\end{Bmatrix}$，$f(X_1^1)=-7.98$，$\Delta_1=0.08$。

2）沿$\boldsymbol{S}^0$方向进行一维搜索。令

$$\boldsymbol{X}_2^1=\boldsymbol{X}_1^1+\alpha\boldsymbol{S}^1=\begin{Bmatrix}3.8\\1.9\end{Bmatrix}+\alpha\begin{Bmatrix}2\\0.5\end{Bmatrix}=\begin{Bmatrix}3.8+2\alpha\\1.9+0.5\alpha\end{Bmatrix}$$

代入函数并极小化得$\alpha^*=0.08$，故$\boldsymbol{X}_2^1=\begin{Bmatrix}3.96\\1.94\end{Bmatrix}$，$f(\boldsymbol{X}_2^1)=-7.996$，$\Delta_2=0.016$。

3）收敛判断。

$$\|\boldsymbol{X}_2^1-\boldsymbol{X}_0^1\|=\sqrt{0.16^2+0.24^2}=0.288>\varepsilon$$

4）最大下降量$\Delta_m=\Delta_1=0.08$，构造新方向$\boldsymbol{S}^1=\boldsymbol{X}_2^1-\boldsymbol{X}_0^1=\begin{Bmatrix}3.96\\1.94\end{Bmatrix}-\begin{Bmatrix}3.8\\1.7\end{Bmatrix}=\begin{Bmatrix}0.16\\0.24\end{Bmatrix}$，

求反射点 $\boldsymbol{X}_4^1=2\boldsymbol{X}_2^1-\boldsymbol{X}_0^1=2\begin{Bmatrix}3.96\\1.94\end{Bmatrix}-\begin{Bmatrix}3.8\\1.7\end{Bmatrix}=\begin{Bmatrix}4.12\\2.18\end{Bmatrix}$，$f(\boldsymbol{X}_4^1)=-7.964$。

5）方向的相关性判断。计算函数值 $f_1=f(\boldsymbol{X}_0^1)=-7.9$，$f_2=f(\boldsymbol{X}_2^1)=-7.996$，$f_3=f(\boldsymbol{X}_4^1)=-7.964$，

$y_1=\frac{1}{2}\Delta_m(f_1-f_3)^2=0.00016$，$y_2=(f_1-2f_2+f_3)(f_1-f_2-\Delta_m)^2=0.0000327$；

判断式 $f_3<f_1$ 和 $y_2<y_1$ 成立，可以用 $\boldsymbol{S}^1$ 进行方向替换。

6）方向替换。用方向 $\boldsymbol{S}^1$ 替换 $\boldsymbol{e}_1$，新的方向组为 $\boldsymbol{S}^0=\begin{Bmatrix}2\\0.5\end{Bmatrix}$，$\boldsymbol{S}^1=\begin{Bmatrix}0.16\\0.24\end{Bmatrix}$

7）沿 $\boldsymbol{S}^1$ 进行一维搜索。令

$$\boldsymbol{X}_3^1=\boldsymbol{X}_0^1+\alpha\boldsymbol{S}^1=\begin{Bmatrix}3.8\\1.7\end{Bmatrix}+\alpha\begin{Bmatrix}0.16\\0.24\end{Bmatrix}=\begin{Bmatrix}3.8+0.16\alpha\\1.7+0.24\alpha\end{Bmatrix}$$

代入函数并极小化得 $\alpha^*=1.25$，故 $\boldsymbol{X}_3^1=\begin{Bmatrix}4\\2\end{Bmatrix}$，$f(\boldsymbol{X}_3^1)=-8$，

令 $\boldsymbol{X}_0^2=\boldsymbol{X}_3^1=\begin{Bmatrix}4\\2\end{Bmatrix}$，继续下一轮迭代。

（3）第三轮迭代。

1）沿 $\boldsymbol{S}^0$ 方向进行一维搜索。令

$$\boldsymbol{X}_1^2=\boldsymbol{X}_0^2+\alpha\boldsymbol{S}_0=\begin{Bmatrix}4\\2\end{Bmatrix}+\alpha\begin{Bmatrix}2\\0.5\end{Bmatrix}=\begin{Bmatrix}4+2\alpha\\2+0.5\alpha\end{Bmatrix}$$

代入函数并极小化得 $\alpha^*=0$，故 $\boldsymbol{X}_1^2=\begin{Bmatrix}4\\2\end{Bmatrix}$，$f(\boldsymbol{X}_1^2)=-8$，$\Delta_1=0.08$。

2）沿 $\boldsymbol{S}^1$ 方向进行一维搜索。令

$$\boldsymbol{X}_2^2=\boldsymbol{X}_1^2+\alpha\boldsymbol{S}^1=\begin{Bmatrix}4\\2\end{Bmatrix}+\alpha\begin{Bmatrix}0.16\\0.24\end{Bmatrix}=\begin{Bmatrix}4+0.16\alpha\\2+0.24\alpha\end{Bmatrix}$$

代入函数并极小化得 $\alpha^*=0$，故 $\boldsymbol{X}_2^2=\begin{Bmatrix}4\\2\end{Bmatrix}$，$f(\boldsymbol{X}_2^2)=-8$，$\Delta_2=0.016$。

3）收敛判断。因为 $\boldsymbol{X}_1^2=\boldsymbol{X}_2^2=[4,2]^{\mathrm{T}}$，且 $\nabla f(X_1^2)=\nabla f(X_2^2)=0$，所以最优解为 $X^*=[4,2]^{\mathrm{T}}$。

3.2.4 单纯形法

单纯形是指在 n 维空间中由 $n+1$ 个顶点所形成的凸多面体。例如，在二维空间中三角形、三维空间中的四面体等，均为相应空间中的单纯形。若凸多面体的 $n+1$ 个顶点之间的距离相等，则称此单纯形为正则单纯形。

单纯形法的基本思想是通过比较目标函数在单纯形的 $n+1$ 个顶点的函数值，通过反射、收缩和扩张等运算，逐步驱动单纯形向最优点移动。单纯形法最初由 Spendley、Hext 和 Himsworth 提出，后经 Nelder 和 Mead 改进而形成。

1. 单纯形的顶点

在 n 维空间中，棱边长为 a 的正则单纯形的顶点可由下列公式形成。给定初始基点 $\boldsymbol{X}_0$，以之为一个顶点，其余 n 个顶点可表示为

$$\boldsymbol{X}_i=\boldsymbol{X}_0+p\boldsymbol{e}_i+\sum_{j=1,j\neq i}^{n}q\boldsymbol{e}_j \quad (i=1,2,\cdots,n) \tag{3-18}$$

$$p=\frac{a}{n\sqrt{2}}(\sqrt{n+1}+n-1),\ q=\frac{a}{n\sqrt{2}}(\sqrt{n+1}-1) \tag{3-19}$$

式中　$\boldsymbol{e}_i$——第 i 个坐标方向的单位向量。

例如，在二维空间中，$\boldsymbol{X}_0=[x_0\quad y_0]^{\mathrm{T}}$，$\boldsymbol{X}_1=\boldsymbol{X}_0+p\boldsymbol{e}_1+q\boldsymbol{e}_2=[x_0+p\quad y_0+q]^{\mathrm{T}}$，$\boldsymbol{X}_2=\boldsymbol{X}_0+p\boldsymbol{e}_2+q\boldsymbol{e}_1=[x_0+q\quad y_0+p]^{\mathrm{T}}$ 构成一个等边三角形，其中，$p=\frac{a}{2\sqrt{2}}(\sqrt{3}+1)$，$q=\frac{a}{2\sqrt{2}}(\sqrt{3}-1)$。

2. 反射

计算函数 $f(\boldsymbol{X})$ 在 $n+1$ 个顶点的函数值，比较这些函数值的大小，找出函数值最大的顶点，称为最坏点 $\boldsymbol{X}_{\mathrm{h}}$。将 $\boldsymbol{X}_{\mathrm{h}}$ 反射到单纯形的另外一侧，得到反射点 $\boldsymbol{X}_{\mathrm{r}}$，期望反射点的函数值有所下降。去掉最坏点，加入反射点，构成新的单纯形。二维空间和三维空间的例子如图 3－6 所示。图 3－6（a）中，$\boldsymbol{X}_1$、$\boldsymbol{X}_2$ 和 $\boldsymbol{X}_3$ 构成初始单纯形，$\boldsymbol{X}_3$ 为最坏点，通过 $\boldsymbol{X}_1$ 和 $\boldsymbol{X}_0$ 产生反射点 $\boldsymbol{X}_{\mathrm{r}}$，$\boldsymbol{X}_1$、$\boldsymbol{X}_2$ 和 $\boldsymbol{X}_{\mathrm{r}}$ 构成新的单纯形；类似地，图 3－6（b）中，$\boldsymbol{X}_1$、$\boldsymbol{X}_2$、$\boldsymbol{X}_3$ 和 $\boldsymbol{X}_4$ 构成初始单纯形，$\boldsymbol{X}_1$、$\boldsymbol{X}_2$、$\boldsymbol{X}_3$ 和反射点 $\boldsymbol{X}_{\mathrm{r}}$ 构成新的单纯形。

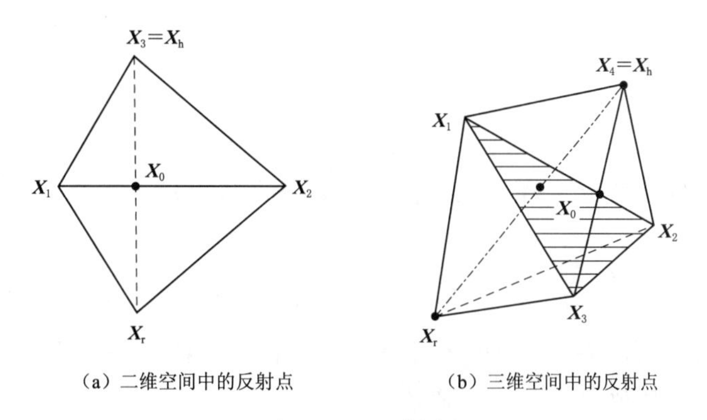

（a）二维空间中的反射点　　（b）三维空间中的反射点

图 3－6　反射点

这样不断地从当前的单纯形中，去掉最坏点，加入反射点，形成新的单纯形。由于形成新的单纯形时总是离开最坏点，因此单纯形是向着函数值下降的有利方向移动

的。如果函数不存在陡的谷点，单纯形将沿着锯齿形轨迹朝着极小点方向移动，反射点向极小点移动过程如图 3 - 7 所示。

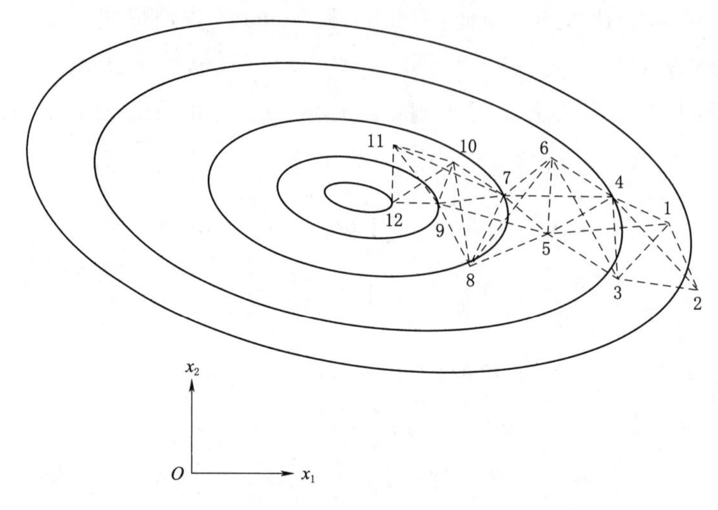

图 3 - 7　反射点向极小点移动过程

反射点可表示为

$$X_r=(1+\alpha)X_0-\alpha X_h \tag{3-20}$$

式中　X_h——最坏点。

$$f(X_h)=\max_{1<i<n+1} f(X_i) \tag{3-21}$$

X_0 是单纯形中除去最坏点后其余所有顶点的中心点：

$$X_0=\frac{1}{n}\sum_{i=1,i\neq h}^{n+1} X_i \tag{3-22}$$

$\alpha>0$ 为反射系数，为反射点 X_r 到中心点 X_0 的距离 d_r 与最坏点 X_h 到中心点 X_0 的距离 d_h 的比值，即

$$\alpha=\frac{d_r}{d_h}=\frac{\| X_r-X_0 \|}{\| X_h-X_0 \|} \tag{3-23}$$

可见，反射点 X_r 位于连接最坏点 X_h 到中心点 X_0 的直线上，且位于点 X_h 到中心点 X_0 的延长线上。

如果反射点的函数值 $f(X_r)$ 介于最坏点的函数值 $f(X_h)$ 和最好点的函数值 $f(X_l)$ 之间，则接受反射点，去掉最坏点 X_h，加入反射点 X_r，形成新的单纯形。其中，最好点 X_l 是函数值最小的点，则有

$$f(X_h)=\min_{1<i<n+1} f(X_i) \tag{3-24}$$

不断重复上述过程，单纯形会向极小点靠近。

但是，如果每一次迭代仅采用上述方法产生反射点，形成新的单纯形，在某些情

况下会使得迭代不收敛。例如，反射过程无限循环如图 3－8 所示，其中单纯形横跨函数的波谷，反射点的函数值 $f(\boldsymbol{X}_{\mathrm{r}})$ 恰好等于最坏点的函数值 $f(\boldsymbol{X}_{\mathrm{h}})$，这样迭代会进入死循环，反射点会在 $\boldsymbol{X}_{\mathrm{r}}$ 和 $\boldsymbol{X}_2$ 之间来回循环，单纯形也会在 $\boldsymbol{X}_1\boldsymbol{X}_2\boldsymbol{X}_3$ 和 $\boldsymbol{X}_1\boldsymbol{X}_{\mathrm{r}}\boldsymbol{X}_3$ 之间往复。

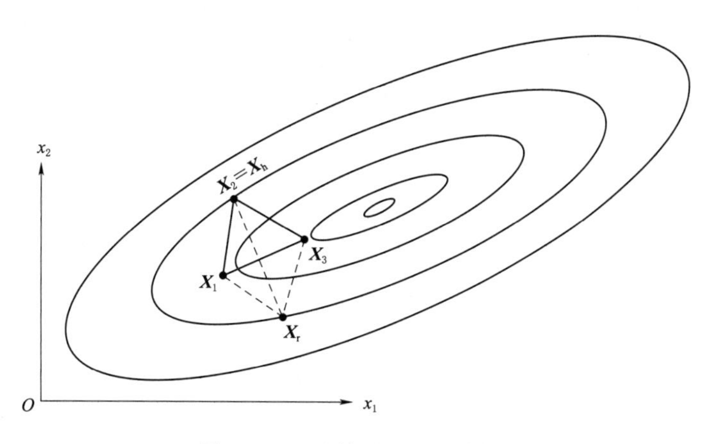

图 3－8　反射过程无限循环

当出现反射点在 $\boldsymbol{X}_{\mathrm{r}}$ 和 $\boldsymbol{X}_2$ 之间无限循环时，可以采用剔除次坏点，利用次坏点产生反射点的方法形成新的单纯形。这种方法一般可以推动单纯形向极小点方向移动，然而，这样的方法仍有可能产生跨越函数波谷的单纯形，或者在离开极小点一定距离的范围内，形成一系列围绕极小点的重复单纯形。典型的例子如图 3－9 所示，单纯形从 123 开始，一系列单纯形 234、245、456、467、478、348、234、245…形成循环，其中，单纯形 234、245、456、348 是去掉次坏点而形成的单纯形。出现这种循环的情

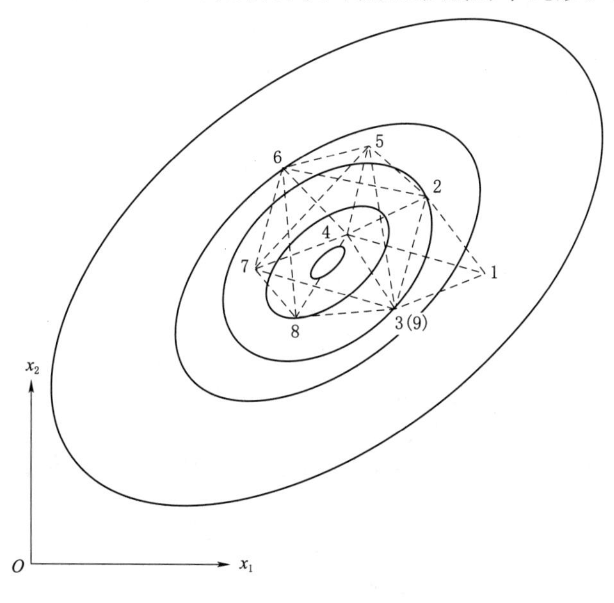

图 3－9　单纯形循环

况，可以将这些循环单纯形的所有顶点中函数值最新的顶点作为极小点的近似解，但要解决单纯形循环的问题，得到更为精确的解答，必须对单纯形进行收缩和扩张等运算。

3. 扩张

按照上述方法产生反射点 $\boldsymbol{X}_{\mathrm{r}}$ 后，比较反射点和最好点处的函数值，如果反射产生了新的最好点，即 $f(\boldsymbol{X}_{\mathrm{r}})<f(\boldsymbol{X}_1)$，则由 $\boldsymbol{X}_0$ 指向 $\boldsymbol{X}_{\mathrm{r}}$ 的方向（即反射方向）是函数值下降的方向，沿该方向有可能找到函数值更小的点。因此，可以将反射点延伸，扩张新的单纯形。

将反射点 $\boldsymbol{X}_{\mathrm{r}}$ 延伸至 $\boldsymbol{X}_{\mathrm{e}}$

$$\boldsymbol{X}_{\mathrm{e}}=\gamma\boldsymbol{X}_{\mathrm{r}}+(1-\gamma)\boldsymbol{X}_0 \tag{3-25}$$

式中 γ——延伸系数，为延伸点 $\boldsymbol{X}_{\mathrm{e}}$ 到中心点 $\boldsymbol{X}_0$ 的距离 d_{e} 与反射点 $\boldsymbol{X}_{\mathrm{r}}$ 到中心点 $\boldsymbol{X}_0$ 的距离 d_{r} 的比值，$\gamma>1$。

如果 $f(\boldsymbol{X}_{\mathrm{e}})<f(\boldsymbol{X}_{\mathrm{r}})$，则延伸有效，将延伸点 $\boldsymbol{X}_{\mathrm{e}}$ 取代最坏点 $\boldsymbol{X}_{\mathrm{h}}$，形成新的单纯形；如果 $f(\boldsymbol{X}_{\mathrm{e}})>f(\boldsymbol{X}_{\mathrm{r}})$，则延伸不成功，仍然用反射点 $\boldsymbol{X}_{\mathrm{r}}$ 取代最坏点 $\boldsymbol{X}_{\mathrm{h}}$，形成新的单纯形。

4. 收缩

对于反射点处的函数值介于最坏点和次坏点处的函数值，即 $f(\boldsymbol{X}_i)<f(\boldsymbol{X}_{\mathrm{r}})<f(\boldsymbol{X}_{\mathrm{h}})$，$i=1,2,\cdots,n+1,i\neq \mathrm{h}$ 的情况，如果用反射点代替最坏点形成新的单纯形，则反射点就成为新的单纯形的最坏点。这种情况下，在最坏点 $\boldsymbol{X}_{\mathrm{h}}$ 和中心点 $\boldsymbol{X}_0$ 连线的方向上寻找收缩点，对单纯形进行压缩。收缩点 $\boldsymbol{X}_{\mathrm{c}}$ 由下式确定

$$\boldsymbol{X}_{\mathrm{c}}=\beta\boldsymbol{X}_{\mathrm{h}}+(1-\beta)\boldsymbol{X}_0 \tag{3-26}$$

式中 β——收缩系数，为收缩点 $\boldsymbol{X}_{\mathrm{c}}$ 到中心点 $\boldsymbol{X}_0$ 的距离 d_{c} 与最坏点 $\boldsymbol{X}_{\mathrm{h}}$ 到中心点 $\boldsymbol{X}_0$ 的距离 d_{h} 的比值，$0\leqslant\beta\leqslant1$。

对于反射点处的函数值大于最坏点处的函数值，即 $f(\boldsymbol{X}_{\mathrm{r}})>f(\boldsymbol{X}_{\mathrm{h}})$ 的情况，不用反射点替换最坏点，直接在原单纯形中采用式（3-26）寻找收缩点，对单纯形进行压缩。

得到收缩点 $\boldsymbol{X}_{\mathrm{c}}$ 后，比较收缩点与反射点、最坏点处的函数值，如果 $f(\boldsymbol{X}_{\mathrm{c}})<\min[f(\boldsymbol{X}_{\mathrm{h}}),f(\boldsymbol{X}_{\mathrm{r}})]$，则收缩可行，用收缩点 $\boldsymbol{X}_{\mathrm{c}}$ 替换最坏点 $\boldsymbol{X}_{\mathrm{h}}$，形成新的单纯形；如果 $f(\boldsymbol{X}_{\mathrm{c}})\geqslant\min[f(\boldsymbol{X}_{\mathrm{h}}),f(\boldsymbol{X}_{\mathrm{r}})]$，则收缩失败，为此对单纯形进行缩边。

所谓单纯形缩边，就是保持最好点 $\boldsymbol{X}_1$ 不变，各顶点形成的棱边长度减半。将各顶点的坐标 $\boldsymbol{X}_i$ 用新坐标 $\boldsymbol{X}_i+\dfrac{1}{2}(\boldsymbol{X}_1-\boldsymbol{X}_i)$ 代替即可实现缩边。以缩边后得到的新的单纯形重新开始反射、扩张、收缩的迭代过程，直至得到最优点。

5. 收敛准则

根据值差准则，当各顶点处函数值的标准差小于给定的精度允许值时，认为迭代

算法收敛。或使用点距准则，当各顶点之间的距离的标准差小于给定的精度允许值时，认为迭代算法收敛。也可以同时检验值差准则和点距准则，当两个准则都满足时，认为迭代算法收敛。值差准则可以表达为

$$\left\{\frac{1}{n+1}\sum_{i=1}^{n+1}[f(\boldsymbol{X}_i)-f(\boldsymbol{X}_0)]^2\right\}^{\frac{1}{2}}\leqslant\varepsilon \tag{3-27}$$

点距准则可以表达为

$$\left\{\frac{1}{n+1}\sum_{i=1}^{n+1}\|\boldsymbol{X}_i-\boldsymbol{X}_0\|^2\right\}^{\frac{1}{2}}\leqslant\varepsilon \tag{3-28}$$

6. 算法步骤

单纯形法的基本步骤为

（1）给定初始单纯形，其顶点为 $\boldsymbol{X}_1$，$\boldsymbol{X}_2$，…，$\boldsymbol{X}_n$，$\boldsymbol{X}_{n+1}$，反射系数为 α，延伸系数为 γ，收缩系数为 β，收敛精度为 ε。

（2）计算单纯形顶点处的函数值 $f_i=f(\boldsymbol{X}_i)$，$i=1$，2，…，$n+1$，比较函数值的大小，令

$$f_1=f(\boldsymbol{X}_1)=\min_{1\leqslant i\leqslant n+1}f(\boldsymbol{X}_i) \tag{3-29}$$

$$f_{\mathrm{h}}=f(\boldsymbol{X}_{\mathrm{h}})=\max_{1\leqslant i\leqslant n+1}f(\boldsymbol{X}_i) \tag{3-30}$$

$$f_{\mathrm{h}-1}=f(\boldsymbol{X}_{\mathrm{h}-1})=\max_{1\leqslant i\leqslant n+1,i\neq \mathrm{h}}f(\boldsymbol{X}_i) \tag{3-31}$$

式中 $\boldsymbol{X}_1$，$\boldsymbol{X}_{\mathrm{h}}$，$\boldsymbol{X}_{\mathrm{h}-1}$——最好点、最坏点和次坏点。

计算除最坏点 $\boldsymbol{X}_{\mathrm{h}}$ 以外其余 n 个顶点的中心点 $\boldsymbol{X}_0$，得

$$\boldsymbol{X}_0=\frac{1}{n}\sum_{i=1,i\neq \mathrm{h}}^{n+1}\boldsymbol{X}_i$$

（3）反射：确定点 $\boldsymbol{X}_{\mathrm{h}}$ 关于点 $\boldsymbol{X}_0$ 的反射点 $\boldsymbol{X}_{\mathrm{r}}$，并计算反射点处的函数值，有

$$\boldsymbol{X}_{\mathrm{r}}=(1+\alpha)\boldsymbol{X}_0-\alpha\boldsymbol{X}_{\mathrm{h}}，f_{\mathrm{r}}=f(\boldsymbol{X}_{\mathrm{r}}) \tag{3-32}$$

若 $f_1\leqslant f_{\mathrm{r}}\leqslant f_{\mathrm{h}-1}$，则令

$$\boldsymbol{X}_{\mathrm{h}}=\boldsymbol{X}_{\mathrm{r}},f_{\mathrm{h}}=f(\boldsymbol{X}_{\mathrm{h}})=f(\boldsymbol{X}_{\mathrm{r}}) \tag{3-33}$$

转步骤（7）；否则，若 $f_{\mathrm{r}}<f_1$，则转步骤（4）；若 $f_{\mathrm{r}}>f_{\mathrm{h}-1}$，则转步骤（5）。

（4）延伸：将反射点 $\boldsymbol{X}_{\mathrm{r}}$ 延伸至 $\boldsymbol{X}_{\mathrm{e}}$，并计算延伸点处的函数值，有

$$\boldsymbol{X}_{\mathrm{e}}=\gamma\boldsymbol{X}_{\mathrm{r}}+(1-\gamma)\boldsymbol{X}_0，f_{\mathrm{e}}=f(\boldsymbol{X}_{\mathrm{e}}) \tag{3-34}$$

若 $f_{\mathrm{e}}<f_{\mathrm{r}}$，则令

$$\boldsymbol{X}_{\mathrm{h}}=\boldsymbol{X}_{\mathrm{e}},f_{\mathrm{h}}=f(\boldsymbol{X}_{\mathrm{h}})=f(\boldsymbol{X}_{\mathrm{e}}) \tag{3-35}$$

转步骤（7）；否则，令

$$\boldsymbol{X}_{\mathrm{h}}=\boldsymbol{X}_{\mathrm{r}},f_{\mathrm{h}}=f(\boldsymbol{X}_{\mathrm{h}})=f(\boldsymbol{X}_{\mathrm{r}}) \tag{3-36}$$

转步骤（7）。

（5）收缩：若反射点处的函数值介于最坏点和次坏点处的函数值，即

$$f(\boldsymbol{X}_i)<f(\boldsymbol{X}_r)<f(\boldsymbol{X}_h) \quad (i=1,2,\cdots,n+1,i\neq h) \tag{3-37}$$

则在反射点 $\boldsymbol{X}_r$ 和中心点 $\boldsymbol{X}_0$ 连线的方向上寻找收缩点 $\boldsymbol{X}_c$，即

$$\boldsymbol{X}_c=\beta\boldsymbol{X}_r+(1-\beta)\boldsymbol{X}_0 \tag{3-38}$$

对于 $f(\boldsymbol{X}_r)>f(\boldsymbol{X}_h)$，则在最坏点 $\boldsymbol{X}_h$ 和中心点 $\boldsymbol{X}_0$ 连线的方向上寻找收缩点 $\boldsymbol{X}_c$，即

$$\boldsymbol{X}_c=\beta\boldsymbol{X}_h+(1-\beta)\boldsymbol{X}_0 \tag{3-39}$$

计算收缩点处的函数值 $f_c=f(\boldsymbol{X}_c)$。

若 $f(\boldsymbol{X}_c)<\min[f(\boldsymbol{X}_h),f(\boldsymbol{X}_r)]$，则令

$$\boldsymbol{X}_h=\boldsymbol{X}_c,\ f_h=f(\boldsymbol{X}_h)=f(\boldsymbol{X}_c)$$

转步骤（7），否则转步骤（6）。

（6）缩边：如果 $f(\boldsymbol{X}_c)\geqslant\min[f(\boldsymbol{X}_h),f(\boldsymbol{X}_r)]$，则对单纯形进行缩边，即令

$$\boldsymbol{X}_i=\boldsymbol{X}_i+\frac{1}{2}(\boldsymbol{X}_1-\boldsymbol{X}_i) \quad (i=1,2,\cdots,n+1) \tag{3-40}$$

转步骤（7）。

（7）收敛判断：若

$$\left\{\frac{1}{n+1}\sum_{i=1}^{n+1}[f(\boldsymbol{X}_i)-f(\boldsymbol{X}_0)]^2\right\}^{\frac{1}{2}}\leqslant\varepsilon \tag{3-41}$$

或

$$\left\{\frac{1}{n+1}\sum_{i=1}^{n+1}\|\boldsymbol{X}_i-\boldsymbol{X}_0\|^2\right\}^{\frac{1}{2}}\leqslant\varepsilon \tag{3-42}$$

则停止迭代，将当前最好点作为最优点，否则转步骤（2）。

【例题 3-4】 用单纯形法求函数 $f(\boldsymbol{X})=x_1-x_2+2x_1^2+2x_1x_2+x_2^2$。初始单纯形的顶点取 $\boldsymbol{X}_1=\begin{Bmatrix}4.0\\4.0\end{Bmatrix}$，$\boldsymbol{X}_2=\begin{Bmatrix}5.0\\4.0\end{Bmatrix}$，$\boldsymbol{X}_3=\begin{Bmatrix}4.0\\5.0\end{Bmatrix}$

系数 $\alpha=1.0$，$\beta=0.5$，$\gamma=2.0$，收敛精度取 $\varepsilon=0.2$。

解：（1）第一次迭代：

1）初始单纯形各顶点处的函数值为

$$f_1=f(\boldsymbol{X}_1)=4.0-4.0+2\times16+2\times16+16=80.0$$

$$f_2=f(\boldsymbol{X}_2)=5.0-4.0+2\times25+2\times20+16=107.0$$

$$f_3=f(\boldsymbol{X}_3)=4.0-5.0+2\times16+2\times20+25=96.0$$

比较函数值有

$$\boldsymbol{X}_h=\boldsymbol{X}_2=\begin{Bmatrix}5.0\\4.0\end{Bmatrix},\ f(\boldsymbol{X}_h)=107.0$$

$$\boldsymbol{X}_l=\boldsymbol{X}_1=\begin{Bmatrix}4.0\\4.0\end{Bmatrix},\ f(\boldsymbol{X}_l)=80.0$$

2）除 $\boldsymbol{X}_h$ 外的中心点 $\boldsymbol{X}_0$ 为

$$\boldsymbol{X}_0=\frac{1}{2}(\boldsymbol{X}_1+\boldsymbol{X}_3)=\frac{1}{2}\begin{Bmatrix}4.0+4.0\\4.0+5.0\end{Bmatrix}=\begin{Bmatrix}4.0\\4.5\end{Bmatrix},\ f(\boldsymbol{X}_0)=87.75$$

3）点 $\boldsymbol{X}_h$ 关于点 $\boldsymbol{X}_0$ 的反射点 $\boldsymbol{X}_r$ 为

$$\boldsymbol{X}_r=\boldsymbol{X}_0+\alpha(\boldsymbol{X}_0-\boldsymbol{X}_h)=2\boldsymbol{X}_0-\boldsymbol{X}_h=2\begin{Bmatrix}4.0\\4.5\end{Bmatrix}-\begin{Bmatrix}5.0\\4.0\end{Bmatrix}=\begin{Bmatrix}3.0\\5.0\end{Bmatrix}$$

$$f(\boldsymbol{X}_r)=3.0-5.0+2\times9.0+2\times15.0+25=71.0$$

4）由于 $f(\boldsymbol{X}_r)<f(\boldsymbol{X}_l)$，进行延伸得延伸点 $\boldsymbol{X}_e$，即

$$\boldsymbol{X}_e=\boldsymbol{X}_0+\gamma(\boldsymbol{X}_r-\boldsymbol{X}_0)=2\boldsymbol{X}_r-\boldsymbol{X}_0=2\begin{Bmatrix}3.0\\5.0\end{Bmatrix}-\begin{Bmatrix}4.0\\4.5\end{Bmatrix}=\begin{Bmatrix}2.0\\5.5\end{Bmatrix}$$

$$f(\boldsymbol{X}_e)=2.0-5.5+2\times4.0+2\times11.0+30.25=56.75$$

5）因为 $f(\boldsymbol{X}_e)<f(\boldsymbol{X}_r)$，所以用延伸点 $\boldsymbol{X}_e$ 取代点 $\boldsymbol{X}_h$，形成新的单纯形，即

$$\boldsymbol{X}_1=\begin{Bmatrix}4.0\\4.0\end{Bmatrix},\ \boldsymbol{X}_2=\begin{Bmatrix}2.0\\5.5\end{Bmatrix},\ \boldsymbol{X}_3=\begin{Bmatrix}4.0\\5.0\end{Bmatrix}$$

6）检查收敛性，即

$$\left\{\frac{1}{3}\sum_{i=1}^{3}[(80.0-87.75)^2+(56.75-87.75)^2+(96.0-87.75)^2]\right\}^{\frac{1}{2}}=19.06>\varepsilon,$$

继续迭代。

（2）第二次迭代。

1）单纯形各顶点处的函数值为

$$f_1=f(\boldsymbol{X}_1)=80.0,\ f_2=f(\boldsymbol{X}_2)=56.75,\ f_3=f(\boldsymbol{X}_3)=96.0$$

比较函数值有

$$\boldsymbol{X}_h=\boldsymbol{X}_3=\begin{Bmatrix}4.0\\5.0\end{Bmatrix},\ f(\boldsymbol{X}_h)=96.0$$

$$\boldsymbol{X}_l=\boldsymbol{X}_2=\begin{Bmatrix}2.0\\5.5\end{Bmatrix},\ f(\boldsymbol{X}_l)=56.75$$

2）除 $\boldsymbol{X}_h$ 外的中心点 $\boldsymbol{X}_0$ 为

$$\boldsymbol{X}_0=\frac{1}{2}(\boldsymbol{X}_1+\boldsymbol{X}_2)=\frac{1}{2}\begin{Bmatrix}4.0+2.0\\4.0+5.5\end{Bmatrix}=\begin{Bmatrix}3.0\\4.75\end{Bmatrix},\ f(\boldsymbol{X}_0)=67.31$$

3）点 $\boldsymbol{X}_h$ 关于点 $\boldsymbol{X}_0$ 的反射点 $\boldsymbol{X}_r$ 为

$$\boldsymbol{X}_r=2\boldsymbol{X}_0-\boldsymbol{X}_h=2\begin{Bmatrix}3.0\\4.75\end{Bmatrix}-\begin{Bmatrix}4.0\\5.0\end{Bmatrix}=\begin{Bmatrix}2.0\\4.5\end{Bmatrix}$$

$$f(\boldsymbol{X}_r)=2.0-4.5+2\times4.0+2\times9.0+20.25=43.75$$

4）由于 $f(\boldsymbol{X}_r)<f(\boldsymbol{X}_l)$，故延伸点 $\boldsymbol{X}_e$ 为

$$\boldsymbol{X}_e=2\boldsymbol{X}_r-\boldsymbol{X}_0=2\begin{Bmatrix}2.0\\4.5\end{Bmatrix}-\begin{Bmatrix}3.0\\4.75\end{Bmatrix}=\begin{Bmatrix}1.0\\4.25\end{Bmatrix}$$

$$f(\boldsymbol{X}_e)=1.0-4.25+2\times1.0+2\times4.25+18.0625=25.3125$$

5）因为 $f(\boldsymbol{X}_e)<f(\boldsymbol{X}_r)$，所以用延伸点 $\boldsymbol{X}_e$ 取代点 $\boldsymbol{X}_h$，形成新的单纯形

$$\boldsymbol{X}_1=\begin{Bmatrix}4.0\\4.0\end{Bmatrix},\ \boldsymbol{X}_2=\begin{Bmatrix}2.0\\5.5\end{Bmatrix},\ \boldsymbol{X}_3=\begin{Bmatrix}1.0\\4.25\end{Bmatrix}$$

6）检查收敛性

$$\left\{\frac{1}{3}\sum_{i=1}^{3}\left[(80.0-67.31)^2+(56.75-67.31)^2+(96.0-67.31)^2\right]\right\}^{\frac{1}{2}}=26.1>\varepsilon,$$

继续迭代

（3）第三次迭代。

1）单纯形各顶点处的函数值为

$$f_1=f(\boldsymbol{X}_1)=80.0,\ f_2=f(\boldsymbol{X}_2)=56.75,\ f_3=f(\boldsymbol{X}_3)=25.3125$$

比较函数值有

$$\boldsymbol{X}_h=\boldsymbol{X}_1=\begin{Bmatrix}4.0\\4.0\end{Bmatrix},\ f(\boldsymbol{X}_h)=80.0$$

$$\boldsymbol{X}_l=\boldsymbol{X}_3=\begin{Bmatrix}1.0\\4.25\end{Bmatrix},\ f(\boldsymbol{X}_l)=25.3125$$

2）除 $\boldsymbol{X}_h$ 外的中心点 $\boldsymbol{X}_0$ 为

$$\boldsymbol{X}_0=\frac{1}{2}(\boldsymbol{X}_2+\boldsymbol{X}_3)=\frac{1}{2}\begin{Bmatrix}2.0+1.0\\5.5+4.25\end{Bmatrix}=\begin{Bmatrix}1.5\\4.875\end{Bmatrix}$$

$$f(\boldsymbol{X}_0)=1.5-4.875+2\times2.25+2\times7.3125+23.765625=39.515625$$

3）点 $\boldsymbol{X}_h$ 关于点 $\boldsymbol{X}_0$ 的反射点 $\boldsymbol{X}_r$ 为

$$\boldsymbol{X}_r=2\boldsymbol{X}_0-\boldsymbol{X}_h=2\begin{Bmatrix}1.5\\4.875\end{Bmatrix}-\begin{Bmatrix}4.0\\4.0\end{Bmatrix}=\begin{Bmatrix}-1.0\\5.75\end{Bmatrix}$$

$$f(\boldsymbol{X}_r)=-1.0-5.75+2\times1.0+2\times(-5.75)+33.0625=16.8125$$

4）由于 $f(\boldsymbol{X}_r)<f(\boldsymbol{X}_l)$，故延伸点 $\boldsymbol{X}_e$ 为

$$\boldsymbol{X}_e=2\boldsymbol{X}_r-\boldsymbol{X}_0=2\begin{Bmatrix}-1.0\\5.75\end{Bmatrix}-\begin{Bmatrix}3.0\\4.75\end{Bmatrix}=\begin{Bmatrix}-5.0\\6.75\end{Bmatrix}$$

$$f(\boldsymbol{X}_e)=-5.0-6.75+2\times25.0+2\times(-33.75)+45.5625=16.3125$$

5）因为 $f(\boldsymbol{X}_e)<f(\boldsymbol{X}_r)$，所以用延伸点 $\boldsymbol{X}_e$ 取代点 $\boldsymbol{X}_h$，形成新的单纯形

$$\boldsymbol{X}_1=\begin{Bmatrix}-5.0\\6.75\end{Bmatrix},\ \boldsymbol{X}_2=\begin{Bmatrix}2.0\\5.5\end{Bmatrix},\ \boldsymbol{X}_3=\begin{Bmatrix}1.0\\4.25\end{Bmatrix}$$

6）检查收敛性

$$\left\{\frac{1}{3}\sum_{i=1}^{3}[(16.3125-39.5156)^2+(56.75-39.5156)^2+(25.3125-39.5156)^2]\right\}^{\frac{1}{2}}$$

$$=18.5415>\varepsilon$$

继续迭代。

重复上述迭代过程，直至收敛条件得到满足，求出最优解。

3.3 求导搜索的方法

3.3.1 最速下降法

最速下降法也称为梯度法，最初由柯西在1847年提出。最速下降法的基本思想是将函数值下降最快的方向，也就是函数的负梯度方向作为搜索方向。在下降迭代格式中，从点 $\boldsymbol{X}^k$ 出发，选取函数负梯度方向为搜索方向，即令

$$\boldsymbol{S}^k=-\nabla f(\boldsymbol{X}^k) \tag{3-43}$$

沿负梯度方向寻找最优点，即 $\min[f(\boldsymbol{X}^k+\alpha\boldsymbol{S}^k)]=\min f(\alpha)$，应用一维极小化方法确定最优步长 $\alpha^k=\alpha^*$，从而得到沿 $\boldsymbol{S}^k$ 方向的极小点 $\boldsymbol{X}^{k+1}$ 为

$$\boldsymbol{X}^{k+1}=\boldsymbol{X}^k+\alpha^k\boldsymbol{S}^k=\boldsymbol{X}^k-\alpha^k\nabla f(\boldsymbol{X}^k)$$

重复上述迭代过程，直至搜索点逼近最优点。

最速下降法的基本步骤为：

(1) 从任意初始点 $\boldsymbol{X}^0$ 出发，令迭代次数 $k=0$，设迭代精度 $\varepsilon>0$。

(2) 计算函数的梯度 $\nabla f(\boldsymbol{X}^k)$，判断 $\boldsymbol{X}^k$ 是否为最优点。若 $\|\nabla f(\boldsymbol{X}^k)\|\leqslant\varepsilon$，则 $\boldsymbol{X}^k$ 为最优点，令 $\boldsymbol{X}^*=\boldsymbol{X}^k$，$f^*=f(\boldsymbol{X}^*)$，迭代结束。否则转步骤 (3)。

(3) 将负梯度方向作为搜索方向

$$\boldsymbol{S}^k=-\nabla f(\boldsymbol{X}^k)$$

(4) 应用一维极小化方法确定沿 $\boldsymbol{S}^k$ 方向的最优步长 α^*，并令 $\alpha^k=\alpha^*$，从而得到新的搜索点

$$\boldsymbol{X}^{k+1}=\boldsymbol{X}^k+\alpha^k\boldsymbol{S}^k=\boldsymbol{X}^k-\alpha^k\nabla f(\boldsymbol{X}^k)$$

(5) 令迭代次数 $k=k+1$，转步骤 (2)。

最速下降法的算法框图如图3-10所示。

最速下降法算法简单，每次迭代计算量小，即使从一个不好的初始点出发，往往也能收敛到局部最小点。但最速下降法算法收敛速度较慢，可以证明，该方法只具有线性收敛速度。

最速下降法沿负梯度方向寻找最优点时，需要极小化函数 $f(\alpha)=f[\boldsymbol{X}^k-\alpha\nabla f(\boldsymbol{X}^k)]$，根据函数极值的必要条件和复合函数的求导公式有

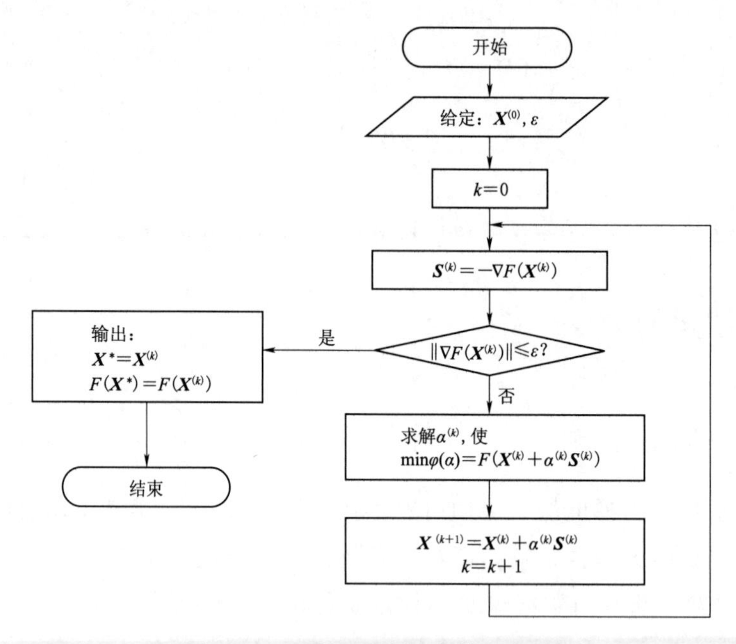

图 3 - 10 最速下降法的算法框图

$$f'(\alpha)=-[\nabla f(\boldsymbol{X}^k-\alpha\ \nabla f(\boldsymbol{X}^k))]^{\mathrm{T}}\ \nabla f(\boldsymbol{X}^k)=0 \tag{3-44}$$

由式（3 - 44）求出最优步长因子 α^k，则 $\boldsymbol{X}^{k+1}=\boldsymbol{X}^k-\alpha^k\ \nabla f\ (\boldsymbol{X}^k)$，于是上述函数极值的必要条件可以写为

$$[\nabla f(\boldsymbol{X}^{k+1})]^{\mathrm{T}}\ \nabla f(\boldsymbol{X}^k)=0 \tag{3-45}$$

式（3 - 45）表明相邻两个迭代点的梯度是彼此正交的。这表明在最速下降法的迭代过程中，相邻两次的搜索方向总是相互垂直的，意味着用该方法迭代时，向极小点逼近的路径是一条曲折的阶梯形路线，而且越接近极小点，阶梯越小，前进速度越慢，如图 3 - 11 所示。

最速下降法的这一迭代特点是由梯度的性质决定的。沿负梯度方向函数值下降最快的说法容易使人产生一种错觉，认为这一定是最理想的搜索方向，沿该方向搜索时收敛应该很快。然而，梯度是函数在一点邻域内局部变化率的数学描述，沿一点的负梯度方向前进时，在该点邻域内函数值下降最快，离开该点邻域后，函数值不一定下降最快，甚至不再下降。以负梯度方向作为搜索方向，从局部看每一步都可以使函数值获得较快下降，但从全局看却走了许多弯路，故最速下降法收

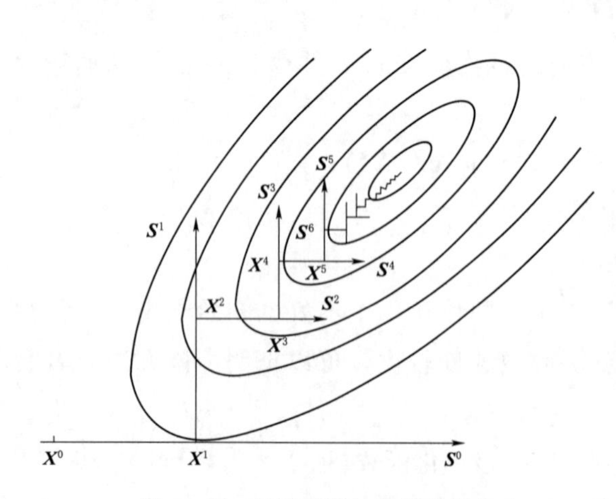

图 3 - 11 最速下降法的搜索路径

敛速度较慢。

从图 3-11 中可以看出，当迭代点离极小点较远时，一次迭代得到的函数值下降量较大，亦即在远离极小点时，向极小点逼近的速度较快。而越接近极小点时，逼近极小点的速度越慢。正是基于这一特点，许多收敛性较好的算法，在开始的第一步迭代都采用负梯度方向作为搜索方向，如后面要介绍的共轭梯度法和变尺度法等。

最速下降法的收敛速度与函数的性质密切相关，对于一般函数而言，该方法的收敛速度较慢。但对于等值线（面）为同心圆（球）的函数，无论从任何初始点出发，一次搜索即可以达到极小点。可见，若能通过坐标变换改善函数的性态，可以提高最速下降法的收敛速度。

【例题 3-5】 利用最速下降法极小化函数 $f(x_1,x_2)=x_1-x_2+2x_1^2+2x_1x_2+x_2^2$，初始点取为 $\boldsymbol{X}^0=(0,0)^{\mathrm{T}}$，收敛精度 $\varepsilon=0.01$。

解： 函数梯度为

$$\nabla f(\boldsymbol{X})=\begin{Bmatrix}4x_1+2x_2+1\\2x_1+2x_2-1\end{Bmatrix}$$

（1）第一次迭代。搜索方向为

$$\boldsymbol{S}^0=-\nabla f(\boldsymbol{X}^0)=\begin{Bmatrix}-1\\1\end{Bmatrix}$$

新的搜索点，有

$$\boldsymbol{X}^1=\boldsymbol{X}^0+\alpha\boldsymbol{S}^0=\begin{Bmatrix}0\\0\end{Bmatrix}+\alpha\begin{Bmatrix}-1\\1\end{Bmatrix}=\begin{Bmatrix}-\alpha\\\alpha\end{Bmatrix}$$

求解一维极小化问题

$$\min f(\boldsymbol{X}^0+\alpha\boldsymbol{S}^0)=f(\alpha)=-\alpha-\alpha+2(-\alpha)^2-2\alpha^2+\alpha^2$$

可求得 $\alpha^*=1$，于是 $\boldsymbol{X}^1=\begin{Bmatrix}-1\\1\end{Bmatrix}$

点 $\boldsymbol{X}^1$ 处的函数梯度为

$$\nabla f(\boldsymbol{X}^1)=\begin{Bmatrix}4x_1+2x_2+1\\2x_1+2x_2-1\end{Bmatrix}\Bigg|_{(-1,1)}=\begin{Bmatrix}-1\\-1\end{Bmatrix}$$

显然，$\|\nabla f(\boldsymbol{X}^1)\|>\varepsilon$，继续迭代。

（2）第二次迭代搜索方向为

$$\boldsymbol{S}^1=-\nabla f(\boldsymbol{X}^1)=\begin{Bmatrix}1\\1\end{Bmatrix}$$

新的搜索点 $$\boldsymbol{X}^2=\boldsymbol{X}^1+\alpha\boldsymbol{S}^1=\begin{Bmatrix}-1\\1\end{Bmatrix}+\alpha\begin{Bmatrix}1\\1\end{Bmatrix}=\begin{Bmatrix}-1+\alpha\\1+\alpha\end{Bmatrix}$$

求解一维极小化问题

$$\min f(\boldsymbol{X}^1+\alpha\boldsymbol{S}^1)=f(\alpha)=(-1+\alpha)-(1+\alpha)+2(-1+\alpha)^2+2(-1+\alpha)(1+\alpha)+(1+\alpha)^2$$

可求得 $\alpha^*=0.2$，于是 $\boldsymbol{X}^2=\begin{Bmatrix}-0.8\\1.2\end{Bmatrix}$

点 $\boldsymbol{X}^2$ 处的函数梯度为

$$\nabla f(\boldsymbol{X}^2)=\begin{Bmatrix}4x_1+2x_2+1\\2x_1+2x_2-1\end{Bmatrix}\Bigg|_{(-0.8,1.2)}=\begin{Bmatrix}0.2\\-0.2\end{Bmatrix}$$

显然，$\|\nabla f(\boldsymbol{X}^2)\|>\varepsilon$，继续迭代。

(3) 第三次迭代搜索方向为

$$\boldsymbol{S}^2=-\nabla f(\boldsymbol{X}^2)=\begin{Bmatrix}-0.2\\0.2\end{Bmatrix}$$

新的搜索点

$$\boldsymbol{X}^3=\boldsymbol{X}^2+\alpha\boldsymbol{S}^2=\begin{Bmatrix}-0.8\\1.2\end{Bmatrix}+\alpha\begin{Bmatrix}-0.2\\0.2\end{Bmatrix}=\begin{Bmatrix}-0.8-0.2\alpha\\1.2+0.2\alpha\end{Bmatrix}$$

求解一维极小化问题

$$\begin{aligned}&\min f(\boldsymbol{X}^2+\alpha\boldsymbol{S}^2)=f(\alpha)\\=&(-0.8-0.2\alpha)-(1.2+0.2\alpha)+2(-0.8-0.2\alpha)^2+2(-0.8-0.2\alpha)(1.2+0.2\alpha)\\&+(1.2+0.2\alpha)^2\end{aligned}$$

可求得 $\alpha^*=1$，于是 $\boldsymbol{X}^3=\begin{Bmatrix}-1\\1.4\end{Bmatrix}$

点 $\boldsymbol{X}^3$ 处的函数梯度为

$$\nabla f(\boldsymbol{X}^3)=\begin{Bmatrix}4x_1+2x_2+1\\2x_1+2x_2-1\end{Bmatrix}\Bigg|_{(-1,1.4)}=\begin{Bmatrix}-0.2\\-0.2\end{Bmatrix}$$

显然，$\|\nabla f(\boldsymbol{X}^3)\|>\varepsilon$，继续迭代。

(4) 第四次迭代搜索方向为

$$\boldsymbol{S}^3=-\nabla f(\boldsymbol{X}^3)=\begin{Bmatrix}0.2\\0.2\end{Bmatrix}$$

新的搜索点

$$\boldsymbol{X}^4=\boldsymbol{X}^3+\alpha\boldsymbol{S}^3=\begin{Bmatrix}-1\\1.4\end{Bmatrix}+\alpha\begin{Bmatrix}0.2\\0.2\end{Bmatrix}=\begin{Bmatrix}-1+0.2\alpha\\1.4+0.2\alpha\end{Bmatrix}$$

求解一维极小化问题

$$\begin{aligned}&\min f(\boldsymbol{X}^3+\alpha\boldsymbol{S}^3)=f(\alpha)\\=&(-1+0.2\alpha)-(1.4+0.2\alpha)+2(-1+0.2\alpha)^2+2(-1+0.2\alpha)(1.4+0.2\alpha)\\&+(1.4+0.2\alpha)^2\end{aligned}$$

可求得 $\alpha^*=0.2$，于是 $\boldsymbol{X}^4=\begin{Bmatrix}-0.6\\1.8\end{Bmatrix}$

点 $\boldsymbol{X}^4$ 处的函数梯度为

$$\nabla f(\boldsymbol{X}^4)=\begin{Bmatrix}4x_1+2x_2+1\\2x_1+2x_2-1\end{Bmatrix}\Bigg|_{(-0.6,1.8)}=\begin{Bmatrix}2.2\\1.4\end{Bmatrix}$$

显然，$\|\nabla f(\boldsymbol{X}^4)\|>\varepsilon$，继续迭代。

重复上述过程，直至满足收敛精度条件，最优解为 $\boldsymbol{X}^*=\begin{Bmatrix}-1\\1.5\end{Bmatrix}$，函数极小值 $f^*=f(\boldsymbol{X}^*)=-1.25$

3.3.2 共轭梯度法

共轭梯度法的基本思想是把共轭性和最速下降法相结合，利用已知点处的梯度信息构造一组共轭方向，并沿这组方向搜索求目标函数的极小点。

从任意点 $\boldsymbol{X}_k$ 出发，沿函数最速下降方向作一维搜索，即令负梯度方向为搜索方向 $\boldsymbol{S}^k=-\nabla f(\boldsymbol{X}^k)$，沿 $\boldsymbol{S}^k$ 方向作一维搜索得 $\boldsymbol{X}^{k+1}=\boldsymbol{X}^k+\alpha^k\boldsymbol{S}^k=\boldsymbol{X}^k-\alpha^k\nabla f(\boldsymbol{X}^k)$。设下一个搜索方向 $\boldsymbol{S}^{k+1}$ 由点 $\boldsymbol{X}^{k+1}$ 处的负梯度和方向 $\boldsymbol{S}^k$ 的线性组合构成，且与方向 $\boldsymbol{S}^k$ 关于海森矩阵共轭，即

$$\boldsymbol{S}^{k+1}=-\nabla f(\boldsymbol{X}^{k+1})+\beta^k\boldsymbol{S}^k \tag{3-46}$$

共轭条件为

$$[\boldsymbol{S}^k]^{\mathrm{T}}\nabla^2 f(\boldsymbol{X}^k)\boldsymbol{S}^{k+1}=\boldsymbol{0} \tag{3-47}$$

将方向 $\boldsymbol{S}^k$ 和 $\boldsymbol{S}^{k+1}$ 的表达式代入式（3-47）得

$$-[\nabla f(\boldsymbol{X}^k)]^{\mathrm{T}}\nabla^2 f(\boldsymbol{X}^k)[-\nabla f(\boldsymbol{X}^{k+1})-\beta^k\nabla f(\boldsymbol{X}^k)]=\boldsymbol{0} \tag{3-48}$$

从中解得

$$\beta^k=-\frac{[\nabla f(\boldsymbol{X}^k)]^{\mathrm{T}}\nabla^2 f(\boldsymbol{X}^k)\nabla f(\boldsymbol{X}^{k+1})}{[\nabla f(\boldsymbol{X}^k)]^{\mathrm{T}}\nabla^2 f(\boldsymbol{X}^k)\nabla f(\boldsymbol{X}^k)} \tag{3-49}$$

根据以上推导，在第一个搜索方向 $\boldsymbol{S}^0$ 取负梯度方向，由式（3-49）和式（3-46）构造一组共轭的搜索方向，沿这组共轭方向进行搜索迭代的方法称为共轭梯度法。如果函数的二阶导数不便计算，可利用共轭方向和梯度之间的关系消除公式（3-49）中的二阶导数。令 $f(\boldsymbol{X})$ 为函数的泰勒二次展开，则点 $\boldsymbol{X}^k$ 和 $\boldsymbol{X}^{k+1}$ 处的梯度分别为

$$\nabla f(\boldsymbol{X}^k)=\boldsymbol{H}\boldsymbol{X}^k+\boldsymbol{B} \tag{3-50}$$

$$\nabla f(\boldsymbol{X}^{k+1})=\boldsymbol{H}\boldsymbol{X}^{k+1}+\boldsymbol{B} \tag{3-51}$$

两式相减得

$$\nabla f(\boldsymbol{X}^{k+1})-\nabla f(\boldsymbol{X}^{k})=\boldsymbol{H}(\boldsymbol{X}^{k+1}-\boldsymbol{X}^{k}) \tag{3-52}$$

将下降迭代公式 $\boldsymbol{X}^{k+1}=\boldsymbol{X}^{k}+\alpha^{k}\boldsymbol{S}^{k}$ 代入式（3-52），有

$$\alpha^{k}\boldsymbol{HS}^{k}=\nabla f(\boldsymbol{X}^{k+1})-\nabla f(\boldsymbol{X}^{k}) \tag{3-53}$$

综合式（3-46）和式（3-53），利用搜索方向的共轭性有

$$\alpha^{k}[\boldsymbol{S}^{k+1}]^{\mathrm{T}}\boldsymbol{HS}^{k}=[-\nabla f(\boldsymbol{X}^{k+1})+\beta^{k}\boldsymbol{S}^{k}]^{\mathrm{T}}[\nabla f(\boldsymbol{X}^{k+1})-\nabla f(\boldsymbol{X}^{k})]=0 \tag{3-54}$$

将式（3-54）展开，并考虑相邻两点梯度间的正交关系，整理后得

$$\beta^{k}=-\frac{[\nabla f(\boldsymbol{X}^{k+1})]^{\mathrm{T}}\ \nabla f(\boldsymbol{X}^{k+1})}{[\boldsymbol{S}^{k}]^{\mathrm{T}}\ \nabla f(\boldsymbol{X}^{k})} \tag{3-55}$$

因为

$$\begin{aligned}[\nabla f(\boldsymbol{X}^{k})]^{\mathrm{T}}\boldsymbol{S}^{k}&=[\nabla f(\boldsymbol{X}^{k})]^{\mathrm{T}}\ \nabla f(\boldsymbol{X}^{k})+\beta^{k-1}[\nabla f(\boldsymbol{X}^{k})]^{\mathrm{T}}\boldsymbol{S}^{k-1}\\&=[\nabla f(\boldsymbol{X}^{k})]^{\mathrm{T}}\ \nabla f(\boldsymbol{X}^{k})\end{aligned}$$

所以

$$\beta^{k}=\frac{[\nabla f(\boldsymbol{X}^{k+1})]^{\mathrm{T}}\ \nabla f(\boldsymbol{X}^{k+1})}{[\nabla f(\boldsymbol{X}^{k})]^{\mathrm{T}}\ \nabla f(\boldsymbol{X}^{k})}=\frac{\|\nabla f(\boldsymbol{X}^{k+1})\|^{2}}{\|\nabla f(\boldsymbol{X}^{k})\|^{2}} \tag{3-56}$$

式（3-55）称为 Dixon-Myers 公式，采用 Dixon-Myers 公式的算法称为 D-M 共轭梯度算法；式（3-56）称为 Fletcher-Reeves 公式，采用 Fletcher-Reeves 公式的算法称为 F-R 共轭梯度算法。对于正定二次函数，这些方法是等价的，最常用的算法是 F-R 共轭梯度算法。

需要说明的是，当目标函数是一般非二次函数时，利用上述方法构造的方向向量组 $\boldsymbol{S}^{1}$，$\boldsymbol{S}^{2}$，…，$\boldsymbol{S}^{n}$ 已不像正定二次函数那样具有共轭性质，因而不再具有有限步收敛的性质，而且收敛速度也会受到影响。常用的解决方法是采用“重启动”策略，即将 n 次搜索作为一轮，每一轮之后，取一次负梯度方向，重新开始共轭梯度法。

F-R 共轭梯度算法的基本步骤为

（1）选定初始点 $\boldsymbol{X}^{0}$，给定收敛精度 $\varepsilon>0$。

（2）取的负梯度作为搜索方向，$\boldsymbol{S}^{0}=-\nabla f(\boldsymbol{X}^{0})$，置 $k=0$。

（3）沿 $\boldsymbol{S}^{k}$ 方向进行一维搜索得 $\boldsymbol{X}^{k+1}=\boldsymbol{X}^{k}+\alpha^{k}\boldsymbol{S}^{k}$，并计算梯度 $\nabla f(\boldsymbol{X}^{k+1})$。

（4）收敛判断，若 $\|\nabla f(\boldsymbol{X}^{k+1})\|\leqslant\varepsilon$，则令 $\boldsymbol{X}^{*}=\boldsymbol{X}^{k+1}$，$f^{*}=f(\boldsymbol{X}^{*})$，终止迭代。否则，转步骤（5）。

（5）若 $k=n$，则“重启动”，令 $\boldsymbol{X}^{0}=\boldsymbol{X}^{k+1}$，转步骤（2）重新开始新的一轮迭代。

否则，转步骤（6）。

（6）构造新的共轭方向

$$\beta^k=\frac{\|\nabla f(\boldsymbol{X}^{k+1})\|^2}{\|\nabla f(\boldsymbol{X}^k)\|^2}$$

$$\boldsymbol{S}^{k+1}=-\nabla f(\boldsymbol{X}^{k+1})+\beta^k\boldsymbol{S}^k$$

令 $k=k+1$，转步骤（3）。

F-R 共轭梯度法的算法框图如图 3-12 所示。

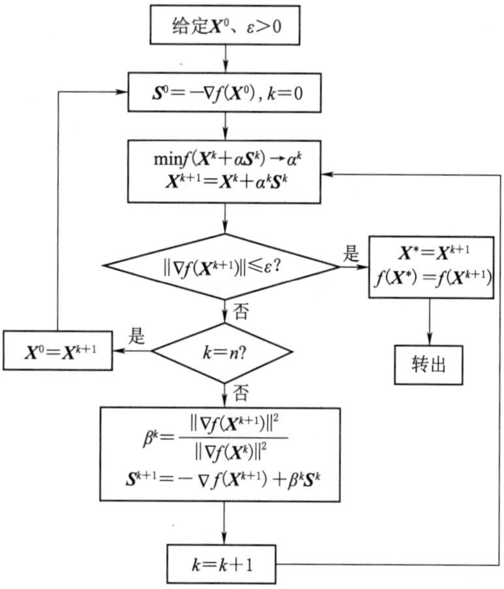

图 3-12　共轭梯度法的算法框图

【例题 3-6】 用 F-R 共轭梯度法求解无约束最优化问题

$$\min f(x_1,x_2)=x_1^2+2x_2^2-2x_1x_2-4x_1$$

取初始点 $\boldsymbol{X}^0=[1,1]^{\mathrm{T}}$，收敛精度 $\varepsilon=0.01$。

解： 函数梯度 $\nabla f(\boldsymbol{X})=\begin{Bmatrix}2x_1-2x_2-4\\-2x_1+4x_2\end{Bmatrix}$

（1）第一次迭代。

$$\boldsymbol{S}^0=-\nabla f(\boldsymbol{X}^0)=-\begin{Bmatrix}2x_1-2x_2-4\\-2x_1+4x_2\end{Bmatrix}\Bigg|_{(1,1)}=\begin{Bmatrix}4\\-2\end{Bmatrix}$$

$$\boldsymbol{X}^1=\boldsymbol{X}^0+\alpha\boldsymbol{S}^0=\begin{Bmatrix}1\\1\end{Bmatrix}+\alpha\begin{Bmatrix}4\\-2\end{Bmatrix}=\begin{Bmatrix}1+4\alpha\\1-2\alpha\end{Bmatrix}$$

$$f(\boldsymbol{X}^0+\alpha\boldsymbol{S}^0)=f(\alpha)=(1+4\alpha)^2-2(1-2\alpha)^2-2(1+4\alpha)(1-2\alpha)-4(1+4\alpha)$$

求函数的极小点得 $\alpha^*=0.25$，故 $\boldsymbol{X}^1=\begin{Bmatrix}2\\0.5\end{Bmatrix}$

计算点 $\boldsymbol{X}^1$ 处的梯度 $\nabla f(\boldsymbol{X}^1)=\begin{Bmatrix}2x_1-2x_2-4\\-2x_1+4x_2\end{Bmatrix}\Bigg|_{(2,0.5)}=\begin{Bmatrix}-1\\-2\end{Bmatrix}$

显然，$\|\nabla f(\boldsymbol{X}^1)\|>\varepsilon$，继续迭代。

（2）第二次迭代，构造新的共轭方向

$$\beta^0=\frac{\|\nabla f(\boldsymbol{X}^1)\|^2}{\|\nabla f(\boldsymbol{X}^0)\|^2}=\frac{(-1)^2+(-2)^2}{(-4)^2+(2)^2}=0.25$$

$$\boldsymbol{S}^1=-\nabla f(\boldsymbol{X}^1)+\beta^0\boldsymbol{S}^0=-\begin{Bmatrix}-1\\-2\end{Bmatrix}+0.25\begin{Bmatrix}4\\-2\end{Bmatrix}=\begin{Bmatrix}2\\1.5\end{Bmatrix}$$

新的搜索点为

$$\boldsymbol{X}^2=\boldsymbol{X}^1+\alpha\boldsymbol{S}^1=-\begin{Bmatrix}2\\0.5\end{Bmatrix}+\alpha\begin{Bmatrix}2\\1.5\end{Bmatrix}=\begin{Bmatrix}2+2\alpha\\0.5+1.5\alpha\end{Bmatrix}$$

求一维极小化问题有

$$\min f(\boldsymbol{X}^1+\alpha\boldsymbol{S}^1)=f(\alpha)$$
$$=(2+2\alpha)^2+2(0.5+1.5\alpha)^2-2(2+2\alpha)(0.5+1.5\alpha)-4(2+2\alpha)$$

求函数的极小点得 $\alpha^*=1$，故 $\boldsymbol{X}^2=\begin{Bmatrix}4\\2\end{Bmatrix}$

计算点 $\boldsymbol{X}^2$ 处的梯度$\nabla f(\boldsymbol{X}^2)=\begin{Bmatrix}2x_1-2x_2-4\\-2x_1+4x_2\end{Bmatrix}\Bigg|_{(4,2)}=\begin{Bmatrix}0\\0\end{Bmatrix}$

显然，$\|\nabla f(\boldsymbol{X}^2)\|=0<\varepsilon$，迭代结束。

最优点 $\boldsymbol{X}^*=\boldsymbol{X}^2=\begin{Bmatrix}4\\2\end{Bmatrix}$，函数极小值 $f^*=f(\boldsymbol{X}^*)=-8$

3.3.3 牛顿法

牛顿法是一种经典的最优化方法，与一维极小化问题的牛顿解法一样，无约束极值问题的牛顿法根据目标函数的负梯度和二阶导数构造搜索方向。将函数 $f(\boldsymbol{X})$ 在点 $\boldsymbol{X}^k$ 处泰勒展开，并取二阶近似，

$$f(\boldsymbol{X})=f(\boldsymbol{X}^k)+[\nabla f(\boldsymbol{X}^k)]^{\mathrm{T}}(\boldsymbol{X}-\boldsymbol{X}^k)+\frac{1}{2}(\boldsymbol{X}-\boldsymbol{X}^k)^{\mathrm{T}}\nabla^2 f(\boldsymbol{X}^k)(\boldsymbol{X}-\boldsymbol{X}^k) \tag{3-57}$$

令函数 $f(\boldsymbol{X})$ 的梯度等于 $\boldsymbol{0}$，得

$$\nabla f(\boldsymbol{X})=\nabla f(\boldsymbol{X}^k)+\nabla^2 f(\boldsymbol{X}^k)(\boldsymbol{X}-\boldsymbol{X}^k) \tag{3-58}$$

设 $\boldsymbol{X}^{k+1}$ 是函数的极小点，则由式（3-58）得

$$\nabla f(\boldsymbol{X}^{k+1})=\nabla f(\boldsymbol{X}^k)+\nabla^2 f(\boldsymbol{X}^k)(\boldsymbol{X}^{k+1}-\boldsymbol{X}^k)=\boldsymbol{0} \tag{3-59}$$

由式（3-59）得到

$$\boldsymbol{X}^{k+1}=\boldsymbol{X}^k-[\nabla^2 f(\boldsymbol{X}^k)]^{-1}\nabla f(\boldsymbol{X}^k) \tag{3-60}$$

取

$$\boldsymbol{S}^k=-[\nabla^2 f(\boldsymbol{X}^k)]^{-1}\nabla f(\boldsymbol{X}^k) \tag{3-61}$$

式（3-61）为搜索方向，称为牛顿方向，则式（3-60）成为

$$\boldsymbol{X}^{k+1}=\boldsymbol{X}^k+\boldsymbol{S}^k \tag{3-62}$$

式（3-61）和式（3-62）构成了一种无约束极值问题的迭代解法，称为牛顿法。在牛顿迭代公式（3-62）中，步长因子为1，这意味着牛顿法的迭代运算不需要进行一维搜索。

如果目标函数为正定二次函数

$$f(\boldsymbol{X})=\frac{1}{2}\boldsymbol{X}^{\mathrm{T}}\boldsymbol{A}\boldsymbol{X}+\boldsymbol{B}^{\mathrm{T}}\boldsymbol{X}+C \tag{3-63}$$

由极值条件可知

$$\nabla f(\boldsymbol{X})=\boldsymbol{AX}+\boldsymbol{B}=\boldsymbol{0} \tag{3-64}$$

则极小点

$$\boldsymbol{X}^{*}=-\boldsymbol{A}^{-1}\boldsymbol{B}$$

若由牛顿迭代公式（3-60）求解，任取初始迭代点 $\boldsymbol{X}^0$，经过一次迭代得到

$$\begin{aligned}\boldsymbol{X}^1 &=\boldsymbol{X}^0+\boldsymbol{S}^0=\boldsymbol{X}^0-[\nabla^2 f(\boldsymbol{X}^0)]^{-1}\nabla f(\boldsymbol{X}^0)\\ &=\boldsymbol{X}^0-\boldsymbol{A}^{-1}(\boldsymbol{AX}^0+\boldsymbol{B})=-\boldsymbol{A}^{-1}\boldsymbol{B}\end{aligned} \tag{3-65}$$

$\boldsymbol{X}^1$ 即为精确的极小点 $\boldsymbol{X}^*$。可见，对于正定二次函数，无论从哪个初始迭代点出发，沿牛顿方向迭代一次即可得到精确最优点。

对于二阶导数矩阵正定的一般非线性函数，二阶泰勒展开式只是原函数的一种近似，由式（3-62）得到的搜索点 $\boldsymbol{X}^{k+1}$ 也只是原函数的近似极小点。因为函数在极值点附近往往呈现很强的正定二次函数性态，所以牛顿法的收敛速度还是很快的。在适当条件下，如果初始点充分靠近极小点，牛顿法二阶收敛。

但是，由于迭代公式（3-62）中步长因子为 1，由此式得到的搜索点 $\boldsymbol{X}^{k+1}$ 并不能始终保持函数值的下降，可能出现 $f(\boldsymbol{X}^{k+1})>f(\boldsymbol{X}^k)$ 的情况，甚至导致算法不收敛。新搜索点函数值上升的情况如图 3-13 所示。牛顿法的不足可以通过在迭代公式（3-62）中引入步长因子加以克服。

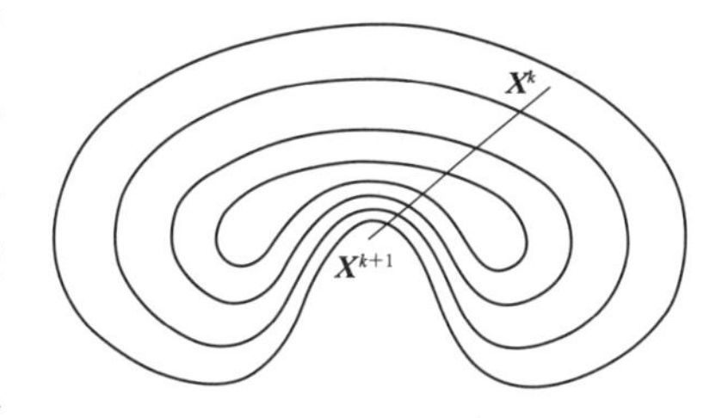

图 3-13　新搜索点函数值上升的情况

以式（3-61）所示牛顿方向 $\boldsymbol{S}^k$ 作为搜索方向，引入步长因子 α，构造迭代公式为

$$\boldsymbol{X}^{k+1}=\boldsymbol{X}^k+\alpha\boldsymbol{S}^k \tag{3-66}$$

由一维极小化 $\min f(\boldsymbol{X}^{k+1})=\min f(\boldsymbol{X}^k+\alpha\boldsymbol{S}^k)=\min f(\alpha)$ 得到最优步长 α^*，进而得到沿牛顿方向的最优点 $\boldsymbol{X}^{k+1}=\boldsymbol{X}^k+\alpha^*\boldsymbol{S}^k$。这种改进的算法称为修正牛顿法，修正迭代公式中的步长因子 α 也称为阻尼因子，故修正牛顿法也称为阻尼牛顿法。

阻尼牛顿法在迭代计算公式中引入了步长因子，同时在算法中增加了一维极小化搜索，虽然增加了计算工作量，但可以保证迭代点处函数值严格下降，可以适用于任何非线性函数。阻尼牛顿法具有二阶收敛性，在所有无约束最优化方法中是收敛性最好的方法。基于阻尼牛顿法的优越性，一般所讲牛顿法指的就是阻尼牛顿法。

牛顿法从理论上看是一种非常理想的无约束最优化算法，但在每一个迭代步中都需要计算函数的一阶、二阶导数，以及二阶导数矩阵的逆矩阵，在具体实施中会遇到一些困难，例如推导某些函数导数的解析表达式比较困难，需要利用数值方法计算，从而带来计算误差；二阶导数矩阵的逆矩阵的计算工作量巨大，计算时间较长等。另外，牛顿法还存在两个问题：一是二阶导数矩阵可能奇异，使得其逆矩阵不存在，导

致无法确定牛顿方向；二是即使二阶导数矩阵非奇异，但也未必正定，使得牛顿方向不一定是下降方向。这两个问题可能导致算法失效。

尽管牛顿法存在一些问题，使得该方法很少直接使用，但牛顿方向却一直是许多方法所追求的，对这些问题加以改进可以得到一类比较行之有效的算法。

阻尼牛顿法的基本步骤如下：

（1）给定初始点 $\boldsymbol{X}^0$，令迭代次数 $k=0$，设迭代收敛精度 $\varepsilon>0$。

（2）计算函数的梯度 $\nabla f(\boldsymbol{X}^k)$，判断 $\boldsymbol{X}^k$ 是否为最优点。若 $\|\nabla f(\boldsymbol{X}^k)\|\leqslant\varepsilon$，则 $\boldsymbol{X}^k$ 为最优点，令 $\boldsymbol{X}^*=\boldsymbol{X}^k$，$f^*=f(\boldsymbol{X}^*)$，迭代结束。否则转步骤（3）。

（3）计算函数的二阶导数矩阵及其逆矩阵，构造牛顿方向作为搜索方向：

$$\boldsymbol{S}^k=-[\nabla^2 f(\boldsymbol{X}^k)]^{-1}\nabla f(\boldsymbol{X}^k)$$

（4）应用一维极小化方法确定沿 $\boldsymbol{S}^k$ 方向的最优步长 α^*，并令 $\alpha^k=\alpha^*$，从而得到新的搜索点

$$\boldsymbol{X}^{k+1}=\boldsymbol{X}^k+\alpha^k\boldsymbol{S}^k$$

（5）令迭代次数 $k=k+1$，转步骤（2）。

阻尼牛顿法的算法框图如图 3-14 所示。

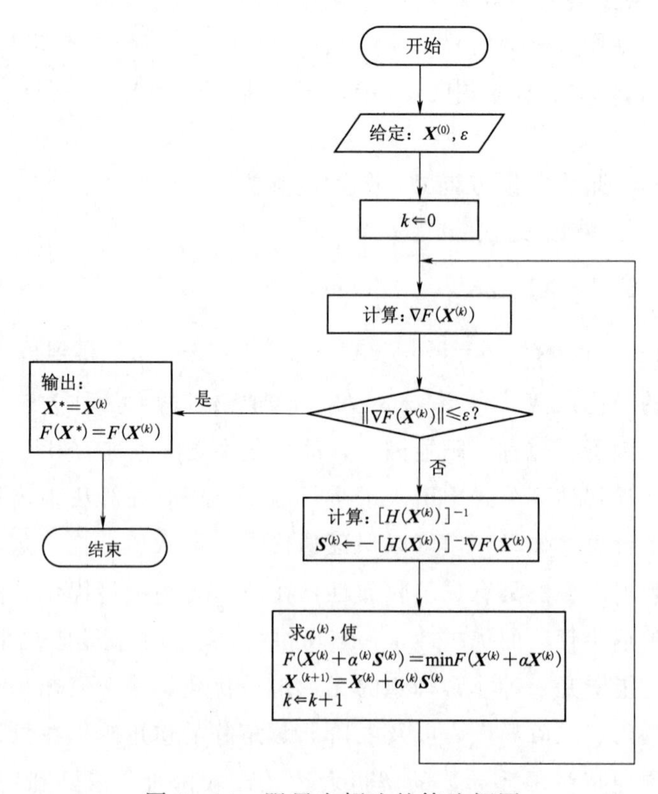

图 3-14　阻尼牛顿法的算法框图

【例题 3-7】 利用阻尼牛顿法极小化函数 $f(x_1,x_2)=(1-x_1)^2+2(x_2-x_1^2)^2$，

初始点取为 $\boldsymbol{X}^0=(0,0)^{\mathrm{T}}$，迭代收敛精度 $\varepsilon=0.001$。

解：函数的梯度为

$$\nabla f(\boldsymbol{X})=\begin{Bmatrix}8x_1^3-8x_1x_2+2x_1-2\\-4x_1^2+4x_2\end{Bmatrix}$$

二阶导数矩阵为

$$\nabla^2 f(\boldsymbol{X})=\begin{Bmatrix}24x_1^2-8x_2+2 & -8x_1\\-8x_1 & 4\end{Bmatrix}$$

在初始点 $\boldsymbol{X}^0=(0,0)^{\mathrm{T}}$ 处，

$$\nabla f(\boldsymbol{X}^0)=\begin{Bmatrix}-2\\0\end{Bmatrix}$$

因为 $\|\nabla f(\boldsymbol{X}^0)\|=2>\varepsilon$，故 $\boldsymbol{X}^0$ 不是最优点，构造牛顿方向 $\boldsymbol{S}^0$

$$\nabla^2 f(\boldsymbol{X}^0)=\begin{bmatrix}2 & 0\\0 & 4\end{bmatrix}\quad [\nabla^2 f(\boldsymbol{X}^0)]^{-1}=\begin{bmatrix}\dfrac{1}{2} & 0\\0 & \dfrac{1}{4}\end{bmatrix}$$

$$\boldsymbol{S}^0=-[\nabla^2 f(\boldsymbol{X}^0)]^{-1}\nabla f(\boldsymbol{X}^0)=\begin{Bmatrix}1\\0\end{Bmatrix}$$

沿 $\boldsymbol{S}^0$ 方向作一维搜索，求解

$$\min f(\boldsymbol{X}^0+\alpha\boldsymbol{S}^0)=\min f(\alpha)=\min f\left(\begin{Bmatrix}0\\0\end{Bmatrix}+\alpha\begin{Bmatrix}1\\0\end{Bmatrix}\right)$$

$$=\min[(1-\alpha)^2+2\alpha^4]$$

得 $\alpha^*=\dfrac{1}{2}$，令 $\alpha^0=\alpha^*$，则新的搜索点 $\boldsymbol{X}^1$ 为

$$\boldsymbol{X}^1=\boldsymbol{X}^0+\alpha^0\boldsymbol{S}^0=\begin{Bmatrix}\dfrac{1}{2}\\0\end{Bmatrix}$$

在点 $\boldsymbol{X}^1=\left(\dfrac{1}{2},\ 0\right)^{\mathrm{T}}$ 处，

$$\nabla f(\boldsymbol{X}^1)=\begin{Bmatrix}0\\-1\end{Bmatrix}$$

因为 $\|\nabla f(\boldsymbol{X}^1)\|=1>\varepsilon$，故 $\boldsymbol{X}^1$ 不是最优点，继续迭代。构造牛顿方向 $\boldsymbol{S}^1$

$$\nabla^2 f(\boldsymbol{X}^1)=\begin{bmatrix}8 & -4\\-4 & 4\end{bmatrix}\quad [\nabla^2 f(\boldsymbol{X}^1)]^{-1}=\begin{bmatrix}\dfrac{1}{4} & \dfrac{1}{4}\\\dfrac{1}{4} & \dfrac{1}{2}\end{bmatrix}$$

$$S^1=-[\nabla^2 f(X^1)]^{-1}\nabla f(X^1)=\begin{Bmatrix}\frac{1}{4}\\ \frac{1}{2}\end{Bmatrix}$$

沿 S^1 方向作一维搜索，求解

$$\min f(X^1+\alpha S^1)=\min f(\alpha)=\min f\left(\begin{Bmatrix}\frac{1}{2}\\ 0\end{Bmatrix}+\alpha\begin{Bmatrix}\frac{1}{4}\\ \frac{1}{2}\end{Bmatrix}\right)$$

$$=\min\frac{1}{128}[8(2-\alpha)^2+(2-\alpha)^4]$$

得 $\alpha^*=2$，令 $\alpha^1=\alpha^*$，则新的搜索点 X^2 为

$$X^2=X^1+\alpha^1 S^1=\begin{Bmatrix}1\\ 1\end{Bmatrix}$$

在点 $X^2=(1,1)^T$ 处，

$$\nabla f(X^2)=\begin{Bmatrix}0\\ 0\end{Bmatrix}$$

因为 $\|\nabla f(X^2)\|=0<\varepsilon$，所以 X^2 即为最优点。因此，$X^*=X^2=\begin{Bmatrix}1\\ 1\end{Bmatrix}$，$f(X^*)=0$。

3.3.4 变尺度法

牛顿法的迭代公式中需要计算函数的一阶、二阶导数，以及二阶导数矩阵的逆矩阵，特别是二阶导数矩阵的逆矩阵的计算，推导解析表达式比较困难，且计算工作量巨大。为了克服牛顿法的不足，人们提出来一类拟牛顿算法，其基本思想是利用函数的一阶导数去近似地构造二阶导数矩阵的逆矩阵。这一类方法都是利用近似的尺度矩阵代替二阶导数矩阵的逆矩阵，且每一次迭代都要修正这个尺度矩阵，使得尺度矩阵最终收敛到二阶导数矩阵的逆矩阵。故这一类方法也称为变尺度法。

1. 尺度变换

如前所述，当函数 $f(X)$ 在一点 X^k 的二阶导数矩阵 $H=\nabla^2 f(X^k)$ 正定时，函数 $f(X)$ 在 X^k 的泰勒（Taylor）二次展开式是正定二次函数，其等值线（面）为同心椭圆（球）。将函数 $f(X)$ 在点 X^k 处（Taylor）展开，并取二阶近似，有

$$f(X)=f(X^k)+[\nabla f(X^k)]^T(X-X^k)+\frac{1}{2}(X-X^k)^T H(X-X^k) \quad (3-67)$$

作尺度变换，引入

$$QY=X-X^k \tag{3-68}$$

则有

$$\varphi(Y)=f(X^k)+[\nabla f(X^k)]^T(QY)+\frac{1}{2}(QY)^T H(QY)$$

$$=\frac{1}{2}Y^T Q^T HQY+[\nabla f(X^k)]^T QY+f(X^k) \tag{3-69}$$

因为二次项中海森矩阵 H 正定，必存在矩阵 Q 使得

$$Q^T HQ=I \tag{3-70}$$

用 Q^{-1} 右乘式（3-70），有

$$Q^T H=Q^{-1} \tag{3-71}$$

再用 Q 左乘等式两边，得

$$QQ^T H=I$$

于是，海森矩阵的逆为

$$H^{-1}=QQ^T \tag{3-72}$$

式（3-72）表明，函数的二阶导数矩阵的逆矩阵可以由尺度变换矩阵 Q 求得。

2. 变尺度法的基本原理

将式（3-70）代入牛顿法的迭代公式

$$X^{k+1}=X^k-\alpha^k[\nabla^2 f(X^k)]^{-1}\nabla f(X^k)=X^k-\alpha^k QQ^T\nabla f(X^k) \tag{3-73}$$

式中，牛顿方向

$$S^k=-[\nabla^2 f(X^k)]^{-1}\nabla f(X^k)=-QQ^T\nabla f(X^k) \tag{3-74}$$

从式（3-74）中可以看出，经过尺度变换，与最速下降法的搜索方向（负梯度方向）相比，牛顿法的搜索方向多了 QQ^T 部分。实际上，QQ^T 是 X 空间上测量距离大小的一种尺度，称为尺度矩阵 $A=QQ^T$。在未作尺度变换之前，向量 X 的长度可以表示为

$$\|X\|=(X^T X)^{\frac{1}{2}}$$

变换后，向量 X 关于 $A=QQ^T$ 尺度下的长度可以表示为

$$\|X\|_A=[(QY)^T(QY)]^{\frac{1}{2}}=[Y^T Q^T QY]^{\frac{1}{2}}=[Y^T AY]^{\frac{1}{2}} \tag{3-75}$$

令 $A=QQ^T$，称为尺度矩阵，则可以将迭代公式写为

$$X^{k+1}=X^k-\alpha^k A^k\nabla f(X^k)=X^k+\alpha^k S^k \tag{3-76}$$

迭代公式（3-76）中，搜索方向 $S^k=-A^k\nabla f(X^k)$；步长因子 α^k 通过沿 S^k 方向的一维极小化搜索确定。由此构成的算法称为变尺度法。在变尺度法的搜索方向中，当尺度矩阵 $A^k=I$ 时，搜索方向 $S^k=-\nabla f(X^k)$，为负梯度方向，当尺度矩阵 $A^k=H^{-1}$ 时，搜索方向 $S^k=-H^{-1}\nabla f(X^k)$，为牛顿方向。可见，变尺度法可以看成是一种更为一般的搜索方法。

3. 尺度矩阵的构成

变尺度法常用尺度矩阵代替牛顿法中的海森矩阵逆矩阵，其主要目的是避免计算二阶导数矩阵及其逆矩阵，因此，尺度矩阵的构造应从分析海森矩阵的逆与函数梯度之间的关系开始。

设目标函数 $f(\boldsymbol{X})$ 具有连续的一阶、二阶偏导数，将函数的梯度 $\nabla f(\boldsymbol{X})$ 在参考点 $\boldsymbol{X}^0$ 展开，即

$$\nabla f(\boldsymbol{X})=\nabla f(\boldsymbol{X}^0)+\nabla^2 f(\boldsymbol{X}^0)(\boldsymbol{X}-\boldsymbol{X}^0) \tag{3-77}$$

在点 $\boldsymbol{X}^0$ 的邻域内取两个迭代点 $\boldsymbol{X}^k$ 和 $\boldsymbol{X}^{k+1}$，则在这两点有

$$\nabla f(\boldsymbol{X}^{k+1})=\nabla f(\boldsymbol{X}^0)+\nabla^2 f(\boldsymbol{X}^0)(\boldsymbol{X}^{k+1}-\boldsymbol{X}^0) \tag{3-78}$$

$$\nabla f(\boldsymbol{X}^{k})=\nabla f(\boldsymbol{X}^0)+\nabla^2 f(\boldsymbol{X}^0)(\boldsymbol{X}^{k}-\boldsymbol{X}^0) \tag{3-79}$$

两式相减得

$$\nabla f(\boldsymbol{X}^{k+1})-\nabla f(\boldsymbol{X}^{k})=\nabla^2 f(\boldsymbol{X}^0)(\boldsymbol{X}^{k+1}-\boldsymbol{X}^k) \tag{3-80}$$

设二阶导数矩阵 $\nabla^2 f(\boldsymbol{X}^0)$ 可逆，则式（3-80）关于 $\boldsymbol{X}^{k+1}-\boldsymbol{X}^k$ 的解可以写为

$$\boldsymbol{X}^{k+1}-\boldsymbol{X}^k=[\nabla^2 f(\boldsymbol{X}^0)]^{-1}[\nabla f(\boldsymbol{X}^{k+1})-\nabla f(\boldsymbol{X}^{k})] \tag{3-81}$$

用矩阵 $\boldsymbol{A}^{k+1}$ 近似地代替二阶导数矩阵的逆矩阵 $[\nabla^2 f(\boldsymbol{X}^0)]^{-1}$，则由式（3-81）可知

$$\boldsymbol{X}^{k+1}-\boldsymbol{X}^k=\boldsymbol{A}^{k+1}[\nabla f(\boldsymbol{X}^{k+1})-\nabla f(\boldsymbol{X}^{k})] \tag{3-82}$$

式（3-82）为尺度矩阵必须满足的基本条件，称为变尺度条件或拟牛顿条件。

尺度矩阵 $\boldsymbol{A}^k$ 的选择是不唯一的，在选择尺度矩阵时要保证 $\boldsymbol{A}^k$ 逼近二阶导数矩阵的逆矩阵。为此，人们提出许多递推算法计算尺度矩阵 $\boldsymbol{A}^k$，即随着迭代过程的推进，通过递推公式逐步修正尺度矩阵，一般将递推公式写为

$$\boldsymbol{A}^{k+1}=\boldsymbol{A}^k+\boldsymbol{E}^k \tag{3-83}$$

式中 $\boldsymbol{A}^k$——第 k 次迭代时已经得到的近似尺度矩阵，初始时可取单位矩阵 $\boldsymbol{A}^0=\boldsymbol{I}$；

$\boldsymbol{E}^k$——第 k 次迭代时的校正矩阵。

在迭代递推的过程中，尺度矩阵 $\boldsymbol{A}^k$ 除了要满足变尺度条件式（3-82）外，还要保持对称性和正定性。

显然，只要能确定校正矩阵 $\boldsymbol{E}^k$，便能计算尺度矩阵 $\boldsymbol{A}^{k+1}$，从而形成新的搜索方向，进入新一轮迭代，直至迭代收敛。

4. DFP 方法

DFP 方法是由 Davidon 于 1959 年提出，后经过 Fletcher 和 Powell 于 1963 年加以改进而形成的一种变尺度方法，故称为 DFP 方法。DFP 方法将校正矩阵 $\boldsymbol{E}^k$ 表达为

$$\boldsymbol{E}^k=\alpha\boldsymbol{u}\boldsymbol{u}^{\mathrm{T}}+\beta\boldsymbol{v}\boldsymbol{v}^{\mathrm{T}} \tag{3-84}$$

式中 $\boldsymbol{u}$、$\boldsymbol{v}$——待定向量；

α、β——待定实数。

代入式（3-83）得

$$A^{k+1}=A^k+\alpha uu^{\mathrm{T}}+\beta vv^{\mathrm{T}} \tag{3-85}$$

将式（3-85）代入变尺度条件式（3-82）

$$X^{k+1}-X^k=(A^k+\alpha uu^{\mathrm{T}}+\beta vv^{\mathrm{T}})[\nabla f(X^{k+1})-\nabla f(X^k)] \tag{3-86}$$

为书写简便，令 $\Delta X^k=X^{k+1}-X^k$，$\Delta g^k=\nabla f(X^{k+1})-\nabla f(X^k)$，则式（3-86）可简化为

$$\begin{aligned}\Delta X^k&=(A^k+\alpha uu^{\mathrm{T}}+\beta vv^{\mathrm{T}})\Delta g^k\\&=A^k\Delta g^k+\alpha uu^{\mathrm{T}}\Delta g^k+\beta vv^{\mathrm{T}}\Delta g^k\end{aligned} \tag{3-87}$$

满足式（3-87）的 u、v 和 α、β 不唯一，可以有无穷多种组合，这里采用下列选择

$$u=\Delta X^k \tag{3-88}$$

$$v=A^k\Delta g^k \tag{3-89}$$

$$\alpha u^{\mathrm{T}}\Delta g^k=1 \tag{3-90}$$

$$\beta v^{\mathrm{T}}\Delta g^k=-1 \tag{3-91}$$

从中解得

$$\alpha=\frac{1}{u^{\mathrm{T}}\Delta g^k}=\frac{1}{(\Delta X^k)^{\mathrm{T}}\Delta g^k} \tag{3-92}$$

$$\beta=-\frac{1}{v^{\mathrm{T}}\Delta g^k}=-\frac{1}{(\Delta g^k)^{\mathrm{T}}A^k\Delta g^k} \tag{3-93}$$

将 u、v 和 α、β 代入式（3-85），有

$$A^{k+1}=A^k+\frac{\Delta X^k(\Delta X^k)^{\mathrm{T}}}{(\Delta X^k)^{\mathrm{T}}\Delta g^k}-\frac{A^k\Delta g^k(\Delta g^k)^{\mathrm{T}}A^k}{(\Delta g^k)^{\mathrm{T}}A^k\Delta g^k} \tag{3-94}$$

式（3-94）称为 DFP 公式。可以证明，只要 A^k 是正定的，由 DFP 公式构造的 A^{k+1} 也是正定的。

DFP 方法的迭代步骤为：

（1）选定初始点 X^0，初始尺度矩阵 $A^0=I$，设迭代次数 $k=0$，收敛精度 $\varepsilon>0$。

（2）计算函数的梯度 $g(X^k)=\nabla f(X^k)$，检验点 X^k 是否满足最优条件 $\|g(X^k)\|\leqslant\varepsilon$，若满足则停止迭代，输出最优解 $X^*=X^k$，$f^*=f(X^*)$；否则转下一步。

（3）计算搜索方向 $S^k=-A^k\nabla f(X^k)$，沿该方向进行一维极小化

$$\min f(X^k+\alpha S^k)=\min f(\alpha)$$

得到最优步长 α^*，令 $\alpha^k=\alpha^*$，产生新的搜索点 $X^{k+1}=X^k+\alpha^k S^k$。

（4）计算函数的梯度 $g(X^{k+1})=\nabla f(X^{k+1})$，检验点 X^{k+1} 是否满足最优条件 $\|g(X^{k+1})\|\leqslant\varepsilon$，若满足则停止迭代，输出最优解 $X^*=X^{k+1}$，$f^*=f(X^*)$；否则转下一步。

（5）修正尺度矩阵。令 $\Delta X^k=X^{k+1}-X^k$，$\Delta g^k=g(X^{k+1})-g(X^k)$，

$$A^{k+1}=A^k+\frac{\Delta X^k(\Delta X^k)^T}{(\Delta X^k)^T\Delta g^k}-\frac{A^k\Delta g^k(\Delta g^k)^T A^k}{(\Delta g^k)^T A^k\Delta g^k}$$

(6) 令 $k=k+1$，转步骤（3）。

DFP 方法的算法框图如图 3-15 所示。

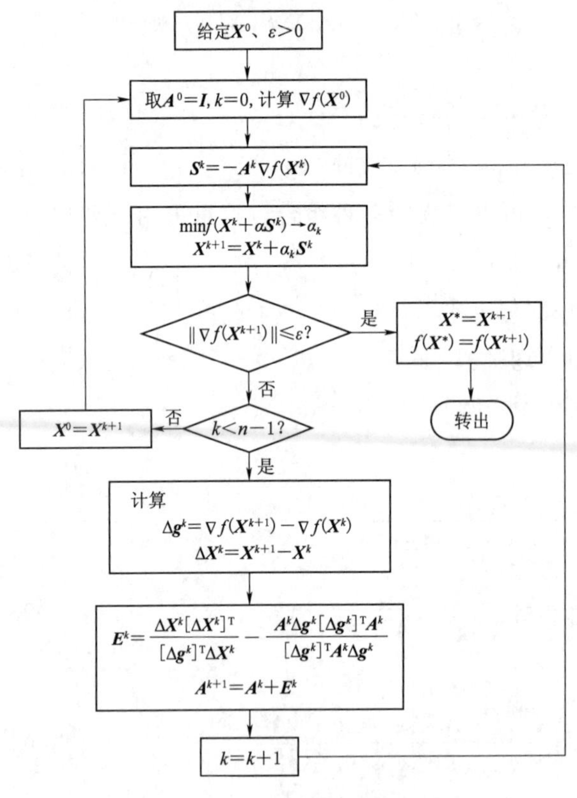

图 3-15 DFP 方法的算法框图

关于 DFP 方法有以下几点讨论：

(1) 由迭代公式 $X^{k+1}=X^k+\alpha^* S^k$ 可得

$$\Delta X^k=X^{k+1}-X^k=\alpha^* S^k \tag{3-95}$$

将式（3-95）代入尺度矩阵递推公式（3-94），有

$$A^{k+1}=A^k+\frac{\alpha^* S^k(S^k)^T}{(S^k)^T\Delta g^k}-\frac{A^k\Delta g^k(\Delta g^k)^T A^k}{(\Delta g^k)^T A^k\Delta g^k} \tag{3-96}$$

尺度矩阵递推公式也可以采用式（3-96）。

(2) 如果一维极小化得到的最优步长 α^* 足够精确，则由尺度矩阵递推公式（3-94）或式（3-96）得到的尺度矩阵 A^{k+1} 可以保持正定性，这就保证了拟牛顿方向始终指向目标函数值下降方向，且利用一维极小化得到的最优步长 α^* 生成的新搜索点 X^{k+1}，使得每一次迭代都有 $f(X^{k+1})<f(X^k)$。

(3) 如果一维极小化得到的最优步长 α^* 计算精度不足，尺度矩阵的正定性可能遭到破坏。最常见的改进方法有两种，一是提高一维极小化的精度要求；二是采用 n 次迭代后“重启动”策略，即在步骤（4）后增加一步，判断 $k+1=n$，如果成立则令 $X^0=X^{k+1}$，$g^0=g^{k+1}$，$A^0=I$，$k=0$，转步骤（3）；否则，继续迭代。

【例题 3-8】 用 DFP 算法计算函数 $f(X)=x_1-x_2+2x_1^2+2x_1x_2+x_2^2$ 的极小值。初始点取 $X^0=[0,0]^T$，收敛精度 $\varepsilon=0.01$。

解：

$$\nabla f(X)=\begin{bmatrix}1+4x_1+2x_2\\-1+2x_1+2x_2\end{bmatrix}$$

(1) 第一次迭代

$$\boldsymbol{g}(\boldsymbol{X}^0)=\nabla f(\boldsymbol{X}^0)=\begin{bmatrix}1+4x_1+2x_2\\-1+2x_1+2x_2\end{bmatrix}\Bigg|_{(0,0)}=\begin{Bmatrix}1\\-1\end{Bmatrix},\quad \boldsymbol{A}^0=\begin{bmatrix}1&0\\0&1\end{bmatrix}$$

$$\boldsymbol{S}^0=-\boldsymbol{A}^0\nabla f(\boldsymbol{X}^0)=-\begin{bmatrix}1&0\\0&1\end{bmatrix}\begin{Bmatrix}1\\-1\end{Bmatrix}=\begin{Bmatrix}-1\\1\end{Bmatrix}$$

$$\boldsymbol{X}^1=\boldsymbol{X}^0+\alpha\boldsymbol{S}^0=\begin{Bmatrix}0\\0\end{Bmatrix}+\alpha\begin{Bmatrix}-1\\1\end{Bmatrix}=\begin{Bmatrix}-\alpha\\\alpha\end{Bmatrix}$$

$$f(\boldsymbol{X}^0+\alpha\boldsymbol{S}^0)=f(\alpha)=\alpha^2-2a$$

求函数的极小点得 $\alpha^*=1$，故 $\boldsymbol{X}^1=\begin{Bmatrix}-1\\1\end{Bmatrix}$

$$\boldsymbol{g}(\boldsymbol{X}^1)=\nabla f(\boldsymbol{X}^1)=\begin{bmatrix}1+4x_1+2x_2\\-1+2x_1+2x_2\end{bmatrix}\Bigg|_{(-1,1)}=\begin{Bmatrix}-1\\-1\end{Bmatrix}$$

显然 $\|\nabla f(\boldsymbol{X}^1)\|>\varepsilon$，继续迭代。

修正尺度矩阵

$$\Delta\boldsymbol{X}^0=\boldsymbol{X}^1-\boldsymbol{X}^0=\begin{Bmatrix}-1\\-1\end{Bmatrix}-\begin{Bmatrix}0\\0\end{Bmatrix}=\begin{Bmatrix}-1\\1\end{Bmatrix}$$

$$\Delta\boldsymbol{g}^0=\boldsymbol{g}(\boldsymbol{X}^1)-\boldsymbol{g}(\boldsymbol{X}^0)=\begin{Bmatrix}-1\\-1\end{Bmatrix}-\begin{Bmatrix}1\\-1\end{Bmatrix}=\begin{Bmatrix}-2\\0\end{Bmatrix}$$

$$\boldsymbol{A}^1=\boldsymbol{A}^0+\frac{\Delta\boldsymbol{X}^0(\Delta\boldsymbol{X}^0)^{\mathrm{T}}}{(\Delta\boldsymbol{X}^0)^{\mathrm{T}}\Delta\boldsymbol{g}^0}-\frac{\boldsymbol{A}^0\Delta\boldsymbol{g}^0(\Delta\boldsymbol{g}^0)^{\mathrm{T}}\boldsymbol{A}^0}{(\Delta\boldsymbol{g}^0)^{\mathrm{T}}\boldsymbol{A}^0\Delta\boldsymbol{g}^0}$$

$$=\begin{bmatrix}1&0\\0&1\end{bmatrix}+\frac{\begin{Bmatrix}-1\\1\end{Bmatrix}[-1\quad 1]}{[-1\quad 1]\begin{Bmatrix}-2\\0\end{Bmatrix}}-\frac{\begin{bmatrix}1&0\\0&1\end{bmatrix}\begin{Bmatrix}-2\\0\end{Bmatrix}[-2\quad 0]\begin{bmatrix}1&0\\0&1\end{bmatrix}}{[-2\quad 0]\begin{bmatrix}1&0\\0&1\end{bmatrix}\begin{Bmatrix}-2\\0\end{Bmatrix}}$$

$$=\begin{bmatrix}\frac{1}{2}&-\frac{1}{2}\\-\frac{1}{2}&\frac{3}{2}\end{bmatrix}$$

(2) 第二次迭代

$$\boldsymbol{S}^1=-\boldsymbol{A}^1\nabla f(\boldsymbol{X}^1)=-\begin{bmatrix}\frac{1}{2}&-\frac{1}{2}\\-\frac{1}{2}&\frac{3}{2}\end{bmatrix}\begin{Bmatrix}-1\\-1\end{Bmatrix}=\begin{Bmatrix}0\\-2\end{Bmatrix}$$

$$\boldsymbol{X}^2=\boldsymbol{X}^1+\alpha\boldsymbol{S}^1=\begin{Bmatrix}-1\\1\end{Bmatrix}+\alpha\begin{Bmatrix}0\\-2\end{Bmatrix}=\begin{Bmatrix}-1\\1-2\alpha\end{Bmatrix}$$

$$f(\boldsymbol{X}^1+\alpha\boldsymbol{S}^1)=f(\alpha)=(1-2\alpha)^2-3(1-2\alpha)+1$$

求函数的极小点得 $\alpha^*=-\dfrac{1}{4}$，故 $\boldsymbol{X}^2=\begin{Bmatrix}-1\\ \dfrac{3}{2}\end{Bmatrix}$

$$\boldsymbol{g}(\boldsymbol{X}^2)=\nabla f(\boldsymbol{X}^2)=\begin{bmatrix}1+4x_1+2x_2\\-1+2x_1+2x_2\end{bmatrix}\Bigg|_{(-1,1)}=\begin{Bmatrix}0\\0\end{Bmatrix}$$

因为 $\|\nabla f(\boldsymbol{X}^2)\|<\varepsilon$，所以迭代收敛，$\boldsymbol{X}^*=\boldsymbol{X}^2=\begin{Bmatrix}-1\\ \dfrac{3}{2}\end{Bmatrix}$，$f^*=f(\boldsymbol{X}^*)=-\dfrac{9}{4}$

5. BFGS *方法*

DFP 方法采用尺度矩阵递推公式（3-94）或（3-96），构造了海森矩阵的近似逆矩阵，这一类递推公式称为逆修正公式。实际上，还可以推导一类递推公式，直接构造近似海森矩阵，这一类递推公式称为直接修正公式。

由公式（3-80）可得

$$\nabla f(\boldsymbol{X}^{k+1})-\nabla f(\boldsymbol{X}^k)=\nabla^2 f(\boldsymbol{X}^0)(\boldsymbol{X}^{k+1}-\boldsymbol{X}^k)$$

类似地，用矩阵 $\boldsymbol{B}^{k+1}$ 近似地代替二阶导数矩阵$\nabla^2 f(\boldsymbol{X}^0)$，得到另一种形式的变尺度条件或拟牛顿条件，即

$$\nabla f(\boldsymbol{X}^{k+1})-\nabla f(\boldsymbol{X}^k)=\boldsymbol{B}^{k+1}(\boldsymbol{X}^{k+1}-\boldsymbol{X}^k) \tag{3-97}$$

同样采用递推公式逐步修正尺度矩阵

$$\boldsymbol{B}^{k+1}=\boldsymbol{B}^k+\boldsymbol{E}^k \tag{3-98}$$

采用公式（3-85）至公式（3-94）同样的步骤，可以得到直接修正公式

$$\boldsymbol{B}^{k+1}=\boldsymbol{B}^k+\frac{\Delta\boldsymbol{g}^k(\Delta\boldsymbol{g}^k)^{\mathrm{T}}}{\Delta\boldsymbol{g}^k\Delta\boldsymbol{X}^k}-\frac{\boldsymbol{B}^k\Delta\boldsymbol{X}^k(\Delta\boldsymbol{X}^k)^{\mathrm{T}}\boldsymbol{B}^k}{(\Delta\boldsymbol{X}^k)^{\mathrm{T}}\boldsymbol{B}^k\Delta\boldsymbol{X}^k} \tag{3-99}$$

此公式称为 BFGS 公式，是由 Broydon、Fletcher、Goldfarb 和 Shanno 于 1970 年提出的，相应的算法称为 BFGS 算法。在实际计算中，为避免在每一次迭代中求解方程组，公式（3-97）可以改写为更为方便的 $\boldsymbol{A}$ 矩阵递推形式

$$\boldsymbol{A}^{k+1}=\boldsymbol{A}^k+\frac{\Delta\boldsymbol{X}^k(\Delta\boldsymbol{X}^k)^{\mathrm{T}}}{(\Delta\boldsymbol{X}^k)^{\mathrm{T}}\Delta\boldsymbol{g}^k}\left(\boldsymbol{I}+\frac{(\Delta\boldsymbol{g}^k)^{\mathrm{T}}\boldsymbol{A}^k\Delta\boldsymbol{g}^k}{(\Delta\boldsymbol{X}^k)^{\mathrm{T}}\Delta\boldsymbol{g}^k}\right)-\frac{\boldsymbol{A}^k\Delta\boldsymbol{g}^k(\Delta\boldsymbol{X}^k)^{\mathrm{T}}}{(\Delta\boldsymbol{X}^k)^{\mathrm{T}}\Delta\boldsymbol{g}^k}-\frac{\Delta\boldsymbol{X}^k(\Delta\boldsymbol{g}^k)^{\mathrm{T}}\boldsymbol{A}^k}{(\Delta\boldsymbol{X}^k)^{\mathrm{T}}\Delta\boldsymbol{g}^k} \tag{3-100}$$

BFGS 算法的基本步骤如下：

（1）选定初始点 $\boldsymbol{X}^0$，初始尺度矩阵 $\boldsymbol{A}^0=\boldsymbol{I}$，设迭代次数 $k=0$，收敛精度 $\varepsilon>0$。

（2）计算函数的梯度 $\boldsymbol{g}(\boldsymbol{X}^k)=\nabla f(\boldsymbol{X}^k)$，检验点 $\boldsymbol{X}^k$ 是否满足最优条件 $\|\boldsymbol{g}(\boldsymbol{X}^k)\|\leqslant\varepsilon$，若满足则停止迭代，输出最优解 $\boldsymbol{X}^*=\boldsymbol{X}^k$，$f^*=f(\boldsymbol{X}^*)$；否则转下一步。

（3）计算搜索方向 $\boldsymbol{S}^k=-\boldsymbol{A}^k\nabla f(\boldsymbol{X}^k)$，沿该方向进行一维极小化

$$\min f(\boldsymbol{X}^k+\alpha\boldsymbol{S}^k)=\min f(\alpha)$$

得到最优步长 α^*，令 $\alpha^k=\alpha^*$，产生新的搜索点 $\boldsymbol{X}^{k+1}=\boldsymbol{X}^k+\alpha^k\boldsymbol{S}^k$。

(4) 计算函数的梯度 $\boldsymbol{g}(\boldsymbol{X}^{k+1})=\nabla f(\boldsymbol{X}^{k+1})$，检验点 $\boldsymbol{X}^{k+1}$ 是否满足最优条件 $\|\boldsymbol{g}(\boldsymbol{X}^{k+1})\|\leqslant\varepsilon$，若满足则停止迭代，输出最优解 $\boldsymbol{X}^*=\boldsymbol{X}^{k+1}$，$f^*=f(\boldsymbol{X}^*)$；否则转下一步。

(5) 判断 $k+1=n$，如果成立则令 $\boldsymbol{X}^0=\boldsymbol{X}^{k+1}$，$\boldsymbol{g}^0=\boldsymbol{g}^{k+1}$，$\boldsymbol{A}^0=\boldsymbol{I}$，$k=0$，转步骤 (3)；否则，转下一步继续迭代。

(6) 修正尺度矩阵。令 $\Delta\boldsymbol{X}^k=\boldsymbol{X}^{k+1}-\boldsymbol{X}^k$，$\Delta\boldsymbol{g}^k=\boldsymbol{g}(\boldsymbol{X}^{k+1})-\boldsymbol{g}(\boldsymbol{X}^k)$，

$$\boldsymbol{A}^{k+1}=\boldsymbol{A}^k+\frac{\Delta\boldsymbol{X}^k(\Delta\boldsymbol{X}^k)^{\mathrm{T}}}{(\Delta\boldsymbol{X}^k)^{\mathrm{T}}\Delta\boldsymbol{g}^k}\left(\boldsymbol{I}+\frac{(\Delta\boldsymbol{g}^k)^{\mathrm{T}}\boldsymbol{A}^k\Delta\boldsymbol{g}^k}{(\Delta\boldsymbol{X}^k)^{\mathrm{T}}\Delta\boldsymbol{g}^k}\right)-\frac{\boldsymbol{A}^k\Delta\boldsymbol{g}^k(\Delta\boldsymbol{X}^k)^{\mathrm{T}}}{(\Delta\boldsymbol{X}^k)^{\mathrm{T}}\Delta\boldsymbol{g}^k}-\frac{\Delta\boldsymbol{X}^k(\Delta\boldsymbol{g}^k)^{\mathrm{T}}\boldsymbol{A}^k}{(\Delta\boldsymbol{X}^k)^{\mathrm{T}}\Delta\boldsymbol{g}^k}$$

(7) 令 $k=k+1$，转步骤 (3)。

习　题

3.1　思考题

(1) 为什么要研究无约束最优化问题?

(2) 无约束最优化算法可以分为哪两类?

(3) 共轭方向有何好处? 如何产生共轭方向?

(4) Powell 法的两个关键环节是什么?

(5) 基本 Powell 法有什么不足? 修正 Powell 法如何克服不足?

(6) 单纯形法包含哪几个步骤?

(7) 最速下降法的搜索方向是什么? 最速下降法的搜索迭代过程有什么特点?

(8) 共轭梯度法是如何修正梯度方向的?

(9) Newton 方向是如何得到的?

(10) Newton 法有哪些优点? 有什么不足?

(11) 修正 Newton 法 (阻尼 Newton 法) 是如何克服 Newton 法的不足的?

(12) 变尺度法构造搜索方向的基本思想是什么?

(13) 变尺度法的第一个搜索方向是什么方向?

(14) 哪些算法的第一步迭代采用的是负梯度方向?

(15) DFP 方法和 BFGS 方法的主要区别是什么?

3.2　用坐标轮换法求无约束最优化问题 $\min f(\boldsymbol{X})=2x_1^2+3x_2^2-8x_1+10$，初始点取 $\boldsymbol{X}^0=[1,\ 2]^{\mathrm{T}}$，允许误差 $\varepsilon=0.01$。

3.3　考虑无约束最优化问题 $\min f(\boldsymbol{X})=2x_1^2+16x_2^2-2x_1x_2-x_1-6x_2-5$，试确定下列矢量是否可以作为共轭矢量。

(1) $\boldsymbol{S}_1=\begin{Bmatrix}15\\-1\end{Bmatrix}$，$\boldsymbol{S}_2=\begin{Bmatrix}1\\1\end{Bmatrix}$　　(2) $\boldsymbol{S}_1=\begin{Bmatrix}-1\\15\end{Bmatrix}$，$\boldsymbol{S}_2=\begin{Bmatrix}1\\1\end{Bmatrix}$

3.4　应用 Powell 法求解无约束最优化问题 $\min f(\boldsymbol{X})=4x_1^4+3x_2^2-5x_1x_2-8x_1$，初始点取$\boldsymbol{X}^0=[0,\ 0]^{\mathrm{T}}$，迭代 4 轮。

3.5　用 Powell 法求解无约束最优化问题 $\min f(\boldsymbol{X})=10(x_1+x_2-5)^2+(x_1-x_2)^2$，初始点取 $\boldsymbol{X}^0=[0,\ 0]^{\mathrm{T}}$，允许误差 $\varepsilon=0.01$。

3.6　考虑无约束最优化问题 $\min f(\boldsymbol{X})=(x_1+2x_2-7)^2+(2x_1+x_2-5)^2$，初始单纯形由下列顶点构成：$\boldsymbol{X}_1=\begin{Bmatrix}-2\\-2\end{Bmatrix}$，$\boldsymbol{X}_2=\begin{Bmatrix}-3\\0\end{Bmatrix}$，$\boldsymbol{X}_3=\begin{Bmatrix}-1\\-1\end{Bmatrix}$。应用单纯形法的反射、扩张或收缩等步骤，经过 4 次迭代，产生 4 个新的好点，构成 4 个新的单纯形。

3.7　应用单纯形法求解无约束最优化问题 $\min f(\boldsymbol{X})=x_1^4-2x_1^2x_2+x_1^2+x_2^2+2x_1+1$，迭代 2 轮。

3.8　用最速下降法求解下列无约束最优化问题 $\min f(\boldsymbol{X})=x_1^2+2x_2^2$，初始点取 $\boldsymbol{X}^0=[4,\ 4]^{\mathrm{T}}$，迭代 3 轮，验证相邻两次迭代的搜索方向互相正交。

3.9　用最速下降法求解下列无约束最优化问题。

(1) $\min f(\boldsymbol{X})=2x_1^2+2x_2^2+2x_3^2$，初始点取 $\boldsymbol{X}^0=[1,\ 1,\ 1]^{\mathrm{T}}$，允许误差 $\varepsilon=0.01$；

(2) $\min f(\boldsymbol{X})=100(x_2-x_1^2)^2+(1-x_1)^2$，初始点取 $\boldsymbol{X}^0=[-1.9,\ 2]^{\mathrm{T}}$，允许误差 $\varepsilon=10^{-3}$。

3.10　用最速下降法求解下列无约束最优化问题。

(1) $\min f(\boldsymbol{X})=(x_1-1)^2+2(x_2-2)^2$，初始点取 $\boldsymbol{X}^0=[3,\ 1]^{\mathrm{T}}$；

(2) $\min f(\boldsymbol{X})=2x_1^2+2x_2^2-2x_1x_2-2x_2$ 初始点取 $\boldsymbol{X}^0=[1,\ 1]^{\mathrm{T}}$。

3.11　用 Newton 法求解下列无约束最优化问题。

(1) $\min f(\boldsymbol{X})=(x_1-2)^2+(x_1-2x_2)^2$，初始点取 $\boldsymbol{X}^0=[0,\ 0]^{\mathrm{T}}$，允许误差 $\varepsilon=10^{-3}$；

(2) $\min f(\boldsymbol{X})=(x_1-10)^2+(x_2-8)^4+(x_3+5)^3$，初始点取 $\boldsymbol{X}^0=[-1,\ 4,\ 1]^{\mathrm{T}}$，允许误差 $\varepsilon=10^{-3}$。

3.12　用变尺度法求解下列无约束最优化问题。

(1) $\min f(\boldsymbol{X})=4(x_1-5)^2+(x_2-6)^2$，初始点取 $\boldsymbol{X}^0=[8,\ 9]^{\mathrm{T}}$，允许误差 $\varepsilon=10^{-2}$；

(2) $\min f(\boldsymbol{X})=\frac{3}{2}x_1^2+\frac{1}{2}x_2^2-2x_1-x_1x_2$，初始点取 $\boldsymbol{X}^0=[-2,\ 4]^{\mathrm{T}}$，允许误差 $\varepsilon=10^{-3}$。

3.13　考虑无约束最优化问题 $\min f(\boldsymbol{X})=x_1^2+x_2^2-2x_1-4x_2+5$，试确定采用下列各方法时所需要的一维极小化求解最优步长的次数。

(1) Powell 法；(2) 最速下降法；(3) FR 共轭梯度法；(4) Newton 法；(5) DFP 变尺度法；(6) BFGS 变尺度法。

第4章

线性规划问题

线性规划问题是优化领域中的一类特殊问题，其主要特征为数学模型中的目标函数及约束条件都是设计变量的线性函数。

本章主要介绍线性规划问题的基本概念和求解方法。

4.1 线性规划问题的标准型及其解

线性规划问题（linear programming problem）的数学表述如下：

$$
\begin{cases}
\text{find } X=[x_1,x_2,\cdots,x_n]^{\mathrm{T}} \\
\min f=c_1x_1+c_2x_2+\cdots+c_nx_n \\
\text{s. t. } a_{11}x_1+a_{12}x_2+\cdots+a_{1n}x_n\leqslant(=,\geqslant)b_1 \\
\qquad a_{21}x_1+a_{22}x_2+\cdots+a_{2n}x_n\leqslant(=,\geqslant)b_2 \\
\qquad \vdots \\
\qquad a_{m1}x_1+a_{m2}x_2+\cdots+a_{mn}x_n\leqslant(=,\geqslant)b_m \\
\qquad x_1,x_2,\cdots,x_n\geqslant 0
\end{cases}
\tag{4-1}
$$

可简写成

$$
\begin{cases}
\text{find } X \\
\min \sum_{j=1}^{n} c_jx_j & (4-2) \\
\text{s. t. } \sum_{j=1}^{n} a_{ij}x_j(\leqslant,=,\geqslant)b_i \quad (i=1,2,\cdots,m) & (4-3) \\
\qquad x_j\geqslant 0 \quad (j=1,2,\cdots,n) & (4-4)
\end{cases}
$$

这里的 a_{ij}、b_i、c_j 为常系数，符号（$\leqslant$，$=$，$\geqslant$）表示不同形式约束，式（4-3）、式（4-4）称为约束条件，式（4-4）也称为非负条件。约束条件既可以是等式，也可以是不等式。

4.1.1 线性规划问题的标准型

由于线性规划问题有各种不同的形式，为了便于求解，线性规划问题可转化为如下的标准形式（标准型）

$$\begin{cases} \text{find } X \\ \min\ f=c_1x_1+c_2x_2+\cdots+c_nx_n \\ \text{s. t. } a_{11}x_1+a_{12}x_2+\cdots+a_{1n}x_n=b_1 \\ \qquad a_{21}x_1+a_{22}x_2+\cdots+a_{2n}x_n=b_2 \\ \qquad \vdots \\ \qquad a_{m1}x_1+a_{m2}x_2+\cdots+a_{mn}x_n=b_m \\ \qquad x_1,x_2,\cdots,x_n\geqslant 0 \end{cases} \tag{4-5}$$

其缩写形式为

$$\begin{cases} \text{find } X \\ \min\ f=\sum_{j=1}^{n}c_jx_j & (4-6) \\ \text{s. t. } \sum_{j=1}^{n}a_{ij}x_j=b_i \quad (i=1,2,\cdots,m) & (4-7) \\ \qquad x_j\geqslant 0 \quad (j=1,2,\cdots,n) & (4-8) \end{cases}$$

下面讨论如何将一般线性规划问题化成标准型

(1) 若要求目标函数实现最大化，令 $f'=-f$，于是就得到

$$\min f'=-\max f$$

这就同标准的目标函数的形式一致了。

(2) 对于 $\sum_{j=1}^{n}a_{hj}x_j\leqslant b_h$ 的不等式约束，则在方程的左边引入一个非负的松弛变量 $x_{nh}\geqslant 0$，转化为 $\sum_{j=1}^{n}a_{hj}x_j+x_{nh}=b_h$ 形式的等式约束。

(3) 对于 $\sum_{j=1}^{n}a_{kj}x_j\geqslant b_k$ 的不等式约束，则在方程的左边引入一个非负的剩余变量 $x_{nk}\geqslant 0$，转化为 $\sum_{j=1}^{n}a_{kj}x_j-x_{nk}=b_k$ 形式的等式约束。

(4) 若存在无非负要求的变量，即变量取正值或负值均可以。为了满足标准型对变量的非负要求，可令 $x_k=x_k'-x_k''$，其中 $x_k'\geqslant 0$，$x_k''\geqslant 0$，因为 x_k' 可能大于 x_k''，也可能小于 x_k''，所以 x_k 可以为正或为负。

【例题 4-1】 试将下列线性规划形式化成标准型

$$\max f=-x_1+2x_2-3x_3$$

$$\text{s.t.}\begin{cases}x_1+x_2+x_3\leqslant 7\\x_1-x_2+x_3\geqslant 2\\-3x_1+x_2+2x_3=5\end{cases}$$

$$x_1、x_2\geqslant 0, x_3 \text{ 无符号约束}$$

解：通过以下步骤实现模型的标准化

（1）用（x_4-x_5）替换 x_3，其中 $x_4\geqslant 0$，$x_5\geqslant 0$。

（2）在第一个约束条件的“$\leqslant$”左端加入松弛变量 $x_6\geqslant 0$。

（3）在第二个约束条件的“$\geqslant$”左端减去剩余变量 $x_7\geqslant 0$。

（4）令 $f'=-f$，把 $\max f$ 改变为求 $\min f'$，即可得到问题的标准型

$$\min f'=x_1-2x_2+3(x_4-x_5)+0\times x_6+0\times x_7$$

$$\text{s.t.}\begin{cases}x_1+x_2+(x_4-x_5)+x_6=7\\x_1-x_2+(x_4-x_5)-x_7=2\\-3x_1+x_2+2(x_4-x_5)=5\\x_1,x_2,x_3,x_4,x_5,x_6,x_7\geqslant 0\end{cases}$$

4.1.2 线性规划问题的解

在线性规划的标准型式（4－6）～式（4－8）中：

（1）满足标准型式（4－7）的一个向量，称为线性规划问题的解。

（2）同时满足式（4－7）、式（4－8）的解，称为线性规划问题的可行解，所有可行解的集合称为可行域，线性规划问题的可行域一定是凸集。

（3）满足式（4－6）的可行解（即目标函数达到最小值的可行解）称为最优解。

设标准型式（4－7）中系数矩阵的秩为 m。如果 $m=n$，则约束方程中没有一个多余，这时方程组存在唯一解；如果 $m>n$，则存在能消去的多余方程，方程组无解；如果 $m<n$，则方程组有无穷多解，且（$n-m$）称为线性规划问题的自由度。

设 $\boldsymbol{B}$ 是式（4－7）中约束方程组 $m\times n$ 阶系数矩阵内 $m\times m$ 阶非奇异子矩阵（$|\boldsymbol{B}|\neq 0$），称 $\boldsymbol{B}$ 是线性规划问题的一个基。这就是说，$\boldsymbol{B}$ 矩阵是由 m 个线性独立的列向量组成，不失一般性，假设前 m 个向量线性无关，则 $\boldsymbol{B}$ 矩阵可表示为

$$\boldsymbol{B}=\begin{bmatrix}a_{11} & a_{12} & \cdots & a_{1m}\\a_{21} & a_{22} & \cdots & a_{2m}\\\cdots & \cdots & \cdots & \cdots\\a_{m1} & a_{m2} & \cdots & a_{mm}\end{bmatrix}=[\boldsymbol{p}_1 \quad \boldsymbol{p}_2 \quad \cdots \quad \boldsymbol{p}_j \quad \cdots \quad \boldsymbol{p}_m]$$

称 $\boldsymbol{p}_j(j=1,2,\cdots,m)$ 为基向量，与基向量 $\boldsymbol{p}_j$ 相对应变量 $x_j(j=1,2,\cdots,m)$ 为基变量，否则称为非基变量。

设约束方程组式（4－7）前 m 个变量的系数列向量是线性独立的，则约束方程组可写成

$$\begin{Bmatrix} a_{11} \\ a_{21} \\ \vdots \\ a_{m1} \end{Bmatrix} x_1 + \begin{Bmatrix} a_{12} \\ a_{22} \\ \vdots \\ a_{m2} \end{Bmatrix} x_2 + \cdots + \begin{Bmatrix} a_{1m} \\ a_{2m} \\ \vdots \\ a_{mm} \end{Bmatrix} x_m = \begin{Bmatrix} b_1 \\ b_2 \\ \vdots \\ b_m \end{Bmatrix} - \begin{Bmatrix} a_{1m+1} \\ a_{2m+1} \\ \vdots \\ a_{mm+1} \end{Bmatrix} x_{m+1} - \cdots - \begin{Bmatrix} a_{1n} \\ a_{2n} \\ \vdots \\ a_{mn} \end{Bmatrix} x_n$$

或

$$\sum_{j=1}^{m} \boldsymbol{p}_j x_j = \boldsymbol{b} - \sum_{j=m+1}^{n} \boldsymbol{p}_j x_j$$

设 $\boldsymbol{x}_B$ 是对应于这个基的基变量

$$\boldsymbol{x}_B = [x_1 \quad x_2 \quad \cdots \quad x_m]^{\mathrm{T}}$$

令非基变量 $x_{m+1} = x_{m+2} = \cdots = x_n = 0$，并用高斯消去法求一个解

$$\boldsymbol{x} = [x_1 \quad x_2 \quad \cdots \quad x_m \quad 0 \quad \cdots \quad 0]^{\mathrm{T}}$$

称 $\boldsymbol{x}$ 为基本解。

由上面的表述可知，有一个基就可以求出一个基本解。

如果基本解同时满足非负条件式（4-8），则称该基本解为基本可行解。对应于基本可行解的基，称为可行基。

可见，约束方程组式（4-7）具有基本可行解的数目最多是 $C_n^m = \dfrac{n!}{(n-m)!\ m!}$ 个。

一般来说，基本可行解的数目小于基本解的数目，最多相等。以上提到的几种解的概念，它们之间的关系可用图 4-1 表示。

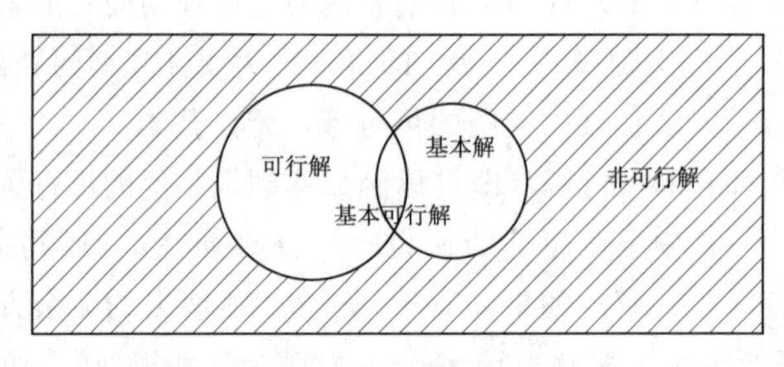

图 4-1 解的关系

关于线性规划的解有如下性质：

（1）约束方程式（4-7）的任意一个解 $\boldsymbol{x} = [x_1 \quad x_2 \quad \cdots \quad x_n]^{\mathrm{T}}$ 为基本解的充要条件是 $\boldsymbol{x}$ 的所有非零分量对应的系数列向量组是线性无关的。

（2）若线性规划问题有可行解，则一定有基本可行解。

（3）线性规划问题的任意基本可行解 $\boldsymbol{x}$ 对应于可行域的一个顶点。

（4）若线性规划问题有最优解，则一定存在一个基本可行解是最优解。

线性规划问题解的性质表明，如果线性规划问题有最优解，则可以在基本可行解中挑选，同时基本可行解的数目最多为 C_n^m 个，因此原则上可以采用枚举法找出所有的基本可行解，然后逐个比较得出最优解。

【例题 4-2】 试求下列线性规划问题的所有基本解和最优解

$$\begin{cases}\text{find } \boldsymbol{x}=[x_1 \quad x_2]^{\mathrm{T}} \\ \min f=-5x_1-10x_2 \\ \text{s. t. } \ x_1+2x_2\leqslant 14 \\ \qquad 12x_1+7x_2\leqslant 84 \\ \qquad x_1+x_2\leqslant 8 \\ \qquad x_1\geqslant 0, x_2\geqslant 0\end{cases}$$

解： 先将原线性规划问题转化为标准型

$$\begin{cases}\text{find } \boldsymbol{x}=[x_1 \quad x_2 \quad x_3 \quad x_4 \quad x_5]^{\mathrm{T}} \\ \min f=-5x_1-10x_2+0x_3+0x_4+0x_5 \\ \text{s. t} \quad x_1+2x_2+x_3=14 \\ \qquad 12x_1+7x_2+x_4=84 \\ \qquad x_1+x_2+x_5=8 \\ \qquad x_1\geqslant 0, x_2\geqslant 0, x_3\geqslant 0, x_4\geqslant 0, x_5\geqslant 0\end{cases}$$

则有

$$\boldsymbol{A}=\begin{bmatrix}a_{11} & a_{12} & \cdots & a_{15} \\ a_{21} & a_{22} & \cdots & a_{25} \\ a_{31} & a_{32} & \cdots & a_{35}\end{bmatrix}=[\boldsymbol{p}_1 \quad \boldsymbol{p}_2 \quad \cdots \quad \boldsymbol{p}_5]=\begin{bmatrix}1 & 2 & 1 & 0 & 0 \\ 12 & 7 & 0 & 1 & 0 \\ 1 & 1 & 0 & 0 & 1\end{bmatrix}$$

因为

$$\det(\boldsymbol{p}_1 \quad \boldsymbol{p}_2 \quad \boldsymbol{p}_3)=\begin{vmatrix}1 & 2 & 1 \\ 12 & 7 & 0 \\ 1 & 1 & 0\end{vmatrix}=5\neq 0$$

所以，$\boldsymbol{p}_1$，$\boldsymbol{p}_2$，$\boldsymbol{p}_3$ 线性无关，构成一个基 $\boldsymbol{B}^{(1)}=(\boldsymbol{p}_1,\boldsymbol{p}_2,\boldsymbol{p}_3)$，对应基变量为 x_1，x_2，x_3，非基变量为 x_4，x_5。令 $x_4=x_5=0$

解得 $x_1=\frac{28}{5}$，$x_2=\frac{12}{5}$，$x_3=\frac{18}{5}$，因此 $\boldsymbol{x}^{(1)}=\left(\frac{28}{5},\frac{12}{5},\frac{18}{5},0,0\right)^{\mathrm{T}}$ 是一个基本解，而且由于所有分量非负，该解是一个基本可行解。

用相同方法可以求出其他基本解，全部基本解见表 4-1。

表 4-1 例题 4-2 全部基本解情况

基	基变量	基　本　解	是否基本可行解
$\boldsymbol{B}^{(1)}=(\boldsymbol{p}_1,\boldsymbol{p}_2,\boldsymbol{p}_3)$	x_1,x_2,x_3	$\boldsymbol{x}^{(1)}=\left[\frac{28}{5},\frac{12}{5},\frac{18}{5},0,0\right]^{\mathrm{T}}$	是
$\boldsymbol{B}^{(2)}=(\boldsymbol{p}_1,\boldsymbol{p}_2,\boldsymbol{p}_4)$	x_1,x_2,x_4	$\boldsymbol{x}^{(2)}=[2,6,0,18,0]^{\mathrm{T}}$	是
$\boldsymbol{B}^{(3)}=(\boldsymbol{p}_1,\boldsymbol{p}_2,\boldsymbol{p}_5)$	x_1,x_2,x_5	$\boldsymbol{x}^{(3)}=\left[\frac{70}{17},\frac{84}{17},0,0,-\frac{18}{17}\right]^{\mathrm{T}}$	否

续表

基	基变量	基 本 解	是否基本可行解
$\boldsymbol{B}^{(4)}=(\boldsymbol{p}_1,\boldsymbol{p}_3,\boldsymbol{p}_4)$	x_1,x_3,x_4	$\boldsymbol{x}^{(4)}=[8,0,6,-12,0]^{\mathrm{T}}$	否
$\boldsymbol{B}^{(5)}=(\boldsymbol{p}_1,\boldsymbol{p}_3,\boldsymbol{p}_5)$	x_1,x_3,x_5	$\boldsymbol{x}^{(5)}=[7,0,7,0,1]^{\mathrm{T}}$	是
$\boldsymbol{B}^{(6)}=(\boldsymbol{p}_1,\boldsymbol{p}_4,\boldsymbol{p}_5)$	x_1,x_4,x_5	$\boldsymbol{x}^{(6)}=[14,0,0,-84,-6]^{\mathrm{T}}$	否
$\boldsymbol{B}^{(7)}=(\boldsymbol{p}_2,\boldsymbol{p}_3,\boldsymbol{p}_4)$	x_2,x_3,x_4	$\boldsymbol{x}^{(7)}=[0,8,-2,28,0]^{\mathrm{T}}$	否
$\boldsymbol{B}^{(8)}=(\boldsymbol{p}_2,\boldsymbol{p}_3,\boldsymbol{p}_5)$	x_2,x_3,x_5	$\boldsymbol{x}^{(8)}=[0,12,-12,0,-5]^{\mathrm{T}}$	否
$\boldsymbol{B}^{(9)}=(\boldsymbol{p}_2,\boldsymbol{p}_4,\boldsymbol{p}_5)$	x_2,x_4,x_5	$\boldsymbol{x}^{(9)}=[0,7,0,35,1]^{\mathrm{T}}$	是
$\boldsymbol{B}^{(10)}=(\boldsymbol{p}_3,\boldsymbol{p}_4,\boldsymbol{p}_5)$	x_3,x_4,x_5	$\boldsymbol{x}^{(10)}=[0,0,14,84,8]^{\mathrm{T}}$	是

通过对基本可行解逐个比较，点（2，6）和点（0，7）的目标函数值最小，均为 -70，因此该线性规划问题最优解 $f_{\min}=-70$。

在以 x_1，x_2 为坐标轴的直角坐标系中，非负条件 $x_1\geqslant0$，就代表 x_1 轴和它的右侧平面，非负条件 $x_2\geqslant0$，代表包括 x_2 轴和它以上的半平面，这两个条件同时存在时，是指第一象限。同样道理，例中的每一个约束条件都代表一个半平面。如约束条件 $x_1+x_2\leqslant8$，是代表以直线 $x_1+x_2=8$ 为边界的右下方的半平面。若有一点同时满足 $x_1\geqslant0$，$x_2\geqslant0$ 以及 $x_1+x_2\leqslant8$ 的条件，必然落在由这三个半平面交成的区域内。例题 4-2 的设计空间及图解如图 4-2 所示。例中的所有约束条件为半平面交成的区域是 $ABCDE$，为图 4-2 中的粗线包围部分。

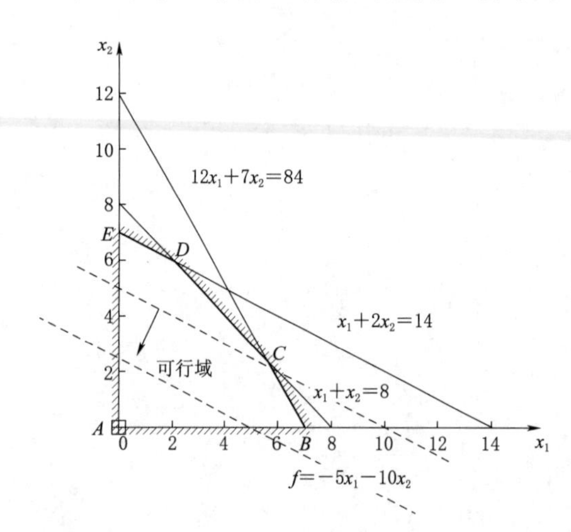

图 4-2　例题 4-2 的设计空间及图解

图 4-2 中，区域 $ABCDE$ 中的每一个点（包括边界点）都是这个线性规划问题的一个解（又称可行解），因而区域 $ABCDE$ 是例中线性规划问题的解集合（称为可行域）。目标函数 $f=-5x_1-10x_2$ 在坐标平面上可表示为以 f 为参数的一族平行线（图中虚线所示），位于同一直线上的点具有相同的目标函数值，因而称它为等值线，当 f 值由大变小时，目标函数等值线沿其法线方向向右上方移动，当移动到和直线 DE 重合时，f 取值最小，得到例题的最优解，点 $D(2,\ 6)$ 和点 $E(0,\ 7)$ 都是最优点，目标函数最大值 $f_{\min}=-70$。

4.2　线性规划问题的解法

4.1 节介绍了线性规划问题的解及性质，从中看到一个重要规律：线性规划问题的最优解存在时，必然出现在由约束条件所形成的凸集的端点之一上。因此，很自然地，对于任何线性问题，只要从约束条件所形成的线性方程中先求出可能的端点，再将各个端点的坐标代入目标函数求值，总可以找到使目标函数值为最小的端点，其坐标就是要求的最优解。这种思路从理论上看是正确的，但实际上却难以实现。在一个线性规划问题中，如果描述约束条件的集合的线性方程数（m）和决策变量（n）很大时，端点的数目也是很多的。一般地，应该有 C_n^m 个端点。求解这些端点，并一一代入目标函数进行比较，将使计算工作量过大。因此人们不得不去寻找更简便而有效的求解方法，单纯形法就是在这种条件下产生的。

4.2.1 单纯形法

1. 算法概述

单纯形法是从端点中去求最优解，但是它不需预先把所有的端点都求出来，再分别代入目标函数并一一进行比较，以求解最优解，而是把这一解题的程序稍加改变。首先选择一个起始端点 $\boldsymbol{x}$，并计算其相对应的目标函数值 f，然后根据一定的判别条件，最后可以确定 $\boldsymbol{x}$ 是否为最优。如不是最优解，则按照单纯形法程序必然可以找到另一个更接近于最优解的新端点 $\boldsymbol{x}'$，再根据判别条件判定 $\boldsymbol{x}'$是否为最优解，如不是最优解，则又可按单纯形法程序找到另一个更接近于最优解的端点 $\boldsymbol{x}''$。依此类推，直到找到最优解为止。

考虑标准形式的线性规划问题

$$\begin{cases}\text{find } \boldsymbol{x} \\ \min\ f=\boldsymbol{c}^{\mathrm{T}}\boldsymbol{x} \\ \text{s. t. } \boldsymbol{A}\boldsymbol{x}=\boldsymbol{b} \\ \qquad \boldsymbol{x}\geqslant\boldsymbol{0}\end{cases} \tag{4-9}$$

式中 $\boldsymbol{c}=[c_1,c_2,\cdots,c_n]^{\mathrm{T}}$——目标函数的系数向量；

$\boldsymbol{x}=[x_1,x_2,\cdots,x_n]^{\mathrm{T}}$——设计变量；

$\boldsymbol{b}=[b_1,b_2,\cdots,b_n]^{\mathrm{T}}$——约束方程组的常数向量；

$\boldsymbol{A}=[\boldsymbol{p}_1,\boldsymbol{p}_2,\cdots,\boldsymbol{p}_n]=(a_{ij})_{m\times n}$——约束方程组的系数矩阵；

$\boldsymbol{p}_j=[a_{1j},a_{2j},\cdots,a_{mj}]^{\mathrm{T}}(j=1,2,\cdots,n)$——约束方程的系数向量。

对于线性规划问题的约束方程式，假定已选出了 m 个线性无关的向量，它能产生可行解，并且用这组基表示其余所有向量；或者在线性规划问题的矩阵中，包含有可排列成一个 m 阶单位矩阵的 m 个向量。

不失一般性，假定线性规划问题基本可行解 $\boldsymbol{x}$ 的前 m 个变量非零，则相应的基矩阵为 $\boldsymbol{B}=[\boldsymbol{p}_1,\boldsymbol{p}_2,\cdots,\boldsymbol{p}_m]$，非基矩阵为 $\boldsymbol{D}=[\boldsymbol{p}_{m+1},\boldsymbol{p}_{m+2},\cdots,\boldsymbol{p}_n]$。约束方程组 $\boldsymbol{A}\boldsymbol{x}=\boldsymbol{b}$ 可改写为

$$[\boldsymbol{B},\boldsymbol{D}]\boldsymbol{x}=\boldsymbol{b} \tag{4-10}$$

式（4 - 10）两边左乘 $\boldsymbol{B}^{-1}$，得

$$[\boldsymbol{I},\boldsymbol{B}^{-1}\boldsymbol{D}]\boldsymbol{x}=\boldsymbol{B}^{-1}\boldsymbol{b} \tag{4-11}$$

由上述推导可知，若线性规划问题有基本可行解，总可以将与基本可行解对应的基矩阵转化为单位矩阵，即线性规划问题可以转化为规范形式，即

$$\begin{cases}\text{find } \boldsymbol{x} \\ \min\ f=\boldsymbol{c}^{\mathrm{T}}\boldsymbol{x}=\sum\limits_{i=1}^{n}c_i x_i \\ \text{s. t.} \begin{bmatrix}1 & & & & a_{1,m+1}^0 & \cdots & a_{1,n}^0 \\ & 1 & & & a_{2,m+1}^0 & \cdots & a_{2,n}^0 \\ & & \ddots & & \vdots & \vdots & \vdots \\ & & & 1 & a_{m,m+1}^0 & \cdots & a_{m,n}^0\end{bmatrix}\begin{bmatrix}x_1 \\ x_2 \\ \vdots \\ x_n\end{bmatrix}=\begin{bmatrix}b_1^0 \\ b_2^0 \\ \vdots \\ b_n^0\end{bmatrix} \\ x_i \geqslant 0, i=1,2,\cdots,n\end{cases} \tag{4-12}$$

将约束方程组表达为增广矩阵形式

$$\begin{matrix}\boldsymbol{p}_1 & \boldsymbol{p}_2 & \cdots & \boldsymbol{p}_l & \cdots & \boldsymbol{p}_m & \boldsymbol{p}_{m+1} & \cdots & \boldsymbol{p}_k & \cdots & \boldsymbol{p}_n & \boldsymbol{b}\end{matrix}$$

$$\begin{bmatrix}1 & & & & \cdots & & a_{1m+1}^0 & \cdots & a_{1k}^0 & \cdots & a_{1n}^0 & b_1^0 \\ & 1 & & & & & a_{2m+1}^0 & \cdots & a_{2k}^0 & \cdots & a_{2n}^0 & b_2^0 \\ & & \ddots & \vdots & & & \vdots & \vdots & \vdots & \vdots & \vdots & \vdots \\ & & & 1 & & & a_{lm+1}^0 & \cdots & a_{lk}^0 & \cdots & a_{1n}^0 & b_l^0 \\ & & & \vdots & \ddots & & \vdots & \vdots & \vdots & \cdots & \vdots & \vdots \\ & & & & & 1 & a_{mm+1}^0 & \cdots & a_{mk}^0 & \cdots & a_{mn}^0 & b_m^0\end{bmatrix} \tag{4-13}$$

由式（4 - 12）可知，线性规划问题有初始基本可行解

$$\boldsymbol{x}^0=[x_1^0,x_2^0,\cdots,x_m^0,0,0,\cdots,0]^{\mathrm{T}}=[b_1^0,b_2^0,\cdots,b_m^0,0,0,\cdots,0]^{\mathrm{T}}$$

其可行解 $\boldsymbol{x}=[x_1,x_2,\cdots,x_n]^{\mathrm{T}}$ 必定满足

$$x_i \geqslant 0 \quad (i=1,2,\cdots,n)$$

$$x_i=b_i^0-\sum_{j=m+1}^{n}a_{ij}^0 x_j \quad (i=1,2,\cdots,m) \tag{4-14}$$

将式（4 - 14）代入式（4 - 12）的目标函数，有

$$\begin{aligned} f=\boldsymbol{c}^{\mathrm{T}}\boldsymbol{x} &= \sum_{i=1}^{m}c_i\Big(b_i^0-\sum_{j=m+1}^{n}a_{ij}^0 x_j\Big)+\sum_{j=m+1}^{n}c_j x_j \\ &= \sum_{i=1}^{m}c_i b_i^0+\sum_{j=m+1}^{n}\Big(c_j-\sum_{i=1}^{m}c_i a_{ij}^0\Big)x_j \\ &= \boldsymbol{c}^{\mathrm{T}}\boldsymbol{x}^0+\sum_{j=m+1}^{n}\Big(c_j-\sum_{i=1}^{m}c_i a_{ij}^0\Big)x_j \end{aligned} \tag{4-15}$$

记 $\lambda_j=c_j-\sum_{i=1}^{m}c_i a_{ij}^0$，称 λ_j 为相应于 $\boldsymbol{x}^0$ 的检验数，用来检验线性规划问题解的性质。分为三种情况讨论：

（1）若对所有的 $j(j=m+1,m+2,\cdots,n)$ 都有 $\lambda_j=c_j-\sum_{i=1}^{m}c_i a_{ij}^0\geqslant 0$，则 $\boldsymbol{x}^0$ 就是线性规划问题的最优解。

（2）若存在 $k(m+1\leqslant k\leqslant n)$ 都有 $\lambda_k=c_k-\sum_{i=1}^{m}c_i a_{ik}^0<0$，且对所有 $i(i=1,2,\cdots,m)$ 都有 $a_{ik}^0\leqslant 0$，则说明线性规划没有最优解。

（3）若存在 $k(m+1\leqslant k\leqslant n)$，有

$$\lambda_k=c_k-\sum_{i=1}^{m}c_i a_{ik}^0<0 \tag{4-16}$$

并且存在 $i(1\leqslant i\leqslant m)$ 有 $a_{ik}^0>0$，则可将 x_k 作为基变量替换 $\boldsymbol{x}^0$ 中的某个基变量 x_l^0，记为

$$\boldsymbol{x}^1=[x_1^1,x_2^1,\cdots,x_{l-1}^1,0,x_{l+1}^1,\cdots,x_m^1,0,\cdots,0,x_k^1,0,\cdots,0]^{\mathrm{T}}$$

称第 k 个变量为入基变量，第 l 个为出基变量。

记与 $\boldsymbol{x}^1$ 相对应的规范形式的增广矩阵为

$$\begin{array}{ccccccccccc}
\boldsymbol{p}_1 & \boldsymbol{p}_2 & \cdots & \boldsymbol{p}_l & \cdots & \boldsymbol{p}_m & \boldsymbol{p}_{m+1} & \cdots & \boldsymbol{p}_k & \cdots & \boldsymbol{p}_n & \boldsymbol{b}
\end{array}$$

$$\begin{bmatrix}
1 & & & a_{1l}^1 & \cdots & & a_{1m+1}^1 & \cdots & 0 & \cdots & a_{1n}^1 & b_1^1\\
 & 1 & & a_{2l}^1 & & & a_{2m+1}^1 & \cdots & 0 & \cdots & a_{2n}^1 & b_2^1\\
 & & \ddots & \vdots & & & \vdots & \vdots & \vdots & \vdots & \vdots & \vdots\\
 & & & a_{ll}^1 & & & a_{lm+1}^1 & \cdots & 1 & \cdots & a_{ln}^1 & b_l^1\\
 & & & \vdots & \ddots & & \vdots & \vdots & \vdots & \cdots & \vdots & \vdots\\
 & & & a_{ml}^1 & & 1 & a_{mm+1}^1 & \cdots & 0 & \cdots & a_{mn}^1 & b_m^1
\end{bmatrix} \tag{4-17}$$

则式（4-17）中的系数可利用高斯消元法得到，有

$$a_{ll}^1=\frac{1}{a_{lk}^0},a_{lj}^1=\frac{a_{lj}^0}{a_{lk}^0}\quad (j=m+1,m+2,\cdots,n;j\neq k)$$

$$a_{il}^1=-\frac{a_{ik}^0}{a_{lk}^0}\quad (i=1,2,\cdots,m;i\neq l)$$

$$a_{ij}^1=a_{ij}^0-\frac{a_{ik}^0}{a_{lk}^0}a_{lj}^0\quad (i=1,2,\cdots,m;i\neq l;j=m+1,m+2,\cdots,n;j\neq k)$$

$$b_l^1=\frac{b_l^0}{a_{lk}^0},b_i^1=b_i^0-\frac{b_l^0}{a_{lk}^0}a_{ik}^0\quad (i=1,2,\cdots,m;i\neq l)$$

由于基本可行解 $\boldsymbol{x}^1$ 中非零变量都应大于 0，因此有

$$x_k^1=b_l^1=\frac{b_l^0}{a_{lk}^0}\geqslant 0 \tag{4-18}$$

$$x_i^1=b_i^1=b_i^0-\frac{b_l^0}{a_{lk}^0}a_{ik}^0\geqslant 0\quad(i=1,2,\cdots,m;i\neq l)\tag{4-19}$$

由式（4-18）可知

$$a_{lk}^0\geqslant 0$$

在式（4-19）中，若 $a_{ik}^0\leqslant 0$，则不等式显然成立；若 $a_{ik}^0>0$，则有

$$\frac{b_l^0}{a_{lk}^0}<\frac{b_i^0}{a_{ik}^0}\quad(i=1,2,\cdots,m;i\neq l)$$

故选择出基变量 x_l 时，指标 l 应满足

$$\frac{b_l^0}{a_{lk}^0}=\min_{a_{ik}^0>0}\left(\frac{b_i^0}{a_{ik}^0}\right)\tag{4-20}$$

元素 a_{lk}^0 决定了从一个基本可行解到另一个基本可行解的转换去向，因此也称其为转轴。

将 $\boldsymbol{x}^1$ 代入目标函数，得

$$f^1=\boldsymbol{c}^{\mathrm T}\boldsymbol{x}^1=\boldsymbol{c}^{\mathrm T}\boldsymbol{x}^0+\left(c_k-\sum_{i=1}^m c_i a_{ik}^0\right)\frac{b_l^0}{a_{lk}^0}$$

考虑到式（4-16）、式（4-18），新基本可行解 $\boldsymbol{x}^1$ 使目标函数 f^1 有所改善。

2. 求解步骤

为计算过程清楚方便，一般将各基本可行解对应规范形式的约束方程组增广矩阵及各计算参数列成表格，即所谓的单纯形表。上述基本可行解的转换过程就可以采用表上作业形式完成。

单纯形法的具体求解步骤如下：

(1) 确定线性规划的初始基本可行解，建立初始单纯形表，见表4-2，置迭代标记 $s=0$。

表4-2　初始单纯形表

c_j			c_1	c_2	…	c_l	…	c_m	c_{m+1}	…	c_j	…	c_k	…	c_n	$\theta_i=\frac{b_i^0}{a_{ik}^0}$
$\boldsymbol{x}_B$	$\boldsymbol{c}_B$	$\boldsymbol{b}$	$\boldsymbol{p}_1$	$\boldsymbol{p}_2$	…	$\boldsymbol{p}_l$	…	$\boldsymbol{p}_m$	$\boldsymbol{p}_{m+1}$	…	$\boldsymbol{p}_j$	…	$\boldsymbol{p}_k$	…	$\boldsymbol{p}_n$	
x_1	c_1	b_1^0	1	0	…	0	…	0	$a_{1,m+1}^0$	…	$a_{1,j}^0$	…	$a_{1,k}^0$	…	$a_{1,n}^0$	θ_1
x_2	c_2	b_2^0	0	1	…	0	…	0	$a_{2,m+1}^0$	…	$a_{2,j}^0$	…	$a_{2,k}^0$	…	$a_{2,n}^0$	θ_2
⋮	⋮	⋮	⋮	⋮	⋮	⋮	⋮	⋮	⋮	⋮	⋮	⋮	⋮	⋮	⋮	⋮
x_l	c_l	b_l^0	0	0	…	1	…	0	$a_{l,m+1}^0$	…	$a_{l,j}^0$	…	$a_{l,k}^0$	…	$a_{l,n}^0$	θ_l
⋮	⋮	⋮	⋮	⋮	⋮	⋮	⋮	⋮	⋮	⋮	⋮	⋮	⋮	⋮	⋮	⋮
x_m	c_m	b_m^0	0	0	…	0	…	1	$a_{m,m+1}^0$	…	$a_{m,j}^0$	…	$a_{m,k}^0$	…	$a_{m,n}^0$	θ_m
$\lambda_j=c_j-\sum_{i=1}^m c_i a_{ij}^0$			0	0	…	0	0	0	λ_{m+1}	…	λ_j	…	λ_k	…	λ_n	

（2）进行最优性检验，如果表 4-2 中所有检验数 $\lambda_j \geqslant 0$，则表中的基本可行解就是问题的最优解，计算结束；否则转下一步。

（3）确定指标集 $K=\{j \mid \lambda_j<0, 1 \leqslant j \leqslant n\}$，若对 $i=1,2,\cdots,m$，都有 $a_{ik}^s \leqslant 0$，$k \in K$，则问题无解，计算终止；否则转下一步。

（4）确定入基变量 x_k，指标 k 应使 $\lambda_k=\min\limits_j(\lambda_j \mid j \in K)$。

（5）确定出基变量 x_l，指标 l 应使 $\dfrac{b_l^s}{a_{lk}^s}=\min\limits_{a_{ik}^s>0}\left(\dfrac{b_i^s}{a_{ik}^s}\right)$。

（6）用入基变量 x_k 替换基变量中的出基变量 x_l，得到一个新的基本可行解，采用高斯消元法得到一个新单纯形表，见表 4-3。置 $s=s+1$，转步骤（2）。

表 4-3　　　　　　　　　　更新的单纯形表

c_j			c_1	…	c_{l-1}	c_l	c_{l+1}	…	c_m	c_{m+1}	…	c_{k-1}	c_k	c_{k+1}	…	c_n	$\theta_i=\dfrac{b_i^{s+1}}{a_{ik}^{s+1}}$
$\boldsymbol{x}_{\mathrm{B}}$	$\boldsymbol{c}_{\mathrm{B}}$	$\boldsymbol{b}$	$\boldsymbol{p}_1$	…	$\boldsymbol{p}_{l-1}$	$\boldsymbol{p}_l$	$\boldsymbol{p}_{l+1}$	…	$\boldsymbol{p}_m$	$\boldsymbol{p}_{m+1}$	…	$\boldsymbol{p}_{k-1}$	$\boldsymbol{p}_k$	$\boldsymbol{p}_{k+1}$	…	$\boldsymbol{p}_n$	
x_1	c_1	b_1^{s+1}	1	…	0	$a_{1,l}^{s+1}$	0	…	0	$a_{1,m+1}^{s+1}$	…	$a_{1,k-1}^{s+1}$	0	$a_{1,k+1}^{s+1}$	…	$a_{1,n}^{s+1}$	θ_1
⋮	⋮	⋮	⋮	⋮	⋮	⋮	⋮	⋮	⋮	⋮	⋮	⋮	⋮	⋮	⋮	⋮	⋮
x_{l-1}	c_{l-1}	b_{l-1}^{s+1}	0	…	1	$a_{l-1,l}^{s+1}$	0	…	0	$a_{l-1,m+1}^{s+1}$	…	$a_{l-1,k-1}^{s+1}$	0	$a_{l-1,k+1}^{s+1}$	…	$a_{l-1,n}^{s+1}$	θ_{l-1}
x_k	c_k	b_k^{s+1}	0	…	0	$a_{l,l}^{s+1}$	0	…	0	$a_{l,m+1}^{s+1}$	…	$a_{l,k-1}^{s+1}$	1	$a_{l,k+1}^{s+1}$	…	$a_{l,n}^{s+1}$	θ_l
x_{l+1}	c_{l+1}	b_{l+1}^{s+1}	0	…	0	$a_{l+1,l}^{s+1}$	1	…	0	$a_{l+1,m+1}^{s+1}$	…	$a_{l+1,k-1}^{s+1}$	0	$a_{l+1,k+1}^{s+1}$	…	$a_{l+1,n}^{s+1}$	θ_{l+1}
⋮	⋮	⋮	⋮	⋮	⋮	⋮	⋮	⋮	⋮	⋮	⋮	⋮	⋮	⋮	⋮	⋮	⋮
x_m	c_m	b_m^{s+1}	0	…	0	0	0	…	1	$a_{m,m+1}^0$	…	$a_{m,k-1}^{s+1}$	0	$a_{m,k+1}^{s+1}$	…	$a_{m,n}^{s+1}$	θ_m
$\lambda_j=c_j-\sum\limits_{i=1}^m c_i a_{ij}^0$			0	0		0		0	0	λ_{m+1}	…	λ_{k-1}	λ_k	λ_{k+1}	…	λ_n	

【例题 4-3】 用单纯形法解下述线性规划问题：

$$
\begin{cases}
\text{find } \boldsymbol{x} \\
\min\ f=x_2-3x_3+2x_5 \\
\text{s. t. }\ x_1+3x_2-x_3+2x_5=7 \\
\qquad -2x_2+4x_3+x_4=12 \\
\qquad -4x_2+3x_3+8x_5+x_6=10 \\
\qquad x_i \geqslant 0 \quad (i=1,2,3,4,5,6)
\end{cases}
$$

解： 该问题初始基本可行解基变量可取 $\boldsymbol{x}_{\mathrm{B}}^0=[x_1^0, x_4^0, x_6^0]^{\mathrm{T}}$，初始基取 $\boldsymbol{p}_1$、$\boldsymbol{p}_4$、

$\boldsymbol{p}_6$，相应的单纯形表见表 4-4。

由于 $\lambda_3<0$，选非基变量 x_3 为入基变量；因为 $\theta_2>0$、$\theta_3>0$、且 $\theta_2<\theta_3$，所以选择基变量 x_4 为出基变量。新的基本可行解中基变量为 $\boldsymbol{x}_{\mathrm{B}}^1=[x_1^1,x_3^1,x_6^1]^{\mathrm{T}}$，经变换后的单纯形表见表 4-5。

表 4-4　　例题 4.3 初始单纯形表（T0）

c_j			0	1	−3	0	2	0	$\theta_i=\frac{b_i^0}{a_{ik}^0}$
$\boldsymbol{x}_{\mathrm{B}}$	$\boldsymbol{c}_{\mathrm{B}}$	$\boldsymbol{b}$	$\boldsymbol{p}_1$	$\boldsymbol{p}_2$	$\boldsymbol{p}_3$	$\boldsymbol{p}_4$	$\boldsymbol{p}_5$	$\boldsymbol{p}_6$	
x_1	0	7	1	3	−1	0	2	0	—
x_4	0	12	0	−2	4	1	0	0	12/4
x_6	0	10	0	−4	3	0	8	1	10/3
$\lambda_j=c_j-\sum_{i=1}^{m}c_ia_{ij}^0$			0	1	−3	0	2	0	

表 4-5　　例题 4.3 第一次更新单纯形表（T1）

c_j			0	1	−3	0	2	0	$\theta_i=\frac{b_i^1}{a_{ik}^1}$
$\boldsymbol{x}_{\mathrm{B}}$	$\boldsymbol{c}_{\mathrm{B}}$	$\boldsymbol{b}$	$\boldsymbol{p}_1$	$\boldsymbol{p}_2$	$\boldsymbol{p}_3$	$\boldsymbol{p}_4$	$\boldsymbol{p}_5$	$\boldsymbol{p}_6$	
x_1	0	10	1	5/2	0	1/4	2	0	4
x_3	−3	3	0	−1/2	1	1/4	0	0	—
x_6	0	1	0	−5/2	0	−3/4	8	1	—
$\lambda_j=c_j-\sum_{i=1}^{m}c_ia_{ij}^1$			0	−1/2	0	3/4	2	0	

由表 4-5 可以看出 $\lambda_2<0$，选非基变量 x_2 为入基变量；由于 $\theta_1>0$，故选择基变量 x_1 为出基变量。新的基本可行解中基变量为 $\boldsymbol{x}_{\mathrm{B}}^2=[x_2^2,x_3^2,x_6^2]^{\mathrm{T}}$，经变换后的单纯形表见表 4-6。

表 4-6　　例题 4.3 第二次更新单纯形表（T2）

c_j			0	1	−3	0	2	0	$\theta_i=\frac{b_i^2}{a_{ik}^2}$
$\boldsymbol{x}_{\mathrm{B}}$	$\boldsymbol{c}_{\mathrm{B}}$	$\boldsymbol{b}$	$\boldsymbol{p}_1$	$\boldsymbol{p}_2$	$\boldsymbol{p}_3$	$\boldsymbol{p}_4$	$\boldsymbol{p}_5$	$\boldsymbol{p}_6$	
x_2	1	4	2/5	1	0	1/10	4/5	0	
x_3	−3	5	1/5	0	1	3/10	2/5	0	
x_6	0	11	1	0	0	−1/2	10	1	
$\lambda_j=c_j-\sum_{i=1}^{m}c_ia_{ij}^2$			1/5	0	0	4/5	12/5	0	

表 4-6 中所有检验数 $\lambda_j\geqslant0$，$\boldsymbol{x}^*=[x_1^*,x_2^*,x_3^*,x_4^*,x_4^*,x_6^*]^{\mathrm{T}}=[0,4,5,0,0,11]^{\mathrm{T}}$ 为最优解，目标函数最小值为 $f_{\min}=-11$。

4.2.2 改进的单纯形法

前面介绍的单纯形法，原则上可以求解任何形式的线性规划问题，但在算法的实现上还有待改进，单纯形表也可以用矩阵形式表示。

对于线性规划问题

$$\begin{cases} \text{find } \boldsymbol{x} \\ \min\ f=\boldsymbol{c}^{\mathrm{T}}\boldsymbol{x} \\ \text{s.t.}\quad \boldsymbol{Ax}=\boldsymbol{b} \\ \qquad\ \boldsymbol{x}\geqslant\boldsymbol{0} \end{cases}$$

假定线性规划问题第 s 步迭代基本可行解中基变量为 $\boldsymbol{x}_{\mathrm{B}}=[x_1,x_2,\cdots,x_m]^{\mathrm{T}}$，相应的基矩阵为 $\boldsymbol{B}=[\boldsymbol{p}_1,\boldsymbol{p}_2,\cdots,\boldsymbol{p}_m]$，非基矩阵为 $\boldsymbol{D}=[\boldsymbol{p}_{m+1},\boldsymbol{p}_{m+2},\cdots,\boldsymbol{p}_n]$。约束方程组 $\boldsymbol{Ax}=\boldsymbol{b}$ 增广矩阵可写为

$$[\boldsymbol{A},\boldsymbol{b}]=[\boldsymbol{B},\boldsymbol{D},\boldsymbol{b}]=[\boldsymbol{B},\boldsymbol{p}_{m+1},\boldsymbol{p}_{m+2},\cdots,\boldsymbol{p}_k,\cdots,\boldsymbol{p}_n,\boldsymbol{b}] \tag{4-21}$$

式（4-21）两边左乘 $\boldsymbol{B}^{-}$，得到规范形式约束方程组的增广矩阵

$$[\boldsymbol{I},\boldsymbol{B}^{-1}\boldsymbol{D},\boldsymbol{B}^{-1}\boldsymbol{b}]=[\boldsymbol{I},\boldsymbol{B}^{-1}\boldsymbol{p}_{m+1},\boldsymbol{B}^{-1}\boldsymbol{p}_{m+2},\cdots,\boldsymbol{B}^{-1}\boldsymbol{p}_k,\cdots,\boldsymbol{B}^{-1}\boldsymbol{p}_n,\boldsymbol{B}^{-1}\boldsymbol{b}] \tag{4-22}$$

记 $\boldsymbol{c}_{\mathrm{B}}^{\mathrm{T}}=[c_1,c_2,\cdots,c_m]^{\mathrm{T}}$，$\boldsymbol{c}_{\mathrm{D}}^{\mathrm{T}}=[c_{m+1},c_{m+2},\cdots,c_n]^{\mathrm{T}}$，则单纯形表用矩阵表示见表 4-7。

表 4-7　矩阵表示的单纯形表

目标系数向量分解		$\boldsymbol{c}_{\mathrm{B}}^{\mathrm{T}}$	$\boldsymbol{c}_{\mathrm{D}}^{\mathrm{T}}$
约束矩阵分解		$\boldsymbol{B}$	$\boldsymbol{D}$
$\boldsymbol{c}_{\mathrm{B}}$	$\boldsymbol{b}^s$	$\boldsymbol{I}_m$	$\boldsymbol{B}^{-1}\boldsymbol{D}$
检验数 $\boldsymbol{\lambda}$		$\boldsymbol{c}_{\mathrm{D}}^{\mathrm{T}}-\boldsymbol{c}_{\mathrm{B}}^{\mathrm{T}}\boldsymbol{I}_m=0$	$\boldsymbol{c}_{\mathrm{D}}^{\mathrm{T}}-\boldsymbol{c}_{\mathrm{B}}^{\mathrm{T}}\boldsymbol{B}^{-1}\boldsymbol{D}$

可以看出，只要知道了基矩阵的逆矩阵 $\boldsymbol{B}^{-1}$ 就可以进行计算。

修正单纯形法的基本思想就是利用迭代的方式，通过修改旧基的逆 $\boldsymbol{B}^{-1}$ 来得到新基 $\overline{\boldsymbol{B}}$ 的逆 $\overline{\boldsymbol{B}}^{-1}$。

设在 s 步迭代中经检验判别需用非基变量 x_k 替换基变量 x_l，则用系数矩阵中的非基向量 $\boldsymbol{p}_k$ 代替基向量 $\boldsymbol{p}_l$，得到第 $s+1$ 步迭代的基矩阵 $\overline{B}$。

$$\overline{\boldsymbol{B}}=(\boldsymbol{p}_1,\boldsymbol{p}_2,\cdots,\boldsymbol{p}_{l-1},\boldsymbol{p}_k,\boldsymbol{p}_{l+1},\cdots,\boldsymbol{p}_m)$$

由于 $\boldsymbol{B}^{-1}\boldsymbol{B}=(\boldsymbol{B}^{-1}\boldsymbol{p}_1,\boldsymbol{B}^{-1}\boldsymbol{p}_2,\cdots,\boldsymbol{B}^{-1}\boldsymbol{p}_m)=\boldsymbol{I}$，必然有 $\boldsymbol{B}^{-1}\boldsymbol{p}_i,=\boldsymbol{e}_i,i=1,2,\cdots,m$

其中，$\boldsymbol{e}_i$ 是第 i 个元素为 1，其余元素为 0 的 m 维单位列向量。

因为

$$\boldsymbol{B}^{-1}\overline{\boldsymbol{B}}=[\boldsymbol{B}^{-1}\boldsymbol{p}_1,\boldsymbol{B}^{-1}\boldsymbol{p}_2,\cdots,\boldsymbol{B}^{-1}\boldsymbol{p}_{l-1},\boldsymbol{B}^{-1}\boldsymbol{p}_k,\boldsymbol{B}^{-1}\boldsymbol{p}_{l+1},\cdots\boldsymbol{B}^{-1}\boldsymbol{p}_m]$$
$$=[\boldsymbol{e}_1,\boldsymbol{e}_2,\cdots,\boldsymbol{e}_{l-1},\boldsymbol{B}^{-1}\boldsymbol{p}_k,\boldsymbol{e}_{l+1},\cdots\boldsymbol{e}_m]$$

而 $\boldsymbol{B}^{-1}\boldsymbol{p}_k=[a_{1,k}^s,a_{2,k}^s,\cdots,a_{m,k}^s]^{\mathrm{T}}$，所以

$$\boldsymbol{B}^{-1}\overline{\boldsymbol{B}}=\begin{bmatrix}1 & & & a_{1,k}^s & & & \\ & \ddots & & \vdots & & & \\ & & 1 & a_{l-1,k}^s & & & \\ & & & a_{l,k}^s & & & \\ & & & a_{l+1,k}^s & 1 & & \\ & & & \vdots & & \ddots & \\ & & & a_{m,k}^s & & & 1\end{bmatrix}=E_{lk} \tag{4-23}$$

l 列

其中，空白处元素均为零元素，$\boldsymbol{E}_{lk}$ 称为初等变换矩阵，其逆矩阵为

$$E_{lk}^{-1}=\begin{bmatrix}1 & & & -a_{l,k}^s/a_{l,k}^s & & & \\ & \ddots & & \vdots & & & \\ & & 1 & -a_{l-1,k}^s/a_{l,k}^s & & & \\ & & & 1/a_{l,k}^s & & & \\ & & & -a_{l+1,k}^s/a_{l,k}^s & 1 & & \\ & & & \vdots & & \ddots & \\ & & & -a_{m,k}^s/a_{l,k}^s & & & 1\end{bmatrix} \tag{4-24}$$

l 列

上述变换表明 $\boldsymbol{E}_{lk}^{-1}$ 也是初等变换矩阵。

因为

$$\overline{\boldsymbol{B}}^{-1}\boldsymbol{B}=(\boldsymbol{B}^{-1}\overline{\boldsymbol{B}})^{-1}=\boldsymbol{E}_{lk}^{-1}$$

所以

$$\overline{\boldsymbol{B}}^{-1}=\boldsymbol{E}_{lk}^{-1}\boldsymbol{B}^{-1} \tag{4-25}$$

式（4-25）表明，有了 $\boldsymbol{E}_{lk}^{-1}$ 就可以由第 s 步基矩阵的 $\boldsymbol{B}^{-1}$ 得到第 $s+1$ 步的基矩阵的逆 $\overline{B}^{-1}$，从而得到修正的单纯形法。与一般单纯形法相比，修正单纯形法在利用计算机求解时，存储单元少，计算机时少，更适合求解比较大型的线性规划问题。

修正单纯形法求解步骤如下：

(1) 确定线性规划的初设的基本可行解，计算基矩阵的 $\boldsymbol{B}^{-1}$ 和基变量 $\boldsymbol{x}_{\mathrm{B}}=\boldsymbol{B}^{-1}\boldsymbol{b}=[b_1^0,b_2^0,\cdots,b_m^0]^{\mathrm{T}}$；置 $s=0$。

(2) 计算各检验数 $\lambda_j=c_j-\boldsymbol{c}_{\mathrm{B}}^{\mathrm{T}}\boldsymbol{B}^{-1}\boldsymbol{p}_j(j=1,2,\cdots,n)$，若对所有 j 有 $\lambda_j\geqslant 0$，则 $\boldsymbol{x}_{\mathrm{B}}$ 为最优解，停止迭代；否则转下一步。

(3) 确定入基变量 x_k，指标 k 应使

$$\lambda_k = \min_{1\leqslant j\leqslant n}(\lambda_j \mid \lambda_j < 0)$$

(4) 计算 $\boldsymbol{B}^{-1}\boldsymbol{p}_k = [a_{1k}^s, a_{2k}^s, \cdots, a_{mk}^s]^{\mathrm{T}}$，若对 $i=1,2,\cdots,m$ 都有 $a_{ik}^s \leqslant 0$，则问题无解，计算终止；否则转下一步。

(5) 确定出基变量 x_l，指标 l 应使$\dfrac{b_l^s}{a_{lk}^s} = \min\limits_{a_{ik}^s>0}\left(\dfrac{b_i^s}{a_{ik}^s}\right)$。

(6) 计算初等变换矩阵 $\boldsymbol{E}_{lk}^{-1}$。

(7) 计算新基本可行解基矩阵的逆，否则找出 $\lambda_j<0$ 中最小值 λ_k，并确定其对应的向量 $\boldsymbol{p}_k$ 为引入向量。

(8) 计算引入向量的元素。

$$\boldsymbol{p}_k' = \boldsymbol{B}^{-1}\boldsymbol{p}_k = [x_{1,k}, x_{2,k}, \cdots, x_{m,k}]^{\mathrm{T}}$$

(9) 用 $\boldsymbol{x}_{\mathrm{B}}$ 中的元素除以 $\boldsymbol{p}_k'$ 中相应的正元素，并取其中的最小值，求得对应的消去向量 $\boldsymbol{p}_l$。

(10) 求新基向量组成的 $\overline{\boldsymbol{B}}^{-1} = \boldsymbol{E}_{lk}^{-1}\boldsymbol{B}^{-1}$ 和基变量 $\boldsymbol{x}_{\overline{\mathrm{B}}} = \overline{\boldsymbol{B}}^{-1}\boldsymbol{b} = \boldsymbol{E}_{lk}^{-1}\boldsymbol{B}^{-1}\boldsymbol{b} = \boldsymbol{E}_{lk}^{-1}\boldsymbol{x}_{\mathrm{B}}$。

(11) 置 $\boldsymbol{B}^{-1} = \overline{\boldsymbol{B}}^{-1}$，$\boldsymbol{x}_{\mathrm{B}} = \boldsymbol{x}_{\overline{\mathrm{B}}}$，$s=s+1$，转步骤 (2)。

【例题 4-4】 用改进单纯形法，求解线性规划问题

$$\begin{cases}\text{find } \boldsymbol{x} \\ \min\ f = x_2 - 3x_3 + 2x_5 \\ \text{s. t.}\ \ x_1 + 3x_2 - x_3 + 2x_5 = 7 \\ \qquad -2x_2 + 4x_3 + x_4 = 12 \\ \qquad -4x_2 + 3x_3 + 8x_5 + x_6 = 10 \\ \qquad x_i \geqslant 0, i=1,2,3,4,5,6\end{cases}$$

解：

问题的初始数据

$$\boldsymbol{A} = [\boldsymbol{p}_1, \boldsymbol{p}_2, \boldsymbol{p}_3, \boldsymbol{p}_4, \boldsymbol{p}_5, \boldsymbol{p}_6] = \begin{bmatrix}1 & 3 & -1 & 0 & 2 & 0 \\ 0 & -2 & 4 & 1 & 0 & 0 \\ 0 & -4 & 3 & 0 & 8 & 1\end{bmatrix}$$

$$\boldsymbol{c} = [c_1, c_2, c_3, c_4, c_5, c_6]^{\mathrm{T}} = [0, 1, -3, 0, 2, 0]^{\mathrm{T}}$$

$$\boldsymbol{b} = [b_1, b_2, b_3]^{\mathrm{T}} = [7, 12, 10]^{\mathrm{T}}$$

(1) 确定初始可行基，计算基矩阵的逆并确定基变量

$$\boldsymbol{B}_0 = [\boldsymbol{p}_1, \boldsymbol{p}_4, \boldsymbol{p}_6] = \begin{bmatrix}1 & 0 & 0 \\ 0 & 1 & 0 \\ 0 & 0 & 1\end{bmatrix}$$

$$\boldsymbol{c}_{\mathrm{B0}} = [c_1, c_4, c_6]^{\mathrm{T}} = [0, 0, 0]^{\mathrm{T}}$$

$$\boldsymbol{B}_0^{-1}=\begin{bmatrix}1&0&0\\0&1&0\\0&0&1\end{bmatrix},\ \boldsymbol{x}_{B0}=\begin{bmatrix}x_1\\x_4\\x_6\end{bmatrix}=\boldsymbol{B}_0^{-1}\boldsymbol{b}=\begin{bmatrix}1&0&0\\0&1&0\\0&0&1\end{bmatrix}\begin{bmatrix}7\\12\\10\end{bmatrix}=\begin{bmatrix}7\\12\\10\end{bmatrix}=\begin{bmatrix}b_1^0\\b_2^0\\b_3^0\end{bmatrix}$$

(2) 第一轮迭代：

1）计算非基变量的检验数，确定入基变量及入基向量

$$\boldsymbol{\pi}=\boldsymbol{c}_{B0}^{\mathrm{T}}\boldsymbol{B}_0^{-1}=[0,0,0]\begin{bmatrix}1&0&0\\0&1&0\\0&0&1\end{bmatrix}=[0,0,0]$$

$$\lambda_2=c_2-\boldsymbol{\pi}\boldsymbol{p}_2=1-[0,0,0]\begin{bmatrix}3\\-2\\-4\end{bmatrix}=1$$

$$\lambda_3=c_3-\boldsymbol{\pi}\boldsymbol{p}_3=-3-[0,0,0]\begin{bmatrix}-1\\4\\3\end{bmatrix}=-3$$

$$\lambda_5=c_5-\boldsymbol{\pi}\boldsymbol{p}_5=2-[0,0,0]\begin{bmatrix}2\\0\\8\end{bmatrix}=2$$

由于只有检验数 $\lambda_3=-3<0$，选取 x_3 为入基变量，$\boldsymbol{p}_3$ 为入基向量。

2）计算并确定出基变量及出基向量

$$\boldsymbol{B}^{-1}\boldsymbol{p}_k=\boldsymbol{B}_0^{-1}\boldsymbol{p}_3=\begin{bmatrix}1&0&0\\0&1&0\\0&0&1\end{bmatrix}\begin{bmatrix}-1\\4\\3\end{bmatrix}=\begin{bmatrix}-1\\4\\3\end{bmatrix}=\begin{bmatrix}a_{13}^0\\a_{23}^0\\a_{33}^0\end{bmatrix}$$

因为

$$\frac{b_l^0}{a_{l3}^0}=\min_{a_{i3}^0>0}\left(\frac{b_i^0}{a_{i3}^0}\right)=\min_{a_{i3}^0>0}\left(\frac{b_2^0}{a_{23}^0},\frac{b_3^0}{a_{33}^0}\right)=\min\left(\frac{12}{4},\frac{10}{3}\right)=3=\frac{b_2^0}{a_{23}^0}$$

所以 $l=2$，即第二个基变量 x_4 为出基变量，用 $\boldsymbol{p}_3$ 替换 $\boldsymbol{p}_4$，得到新的基矩阵 $\boldsymbol{B}_1=[\boldsymbol{p}_1,\boldsymbol{p}_3,\boldsymbol{p}_6]$，$\boldsymbol{c}_{B1}=[c_1,c_3,c_6]^{\mathrm{T}}=[0,-3,0]^{\mathrm{T}}$。

3）计算初等变换矩阵、新基的逆矩阵及新的基变量：

初等变换矩阵为

$$\boldsymbol{E}_{23}^{-1}=\begin{bmatrix}1&\dfrac{-a_{13}^0}{a_{23}^0}&0\\0&\dfrac{1}{a_{23}^0}&0\\0&\dfrac{-a_{33}^0}{a_{23}^0}&1\end{bmatrix}=\begin{bmatrix}1&\dfrac{1}{4}&0\\0&\dfrac{1}{4}&0\\0&-\dfrac{3}{4}&1\end{bmatrix}$$

新基的逆矩阵为

$$\boldsymbol{B}_1^{-1}=\boldsymbol{E}_{23}^{-1}\boldsymbol{B}_0^{-1}=\begin{bmatrix}1 & \frac{1}{4} & 0\\ 0 & \frac{1}{4} & 0\\ 0 & -\frac{3}{4} & 1\end{bmatrix}\begin{bmatrix}1 & 0 & 0\\ 0 & 1 & 0\\ 0 & 0 & 1\end{bmatrix}=\begin{bmatrix}1 & \frac{1}{4} & 0\\ 0 & \frac{1}{4} & 0\\ 0 & -\frac{3}{4} & 1\end{bmatrix}$$

新基变量为

$$\boldsymbol{x}_{B1}=\begin{bmatrix}x_1\\ x_3\\ x_6\end{bmatrix}=\boldsymbol{E}_{23}^{-1}\boldsymbol{x}_{B0}=\begin{bmatrix}1 & \frac{1}{4} & 0\\ 0 & \frac{1}{4} & 0\\ 0 & -\frac{3}{4} & 1\end{bmatrix}\begin{bmatrix}7\\ 12\\ 10\end{bmatrix}=\begin{bmatrix}10\\ 3\\ 1\end{bmatrix}$$

(3) 第二轮迭代：

1) 计算非基变量的检验数，确定入基变量及入基向量

$$\boldsymbol{\pi}=\boldsymbol{c}_{B1}^{\mathrm{T}}\boldsymbol{B}_1^{-1}=[0,-3,0]\begin{bmatrix}1 & \frac{1}{4} & 0\\ 0 & \frac{1}{4} & 0\\ 0 & -\frac{3}{4} & 1\end{bmatrix}=\left[0,-\frac{3}{4},0\right]$$

$$\lambda_2=c_2-\boldsymbol{\pi}\boldsymbol{p}_2=1-\left[0,-\frac{3}{4},0\right]\begin{bmatrix}3\\ -2\\ -4\end{bmatrix}=-\frac{1}{2}<0$$

$$\lambda_4=c_4-\boldsymbol{\pi}\boldsymbol{p}_4=0-\left[0,-\frac{3}{4},0\right]\begin{bmatrix}0\\ 1\\ 0\end{bmatrix}=\frac{3}{4}$$

$$\lambda_5=c_5-\boldsymbol{\pi}\boldsymbol{p}_5=2-\left[0,-\frac{3}{4},0\right]\begin{bmatrix}2\\ 0\\ 8\end{bmatrix}=2$$

由于只有检验数 $\lambda_2=-\frac{1}{2}<0$，选取 x_2 为入基变量，$\boldsymbol{p}_2$ 为入基向量。

2) 计算并确定出基变量及出基向量

$$\boldsymbol{B}^{-1}\boldsymbol{p}_k=\boldsymbol{B}_1^{-1}\boldsymbol{p}_2=\begin{bmatrix}1 & \frac{1}{4} & 0\\ 0 & \frac{1}{4} & 0\\ 0 & -\frac{3}{4} & 1\end{bmatrix}\begin{bmatrix}3\\ -2\\ -4\end{bmatrix}=\begin{pmatrix}\frac{5}{2}\\ -\frac{1}{2}\\ -\frac{5}{2}\end{pmatrix}=\begin{bmatrix}a_{12}^1\\ a_{22}^1\\ a_{32}^1\end{bmatrix}$$

因为

$$\frac{b_l^1}{a_{l2}^1}=\min_{a_{i2}^1>0}\left(\frac{b_i^1}{a_{i2}^1}\right)=\frac{10}{\frac{5}{2}}=4=\frac{b_1^1}{a_{12}^1}$$

因此 $l=1$，即第二个基变量 x_1 为出基变量，用 $\boldsymbol{p}_2$ 替换 $\boldsymbol{p}_1$，得到新的基矩阵 $\boldsymbol{B}_2=[\boldsymbol{p}_2,\boldsymbol{p}_3,\boldsymbol{p}_6]$，$\boldsymbol{c}_{B2}=[c_1,c_3,c_6]^{\mathrm{T}}=[1,-3,0]^{\mathrm{T}}$。

3）计算初等变换矩阵、新基的逆矩阵及新的基变量

初等变换矩阵为

$$\boldsymbol{E}_{12}^{-1}=\begin{bmatrix}\frac{1}{a_{12}^1} & 0 & 0\\ \frac{-a_{22}^1}{a_{12}^1} & 1 & 0\\ \frac{-a_{32}^1}{a_{12}^1} & 0 & 1\end{bmatrix}=\begin{bmatrix}\frac{2}{5} & 0 & 0\\ \frac{1}{5} & 1 & 0\\ 1 & 0 & 1\end{bmatrix}$$

新基的逆矩阵为

$$\boldsymbol{B}_2^{-1}=\boldsymbol{E}_{12}^{-1}\boldsymbol{B}_1^{-1}=\begin{bmatrix}\frac{2}{5} & 0 & 0\\ \frac{1}{5} & 1 & 0\\ 1 & 0 & 1\end{bmatrix}\begin{bmatrix}1 & \frac{1}{4} & 0\\ 0 & \frac{1}{4} & 0\\ 0 & -\frac{3}{4} & 1\end{bmatrix}=\begin{bmatrix}\frac{2}{5} & \frac{1}{10} & 0\\ \frac{1}{5} & \frac{3}{10} & 0\\ 0 & -\frac{1}{2} & 1\end{bmatrix}$$

新基变量为

$$\boldsymbol{x}_{B2}=\begin{bmatrix}x_2\\ x_3\\ x_6\end{bmatrix}=\boldsymbol{E}_{12}^{-1}\boldsymbol{x}_{B1}=\begin{bmatrix}\frac{2}{5} & 0 & 0\\ \frac{1}{5} & 1 & 0\\ 1 & 0 & 1\end{bmatrix}\begin{bmatrix}10\\ 3\\ 1\end{bmatrix}=\begin{bmatrix}4\\ 5\\ 11\end{bmatrix}$$

(4) 第三轮迭代：

计算非基变量的检验数，确定入基变量及入基向量

$$\boldsymbol{\pi}=\boldsymbol{c}_{B2}^{\mathrm{T}}\boldsymbol{B}_2^{-1}=[1,-3,0]\begin{bmatrix}\frac{2}{5} & \frac{1}{10} & 0\\ \frac{1}{5} & \frac{3}{10} & 0\\ 0 & -\frac{1}{2} & 1\end{bmatrix}=\left[-\frac{1}{5},-\frac{4}{5},0\right]$$

$$\lambda_1=c_1-\boldsymbol{\pi p}_1=0-\left[-\frac{1}{5},-\frac{4}{5},0\right]\begin{bmatrix}1\\0\\0\end{bmatrix}=\frac{1}{5}>0$$

$$\lambda_4=c_4-\boldsymbol{\pi p}_4=0-\left[-\frac{1}{5},-\frac{4}{5},0\right]\begin{bmatrix}0\\1\\0\end{bmatrix}=\frac{4}{5}>0$$

$$\lambda_5=c_5-\boldsymbol{\pi p}_5=2-\left[-\frac{1}{5},-\frac{4}{5},0\right]\begin{bmatrix}2\\0\\8\end{bmatrix}=\frac{12}{5}>0$$

此时，所有非基变量对应的检验数均大于 0，此解为最优解。最优解为 $\boldsymbol{x}^*=[x_1^*,x_2^*,x_3^*,x_4^*,x_4^*,x_6^*]^{\mathrm{T}}=[0,4,5,0,0,11]^{\mathrm{T}}$，目标函数最小值为 $f_{\min}=-11$。

习　　题

4.1　用单纯形法求解

$$\begin{cases}\text{find } \boldsymbol{x}=[x_1,x_2]^{\mathrm{T}}\\ \min\ f=-45x_1-80x_2\\ \text{s. t. }\ x_1+4x_2\leqslant 80\\ \qquad 2x_1+3x_2\leqslant 90\\ \qquad x_1,x_2\geqslant 0\end{cases}$$

4.2　用改进单纯形法求解

$$\begin{cases}\text{find } \boldsymbol{x}\\ \min\ f(x)=x_1+x_2+x_3\\ \text{s. t. }\ x_1-x_4-2x_6\leqslant 5\\ \qquad x_2+x_4-3x_5+6x_6=5\\ \qquad x_j\geqslant 0\end{cases}$$

4.3　一钢筋混凝土轴心受压短柱如图 4－3 所示，承受荷载 N，安全系数 K，柱截面积为 A_h，钢筋截面积为 A_g，柱高为 l，钢筋容重为 γ。设混凝土单价为 c_1，钢筋单价为 c_2，钢筋抗压强度为 R_g，混凝土抗压强度为 R_a，$\mu_{\min}$ 为配筋率的下限，$\mu_{\max}$ 配筋率的上限。试进行结构的最优设计。

已知：$c_1=360$ 元/m^3，$c_2=5390$ 元/m^3，$\gamma=7.85\text{t/m}^3$，$l=4\text{m}$，$R_g=240\text{MPa}$，$R_a=10\text{MPa}$，$K=1.55$，$N=600\text{kN}$，$\mu_{\min}=0.4\%$，$\mu_{\max}=3\%$。

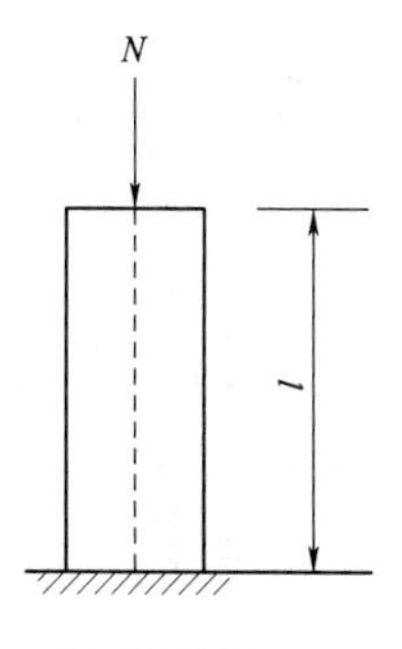

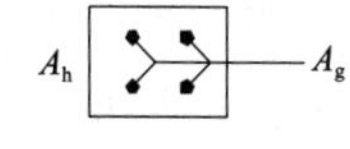

图 4－3　习题 4.3 图

第 5 章

非线性规划问题

当目标函数或约束条件为设计变量的非线性函数时，这类问题称为非线性规划问题。非线性规划问题是最一般的规划问题，结构优化设计一般都是有约束的非线性规划问题。求解约束非线性规划问题的算法可以分为直接法、转化法和序列近似规划法三类。

本章介绍约束非线性规划问题的各类基本求解方法。

5.1 约束非线性规划问题的求解思路

约束非线性规划（non - linear programming）问题可描述为

$$\begin{cases} \text{find } \boldsymbol{X}=[x_1, \quad x_2, \quad \cdots, \quad x_n]^{\mathrm{T}} \\ \min f(\boldsymbol{X}) \\ \text{s. t. } g_j(\boldsymbol{X})\leqslant 0 \quad (j=1,2,\cdots m) \\ \qquad h_k(\boldsymbol{X})=0 \quad (k=1,2,\cdots,p) \end{cases} \tag{5-1}$$

式（5 - 1）中，目标函数和约束条件中至少有一个是设计变量 $\boldsymbol{X}$ 的非线性函数。

约束非线性规划问题的解不仅与目标函数有关，而且受约束条件的限制，因此其求解方法比无约束问题要复杂的多，关键在于如何处理各种约束条件。根据处理约束条件的不同方式，约束非线性规划问题的求解方法可以分为三类。

第一类方法称为直接法，这一类方法在搜索过程中逐点考察约束，使搜索点始终局限于可行域内。直接法可以看成无约束下降算法的推广，只不过在选择搜索方向和确定移动步长时要考虑约束条件的要求，始终在可行域内搜索新的迭代点。典型的直接法包括可行方向法、复合形法等。直接法的原理简单，方法实用，具有以下特点：①由于整个求解过程都在可行域内进行，因此迭代计算不论何时结束，都可以获得一个比初始点更好的可行设计点。②若目标函数为凸函数，可行域为凸集，则可获得全局最优解；否则，可能存在多个局部最优解，当从不同的初始点开始搜索时，可能收敛到不同的局部最优点。③要求可行域为有界非空集，即在有界可行域内存在满足全部约束条件的点，且目标函数有定义。

第二类方法通过加权因子将约束条件引入目标函数，使约束最优化问题转化为无约束最优化问题求解，故这一类方法称为转化法，如乘子法、罚函数法等。转化法的特点如下：①加权因子的选择对算法的收敛速度和计算精度有较大影响，加权因子选择不当甚至会导致计算失败。针对这个问题，在求极值的过程中改变加权因子的大小，采用一系列的加权因子，将约束最优化问题转化为一系列的无约束最优化问题，使无约束问题的目标函数具有更好的性态，提高算法的收敛速度和计算精度。②由于无约束最优化方法的研究日臻成熟，使得转化法有了可靠的基础，算法的计算效率和数值稳定性都有了较大的提高。③本方法可以有效地处理具有等式约束的约束最优化问题。

第三类方法为序列近似规划方法，其基本思想是将一般约束最优化问题用一系列特殊的数学规划问题来近似，通过求解近似规划问题逐步逼近原问题的解。由于线性规划和二次规划是特殊的规划问题，相对简单，算法成熟，常常将一般约束最优化问题用一系列线性规划问题或二次规划问题近似，相应的求解方法称为序列线性规划法和序列二次规划法。

5.2 拉格朗日乘子法

拉格朗日（Lagrange）乘子法是一种将约束最优化问题转换为无约束最优化问题的求解方法。引进了加权因子——乘子，将约束条件引入目标函数，构成一个新的无约束条件的目标函数。新目标函数的无约束最优解，就是原目标函数的约束最优解。

以二维问题为例。设目标函数 $f(x_1, x_2)$ 在等式约束条件 $h(x_1,x_2)=0$ 下的最优解为 $\boldsymbol{X}^*$。如果不想使目标函数值增加的话，那么在约束极值点附近的一切微小位移 $\mathbf{d}s=[\mathrm{d}x_1,\mathrm{d}x_2]^{\mathrm{T}}$，只可能而且必须满足

$$[\nabla f(\boldsymbol{X}^*)]^{\mathrm{T}}\mathbf{d}s=0 \tag{5-2}$$

式中　$\nabla f(\boldsymbol{X}^*)$——目标函数的梯度向量。

另外，在等式约束条件下，任何位移必须沿约束面进行，即 $\mathbf{d}s$ 应与约束函数的梯度方向 $h(\boldsymbol{X}^*)$ 交成直角。

$$[\nabla h(\boldsymbol{X}^*)]^{\mathrm{T}}\mathbf{d}s=0 \tag{5-3}$$

换言之，在约束最优点处任何允许的位移 $\mathbf{d}s$ 均须满足

$$\begin{cases}\dfrac{\partial f(\boldsymbol{X}^*)}{\partial x_1}\mathrm{d}x_1+\dfrac{\partial f(\boldsymbol{X}^*)}{\partial x_2}\mathrm{d}x_2=0\\[2ex]\dfrac{\partial \mathrm{h}(\boldsymbol{X}^*)}{\partial x_1}\mathrm{d}x_1+\dfrac{\partial \mathrm{h}(\boldsymbol{X}^*)}{\partial x_2}\mathrm{d}x_2=0\end{cases} \tag{5-4}$$

由式（5-4）得

$$\frac{\mathrm{d}x_2}{\mathrm{d}x_1}=-\frac{\partial f(\boldsymbol{X}^*)/\partial x_1}{\partial f(\boldsymbol{X}^*)/\partial x_2}=-\frac{\partial h(\boldsymbol{X}^*)/\partial x_1}{\partial h(\boldsymbol{X}^*)/\partial x_2} \tag{5-5}$$

即

$$\frac{\partial f(X^*)}{\partial x_1}\frac{\partial h(\boldsymbol{X}^*)}{\partial x_2}=\frac{\partial f(\boldsymbol{X}^*)}{\partial x_2}\frac{\partial h(\boldsymbol{X}^*)}{\partial x_1} \tag{5-6}$$

式（5-6）就是在等式约束 $h(x_1,x_2)=0$ 条件下，目标函数 $f(x_1, x_2)$ 为极小的必要条件。

令

$$\lambda=\frac{\partial f(\boldsymbol{X}^*)/\partial x_1}{\partial h(\boldsymbol{X}^*)/\partial x_1}=\frac{\partial f(\boldsymbol{X}^*)/\partial x_2}{\partial h(\boldsymbol{X}^*)/\partial x_2} \tag{5-7}$$

式中　λ——拉格朗日待定系数，或称拉格朗日乘子。

由式（5-7）及等式约束条件 $h(x_1,x_2)=0$ 联立方程式，可得

$$\begin{cases}\dfrac{\partial f(\boldsymbol{X}^*)}{\partial x_1}-\lambda\dfrac{\partial h(\boldsymbol{X}^*)}{\partial x_1}=0\\\dfrac{\partial f(\boldsymbol{X}^*)}{\partial x_2}-\lambda\dfrac{\partial h(\boldsymbol{X}^*)}{\partial x_2}=0\\h(\boldsymbol{X}^*)=0\end{cases} \tag{5-8}$$

解此联立方程可求出约束极值点 $\boldsymbol{X}^*=[x_1^*,x_2^*]^{\mathrm{T}}$ 及拉格朗日乘子 λ^*。

实际上，令

$$L(\boldsymbol{X},\lambda)=f(\boldsymbol{X})+\lambda h(\boldsymbol{X}) \tag{5-9}$$

由

$$\begin{cases}\dfrac{\partial L}{\partial x_1}=0\\\dfrac{\partial L}{\partial x_2}=0\\\dfrac{\partial L}{\partial \lambda}=0\end{cases} \tag{5-10}$$

即可得式（5-8）。也就是说，可通过求式（5-9）无约束极值问题的解，求等式约束条件下目标函数 $f(\boldsymbol{X})$ 的极值。

式（5-9）称为拉格朗日函数，式（5-10）是其取得极值的必要条件。上述方法称为拉格朗日乘子法。

1. 等式约束问题

对于具有 m 个等式约束条件的 n 维非线性规划问题，其拉格朗日函数为

$$L(\boldsymbol{X},\lambda)=f(\boldsymbol{X})-(\sum_{i=1}^{m}\lambda_i h_i\boldsymbol{X}) \tag{5-11}$$

$$\boldsymbol{X}=[x_1,x_2,\cdots,x_n]^{\mathrm{T}}$$

$$\boldsymbol{\lambda}=[\lambda_1,\lambda_2,\cdots,\lambda_m]^{\mathrm{T}}$$

式中　$\boldsymbol{X}$——设计向量；

$\boldsymbol{\lambda}$——乘子向量。

由式（5－10）可知，拉格朗日函数 $L(\boldsymbol{X},\ \boldsymbol{\lambda})$ 的极值点存在的必要条件为

$$\begin{cases}\dfrac{\partial L}{\partial x_i}=0 \quad (i=1,2,\cdots,n) \\ \dfrac{\partial L}{\partial \lambda_j}=0 \quad (j=1,2,\cdots,m)\end{cases} \tag{5-12}$$

设计变量 $x_i(i=1,\ 2,\ \cdots,\ n)$ 和乘子 $\lambda_j(j=1,\ 2,\ \cdots,\ m)$ 共有 $(n+m)$ 个，与方程数量相同，这样可求出 $(n+m)$ 个值 x_1^*，x_2^*，…，x_n^*；λ_1^*，λ_2^*，…，λ_n^*。得到的 $\boldsymbol{X}^*$ 即为原目标函数在等式约束条件下的最优解，而 $\boldsymbol{\lambda}^*$ 则是个向量，由式（5－7）可知其分量为

$$\lambda_j=\frac{\partial f(\boldsymbol{X})}{\partial h_j(\boldsymbol{X})} \quad (j=1,2,\cdots,m) \tag{5-13}$$

式（5－13）表明，在极值点附近，λ 为目标函数 $f(\boldsymbol{X})$ 随约束条件 $h_j(\boldsymbol{X})=0(j=1,2,\cdots,m)$的微小变化而变化的比率。$\lambda$ 值可为正数，亦可为负数。为便于在计算机上用直接寻优方法进行迭代计算，可根据式（5－12）构造一个新的函数，即

$$Z=\sum_{i=1}^{n}\left(\frac{\partial L}{\partial x_i}\right)^2+\sum_{j=1}^{m}\left(\frac{\partial L}{\partial \lambda_j}\right)^2=\sum_{i=1}^{n}\left(\frac{\partial L}{\partial x_i}\right)^2+\sum_{j=1}^{m}[h_j(\boldsymbol{X})]^2 \tag{5-14}$$

这样，有约束的原问题就转换为无约束的问题了。然后用无约束条件的多变量目标函数寻优方法，求函数 z 的极小值，它也是原等式约束问题的最优解。

【例题 5－1】

$$\begin{cases}\text{find } \boldsymbol{X}=[x_1,x_2]^{\mathrm{T}} \\ \min\ f(\boldsymbol{X})=4x_1^2+5x_2^2 \\ \text{s. t. } h(\boldsymbol{X})=2x_1+3x_2-6=0\end{cases}$$

解：此问题的拉格朗日函数为

$$L(\boldsymbol{X},\lambda)=4x_1^2+5x_2^2+\lambda(2x_1+3x_2-6)$$

根据极值的必要条件

$$\frac{\partial L}{\partial x_1}=8x_1+2\lambda=0$$

$$\frac{\partial L}{\partial x_2}=10x_2+3\lambda=0$$

$$\frac{\partial L}{\partial \lambda}=2x_1+3x_2-6=0$$

联立解得 $\lambda^*=-30/7$，$x_1^*=15/14$，$x_2^*=9/7$。

由数学分析知，无约束极值的充要条件：$\nabla f(\boldsymbol{X}^*)=0$，$\nabla^2 f(\boldsymbol{X}^*)$正定。

进一步考查其相应的拉格朗日函数，可求得

$$a_{11}=\frac{\partial^2 L}{\partial x_1^2}=8 \qquad a_{22}=\frac{\partial^2 L}{\partial x_2^2}=10$$

$$a_{12}=\frac{\partial^2 L}{\partial x_1 x_2}=0 \qquad a_{21}=\frac{\partial^2 L}{\partial x_2 x_1}=0$$

因此

$$\nabla^2 L=\begin{bmatrix}\dfrac{\partial^2 L}{\partial x_1^2} & \dfrac{\partial^2 L}{\partial x_1 \partial x_2}\\ \dfrac{\partial^2 L}{\partial x_2 \partial x_1} & \dfrac{\partial^2 L}{\partial x_2^2}\end{bmatrix}=\begin{bmatrix}a_{11} & a_{12}\\ a_{21} & a_{22}\end{bmatrix}=\begin{bmatrix}8 & 0\\ 0 & 10\end{bmatrix}$$

由于

$$a_{11}=8>0$$

$$\begin{vmatrix}a_{11} & a_{12}\\ a_{21} & a_{22}\end{vmatrix}=\begin{vmatrix}8 & 0\\ 0 & 10\end{vmatrix}=80>0$$

故$\nabla^2 L(\boldsymbol{X},\lambda)$ 正定。

因此，$\min \boldsymbol{f}(\boldsymbol{X})$ 的极小点为 $\boldsymbol{X}^*=[15/14, 9/7]^{\mathrm{T}}$，相应的函数极小值 $\boldsymbol{f}(\boldsymbol{X}^*)=90/7$。

2. 不等式约束问题

在实际工程问题中，常遇到的约束条件是以不等式的形式出现的。如

$$g_j(x_1,x_2,\cdots,x_n)\leqslant 0 \quad (j=1,2,\cdots,m) \tag{5-15}$$

对于不等式约束条件，可引入松弛变量 s_j^2，令

$$g_j(x_1,x_2,\cdots,x_n)+s_j^2=0 \quad (j=1,2,\cdots,m) \tag{5-16}$$

则不等式约束成为等式约束，从而把原极值问题转化为求下述的无约束极值问题，即

$$L(\boldsymbol{X},\lambda,\boldsymbol{S})=f(\boldsymbol{X})+\sum_{j=1}^{m}\lambda_j[g_j(\boldsymbol{X})+s_j^2] \tag{5-17}$$

式中

$$\begin{cases}\boldsymbol{X}=[x_1,x_2,\cdots,x_n]^{\mathrm{T}}\\ \boldsymbol{\lambda}=[\lambda_1,\lambda_2,\cdots,\lambda_m]^{\mathrm{T}}\\ \boldsymbol{S}=[s_1,s_2,\cdots,s_m]^{\mathrm{T}}\end{cases} \tag{5-18}$$

式（5－17）为极值的必要条件为

$$\begin{cases}\dfrac{\partial L}{\partial x_i}=\dfrac{\partial f}{\partial x_i}+\sum\lambda_j\dfrac{\partial g_i}{\partial x_i}=0 & (i=1,2,\cdots,n)\\ \dfrac{\partial L}{\partial \lambda_j}=g_j+s_j^2 & (j=1,2,\cdots,m)\\ \dfrac{\partial L}{\partial s_j}=2\lambda_j s_j=0 & (j=1,2,\cdots,m)\end{cases} \tag{5-19}$$

式（5－19）中共有 $n+2m$ 个方程，可用以求解相应的 $\boldsymbol{X}^*$，$\boldsymbol{\lambda}^*$，$\boldsymbol{S}^*$ 共 $n+2m$ 个未知量。另外，从式（5－19）的最后一组等式 $2\lambda_j s_j=0$ 可知，λ_j^* 及 s_j^* 中至少一个应为零，如果 $\lambda_j^*=0$，则说明约束条件 g_j 在求解极值时没有起作用；如果 $s_j^*=0$，就说明约束条件 g_j 以等式的形式对变量起了约束作用。

【例题 5－2】 三杆桁架如图 5－1 所示，其上作用有任意方向的荷载 $P=20\text{kN}$。材料的允许应力值$[\sigma]=2\times10^4\text{kPa}$，密度 $\rho=1\text{kN/m}^3$。试对截面进行设计，使桁架总重量最轻。

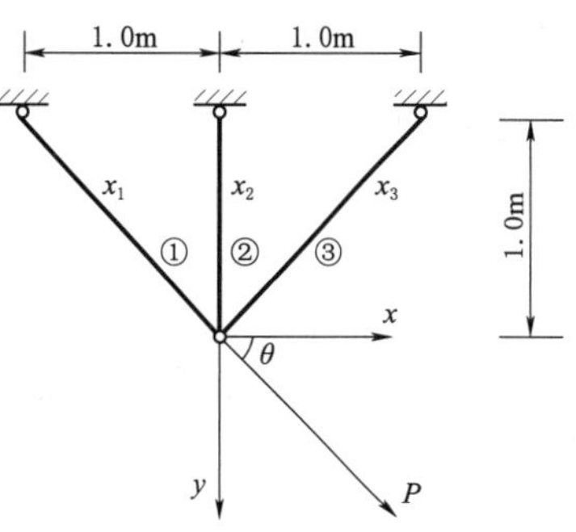

图 5－1 三杆桁架

解：(1) 取三杆横截面 x_1、x_2、x_3 作为设计变量。则桁架重量可计算为

$$f(x_1,x_2,x_3)=\rho\times1.0(\sqrt{2}x_1+x_2+\sqrt{2}x_3)$$
$$=\sqrt{2}x_1+x_2+\sqrt{2}x_3$$

(2) 进行结构分析，求出各杆内力。各杆的刚度矩阵（整体坐标系）为

杆 1：

$$\boldsymbol{K}_1=\frac{\sqrt{2}Ex_1}{4}\begin{bmatrix}1 & 1\\1 & 1\end{bmatrix}$$

杆 2：

$$\boldsymbol{K}_2=Ex_2\begin{bmatrix}0 & 0\\0 & 2\sqrt{2}\end{bmatrix}=\frac{\sqrt{2}Ex_2}{4}\begin{bmatrix}0 & 0\\0 & 2\sqrt{2}\end{bmatrix}$$

杆 3：

$$\boldsymbol{K}_3=\frac{\sqrt{2}Ex_3}{4}\begin{bmatrix}1 & -1\\-1 & 1\end{bmatrix}$$

桁架的总刚度矩阵为

$$\boldsymbol{K}=\frac{\sqrt{2}E}{4}=\begin{bmatrix}x_1+x_3 & x_1-x_3\\x_1-x_3 & x_1+x_3+2\sqrt{2}x_2\end{bmatrix}$$

为简化起见，令 $x_1=x_3$，则

$$\boldsymbol{K}=\frac{\sqrt{2}E}{2}=\begin{bmatrix}x_1 & 0\\0 & x_1+\sqrt{2}x_2\end{bmatrix}$$

荷载列阵

$$\boldsymbol{P}=\begin{bmatrix}P\cos\theta\\P\sin\theta\end{bmatrix}=\begin{bmatrix}P_x\\P_y\end{bmatrix}$$

代入结点平衡方程，求解结点位移

$$\boldsymbol{K}\delta=\boldsymbol{P}$$

$$\delta=\begin{bmatrix}u\\v\end{bmatrix}=\boldsymbol{K}^{-1}\boldsymbol{P}$$

$$\begin{bmatrix}u\\v\end{bmatrix}=\frac{\sqrt{2}}{E}\begin{bmatrix}\frac{1}{x_1} & 0\\ 0 & \frac{1}{x_1+\sqrt{2}x_2}\end{bmatrix}\begin{bmatrix}P_x\\P_y\end{bmatrix}=\frac{\sqrt{2}}{E}\begin{Bmatrix}\frac{P_x}{x_1}\\ \frac{P_y}{x_1+\sqrt{2}x_2}\end{Bmatrix}$$

求出各杆内力
$$N_1=\frac{\sqrt{2}}{2}\left(P_x+\frac{P_y x_1}{x_1+\sqrt{2}x_2}\right)$$

$$N_2=\sqrt{2}\left(\frac{P_y x_2}{x_1+\sqrt{2}x_2}\right)$$

（3）列出约束条件。为防止杆件屈服，故约束为

$$g_1(\boldsymbol{X})=\frac{\sqrt{2}}{2}\left(\frac{P_x}{x_1}+\frac{P_y}{x_1+\sqrt{2}x_2}\right)-20000\leqslant 0$$

$$g_2(\boldsymbol{X})=\sqrt{2}\frac{P_y}{x_1+\sqrt{2}x_2}-20000\leqslant 0$$

设计变量非负约束为

$$x_1\geqslant 0,\quad x_2\geqslant 0$$

相应桁架重量计算简化为

$$f(\boldsymbol{X})=2\sqrt{2}x_1+x_2$$

该问题的 Lagrange 函数是

$$L(\boldsymbol{X},\lambda)=f(\boldsymbol{X})+\sum_{j=1}^{2}\lambda_j[g_j(\boldsymbol{X})+s_j^2]$$

具有最优解的必要条件为

$$\frac{\partial L}{\partial x_1}=2\sqrt{2}-\frac{\sqrt{2}}{2}\lambda_1\left[\frac{P_x}{x_1^2}+\frac{P_y}{(x_1+\sqrt{2}x_2)^2}\right]-\lambda_2\frac{\sqrt{2}P_y}{(x_1+\sqrt{2}x_2)^2}=0 \tag{5-20}$$

$$\frac{\partial L}{\partial x_2}=1-\lambda_1\frac{P_y}{(x_1+\sqrt{2}x_2)^2}-\lambda_2\frac{2P_y}{(x_1+\sqrt{2}x_2)^2}=0 \tag{5-21}$$

$$\frac{\partial L}{\partial \lambda_1}=\frac{\sqrt{2}}{2}\left[\frac{P_x}{x_1^2}+\frac{P_y}{(x_1+\sqrt{2}x_2)^2}\right]-20000+s_2^2=0 \tag{5-22}$$

$$\frac{\partial L}{\partial \lambda_2}=\frac{\sqrt{2}P_y}{(x_1+\sqrt{2}x_2)^2}-20000+s_1^2=0 \tag{5-23}$$

$$\frac{\partial L}{\partial s_1}=2\lambda_1 s_1=0 \tag{5-24}$$

$$\frac{\partial L}{\partial s_2}=2\lambda_2 s_2=0 \tag{5-25}$$

由式（5-20）～式（5-25）共六个方程，可求解六个未知数 x_1、x_2、λ_1、λ_2、s_1、s_2。先利用式（5-24）、式（5-25），此时需要在 λ_1 与 s_1 以及 λ_2 与 s_2 中任选一个为零，再组合，共 $2^2=4$ 组合情形。现一一加以分析，把不能满足全部方程者取消。

1）若令 $\lambda_1=0$，$s_2=0$，则杆 2 达到满应力，由式（5-20）、式（5-21）可得

$$\lambda_1=\frac{2(x_1+\sqrt{2}x_2)^2}{P_y}$$

$$\lambda_2=\frac{(x_1+\sqrt{2}x_2)^2}{P_y}$$

结果不协调，故这种情况无解。

2）若令 $s_1=s_2=0$，则杆 1 和杆 2 达到满应力，由式（5-22）、式（5-23）可解得

$$x_1=\frac{P_x}{\sqrt{2}\times10^4}$$

$$x_2=\frac{1}{2\times10^4}(P_y-P_x)$$

可以看出，要使 $x_2\geqslant0$，就必须使得 $P_y\geqslant P_x$。由于 $P_y/P_x=\tan\theta$，故要求 $\tan\theta\geqslant1$，即要求 $\theta\geqslant45^\circ$。

把 x_1、x_2 代入式（5-20）、式（5-21）整理后，得

$$\lambda_1=\frac{3x_1^2}{P_x}=\frac{3P_x}{2\times10^8}$$

$$\lambda_2=\frac{P_y-3P_x}{4\times10^2}$$

要使 $\lambda_2>0$，即 $P_y\geqslant3P_x$，由于 $P_y/P_x=\tan\theta\geqslant3$，查表得

$$\theta\geqslant71^\circ34'$$

因此这种情况只有当 $\theta=71.6^\circ$ 时才存在。

3）设 $s_1=0$，$\lambda_2=0$。则杆件 1 达到满应力，由式（5-21）得

$$\lambda_1=\frac{(x_1+\sqrt{2}x_2)^2}{P_y}$$

将此式代入式（5-20），化简得

$$3-\frac{(x_1+\sqrt{2}x_2)^2}{x_1^2}\frac{P_x}{P_y}=0$$

将此式与式（5-22）联立求解，得

$$x_1=3.53\times10^{-5}\left(P_x+\sqrt{\frac{P_xP_y}{3}}\right)$$

$$x_2=2.50\times10^{-5}\left(\sqrt{\frac{3P_y}{P_x}}-1\right)\left(P_x+\sqrt{\frac{P_xP_y}{3}}\right)$$

若要使 $x_2\geqslant0$，就要使$\sqrt{\frac{3P_y}{P_x}}\geqslant1$，即

$$\frac{P_y}{P_x}=\tan\theta\geqslant\frac{1}{3}, \text{即 } \theta\geqslant18°26'$$

为检查 s_2 的非负性要求，将 x_1、x_2 代入式（5-23）中，得

$$s_2^2=2\times10^4-4\times10^4\ \frac{1}{\sqrt{\frac{3P_x}{P_y}}+1}$$

由此可见，要使 $s_2^2\geqslant0$，就必须有

$$\frac{P_x}{P_y}\geqslant\frac{1}{3}$$

即

$$\frac{P_y}{P_x}=\tan\theta\leqslant3$$

故
$$\theta\leqslant71°34'$$

因此，这种情况最优解只有在 θ 满足条件

$$18°26'\leqslant\theta\leqslant71°34'$$

时存在。

4）设 $\lambda_1=\lambda_2=0$，此时，约束条件不起作用，原优化问题变为无约束优化问题，这对实际工程优化设计问题是不可能的。

下面再讨论一些特殊情况。

如果 $x_2=0$，原结构退化为静定结构，这时各杆内力为

$$N_1=\frac{\sqrt{2}}{2}(P_x+P_y)$$

$$N_3=\frac{\sqrt{2}}{2}(P_y-P_x)$$

由于 $N_1>N_3$，则

$$x_1=\frac{N_1}{[\sigma]}=\frac{\sqrt{2}}{4\times10^4}(P_x+P_y)=\frac{\sqrt{2}}{2}(\sin\theta+\cos\theta)=x_3$$

由式（5-20）、式（5-21）联立解出

$$\lambda_1=\frac{2x_1^2}{P_xP_y}$$

$$\lambda_2=\left(1-\frac{3P_y}{P_x}\right)\frac{x_1^2P_x}{2P_y(P_x-P_y)}$$

由此可见，要使 $\lambda\geqslant0$，则 $P_x\geqslant P_y$，也就是要求

$$\frac{P_y}{P_x}=\tan\theta\leqslant1$$

所以

$$\theta\leqslant45^\circ$$

而要使 $\lambda_2\geqslant0$，还必须使得

$$1-\frac{3P_y}{P_x}\geqslant0$$

即

$$\frac{P_y}{P_x}=\tan\theta\leqslant\frac{1}{3}$$

那么这种情况最优解只能发生在 $\theta\leqslant18^\circ26'$。

如果 $x_1=0$，只有一种情况，即 $\theta=90^\circ$，这时，$x_2=10\text{cm}^2$。

从上述讨论中可以清楚看出最轻重量与荷载位置的关系。

在实际计算中，解具有多个偏导方程式的方程组是比较麻烦的，为便于在计算机上利用直接寻优方法进行迭代计算，可根据式（5-14）构造一个新的函数，即

$$\begin{aligned}Z&=\sum_{i=1}^{n}\left(\frac{\partial L}{\partial x_i}\right)^2+\sum_{j=1}^{m}\left(\frac{\partial L}{\partial \lambda_j}\right)^2+\sum_{j=1}^{m}\left(\frac{\partial L}{\partial s_j}\right)^2\\&=\sum_{i=1}^{n}\left(\frac{\partial L}{\partial x_i}\right)^2+\sum_{j=1}^{m}[g_j(X)+s_j^2]^2+\sum_{j=1}^{m}\left(\frac{\partial L}{\partial s_j}\right)^2\end{aligned}$$

这样，即可将具有不等式约束的原问题转换为无约束条件的问题，然后利用无约束条件的多变量目标函数的寻优方法，求函数 Z 的极小值，它也是原约束问题的最优解。

5.3 罚函数法

罚函数法的基本思路是把有约束问题的目标函数进行修改，使原问题中原有的约束条件集中反映到新的目标函数中去，即在目标函数之后增加一个惩罚项。并且要求这个转换过程不破坏原有的约束条件。然后通过求解一系列的无约束极值问题来逐步逼近原问题的最优解。针对优化问题

$$\begin{cases}\text{find }\boldsymbol{X}\\\min f(\boldsymbol{X})\\\text{s.t. }h_j(\boldsymbol{X})=0\quad(j=1,2,\cdots,m)\end{cases}\tag{5-26}$$

定义一个新的目标函数

$$\psi(\boldsymbol{X},\gamma)=f(\boldsymbol{X})+\gamma\sum_{j=1}^{m}[h_j(\boldsymbol{X})]^2\tag{5-27}$$

式（5-27）中 γ 为正数，是一单调上升的系数序列：$0\leqslant\gamma\leqslant\infty$，$\lim\limits_{k\to\infty}\gamma_k\to\infty$。随着 γ 的

增加，反映了约束条件的强制性在增加：当 $\gamma=0$ 时，约束条件完全不起作用；当 $\gamma\to\infty$时，约束条件被完全符合。因此，当 $\gamma\to\infty$时，新函数 Ψ 的极小值即趋近于原目标函数 F 的极小值，而求解函数 的极值是一个无约束极值问题。

函数 Ψ 叫作罚函数，γ 叫作罚因子。当约束条件未被满足时，γ 愈大，罚函数 Ψ 的值也愈大，这自然不符合 Ψ 极小化的目的。所以函数 Ψ 内包含了当约束条件未被满足时在目标函数上所受的“惩罚”。

式（5-27）中对 $h_j(\boldsymbol{X})$ 进行二次平方是一种手段，使得等式 $h_j(\boldsymbol{X})=0$ 未被满足时，无论 $h_j(\boldsymbol{X})$ 是大于 0 或小于 0，都将使新函数 Ψ 在原目标函数 $\boldsymbol{F}$ 上受到惩罚。

当约束条件为不等式约束时，即

$$\begin{cases}\text{find } \boldsymbol{X}=[x_1,x_2,\cdots,x_n]^{\mathrm{T}}\\ \min f(\boldsymbol{X})\\ \text{s. t. } \ g_j(\boldsymbol{X})\leqslant 0 \quad (j=1,2,\cdots,m)\end{cases} \tag{5-28}$$

定义罚函数为

$$\psi(\boldsymbol{X},\gamma)=f(\boldsymbol{X})+\gamma\sum_{j=1}^{m}\langle g_j(\boldsymbol{X})\rangle^{r} \tag{5-29}$$

式中 $\langle g_j(\boldsymbol{X})\rangle$ 是括号运算符，其意义如下

$$\langle g_j(\boldsymbol{X})\rangle=\begin{cases}g_j(\boldsymbol{X}) & \text{当 } g_j(\boldsymbol{X})>0\text{(不满足约束条件时)}\\ 0 & \text{当 } g_j(\boldsymbol{X})\leqslant 0\text{(满足约束条件时)}\end{cases}$$

而幂 γ 是非负的常数。虽然可以选择的 γ 很多，但是一般采用 $\gamma=2$。

可以通过 $k\to\infty$求解一序列 $\boldsymbol{X}$，使之收敛到最优解 $\boldsymbol{X}^*$，这种方法称作序列无约束极小化方法（sequential unconstrained minimization technique，简称 SUMT 方法）。下面介绍内点罚函数法、外点罚函数法和混合罚函数法。

5.3.1 内点罚函数法

从可行域内出发构造障碍函数寻找最优点的罚函数法是内点罚函数法（简称内点法）。内点罚函数法的基本思想是在目标函数上引入一个关于约束的障碍项，当迭代点由可行域内部接近可行域边界时，障碍项将趋于无穷大，迫使迭代点不越过约束边界，保持迭代点的严格可行性。所谓内点法，是将约束最优化问题：

$$\begin{cases}\text{find } \boldsymbol{X}=[x_1,x_2,\cdots,x_n]^{\mathrm{T}}\\ \min F(\boldsymbol{X})\\ \text{s. t. } \ g_j(\boldsymbol{X})\leqslant 0 \quad (j=1,2,\cdots,m)\end{cases}$$

转化为求解一系列如下形式的无约束最优化问题：

$$\min\psi(\boldsymbol{X},\gamma)=F(\boldsymbol{X})-\gamma_k\sum_{j=1}^{m}\frac{1}{g_j(\boldsymbol{X})} \tag{5-30}$$

式中系数 γ_k 满足

$$\gamma_1 > \gamma_2 > \cdots > \gamma_k > \gamma_{k+1} > \cdots > 0$$

$$\lim_{k \to \infty} \gamma_k = 0$$

γ 前的符号为负是因为在可行域内 $g_j(\boldsymbol{X})$ 均为负，而对极小化问题来说，惩罚项应为正，因而当 $\gamma > 0$ 时，前面的符号必须为负。函数 ψ 称为障碍函数，相应的项

$$\gamma_k \sum_{j=1}^{m} \frac{1}{g_j(\boldsymbol{X})}$$

称为障碍项。

障碍函数有一个重要的性质，即当点在可行区内离边界远的地方时，其取值不大，当点由可行区内部靠近约束边界的时候，函数 $\psi(\boldsymbol{X})$ 急剧增大至 $+\infty$，好像那里有一堵围墙似的。根据这一点就可以构造各种适用的障碍函数。故障碍函数起了使 $\boldsymbol{X}^{(k)}$（相应于 γ_k 的 $\min\psi(\boldsymbol{X}, \gamma)$ 的解）在最优化过程中不会越出可行域之外的作用。同时，$\psi(\boldsymbol{X}, \gamma)$ 的最优解不会位于约束边界上，总是与约束边界保持着一段距离。但随着 γ_k 的减小，障碍项的作用也随着减小，$\boldsymbol{X}^{(k)}$ 也从可行域内部越靠近约束边界（这里假设 $\boldsymbol{X}$ 是位于边界上）。可以把无约束最优化问题的极小点看作是以 γ 为参数的点的轨迹。内点法的解题步骤如下：

（1）给出初始可行点 $\boldsymbol{X}^{(0)}$ 及 γ 的初值，求 ψ 的最小点。

（2）检验 $\boldsymbol{X}^{(k)}$ 是否已收敛到问题的最优解，如果不收敛，则用公式 $\gamma = c\gamma$ 来缩小 $\gamma(c < 1.0)$。

（3）算出一个新点，再回到步骤（1）。

【例题 5-3】 试用内点法求下列问题

$$\begin{cases} \text{find } \boldsymbol{X} \\ \min\ f(\boldsymbol{X}) = x \\ \text{s. t.}\ \ g(\boldsymbol{X}) = 1 - x \leqslant 0 \end{cases}$$

解： 建立障碍函数

$$\psi(\boldsymbol{X}, \gamma) = x - \gamma \frac{1}{1-x}$$

给出 γ 的初始值，令 $\gamma_1 = 1$，这时，

$$\psi_1(\boldsymbol{X}, 1) = x - \frac{1}{1-x}$$

用求偏导数的方法，求 ψ_1 的极值点

$$\frac{\partial \psi_1}{\partial x} = 1 + \frac{(-1)}{(1-x)^2} = 1 - \frac{1}{(1-x)^2} = 0$$

$$\boldsymbol{X}^{(1)} = x = 2$$

$$\psi_1(\boldsymbol{X}^1, 1) = 3$$

再分别令 $\gamma_2 = 0.1$，$\gamma_3 = 0.01$，…求得 ψ_2，ψ_3，见表 5-1。

表 5-1　　罚函数迭代过程

γ_k	1	0.1	0.01	0.001	…	0
$\boldsymbol{X}$	2	1.316	1.100	1.032	…	1
$\psi(\boldsymbol{X},\ \gamma_k)$	3	1.632	1.200	1.063	…	1

罚函数图解如图 5-2 所示。

下面再给出一个用另一种形式构造障碍函数来求解约束最优化问题的例子。

【例题 5-4】 试用内点法求下列问题

$$\begin{cases}\min f(\boldsymbol{X})=x_1+x_2\\ \text{s.t. } g_1(\boldsymbol{X})=-x_1^2+x_2\geqslant 0\\ \qquad g_2(\boldsymbol{X})=x_1\geqslant 0\end{cases}$$

解： 根据障碍函数的性质，障碍函数可以采用自然对数

$$\psi(\boldsymbol{X},\gamma)=x_1+x_2-\gamma\ln(-x_1^2+x_2)-\gamma\ln x_1$$

设 $\gamma_k=c\gamma_0$，求上述无约束最优化问题，计算步骤略。内点法迭代过程见表 5-2，内点法设计空间示意图如图 5-3 所示。

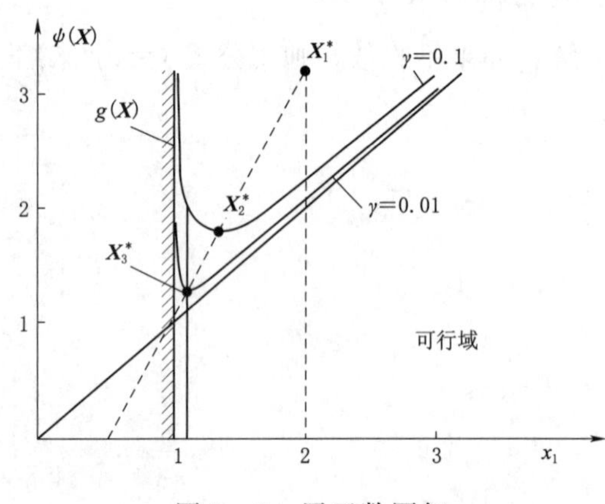

图 5-2　罚函数图解

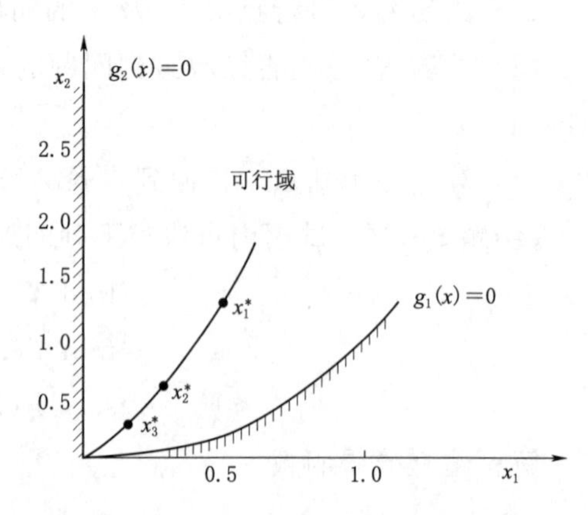

图 5-3　内点法设计空间示意图

表 5-2　　内点法迭代过程

参数	γ_k	$x_1^*(\gamma_k)$	$x_2^*(\gamma_k)$	$\psi(\boldsymbol{X}^*,\gamma_k)$
γ_1	1.000	0.500	1.250	2.443
γ_2	0.500	0.309	0.595	1.838
γ_3	0.250	0.183	0.283	1.238
γ_4	1.100	0.085	0.107	0.669
γ_5	0.001	0.001	0.001	0.016
γ_6	0.0001	0.000	0.000	0.000

5.3.2 外点罚函数法

外点罚函数法，是将一般形式式（5－30）的约束最优化问题，转化为求解一系列如下形式的无约束最优化问题

$$\min\psi(\boldsymbol{X},\gamma)=f(\boldsymbol{X})+\gamma_k\sum_{j=1}^{m}\langle g_j(\boldsymbol{X})\rangle \quad (k=1,2,\cdots) \tag{5-31}$$

系数 γ_k 的序列为

$$0<\gamma_1<\gamma_2<\cdots<\gamma_k<\gamma_{k+1}<\cdots$$

$$\lim_{k\to\infty}\gamma_k\to\infty$$

逐一选取系数 γ_k，求出相应的新的目标函数 $\psi(\boldsymbol{X},\ \gamma)$ 的极小点 $\boldsymbol{X}^k$，从而得到一极小点的序列 $\boldsymbol{X}^{(1)},\boldsymbol{X}^{(2)},\boldsymbol{X}^{(3)},\cdots,\boldsymbol{X}^{(k)},\boldsymbol{X}^{(k+1)},\cdots\cdots$。如果把无约束最优化问题看作是以 γ 为参数的一条轨迹，当 $\gamma_k\to\infty$时，点列 $\boldsymbol{X}^{(k)}$ 沿着这条轨迹趋于约束最优解 $\boldsymbol{X}^*$，即

$$\lim_{k\to\infty}\boldsymbol{X}^k=\boldsymbol{X}^*$$

最小化 $\psi(\boldsymbol{X},\ \gamma)$ 的方法，可以选用合适的无约束最优化算法。关键问题在于 γ 的选择，通常初始的 γ 值不能选得太大，否则将使罚函数图形显出严重的畸形或偏心，当 γ 进一步增加时，该函数的性质将进一步变坏。这时，只要迭代方向或步长稍有误差，函数值就将发生急剧的变化，很难求出正确的解。因此应该从较小的 γ 数值开始，使 $\psi(\boldsymbol{X},\ \gamma)$ 中的 $f(\boldsymbol{X})$ 项与惩罚项具有相同数量级，同时搜索过程中增大的 γ 值，尽量使得前后两项有相同的数量级。

解题步骤如下：

（1）给定 $\varepsilon>0$，取一个恰当的 $\gamma>0$，由一个初始点开始搜索，$1\to k$。

（2）按式（5－31）建立罚函数。

（3）任选一初始点 $\boldsymbol{X}^{(0)}$。

（4）从 $\boldsymbol{X}^{(0)}$ 开始搜索函数的最优解（如共轭方向法等）。

（5）检查 $\boldsymbol{X}^{(k)}$ 是否满足

$$g_j(\boldsymbol{X}^{(k)})\leqslant\varepsilon$$

如果满足上述条件，停止搜索，$\boldsymbol{X}^*=\boldsymbol{X}^{(k)}$，否则再选取一个 $\gamma_{k+1}>\gamma_k$，从 $\boldsymbol{X}^{(k)}$ 开始，让 $k+1\to k$，回到步骤（2）。

【例题 5－5】 如图 5－4 所示，求以下问题的最优解。

$$\begin{cases}\text{find } \boldsymbol{X}=[x_1,x_2]^{\mathrm{T}}\\ \min\ f(\boldsymbol{X})=(x_1-3)^2+(x_2-2)^2\\ \text{s.t. } h(\boldsymbol{X})=x_1+x_2-4=0\end{cases}$$

解： 按式（5－27）建立罚函数。因为只有等式约束，所以从各方向趋近它都是从不可行区域到边界，这种情况又称为广义外点法。

$$\psi(\{X\},\gamma)=(x_1-3)^2+(x_2-2)^2+\gamma(x_1+x_2-4)^2$$

令
$$\gamma_1=1,\psi_1=(x_1-3)^2+(x_2-2)^2+(x_1+x_2-4)^2$$

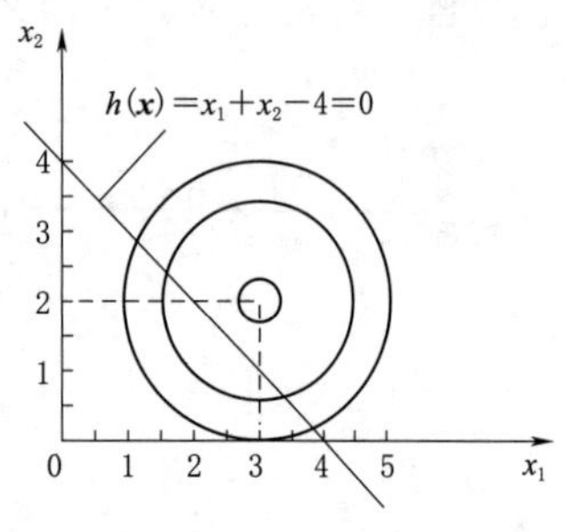

图 5－4　设计空间示意图

用解析法求解。令

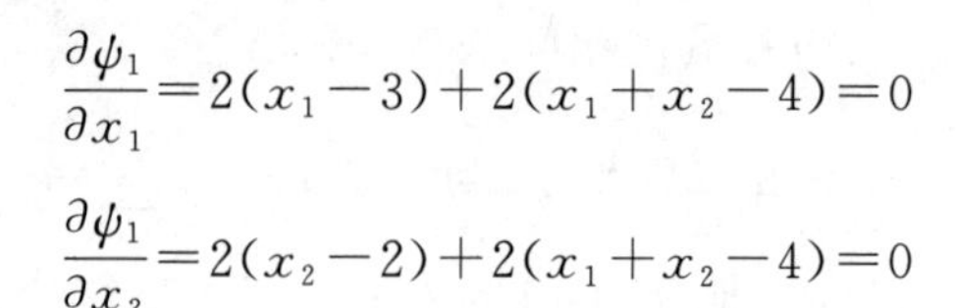

$$\frac{\partial\psi_1}{\partial x_1}=2(x_1-3)+2(x_1+x_2-4)=0$$

$$\frac{\partial\psi_1}{\partial x_2}=2(x_2-2)+2(x_1+x_2-4)=0$$

即

$$2x_1+x_2-7=0$$

$$x_1+2x_2-6=0$$

解方程得

$$\boldsymbol{X}^{(1)}=\begin{bmatrix}8/3\\5/3\end{bmatrix}$$

代入约束条件，并计算罚函数值

$$h(\boldsymbol{X}^{(1)})=\left(\frac{8}{3}+\frac{5}{3}-4\right)=\frac{1}{3}>0$$

$$\psi_1(\boldsymbol{X}^{(1)},1)=\frac{2}{9}+\frac{1}{9}=\frac{1}{3}$$

令 $\gamma_2=2\times\gamma_1=2$，这时

$$\frac{\partial\psi_2}{\partial x_1}=3x_1+2x_2-11=0$$

$$\frac{\partial\psi_2}{\partial x_2}=2x_1+3x_2-10=0$$

解得

$$\boldsymbol{X}^{(2)}=\begin{bmatrix}13/5\\8/5\end{bmatrix}$$

此时

$$h(\boldsymbol{X}^{(2)},2)=\frac{1}{5}>0$$

$$\psi_3(\boldsymbol{X}^{(2)},2)=\frac{8}{25}+\frac{2}{25}=\frac{2}{5}$$

令 $\gamma_3=2\times\gamma_2=4$，这时

$$\frac{\partial\psi_3}{\partial x_1}=5x_1+4x_2-19=0$$

$$\frac{\partial\psi_3}{\partial x_2}=4x_1+5x_2-18=0$$

解得

$$X^{(3)}=\begin{bmatrix}23/9\\14/9\end{bmatrix}$$

此时

$$h(X^{(3)})=\frac{1}{9}>0$$

$$\psi_3(X^{(3)},4)=\frac{32}{81}+\frac{4}{81}=\frac{36}{81}=\frac{4}{9}$$

令 $\gamma_4=2\times\gamma_3=8$，这时

$$\frac{\partial\psi_4}{\partial x_1}=9x_1+8x_2-35=0$$

$$\frac{\partial\psi_4}{\partial x_2}=8x_1+9x_2-34=0$$

解得

$$X^{(4)}=\begin{bmatrix}43/17\\26/17\end{bmatrix}$$

此时

$$h(X^{(4)})=\frac{1}{17}>0$$

$$\psi_4(X^{(4)},8)=\frac{128}{289}+\frac{8}{289}=\frac{136}{289}=\frac{8}{17}$$

令 $\gamma_5=2\times\gamma_4=16$，这时

$$\frac{\partial\psi_5}{\partial x_1}=17x_1+16x_2-67=0$$

$$\frac{\partial\psi_5}{\partial x_2}=16x_1+17x_2-66=0$$

解得

$$X^{(5)}=\begin{bmatrix}83/33\\50/33\end{bmatrix}=\begin{bmatrix}2.515\\1.515\end{bmatrix}$$

此时

$$h(X^{(5)})=1/33=0.0303$$

$$\psi_5(X^{(5)},16)=\frac{512}{1089}+\frac{16}{1089}=\frac{16}{33}=0.4848$$

若等式约束允许误差为小于5%，则计算至第五步即可以认为收敛到最优解，而精确解为

$$X^{*}=\begin{bmatrix}2.500\\1.500\end{bmatrix}$$

$$f(\boldsymbol{X}^*)=0.50$$

对于本例来说，根据 $h(\boldsymbol{X}^{(1)})=1/3$ 较大，每级 γ 可适当取大些，如取 $\gamma=1$，5^2，5^4，…或者 $\gamma=1$，10^2，10^4，…。取 $\gamma=1$，10^2，10^4，…重算一次，将两种取法加以比较。

令 $\gamma=1$ 时

$$\boldsymbol{X}^{(1)}=\begin{bmatrix}8/3\\5/3\end{bmatrix}$$

$$h(\boldsymbol{X}^{(1)})=\frac{1}{3}$$

$$\psi_1(\boldsymbol{X}^{(1)},1)=\frac{1}{3}$$

令 $\gamma=10$ 时，计算略。

令 $\gamma=10^2$ 时

$$\frac{\partial\psi_3}{\partial x_1}=101x_1+100x_2-403=0$$

$$\frac{\partial\psi_3}{\partial x_2}=100x_1+101x_2-402=0$$

解得

$$\boldsymbol{X}^{(3)}=\begin{Bmatrix}\dfrac{503}{201}\\\dfrac{302}{201}\end{Bmatrix}=\begin{Bmatrix}2.5025\\1.5025\end{Bmatrix}$$

此时

$$h(\boldsymbol{X}^{(3)})=\frac{1}{201}=0.0050$$

$$\psi_3(\boldsymbol{X}^{(3)},100)=\frac{20000}{40401}-\frac{100}{40401}=0.4926$$

由此可以看出，只计算至第三步就比前面计算五步的结果还要精确得多。因此，在解题时，如何根据实际情况，迅速确定 γ 的取值很重要。

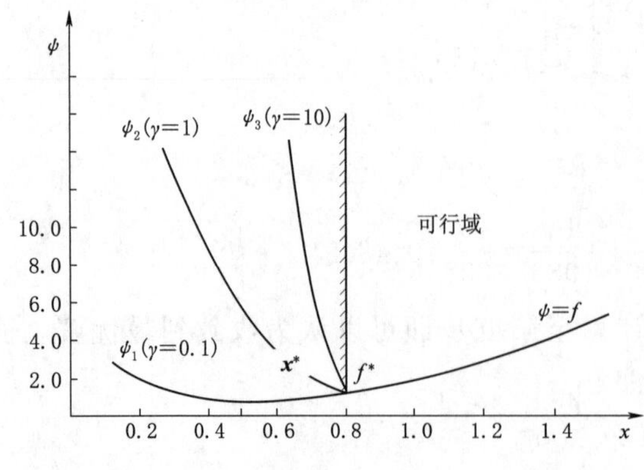

图5-5 关于 x 的 ψ 的等值线（外罚函数）

【例题5-6】 参见图5-5，求解以下问题

$$\begin{cases}\text{find } \boldsymbol{X}=\{x_1\}\\ \min\ f(\boldsymbol{X})=2x_1^2\\ \text{s. t. } g_1(\boldsymbol{X})=4-5x_1\leqslant 0\end{cases}$$

解：按式（5－31）构造的罚函数

$$\psi_1(\boldsymbol{X},0.1)=2x^2+\gamma(4-5x)^2$$

设 $\gamma_1=0.1$

$$\psi_1(\boldsymbol{X},0.1)=2x^2+0.1\times(4-5x)^2$$

令

$$\frac{\partial\psi_1}{\partial x}=4x+0.2\times(-5)(4-5x)=0$$

解得

$$\boldsymbol{X}^{(1)}=\frac{4}{9}=0.44$$

此时

$$g_1(\boldsymbol{X}^{(1)})=1.7778$$

$$\psi_1(\boldsymbol{X}^{(1)},0.1)=2\times\frac{16}{81}+0.1\times\left(4-5\times\frac{4}{9}\right)^2$$

$$=\frac{32}{81}+\frac{25.6}{81}=\frac{57.6}{81}=0.71$$

令 $\gamma_2=1$

$$\boldsymbol{X}^{(2)}=0.741$$

$$g_1(\boldsymbol{X}^{(2)})=0.295$$

$$\psi_2(\boldsymbol{X}^{(2)},1)=1.185$$

$$f(\boldsymbol{X}^{(2)})=1.098$$

令 $\gamma_3=10$

$$\boldsymbol{X}^{(3)}=0.794$$

$$g_1(\boldsymbol{X}^{(3)})=0.03$$

$$\psi_2(\boldsymbol{X}^{(3)},1)=1.270$$

$$f(\boldsymbol{X}^{(3)})=1.260$$

若假定误差在5%以内，则 $\boldsymbol{X}^*=\boldsymbol{X}^{(3)}=0.794$，此时可取相应罚函数值作为最优目标函数值，即

$$f^*=\psi_3=1.270$$

关于 ψ、$\boldsymbol{f}$ 和 $\boldsymbol{X}$ 随 γ 的变化曲线，如图5-6所示，由图可以看出，当 $\gamma\to\infty$ 时 $\psi\to \boldsymbol{f}$。

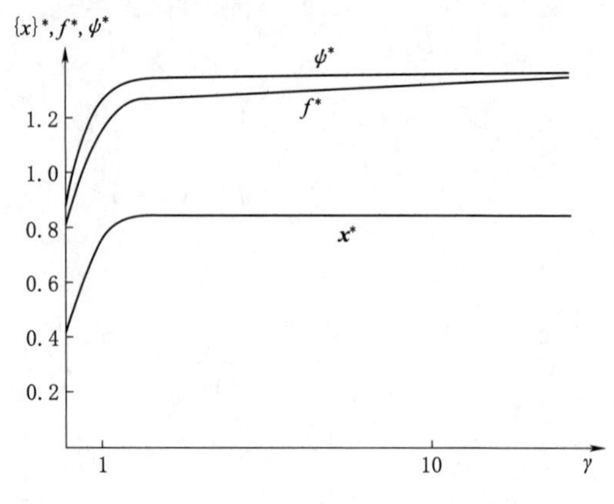

图5-6 ψ^*、f^*、$\boldsymbol{x}^*$ 随 γ 的变化（外罚函数）

5.3.3 混合罚函数法

对于一般形式的最优化问题，求

$$\begin{cases}\text{find } \boldsymbol{X}=[x_1,x_2,\cdots,x_n]^{\mathrm{T}} \\ \min f(\boldsymbol{X}) \\ \text{s.t. } g_i(\boldsymbol{X})\leqslant 0 \quad (i=1,2,\cdots,m) \\ \qquad h_j(\boldsymbol{X})=0 \quad (j=1,2,\cdots,k)\end{cases}$$

上述约束最优化问题可化为求如下形式的无约束最优化问题

$$\min\psi(\boldsymbol{X},\gamma)=f(\boldsymbol{X})-\gamma_k\sum\frac{1}{g_i(\boldsymbol{X})}+\frac{1}{\gamma_k}\sum_{j=1}^{k}[h_j(\boldsymbol{X})]^2 \tag{5-32}$$

当不等式约束 $g_i(\boldsymbol{X})\geqslant 0$ 时，亦可转化为另一种形式的无约束最优化问题

$$\min\psi(\boldsymbol{X},\gamma)=f(\boldsymbol{X})-\gamma_k\sum_{i=1}^{m}\ln g_i(\boldsymbol{X})+\frac{1}{\gamma_k}\sum_{j=1}^{k}[h_j(\boldsymbol{X})]^2 \tag{5-33}$$

而 γ_k 满足要求

$$\gamma_1>\gamma_2>\cdots\gamma_k>\gamma_{k+1}>\cdots>0$$

$$\lim_{k\to\infty}\gamma_k=0$$

上述构造的无约束最优化问题，从不等式约束角度看，是用内点法，从等式约束看是用外点法，故称此为混合法。

5.4 罚乘子法

罚乘子法（penalty multiplier method）是由 Powell 和 Hestenes 彼此独立地针对等式约束问题提出的，随后由 Rockafeller 将其推广到不等式约束的情形，又称 P-H-R 方法。

5.4.1 罚乘子法的基本思想

考虑等式约束的非线性极小化问题

$$\begin{cases}\text{find } \boldsymbol{X}=[x_1,x_2,\cdots,x_n]^{\mathrm{T}} \\ \min f(\boldsymbol{X}) \\ \text{s.t. } h_k(\boldsymbol{X})=0 \quad (k=1,2,\cdots,m)\end{cases} \tag{5-34}$$

假定 $f(\boldsymbol{X})$ 及所有约束函数 $h_k(\boldsymbol{X})$ 都有二阶连续偏导数，并且记 $\boldsymbol{C}(\boldsymbol{X})=[h_1(\boldsymbol{X}),h_2(\boldsymbol{X}),\cdots,h_m(\boldsymbol{X})]^{\mathrm{T}}$，$\boldsymbol{D}(\boldsymbol{X})=[\nabla h_1(\boldsymbol{X}),\nabla h_2(\boldsymbol{X}),\cdots,\nabla h_m(\boldsymbol{X})]^{\mathrm{T}}$。设 $\boldsymbol{X}^*$ 为极值问题（5-34）的解，且相应的拉格朗日乘子向量为 $\boldsymbol{\lambda}^*$。由 K-T 条件知道 $\boldsymbol{X}^*$ 必定是拉格朗日函数的稳定点，即

$$\nabla l(\boldsymbol{X}^*,\boldsymbol{\lambda}^*)=0 \tag{5-35}$$

其中拉格朗日函数

$$l(\boldsymbol{X},\boldsymbol{\lambda})=f(\boldsymbol{X})+\sum_{k=1}^{m}\lambda_k h_k(\boldsymbol{X}) \tag{5-36}$$

一般说来，函数 $l(\boldsymbol{X},\boldsymbol{\lambda})$ 的二阶偏导数矩阵，即 Hessian 矩阵

$$\boldsymbol{H}^*=\left[\frac{\partial^2 l}{\partial x_i \partial x_j}\right]_{\boldsymbol{X}^*,\boldsymbol{\lambda}^*}\quad(i,j=1,2,\cdots,n) \tag{5-37}$$

并不是正定的，亦即 $\boldsymbol{X}^*$ 并不是拉格朗日函数（5-36）的极小点。为此，引进另一个极值问题。考虑

$$F(\boldsymbol{X})=f(\boldsymbol{X})+\frac{1}{2}\gamma\sum_{k=1}^{m}h_k^2(\boldsymbol{X}) \tag{5-38}$$

式中　γ——罚参数。

考虑极值问题

$$\begin{cases}\min F(\boldsymbol{X})\\ \text{s.t.}\ \ h_k(\boldsymbol{X})=0\quad(k=1,2,\cdots,m)\end{cases} \tag{5-39}$$

该问题是式（5-34）的增广极值问题。由于 $\boldsymbol{C}(\boldsymbol{X}^*)=\boldsymbol{0}$，式（5-38）中后一项为零，显然，这两个极值问题有相同的解，增广极值问题的拉格朗日函数为

$$\begin{aligned}L(\boldsymbol{X},\boldsymbol{\lambda},\gamma)&=f(\boldsymbol{X})+\frac{1}{2}\gamma\sum_{k=1}^{m}h_k^2(\boldsymbol{X})+\sum_{k=1}^{m}\lambda_k h_k(\boldsymbol{X})\\&=l(\boldsymbol{X},\boldsymbol{\lambda})+\frac{1}{2}\gamma\sum_{k=1}^{m}h_k^2(\boldsymbol{X})\end{aligned} \tag{5-40}$$

称为增广拉格朗日函数（Augmented Lagrange Function）。显然有

$$\nabla L(\boldsymbol{X}^*,\boldsymbol{\lambda}^*,\gamma)=\nabla l(\boldsymbol{X}^*,\boldsymbol{\lambda})+\gamma\sum_{k=1}^{m}h_k(\boldsymbol{X}^*)\ \nabla h_k(\boldsymbol{X}^*)=\boldsymbol{0} \tag{5-41}$$

可见，不管 γ 取何值，增广极值问题（5-40）不仅与原问题（5-36）有相同的解，而且还有相同的拉格朗日乘子向量 $\boldsymbol{\lambda}$。

考虑增广拉格朗日函数 $L(\boldsymbol{X},\boldsymbol{\lambda},\gamma)$ 的二阶偏导数矩阵即 L 的 Hessian 矩阵

$$\begin{aligned}\boldsymbol{J}^*=\left[\frac{\partial^2 L}{\partial x_i \partial x_j}\right]_{(\boldsymbol{X}^*,\boldsymbol{\lambda}^*)}&=\boldsymbol{H}^*+\gamma\left(\sum_{k=1}^{m}\frac{\partial h_k}{\partial x_i}\frac{\partial k_k}{\partial x_j}\right)x^*\\&=\boldsymbol{H}^*+\gamma\boldsymbol{D}^*(\boldsymbol{D}^*)^{\mathrm{T}}\end{aligned} \tag{5-42}$$

式（5-42）中 $i,j=1,2,\cdots,n$。Luenberger 和 Fletcher 都证明了，在某些并不苛刻的条件下，必定存在一个 γ'，对一切满足 $\gamma\geqslant\gamma'$ 的罚参数，$L(\boldsymbol{X},\boldsymbol{\lambda},\gamma)$ 的 Hessian 矩

阵 $\boldsymbol{J}^*$ 总是正定的。看一简单的例子，考虑

$$\begin{cases}\min\ f(\boldsymbol{X})=x_1^2-3x_2-x_2^2\\ \text{s. t. }\ h(\boldsymbol{X})=x_2=0\end{cases}$$

不难求得最优解 $\boldsymbol{X}^*=[0,\ 0]^{\mathrm{T}}$，相应的拉格朗日乘子 $\lambda^*=3$。$f(\boldsymbol{X})$ 的拉格朗日函数为 $l(X,\lambda)=x_1^2-3x_2-x_2^2+\lambda x_2=x_1^2+(\lambda-3)x_2-x_2^2$，其 Hessian 矩阵 $\boldsymbol{H}=\begin{bmatrix}2 & 0\\ 0 & -2\end{bmatrix}$不正定。令 $F=f+\frac{1}{2}\gamma h^2=x_1^2-3x_2+\left(\frac{1}{2}\gamma-1\right)x_2^2$，考虑

$$\begin{cases}\min\ F(\boldsymbol{X})\\ \text{s. t. }\ h(\boldsymbol{X})=0\end{cases}$$

显然，$\boldsymbol{X}^*$ 与 $\boldsymbol{\lambda}^*$ 均未改变，但增广拉格朗日函数为

$$L(\boldsymbol{X}^*,\boldsymbol{\lambda}^*,\gamma)=l(\boldsymbol{X},\boldsymbol{\lambda})+\frac{1}{2}\gamma x_2^2+(\lambda-3)x_2+\left(\frac{1}{2}\gamma-1\right)x_2^2$$

其中 Hessian 矩阵

$$\boldsymbol{J}=\begin{bmatrix}2 & 0\\ 0 & \gamma-2\end{bmatrix}$$

只要取 $\gamma>2$，则 $\boldsymbol{J}$ 在全平面上处处正定了。

根据增广拉格朗日函数的这一特性，可知，当罚参数取足够大的值，使 $\gamma\geqslant\gamma'$，且取 $\boldsymbol{\lambda}=\boldsymbol{\lambda}^*$ 时，由于

$$\nabla L(\boldsymbol{X}^*,\boldsymbol{\lambda}^*,\gamma)=0$$

且 $\boldsymbol{J}^*=J(\boldsymbol{X}^*)$ 正定，故 $\boldsymbol{X}^*$ 是函数 $L(\boldsymbol{X},\ \boldsymbol{\lambda}^*,\ \gamma)$ 的极小点。因此，求解原问题 (5-34) 的最优解可以化为求解无约束极值问题

$$\min L(\boldsymbol{X},\boldsymbol{\lambda}^*,\gamma)(\gamma\geqslant\gamma') \tag{5-43}$$

在求解无约束极值问题 (5-43) 时，还有一个困难，即 $\boldsymbol{\lambda}^*$ 是未知的，为克服这一困难，对任一组乘子向量 $\boldsymbol{\lambda}$，求解无约束极值问题

$$\min L(\boldsymbol{X},\boldsymbol{\lambda},\gamma) \tag{5-44}$$

假定罚参数 γ 取定为某一大于 r' 的常数，这样 L 只是与 $\boldsymbol{X}$ 与 $\boldsymbol{\lambda}$ 的函数，故式 (5-43) 可写为

$$\min L(\boldsymbol{X},\boldsymbol{\lambda}) \tag{5-45}$$

式 (5-44) 的稳定条件为

$$\nabla L=\nabla f+\sum_{k=1}^{m}\lambda_k\ \nabla h_k=0 \tag{5-46}$$

写成分量形式即为

$$\frac{\partial f}{\partial x_i}+\sum_{k=1}^{m}\lambda_k\frac{\partial h_k}{\partial x_i}=0\quad(i=1,2,\cdots,n)\tag{5-47}$$

这是关于 $\boldsymbol{X}$ 和 $\boldsymbol{\lambda}$ 的 $n+m$ 个分量的 n 个方程组。($\boldsymbol{X}^*$，$\boldsymbol{\lambda}^*$) 显然是满足该方程组的，而且在 ($\boldsymbol{X}^*$，$\boldsymbol{\lambda}^*$) 处该方程组关于 $\boldsymbol{X}$ 的 Jacobi 矩阵（对各 x_j 的一阶偏导数矩阵）恰好就是 L 的 Hessian 矩阵 J^*，故它是正定的，非奇异的。由隐函数定理可知，式（5-47）确定了一个 λ 为自变量的隐函数，式（5-46）、式（5-47）的唯一解 $\boldsymbol{X}(\boldsymbol{\lambda})$ 不仅是问题（5-45）的稳定点，而且还是极小点。记

$$\tilde{L}(\boldsymbol{\lambda})=L[\boldsymbol{X}(\boldsymbol{\lambda}),\boldsymbol{\lambda}]\tag{5-48}$$

表示式（5-45）的极小值，称为 L 的极小值函数。考察 $\tilde{L}(\lambda)$ 的特性，计算 $\tilde{L}(\lambda)$ 对 $\boldsymbol{\lambda}$ 的一阶与二阶导数，有

$$\frac{\partial\tilde{L}}{\partial\lambda_i}\left(\sum\frac{\partial L}{\partial x_j}\frac{\partial x_j}{\partial\lambda_j}+\frac{\partial L}{\partial\lambda_i}\right)\bigg|_{\boldsymbol{X}(\lambda)}\quad(i=1,2,\cdots,m)\tag{5-49}$$

由于 $\boldsymbol{X}(\boldsymbol{\lambda})$ 是（5-45）的极小点，故

$$\frac{\partial L}{\partial x_j}\bigg|_{\boldsymbol{X}(\boldsymbol{\lambda})}=0\quad(j=1,2,\cdots,n)$$

因而有

$$\frac{\partial\tilde{L}}{\partial\lambda_i}=\frac{\partial L}{\partial\lambda_i}\bigg|_{\boldsymbol{X}(\boldsymbol{\lambda})}=h_i[\boldsymbol{X}(\boldsymbol{\lambda})]\tag{5-50}$$

写成矩阵形式

$$\nabla_\lambda\tilde{L}=C[\boldsymbol{X}(\boldsymbol{\lambda})]\tag{5-51}$$

再由式（5-50）对 $\boldsymbol{\lambda}$ 求导

$$\frac{\partial^2\tilde{L}}{\partial\lambda_i\partial\lambda_j}=\sum_{k=1}^{m}\frac{\partial h_i}{\partial x_k}\frac{\partial x_k}{\partial\lambda_j}\quad(i,j=1,2,\cdots,n)\tag{5-52}$$

写成矩阵形式

$$\tilde{J}(\boldsymbol{\lambda})=D[\boldsymbol{X}(\boldsymbol{\lambda})]^{\mathrm{T}}\boldsymbol{W}(\boldsymbol{\lambda})\tag{5-53}$$

其中

$$\boldsymbol{W}(\boldsymbol{\lambda})=\begin{bmatrix}\frac{\partial x_1}{\partial\lambda_1}&\frac{\partial x_1}{\partial\lambda_2}&\cdots&\frac{\partial x_1}{\partial\lambda_m}\\\frac{\partial x_2}{\partial\lambda_1}&\frac{\partial x_2}{\partial\lambda_2}&\cdots&\frac{\partial x_2}{\partial\lambda_m}\\\vdots&&&\vdots\\\frac{\partial x_n}{\partial\lambda_1}&\frac{\partial x_n}{\partial\lambda_2}&\cdots&\frac{\partial x_n}{\partial\lambda_m}\end{bmatrix}\tag{5-54}$$

为求得 $\boldsymbol{W}(\boldsymbol{\lambda})$，注意到 $\boldsymbol{X}(\boldsymbol{\lambda})$ 是式（5-49）的解。故在式（5-49）两端对 λ_j 求导有

$$\sum_{s=1}^{n}\frac{\partial^2 f}{\partial x_i\partial x_s}\frac{\partial x_s}{\partial\lambda_j}+\sum_{k=1}^{m}\lambda_k\left(\sum_{s=1}^{m}\frac{\partial^2 h_k}{\partial x_i\partial x_s}\frac{\partial x_s}{\partial\lambda_j}\right)+\frac{\partial h_j}{\partial x_i}=0$$

整理有：

$$\sum_{s=1}^{n}\left(\frac{\partial^2 f}{\partial x_i\partial x_s}+\sum_{k=1}^{m}\lambda_k\frac{\partial^2 h_k}{\partial x_i\partial x_s}\right)\frac{\partial x_s}{\partial\lambda_j}+\frac{\partial h_j}{\partial x_i}=0$$

即

$$\sum\frac{\partial^2 L}{\partial x_i\partial x_s}\frac{\partial x_s}{\partial\lambda_j}+\frac{\partial h_j}{\partial x_i}=0\quad(i=1,2,\cdots,n,j=1,2,\cdots,m)$$

写成矩阵形式

$$\boldsymbol{JW}+\boldsymbol{D}=0$$

从而解得

$$\boldsymbol{W}=-\boldsymbol{J}^{-1}\boldsymbol{D}\tag{5-55}$$

代入式（5-52）有

$$\tilde{\boldsymbol{J}}(\boldsymbol{\lambda})=-\boldsymbol{D}^{\mathrm{T}}\boldsymbol{J}^{-1}\boldsymbol{D}\tag{5-56}$$

当 $\boldsymbol{\lambda}=\boldsymbol{\lambda}^*$ 时，$\boldsymbol{X}(\boldsymbol{\lambda}^*)=\boldsymbol{X}^*$，由式（5-51）和式（5-56）可以看出：$\nabla_\lambda\tilde{\boldsymbol{L}}(\boldsymbol{\lambda}^*)=0$，$\tilde{\boldsymbol{J}}(\lambda^*)=-(\boldsymbol{D}^*)^{\mathrm{T}}(\boldsymbol{J}^*)^{-1}\boldsymbol{D}^*$ 为负定矩阵。

从而 $\boldsymbol{\lambda}$ 为 $\tilde{\boldsymbol{L}}$ 的极大点。只要求得极小值函数 $\tilde{\boldsymbol{L}}(\lambda)$ 的极大点便可求得 $\boldsymbol{\lambda}^*$。

用 Newton 法求解 $\max\tilde{\boldsymbol{L}}(\lambda)$ 有

$$\begin{aligned}\lambda_{k+1}&=\lambda_k-[\tilde{\boldsymbol{J}}(\lambda_k)\nabla_\lambda(\lambda_k)]\\&=\lambda_k+(\boldsymbol{D}^{\mathrm{T}}\boldsymbol{J}^{-1}\boldsymbol{D})^{-1}\nabla_\lambda\tilde{\boldsymbol{L}}|_{\lambda_k}\end{aligned}\tag{5-57}$$

由于精确计算 $(\boldsymbol{D}^{\mathrm{T}}\boldsymbol{J}^{-1}\boldsymbol{D})^{-1}$ 相当复杂且花费时间，采用近似方法求解。对于足够大的 γ，将 $\boldsymbol{J}$ 近似为

$$\boldsymbol{J}\approx\boldsymbol{H}+\gamma\boldsymbol{DD}^{\mathrm{T}}\approx\gamma\boldsymbol{DD}^{\mathrm{T}}$$

从而

$$(\boldsymbol{D}^{\mathrm{T}}\boldsymbol{J}^{-1}\boldsymbol{D})^{-1}\approx\gamma\boldsymbol{I}$$

代入式（5-57）有

$$\lambda_{k+1}=\lambda_k+\gamma\nabla_\lambda\tilde{\boldsymbol{L}}(\lambda_k)=\lambda_k+\gamma\boldsymbol{C}(X_k)\tag{5-58}$$

这便是求解 $\boldsymbol{\lambda}^*$ 的迭代过程，称为乘子迭代。

由上面的推导可以看出，求解 $\boldsymbol{L}$ 的无约束极小点与乘子迭代是同时进行的。对取定的 $\boldsymbol{\lambda}$ 和 γ 求 $\boldsymbol{L}$ 的极小点 $\boldsymbol{X}=\boldsymbol{X}(\lambda)$，利用该 $\boldsymbol{X}$ 通过式（5-58）进行乘子迭代得到新的 λ；构成新的 $\boldsymbol{L}$ 后再求解新的 $\boldsymbol{X}$，直至 $\boldsymbol{X}\to\boldsymbol{X}^*$，同时 $\lambda=\lambda^*$。再考虑带不等式约束的极值问题

$$\begin{cases}\text{find } \boldsymbol{X} \\ \min\ f(\boldsymbol{X}) \\ \text{s. t. } g_j(\boldsymbol{X}) \leqslant 0 \quad (j=1,2,\cdots,m)\end{cases} \tag{5-59}$$

引进松弛变量 $\boldsymbol{Z}=(z_1,z_2,\cdots,z_m)$，令

$$h_j(\boldsymbol{X},\boldsymbol{Z})=g_i(\boldsymbol{X})+z_j^2 \quad (j=1,2,\cdots,m) \tag{5-60}$$

于是可以利用前面所述的等式约束罚乘子法定义增广拉格朗日函数

$$L(\boldsymbol{X},\boldsymbol{Z},\boldsymbol{\lambda},\gamma)=f(\boldsymbol{X})+\frac{\gamma}{2}\sum_{j=1}^{m}h_j^2(\boldsymbol{X},\boldsymbol{Z})+\sum_{j=1}^{m}\lambda_j h_j(\boldsymbol{X},\boldsymbol{Z}) \tag{5-61}$$

选定罚参数 $\gamma \geqslant \gamma'$，并对某一组乘子向量 $\boldsymbol{\lambda}$，求出 $L(\boldsymbol{X},\boldsymbol{Z})$ 的无约束最优化解 $\overline{\boldsymbol{X}}=\boldsymbol{X}(\lambda)$，$\overline{\boldsymbol{Z}}=\boldsymbol{Z}(\lambda)$；再按乘子迭代公式

$$\lambda_{k+1}=\lambda_k+\gamma \boldsymbol{C}(\overline{\boldsymbol{X}},\overline{\boldsymbol{Z}}) \tag{5-62}$$

写成分量形式

$$(\lambda_j)_{k+1}=(\lambda_j)_k+\gamma[g_i(\overline{\boldsymbol{X}})+\overline{z}_j^2] \quad (j=1,2,\cdots,m) \tag{5-63}$$

这样，求解增广拉格朗日函数 $\boldsymbol{L}$ 的无约束极小化与乘子迭代过程反复交替进行，直至 $\boldsymbol{X}\to\boldsymbol{X}^*$，$\boldsymbol{Z}\to\boldsymbol{Z}^*$，$\lambda\to\lambda^*$。从上面的推导可以看出，不等式约束的极值问题与等式约束的情形在计算过程上完全一样。但由于增加了松弛变量 $\boldsymbol{Z}$，使原来的 n 维极值问题变为 $n+m$ 维问题。因此不但增加了计算工作量，而且还会给数值最小化过程带来困难，必须加以简化。简化的主要思想是将松弛变量从增广拉格朗日函数中消去。求解增广拉格朗日函数极小值的过程可以分为两步进行，首先对 $\boldsymbol{Z}$ 求极值

$$\psi(\boldsymbol{X})=\min_{z}(\boldsymbol{X},\boldsymbol{Z}) \tag{5-64}$$

再求解 $\min\psi(\boldsymbol{X})$。

求 L 关于 $\boldsymbol{Z}$ 的极小值

$$\nabla_z L(\boldsymbol{X},\boldsymbol{Z})=0 \tag{5-65}$$

写成分量形式

$$z_j[\lambda_j+\gamma g_j(\boldsymbol{X})+\gamma z_j^2]=0 \quad (j=1,2,\cdots,m) \tag{5-66}$$

其解分两种情形

当 $\lambda_j+\gamma g_j(\boldsymbol{X})\geqslant 0$ 时，
$$z_j=0 \tag{5-67}$$

当 $\lambda_j+\gamma g_j(\boldsymbol{X})<0$ 时，
$$z_j=-\left[g_j(\boldsymbol{X})+\frac{\lambda_j}{\gamma}\right] \tag{5-68}$$

将式（5-67）、式（5-68）合起来写为

$$z_j^2=\frac{1}{\gamma}\max[0,(\gamma g_j(\boldsymbol{X})+\lambda_j)] \quad (j=1,2,\cdots,m) \tag{5-69}$$

将式（5-69）代入式（5-61）及式（5-68），得

$$\psi(\boldsymbol{X})=f(\boldsymbol{X})+\frac{1}{2\gamma}\sum_{j=1}^{m}\{[0,\lambda_j+\gamma g_j(\boldsymbol{X})]^2-\lambda_j^2\} \tag{5-70}$$

$$(\lambda_j)_{k+1}=\max[0,(\lambda_j)_k+\gamma g_j(\boldsymbol{X})] \tag{5-71}$$

这里 $\psi(\boldsymbol{X})$ 即为不等式约束极值问题的增广拉格朗日函数，它与原先的函数 L 不同之处在于松弛变量 z_j 已完全消失。在无约束最小化过程中，对给定的 λ 及 γ，要求解 n 维无约束问题 $\min\psi(\boldsymbol{X})$，乘子迭代公式为式（5-71）。

5.4.2 罚乘子法的基本算法

考虑一般的优化问题

$$\begin{cases}\text{find } \boldsymbol{X}=[x_1,x_2,\cdots,x_n]^{\mathrm{T}} \\ \min f(\boldsymbol{X}) \\ \text{s.t. } h_k(\boldsymbol{X})=0 \quad (k=1,2,\cdots,n_j) \\ \qquad g_j(\boldsymbol{X})\leqslant 0 \quad (j=1,2,\cdots,n_i)\end{cases} \tag{5-72}$$

构造增广拉格朗日函数

$$L(\boldsymbol{X},\boldsymbol{\lambda},\boldsymbol{\mu},\gamma)=f(\boldsymbol{X})+\frac{\gamma}{2}\sum_{k=1}^{n_j}h_k^2(\boldsymbol{X})+\sum_{k=1}^{n_j}\lambda_k h_k(\boldsymbol{X}) + \frac{1}{2\gamma}\sum_{j=1}^{n_i}\{[\max(0,\mu_j+\gamma g_j(\boldsymbol{X}))]^2-\mu_j^2\} \tag{5-73}$$

在乘子迭代过程中，给定某个充分大的 $\gamma\geqslant\gamma'$，由下式进行乘子修正

$$\begin{aligned}&\lambda_j^{k+1}=\lambda_j^k+\gamma h_i(\boldsymbol{X}) \quad (i=1,2,\cdots,n_e)\\ &\mu_j^{k+1}=\max[0,\mu_j^k+\gamma g_j(\boldsymbol{X})] \quad (j=1,2,\cdots,n_i)\end{aligned} \tag{5-74}$$

罚乘子法基本算法如下：

（1）选取初始乘子向量 λ^0，μ^0 及适当罚参数 $\gamma^0>0$，选定 γ 的增长系数 β，精度控制参数 ε_1、ε_2 以及某个 γ，置 $k=0$。

（2）求解无约束极值问题 $\min L(\boldsymbol{X},\boldsymbol{\lambda}^k,\mu^k,\gamma^k)$，其中函数 L 由式（5-73）定义，其解设为 $\boldsymbol{X}^k$。

（3）计算

$$\|C_h(\boldsymbol{X}^k)\|=\left[\sum_{i=1}^{n_j}h_i^2(\boldsymbol{X})^k\right]^{\frac{1}{2}}$$

$$\|C_i(\boldsymbol{X}^k)\|=\left\{\sum[g_j(X)^k]+\frac{1}{\gamma}\max\{0,-[\gamma^k g_j(\boldsymbol{X})^k+\lambda_j^k]\}^2\right\}^{\frac{1}{2}}$$

如果 $\|C_h(\boldsymbol{X}^k)\|\leqslant\varepsilon_1$ 并且 $\|C_i(\boldsymbol{X}^{(k)})\|\leqslant\varepsilon_1$ 则 $\boldsymbol{X}^*=\boldsymbol{X}^k(\lambda=\lambda^*,\mu=\mu^*)$，计算终止，否则转下一步。

（4）乘子迭代过程，按式（5-75）由乘子 $\boldsymbol{\lambda}^k$，μ^k，及罚参数 γ^k 求出新的乘子向量 $\boldsymbol{\lambda}^{k+1}$、$\mu^{k+1}$。如果 $\|\lambda^{k+1}-\lambda^k\|<\varepsilon_2$ 且 $\|\mu^{k+1}-\mu^k\|_2<\varepsilon_2$ 则 $\boldsymbol{X}^*=\boldsymbol{X}^k$，计算终止，否则转下一步。

(5) 修正罚参数

$$\gamma^{k+1}=\begin{cases}\beta\gamma^{k}, \text{若} \dfrac{\| C_h(\boldsymbol{X}^k) \|}{C_h(\boldsymbol{X}^{k-1})}>\gamma, \dfrac{\| C_i(\boldsymbol{X}^k) \|}{C_i(\boldsymbol{X}^{k-1})}>\gamma \\ \gamma^{k}, \text{若} \dfrac{\| C_h(\boldsymbol{X}^k) \|}{C_h(\boldsymbol{X}^{k-1})}\leqslant\gamma, \dfrac{\| C_i(\boldsymbol{X}^k) \|}{C_i(\boldsymbol{X}^{k-1})}\leqslant\gamma\end{cases}$$

将 $k+1$ 的值赋予 k，回到第 2 步。

5.4.3 关于罚乘子法的说明

在利用上述算法编程计算时，以下几个问题需加以考虑。

(1) 罚参数 γ 的选取。从理论上讲存在着罚参数 γ'，当 $\gamma\geqslant\gamma'$ 时，乘子法收敛而无需将罚参数趋于无穷，但除去凸规划问题外，对每个具体问题一般并不能事先知道 γ' 的确切数值。并且，一开始就取很大的罚参数，会导致罚函数在最小化过程中碰到困难。为此，在上述算法中采用罚参数修正过程，在每一次迭代过程中将罚参数取定值为某一常数，并且根据此迭代过程的解接近边界的情况加以修正。初始罚函数 γ^0 的选取并无定论，可考虑将 γ^0 作为输入参数，以便对不同问题可以选择不同的初始罚参数。

(2) 在每个迭代过程修正罚参数时，一般将 β 取为 10，即每次修正时都将罚参数取为上一次的 β 倍（10 倍），γ 一般取 0.25。Powell 证明了当 γ 足够大后，必定能满足

$$\frac{\| C_h(\boldsymbol{X}^k) \|}{C_h(\boldsymbol{X}^{k-1})}\leqslant\gamma, \frac{\| C_i(\boldsymbol{X}^k) \|}{C_i(\boldsymbol{X}^{k-1})}\leqslant\gamma$$

如能满足这个条件，则 γ 不需要再增大了。

对于罚参数的修正还可以采用更为简单的方法，即在每一迭代过程中，不检查其解接近边界的情况，而总把 γ 增大 β 倍，只要罚参数 γ 不要增加太快，一般取 $\beta=2\sim4$，便可以使 $\boldsymbol{J}$ 还没有接近病态时乘子 λ 已更快地收敛于 λ^* 了。

(3) 在上面的算法中，对每个约束使用了同一个罚参数 γ，事实上，当各个约束函数的数量级相差较大时，可对每个约束函数选用不同的罚参数，在对罚参数修正时，根据每个约束的满足情况分别对相应的罚参数加以调整，当这些罚参数及其修正系数取同一数值时便是上述算法的情形。

(4) 在上述算法中采用了二次形式的罚函数，这是一种简便而实用的选择，事实上不一定局限于这种形式，只要是非负的，具有二阶导数且仅当满足所有约束时才会为零的惩罚函数都是可以的。

(5) 在推导乘子迭代公式时，运用了无约束极值问题的 Newton 法，并作了某些近似从而得到了直观、简便的乘子迭代公式。事实上可以采用多种无约束最优化方法求 $\max\widetilde{L}(\lambda)$，并且可以采用不同程度的近似形式，这样乘子迭代公式可以是多种多样的。

可以看出，罚乘子法实际上是综合了拉格朗日乘子法和罚函数法的思想，它克服

了普通罚函数法通常在罚参数 $\gamma\to\infty$ 时收敛才能实现，导致整个序列化迭代过程收敛较慢，而且当 γ 很大时由于罚函数病态导致无约束优化计算碰到困难等缺点，又避免了普通拉格朗日乘子法其拉格朗日函数的 Hessian 矩阵不正定的问题，具有较好的可靠性、稳定性，计算效率较高，同时计算结果亦有很好的精度。罚乘子法又称为增广拉格朗日乘子法。

【例题 5-7】 应用罚乘子法计算

$$\begin{cases}\min\ f(x)=x^2\\ \text{s. t.}\ \ g(x)=x-2=0\end{cases}$$

解：

首先，将约束条件加入目标函数中，构造增广的目标函数

$$F(x)=f(x)+\lambda g(x)$$

其次，求解增广的目标函数的最小值。为此，对 $F(x)$ 求导数，并令导数等于0

$$F'(x)=2x+\lambda=0$$

解出 $x=-\lambda/2$

由于约束条件 $g(x)=x-2=0$，可得到 $x=2$。

因此，更新拉格朗日乘子 λ：

$$\lambda=\lambda+2(2-2)=0$$

最后由于 $\lambda=0$，解满足约束。因此，最优解是 $x=2$。

5.5 可行方向法

可行方向法是求解非线性规划问题中直接处理约束的一种方法，一般适用于不等式约束问题。从任意的一个初始点 $\boldsymbol{S}_q$ 出发，寻找可行方向 $\boldsymbol{S}_q$ 和步长 a，逐次逼近最优点的各种不同方法总称为可行方向法。可行方向法确定搜索方向时要用到函数在某点的导数。其特点是收敛快，但程序设计较为复杂。

可行方向法的基本思路：从给定的初始可行设计点出发，沿改善的可行方向以一定的步长移到另一可行设计点，如此反复多次，直到收敛。

可行方向法的计算步骤如下：

(1) 确定初始可行点 $\boldsymbol{X}_q$，即 $\boldsymbol{X}$ 必须满足所有约束条件。记为 $\boldsymbol{X}_q\in\boldsymbol{R}^n$。

(2) 寻找有用的可行方向 $\boldsymbol{S}_q$。若存在数 $a_0>0$，使对于任意 $a\in(0,\ a_0)$，有当 $\boldsymbol{S}_q\in R^n$ 时

$$\boldsymbol{X}_{q+1}=\boldsymbol{X}_q+a\boldsymbol{S}_q\in R^n \tag{5-75}$$

则称 $\boldsymbol{S}_q$ 是一个可行方向。当沿可行方向前进时，新的设计点 $\boldsymbol{X}_{q+1}$ 满足条件

$$f(\boldsymbol{X}_{q+1})\leqslant f(\boldsymbol{X}_q)$$

则称 $\boldsymbol{S}_q$ 是一个有用的可行方向。

可行方向 $\boldsymbol{S}_q$ 如图 5-7 所示，如果 $\boldsymbol{X}_q$ 是内点，则任何方向都是可行方向；若 $\boldsymbol{X}_q$ 在约束边界 $g(\boldsymbol{X})=0$ 上，则可行方向 $\boldsymbol{S}_q$ 应处在与约束负梯度方向 $-\nabla \boldsymbol{g}_j$ 成锐角的范围内，此时应有

$$\boldsymbol{S}_q^{\mathrm{T}} \nabla \boldsymbol{g}_j < 0 \tag{5-76}$$

若约束条件是线性的，如 $g_2=0$，或者约束边界向外弯，如 $g_3=0$，则可行方向 $\boldsymbol{S}_q$ 仍应处在与约束负梯度方向 $-\nabla \boldsymbol{g}_2$ 及 $-\nabla \boldsymbol{g}_3$ 成锐角或直角的范围内。此时应有

$$\boldsymbol{S}_q^{\mathrm{T}} \nabla \boldsymbol{g}_j \leqslant 0 \tag{5-77}$$

可行方向还必须是有用的。即能改善 $\boldsymbol{f}$ 的值使其能有所下降的方向。这个要求的数学条件可表示为

$$\boldsymbol{S}_q^{\mathrm{T}} \nabla \boldsymbol{f} < 0 \tag{5-78}$$

可用方向 $\boldsymbol{S}_q$ 如图 5-8 所示。

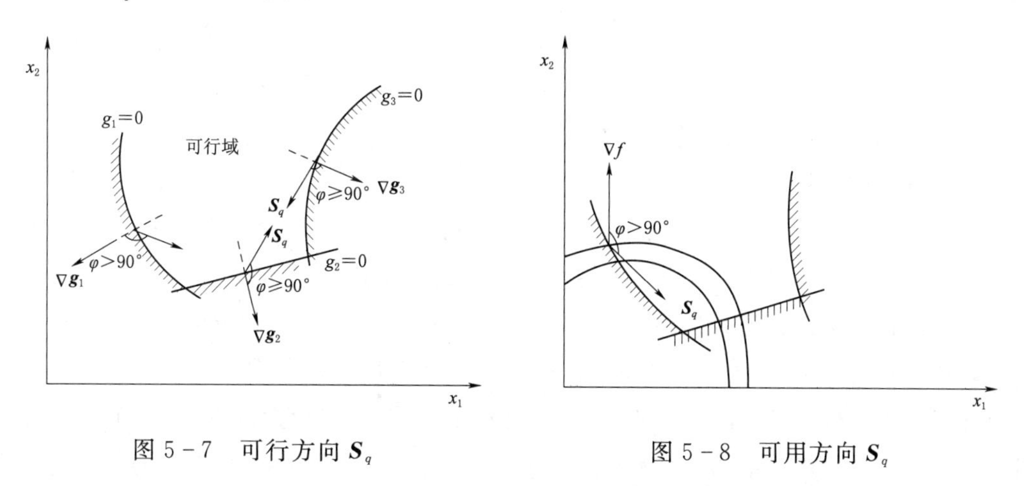

图 5-7 可行方向 $\boldsymbol{S}_q$　　　　图 5-8 可用方向 $\boldsymbol{S}_q$

(3) 选择方向向量。因为 $\boldsymbol{S}_q$ 只起一个方向的作用，所以可将它的分量规格化。即限制为

$$-1 \leqslant s_j \leqslant 1 \quad (j=1,2,\cdots,n)$$

1) 如果在点 $\boldsymbol{X}_q$ 处没有主动约束，可选择 $\boldsymbol{S}_q=-\boldsymbol{f}$，即选择最下降方向

$$\boldsymbol{S}_q=\begin{Bmatrix} s_1 \\ s_2 \\ \vdots \\ s_n \end{Bmatrix}=-\begin{Bmatrix} \dfrac{\partial \boldsymbol{f}}{\partial x_1} \\ \dfrac{\partial \boldsymbol{f}}{\partial x_2} \\ \vdots \\ \dfrac{\partial \boldsymbol{f}}{\partial x_n} \end{Bmatrix}$$

$$\boldsymbol{X}_{q+1}=\boldsymbol{X}_q-a_q \nabla f(\boldsymbol{X}_q)$$

2) 如果点 $\boldsymbol{X}_q$ 处有主动约束，对目标函数和约束条件进行线性化；

$$f(\boldsymbol{X})=f(\boldsymbol{X}_q)+\nabla f(\boldsymbol{X}_q)^{\mathrm{T}}(\boldsymbol{X}-\boldsymbol{X}_q)$$
$$g_j(\boldsymbol{X})=g_j(\boldsymbol{X}_q)+\nabla g_j(\boldsymbol{X}_q)^{\mathrm{T}}(\boldsymbol{X}-\boldsymbol{X}_q)$$

设从点 $\boldsymbol{X}_q$ 变到点 $\boldsymbol{X}_{q+1}$，有

$$(\boldsymbol{X}_{q+1})=\boldsymbol{X}_q+a_q\boldsymbol{S}_q$$

则求方向 $\boldsymbol{S}_q$ 是一个线性规划 $\min\{f(\boldsymbol{X}_q)+a_q[\nabla \boldsymbol{f}(X)_q]^{\mathrm{T}}\boldsymbol{S}_q\}$，其中，$\boldsymbol{X}_{q+1}=\boldsymbol{X}_q-a_q\boldsymbol{S}_q$，且满足约束条件 $g_j(\boldsymbol{X}_q)+a_q\nabla g_j(\boldsymbol{X}_q)^{\mathrm{T}}\boldsymbol{S}_q\leqslant 0$。

由于 $f(\boldsymbol{X}_q)$ 是常数，$g_j(\boldsymbol{X}_q)=0$，为此上式变为 $\min[f(\boldsymbol{X}_q)]^{\mathrm{T}}\boldsymbol{S}_q$，满足条件 $[\nabla g_j(\boldsymbol{X}_q)]^{\mathrm{T}}\boldsymbol{S}_q\leqslant 0$ 和 $\{-1\}\leqslant\boldsymbol{S}_q\leqslant\{1\}$。由此可求出可用方向 $\boldsymbol{S}_q$。

3）在寻求可用方向 $\boldsymbol{S}_q$ 中，为了使不等式严格成立，从而适应于弯曲的约束界面。通过引入新参数 β 作如下线性规划问题：

求 $\max\beta$ 为

$$\text{s.t.}\begin{cases}\boldsymbol{S}_q^{\mathrm{T}}\nabla\boldsymbol{g}_j+\theta_j\beta\leqslant 0 \quad (j=1,2,\cdots,J)\\ \boldsymbol{S}_q^{\mathrm{T}}\nabla\boldsymbol{f}+\beta\leqslant 0\\ \{-1\}\leqslant\boldsymbol{S}_q\leqslant\{1\}\end{cases} \tag{5-79}$$

式中 J——设计点 $\boldsymbol{X}_q$ 处所有主动约束的集合；

θ——任意的正的标量常数。

用调整 θ_j 的办法来对可行方向法中所寻求的方向加以某种控制。一般取 $\theta=1$。θ 取得大就可使可用方向 $\boldsymbol{S}_q$ 离开约束界面。而小的 θ 可能使得可用方向 $\boldsymbol{S}_q$ 接近于切线方向。这样就可避免当遇到约束界面向内弯时，使 $\boldsymbol{S}_q$ 成为不可用方向。

显然，若 $\beta>0$，式（5-80）和式（5-81）严格不等式就能满足。且 $\boldsymbol{S}_q$ 是一个有效的可行方向。较大的 β，对应 $\boldsymbol{S}_q^{\mathrm{T}}\nabla\boldsymbol{f}$ 一定较小，因此，当限定 $\boldsymbol{S}_q$ 的长度时，则 $\boldsymbol{S}_q$ 和 $-\boldsymbol{f}$ 一致时，才能满足约束条件式（5-81）。因此，取最大值 β 的目的，使得可用方向靠近最陡的下降方向。

（4）选择步长的大小。有了可用方向，就要解决步长问题。原则上只要不违背约束，可使步长尽可能大些。

【例题 5-8】 如图 5-9 所示，试用可行方向法求解

$$\begin{cases}\text{find } \boldsymbol{X}=[x_1,x_2]^{\mathrm{T}}\\ \min f(\boldsymbol{X})=x_1^2+x_2^2\\ \text{s.t.}\ g_1(\boldsymbol{X})=\dfrac{x_1^2}{20}-x_2+1\leqslant 0\\ \qquad g_2(\boldsymbol{X})=\dfrac{x_2^2}{20}-x_1+1\leqslant 0\end{cases}$$

解：

（1）取初始可行点（在可行域内）

$$X^{(1)}=\begin{Bmatrix}x_1\\x_2\end{Bmatrix}=\begin{Bmatrix}6\\3\end{Bmatrix}$$

$$f(X^{(!)})=45.0$$

(2) 求可用方向。由于此处无主动约束，可用方向取负梯度方向，即

$$S^{(1)}=-\nabla f=-\begin{Bmatrix}2x_1\\2x_2\end{Bmatrix}=-\begin{Bmatrix}12\\6\end{Bmatrix}$$

$$X^{(2)}=\begin{Bmatrix}x_1\\x_2\end{Bmatrix}^{(2)}=X^{(1)}-a\nabla f=\begin{Bmatrix}6\\3\end{Bmatrix}-a\begin{Bmatrix}12\\6\end{Bmatrix}$$

$$x_1^{(2)}=6-12a,x_2^{(2)}=3-6a$$

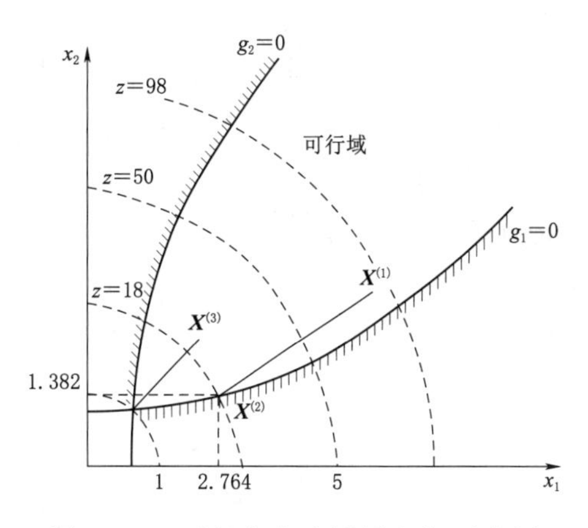

图 5-9　可行方向法设计空间示意图

(3) 沿可用方向前进，和约束边界 ($g_1=0$) 相交，求 a。将 $x_1^{(2)}$ 及 $x_2^{(2)}$ 代入 g_1，令其等于零

$$(6-12a)^2/20-(3-6a)+1=0$$

整理后为

$$36a^2-6a-1=0$$

$$a=\frac{6\pm\sqrt{36+4\times36\times1}}{72}=\frac{1\pm2.236}{12}$$

取 $a=0.296$

则

$$x_1^{(2)}=6-0.2696\times12=2.764$$

$$x_2^{(2)}=3-0.2696\times6=1.382$$

$$f(X)^{(2)}=9.5496$$

(4) 到了主动约束，向哪个方向移动，是一个线性规划问题。求有用方向 $S^{(2)}$ 等价于求下述线性规划问题为

$$\begin{cases}\max\beta\\ \text{s.t.}\begin{cases}[s_1,s_2]\begin{Bmatrix}\dfrac{\partial g_1}{\partial x_1}\\ \dfrac{\partial g_2}{\partial x_2}\end{Bmatrix}+\theta\beta\leqslant0 \quad (\theta\text{ 一般取 }1.0)\\ [s_1,s_2]\begin{Bmatrix}\dfrac{\partial f}{\partial x_1}\\ \dfrac{\partial f}{\partial x_2}\end{Bmatrix}+\beta\leqslant0\\ \begin{Bmatrix}-1\\-1\end{Bmatrix}\leqslant\begin{Bmatrix}S_1\\S_2\end{Bmatrix}\leqslant\begin{Bmatrix}1\\1\end{Bmatrix}\end{cases}\end{cases}$$

$$\frac{\partial g_1}{\partial x_1}=\frac{2x_1}{20}=\frac{x_1}{10},\frac{\partial g_1}{\partial x_2}=-1$$

$$\frac{\partial f}{\partial x_1}=2x_1,\frac{\partial f}{\partial x_2}=2x_2$$

代入前式有

$$[s_1,s_2]\begin{Bmatrix}0.2764\\-1.000\end{Bmatrix}+\beta\leqslant 0$$

$$[s_1,s_2]\begin{Bmatrix}5.528\\2.764\end{Bmatrix}+\beta\leqslant 0$$

$$-\begin{Bmatrix}1\\1\end{Bmatrix}\leqslant\begin{Bmatrix}s_1\\s_2\end{Bmatrix}\leqslant\begin{Bmatrix}1\\1\end{Bmatrix}$$

$$\begin{cases}\max\ \beta\\ \text{s.t.}\ \ 0.2764s_1-s_2+\beta\leqslant 0\\ \qquad 5.528s_1+2.764s_2+\beta\leqslant 0\\ \qquad -1\leqslant s_1\leqslant 1\\ \qquad -1\leqslant s_2\leqslant 1\end{cases}$$

这个问题的解为

$$\boldsymbol{S}^{(2)}=\begin{Bmatrix}s_1\\s_2\end{Bmatrix}=\begin{Bmatrix}-1.0\\1.0\end{Bmatrix}$$

（5）求 $\boldsymbol{X}^{(3)}$。

$$\begin{aligned}\boldsymbol{X}^{(3)}&=\boldsymbol{X}^{(2)}+a\boldsymbol{S}^{(2)}\\&=\begin{Bmatrix}2.764\\1.382\end{Bmatrix}+a\begin{Bmatrix}-1.0\\1.0\end{Bmatrix}\\&=\begin{Bmatrix}2.764-a\\1.382+a\end{Bmatrix}\end{aligned}$$

（6）将 $\boldsymbol{X}^{(3)}$ 代入目标函数中，令其一阶导数等于零，求 a。

$$f(a)=(2.764-a)^2+(1.382+a)^2$$

$$\frac{\mathrm{d}f}{\mathrm{d}a}=0$$

$$-2(2.764-a)+2(1.382+a)=0$$

解得

$$a=0.691$$

$$x_1^{(3)}=2.764-0.691=2.073$$

$$x_2^{(3)}=1.382+0.691=2.073$$

此时

$$g_1(\boldsymbol{X}^{(3)})=\frac{2.073^2}{20}-2.073+1=-0.858<0$$

$$g_2(\boldsymbol{X}^{(3)})=\frac{2.073^2}{20}-2.073+1=-0.858<0$$

$$f(\boldsymbol{X}^{(3)})=8.585$$

（7）由于 $\boldsymbol{X}^{(3)}$ 处无主动约束。选用下一个可用方向 $\boldsymbol{S}^{(3)}$。

$$\boldsymbol{S}^{(3)}=-\{\nabla f\}=-\begin{Bmatrix}4.146\\4.146\end{Bmatrix}$$

（8）

$$\boldsymbol{X}^{(4)}=\boldsymbol{X}^{(3)}-a\ \nabla\{f\}$$

$$=\begin{Bmatrix}2.037\\2.037\end{Bmatrix}-a\{4.146\}$$

（9）检验与约束 g_1，g_2 的交点，求出 a，得

$$\boldsymbol{X}^{(4)}=\begin{Bmatrix}1.065\\1.065\end{Bmatrix}$$

该点已是最优解。此时

$$f(\boldsymbol{X}^{(4)})=2.230 \text{ 即 } f(\boldsymbol{X}^{*})=2.230$$

5.6 复形法

复形法（complex method），亦称复合法，是解决有约束条件的非线性优化问题的有效方法之一，属直接法。复形法的基本思想来自单纯形法，这个方法是在 n 维受非线性约束的设计空间内，由 $K>(n+1)$ 个顶点（当 n 较小时，可取 $K=2n$ 或 $K=n^2$；当 n 较大时可取 $K=n+2$）构成多面体，称为复形。然后对复形的各顶点函数值逐一进行比较，不断丢掉函数值最劣的顶点，代入满足约束条件，且函数值有所改善的新顶点，如此重复，逐步逼近最优点为止。复形法由于不必保持规则图形，较之单纯形法更为灵活可变。除此而外，由于它在探求最优解的过程中，检验了整个可行区域，因此所求结果可靠，收敛较快，且能有效地处理不等式约束的问题。和前面要用到目标函数及约束函数导数的方法相比，如果函数复杂，或者是隐式的话，计算导数较困难，用复形法有较多的优点。对下列优化问题数学模型

$$\begin{cases}\text{find } \boldsymbol{X}=[x_1,x_2,\cdots,x_n]^{\mathrm{T}}\\ \min\ f(\boldsymbol{X})\\ \text{s.t. } g_j(\boldsymbol{X})\leqslant 0 \quad (j=1,2,\cdots,m)\\ \qquad a_i\leqslant x_i\leqslant b_i \quad (i=1,2,\cdots,n)\end{cases} \tag{5-80}$$

式中　a_i，b_i——设计变量的上、下界，可以是 $x_1,x_2,\cdots,x_n$ 的函数，一般称为边界条件。

复形法的主要计算步骤：

(1) 产生初始复合形顶点。要求给出一个可行的初始点，其余 $K-1$ 点可用随机方法产生。若用 n 表示设计变量个数，用 K 表示复合顶点数，取 $K=2n$。则复合形顶点坐标

$$x_i^{(k)}=a_i+\gamma_{ki}(b_i-a_i) \quad (k=1,2,\cdots,2n;i=1,2,\cdots,n) \tag{5-81}$$

式中 γ_{ki}——在区间（0，1）中服从均匀分布的一个随机数。

随机数可以通过查表或由计算机来产生。显然，这样利用随机数产生的顶点必定满足边界约束条件 $a_1\leqslant x_1\leqslant b_1$，但不一定满足不等式约束条件 $g_j(\boldsymbol{X})\leqslant 0$。因此必须检查是否在可行域内。如果不在可行域内，则重新产生随机数，再选点，直到 $2n$ 个点都在可行域内（当可行域为凸域时，这些点总能找到）。从而构成复合形的顶点。实际应用中，通常采用如下策略来形成初始复合形。假设已有 S 个顶点（$S\geqslant 1$），如 $\boldsymbol{X}_1$、$\boldsymbol{X}_2$、…、$\boldsymbol{X}_s$ 满足全部约束，则可先求出这些点所构成的点集中心点：

$$\boldsymbol{X}^{SC}=\frac{1}{S}\sum_{j=1}^{s}\boldsymbol{X}_j$$

如果第 $S+1$ 个顶点不满足不等式约束，则将该点 $\boldsymbol{X}_{s+1}$ 取为

$$\boldsymbol{X}_{s+1}=\boldsymbol{X}^{SC}+0.5(\boldsymbol{X}_{s+1}-\boldsymbol{X}^{SC})$$

再次检查新点 $\boldsymbol{X}_{s+1}$ 是否在可行区域，如否，则重复上式的做法，重新赋值，如此反复，直到 $\boldsymbol{X}_{s+1}$ 成为可行点为止。

按照这种方法，继续判别其他点的可行性，直到全部 $2n$ 个顶点全部为可行点，从而构成初始复合形。

(2) 计算中心点 $\boldsymbol{X}^C$，并检查可行性。计算复合形所有各顶点的函数值，最大值的点 $\boldsymbol{X}^H$，称为最坏点，其计算公式为

$$f(\boldsymbol{X}^H)=\max\{f(\boldsymbol{X}_k)|_{k=1,2,\cdots,2n}\} \tag{5-82}$$

然后舍去 $\boldsymbol{X}^H$ 点，计算其余各顶点的中心点 $\boldsymbol{X}^C$，即

$$\boldsymbol{X}^C=\frac{1}{2n-1}\sum_{\substack{k=1\\k\neq H}}^{2n}\boldsymbol{X}_k \tag{5-83}$$

检验 $\boldsymbol{X}^C$ 是否为可行点，如果是可行点，则进行步骤（3）；否则，应从所有顶点中找出函数值最小的点 $\boldsymbol{X}^L$，亦叫作最好点。最好点的确定公式为

$$f(\boldsymbol{X}^L)=\min\{f(\boldsymbol{X}_k)|_{k=1,2,\cdots,2n}\} \tag{5-84}$$

然后，以最好点 $\boldsymbol{X}^L$ 为起点，中心点 $\boldsymbol{X}^C$ 为端点，重新利用随机数产生新复形。转回步骤（1）。但此时要特别注意，这里的边界条件亦转换为

$$x_i^L\leqslant x_i\leqslant x_i^C \quad (i=1,2,\cdots,n)$$

这时式（5-81）变化为

$$x_i^k=x_{ki}+\gamma_{ki}(x_i^C-x_i^L) \quad (k=1,2,\cdots,n)$$

(3) 求反射点 $\boldsymbol{X}^R$，并检查可行性。如果 $\boldsymbol{X}^C$ 是可行点，则可选一个系数 $a(a\geqslant 1)$，

称为反射系数，初始值一般取为 1.3。由最坏点 $\boldsymbol{X}^H$ 通过中心点 $\boldsymbol{X}^C$ 作 a 倍的反射，便得反射点，如图 5-10 所示。

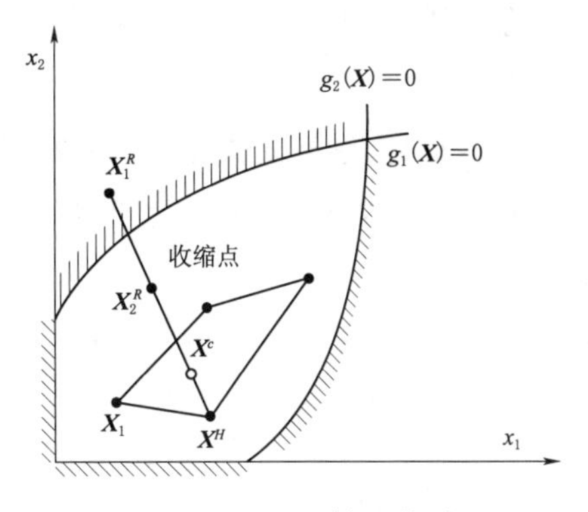

图 5-10 反射、收缩

关于反射点 $\boldsymbol{X}^R$ 的计算公式为

$$\boldsymbol{X}^R=\boldsymbol{X}^C+a(\boldsymbol{X}^C-\boldsymbol{X}^H) \qquad (5-85)$$

求出 $\boldsymbol{X}^R$ 后，要检查 $\boldsymbol{X}^R$ 的可行性，如若不满足不等式约束条件（如图 5-10 所示中 $\boldsymbol{X}_1^R$），则将反射系数减小，通常取 $a=a/2$，收缩到 $\boldsymbol{X}_2^R$ 点，再检验 $\boldsymbol{X}_2^R$ 的可行性。如可行则终止反射，如不可行，则反复收缩，一直到 $\boldsymbol{X}^R$ 是可行点为止。

(4) 计算反射点与最坏点的函数值，并比较。比较 $f(\boldsymbol{X}^R)$ 与 $f(\boldsymbol{X}^H)$ 有两种情形：

1) 若 $f(\boldsymbol{X}^R)<f(\boldsymbol{X}^H)$，则用 $\boldsymbol{X}^R$ 代替 $\boldsymbol{X}^H$，即 $\boldsymbol{X}^R\Rightarrow\boldsymbol{X}^H$，$f(\boldsymbol{X}^R)\Rightarrow f(\boldsymbol{X}^H)$，形成新的复形，并转回步骤 (3)。

2) 若 $f(\boldsymbol{X}^R)\geqslant f(\boldsymbol{X}^H)$，则先将 a 改为其半，即采用 $a=a/2$，再求 $\boldsymbol{X}^R$，并计算 $f(\boldsymbol{X}^R)$，如目标函数值有改进，则转向步骤 (3)。否则再将 a 减半，如此反复，直到 a 值小于一个预先给定的很小的正数 β（例如 $\beta=1.0\times10^{-5}$）。如果目标函数仍无改进，则将第 (2) 步中选择最坏点改为选择次坏点 $\boldsymbol{X}^{H'}$，即

$$\begin{aligned} f(\boldsymbol{X}^{H'})&=\max_{k\neq H}\{f(\boldsymbol{X})|_{k=1,2,\cdots,n}\} \\ \boldsymbol{X}^{H'}&=\boldsymbol{X}^H \end{aligned} \qquad (5-86)$$

然后，再计算不包括 $\boldsymbol{X}^{H'}$ 在内的复形各顶点的中心，并由次坏点 $\boldsymbol{X}^{H'}$ 通过此中心反射，寻求反射点。如此继续重复 (3) 以后的工作。

(5) 终止搜索的准则。反复执行以上诸过程，直到复形收缩到很小很小，达到预期的精度范围之内，或者复形各顶点处的目标函数值满足的准则为

$$\left\{\frac{1}{K}\sum_{i=1}^{k}[f(\boldsymbol{X}^C)-f(\boldsymbol{X}_i)]^2\right\}^{1/2}\leqslant\varepsilon \qquad (5-87)$$

式中 ε 是预先给定的一个较小的正数，可以根据目标函数值的大小或问题的要求来定，一般可取目标函数值的百分之一至千分之一。此时可终止搜索。

【例题 5-9】 某问题的数学模型如下

$$\begin{cases} \text{find } \boldsymbol{X}=[x_1,x_2,\cdots,x_n]^{\mathrm{T}} \\ \min\ f(\boldsymbol{X})=\dfrac{25}{x_1x_2^3} \\ \text{s. t. } \ g_1(\boldsymbol{X})=50-\dfrac{30}{x_1x_2^2}\geqslant0 \\ \qquad 2.0\leqslant x_1\leqslant4.0 \\ \qquad 0.5\leqslant x_2\leqslant1.0 \end{cases}$$

试用复合形法求解。

解：

(1) 确定复合形顶点数，并随机数构成初始复形。

1) 顶点数 $K=2n$，$n=2$ 为设计变量个数。随机选取初始复合形顶点按式 (5-82) 进行：

$$x_i^k=a_i+\gamma_{ki}(b_i-a_i) \quad (k=1,2,3,4;i=1,2)$$

2) 随机数：

$$\gamma_{11}=0.01\gamma_{12}=1.10$$

$$\gamma_{21}=0.25\gamma_{22}=0.13$$

$$\gamma_{31}=0.17\gamma_{32}=0.31$$

$$\gamma_{41}=0.46\gamma_{42}=0.24$$

$$i=1,x_1^k=a_1+\gamma_{ki}(b_1-a_1)$$

则初始复合形的 4 个顶点的 x_1 坐标分量为

$$x_1^1=2.0+0.10\times(4.0-2.0)=2.20$$

$$x_1^2=2.0+0.25\times(4.0-2.0)=2.50$$

$$x_1^3=2.0+0.17\times(4.0-2.0)=2.34$$

$$x_1^4=2.0+0.46\times(4.0-2.0)=2.92$$

$$i=2,x_2^k=a_2+\gamma_{k2}(b_2-a_2)$$

则初始复形 4 个顶点的 x_2 的坐标分量为

$$x_2^1=0.5+0.10\times(1.0-0.5)=0.550$$

$$x_2^2=0.5+0.13\times(1.0-0.5)=0.565$$

$$x_2^3=0.5+0.31\times(1.0-0.5)=0.695$$

$$x_2^4=0.5+0.24\times(1.0-0.5)=0.620$$

3) 构成初始复合形：

$$\boldsymbol{X}_1^0=\begin{Bmatrix}x_1\\x_2\end{Bmatrix}_1^0=[2.20\quad 0.550]^{\mathrm{T}}$$

$$\boldsymbol{X}_2^0=\begin{Bmatrix}x_1\\x_2\end{Bmatrix}_2^0=[2.50\quad 0.565]^{\mathrm{T}}$$

$$\boldsymbol{X}_3^0=\begin{Bmatrix}x_1\\x_2\end{Bmatrix}_3^0=[2.34\quad 0.695]^{\mathrm{T}}$$

$$\boldsymbol{X}_4^0=\begin{Bmatrix}x_1\\x_2\end{Bmatrix}_4^0=[2.92\quad 0.620]^{\mathrm{T}}$$

4) 检验各顶点的可行性：将各顶点的坐标代入各约束条件

点 $\boldsymbol{X}_1^0$　$g_1(\boldsymbol{X}_1^0)=4.921>0, g_2(\boldsymbol{X}_1^0)=0.0516>0$

点 $\boldsymbol{X}_2^0$　$g_1(\boldsymbol{X}_2^0)=12.490>0, g_2(\boldsymbol{X}_2^0)=0.00435>0$

点 $\boldsymbol{X}_3^0$　$g_1(\boldsymbol{X}_3^0)=31.532>0, g_2(\boldsymbol{X}_3^0)=0.00349>0$

点 $\boldsymbol{X}_4^0$　$g_1(\boldsymbol{X}_4^0)=23.273>0, g_2(\boldsymbol{X}_4^0)=0.00276>0$

经检验，全部顶点在可行域内。

(2)计算各点函数值，确定好点和坏点。

$$f(\boldsymbol{X}_1^0)=68.301, f(\boldsymbol{X}_2^0)=55.444$$

$$f(\boldsymbol{X}_3^0)=31.825, f(\boldsymbol{X}_4^0)=35.924$$

最坏点

$$\boldsymbol{X}^H=\boldsymbol{X}_1^0=\begin{Bmatrix}2.20\\0.55\end{Bmatrix}$$

最好点

$$\boldsymbol{X}^L=\boldsymbol{X}_3^0=\begin{Bmatrix}2.34\\0.695\end{Bmatrix}$$

(3) 求除 $\boldsymbol{X}^H$ 点外其余各点之形心 $\boldsymbol{X}^C$。

$$\boldsymbol{X}^C=\frac{1}{2n-1}\sum_{\substack{k=1\\k\neq H}}^{2n}\boldsymbol{X}_k^0$$

$$=\frac{1}{4-1}\left(\begin{Bmatrix}2.50\\0.565\end{Bmatrix}+\begin{Bmatrix}2.34\\0.695\end{Bmatrix}+\begin{Bmatrix}2.92\\0.62\end{Bmatrix}\right)$$

$$=\begin{Bmatrix}2.587\\0.627\end{Bmatrix}$$

检验 $\boldsymbol{X}^C$ 点的可行性

$$g_1(\boldsymbol{X}^C)=20.502>0, g_2(\boldsymbol{X}^C)=0.0035>0$$

满足可行性条件，$\boldsymbol{X}^C$ 点在可行性域内。

(4) 求反射点 $\boldsymbol{X}^R$，并检查可行性。

$$\boldsymbol{X}^R=\boldsymbol{X}^C+a(\boldsymbol{X}^C-\boldsymbol{X}^H)$$

取反射系数 $a=1.3$

$$\boldsymbol{X}^R=\begin{bmatrix}2.587\\0.627\end{bmatrix}=1.3\left(\begin{bmatrix}2.587\\0.627\end{bmatrix}-\begin{bmatrix}2.200\\0.550\end{bmatrix}\right)=\begin{bmatrix}3.090\\0.727\end{bmatrix}$$

检查 $\boldsymbol{X}^R$ 点的可行性

$$g_1(\boldsymbol{X}^R)=31.631>0, g_2(\boldsymbol{X})=0.001>0$$

满足可行条件，求出反射点 $\boldsymbol{X}^R$ 的函数值：

$$f(\boldsymbol{X}^R)=21.056$$

(5) 比较 $f(\boldsymbol{X}^R)$ 和 $f(\boldsymbol{X}^H)$，由于 $f(\boldsymbol{X}^R)<f(\boldsymbol{X}^H)$，用 $\boldsymbol{X}^R$ 点代替 $\boldsymbol{X}^H$ 点，构成新复合形。

(6) 新复合形

$$\boldsymbol{X}_1^1=\begin{Bmatrix}3.090\\0.720\end{Bmatrix},\boldsymbol{X}_2^1=\begin{Bmatrix}2.500\\0.565\end{Bmatrix}$$

$$\boldsymbol{X}_3^1=\begin{Bmatrix}2.340\\0.695\end{Bmatrix},\boldsymbol{X}_4^1=\begin{Bmatrix}2.920\\0.620\end{Bmatrix}$$

上述四点均已满足可行性，下面比较函数值

$$f(\boldsymbol{X}_1^1)=21.056,f(\boldsymbol{X}_2^1)=55.444$$

$$f(\boldsymbol{X}_3^1)=31.825,f(\boldsymbol{X}_4^1)=35.924$$

(7) 重复求形心点 $\boldsymbol{X}^C$，求反射点 $\boldsymbol{X}^R$

$$\boldsymbol{X}^C=\frac{1}{4-1}\left(\begin{bmatrix}3.090\\0.727\end{bmatrix}+\begin{bmatrix}2.340\\0.695\end{bmatrix}+\begin{bmatrix}2.920\\0.62\end{bmatrix}\right)=\begin{bmatrix}2.783\\0.681\end{bmatrix}$$

经检验

$$g_1(\boldsymbol{X}^C)=26.756>0,g_2(\boldsymbol{X}^C)=0.024>0$$

故 $\boldsymbol{X}^C$ 为可行点。

反射 $\boldsymbol{X}^R=\boldsymbol{X}^C-a\boldsymbol{X}^H=[3.151,0.832]^{\mathrm{T}}$

经检验

$$g_1(\boldsymbol{X}^R)=38.538,g_2(\boldsymbol{X}^R)=0.000490\approx 0$$

$$f(\boldsymbol{X}^R)=13.776$$

由于 $f(\boldsymbol{X}^R)<f(\boldsymbol{X}^H)$，用 $\boldsymbol{X}^R$ 代替 $\boldsymbol{X}^H$，重新构成新复合形。继续迭代，直至满足

$$\left\{-\frac{1}{2n-1}\sum[f(\boldsymbol{X}^C)-f(\boldsymbol{X}^j)]^2\right\}^{1/2}\leqslant\varepsilon$$

5.7 序列二次规划法

1. 二次规划

当目标函数是设计变量的二次函数，约束函数是设计变量的线性函数时，这种规划问题称为二次规划。其数学模型为

$$\begin{cases}\text{find } \boldsymbol{X}\\ \min\ f(\boldsymbol{X})=\boldsymbol{C}^{\mathrm{T}}\boldsymbol{X}+\dfrac{1}{2}\boldsymbol{X}^{\mathrm{T}}\boldsymbol{H}\boldsymbol{X}\\ \text{s.t.}\ \ A\boldsymbol{X}\leqslant\boldsymbol{b},\boldsymbol{X}\geqslant\boldsymbol{0}\end{cases}\tag{5-88}$$

式中

$$\boldsymbol{X}=[x_1,x_2,\cdots,x_n]^{\mathrm{T}},\boldsymbol{C}=[c_1,c_2,\cdots,c_n]^{\mathrm{T}}$$

$$\boldsymbol{b}=[b_1,b_2,\cdots,b_n]^{\mathrm{T}}$$

$$\boldsymbol{H}=\begin{bmatrix} h_{11} & h_{12} & \cdots & h_{1n} \\ h_{21} & h_{22} & \cdots & h_{2n} \\ \vdots & \vdots & \vdots & \vdots \\ h_{n1} & h_{n2} & \cdots & h_{nn} \end{bmatrix}$$

$$\boldsymbol{A}=\begin{bmatrix} a_{11} & a_{12} & \cdots & a_{1n} \\ a_{21} & a_{22} & \cdots & a_{2n} \\ \vdots & \vdots & \vdots & \vdots \\ a_{m1} & a_{m2} & \cdots & a_{mn} \end{bmatrix}$$

若 $\boldsymbol{H}$ 为正定、半正定或负定，式（5-88）都属于凸规划。

二次规划是非线性规划中较为简单的一类，求解比一般非线性规划容易些。凡是求解非线性规划的方法均可用来求解二次规划。若把式（5-88）中 $\boldsymbol{X}\geqslant\boldsymbol{0}$ 改写成 $-\boldsymbol{X}\leqslant\boldsymbol{0}$，并把它们看成约束方程，则其拉格朗日函数为

$$L(\boldsymbol{X},\boldsymbol{\lambda},\bar{\boldsymbol{\lambda}})=\boldsymbol{C}^{\mathrm{T}}\boldsymbol{X}+\frac{1}{2}\boldsymbol{X}^{\mathrm{T}}\boldsymbol{H}\boldsymbol{X}+\boldsymbol{\lambda}^{\mathrm{T}}(\boldsymbol{A}\boldsymbol{X}-\boldsymbol{b})-\bar{\boldsymbol{\lambda}}^{\mathrm{T}}\boldsymbol{X}$$

式（5-88）的 K-T 条件为

$$\frac{\partial L}{\partial \boldsymbol{X}}=\boldsymbol{X}+\boldsymbol{H}\boldsymbol{X}+\boldsymbol{A}^{\mathrm{T}}\boldsymbol{\lambda}-\bar{\boldsymbol{\lambda}}=\boldsymbol{0}$$

$$\boldsymbol{\lambda}^{\mathrm{T}}(\boldsymbol{A}\boldsymbol{X}-\boldsymbol{b})=\boldsymbol{0},(\boldsymbol{A}\boldsymbol{X}-\boldsymbol{b})\leqslant\boldsymbol{0}$$

$$\bar{\boldsymbol{\lambda}}^{\mathrm{T}}\boldsymbol{X}=0,\boldsymbol{X}\geqslant\boldsymbol{0},\boldsymbol{\lambda}\geqslant\boldsymbol{0},\bar{\boldsymbol{\lambda}}\geqslant\boldsymbol{0}$$

在上式中引入松弛变量 $\boldsymbol{S}\geqslant 0$，$\boldsymbol{S}=(s_1,s_2,\cdots,s_m)^{\mathrm{T}}$，有 $\boldsymbol{A}\boldsymbol{X}-\boldsymbol{b}+\boldsymbol{S}=0$，或 $\boldsymbol{b}-\boldsymbol{A}\boldsymbol{X}=\boldsymbol{S}$，则上式变成

$$\begin{cases} -\boldsymbol{H}\boldsymbol{X}-\boldsymbol{A}^{\mathrm{T}}\boldsymbol{\lambda}+\bar{\boldsymbol{\lambda}}=\boldsymbol{C} \\ \boldsymbol{A}\boldsymbol{X}+\boldsymbol{S}=\boldsymbol{b} \\ x_j S_j=C_j \quad (j=1,2,\cdots,m) \\ \bar{\lambda}_i x_i=0,i=1,2,\cdots,n \\ \boldsymbol{X}\geqslant\boldsymbol{0},\boldsymbol{\lambda}\geqslant\boldsymbol{0},\bar{\boldsymbol{\lambda}}\geqslant\boldsymbol{0},\boldsymbol{S}\geqslant\boldsymbol{0} \end{cases} \tag{5-89}$$

至此，就把式（5-88）的二次规划变成求解其 K-T 条件式（5-89）。在式（5-89）中，前两个为线性方程，共有（$n+m$）个。但其未知量 X 有 n 个，λ 有 m 个，$\bar{\lambda}$ 有 n 个，s 有 m 个，共有 $2(n+m)$。第三、四式为互补条件，非线性，它们表示 λ_j 与 s_j，x_j 与 $\bar{\lambda}_j(j=1,2,\cdots,m,i=1,2,\cdots,n)$ 不能同时不等于 0。第五个为非负性条件。与线性规划比较，式（5-89）没有目标函数，但多了互补条件。通常前两式，未知量个数多于方程数，有无穷多解。有可行的（满足非负性条件）和不可行的。可行解又可分为基本可行解（至少有 $n+m$ 个非基本变量）和一般可行解（非基本变量少于 $n+m$

个）。基本可行解有的满足互补条件，称为互补基本可行解；有的不满足互补条件。简言之，求解式（5－88）变成求式（5－89）前两个公式，的互补基本可行解，可用单纯形法的换基方法实现。

2. 序列二次规划

具有线性约束的非线性规划的解，也可利用二次规划的序列解点逼近，即把非线性规划逐次在给定点用二阶泰勒公式展开成二次规划求解。

设非线性规划为

$$\begin{cases}\text{find } \boldsymbol{X}=[x_1,x_2,\cdots,x_n]^{\mathrm{T}} \\ \min f(\boldsymbol{X}) \\ \text{s. t. } \boldsymbol{AX}\leqslant \boldsymbol{b},\boldsymbol{X}\geqslant \boldsymbol{0}\end{cases} \tag{5-90}$$

这里目标函数是非线性的，约束函数是线性的。

设给定点 $\boldsymbol{X}_i$，将目标函数在 $\boldsymbol{X}_i$ 处展成二阶泰勒公式，即

$$\begin{aligned}\boldsymbol{Z} &=\boldsymbol{Z}_i+\nabla \boldsymbol{F}_i^{\mathrm{T}}(\boldsymbol{X}-\boldsymbol{X}_i)+\frac{1}{2}(\boldsymbol{X}-\boldsymbol{X}_i)^{\mathrm{T}}\boldsymbol{H}_i(\boldsymbol{X}-\boldsymbol{X}_i) \\ &=\left[\boldsymbol{Z}_i+\nabla \boldsymbol{F}_i^{\mathrm{T}}\boldsymbol{X}_i+\frac{1}{2}\boldsymbol{X}_i^{\mathrm{T}}\boldsymbol{H}_i\boldsymbol{X}_i\right]+\left[\nabla \boldsymbol{F}_i^{\mathrm{T}}-\frac{1}{2}(\boldsymbol{H}_i\boldsymbol{X}_i)^{\mathrm{T}}-\frac{1}{2}\boldsymbol{X}_i^{\mathrm{T}}\boldsymbol{H}_i+\frac{1}{2}\boldsymbol{X}^{\mathrm{T}}\boldsymbol{H}_i\boldsymbol{X}\right]\end{aligned}$$

上式中第一个方括号内常数行阵，记为 $\boldsymbol{d}_i$，即

$$\boldsymbol{d}_i=\boldsymbol{Z}_i+\nabla \boldsymbol{F}_i^{\mathrm{T}}\boldsymbol{X}_i+\frac{1}{2}\boldsymbol{X}_i^{\mathrm{T}}\boldsymbol{H}_i\boldsymbol{X}_i \tag{5-91}$$

第二个方括号内为常数行阵，记为 $\boldsymbol{C}_i^{\mathrm{T}}$，即

$$\boldsymbol{C}_i^{\mathrm{T}}=\nabla \boldsymbol{F}_i^{\mathrm{T}}-\frac{1}{2}(\boldsymbol{H}_i\boldsymbol{T}_i)^{\mathrm{T}}-\frac{1}{2}\boldsymbol{X}_i^{\mathrm{T}}\boldsymbol{H}_i \tag{5-92}$$

这里带有下标 i 的量表示在点 X_i 处的值。式（5－92）在 X_i 处的二次规划为：

$$\begin{cases}\text{find } \boldsymbol{X} \\ \min Z(\boldsymbol{X})=\boldsymbol{d}_i+\boldsymbol{c}_i^{\mathrm{T}}\boldsymbol{X}+\frac{1}{2}\boldsymbol{X}^{\mathrm{T}}\boldsymbol{H}_i\boldsymbol{X} \\ \text{s. t. } A\boldsymbol{X}\leqslant b,\boldsymbol{X}\geqslant \boldsymbol{0}\end{cases} \tag{5-93}$$

该问题可用前面介绍的方法求解。

【例题 5－10】 静定桁架如图 5－11 所示。设计要求杆①和杆③截面积相同，杆②和杆④截面积相同。试进行满足强度和刚度要求下的最优设计。容许应力 $[\sigma_+]=1500\text{kg/cm}^2$，$[\sigma_-]=1000\text{kg/cm}^2$；节点 1 竖向容许位移 $[\Delta_1^L]\leqslant 0.16\text{cm}$。已知 $E=2.07\times 10^6\text{kg/cm}$。

解： 设杆①，杆③截面积为 A_1，杆②，杆④截面积为 A_2。取截面积的倒数 $x_i=1/A_i$ 作为设计变量，建立数学模型。

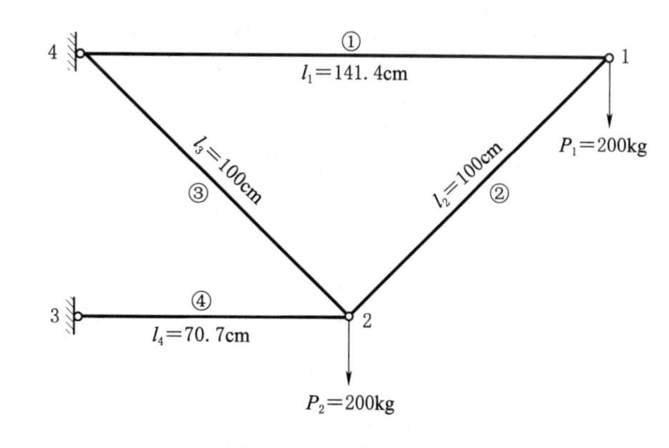

图 5-11　静定桁架

（1）设计变量

$$\boldsymbol{X}=\begin{bmatrix}x_1\\x_2\end{bmatrix}=\begin{bmatrix}1/A_1\\1/A_2\end{bmatrix}$$

（2）目标函数

$$W(\boldsymbol{X})=\sum_{i=1}^{4}l_i/x_i$$

（3）应力约束条件

$N_ix_i\leqslant[\sigma_{\pm}]\quad i=1,2,3,4$

（4）位移约束条件

$$\frac{1}{E}\sum N_{ip}\cdot\overline{N}_{i1}l_ix_i\leqslant[\Delta_1^L]$$

（5）非负约束

$$x_i\geqslant 0\quad i=1,2$$

荷载 P 作用下各杆轴力为

$$N_{1p}=200\text{kg},N_{2p}=-282.8\text{kg},N_{3p}=565.6\text{kg},N_{4p}=-600\text{kg}$$

竖向单位力 $P_k=1$ 作用在节点 1，各杆轴力为

$$\overline{N}_{11}=1,\overline{N}_{21}=-\sqrt{2},\overline{N}_{31}=\sqrt{2},\overline{N}_{41}=-2$$

将已知数代入上述的数学模型，得

$$\begin{cases}\text{find } \boldsymbol{X}=[x_1\quad x_2]^{\mathrm{T}}\\ \min W(\boldsymbol{X})=\dfrac{241.4}{x_1}+\dfrac{170.7}{x_2}\\ \text{s.t.}\ \ 0.0523x_1+0.0603x_2\leqslant 0.16\\ \qquad x_1\leqslant 2.652\\ \qquad x_2\leqslant 1.667\\ \qquad x_1\geqslant 0,x_2\geqslant 0\end{cases}\tag{5-94}$$

下面用序列二次规划法求解式（5-94）

第一次迭代

设 $\boldsymbol{X}^0=[x_1,x_2]^{\mathrm{T}}=[1.0,1.0]^{\mathrm{T}}$，把（5-94）式在 X^0 处展成二阶泰勒公式

$$\begin{cases}\text{find } \boldsymbol{X}=[x_1\quad x_2]^{\mathrm{T}}\\ \min W(\boldsymbol{X})=1236.3-724.3x_1-512.1x_2+241.4x_1^2+170.7x_2^2+170.7x_2^2\\ \text{s.t.}\ \ 0.0523x_1+0.0603x_2\leqslant 0.16\\ \qquad x_1\leqslant 2.652\\ \qquad x_2\leqslant 1.667\\ \qquad x_1\geqslant 0,x_2\geqslant 0\end{cases}\tag{5-95}$$

为运算方便，把式（5-95）中目标函数改写成

$$\overline{W}(\boldsymbol{X})=\frac{W-1236.3}{170.7}=-4.243x_1-3x_2+1.414x_1^2+x_2^2$$

假定不考虑 x_1，x_2 的上界限制，把约束方程两边乘以−1，于是式（5-95）变成

$$\begin{cases}\text{find } \boldsymbol{X}=[x_1,x_2]^{\mathrm{T}} \\ \text{s.t. } \overline{W}(\boldsymbol{X})=-4.243x_1-3x_2+1.41x_1^2+x_2^2 \\ \quad 0.523x_1+0.0603x_2\geqslant 1.60 \\ \quad x_1\geqslant 0,x_2\geqslant 0\end{cases} \tag{5-96}$$

用单纯形法换基解式（5-96），得

$$\boldsymbol{X}^1=\begin{bmatrix}1.432\\1.403\end{bmatrix}$$

第二次迭代

把式（5-94）在 $\boldsymbol{X}$ 处展成二次规划，用同样方法解得 $\boldsymbol{X}^2=[1.483,1.356]^{\mathrm{T}}$。读者可以从 $\boldsymbol{X}^2$ 出发往下做，得最优解 $\boldsymbol{X}^*=[1.6126,1.2628]^{\mathrm{T}}$。

习　　题

5.1　用 Lagrange 方法求解下列问题

（1）
$$\begin{cases}\min\ f(x)=2x_1^2+x_2^2+x_1x_2-x_1-x_2 \\ \text{s.t. } x_1+x_2=1\end{cases}$$

（2）
$$\begin{cases}\min\ f(x)=\frac{1}{2}x_1^2+\frac{1}{2}x_2^2+\frac{1}{2}x_3^2 \\ \text{s.t. } x_1+2x_2-x_3=4, \\ \quad -x_1+x_2-x_3=2\end{cases}$$

5.2　用内罚函数法求解以下约束问题

（1）
$$\min\ f(x)=2x_1+3x_2$$
$$\text{s.t. } 2x_1^2+x_2^2-1\leqslant 0$$

（2）
$$\min\ f(x)=(x+1)^2$$
$$\text{s.t. } x\geqslant 0$$

5.3　用外罚函数法求解以下约束问题

（1）
$$\min\ f(x)=x_1^2+x_2^2$$
$$\text{s.t. } x_1+x_2-1=0.$$

（2）
$$\min\ f(x)=\frac{3}{2}x_1^2+x_2^2+\frac{1}{2}x_3^2-x_1x_2-x_2x_3+x_1+x_2+x_3$$
$$\text{s.t. } x_1+2x_2+x_3-4=0$$

5.4 用乘子法求解以下约束问题

$$\min f(x)=\frac{3}{2}x_1^2+x_2^2+\frac{1}{2}x_3^2-x_1x_2-x_2x_3+x_1+x_2+x_3$$

$$\text{s. t. } x_1+2x_2+x_3-4=0$$

5.5 求解二次规划问题

$$\min f(x)=x_1^2+x_2^2+x_3^2$$

$$\text{s. t. } x_1+2x_2-x_3=4$$

$$x_1-x_2+x_3=1$$

第6章

最优准则法

最优准则法是工程中应用较早的优化设计方法。其基本思路是直接从结构力学的基本原理出发，预先规定优化设计应满足的准则，根据准则建立优化设计的迭代公式。

本章主要介绍基于强度准则的满应力准则法、基于刚度准则的满位移准则法和能量准则法。

6.1 满应力准则法

应力准则法中最先得到发展和用于工程优化设计的方法是满应力设计（full stress design）。所谓满应力就是指结构的各个杆件至少在一组确定的荷载组合下承受极限容许应力或临界力。满应力设计的思路就是在结构几何形状和结构材料已经确定的情况下，通过调整杆件的截面，使其满足满应力准则，这时就认为得到的设计是最优设计。满应力设计对杆件体系结构比较适用，如桁架、网架等，对框架结构、实体结构（如拱坝）也适用。这里介绍桁架结构满应力设计的应力比法。

6.1.1 应力比法

应力比法（stress ratio method）是满应力设计中一种比较简单的迭代方法。所谓应力比就是杆件工作应力和容许应力的比值。该法的基本步骤如下：

（1）假设桁架各杆件初始设计截面为 A_i，形成设计变量 $\boldsymbol{A}$

$$\boldsymbol{A}=[A_1,A_2\cdots,A_n]^{\mathrm{T}} \tag{6-1}$$

（2）用 A 进行结构分析，计算不同工况下的杆件轴力，得轴力矩阵 $\boldsymbol{N}$

$$\boldsymbol{N}=[\boldsymbol{N}_1,\boldsymbol{N}_2,\cdots,\boldsymbol{N}_i\cdots,\boldsymbol{N}_L]_{n\times L} \tag{6-2}$$

其中 $$\boldsymbol{N}_i=[N_{1i},N_{2i},\cdots,N_{ni}]^{\mathrm{T}}\quad(i=1,2,\cdots,L)$$

式中 n——结构杆件的数目；

L——荷载工况数。

由轴力矩阵 N 求得工作应力矩阵 $\boldsymbol{\sigma}$

$$\boldsymbol{\sigma}=(\boldsymbol{\sigma}_1,\boldsymbol{\sigma}_2,\cdots,\boldsymbol{\sigma}_i,\cdots,\boldsymbol{\sigma}_L) \tag{6-3}$$

其中 $\boldsymbol{\sigma}_i=[\sigma_{1i},\sigma_{2i},\cdots,\sigma_{ni}]^T=\left[\frac{N_{1i}}{A_1},\frac{N_{2i}}{A_2},\cdots,\frac{N_{ni}}{A_n}\right]^T \quad (i=1,2,\cdots,L)$

式中 N_{ij}——杆件轴力；

σ_{ij}——杆件应力，以拉为正，以压为负。

（3）计算应力比矩阵 $\boldsymbol{\mu}$

$$\boldsymbol{\mu}=[\boldsymbol{\mu}_1,\boldsymbol{\mu}_2,\cdots,\boldsymbol{\mu}_i,\cdots,\boldsymbol{\mu}_L] \tag{6-4}$$

其中 $\boldsymbol{\mu}_i=[\mu_{1i},\mu_{2i},\cdots,\mu_{ni}]^T=\left[\frac{\sigma_{1i}}{[\sigma_\pm]},\frac{\sigma_{2i}}{[\sigma_\pm]},\cdots,\frac{\sigma_{ni}}{[\sigma_\pm]}\right]^T \quad (i=1,2,\cdots,L)$

式中 $[\sigma_\pm]$——材料容许应力，当 σ_{ij} 为拉应力时，除以 $[\sigma_+]$，当 σ_{ij} 为压应力时，除以 $[\sigma_-]$。

如果 $\mu_{ij}>1$，说明第 i 杆在 j 工况下工作应力超过容许应力，杆的面积不足；如果 $\mu_{ij}<1$，说明第 i 杆在 j 工况下工作应力小于容许应力，杆的面积有富余。显然 $\boldsymbol{\mu}$ 是下一步调整各杆截面积的依据。

（4）形成应力比列阵 $\overline{\boldsymbol{\mu}}$

$$\overline{\boldsymbol{\mu}}=[\overline{\mu}_1,\overline{\mu}_2,\cdots,\overline{\mu}_n]^T \tag{6-5}$$

其中
$$\overline{\mu}_i=\max_{1\leqslant j\leqslant L}(\mu_{ij}) \quad (i=1,2,\cdots,n)$$

应力比列阵 $\overline{\boldsymbol{\mu}}$ 的各元素为应力比矩阵中同行诸元素中的最大者。$\overline{\boldsymbol{\mu}}$ 为综合了各工况下各杆件的最大应力比。

（5）计算应力比列阵 $\overline{\boldsymbol{\mu}}$ 各元素与 1 的接近程度，即 $|1-\overline{\mu}_i|$

若所有杆件 $i(i=1,2,\cdots,n)$ 满足

$$|1-\overline{\mu}_i|\leqslant\varepsilon \quad (\varepsilon\text{ 为控制精度的小正数}) \tag{6-6}$$

则停止计算，取 A^* 的值为 A。

（6）若式（6-6）不满足，则进行设计变量更新计算

$$\overline{A}_i=\overline{\mu}_i A_i \tag{6-7}$$

得到新的设计变量 $\overline{\mathbf{A}}=[\overline{A}_1,\overline{A}_2,\cdots,\overline{A}_n]^T$，返回步骤（2）开始新一轮迭代。

应力比法计算流程如图 6-1 所示。

【例题 6-1】 图 6-2 为静定桁架及受力工况，容许拉应力 $[\sigma_+]=7\times10^4$kPa，容许压应力 $[\sigma_-]=-3.5\times10^4$kPa，弹性模量为常数。承受三个独立荷载工况（$L=3$）。设 $P=10$kN，构造要求杆件最小截面积 $A_{min}>0.8\text{cm}^2$。试用应力比法进行满应力设计。

解：

（1）设初始设计变量 $\mathbf{A}^{(0)}$

$$\mathbf{A}^{(0)}=[A_1,A_2\cdots,A_5]^T=[1,1,\cdots,1]^T\times10^{-4}\text{m}^2$$

（2）以 $\mathbf{A}^{(0)}$ 进行结构分析，考虑三种工况计算，轴力矩阵为

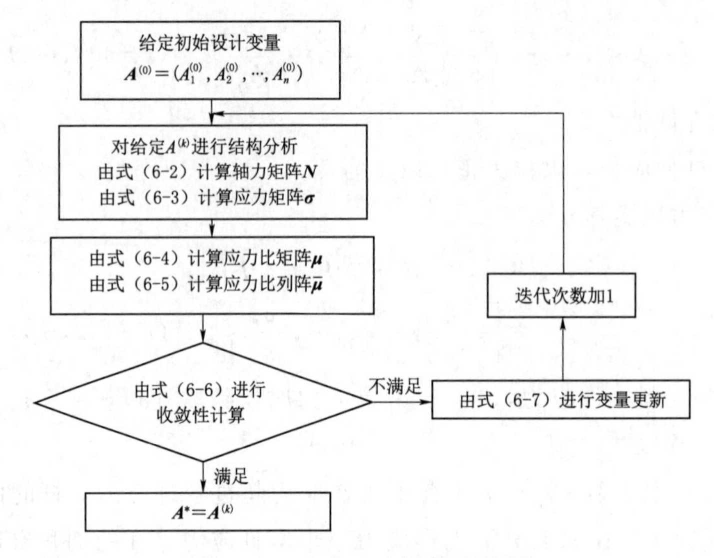

图 6-1　应力比法计算流程图

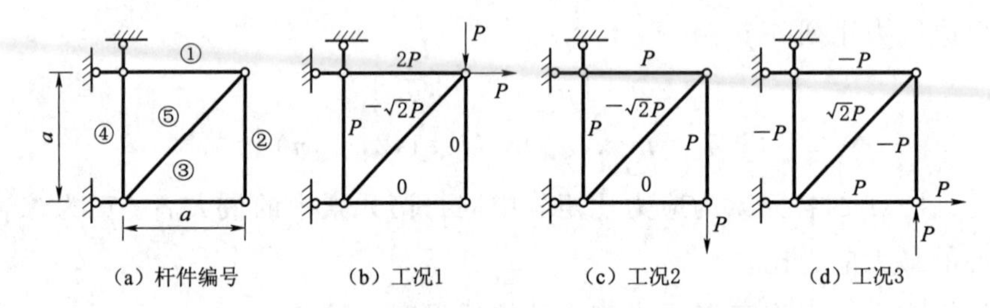

图 6-2　例题 6-1 静定桁架及受力工况

$$N=\begin{bmatrix} N_{11} & N_{12} & N_{13} \\ N_{21} & N_{22} & N_{23} \\ N_{31} & N_{32} & N_{33} \\ N_{41} & N_{42} & N_{43} \\ N_{51} & N_{52} & N_{53} \end{bmatrix}=\begin{bmatrix} 2 & 1 & -1 \\ 0 & 1 & -1 \\ 0 & 0 & 1 \\ 1 & 1 & -1 \\ -\sqrt{2} & -\sqrt{2} & \sqrt{2} \end{bmatrix}P\,(\text{kN})$$

应力矩阵

$$\sigma=\begin{bmatrix} \dfrac{N_{11}}{A_1} & \dfrac{N_{12}}{A_1} & \dfrac{N_{13}}{A_1} \\ \dfrac{N_{21}}{A_2} & \dfrac{N_{22}}{A_2} & \dfrac{N_{23}}{A_2} \\ \dfrac{N_{31}}{A_3} & \dfrac{N_{32}}{A_3} & \dfrac{N_{33}}{A_3} \\ \dfrac{N_{41}}{A_4} & \dfrac{N_{42}}{A_4} & \dfrac{N_{43}}{A_4} \\ \dfrac{N_{51}}{A_5} & \dfrac{N_{52}}{A_5} & \dfrac{N_{53}}{A_5} \end{bmatrix}=\begin{bmatrix} 2 & 1 & -1 \\ 0 & 1 & -1 \\ 0 & 0 & 1 \\ 1 & 1 & -1 \\ -\sqrt{2} & -\sqrt{2} & \sqrt{2} \end{bmatrix}\times 10^4 P\,(\text{kPa})$$

（3）计算应力比矩阵，由式（6－4）得

$$\boldsymbol{\mu}=\begin{bmatrix}\frac{2}{7} & \frac{1}{7} & \frac{-1}{-3.5}\\ 0 & \frac{1}{7} & \frac{-1}{-3.5}\\ 0 & 0 & \frac{1}{7}\\ \frac{1}{7} & \frac{1}{7} & \frac{-1}{-3.5}\\ \frac{-\sqrt{2}}{-3.5} & \frac{-\sqrt{2}}{-3.5} & \frac{\sqrt{2}}{7}\end{bmatrix}\quad P=\begin{bmatrix}2.86 & 1.43 & 2.86\\ 0 & 1.43 & 2.86\\ 0 & 0 & 1.43\\ 1.43 & 1.43 & 2.86\\ 4.04 & 4.04 & 2.02\end{bmatrix}$$

（4）形成应力比列阵，由式（6－5）得

$$\overline{\boldsymbol{\mu}}=[2.86,2.86,1.43,2.86,4.04]^{\mathrm{T}}$$

（5）变量更新计算，$\mathbf{A}^{(1)}=[A_1^{(0)}\overline{\mu}_1,A_2^{(0)}\overline{\mu}_2,\cdots,A_5^{(0)}\overline{\mu}_5]^{\mathrm{T}}$

$$\mathbf{A}^{(1)}=\begin{bmatrix}1\times10^{-4}\times2.86\\ 1\times10^{-4}\times2.86\\ 1\times10^{-4}\times1.43\\ 1\times10^{-4}\times4.04\end{bmatrix}=\begin{bmatrix}2.86\\ 2.86\\ 1.43\\ 2.86\\ 4.04\end{bmatrix}\times10^{-4}\mathrm{m}^2$$

$$=[2.86\quad 2.86\quad 1.43\quad 2.86\quad 4.04]^{\mathrm{T}}\mathrm{cm}^2$$

对于静定结构，不需要再返回步骤（2），各杆都达到满应力，最优解为

$$\mathbf{A}^*=[2.86\quad 2.86\quad 1.43\quad 2.86\quad 4.04]^{\mathrm{T}}\mathrm{cm}^2$$

【例题 6－2】 三杆桁架及荷载工况如图 6－3 所示。图 6－3 中三杆桁架各杆件均采用同一材料制成，弹性模量 E 为常量，容许拉应力 $[\sigma_+]=2\times10^7\mathrm{kPa}$，容许压应力 $[\sigma_-]=-1.5\times10^7\mathrm{kPa}$。结点 1 处作用两种工况荷载。工况一：$P_1=2000\mathrm{kN}$，$P_2=0\mathrm{kN}$；工况二：$P_1=0\mathrm{kN}$，$P_2=2000\mathrm{kN}$。试用应力比法设计杆的截面积。

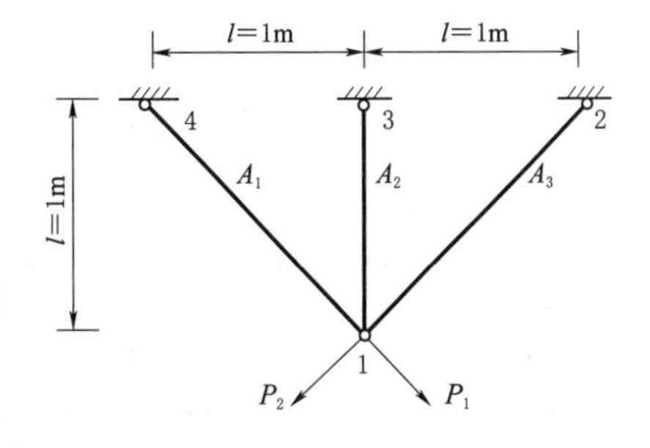

图 6－3　例题 6－2 三杆桁架及荷载工况

解： 此桁架为 1 次超静定结构。设杆件截面积为 A_1、A_2、A_3。考虑到结构与工况对称，可取 $A_1=A_3$，则设计变量为 $\mathbf{A}=[A_1,A_2]^{\mathrm{T}}$；结构的总质量为 $W=(\sqrt{2}A_1+A_2+\sqrt{2}A_3)\rho l=(2\sqrt{2}A_1+A_2)\rho l$。

选用工况一：$P_1=2000\mathrm{kN}$，$P_2=0$，由力法求得轴力矩阵为

$$\boldsymbol{N}=\begin{bmatrix} P_1\dfrac{A_1A_2+\sqrt{2}A_1^2}{\sqrt{2}A_1^2+2A_1A_2} \\ P_1\dfrac{\sqrt{2}A_1A_2}{\sqrt{2}A_1^2+2A_1A_2} \\ P_1\dfrac{-A_1A_2}{\sqrt{2}A_1^2+2A_1A_2} \end{bmatrix}$$

应力矩阵为

$$\boldsymbol{\sigma}=\frac{1}{\sqrt{2}A_1^2+2A_1A_2}\begin{bmatrix} (\sqrt{2}A_1+A_2)P_1 \\ \sqrt{2}A_1P_1 \\ -A_2P_1 \end{bmatrix}$$

应力比矩阵为

$$\boldsymbol{\mu}=\frac{1}{\sqrt{2}A_1^2+2A_1A_2}\begin{bmatrix} (\sqrt{2}A_1+A_2)\dfrac{P_1}{[\sigma_+]} \\ \sqrt{2}A_1\dfrac{P_1}{[\sigma_+]} \\ -A_2\dfrac{P_1}{[\sigma_-]} \end{bmatrix}=\frac{1\times10^{-4}}{\sqrt{2}A_1^2+2A_1A_2}\begin{bmatrix} \sqrt{2}A_1+A_2 \\ \sqrt{2}A_1 \\ \dfrac{4}{3}A_2 \end{bmatrix}$$

由应力比矩阵 $\boldsymbol{\mu}$ 可确定应力比列阵 $\overline{\boldsymbol{\mu}}=[\overline{\mu}_1,\overline{\mu}_2]^{\mathrm{T}}$，进而求出下次迭代的设计变量 $\boldsymbol{A}^{(k+1)}=[A_1^{(k)}\overline{\mu}_1^{(k)},A_2^{(k)}\overline{\mu}_2^{(k)}]^{\mathrm{T}}$。

设杆件初始截面 $A_1^{(0)}=1\times10^{-4}\,\mathrm{m}^2$，$A_2^{(0)}=1\times10^{-4}\,\mathrm{m}^2$，可得 $\overline{\mu}_1^{(0)}=0.7071$，$\overline{\mu}_2^{(0)}=0.4142$，相应的结构总重量为 $W=3.8284\times10^{-4}\rho l$，这样完成了第一次迭代。

第二次迭代，各杆件截面面积为

$$A_1^{(1)}=A_1^{(0)}\overline{\mu}_1^{(0)}=1\times10^{-4}\times0.7071=0.7071\times10^{-4}\,\mathrm{m}^2$$

$$A_2^{(1)}=A_2^{(0)}\overline{\mu}_2^{(0)}=1\times10^{-4}\times0.4142=0.4142\times10^{-4}\,\mathrm{m}^2$$

这样一直迭代下去，直至 $\max|1-\mu_i|<0.1$ 时，所得截面积即为最优解 $\boldsymbol{A}^*=(A_1^*,A_2^*)^{\mathrm{T}}$。应力比法部分迭代计算结果见表6－1。

表6－1　例题6－2应力比法部分迭代计算结果

杆件面积/($\times10^{-4}\,\mathrm{m}^2$)	应力比列阵	$\lvert 1-\overline{\mu}\rvert$	结构总质量 $W/(\times10^{-4}\rho l)$
$\boldsymbol{A}^{(0)}=\begin{Bmatrix}1.000\\1.000\end{Bmatrix}$	$\begin{Bmatrix}0.7071\\0.4142\end{Bmatrix}$	$\begin{Bmatrix}0.2929\\0.5858\end{Bmatrix}$	3.8284
$\boldsymbol{A}^{(1)}=\begin{Bmatrix}0.7071\\0.4142\end{Bmatrix}$	$\begin{Bmatrix}1.0938\\0.7735\end{Bmatrix}$	$\begin{Bmatrix}0.0938\\0.2265\end{Bmatrix}$	2.4142

续表

杆件面积/($\times 10^{-4}$ m^2)	应力比列阵	$\|1-\bar{\mu}\|$	结构总质量 W/($\times 10^{-4}\rho l$)
$\boldsymbol{X}^{(3)}=\begin{Bmatrix}0.7735\\0.3204\end{Bmatrix}$	$\begin{Bmatrix}1.0541\\0.8153\end{Bmatrix}$	$\begin{Bmatrix}0.0541\\0.1847\end{Bmatrix}$	2.5081
⋮	⋮	⋮	⋮
$\boldsymbol{A}^{(96)}=\begin{Bmatrix}0.9897\\0.0145\end{Bmatrix}$	$\begin{Bmatrix}1.0001\\0.9898\end{Bmatrix}$	$\begin{Bmatrix}0.0001\\0.0102\end{Bmatrix}$	2.8139

经过 96 次迭代可得满足精度要求的最优解 $\boldsymbol{A}^*=[0.9897,0.0145]^{\mathrm{T}}\mathrm{cm}^2$，结构总重量 $W=2.8139\times 10^{-4}\rho l$。若提高精度要求一直迭代下去可得最优解 $A_1=1.0\mathrm{cm}^2$，$A_2=0$，即原结构中的 2 号杆可以取消，退化为静定结构。

为便于比较和说明问题，下面用经典方法求出这个问题的精确解。

以 A_1、A_2 为设计变量，桁架总重量 W 为目标函数，根据强度要求，各杆应力不超过容许应力为约束条件，建立优化的数学模型为

$$
\begin{cases}
\text{find } \boldsymbol{A}=[A_1 \quad A_2]^{\mathrm{T}} \\
\min W=(2\sqrt{2}A_1+A_2)\rho l \\
\text{s. t} \quad P_1\dfrac{\sqrt{2}A_1+A_2}{\sqrt{2}A_1^2+2A_1A_2}\leqslant[\sigma_+] \\
\qquad\ \ P_1\dfrac{\sqrt{2}A_1}{\sqrt{2}A_1^2+2A_1A_2}\leqslant[\sigma_+] \\
\qquad\ \ P_1\dfrac{-A_2}{\sqrt{2}A_1^2+2A_1A_2}\leqslant[\sigma_-] \\
\qquad\ \ A_1\geqslant 0, A_2\geqslant 0
\end{cases}
$$

上式所述优化问题可用图解法求解，三杆桁架图解法的设计空间及优化解如图 6-4 所示。

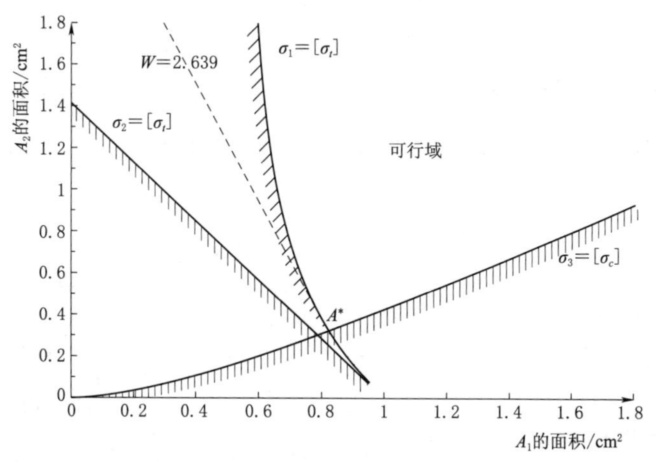

图 6-4　三杆桁架图解法的设计空间及优化解

已知目标函数式直线方程的斜率为

$$\frac{dA_2}{dA_1}=-2\sqrt{2} \tag{6-8}$$

强度条件中的第一条约束曲线的斜率为

$$\frac{dA_2}{dA_1}=\frac{2\sqrt{2}A_1\frac{P_1}{[\sigma_+]}-\sqrt{2}\left(\frac{P_1}{[\sigma_+]}\right)^2-2\sqrt{2}A_1^2}{\left(2A_1-\frac{P_1}{[\sigma_+]}\right)^2} \tag{6-9}$$

将式（6-8）、式（6-9）联立并整理可得

$$6A_1^2-6A_1\frac{P_1}{[\sigma_+]}+\left(\frac{P_1}{[\sigma_+]}\right)^2=0$$

即

$$6A_1^2-6\times10^{-4}A_1+10^{-8}=0 \tag{6-10}$$

由式（6-10）可得最优解 $A_1=0.789\times10^{-4}\text{m}^2$，进而确定 $A_2=0.408\times10^{-4}\text{m}^2$，相应的目标函数值 $W=2.6396\times10^{-4}\rho l$

分析计算结果可以看出以下几个特征：

(1) 单一工况条件下对超静定结构进行满应力设计，可能有某些杆件截面收敛到零，使结构蜕化成一静定结构，这是由于变形协调的要求所致。就本例的三杆桁架而言，三杆原汇交于一点，但若三杆都处于满应力状态，则杆长有所改变后，就未必一定仍能汇交于一点。设其中有二杆以满应力状态交于一点时，第三杆若也汇交于这一点，就可能不满足满应力条件。因此以迭代法迫使三杆都同时符合满应力条件时，其结果就使其中一杆的截面收敛至零，而使余下的两杆形成满应力静定桁架以同时符合满应力条件及变形协调条件。

(2) 在单一工况下超静定桁架的满应力解不是唯一的。

(3) 满应力设计的解未必同时又是结构的最轻解。就本例来说，应力比法优化后结构总重为 $2.8139\times10^{-4}\rho l$，而理论最轻重量为 $2.6396\times10^{-4}\rho l$，相差 6.19%。

下面再举一例说明应力比法求解多变量、多工况的满应力设计的特征。

【例题 6-3】 结构同例题 6-2，但作用荷载 $P_1=4000\text{kN}$，$P_2=2000\text{kN}$。

解： 由于两个工况不对称，设计变量取三个，即 $\boldsymbol{A}=[A_1,A_2,A_3]^{\text{T}}$，结构总质量为

$$W=(\sqrt{2}A_1+A_2+\sqrt{2}A_3)\rho l$$

应力矩阵为

$$\boldsymbol{\sigma}=\frac{1}{\sqrt{2}A_1A_3+A_1A_2+A_2A_3}\begin{bmatrix}P_1(A_2+\sqrt{2}A_3) & -A_2P_2\\ \sqrt{2}A_3P_1 & \sqrt{2}A_1P_2\\ -A_2P_1 & (A_2+\sqrt{2}A_1)P_2\end{bmatrix}$$

应力比矩阵为

$$\boldsymbol{\mu}=\frac{1.0\times10^{-4}}{\sqrt{2}A_1A_3+A_1A_2+A_2A_3}\begin{bmatrix}A_2+\sqrt{2}A_3 & 4A_2/3\\ \sqrt{2}A_3 & \sqrt{2}A_1\\ 8A_2/3 & A_2+\sqrt{2}A_1\end{bmatrix}$$

由应力比矩阵可得应力比列阵 $\overline{\boldsymbol{\mu}}=[\overline{\mu}_1 \quad \overline{\mu}_2 \quad \overline{\mu}_3]^{\mathrm{T}}$，进而可调整各杆截面积。迭代计算部分结果见表 6-2。

表 6-2　　例题 6-3 迭代计算部分结果

迭代次数 k	设计变量/($\times10^{-4}\mathrm{m}^2$)			应力比列阵元素			W /($\times10^{-4}\rho l$)
	A_1	A_2	A_3	$\overline{\mu}_1$	$\overline{\mu}_2$	$\overline{\mu}_3$	
0	1.0000	1.0000	1.0000	1.4142	0.8284	0.7810	3.8284
1	1.4142	0.8284	0.7810	1.1435	0.6535	0.8366	3.9330
2	1.6172	0.5413	0.6535	1.0761	0.8397	1.0384	3.7526
3	1.7403	0.4546	0.6786	1.0213	0.8886	1.0528	3.8753
…	…	…	…	…	…	…	…
295	1.9932	0.0097	0.9932	1.0000	0.9966	1.0000	4.2330

本题满应力设计的理论解为：$A_1=2\times10^{-4}\mathrm{m}^2$，$A_2=0$，$A_3=1\times10^{-4}\mathrm{m}^2$，$W=4.2426\times10^{-4}\rho l$。

结合前面几个基于应力比法的满应力设计结果，对相关问题进行讨论和分析。

1. 满应力设计与最轻设计

根据满应力要求，应力约束全是等式，有 n 个杆件就有 n 个等式方程，它们可以唯一确定 A_i，而与目标函数结构重量 W 的最小无任何关系。如果是静定结构，则其内力与设计变量 A_i 无关，约束方程是线性的，则目标函数的最小点就是约束方程的几何交点。故静定结构的满应力设计就是最轻设计。如果是超静定结构，则其内力是设计变量 A_i 的函数，因而约束条件是非线性的。非线性问题的解点不一定落在约束超曲面的交点上，而可能在某一约束的界面上。因此说对于超静定桁架，满应力设计不一定是最轻设计。已有的数值计算经验表明，对大多数实际结构而言，当工况数 $L\geqslant1$ 时，最好的满应力设计通常与最优解相差不大。

2. 满应力设计的必要条件

超静定结构在单一工况下一般不能做到满应力设计。例如在例题 6-2 中，三根杆件的应力可表示成两个自由度的函数，即

$$\sigma_1=f_1(u_x,u_y),\sigma_2=f_2(u_x,u_y),\sigma_3=f_3(u_x,u_y)$$

如果这三个应力都达到容许应力（即满应力），则上述方程无法解出两个位移，除非其中一个是非独立方程。因此在单一工况下，只能两个杆达到满应力，而另一个杆

的应力由解出的位移确定。在两个工况下，要确定的应力仍为3个，但位移却有4个，因而三根杆的每一根至少在一种工况下达到满应力。

满应力设计的存在条件，一般情况下可表示为

$$L \geqslant \frac{n}{n-r} \tag{6-11}$$

式中 L——结构受载工况数；

n——结构杆件数；

r——结构超静定次数。

3. 满应力设计的收敛性

本节介绍的应力比法是一种迭代算法，存在收敛问题。对于静定结构，内力与设计变量无关，经一次迭代，就可以做到所有杆件满应力，且是唯一的。对超静定结构，它的每一个基本系都相应于该超静定结构的一个满应力设计。从这个角度看，由于超静定结构的基本系一般不唯一，迭代就可能趋于不同点，即出现能否收敛的问题。

至今理论上还未能说明哪些结构收敛，哪些结构则不能。从实践上看，如果开始几次收敛较好，那么它一定会收敛到某个特定解；如果开头几次收敛得慢或往复无常，那就有可能不收敛。对于这种情况，可考虑改变初始设计点，重新进行，有可能会收敛。

4. 加快收敛的措施

从前面的算例可以看到，用应力比法求出满应力解的迭代次数还是较多的。一个有效的改进方法就是在调整杆件截面时引进一个超松弛因子 α，以加快收敛速度，即

$$A_i^{(k+1)} = (\overline{\mu}_i^{(k)})^{\alpha} A_i^{(k)} \tag{6-12}$$

对于拉杆，常取 $\alpha=1.05\sim1.10$，不过在开始迭代时，若质量下降较慢，a 值还可取得稍大一些，如取1.3左右，然后逐步减少到使之趋近于1。对于压杆，有文献将其与杆件的长细比 λ 建立关系，建议 α 的选取公式为

$$\alpha = 1 - 0.05\lambda \tag{6-13}$$

6.1.2 齿行法

应力比法唯一的准则是各杆的应力比 $\mu=1$，在某些情况下，满应力解可能并不是最优解。优化设计的最优解往往不是位于约束条件的交点上，而是位于某一约束曲线上。为保证得到最优解，应设法使搜索点落在主约束曲面上，齿行法是解决这一问题的一种有效方法，齿行法包括一般齿行法与修正齿行法。

1. 一般齿行法

齿行法的基本思想就是在每一步应力比设计后，加一步使迭代点沿坐标原点与应力比设计点连线的方向回到主约束曲面上的射线步。因此，齿行法的走法分为两步。

（1）应力比步（奇数步），它的走法与应力比法完全相同，其作用是保证各杆的应力比 μ 为 1。

（2）射线步（偶数步），它的走法是从奇数步所得到的各杆的 μ_i 中选出最大的 $\mu_{\max}$ 作为各杆新截面的变更依据，即

$$\mu_{\max}^{(2k-1)}=\max(\mu_1^{(2k-1)},\mu_2^{(2k-1)},\cdots,\mu_n^{(2k-1)}) \tag{6-14}$$

$$A_i^{(2k)}=\mu_{\max}^{(2k-1)}A_i^{(2k-1)} \quad (i=1,2,\cdots,n) \tag{6-15}$$

$$W^{(2k)}=\mu_{\max}^{(2k-1)}W^{(2k-1)} \tag{6-16}$$

射线步的作用是保证计算的解落在约束曲线上。这时如果在约束曲线非可行域的一侧，应力比 $\mu>1$，反之，$\mu<1$，只有在约束曲线上时，$\mu=1$。

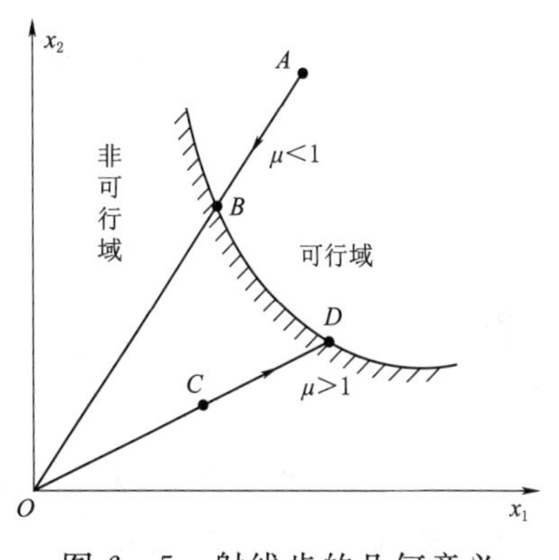

图 6-5 射线步的几何意义

超静定结构各杆截面同时改变 μ 倍，它们的应力比同时改变 $1/\mu$。因此，对奇数步 $\mu_{\max}$ 的杆件，在偶数步截面改变 $\mu_{\max}$ 倍后，它的应力比必然为 1，即总是落在约束曲线上。以两个设计变量为例，射线步的几何意义如图 6-5 所示。在设计空间中，如果 $\mu<1$，射线步就将初始设计点 A 从可行域拉到最严的应力约束边界上的 B 点；如果 $\mu>1$，射线步就将设计点 C 沿着通过原点 O 的射线从非可行域射到最严的应力约束边界上的 D 点。

一般齿行法具体计算步骤为：

（1）初始奇数步。选择初始截面积 A_i，同上一节应力比法一样，求各杆应力比 μ_i。

（2）偶数步。由式（6-14）选出奇数步中应力比最大值 $\mu_{\max}^{(2k-1)}$，由式（6-15）式确定各杆截面 $A_i^{(2k)}$，再按式（6-16）求出这时结构的总重量 $W^{(2k)}$。然后求各杆的应力比为

$$\mu_i^{(2k)}=\frac{\mu_i^{(2k-1)}}{\mu_{\max}^{(2k-1)}} \tag{6-17}$$

（3）奇数步。基本上同步骤（1），即根据 $\mu_i^{(2k)}$ 重新确定各杆截面，再用应力比法求各杆的应力比 $\mu_i^{(2k+1)}$。

（4）偶数步。同步骤（2），如 $W^{(2k+2)}>W^{(2k)}$，则以 $W^{(2k)}$ 时的解为最优解，否则转步骤（3）。

上述齿行法计算步骤可用框图如图 6-6 所示。

齿行法的特点是每进行一次应力比步之后，就进行一次射线步，即从坐标原点出发经过上一步（应力比步）的设计点，沿此射线方向回到约束曲线上。由于整个走法

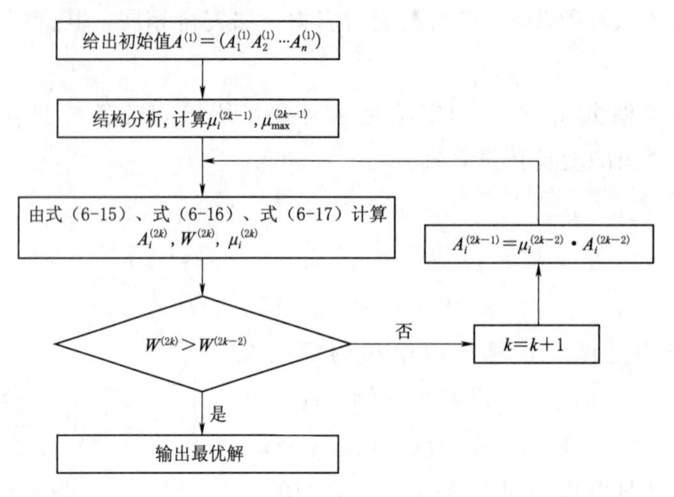

图6-6 齿行法计算框图

的图形类似齿形，故称作齿行法。齿行法与应力比法的主要区别只是偶数步在确定新的截面积时有所不同而已。由于偶数步的走法关系，齿行法就其方法的原理而言，严格来说，已经不属于满应力的概念了。

【例题6-4】 用齿行法计算例题6-2。

解： 第一步为应力比步（奇数步），同样假设初始截面 $A_1^{(1)}=1\times10^{-4}\,\mathrm{m}^2$，$A_2^{(1)}=1\times10^{-4}\,\mathrm{m}^2$，由例题6-2可知，$\mu_1^{(1)}=0.7071$，$\mu_2^{(1)}=0.4142$，$W^{(1)}=3.8284\times10^{-4}\rho l$。

第二步为射线步（偶数步），由式（6-14）选取各杆中最大应力比值，即 $\mu_{max}^{(1)}=\max(0.7071,0.4142)=0.7071$，然而利用式（6-15）计算各杆新的截面面积，即

$$A_1^{(2)}=\mu_{max}^1 A_1^{(1)}=1\times0.7071\times10^{-4}=0.7071\times10^{-4}\,\mathrm{m}^2$$

$$A_2^{(2)}=\mu_{max}^1 A_2^{(1)}=1\times0.7071\times10^{-4}=0.7071\times10^{-4}\,\mathrm{m}^2$$

同时，求出此时结构的总重量，由式（6-16）计算重量

$$W^{(2)}=\mu_{max}^{(1)}W^{(1)}=0.7071\times3.8284\times10^{-4}\rho l=2.7071\times10^{-4}\rho l$$

按式（6-17）计算应力比

$$\mu_1^{(2)}=\frac{\mu_1^{(1)}}{\mu_{max}^{(1)}}=\frac{0.7071}{0.7071}=1$$

$$\mu_2^{(2)}=\frac{\mu_2^{(1)}}{\mu_{max}^{(1)}}=\frac{0.4142}{0.7071}=0.5858$$

第三步又为应力比步（奇数步），先求出各杆新的截面，即

$$A_1^{(3)}=\mu_1^{(2)}A_1^{(2)}=1\times0.7071\times10^{-4}=0.7071\times10^{-4}\,\mathrm{m}^2$$

$$A_2^{(3)}=\mu_2^{(2)}A_2^{(2)}=0.5859\times0.7071\times10^{-4}=0.4142\times10^{-4}\,\mathrm{m}^2$$

接着再计算各杆的应力比。

本例全部计算结果见表6-3。

表 6-3 齿行法计算结果

k	奇数步		偶数步		μ_1	μ_2	W /($\times10^{-4}\rho l$)
	A_1	A_2	A_1	A_2			
1	1.0000	1.000	—	—	0.7071	0.4142	3.8284
2	—	—	0.7071	0.7071	1.000	0.5858	2.7071
3	0.7071	0.4142			1.0939	0.7735	2.4142
4			0.7735	0.4531	1.0000	0.7071	2.6409
5	0.7735	0.3204			1.0541	0.8153	2.5080
6			0.8153	0.3377	1.0000	0.7735	2.6437

由于 $W^{(6)}=2.6437\times10^{-4}\rho l>W^{(4)}=2.6409\times10^{-4}\rho l$，所以可以停止迭代，最优解 $A_1=0.7735\times10^{-4}\text{m}^2$，$A_2=0.4531\times10^{-4}\text{m}^2$，$W=2.6409\times10^{-4}\rho l$。它与精确解已比较接近，相差仅为 0.72%。

2. 修改齿行法

一般齿行法虽然可以避免所求得的解收敛到非最优点，但其求得的最优解仍是一近似解，有时因应力比步的步距过大，仍然会造成所得到的解离精确解较远。对一般齿行法进行修改，可以进一步解决这个问题。

修改齿行法的思路，是在走应力比步时缩短其步长，使相邻两射线步的点与点之间更为靠近，从而提高最优解的精度。

修改齿行法的具体做法是将原来应力比步的应力比 $\mu_i^{(2k)}$ 修正为 $\mu_i^{(2k)'}$，即

$$\mu_i^{(2k)'}=1-\lambda(1-\mu_i^{(2k)}),\quad 0<\lambda<1 \tag{6-18}$$

显然，当 $\lambda=1$ 时，$\mu_i^{(2k)'}=\mu_i^{(2k)}$，即为原来的齿行法，而当 $\lambda=0$ 时，$\mu_i^{(2k)'}=1$，即在应力比步的步长为零。μ 的取值取决于对最优解的精度要求，λ 越小，精度越高，但需迭代次数越多。

【例题 6-5】 用修改齿行法计算例题 6-2。

解： 初始截面仍为 $A_1^{(1)}=1.0\times10^{-4}\text{m}^2$，$A_2=1.0\times10^{-4}\text{m}^2$，取 $\lambda=0.5$。

第一步：由例题 6-4 知 $\mu_1^{(1)}=0.7071$，$\mu_2^{(1)}=0.4142$。

第二步：由例题 6-4 知 $W^{(2)}=2.7071\times10^{-4}\text{kN}$，$\mu_1^{(2)}=1$，$\mu_2^{(2)}=0.5858$，现按式（6-18）修正应力比

$$\mu_1^{(2)'}=1-0.5(1-1)=1.0$$

$$\mu_2^{(2)'}=1-0.5(1-0.5858)=0.7929$$

以它们作为下一步（奇数步）截面变更的依据。

第三步：（奇数步）先求出各杆截面面积

$$A_1^{(3)} = \mu_1^{(2)'} \times A_1^{(2)} = 1 \times 0.7071 \times 10^{-4}\,\mathrm{m}^2$$

$$A_2^{(3)} = \mu_2^{(2)'} \times A_2^{(2)} = 0.7929 \times 0.7071 \times 10^{-4} = 0.5607 \times 10^{-4}\,\mathrm{m}^2$$

接着再计算各杆的应力比 μ_1，…。

修改齿行法计算结果见表 6-4。

表 6-4　修改齿行法计算结果

k	奇数步		偶数步		μ_1	μ_2	W /($\times 10^{-4}\rho l$)
	A_1	A_2	A_1	A_2			
1	1.0000	1.0000			0.7071	0.4142	3.8284
2			0.7071	0.7071	1.0000	0.7929	2.7071
3	0.7071	0.5607			1.0405	0.6667	2.5606
4			0.7357	0.5833	1.0000	0.8204	2.6642
5	0.7357	0.4786			1.0336	0.7079	2.5594
6			0.7604	0.4946	1.0000	0.8425	2.6455
7	0.7604	0.4167			1.0280	0.7409	2.5675
8			0.7817	0.4284	1.0000	0.8604	2.6393
9	0.7817	0.3686			1.0234	0.7675	2.5795
10			0.8000	0.3772	1.0000	0.8750	2.6399

最优解为 $A_1 = 0.7817 \times 10^{-4}\,\mathrm{m}^2$，$A_2 = 0.4284 \times 10^{-4}\,\mathrm{m}^2$，$W = 2.6393 \times 10^{-4}\rho l$ 与精确解相差仅为 0.19%。

在实际问题的优化设计过程中，并不要求优化设计者自始至终采用同一种优化方法，有时为了提高精度或加速运算，在设计过程中可随时改变优化设计方法。如在本节算例中，可以从表 6-3 的第四行开始（齿行法已运行三步后），改用修改齿行法继续运算，同样取 $\lambda = 0.5$，计算结果见表 6-5。

表 6-5　齿形法与修改齿行法结合计算

k	奇数步		偶数步		μ_1	μ_2	W /($\times 10^{-4}\rho l$)
	A_1	A_2	A_1	A_2			
1	1.0000	1.0000			0.7071	0.4142	3.8284
2			0.7071	0.7071	1.0000	0.5858	2.7071
3	0.7071	0.4142			1.0939	0.7735	2.4142
4			0.7735	0.4531	1.0000	0.8536	2.6409
5	0.7735	0.3861			1.0251	0.7573	2.5745
6			0.7929	0.3964	1.0000	0.8694	2.6391
7	0.7929	0.3447			1.0211	0.7811	2.5873
8			0.8097	0.3519	1.0000	0.8824	2.6420

最优解为 $A_1=0.7929\times10^{-4}\text{m}^2$，$A_2=0.3964\times10^{-4}\text{m}^2$，$W=2.6391\times10^{-4}\rho l$ 与精确解相比误差仅 0.08%，可见它能得到更好的结果，而且计算较为简便。

6.2 满位移准则法

满应力准则设计只考虑应力约束和几何约束（最小截面限制），但一个结构只满足强度要求还不够，还必须满足其他要求。例如通常要求结构在外力作用下，其结点的线位移 Δ 不大于容许位移 $[\Delta]$，即

$$\Delta-[\Delta]\leqslant0 \tag{6-19}$$

为了与满应力设计匹配，这里讨论具有单变位限制的桁架的满位移设计。

满位移设计也是一种力学准则法，其优化准则是在满足应力约束的优化基础上，使结构某点的位移达到容许值的最轻设计。根据这个准则，可分为两种情况：①如果根据满应力设计或其他方法优化的结果，位移条件已经满足，则无须重新设计；②如果上述位移条件未满足，则必须调整某些杆件的截面积，使位移值降低。究竟调整哪些杆件面积，才能既使位移降低，又使重量最小呢？这就是本节研究的主要内容。

1. 主动杆件与被动杆件

凡在当前满位移设计过程中，截面不作调整的杆件称为被动杆件；截面要作调整的杆件称为主动杆件。

设桁架在荷载作用下各杆轴力为 $\mathbf{N}=[N_1,N_2,\cdots,N_n]^{\mathrm{T}}$，沿所控制的位移 Δ 方向施加单位荷载引起的各杆轴力 $\overline{\mathbf{N}}=[\overline{N}_1,\overline{N}_2,\cdots,\overline{N}_n]^{\mathrm{T}}$，根据虚功原理有

$$\Delta=\sum_{i=1}^{n}\frac{N_i\overline{N}_i}{E_iA_i}l_i \tag{6-20}$$

对于静定结构，由于轴力与截面积 A_i 无关，位移 Δ 对设计变量 A_j 的变化率为

$$\frac{\mathrm{d}\Delta}{\mathrm{d}A_j}=-\frac{N_j\overline{N}_jl_j}{E_jA_j^2} \tag{6-21}$$

由式（6-21）可知，如果 $N_j\overline{N}_j<0$，则 $\dfrac{\mathrm{d}\Delta}{\mathrm{d}A_j}>0$，也就是说，当 N_j 与 $\overline{N}_j$ 异号时，A_j 增加，Δ 也增加。这类杆件在满位移设计中是被动杆件，截面积不做调整，仍取其他约束条件下的优化设计所确定的面积。如果 $N_j\overline{N}_j>0$，那么这类杆件可能是主动杆件，也可能是被动杆件。如果作为主动杆件经满位移设计，得到的截面积小于按其他约束（如应力约束、几何约束等）所确定的值，则应不做调整，而将该杆件归于被动杆件。

综上所述，符合下列原则的杆件应划为被动杆件：①$N_j\overline{N}_j<0$；②主动杆件经满位移设计的一次迭代后，其截面积小于其他约束要求。

上述原则是从对静定结构的分析得到的，显然原则①对超静定结构也是适用的。

下面证明①同样适用于超静定结构。

对于超静定结构，因为 N_i、$\overline{N}_i$ 与 A_j 有关，所以式（6-20）对 A_j 求导为

$$\frac{\mathrm{d}\Delta}{\mathrm{d}A_j}=-\frac{N_j\overline{N}_jl_j}{E_jA_j^2}+\sum_{i=1}^{n}\left(\frac{\partial N_i}{\partial A_j}\frac{\overline{N}_il_i}{E_iA_i}+\frac{\partial \overline{N}_i}{\partial A_j}\frac{N_il_i}{E_iA_i}\right) \tag{6-22}$$

式（6-22）中，偏导数$\frac{\partial N_i}{\partial A_j}$和$\frac{\partial \overline{N}_i}{\partial A_j}$表示某一主动杆件的设计变量 A_j 改变单位面积时，轴力 N_i 和 $\overline{N}_i$ 的改变量，它们在结构中分别自成平衡力系。

以一简单例子作证明，三杆超静定桁架如图6-7所示，各截面积为 A_1、A_2、A_3，在荷载 P 作用下产生轴力为 N_1、N_2、N_3。对于结点 A，P、N_1、N_2 和 N_3 组成一个平衡力系。

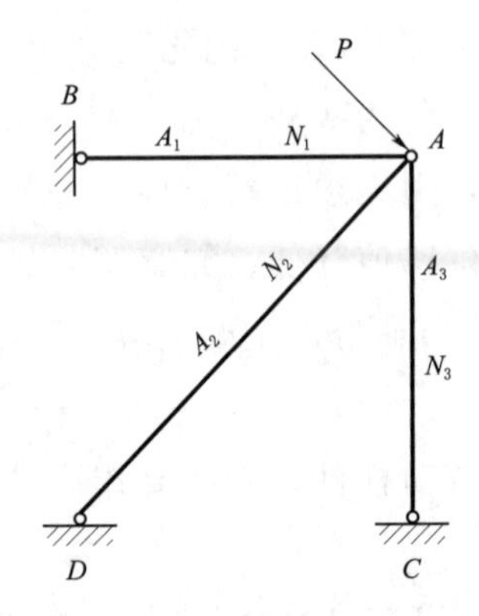

图6-7 三杆超静定桁架

设 A_3 增加单位面积，在 P 的作用下各杆轴力为 $N_1+\frac{\partial N_1}{\partial A_3}$，$N_2+\frac{\partial N_2}{\partial A_3}$，$N_3+\frac{\partial N_3}{\partial A_3}$，再根据结点 A 的汇交力系平衡，显然有$\frac{\partial N_1}{\partial A_3}$、$\frac{\partial N_2}{\partial A_3}$、$\frac{\partial N_3}{\partial A_3}$组成一个平衡力系。同理可以说明对 n 杆桁架有$\frac{\partial N_i}{\partial A_j}$，$\frac{\partial \overline{N}_i}{\partial A_j}$，$i=1,2,\cdots,n$，分别自成平衡力系。

式（6-22）中$\frac{\overline{N}_il_i}{E_iA_i}$和$\frac{N_il_i}{E_iA_i}$分别为单位荷载和外荷载作用下各杆的变形值。根据虚功原理可知，自身平衡的力系虚功为0，即 $\sum_{i=1}^{n}\frac{\partial N_i}{\partial A_j}\frac{\overline{N}_il_i}{E_iA_i}=0$，$\sum_{i=1}^{n}\frac{\partial \overline{N}_i}{\partial A_j}\frac{N_il_i}{E_iA_i}=0$，这样式（6-22）右边第二项为0，即

$$\sum_{i=1}^{n}\left(\frac{\partial N_i}{\partial A_j}\frac{\overline{N}_il_i}{E_iA_i}+\frac{\partial \overline{N}_i}{\partial A_j}\frac{N_il_i}{E_iA_i}\right)=0 \tag{6-23}$$

因此，对超静定结构仍有$\frac{d\Delta}{dA_j}=-\frac{N_j\overline{N}_jl_j}{E_jA_j^2}$。

2. 主动杆件面积的确定

划分了主、被动杆件以后，如何确定主动杆件的面积，使得满足满位移条件，同时又使结构重量最轻呢？设经受力分析，前 k 个杆件为被动杆件，则单工况单位移控制的主动杆件的优化数学模型为

$$\begin{cases}\text{find } A_{k+1},A_{k+2},\cdots,A_n,\\ \min W=W_0+\sum_{i=k+1}^{n}\rho_iA_il_i\\ \text{s. t } \Delta_0+\sum_{i=k+1}^{n}\frac{N_i\overline{N}_i}{E_iA_i}l_i-[\Delta]=0\end{cases} \tag{6-24}$$

式中 W_0——被动杆件总重量；

Δ_0——被动杆件对 Δ 的贡献。

$$W_0=\sum_{i=1}^{k}\rho_i A_i l_i \tag{6-25}$$

$$\Delta_0=\sum_{i=1}^{k}\frac{N_i\overline{N}_i}{E_i A_i}l_i \tag{6-26}$$

用拉格朗日乘子法求式（6-24）的解。

令
$$L=W_0+\sum_{i=k+1}^{n}\rho_i A_i l_i+\lambda\left(\Delta_0+\sum_{i=k+1}^{n}\frac{N_i\overline{N}_i}{E_i A_i}-[\Delta]\right)$$

则

$$\frac{\partial L}{\partial A_j}=\rho_j l_j-\lambda\frac{N_j\overline{N}_j}{E_j A_j^2}l_j+\lambda\sum_{i=1}^{n}\left(\frac{\partial N_i}{\partial A_j}\frac{\overline{N}_i l_i}{E_i A_i}+\frac{\partial\overline{N}_i}{\partial A_j}\frac{N_i l_i}{E_i A_i}\right)=0\quad(j=k+1,k+2,\cdots,n) \tag{6-27}$$

注意到式（6-23），式（6-27）成为

$$\frac{\partial L}{\partial A_j}=\rho_j l_j-\lambda\frac{N_j\overline{N}_j}{E_j A_j^2}l_j=0 \tag{6-28}$$

由式（6-28）得

$$A_j=\left(\frac{\lambda N_j\overline{N}_j}{E_j\rho_j}\right)^{1/2} \tag{6-29}$$

$$\frac{\partial L}{\partial\lambda}=\Delta_0+\lambda\sum_{i=k+1}^{n}\frac{N_i\overline{N}_i}{E_i A_i}-[\Delta]=0 \tag{6-30}$$

将式（6-29）代入式（6-30），得

$$[\Delta]-\Delta_0=\sum_{i=k+1}^{n}\frac{N_i\overline{N}_i l_i(E_i\rho_i)^{1/2}}{E_i(\lambda N_i\overline{N}_i)^{1/2}}=\lambda^{-1/2}\sum_{i=k+1}^{n}l_i\left(\frac{N_i\overline{N}_i\rho_i}{E_i}\right)^{1/2} \tag{6-31}$$

于是得

$$\lambda^{1/2}=\frac{1}{[\Delta]-\Delta_0}\sum_{i=k+1}^{n}l_i\left(\frac{N_i\overline{N}_i\rho_i}{E_i}\right)^{1/2} \tag{6-32}$$

将式（6-32）代入式（6-29），得

$$A_j=\frac{1}{[\Delta]-\Delta_0}\left(\frac{N_i\overline{N}_i}{E_i\rho_i}\right)^{1/2}\sum_{i=k+1}^{n}l_i\left(\frac{N_i\overline{N}_i\rho_i}{E_i}\right)^{1/2}(j=k+1,k+2,\cdots,n) \tag{6-33}$$

如果桁架各杆 E 和 ρ 相同，式（6-33）可简化为

$$A_j=\frac{(N_j\overline{N}_j)^{1/2}}{E([\Delta]-\Delta_0)}\sum_{i=k+1}^{n}l_i(N_i\overline{N}_i)^{1/2}\quad(j=k+1,k+2,\cdots,n) \tag{6-34}$$

式（6-33）和式（6-34）就是单工况单位移控制的满位移法求主动杆件截面积的公式。但需要注意，如果由此求出的杆件截面面积小于其他约束的要求，则应将此杆件划分为被动杆件重新进行满位移设计。因此，满位移设计也需要一个迭代过程实现。

3. 满位移设计的步骤

满位移设计的步骤如下：

(1) 取满应力设计作为初始设计 $\boldsymbol{A}^{(0)}=[A_1^{(0)},A_2^{(0)},A_3^{(0)}]^{\mathrm{T}}$。

(2) 进行受力分析，求 N_i 和 $\overline{N}_i$。按照 N_i 和 $\overline{N}_i$ 的乘积正负号划分主、被动杆件。

(3) 求满位移下主动杆件的优化面积，连同被动杆件的截面积组成 $\boldsymbol{A}^{(k)}=[A_1^{(k)}\ A_2^{(k)}\ \cdots\ A_n^{(k)}]^{\mathrm{T}}$。

(4) 若 $A_i^{(k)}<A_i^{(0)}$，则把第 i 杆划为被动杆件，返回步骤 (3)；若 $A_i^{(k)}\geqslant A_i^{(0)}$ $(i=1,2,\cdots,n)$，转向 (5)。

(5) 若 $|A_i^{(k+1)}-A_i^{(k)}|<\varepsilon$，则 $X^*=X$，否则 $k=k+1$，返回步骤 (2)。

满位移法计算框图如图 6-8 所示。

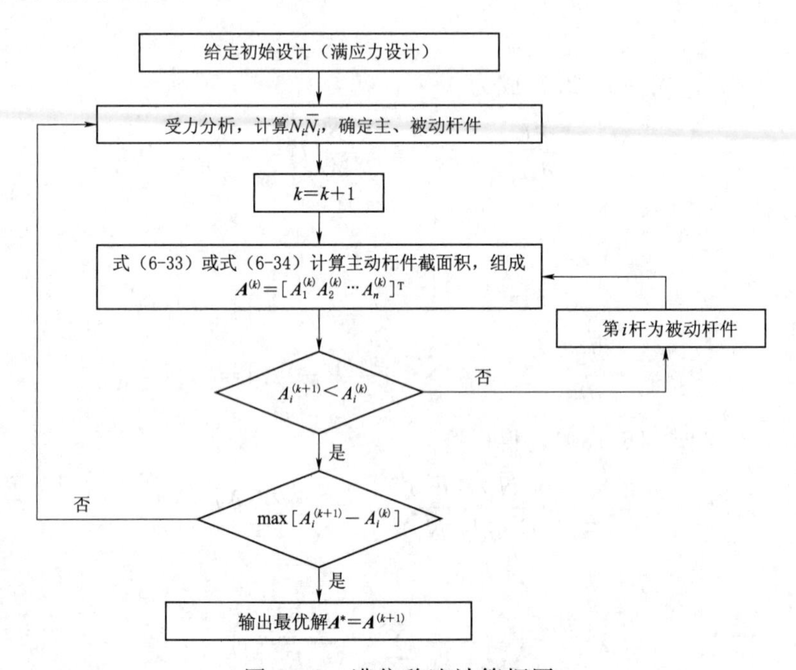

图 6-8 满位移法计算框图

【例题 6-6】 桁架图如图 6-9 所示。在满足应力约束下，对图 6-9 静定桁架作满位移设计。控制结点 C 的竖向位移 $[\Delta c]=0.01\mathrm{m}$。杆件为双等肢角钢，材料为三号钢，$[\sigma_+]=17\times10^5\mathrm{kPa}$，$E=2.1\times10^8\mathrm{kPa}$。最小截面积限制为 $A_{\min}=3.0\mathrm{cm}^2=3.0\times10^{-4}\mathrm{m}^2$。

解：

(1) 求满应力设计的各杆截面积作初始设计。

经受力分析，各杆轴力

$$\boldsymbol{N}=[N_1,N_2,N_3,N_4,N_5,N_6]^{\mathrm{T}}=[80,113.12,-60,-80,113.12,20]^{\mathrm{T}}$$

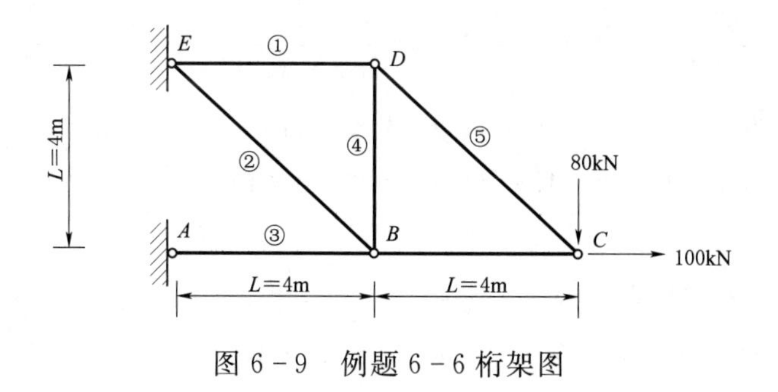

图 6-9 例题 6-6 桁架图

满应力设计为

拉杆：$A_1=\dfrac{80}{1.7\times10^5}=4.71\times10^{-4}\text{m}^2 \quad A_2=6.65\times10^{-4}\text{m}^2$

$$A_5=6.65\times10^{-4}\text{m}^2 \quad A_6=1.18\times10^{-4}\text{m}^2$$

压杆：根据经验公式 $A_i=\dfrac{l_i^{1.5}}{3140}\left(\dfrac{N_i}{28.9l_i-0.03N_i}\right)^{0.5}$ 计算，其中 l_i 为 i 杆长度，以米计；N_i 取绝对值以 kN 计。

$$A_3=\frac{4^{1.5}}{3140}\left(\frac{60}{28.9\times4\times-0.03\times60}\right)^{0.5}=18.5\times10^{-4}\text{m}^2$$

$$A_4=\frac{4^{1.5}}{3140}\left(\frac{80}{28.9\times4-0.03\times80}\right)^{0.5}=21.4\times10^{-4}\text{m}^2$$

考虑到几何约束，最后满应力设计取

$$A^{(0)}=[4.71 \quad 6.65 \quad 18.5 \quad 21.4 \quad 6.65 \quad 3.00]^{\text{T}}\text{cm}^2$$

刚度验算

$$\overline{N}=[1,1.414,-2,-1,1.414,-1]^{\text{T}}$$

$$\Delta_c=\frac{1}{E}\sum_{i=1}^{6}\frac{N_i\overline{N}_il_i}{A_i}=\frac{1}{2.1\times10^8}\left(\frac{80\times1\times4}{4.71\times10^{-4}}+\frac{113.12\times1.414\times5.66}{6.65\times10^{-4}}+\frac{60\times2\times4}{18.5\times10^{-4}}\right.$$
$$\left.+\frac{80\times1\times4}{21.4\times10^{-4}}+\frac{113.12\times1.414\times5.66}{6.65\times10^{-4}}-\frac{20\times1\times4}{3.00\times10^{-4}}\right)$$
$$=0.0169\text{m}=1.69\text{cm}$$

结果表明，该设计条件下结构刚度不够。

（2）确定主被动杆件。根据式（6-21），从 N 和 $\overline{N}$ 看出，杆 6 为被动杆件，杆 1～杆 5 暂定为主动杆件。

（3）求满位移设计下主动杆件截面积

$$\Delta_0=\frac{N_6\overline{N}_6}{EA_6}l_6=-\frac{20\times1\times4}{2.1\times10^8\times3\times10^{-4}}=-0.13\times10^{-2}\text{m}$$

在式（6-34）中设

$$S=\frac{1}{E([\Delta]-\Delta_0)}\sum_{i=1}^{5}l_i(N_i\overline{N}_i)^{0.5}=\frac{1}{2.1\times10^8(1\times10^{-2}+0.13\times10^{-2})}$$
$$[4\times(80\times1)^{0.5}+5.66\times(113.12\times1.414)^{0.5}+4\times(60\times2)^{0.5}$$
$$+5.66\times(113.12\times1.414)^{0.5}+4\times(80\times1)^{0.5}]=1.09\times10^{-4}$$

按式（6-34），有

$$A_1=A_4=(\overline{N}_iN_i)^{0.5}S=(80\times1)^{0.5}\times1.09\times10^{-4}=9.75\times10^{-4}\text{m}^2$$
$$A_2=A_5=(113.12\times1.414)^{0.5}\times1.09\times10^{-4}=13.79\times10^{-4}\text{m}^2$$
$$A_3=(60\times2)^{0.5}\times1.09\times10^{-4}=11.94\times10^{-4}\text{m}^2$$

得 $A=[9.75,13.79,11.95,9.75,13.79,3.00]^T\text{cm}^2$

在 A 中，由于 $A_3<A_3^{(0)}$，$A_4<A_4^{(0)}$，亦即如果取 A，虽然刚度条件满足了，但破坏了应力约束，因此，需要重新确定主被动杆件。根据判断被动杆件原则，这时，杆3、杆4、杆6为被动杆件，杆1、杆2、杆5为主动杆件。

（4）再计算满位移设计主动杆件截面积

$$\Delta_0=-0.13\times10^{-2}+\frac{60\times2\times4}{2.1\times10^8\times18.5\times10^{-4}}+\frac{80\times1\times4}{2.1\times10^8\times21.4\times10^{-4}}=6.5\times10^{-4}\text{m}$$

$$S=\frac{1}{2.1\times10^8(1-0.065)\times10^{-2}}[4\times(80\times1)^{0.5}+5.66\times(113.12\times1.414)^{0.5}$$
$$+5.66\times(113.12\times1.414)^{0.5}]=0.91\times10^{-4}$$
$$A_1=(80\times1)^{0.5}\times0.91\times10^{-4}=8.51\times10^{-4}\text{m}^2$$
$$A_2=A_5=(113.12\times1.414)^{0.5}\times0.91\times10^{-4}=11.51\times10^{-4}\text{m}^2$$

最后得 $A^*=[8.15\quad 11.51\quad 18.50\quad 21.40\quad 11.51\quad 3.00]^T\text{cm}^2$

在 A^* 下，$\Delta_c=1.0\times10^{-2}\text{m}$，满足要求。

设 $\rho=7.85\text{t/m}^3$，则

$$W^*=7.85\times(4\times8.15+2\times5.66\times11.51+4\times21.4+4\times3)\times10^{-4}$$
$$=0.263\text{t}$$

如果不是按满位移设计，而是把 $A^{(0)}$ 放大1.69倍，也可得 $\Delta_c=1.0\times10^{-2}\text{m}$，但此时 $W=0.354\text{t}$，它比 W^* 重34%。

从上述讨论看出，对于静定桁架，虽然传统设计一般接近满应力设计，但当截面由位移条件控制时，满位移设计既简单又有效。

6.3 能量准则法

能量准则法通过计算弹性结构在受载中能量变化进行结构优化设计。

若弹性体在受到外力作用过程中没有能量损失，则外力所做的功将全部转化为能

量储存在弹性体内。这种能量称为应变能，它可以由外力做的功来计算。

设有长度为 ds，横截面积为 dA 的单向受力微段［图 6－10（a)］，其材料的应力应变关系如图 6－10（b）所示，力 σdA 经过变形位移 $d\varepsilon ds$ 所做的功为

$$(\sigma dA)(d\varepsilon ds)=\sigma d\varepsilon dv$$

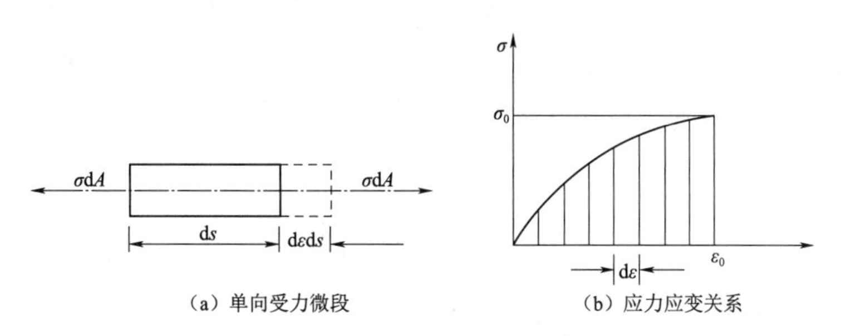

（a）单向受力微段　（b）应力应变关系

图 6－10　应力应变关系

在应力从零增加到 σ_0 和相应的应变从零增加到 ε_0 的过程中，微段的应变能为

$$dU=\int_0^{\varepsilon_0}(\sigma d\varepsilon)dV \tag{6-35}$$

式中　dV——微段的体积，m^3；

$\int_0^{\varepsilon_0}(\sigma d\varepsilon)$——表示单位体积的应变能，称为应变能密度，$J/m^3$。

由此可以求得整个体积的应变能为

$$U=\int_V\left[\int_0^{\varepsilon_0}(\sigma d\varepsilon)\right]dV \tag{6-36}$$

结构在荷载作用下发生变形而储存一定的应变能。结构某一部分储存应变能的多少是衡量它参加抵抗多少荷载作用的标志，因此，为了最大限度地发挥材料的潜力，应尽可能使材料在结构中的分布和各处的应变能成正比。这样就提出了能量准则：使结构中单位体积的应变能达到材料的许用值时，结构的重量最轻。

如果称构件所能储存的最大应变能为构件的“容许应变能”，那么，结构优化的能量准则又可以表述为：结构各构件的应变能都等于相应的容许应变能时，此结构总重量就被认为是最轻的。应该指出，除了单一荷载情况下的静定结构，这个准则一般是很难满足的，故必须对这个准则作适当的修改。总之，这种设计思想和满应力设计很相似，故而这种设计方法又称为满应变能设计。

以桁架结构为例来阐明这类设计的基本做法。对于桁架而言，各杆件都受均匀的拉力或压力。这里仅考虑线弹性材料，设有 n 个杆件组成的桁架，第 i 杆在外载作用下的应变能可表示为

$$U_i=\frac{1}{2}E\varepsilon_i^2A_il_i \tag{6-37}$$

式中　ε_i——第 i 根杆件的应变。

每一根杆件又有它的容许应变能 $[U_i]$，为

$$[U_i]=\frac{1}{2}E[\varepsilon_i]^2A_il_i \tag{6-38}$$

式中 $[\varepsilon_i]$——第 i 杆件的最大容许应变。

能量准则法也是用迭代法求解。如前所述，由于很难使各构件的应变能与它的容许应变能完全相等，故可把能量准则改写为：要求各杆件应变能与其容许应变能的比值趋近于结构总应变能与总容许应变能之比值，且等于某一常数。

即

$$\frac{U_i}{[U_i]}\rightarrow\frac{U}{[U]}\rightarrow\frac{1}{C^2} \tag{6-39}$$

式中 U——结构的总应变能，$U=\sum U_i$，i 表示不同构件；

$[U]$——结构的总容许应变能，$[U]=\sum[U_i]$；

C^2——比例常数。

将式（6-39）两边同乘以 $C^2A_i^2$，得

$$C^2A_i^2\frac{U_i}{[U_i]}\rightarrow A_i^2 \tag{6-40}$$

由此可以构造出设计用的迭代公式，即

$$A_i^{(k+1)}=A_i^{(k)}C\sqrt{\left(\frac{U_i}{[U_i]}\right)^{(k)}} \tag{6-41}$$

从一个初始方案 $A_i^{(0)}$ 开始进行一次结构分析，用式（6-41）可得到第二个方案 $A_i^{(1)}$。重复这一过程直到相继的两个方案 $A_i^{(k+1)}$ 和 $A_i^{(k)}$ 足够接近为止。

在多工况作用下，则采用在各种荷载工况下杆件 U_i 的最大值代入，其相应的迭代公式为

$$A_1^{(k+1)}=A_1^{(k)}C\sqrt{\left(\frac{U_{\max}}{[U_i]}\right)^{(k)}} \tag{6-42}$$

一般情况下，$C\geqslant1$，用它来控制收敛的速率，即 C 的大小可以根据求解时收敛的快慢来确定。开始时可取大些，在迭代过程中逐渐逼近于1。在用能量准则法时，以采用位移法进行结构分析较适宜，这样便于由位移求出各杆件之应变，从而求出应变能。

【例题 6-7】 用能量准则法优化例题 6-2。

解： 位移方向规定为：x 向右为正，y 向上为正，在外载 P_1 作用的情况下，三杆交点1的位移为

$$\begin{Bmatrix}\delta_x\\\delta_y\end{Bmatrix}=\frac{lP_1}{E}\begin{Bmatrix}\dfrac{2A_2+\sqrt{2}A_1}{\sqrt{2}A_1^2+2A_1A_2}\\[2ex]\dfrac{-\sqrt{2}A_1}{\sqrt{2}A_1^2+2A_1A_2}\end{Bmatrix} \tag{6-43}$$

由此可求得 A_1、A_2 杆件的伸长为

$$\begin{cases}\Delta l_1=\dfrac{1}{\sqrt{2}}(\delta_x+\delta_y)\\ \Delta l_2=\delta_y\end{cases} \tag{6-44}$$

则 A_1、A_2 杆件的应变 ε_1、ε_2 分别为

$$\begin{cases}\varepsilon_1=\dfrac{\Delta l_1}{\sqrt{2}l}=\dfrac{\delta_x+\delta_y}{2l}=\dfrac{P_1A_2}{E(\sqrt{2}A_1^2+2A_1A_2)}\\ \varepsilon_2=\dfrac{\Delta l_2}{l}=\dfrac{\sqrt{2}P_1(-A_1)}{E(\sqrt{2}A_1^2+2A_1A_2)}\end{cases} \tag{6-45}$$

各杆件的应变能为

$$\begin{cases}U_1=\dfrac{1}{2}EA_1\cdot\sqrt{2}l\varepsilon_1^2\\ U_2=\dfrac{1}{2}EA_2\cdot l\varepsilon_2^2\end{cases} \tag{6-46}$$

假定材料在拉、压容许应力范围内都是线弹性的，则

$$\begin{cases}[\varepsilon_1]=\dfrac{[\sigma_+]}{E}\\ [\varepsilon_2]=\dfrac{[\sigma_-]}{E}\end{cases} \tag{6-47}$$

各杆件的容许应变能为

$$\begin{cases}[U_1]=\dfrac{1}{2}EA_1\cdot\sqrt{2}l[\varepsilon_1]^2\\ [U_2]=\dfrac{1}{2}EA_2\cdot l[\varepsilon_2]^2\end{cases} \tag{6-48}$$

将（6－46）式除以式（6－48），得

$$\frac{U_i}{[U_i]}=\left(\frac{\varepsilon_i}{[\varepsilon_i]}\right)^2 \quad (i=1,2) \tag{6-49}$$

将式（6－49）代入式（6－35），得

$$A_i^{(k+1)}=A_i^{(k)}C\sqrt{\left(\frac{\varepsilon_i^{(k)}}{\varepsilon_i}\right)^2}=A_i^{(k)}C\frac{\varepsilon_i^{(k)}}{\varepsilon_i}=A_i^{(k)}C\frac{\sigma_i^{(k)}}{[\sigma_i]} \tag{6-50}$$

当 $C=1$ 时，式（6－50）成为

$$A_i^{(k+1)}=A_i^{(k)}\frac{\sigma_i^{(k)}}{[\sigma_i]}=\mu_i^{(k)}A_i^{(k)} \tag{6-51}$$

对比式（6－49）与式（6－7），可知能量准则法的结果与满应力的解完全一致。

习　题

6.1　试证明静定结构满应力设计的各种应力比 $\mu=1$。

6.2　已知 $[\sigma_+]=400\text{MPa}$，$[\sigma_-]=200\text{MPa}$，用比例满应力法进行图 6-11 所示结构的设计。

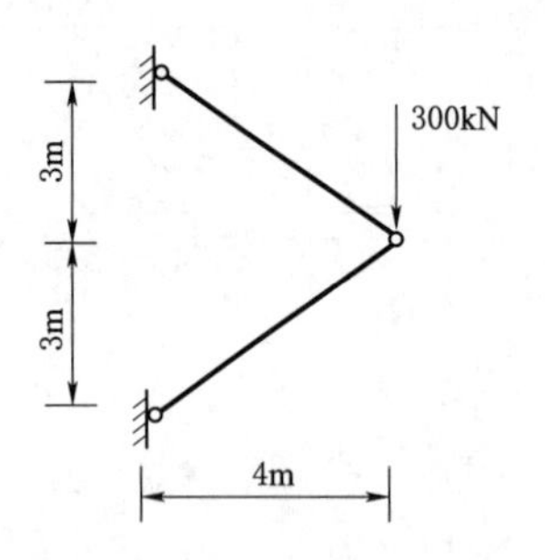

图 6-11　习题 6.2 图

6.3　已知图 6-12 所示结构有两种工况荷载：

工况 1：$\{P_1\}=(P_1=60,P_2=-200,P_3=40,P_4=200)\text{kN}$

工况 2：$\{P_2\}=(P_1=-40,P_2=200,P_3=-60,P_4=-200)\text{kN}$

各杆件材料相同，弹性模量 E 为常数，容许应力分别为 $[\sigma_+]=160\text{MPa}$，$[\sigma_-]=120\text{MPa}$。$A_{\min}=5\text{cm}^2$，$\varepsilon=0.05$，初始设计变量为 $[5, 10, 10, 10, 10]^{\mathrm{T}}\text{cm}^2$，试用应力比法设计杆的截面面积。

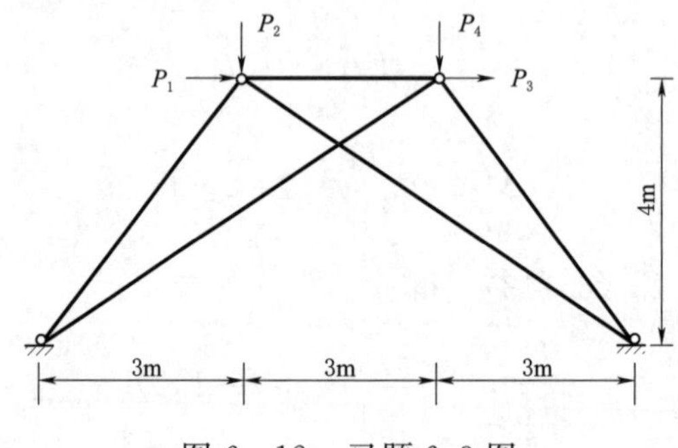

图 6-12　习题 6.3 图

第7章

结构拓扑优化设计

结构拓扑优化设计的基本思路是在一个给定的设计区域内寻求结构内部非实体区域位置和数量的最佳配置，得出该区域内最优传力路径和材料分布的概念设计方案。

本章介绍拓扑优化设计的基本概念和理论方法。

7.1 结构拓扑优化设计的基本思想

从构造结构优化设计的模型来描述，结构优化设计可分三类，即尺寸优化（sizing optimization）、形状优化（shape optimization）和拓扑优化（topology optimization）。

对结构进行优化设计的最简单和最直接的做法是修改结构单元的尺寸，亦即在优化设计过程中将结构的尺寸参数（如桁架的横截面尺寸、板的厚度等）作为设计变量，这种方法称为结构尺寸优化设计。运用这种方法，人们可以对结构进行优化，以达到目标函数最优（如降低造价、控制振动等）的目的。然而，对经验丰富的工程师所设计的结构，仅仅通过修改结构单元的尺寸是很难对原设计进行较大的修改，更为主要的是，尺寸优化不能改变原结构的形状和拓扑，不能保证由这种方法得到的设计是真正意义上的最优设计，更不用说去探讨新的结构形式。以桁架结构尺寸优化设计为例，初始设计给定了桁架各结点的几何位置以及各杆件的连接方式，从而决定了桁架结构的形状和拓扑，且在优化过程中保持不变。尺寸优化只能改变各杆件横截面的尺寸，不能改变桁架结点和杆件的数量，结点的位置和不同杆件的连接方式也不能改变，即桁架结构的拓扑和形状都不能改变，而真正的最优解可能具有不同的拓扑和不同的形状。

结构形状优化比起尺寸优化更为有效。在优化过程中它既可以改变结构单元的尺寸，又可以改变结构的形状。一个典型的例子是对一个有钻孔的构件，在孔洞周围产生应力集中现象，是结构设计中需要重点关注的问题。尺寸优化只可能改变孔附近的尺寸，当尺寸受到限制时，尺寸优化难以有效改善应力集中问题。而形状优化则可以改变孔的形状，孔的形状对应力集中有较大的影响。常用的形状设计方法将控制结构形状的某些边界控制点的几何信息取为设计变量，由这些控制点生成结构的边界，在优化过程中通过设计变量来改变结构的边界，从而达到改变结构形状，使目标函数最优的目的。与尺寸优化一样，形状优化也存在着不能变更结构拓扑的缺陷。在形状优化设计中，结构的初始拓扑由设计者给定，并且在优化过程中保持不变。例如，对于一个连续体结构，假设初始设计是一个单连域，由形状优化产生的最优解与初始设计保持相同的拓扑，仍为单连域，而真正的最优解可能在域内有孔洞，是多连域。在这样的背景下，人们开始研究在优化过程中能够变更结构拓扑、寻找结构最优拓扑的优化方法，即结构拓扑优化方法。

相对于结构尺寸和形状优化，结构拓扑优化可以寻找更优的结构，探讨新的结构形式，但在模型构造和优化求解等方面也更为困难，是结构优化设计领域最具有吸引力和最具挑战的研究方向之一。

结构拓扑优化设计逐渐成为结构概念设计的强大工具，它完全不依赖于初始参考构型和相关工程经验，能够根据不同的设计需求，在规定的设计区域内创新性地构造出结构的最佳构型。

按照研究对象不同，结构拓扑优化设计可以分为离散体结构拓扑优化设计和连续体结构拓扑优化设计。离散体结构通常是指杆件类结构，如桁架、刚架结构等；连续体结构通常是指膜、板、壳、实体等结构。结构拓扑优化设计的主要思想是将寻求结构的最优拓扑问题转化为在给定的设计区域内寻求材料最优的分布问题。例如，对于杆件类结构，在设计区域内需要布置多少根杆件？如何布置这些杆件？对于连续体结构，在设计区域内是否需要开若干个孔洞？孔洞的数量和位置如何确定？结构拓扑优化设计的难点在于，在优化设计的过程中存在无穷多潜在的拓扑。对杆件类结构，在设计域内任意位置都可能存在着结点，任意位置的任意方向也都可能存在杆件；在连续体内的任意一点都可能开有任意大小和形状的孔洞。因此人们很难用有限个参数描述无限多的拓扑。结构拓扑优化设计的研究方法目前有解析方法和数值方法，Michelle 理论作为解析方法具有重要意义，而数值方法都是将问题用有限个参数近似表示，以便利用较为成熟的参数优化方法求解。

7.1.1 离散体结构拓扑优化设计

离散体结构拓扑优化的典型代表是桁架类结构拓扑优化。桁架结构拓扑优化可以追溯到 Michelle 桁架理论，1904 年，Michelle 用解析方法研究了应力约束下的结构，提出了桁架的最小重量布局优化准则，后来人们将这一准则称作 Michelle 理论，并将符合这个理论的桁架称作 Michelle 桁架。Michelle 理论在近几十年得到一些重要发展，对 Michelle 准则做了进一步的修正，建立了多工况以及应力和位移组合约束情况的优化准则，不断努力寻找各种情况下桁架的解析解答等。这些结果虽然是在 Michelle 之后发展起来的，但习惯上仍称为 Michelle 桁架，或称广义 Michelle 桁架。Michelle 桁架是建立在严格的理论基础之上的，从而具有重要的理论价值。Michelle 理论创建已逾百年，虽然经过许多学者的潜心研究，却未能得到应有的发展，仍处于理论研究阶段，应用范围非常有限，主要用于验证其他方法得到的解答的正确性。Michelle 理论数学求解困难，且没有一般的求解方法，目前为止也仅得到有限几个 Michelle 桁架的解析解。一般情况下，其优化结果也并非工程意义上的桁架，而是非均质各向异性连续体，称为类桁架结构，不便于在工程实际中直接应用。

解析方法的结果虽然准确，但求解困难，不便于应用。目前人们大多致力于研究数值求解方法，一般都是将拓扑优化问题转化为参数优化问题，再借鉴目前较为成熟的参数优化方法求解。Dron 等在 1964 年提出的基结构法（ground structure approach）是用于研究杆系结构拓扑优化设计的一种基本方法。基结构法是人们最容易理解和想到的方法，由于尺寸和形状优化具有扎实的理论基础和完善的计算方法，人们尝试把这些方法直接应用到拓扑优化。例如，对一个给定初始结构的杆系结构，先进行截面尺寸优化，通过删除截面过小或为零的杆件改变结构的拓扑，实现拓扑优化。为研究未给定初始结构的拓扑，人们在设计空间内规则地布置足够多的结点，将每一结点与所有其他结点用杆件连接起来形成基结构，然后对基结构进行截面尺寸优化，在尺寸优化过程中，通过删除截面过小的单元，实现拓扑优化。

基结构法的提出促进了拓扑优化技术的发展，但基结构法本身存在许多问题，主要反映在如下几个方面：

（1）当一个杆件截面趋近于零时，计算应力并不趋近于零，存在所谓极限应力，表现为优化空间的奇异性和数学优化过程的强非线性，这些使得寻找全局最优解变得非常困难。程耿东等将常用的应力约束改成内力约束形式，并做适当放松，使退化的可行子空间被扩充，很大程度上解决了该问题。

（2）变量会随着结点的增加而剧烈增加，使数学规划方法失去了效率。为避免变量数目增加过快以及出现机构，可以根据代数拓扑中的同调群理论，对结构进行拓扑分析。

（3）目前大多数算法中，由于难以建立杆件的恢复策略，杆件一旦删除则很难恢复，这样就限制了寻优路径。

（4）因为结点和杆件数量有限且事先给定，所以该方法事实上仅在一个离散子空间内寻找最优解。

为解决这些问题，有学者试图采用启发式算法，使结点和杆件可以自由增减，结构布局逐渐演化，使寻优过程沿一条连续的路径逐渐逼近最优解。

7.1.2 连续体结构拓扑优化设计

对于连续体结构如何寻求结构的最优拓扑？一种直观的做法是，考虑一个固定的设计区域进行离散，构成有限元模型进行分析。对那些低应力区域的单元人为地指定为“很软”的单元。在优化过程中，那些“很软”的单元被认为是低效或无效的单元，将这一类单元删除，即将这部分材料从设计区域中“移去”，从而形成孔洞，保留剩余部分，最终在设计区域中不同位置形成若干个孔洞，得到结构的最优拓扑。这种朴素的思想可以将结构拓扑优化设计问题转化为尺寸优化设计问题。

1981年，程耿东和Olhoff在弹性板的最优厚度分布研究中首次将最优拓扑问题转化为尺寸（板的厚度）优化问题，Bendsøe和Kikuchi于1988年提出了著名的基于均匀化方法的连续体结构拓扑优化模型，首次在连续体中引入微结构，宏观均质材料通过周期性分布的非均质微孔洞结构进行描述，将结构的拓扑优化问题转化为微结构的尺寸优化问题。正是由于他们开创性的工作导致了对拓扑优化问题较为广泛的研究，很多拓扑优化方法已经在传统刚度拓扑优化设计中发展起来，并且证明了其有效性和应用性。根据材料的描述方式不同，结构拓扑优化方法大致可以分为材料分配型和边界演化型两类。材料分配型的拓扑优化方法包括均匀化方法（homogenization method）、固体各向同性材料惩罚法（solid isotropic material with penalization，SIMP）、渐进结构优化法（evolutionary structural optimization，ESO）、独立映射法（independent continuous mapping，ICM）等；水平集方法（level set method，LSM）、移动变形组件法（moving morphable components，MMC）属于边界演化型方法。

7.2 均匀化方法

均匀化方法在各向同性连续介质中引入微孔结构，将连续介质离散成有限个带有微孔洞的单元，宏观均质材料通过周期性分布的非均质微孔结构进行描述。以微孔结构的尺寸变量为设计变量，对连续体结构拓扑进行数学定量描述，将结构拓扑优化设计问题转化为微孔结构尺寸优化问题。

二维问题的微孔结构如图7-1所示，为长度为1的正方形中间带有孔洞，孔洞大

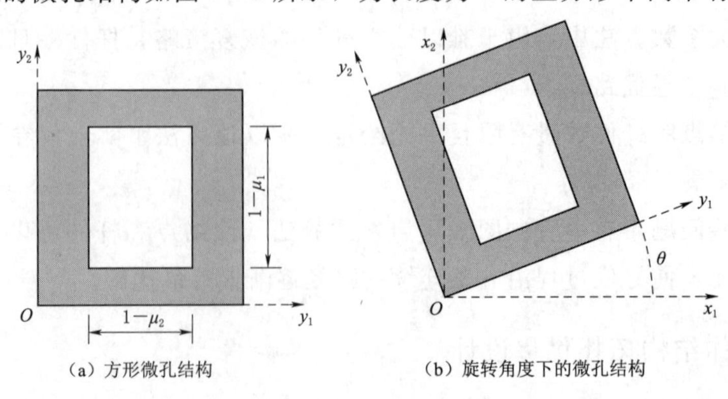

图7-1 二维问题微孔结构

小用其长度 μ_1 和 μ_2 表示，微孔结构的方位角为 θ。当 $\mu_1=\mu_2=1$ 时，孔洞充满微结构；当 $\mu_1=\mu_2=0$ 时则微结构为完全实体；一般情况下，μ_1 和 μ_2 介于 0~1 之间，为多孔介质。

因为微孔结构带有孔洞，对这样的多孔介质进行精确的力学分析代价大，且难以实现，所以可以采用某种“均匀化”过程，以一个理想化的均质连续介质代替实际带有孔洞的微结构。对微结构实行“均匀化”后，设计区域成为理想化的连续介质，这样可以采用连续介质的分析方法，如采用有限单元法进行分析，得出结构的响应。

均匀化方法将宏观结构和微孔结构两个尺度的物质系统联系起来，建立微结构设计空间材料分布的表征参数与微孔结构宏观性能的等效关系，随着设计变量不断更新，每个微孔结构的拓扑结构随之变化，从而导致该微孔结构的弹性模量等材料属性的不断更新，进而改变整个结构的宏观性能，最后实现整个设计域内材料的最优配置。

均匀化方法的基本步骤可以归结为：

(1) 选择合适的设计区域。

(2) 设计区域由若干带有孔洞的微孔结构组成，将孔洞的几何参数（大小及方位角）取为设计变量。

(3) 对微结构进行“均匀化”，确定“均匀连续介质”材料的特性与微结构孔洞几何参数的函数关系。

(4) 根据均匀化后的单元弹性矩阵，形成结构整体劲度矩阵，进行结构整体分析。

(5) 将设计区域的拓扑优化问题转化为尺寸优化问题求解，优化实体与孔的分布，形成带孔洞的板，寻求最优拓扑。

在优化设计过程中，当设计变量连续变化时，为避免劲度矩阵病态甚至奇异，可以限定设计参量的下限值，当设计变量小于该下限值时，取该下限值，得到最优尺寸。如果不取该下限值，而将小于下限值的单元直接删除，则形成带孔板。删除单元可以减少以后结构分析计算工作量，但删除单元会引起相应结点的删除，从而改变刚度矩阵的结构。删除单元还有可能破坏结构的整体性，这些都会带来增加编程的复杂性，带来太多的附加工作量。而且单元删除后不便恢复，故在实际计算时，为了简化计算，一般并不真的删除参数小于或等于下限值的单元，而是将其参数取为下限值，只是在最后结果中作为孔洞来处理。在均匀化方法中，也可以在孔中填充弹性模量较小的材料来避免劲度矩阵奇异。

尽管均匀化方法有严谨的数学逻辑关系和明确的物理意义，但需要大量的设计变量来表征微观结构的尺寸和方向，并且每个微孔结构的材料属性都需要数值等效，因此计算量大、求解困难，另外均匀化方法容易导致棋盘格等问题。对于大规模优化问题存在困难，不利于工程应用上的推广。

7.3 变密度法

变密度法受均匀化方法的启发，其基本思想是引入一种在0～1之间连续可变的材料相对密度，但不引入微孔结构。以每个单元的相对密度为设计变量，建立密度变量与材料参数之间的关系。由于不需均匀化过程，程序实现相对简单，求解效率较高，算法上便于实施。

变密度法在寻优过程中，以材料相对密度为拓扑设计变量，通过建立材料的力学性能参数与其相对密度之间的函数关系，确定设计区域内连续介质的材料参数，进而对设计区域内的结构进行力学分析，并根据结构在不同区域内的应力水平修正设计变量。

可以看出，在变密度法中，由于设计区域是不变的，采用有限元对结构进行分析时，单元网格是不变的，关键是建立密度变量与单元性能参数之间的关系。常见的插值模型有固体各向同性惩罚微结构模型（SIMP）和材料属性的有理近似模型（rational approximation of material properties，RAMP）。变密度法在寻优过程中，大部分区域存在所谓“灰色密度”或“中间密度”，SIMP和RAMP这两种插值模型通过引入惩罚因子对中间密度值进行惩罚，使中间密度值能够很好地向0和1两端逼近，以便得到理想的逼近形式的优化结果。

在SIMP插值模型中，单元弹性模量与相对密度的关系可以表示为

$$E_e=\rho_e^p E_0 \tag{7-1}$$

式中 E_e——单元插值后的有效弹性模量；

E_0——单元弹性模量；

ρ_e——单元相对密度，为拓扑优化设计变量；

p——惩罚因子，在柔顺度极小化问题中，通常可取 $p=3$。

将单元有效弹性模量 E_e 与弹性模量 E_0 的比值称为比刚度，比刚度与相对密度的关系曲线如图7-2所示。可以看出选择适当的惩罚因子可以使中间密度单元的有效弹性模量 E_e 更接近0或单元弹性模量 E_0。当相对密度较小时，有效弹性模量 E_e 接近0，有可能使得有限元计算产生数值奇异，或产生较大误差。为避免有限元计算时劲度矩阵病态，一般可以限制相对密度的最小取值，下限

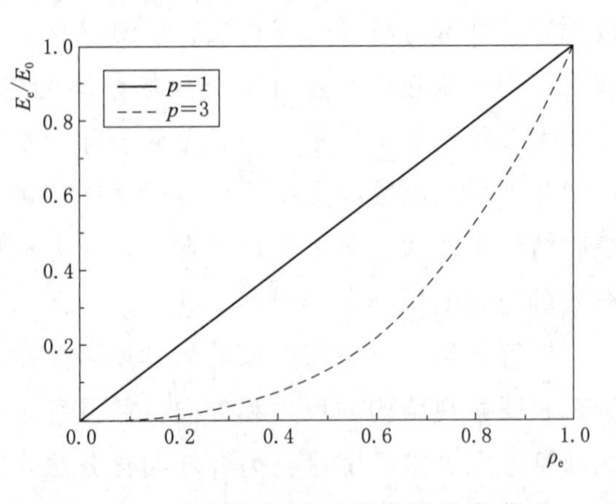

图7-2 比刚度与相对密度的关系曲线

值通常取为 $(\rho_e)_{min}=10^{-3}$。为解决有限元计算的数值奇异性问题，有学者提出改进的SIMP插值模型，即

$$E_e=E_{min}+\rho_e^p(E_0-E_{min}) \tag{7-2}$$

式中 E_{min}——单元弹性模量的下限值。

从改进的SIMP插值模型中可以看出，在相对密度 $\rho_e=0$ 时，有效弹性模量 E_e 也不等于0，而是取一个弹性模量的下限值，从而使得设计变量 ρ_e 可以严格地取为0，同时又保证有限元计算的顺利进行及计算精度。

RAMP模型中单元弹性模量与相对密度的关系为

$$E_e=\frac{\rho_e}{1+p(1-\rho_e)}E_0 \tag{7-3}$$

RAMP模型能避免动态拓扑优化中的局部模态现象，在动力学优化问题中得到应用。

7.4 进化式结构优化方法

Xie和Steven于1993年提出基于离散变量的渐进结构优化（evolutionary structural optimization，ESO）方法，其基本思想是通过逐步删除无效或低效的单元，在设计区域的连续介质中产生孔洞，从而改变结构的拓扑，达到优化结构拓扑的目的。

7.4.1 ESO方法

将整个设计域离散为一系列有限单元，与SIMP方法相同，选取单元的人工密度为设计变量，不同的是ESO法将设计变量设为离散的二元变量（0或者1），0表示该单元不存在材料，即为孔洞；1表示该单元存在材料，即为实体。

以应力约束结构优化设计问题为例，将设计区域离散成有限个单元，采用有限元法计算得到各单元的Von Mises应力 σ_e^{vm}，以及整个区域内所有单元中最大的单元Von Mises应力 σ_{max}^{vm}。计算各单元应力与最大应力的比值，并与删除率 RR 进行比较。若单元应力满足

$$\frac{\sigma_e^{vm}}{\sigma_{max}^{vm}}\leqslant RR \tag{7-4}$$

则表示该单元属于低效单元，可以从设计区域中删除。否则，保留该单元。对删除若干单元后形成的新的设计区域重新进行有限元分析，根据各单元的Von Mises应力使用判别式（7-4）再一次判别哪一些单元可以从设计区域中删除。如此反复，直至达到稳定状态，即前、后两次迭代不再有新的单元删除。这样删除了若干单元后形成孔洞，改变了原来设计区域的拓扑，新的设计区域具有更优的拓扑。

显然，删除率 RR 的取值直接影响每一次删除单元的个数。如果删除率较小，每

一次删除单元的个数较少，前、后两次迭代设计区域差别不大，容易趋于稳定状态，许多无效单元没有删除；而删除率较大，则每一次删除单元的个数较多，前、后两次迭代设计区域差别较大，应力计算结果差别也较大，不容易达到稳定状态，甚至迭代会不收敛。如何确定合适的删除率 RR 是 ESO 方法能否收敛到最优拓扑的关键，为了保证低效单元能够持续地删除，而又不至于引起迭代不收敛，可以采用进化的思想，引入进化率 ER，在每一轮迭代达到稳定状态后，对删除率进行进化，即将当前删除率增加一个微小增量。删除率进化公式为

$$RR_{i+1}=RR_i+ER \tag{7-5}$$

式中 RR_i——当前删除率；

RR_{i+1}——下一轮迭代删除率。

删除率增加后，又可以继续进行新一轮单元迭代删除，达到新的稳定状态。每一个删除率 RR_i 对应一个稳定状态，得到结构设计的一个拓扑形式。随着删除率的进化，单元迭代删除不断进行，直至若干个单元的应力约束成为主动约束，删除率不再进化，此时的稳定状态对应的即为最优拓扑。

通过设置初始删除率 RR_0 和进化率 ER，可以加快或延缓整个迭代历程。一般情况下，可以按照以往经验选取，除此之外，进化率和初始删除率还可以通过试错法来确定最佳取值。

对于结构的拓扑优化设计，如何衡量优化效率是非常重要的，需要建立一种评判标准来比较优化设计的好坏。引入了性能指标 PI_i 和 VI_i。

$$PI_i=\frac{V_0\times(\sigma_{\max})_0}{V_i\times(\sigma_{\max})_i} \tag{7-6}$$

$$VI_i=\frac{V_i}{V_0} \tag{7-7}$$

式中 V_0——初始设计域的体积；

$(\sigma_{\max})_0$——初始设计域各单元应力的最大值；

V_i——第 i 次迭代时设计域的体积；

$(\sigma_{\max})_i$——第 i 次迭代时设计域各单元应力的最大值。

性能指标 PI_i 既包含了结构体积因素，又包含了应力因素，可以作为综合评价因子，它是无量纲因子，用来评价拓扑优化综合效率的一个常数，没有确切的物理意义。随着优化迭代过程的不断进行，PI_i 是逐渐增加的，PI_i 值越大，优化后结构的综合性能越好。随着迭代的进行，结构体积不断减小，性能指标 VI_i 也随之变小，它是用来衡量迭代过程中结构体积变化的指标。

基于应力约束的 ESO 法的基本步骤如下：

(1) 设定删除率、删除进化率等初始参数，将整个结构的初始设计域进行离散。

(2) 对结构进行有限元分析，计算出每个单元的应力，并找出各单元应力的最

大值。

(3) 根据当前删除率利用式 (7-4) 判断低效单元并将其删除，将所有低效单元删除后得到新的结构，返回步骤 (2) 再一次进行有限元分析。

(4) 步骤 (2) 和步骤 (3) 反复进行直至达到当前删除率对应的稳定状态。检查应力约束是否满足，如有单元应力约束成为主动约束，则停止迭代，否则转入步骤 (5)。

(5) 根据删除率进化公式 (7-5) 更新删除率，检查删除率是否达到最大值，如达到则停止迭代；否则转步骤 (3)。

7.4.2 BESO 方法

ESO 法的最大好处是算法简单，通用性好。但也不可避免地存在着许多问题，如只允许删除单元而不能增加单元，优化结果受删除率和进化率两个参数的影响较大，对网格存在依赖性和容易产生棋盘格现象等。许多学者针对这些问题提出来改进算法，这里介绍双向渐进结构优化法 (bi-directional evolutionary structural optimization，BESO)。

BESO 法不仅能够删除单元，也能够增加单元，有效避免了结构在删除过多单元后朝着错误的方向进化，使得优化结果的全局性更强。此外 BESO 法还提高了优化搜索能力，提高了优化效率。

1. BESO 方法单元增减准则

在优化迭代过程中，当单元满足删除条件时，将该单元的弹性模量设置为最小值 E_{min}，设计变量设置为 0，单元的其他信息（单元的位置、结点自由度等）保持不变，有限元分析形成结构整体劲度矩阵时，跳过该单元，不将该单元的劲度矩阵拼装到整体劲度矩阵中，相当于将此单元变为了孔洞单元。当单元满足增加条件时，将该空洞单元的设计变量设置为 1，弹性模量恢复为初始值 E_0，空洞单元成为实体单元，参与有限元计算分析。

单元增减准则表述为：删除率 RR 和增加率 IR，若单元应力满足

$$\frac{\sigma_{e}^{vm}}{\sigma_{max}^{vm}} \leqslant RR \tag{7-8}$$

则表示该单元属于低效单元，从设计区域中删除；若单元应力满足

$$\frac{\sigma_{e}^{vm}}{\sigma_{max}^{vm}} > IR \tag{7-9}$$

则将该孔洞单元恢复为实体单元。

2. BESO 方法的插值模型

SIMP 方法通过引入惩罚因子对单元中间密度值进行惩罚，使中间密度值能够很好地向 0 和 1 两端逼近。BESO 方法借鉴 SIMP 方法中材料性能插值模型，以结构总

应变能为目标的拓扑优化设计问题为例，由弹性模量插值公式

$$E_e=\rho_e^p E_0$$

计算各单元的有效弹性模量，进而应用有限元法进行结构分析，便可计算结构应变能。将结构应变能对单元的相对密度求导得到单元的灵敏度值

$$\alpha_e=-\frac{1}{p}\frac{\partial C}{\partial \rho_e}=\begin{cases}\dfrac{1}{2}\boldsymbol{U}_e^{\mathrm{T}}\boldsymbol{K}_e\boldsymbol{U}_e & \rho_e=1\\ \dfrac{(\rho_{\min})^{p-1}}{2}\boldsymbol{U}_e^{\mathrm{T}}\boldsymbol{K}_e\boldsymbol{U}_e & \rho_e=\rho_{\min}\end{cases} \tag{7-10}$$

根据单元灵敏度值与灵敏度阈值比较进行单元的删减或增加。单元密度 ρ_e 一般取值为 1 或 $\rho_{\min}$，对应弹性模量取 E_0 或 $E_{\min}$，当单元被删除时，弹性模量取一小值，故单元并非真的被删除，而是将该单元设置得很“软”，这种删除方式被称为“软杀”。

3. BESO 方法数值求解的不稳定性

虽然 ESO 法和 BESO 法在处理某些优化问题时具有独特的优势，但还是始终存在着数值不稳定的问题，如棋盘格现象、网格依赖性、数值奇异性等。

（1）数值不稳定现象。棋盘格现象指的是拓扑优化过程中，部分区域出现实体单元与孔洞单元交替出现的现象，在外观上和棋盘类似，称这种现象为棋盘格效应，如图 7－3 所示。棋盘格现象是拓扑优化过程中的一种拓扑构型，由于构型复杂，无法应用于工程实际，而且常常会出现局部几何可变，导致有限元分析出现数值奇异。

网格依赖性指的是对相同的设计区域，如果划分的初始网格不一样，优化后获得的结构最优拓扑构型也是不一样的，即优化的结果依赖于初始网格。网格依赖性问题如图 7－4 所示，网格越细密，结构细节特征越明显。

图 7－3　棋盘格效应

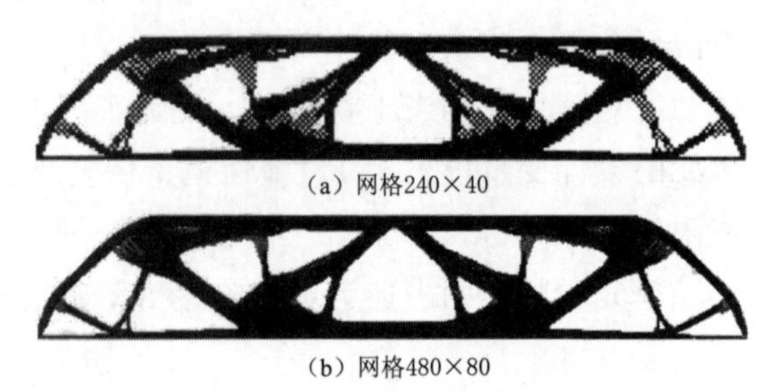

(a) 网格240×40

(b) 网格480×80

图 7－4　网格依赖性问题

结构的奇异性指的是在优化过程中，随着某些单元的删减，结构上某些局部区域变成了一种几何可变体系，使得有限元分析出现数值奇异，导致优化过程中断，一般需要在其产生之时通过某些特殊的手段来解决。

（2）数值不稳定现象的解决思路。针对数值不稳定现象，常见的解决方法包括：①采用精度更高的高阶单元、非协调单元和杂交元等；②引入周长概念，通过限制周长上限抑制棋盘格现象的出现；③在优化列式中增加密度梯度约束；④将拓扑优化结

果看作数字图像，采用图像处理中的过滤技术抑制单元密度变量的剧烈变化。

7.5 独立连续映射方法

独立连续映射（independent continuous mapping，ICM）方法定义独立的结构拓扑设计变量，并通过“磨光函数”与“过滤函数”实现拓扑变量“离散—光滑”以及“光滑—离散”间的映射。独立的结构拓扑设计变量是指设计变量独立于单元具体物理参数，如弹性模量、材料密度等。连续指在优化过程中，利用过滤函数将本质上属于0或1的离散拓扑变量映射为［0，1］上的连续变量，使得单元的物理量同拓扑变量之间的关系由不确定、不连续、不可导变成确定、连续、可导，从而将离散拓扑优化问题转化成了光滑的数学模型。映射指离散拓扑变量到独立的连续拓扑变量之间的映射关系，有三层含义：一是协调独立和连续之间的矛盾，借助过滤函数建立离散拓扑变量和连续拓扑变量之间的映射；二是优化模型的求解用到了原模型和对偶模型之间的映射；三是优化迭代结束之后由连续模型向离散模型的逆向映射，又称为反演，将连续的变量反演为离散变量。ICM方法由隋允康于1996年提出，迄今为止，已经解决了考虑结点位移约束、整体应力约束、频率约束下的结构整体质量最小（或结构整体体积最小）的优化设计问题，并在材料插值模型的构建方面也做了相应研究。

7.5.1 过滤函数

在ICM优化方法中，过滤函数发挥着重要的作用。过滤函数不仅可以实现拓扑变量“离散—光滑”以及“光滑—离散”间的映射，而且在建模中还起到了识别几何或物理量的作用。

传统的拓扑设计变量与表示单元性能的物理变量之间的离散关系可用阶梯函数 $s\left(\frac{v_i}{v_i^0}\right)$ 表示，即

$$t_i = s\left(\frac{v_i}{v_i^0}\right) = \begin{cases} 1, & \dfrac{v_i}{v_i^0} \in (0,1] \\ 0, & \dfrac{v_i}{v_i^0} = 0 \end{cases} \tag{7-11}$$

式中 t_i——拓扑设计变量；

v_i——单元物理变量；

v_i^0——单元物理变量的初始值。

当表示单元性能的物理参数，如梁的横截面面积、板材厚度或者材料的密度等取值为0时，则认为其对该单元没有“贡献”，将单元删去。反之，只要单元性能物理参数取值不为0，对应的单元将被保留。

定义阶梯函数的逆函数，称为跨栏函数，即

$$H(t_i)=s^{-1}(t_i)=\begin{cases}0, & t_i=0\\(0,1], & t_i=1\end{cases} \tag{7-12}$$

阶梯函数和跨栏函数的图形分别如图 7-5 和图 7-6 所示。

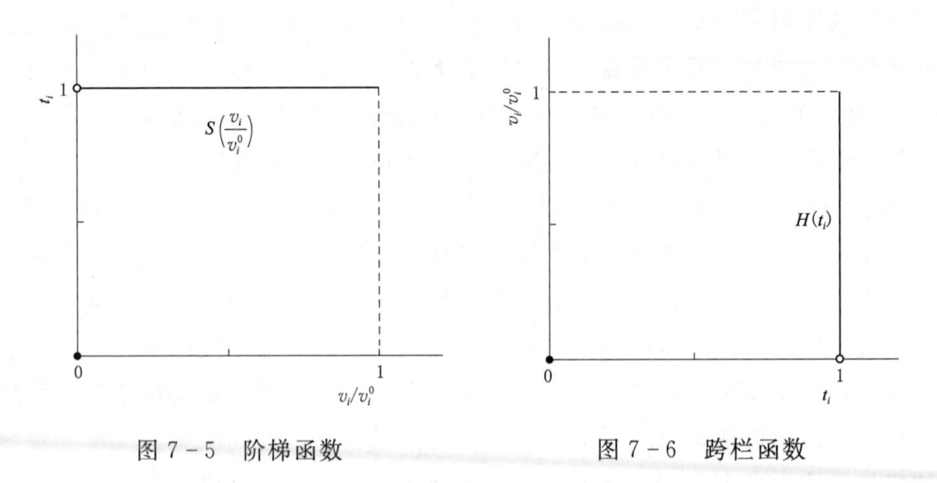

图 7-5　阶梯函数　　　　图 7-6　跨栏函数

ICM 方法通过磨光函数来近似代替阶跃函数，以过滤函数近似代替跨栏函数，光滑可微的磨光函数与过滤函数分别逼近阶跃函数与跨栏函数，磨光函数 $p\left(\frac{v_i}{v_i^0}\right)$ 使拓扑设计变量 t_i 由离散值 0 或 1 转变为区间连续值 (0，1]，有

$$t_i=s\left(\frac{v_i}{v_i^0}\right)\approx p\left(\frac{v_i}{v_i^0}\right) \tag{7-13}$$

过滤函数使单元性能物理参数值从离散值 0 或 1 转换为区间连续值 (0，1]

$$\frac{v_i}{v_i^0}=H(t_i)\approx f(t_i) \tag{7-14}$$

磨光函数与过滤函数的图形分别如图 7-7 和图 7-8 所示。

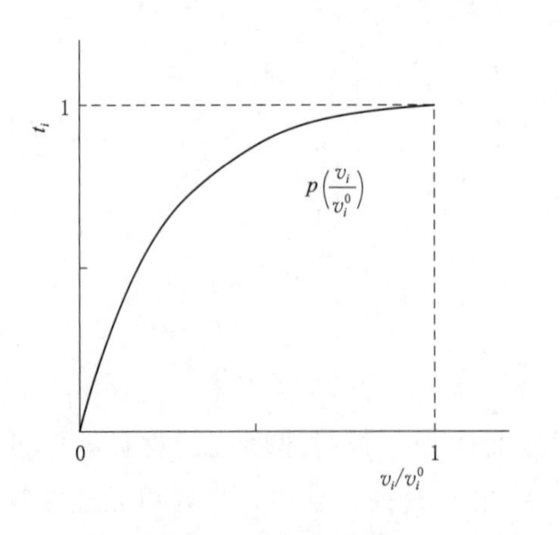

图 7-7　磨光函数

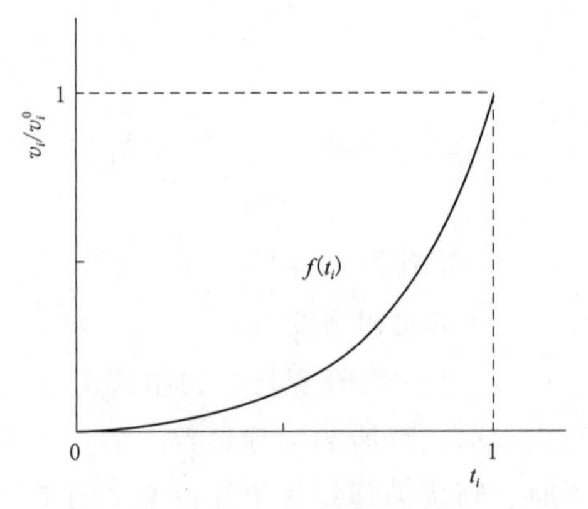

图 7-8　过滤函数

过滤函数为磨光函数的反函数

$$\frac{v_i}{v_i^0}=p^{-1}(t_i) \tag{7-15}$$

在连续体结构拓扑优化问题中，选取不同形式的过滤函数，直接会导致优化求解计算效率与优化结果的差异。ICM 方法中所采用的过滤函数主要包括幂函数形式的过滤函数和复合指数函数形式的过滤函数等，其数学表达式分别为

$$f(t_i)=t_i^{\alpha},\alpha\geqslant 1 \tag{7-16}$$

和

$$f(t_i)=\frac{e^{t_i/\gamma}-1}{e^{1/\gamma}-1},\gamma>0 \tag{7-17}$$

7.5.2 ICM 方法建立结构拓扑优化模型

通常，在传统的结构拓扑优化模型中，拓扑优化问题的目标函数为结构目标点处的最小柔顺度，优化问题的约束条件为设定的体积分数值上限。ICM 法将结构重量最小作为优化设计模型中的目标，并将响应量或特征参数等作为优化模型的约束。

设结构拓扑优化问题为

$$\begin{cases}\text{find } \boldsymbol{t}\\ \min W(\boldsymbol{t})\\ \text{s.t. } G(\boldsymbol{t})\leqslant \overline{g}_j \quad (j=1,2,\cdots,M)\\ \qquad t_i=0 \quad 或 \quad 1 \quad (i=1,2,\cdots,N)\end{cases} \tag{7-18}$$

式中 $\boldsymbol{t}=[t_1,t_2,\cdots,t_N]^{\mathrm{T}}$——离散拓扑设计变量；

$G(\boldsymbol{t})=[G_1(\boldsymbol{t}),G_2(\boldsymbol{t}),\cdots,G_M(\boldsymbol{t})]^{\mathrm{T}}$——约束条件向量；

N、M——分别为设计变量的个数和约束函数的个数。

以过滤函数逼近跨栏函数，从而使式（7-18）离散形式的结构拓扑优化列式变成了如下独立连续设计变量的结构拓扑优化列式

$$\begin{cases}\text{find } \boldsymbol{t}\\ \min W[f_w(t_1),f_w(t_2),\cdots,f_w(t_N)]\\ \text{s.t. } G_j[f_g(t_1),f_g(t_2),\cdots,f_g(t_N)]\leqslant \overline{g}_j \quad (j=1,2,\cdots,M)\\ \qquad t_{\min}\leqslant t_i\leqslant 1 \quad (i=1,2,\cdots,N)\end{cases} \tag{7-19}$$

式中 $f_w(t_i)$——目标函数过滤函数；

$f_g(t_i)$——约束函数过滤函数；

$t_{\min}$——防止刚度矩阵奇异而设置的拓扑设计变量下限值，通常取为 0.001。

以位移约束结构拓扑优化问题为例，基于过滤函数的通用形式 $f(t)$ 写出优化设计模型，即

$$\begin{cases}\text{find } \boldsymbol{t} \\ \min W[f_w(t_1), f_w(t_2), \cdots, f_w(t_N)] \\ \text{s. t. } u_j[f_k(t_1), f_k(t_2), \cdots, f_k(t_N)] \leqslant \overline{u}_j \quad (j=1,2,\cdots,M) \\ \qquad t_{\min} \leqslant t_i \leqslant 1 \quad (i=1,2,\cdots,N)\end{cases} \tag{7-20}$$

式中 u_j——约束点位移函数；

$\overline{u}_j$——位移约束值；

N——设计变量个数，即单元总数；

M——位移约束总数；

$f_k(t_i)$——刚度矩阵过滤函数。

单元重量及单元劲度矩阵由过滤函数识别为

$$w_i = f_w(t_i) w_i^0 \tag{7-21}$$

$$k_i = f_k(t_i) k_i^0 \tag{7-22}$$

式中 w_i、w_i^0——分别为单元重量和实体单元的固有重量；

k_i、k_i^0——分别为单元劲度矩阵和实体单元的固有劲度矩阵。

由此，结构总重量可表示为

$$W[f_w(t_1), f_w(t_2), \cdots, f_w(t_N)] = \sum_{i=1}^{N} f_w(t_i) w_i^0 \tag{7-23}$$

于是，优化设计模型可以表示为

$$\begin{cases}\text{find } \boldsymbol{t} \\ \min \sum_{i=1}^{N} f_w(t_i) w_i^0 \\ \text{s. t. } u_j[f_k(t_1), f_k(t_2), \cdots, f_k(t_N)] \leqslant \overline{u}_j \quad (j=1,2,\cdots,M) \\ \qquad t_{\min} \leqslant t_i \leqslant 1 \quad (i=1,2,\cdots,N)\end{cases} \tag{7-24}$$

优化设计模型（7-24）的解可以有不同的方法，由于设计变量数目庞大，一般需要对问题进行简化。例如可以利用莫尔定理将位移函数显示化为

$$u_j[f_k(t_1), f_k(t_2), \cdots, f_k(t_N)] = \sum_{i=1}^{N} \frac{c_{ji}}{f_k(t_i)} \tag{7-25}$$

式中 $c_{ji} = f_k(t_i^{(v)})[(\boldsymbol{F}_i^R)^{\mathrm{T}}(u_i^V)]^{(v)}$；

$\boldsymbol{F}_i^R$——实工况单元结点力向量；

u_i^V——虚工况单元结点位移向量；

(v)——上标（v）表示相应物理量为第 v 次迭代的计算结果。

经过变换后优化设计模型式（7-24）可以改写为

$$\begin{cases}\text{find } \boldsymbol{t} \\ \min \sum_{i=1}^{N}(b_i x_i^2 + a_i x_i) \\ \text{s. t.} \sum_{i=1}^{N} c_{ji} x_i \leqslant \overline{u}_j \quad (j=1,2,\cdots,M) \\ \quad 1 \leqslant x_i \leqslant \overline{x}_i \quad (i=1,2,\cdots,N)\end{cases} \tag{7-26}$$

其中

$$x_i = \frac{1}{f_k(t_i)}$$

$$b_i = \frac{f_w(x_i^0)}{2} w_i^0$$

$$a_i = [f'_w(x_i^0) - f''_w(x_i^0) x_i^0] w_i^0$$

$$\overline{x}_i = \frac{1}{f_k(t_{\min})}$$

对单元重量及劲度矩阵选择不同形式的过滤函数，便可以给出模型（7-26）的具体形式，进而采用适当的优化方法求解。

隋允康等采用幂函数为过滤函数，对图 7-9 算例进行拓扑优化设计，基结构为 160×100 的平面体，厚度为 1，材料弹性模量为 1，泊松比为 0.3。一集中载荷 $F=1$ 作用于右边界中心位置，载荷分散在右边界中间的三个节点上。左边界采用固定支承。初始基结构对应拓扑设计变量值为 1，有限元网格为 160×100 的正方形单元，分析得到 A 点的竖直向下位移为 22.94，位移约束条件为 A 点的竖直向下位移值小于 60。拓扑设计变量下限值取 0.01。收敛精度取 0.005。

经过 139 次迭代，最优点体积比为 0.3414，位移 60.00，收敛时最优拓扑图形清晰，如图 7-10 所示。

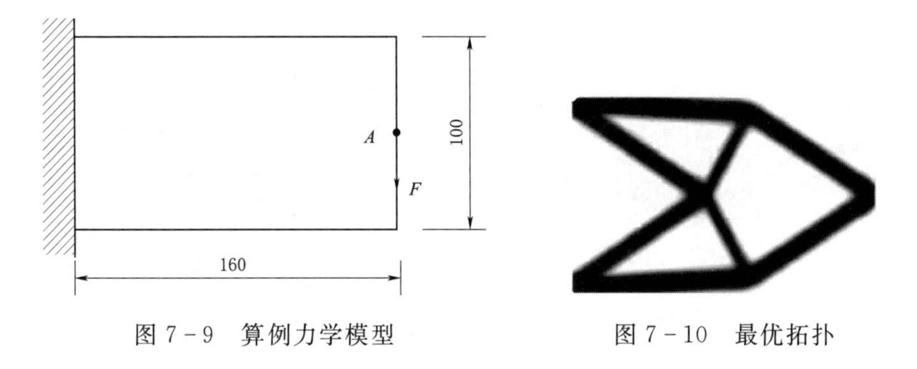

图 7-9　算例力学模型　　　　图 7-10　最优拓扑

7.6　水平集方法

水平集方法（level set method，LSM）是一种边界演化型拓扑优化方法。1988 年

Osher 和 Sethian 提出一种应用水平集函数（level set function，LSF）模拟移动边界的数值方法，它利用高一维几何空间的水平集函数的零水平集来描述几何空间中的运动界面。2000 年，Sethian 和 Wiegmann 将水平集法引入结构拓扑优化设计领域，用来进行等应力结构的设计，并发展了一种高边界分辨率的刚性结构拓扑优化方法。这种方法一方面根据结构应力分布，对给定带孔的初始拓扑，通过孔洞的融合或移动来改变结构拓扑；另一方面，根据边界处应力大小决定边界移动速度，并应用水平集模型跟踪结构边界的运动和拓扑变化。基于水平集法的结构拓扑优化方法不仅能够设计出具有光滑边界的结构，还可以避免棋盘格现象和应力奇异等问题，因此吸引了许多学者的关注，得到了迅速发展，被用于解决考虑局部应力约束的结构优化设计问题、流体结构优化问题和热传导结构拓扑优化问题等。水平集方法还被用于解决多场耦合优化问题，如热弹性结构拓扑优化、力—电耦合结构拓扑优化、电磁结构拓扑优化、介电超材料拓扑优化以及声学超材料拓扑优化等问题。

7.6.1 结构边界的水平集描述

水平集方法进行结构拓扑优化的基本思想是：结构边界采用高一维空间函数的零水平集（等势面）来描述。二维结构的边界和相对应的水平集函数与结构如图 7-11 所示，水平集函数可以表示为

$$\begin{cases}\Phi(\boldsymbol{x})>0, & \forall \boldsymbol{x}\in\Omega_S \\ \Phi(\boldsymbol{x})=0, & \forall \boldsymbol{x}\in\Gamma \\ \Phi(\boldsymbol{x})<0, & \forall \boldsymbol{x}\in\Omega_V\end{cases} \tag{7-27}$$

式中 Ω_S——实体材料区域；

Ω_V——孔洞区域；

Γ——结构边界。

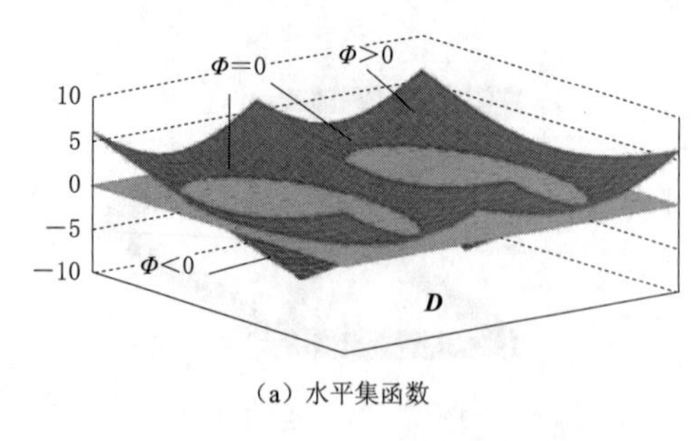

(a) 水平集函数

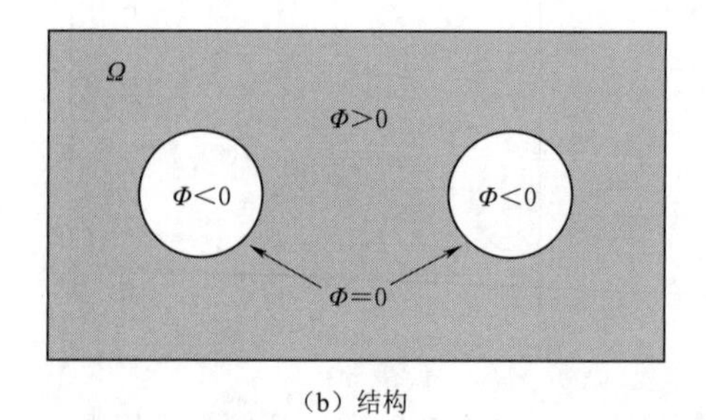

(b) 结构

图 7-11 水平集函数与结构

定义一个足够大的固定的设计区域 D，即水平集函数的定义域，它完全包含被优化的结构所在的区域 Ω，$\Omega\subseteq D$；实体材料区域 $\Omega_S=\Omega\setminus\Gamma$，是水平集函数大于零的区域；孔洞区域 $\Omega_V=D\setminus(\Omega_S\cup\Gamma)$，是水平集函数小于零的区域；结构边界 Γ 是水平集

函数等于零的曲线（面）。

7.6.2 结构的运动边界

为了更好地表述水平集方程零值曲线的变化，引进一种动态虚拟时间因子 t。结构的边界可以简化为闭曲线，因此结构边界的变化就转变为闭曲线随时间的演化，不同时间 t 时对应的封闭曲线为 $\Gamma(\boldsymbol{x},t)$ 结构边界演化示意如图 7-12 所示。

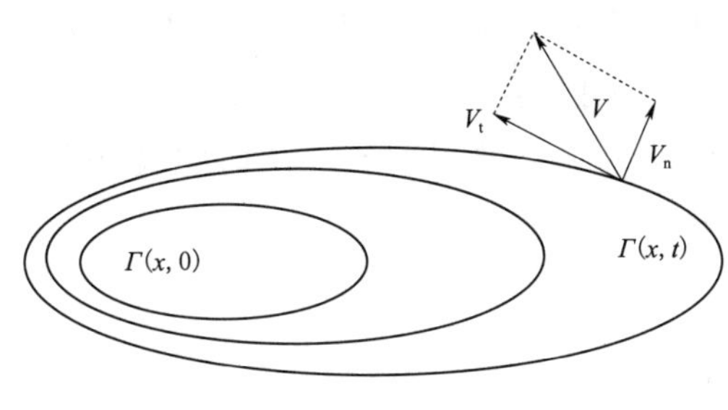

图 7-12 结构边界演化示意

图中 $\Gamma(\boldsymbol{x},0)$ 为初始的闭曲线，$\Gamma(\boldsymbol{x},t)$ 为时间 t 对应的闭曲线，$\boldsymbol{V}$ 为闭曲线随时间演化的速度场，V_n 和 V_t 分别为闭曲线上的法向速度分量和切向速度分量。结构边界的演化满足

$$\frac{\partial \Gamma(\boldsymbol{x},t)}{\partial t}=V_n(\boldsymbol{x},t)\boldsymbol{n}(\boldsymbol{x},t)+V_t(\boldsymbol{x},t)\boldsymbol{l}(\boldsymbol{x},t) \tag{7-28}$$

式中 $\boldsymbol{n}(\boldsymbol{x},t)$、$\boldsymbol{l}(\boldsymbol{x},t)$——闭曲线上的外法线向量和切向向量。

在边界演化的过程中，切向速度不会对边界的形状变化产生影响，因此式（7-28）可以简化为

$$\frac{\partial \Gamma(\boldsymbol{x},t)}{\partial t}=V_n(\boldsymbol{x},t)\boldsymbol{n}(\boldsymbol{x},t) \tag{7-29}$$

结构边界的演化过程可以看作是水平集函数随时间 t 的变化过程

$$\Gamma(\boldsymbol{x},t)=\{\boldsymbol{x}\,|\,\Phi(\boldsymbol{x},t)=0\} \tag{7-30}$$

于是对式（7-30）微分有

$$\frac{\partial \Phi(\boldsymbol{x},t)}{\partial t}+\nabla\Phi(\boldsymbol{x},t)\frac{\partial \Gamma}{\partial t}=0 \tag{7-31}$$

将式（7-29）代入并考虑到 $\boldsymbol{n}(\boldsymbol{x},t)=-\dfrac{\nabla\Phi}{\|\nabla\Phi\|}$得

$$\frac{\partial \Phi(\boldsymbol{x},t)}{\partial t}-V_n\|\nabla\Phi(\boldsymbol{x},t)\|=0 \tag{7-32}$$

式（7-32）为水平集方程，本质上是标量函数 $\Phi(\boldsymbol{x},t)$ 在法向速度分量 $V_n(\boldsymbol{x},t)$ 驱动下的演化过程。

在基于水平集法的结构拓扑优化中，水平集函数只起到了表达结构边界和边界演化过程的作用，而真正起到拓扑优化作用的是驱动边界演化的法向速度场 $V_n(\boldsymbol{x},t)$。因此，构造合适的速度场 $V_n(\boldsymbol{x},t)$ 使目标函数不断下降是解决不同优化问题的关键。公式（7-32）是一个 Hamilton-Jacobi 方程，在构造整个设计域或边界上的速度场

$V_n(\boldsymbol{x}, t)$ 后，通常采用差分法来求解该偏微分方程。

7.6.3 水平集方法的结构拓扑优化设计模型

为了使用水平集方法对连续体结构进行拓扑优化，给定一个结构所在的区域 Ω，把所有可能的设计都限制在 Ω 内。目标是寻求一个在 Ω 内的最优设计，设 Γ 为其边界，结构的拓扑形状由隐式水平集函数 $\Phi(\boldsymbol{x}, t)$ 来描述。以柔度最小为目标，以结构整体体积约束作为约束条件，在给定荷载和位移边界条件下，寻求结构的最优布局，即 $\Phi(\boldsymbol{x}, t)$ 的最优解。水平集函数的拓扑优化模型可以描述为

$$\begin{cases} \text{find } \boldsymbol{u} \\ \min J(\boldsymbol{u},\Phi) = \int_D F(\boldsymbol{u}) H(\Phi) \mathrm{d}\Omega \\ \text{s.t. } a(\boldsymbol{u},\boldsymbol{v},\Phi) = L(\boldsymbol{v},\Phi), \\ \qquad \boldsymbol{u}|_\Gamma = \boldsymbol{u}_0, \\ \qquad \forall \boldsymbol{v} \in U, \\ \qquad \boldsymbol{V}_n(\Phi) \leqslant V_{\max} \end{cases} \tag{7-33}$$

式中 $J(\boldsymbol{u},\Phi)$——目标函数；

$H(\Phi)$——Heaviside 阶跃函数；

$\boldsymbol{u}$、$\boldsymbol{v}$——允许的位移和虚位移；

$\boldsymbol{u}_0$——边界 Du 处的位移约束。

公式（7－33）中的算子

$$a(\boldsymbol{u},\boldsymbol{v},\Phi) = \int_\Omega E_{ijkl} \varepsilon_{ij}(\boldsymbol{u}) \varepsilon_{kl}(\boldsymbol{v}) H(\Phi) \mathrm{d}\Omega \tag{7-34}$$

$$L(\boldsymbol{v},\Phi) = \int_\Omega p\boldsymbol{v} H(\Phi) \mathrm{d}\Omega + \int_\Omega \tau \boldsymbol{v} \parallel \nabla\Phi \parallel \delta(\Phi) \mathrm{d}\Omega \tag{7-35}$$

其中 p、τ——体力和面力；

E_{ijkl}——材料的弹性张量；

ε_{ij}——应变张量；

$\delta(\Phi)$——狄拉克函数，它是 Heaviside $H(\Phi)$ 的导数。

这样连续体的拓扑优化问题被转化成为寻找水平集函数 $\Phi(\boldsymbol{x}, t)$ 最优解的问题，基于固定区域 D 上的标量函数 $\Phi(\boldsymbol{x}, t)$ 和式（7－32）的演化实现结构拓扑优化过程。

连续体拓扑优化的水平集算法可总结如下：

（1）初始化。给定初始结构区域 Ω，选择水平集函数 $\Phi(\boldsymbol{x}, t)$ 进行初始化，如果不是符号距离函数，对这个水平集函数进行符号距离初始化处理，方程为

$$\frac{\partial \Phi(\boldsymbol{x},t)}{\partial t} + \mathrm{sign}[\Phi(\boldsymbol{x},t_0)] \parallel \nabla\Phi(\boldsymbol{x},t) - 1 \parallel = 0$$

(2) 求解平衡方程 (7-34)。应用有限元法求解弹性平衡方程，得到位移场 $\boldsymbol{u}$。

(3) 求解目标函数共轭平衡方程。求解目标函数的共轭平衡方程，得到共轭位移场 $\boldsymbol{w}$，即

$$a(\boldsymbol{u},\boldsymbol{w},\Phi)=\int_{\Omega}\frac{\partial E_{ijkl}\varepsilon_{ij}(\boldsymbol{u})\varepsilon_{kl}(\boldsymbol{v})}{\partial \boldsymbol{u}}H(\Phi)\boldsymbol{v}\mathrm{d}\Omega,\quad \boldsymbol{w}|_{\Omega}=0\quad \forall \boldsymbol{v}\in U$$

(4) 计算目标函数敏度。应用下列方程计算目标函数相对于水平集函数的敏度：

$$\beta=E_{ijkl}\varepsilon_{ij}(\boldsymbol{u})\varepsilon_{kl}(\boldsymbol{v})+p\boldsymbol{v}-\tau\boldsymbol{v}\,\nabla\left(\frac{\nabla\Phi}{\|\nabla\Phi\|}\right)-E_{ijkl}\varepsilon_{ij}(\boldsymbol{u})\varepsilon_{kl}(\boldsymbol{w})$$

(5) 计算水平集方程速度场 $\boldsymbol{V}$：

$$\boldsymbol{V}=-\beta(\boldsymbol{u},\boldsymbol{w})-\lambda\,\nabla\Phi(\boldsymbol{u},\boldsymbol{w})$$

(6) 计算并演化水平集方程：

$$\frac{\partial\Phi(\boldsymbol{x},t)}{\partial t}=V(\boldsymbol{x},t)\,\|\nabla\Phi\|$$

(7) 符号距离函数重新初始化：

$$\frac{\partial\Phi_i}{\partial t}+\mathrm{sign}[\Phi(\boldsymbol{x},t_0)]\,\|\nabla\Phi_i-1\|=0\quad (i=1,2,\cdots,m)$$

(8) 判别收敛性。检验是否收敛，若满足，得到收敛解；否则重复步骤 (1)～(7) 直到得到收敛解。

习　题

7.1　思考题

(1) 在构造结构优化设计模型时，根据设计变量所描述的结构特征，结构优化设计问题可以分为哪三类?

(2) 与结构尺寸优化和形状优化相比较结构拓扑优化设计有什么根本不同?

(3) 结构拓扑优化设计的基本思想是什么?

(4) 研究杆系结构拓扑优化设计的基结构法的基本思路是什么? 基结构法有哪些不足? 有哪些改进的思路?

(5) 连续体结构拓扑优化设计的一种朴素思路是什么? 我国哪位学者在研究什么问题时首次将最优拓扑问题转化为尺寸优化问题求解?

(6) 基于均匀化方法的连续体结构拓扑优化的基本思路是什么?

(7) 变密度法的基本思路是什么?

(8) 进化式结构优化设计的基本思想是什么?

(9) 渐进结构优化方法 (ESO) 的基本步骤包含哪几步? ESO 法有什么不足? 针对这些不足，提出来什么方法?

(10) 独立连续映射 (ICM) 方法的基本思想是什么? 拓扑设计变量具有什么特征?

(11) 水平集方法 (LSM) 进行结构拓扑优化的基本思想是什么?

(12) 如何看待结构拓扑优化设计? 结构拓扑优化设计已经在哪些领域得到了较好的应用? 结构拓扑优化设计具有什么样的发展前景?

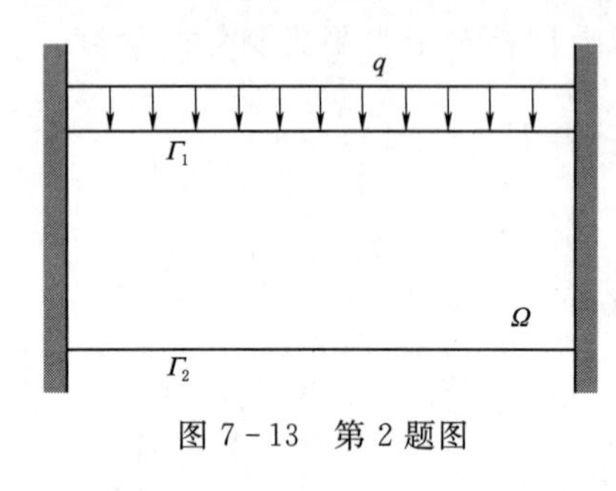

图 7-13 第 2 题图

7.2 考虑二维平面设计区域 (基结构) Ω 如图 7-13 所示, Ω 的厚度为 $\bar{\rho}$, 均布荷载 q 作用在基结构的上边界 Γ_1, 材料参数自行设定。

(1) 以下边界 Γ_2 的形状作为设计变量, 进行形状优化设计;

(2) 以基结构的厚度 ρ 作为设计变量, 进行拓扑优化设计。

7.3 根据各自专业, 提出一个拓扑优化设计问题, 并构造求解思路。

第8章

多目标优化设计

在实际工程设计问题中常常需要追求多个目标最优，这种非单一目标的问题就是多目标优化问题。多目标优化问题中各个目标往往是不相容的，找出多个目标的相对满意解是多目标优化的根本。

本章介绍多目标优化设计的基本概念和求解方法。

8.1 多目标优化问题

8.1.1 多目标优化问题一般表述

与传统单目标优化问题不同，多目标优化问题需要在一组约束条件下，优化多个不同的目标函数，经规范化后其一般表达式为

$$\begin{cases} \text{find } \boldsymbol{x} \\ \min \boldsymbol{F}(\boldsymbol{x})=[f_1(\boldsymbol{x}),f_2(\boldsymbol{x}),\cdots,f_p(\boldsymbol{x})]^{\mathrm{T}} \\ \text{s. t. } \ g_j(\boldsymbol{x})\leqslant 0 \quad (j=1,2,\cdots,m) \\ \qquad h_k(\boldsymbol{x})=0 \quad (k=1,2,\cdots,l) \end{cases} \tag{8-1}$$

式中 $\boldsymbol{F}(\boldsymbol{x})$——目标函数的向量；

$\boldsymbol{x}$——设计变量组成的向量；

$g_j(\boldsymbol{x})$——不等式约束函数；

$h_k(\boldsymbol{x})$——等式约束函数；

p——目标函数个数；

m——不等式约束函数个数；

l——等式约束函数个数。

若每个目标函数 $f_i(\boldsymbol{x})(i=1,2,\cdots,p)$ 都是凸函数，并且可行域是凸集，则式（8-1）称为多目标凸规划问题。

8.1.2 多目标优化问题的解

对于单目标优化问题，只要比较设计空间可行域内不同点的目标函数就可以选出较优方案，进而确定最优方案。但多目标优化问题的解是一个向量，其最优解在概念上与单目标不完全相同。如设计变量变化时各目标函数同时增大或减少，则目标函数满足相容性条件，这种情况下的多目标函数仍可以通过各目标函数的自然序关系进行比较；当目标函数不满足相容性条件时，即对一个目标来说得到了比较好的方案，对另一个目标则不一定好，此时需要进行目标函数的向量比较，才能确定解的优劣。因此，多目标优化问题的求解与向量序的比较密切相关，需要引入向量空间的比较关系。

1. 向量序的定义

设 $\boldsymbol{a}=[a_1,a_2,\cdots,a_p]^{\mathrm{T}}$，$\boldsymbol{b}=[b_1,b_2,\cdots,b_p]^{\mathrm{T}}$ 是 p 维欧氏空间 $\boldsymbol{R}^p$ 中的两个向量，则两个向量之间的序关系符号约定如下：

(1) 若 $a_i=b_i,(i=1,2,\cdots,p)$，则称向量 $\boldsymbol{a}$ 等于向量 $\boldsymbol{b}$，记为 $\boldsymbol{a}=\boldsymbol{b}$。

(2) 若 $a_i\leqslant b_i,(i=1,2,\cdots,p)$，则称向量 $\boldsymbol{a}$ 小于等于向量 $\boldsymbol{b}$，记为 $\boldsymbol{a}\leqslant\boldsymbol{b}$。

(3) 若 $a_i\leqslant b_i,(i=1,2,\cdots,p)$，且 $\exists k\in\{1,2,\cdots,p\}$；满足 $a_k<b_k$，则称向量 $\boldsymbol{a}$ 小于向量 $\boldsymbol{b}$，记为 $\boldsymbol{a}<\boldsymbol{b}$。

(4) 若 $a_i<b_i,(i=1,2,\cdots,p)$，则称向量 $\boldsymbol{a}$ 严格小于向量 $\boldsymbol{b}$，记为 $\boldsymbol{a}<\boldsymbol{b}$。

2. 多目标优化问题的解

在给出空间向量的序关系基础上，下面给出多目标优化问题标准型式（8-1）的不同解。

(1) 设 $\boldsymbol{\Omega}\subseteq\boldsymbol{R}^n$ 是式（8-1）的可行解集，$\boldsymbol{F}(\boldsymbol{x})\in\boldsymbol{R}^p$ 是向量目标函数。若 $\exists\boldsymbol{x}^*\in\boldsymbol{\Omega}$，且 $\forall\boldsymbol{x}\in\boldsymbol{\Omega}$，满足 $\boldsymbol{F}(\boldsymbol{x}^*)\leqslant\boldsymbol{F}(\boldsymbol{x})$，则称 $\boldsymbol{x}^*$ 是多目标极小化问题的绝对最优解，它在目标函数空间 $\boldsymbol{R}^p$ 的映射点 $\boldsymbol{F}(\boldsymbol{x}^*)$ 称为绝对最优点。全部最优解组成的集合称为最优解集。

若 $\boldsymbol{x}^*$ 是多目标极小化问题的绝对最优解，则它同时是每个分目标函数的最优解。这表明多目标问题的最优解只在各分目标的最优解存在，且它们的解正好是同一解的情况下才存在，这种情况只有在极特殊的情况下才会发生。因此，一般情况下多目标优化问题的绝对最优解是不存在的。

(2) 设 $\boldsymbol{\Omega}\subseteq\boldsymbol{R}^n$ 是式（8-1）的可行解集，$\boldsymbol{F}(\boldsymbol{x})\in\boldsymbol{R}^p$ 是向量目标函数。若 $\tilde{\boldsymbol{x}}\in\boldsymbol{\Omega}$，且 $\exists\boldsymbol{x}\in\boldsymbol{\Omega}$，满足 $\boldsymbol{F}(\boldsymbol{x})<\boldsymbol{F}(\tilde{\boldsymbol{x}})$，则称 $\tilde{\boldsymbol{x}}$ 是多目标极小化问题的有效解。全部有效解组成的集合称为有效解集。

有效解也称为帕累托（Pareto）最优解，它是多目标最优化问题中的一个基本概念。从定义可以看出，若 $\tilde{\boldsymbol{x}}$ 是多目标问题的有效解，则在可行解集中找不到比它更好的可行解，或者说 $\tilde{\boldsymbol{x}}$ 不比其他可行解坏。因此，多目标优化问题的有效解也称为非劣解或可接受解。一般来说，多目标优化问题常常会有多个的有效解。

（3）设 $\boldsymbol{\Omega} \subseteq \boldsymbol{R}^n$ 是式（8-1）的可行解集，$\boldsymbol{F}(\boldsymbol{x}) \in \boldsymbol{R}^p$ 是向量目标函数。若 $\tilde{\boldsymbol{x}} \in \boldsymbol{\Omega}$，且 $\overline{\exists} \boldsymbol{x} \in \boldsymbol{\Omega}$，满足 $\boldsymbol{F}(\boldsymbol{x}) < \boldsymbol{F}(\tilde{\boldsymbol{x}})$，则称 $\tilde{\boldsymbol{x}}$ 是多目标极小化问题的弱有效解。全部弱有效解组成的集合称为弱有效解集。

8.2 多目标优化问题的主要解法

多目标优化问题的直接解法，通常是寻求它的帕累托解集。除了特殊的情形，计算所有最优解是比较困难的。目前已有的多目标优化问题的求解方法，主要有评价函数法、主目标法、分层序列法和增广加权法等。本节主要介绍评价函数法、主目标法和分层序列法。

8.2.1 评价函数法

评价函数法是通过不同方式将多目标优化问题转化为一个单目标优化问题进行求解。单目标优化问题的新目标函数由原问题所有分目标函数构造而成，称为评价函数。目前评价函数法主要有线性加权法、理想点法等。

1. 线性加权法

线性加权法是应用最多、最简单的多目标优化方法，其主要思想就是依据原问题各分目标函数 $f_i(\boldsymbol{x})(i=1,2,\cdots,p)$，合理地赋予一定的权系数 $w_i(i=1,2,\cdots,p)$，然后通过线性组合得到评价函数

$$E(\boldsymbol{x}) = \sum_{i=1}^{p} w_i f_i(\boldsymbol{x}) \tag{8-2}$$

这样，就将式（8-1）所示多目标优化问题转化为单目标优化问题，即

$$\begin{cases} \min E(\boldsymbol{x}) = \sum_{i}^{p} w_i f_i(\boldsymbol{x}) \\ \text{s.t.}\ \ g_j(\boldsymbol{x}) \leqslant 0 \quad (j=1,2,\cdots,m) \\ \qquad h_k(\boldsymbol{x}) = 0 \quad (k=1,2,\cdots,l) \end{cases} \tag{8-3}$$

考虑到式（8-3）多目标优化问题各目标函数的量纲、数值差异性，在构建评价函数时通常需要进行原分项目标函数的无量纲处理，一般规格化处理表达形式为

$$\overline{f}_i(\boldsymbol{x}) = f_i(\boldsymbol{x}) / f_{i\max}(\boldsymbol{x}) \quad (i=1,2,\cdots,p) \tag{8-4}$$

式中　$f_{i\max}(\boldsymbol{x})$——$f_i(\boldsymbol{x})$ 的最大允许值或参考值。

在式（8-3）中用无量纲化后分项目标函数取代原分项目标函数，即可获得新的优化模型，即

$$\begin{cases} \min E(\boldsymbol{x}) = \sum_{i}^{p} w_i \overline{f}_i(\boldsymbol{x}) \\ \text{s.t.} \ \ g_j(\boldsymbol{x}) \leqslant 0 \quad (j=1,2,\cdots,m) \\ \quad\quad h_k(\boldsymbol{x}) = 0 \quad (k=1,2,\cdots,l) \end{cases} \tag{8-5}$$

此外，式（8-3）、式（8-5）中的 w_j 是一组反映各个分目标函数重要性的加权因子系数，如何确定合理的加权因子是该方法的核心。

若取 $w_j=1(j=1,2,\cdots,p)$，则称为均匀计权，表示各分项目标同等重要。若考虑各分项目标函数的差异性，可以采用规格化的加权处理，即取

$$\sum_{i=1}^{p} w_i = 1 \tag{8-6}$$

在线性加权组合法中，加权因子的选择将直接影响优化设计的结果，一般期望各分项目标函数的下降率尽量相近，且使各变量变化对目标函数值的灵敏度尽量趋向一致。目前，较为实用可行的确权方法有：

（1）容限加权法。设已知各分目标函数值的变动范围

$$\alpha_i \leqslant f_i(\boldsymbol{x}) \leqslant \beta_i \quad (i=1,2,\cdots,p) \tag{8-7}$$

定义

$$\Delta f_i(\boldsymbol{x}) = \frac{\beta_i - \alpha_i}{2} \quad (i=1,2,\cdots,p) \tag{8-8}$$

$\Delta f_i(\boldsymbol{x})$ 称为各目标的容限。

此时，容限权因子为

$$w_i = \frac{1}{(\Delta f_i)^2} \quad (i=1,2,\cdots,p) \tag{8-9}$$

（2）分析加权法。为了兼顾各目标函数的重要性及其数量级，可将权分解为本正权和校正权两部分的乘积形式，即

$$w_i = w_{1i} w_{2i} \quad (i=1,2,\cdots,p) \tag{8-10}$$

其中，本正权因子 w_{1i} 反映各分项目标的重要性；校正权因子 w_{2i} 用于在优化过程中起到逐步加以校正的作用。

由于设计变量对各分项目标函数值的灵敏度不同，可以用各目标函数的梯度 $\nabla f_i(\boldsymbol{x})(i=1,2,\cdots,p)$ 来表现这种差别，则对应校正权因子值可取为

$$w_{2i} = \frac{1}{\|\nabla f_i(\boldsymbol{x})\|^2} \quad (i=1,2,\cdots,p) \tag{8-11}$$

式（8-11）表明，如果一个目标函数的灵敏度越大，即 $\|\nabla f_i(\boldsymbol{x})\|^2$ 值越大，则相应的校正权因子值越小；否则，校正权因子值需要取得大一些，从而使得各分目标函数变化尽可能相近。这种校正权因子的选取方法，比较适用于容易获取目标函数导数信息的优化设计方法。

【例题 8-1】 试用线性加权法求解下列多目标优化问题，权重 $w_1=1/3$，$w_2=2/3$。

$$\min \boldsymbol{F}(\boldsymbol{x})=[f_1(\boldsymbol{x})\quad f_2(\boldsymbol{x})]^{\mathrm{T}}=[-x_1\quad -x_2]^{\mathrm{T}}$$

$$\text{s. t.}\begin{cases}x_1+x_2\geqslant 3\\ x_1+x_2\leqslant 5\\ x_1\geqslant 0\\ 0\leqslant x_2\leqslant 2\end{cases}$$

解： 原优化问题采用线性加权转化为下列优化问题

$$\min E(\boldsymbol{x})=-x_1/3-2x_2/3$$

$$\text{s. t.}\begin{cases}x_1+x_2\geqslant 3\\ x_1+x_2\leqslant 5\\ x_1\geqslant 0\\ 0\leqslant x_2\leqslant 2\end{cases}$$

转化后的线性规划问题最优解可应用单纯形法求解，也可以利用图解法求得约束交点，进而比较得到最优解为。

此问题约束对应的 4 个交点及其对应目标函数如下：

$$E_1\begin{pmatrix}3\\0\end{pmatrix}=-1,E_2\begin{pmatrix}5\\0\end{pmatrix}=-\frac{5}{3},E_3\begin{pmatrix}3\\2\end{pmatrix}=-\frac{7}{3},E_4\begin{pmatrix}1\\2\end{pmatrix}=-\frac{5}{3}$$

经比较，单目标的最优解为：$\boldsymbol{x}^*=[x_1^*\quad x_2^*]^{\mathrm{T}}=[3\quad 2]^{\mathrm{T}}$，$E^*=-7/3$。
则原多目标优化问题最优解为

$$\boldsymbol{x}^*=[x_1^*\quad x_2^*]^{\mathrm{T}}=[3\quad 2]^{\mathrm{T}},\boldsymbol{F}^*=[f_1^*\quad f_2^*]^{\mathrm{T}}=[-3\quad -2]^{\mathrm{T}}$$

2. 理想点法

基于理想点的评价函数法的基本思路如下：

（1）先求解 p 个单目标优化问题，获取单目标最优解

$$\begin{cases}\text{find } \boldsymbol{x}\\ \min f_i(\boldsymbol{x})\quad (i=1,2,\cdots,p)\\ \text{s. t. } g_j(\boldsymbol{x})\leqslant 0\quad (j=1,2,\cdots,m)\\ \qquad h_k(\boldsymbol{x})=0\quad (k=1,2,\cdots,l)\end{cases}\tag{8-12}$$

记各单目标最优解及相应目标函数值为 $\boldsymbol{x}_i^*$、$f_i^*=f_i(\boldsymbol{x}_i^*)(i=1,2,\cdots,p)$。在目标函数空间，称点（$f_1^*,f_2^*,\cdots,f_p^*$）为理想点。

（2）基于理想点构造评价函数，一般采用设计点到理想点的距离为评价函数，即

$$E(\boldsymbol{x})=\sqrt{\sum_{i=1}^{p}[f_i(\boldsymbol{x})-f_i^*]^2}\tag{8-13}$$

（3）求解基于新评价函数的单目标优化问题，获得最优解，即

$$\begin{cases}\text{find } \boldsymbol{x} \\ \min E(\boldsymbol{x})=\sqrt{\sum_{i}^{p}[f_i(\boldsymbol{x})-f_i^*]^2} \\ \text{s.t. } g_j(\boldsymbol{x})\leqslant 0 \quad (j=1,2,\cdots,m) \\ \qquad h_k(\boldsymbol{x})=0 \quad (k=1,2,\cdots,l)\end{cases} \tag{8-14}$$

【例题 8-2】 基于理想点的评价函数法求解例题 8-1 的多目标优化问题。

解：（1）先求 2 个单目标优化解，即

$$\min f_1(\boldsymbol{x})=-x_1$$

$$\text{s.t.}\begin{cases}x_1+x_2\geqslant 3 \\ x_1+x_2\leqslant 5 \\ x_1\geqslant 0 \\ 0\leqslant x_2\leqslant 2\end{cases}$$

利用线性规划问题特征，此问题最优解 $\boldsymbol{x}^*=[x_1^* \quad x_2^*]^{\mathrm{T}}=[5 \quad 0]^{\mathrm{T}}$，$f_1^*=-5.0$

$$\min f_2(\boldsymbol{x})=-x_2$$

$$\text{s.t.}\begin{cases}x_1+x_2\geqslant 3 \\ x_1+x_2\leqslant 5 \\ x_1\geqslant 0 \\ 0\leqslant x_2\leqslant 2\end{cases}$$

此问题有无穷多解，可表示为 $\boldsymbol{x}^*=[x_1^* \quad x_2^*]^{\mathrm{T}}=[(3\sim 5) \quad 2]^{\mathrm{T}}$，$f_2^*=-2$

（2）构建一个新的评价函数并进行求解，即

$$\min E(\boldsymbol{x})=\sqrt{(-x_1+5)^2+(x_2-2)^2}$$

$$\text{s.t.}\begin{cases}x_1+x_2\geqslant 3 \\ x_1+x_2\leqslant 5 \\ x_1\geqslant 0 \\ 0\leqslant x_2\leqslant 2\end{cases}$$

此问题最优解 $\boldsymbol{x}^*=[x_1^* \quad x_2^*]^{\mathrm{T}}=[4 \quad 1]^{\mathrm{T}}$，$E^*=\sqrt{2}$，对应原多目标优化问题最优解为：$\boldsymbol{x}^*=[x_1^* \quad x_2^*]^{\mathrm{T}}=[4 \quad 1]^{\mathrm{T}}$，$F^*=[f_1^* \quad f_2^*]^{\mathrm{T}}=[-4 \quad -1]^{\mathrm{T}}$。此解也是全局最优解。

8.2.2 主目标法

主目标法的思想是在所有分项目标函数中选出一个作为主要设计目标，而将其他分项目标函数作为约束处理，构成一个新的单目标优化问题，并将该单目标优化问题的最优解作为所求多目标问题的相对最优解。

在分项目标函数 $f_1(\boldsymbol{x}),f_2(\boldsymbol{x}),\cdots,f_p(\boldsymbol{x})$中，选择一个主要目标，记为 $f_z(\boldsymbol{x})$，其他目标函数给定合理的上下限，即 $f_j^\alpha \leqslant f_j(\boldsymbol{x}) \leqslant f_j^\beta (j=1,2,\cdots,p;j\neq z)$，于是原多目标优化问题，可以转化为如下单目标优化问题：

$$\begin{cases} \text{find } \boldsymbol{x} \\ \min\ f_z(\boldsymbol{x}) \\ \text{s.t. } g_j(\boldsymbol{x}) \leqslant 0 \quad (j=1,2,\cdots,m) \\ \qquad h_k(\boldsymbol{x})=0 \quad (k=1,2,\cdots,l) \\ \qquad f_q^\alpha \leqslant f_q(\boldsymbol{x}) \leqslant f_q^\beta \quad (q=1,2,\cdots,p;q\neq z) \end{cases} \tag{8-15}$$

【例题 8-3】 采用主目标法求解例题 8-1 多目标优化问题，其中假定 f_1 为主目标，f_2 的下限为−0.5，上限为 1.0。

解： 问题转化为下列优化问题

$$\begin{cases} \text{find } \boldsymbol{x} \\ \min\ f_1(\boldsymbol{x})=-x_1 \\ \text{s.t. } x_1+x_2 \geqslant 3 \\ \qquad x_1+x_2 \leqslant 5 \\ \qquad x_1 \geqslant 0 \\ \qquad 0 \leqslant x_2 \leqslant 2 \\ \qquad -1.0 \leqslant x_2 \leqslant 0.5 \end{cases}$$

约束条件最后 2 个条件合并，等价于如下优化问题

$$\begin{cases} \text{find } \boldsymbol{x} \\ \min\ f_1(\boldsymbol{x})=-x_1 \\ \text{s.t. } x_1+x_2 \geqslant 3 \\ \qquad x_1+x_2 \leqslant 5 \\ \qquad x_1 \geqslant 0 \\ \qquad 0 \leqslant x_2 \leqslant 0.5 \end{cases}$$

对应最优解为：$X^*=[x_1^* \quad x_2^*]^{\mathrm{T}}=[5 \quad 0]^{\mathrm{T}}$，$F^*=[f_1^* \quad f_2^*]^{\mathrm{T}}=[-5 \quad 0]^{\mathrm{T}}$。

8.2.3 分层序列法

分层序列法的基本思想是，根据目标函数向量中各目标函数分量的重要程度将其进行排序，首先进行第一个目标函数的最优解集，然后逐次分别在前一个目标函数的最优解集中，寻找后一个目标函数的最优解集，并把最后一个目标函数的最优解作为原多目标问题的最优解。具体表述如下：

(1) 将原问题各目标函数按重要性进行排序，设为 $f_1(\boldsymbol{x}),f_2(\boldsymbol{x}),\cdots,f_p(\boldsymbol{x})$。

(2) 进行第一个单目标问题求解

$$
\begin{cases}
\text{find } \boldsymbol{x} \\
\min\ f_1(\boldsymbol{x}) \\
\text{s.t.}\ \ g_j(\boldsymbol{x}) \leqslant 0 \quad (j=1,2,\cdots,m) \\
\qquad h_k(\boldsymbol{x}) = 0 \quad (k=1,2,\cdots,l)
\end{cases}
\tag{8-16}
$$

得到第一个目标的最优解，最优解记为 f_1^*。

(3) 将第一个目标函数作为约束，进行第二个单目标问题求解，即

$$
\begin{cases}
\text{find } \boldsymbol{x} \\
\min\ f_2(\boldsymbol{x}) \\
\text{s.t.}\ \ g_j(\boldsymbol{x}) \leqslant 0 \quad (j=1,2,\cdots,m) \\
\qquad h_k(\boldsymbol{x}) = 0 \quad (k=1,2,\cdots,l) \\
\qquad f_1(\boldsymbol{x}) \leqslant f_1^* + \Delta_1
\end{cases}
\tag{8-17}
$$

式中 Δ_1——第一个目标函数的宽容值。

(4) 依次进行后续单目标问题的求解，直到求最后的第 p 个单目标优化问题

$$
\begin{cases}
\text{find } \boldsymbol{x} \\
\min\ f_p(\boldsymbol{x}) \\
\text{s.t.}\ \ g_j(\boldsymbol{x}) \leqslant 0 \quad (j=1,2,\cdots,m) \\
\qquad h_k(\boldsymbol{x}) = 0 \quad (k=1,2,\cdots,l) \\
\qquad f_q(\boldsymbol{x}) \leqslant f_q^* + \Delta_q \quad (q=1,2,\cdots,p-1)
\end{cases}
\tag{8-18}
$$

则该问题的最优解 $\boldsymbol{x}_p^*$ 即作为原多目标优化问题的最优解。

8.3 基于模糊贴近度的多目标优化方法

基于模糊贴近度的多目标优化方法主要包含以下几个关键步骤。

1. 求解多目标优化问题的理想解

针对式 (8-1) 所表述的多目标优化问题，对所有分目标进行单目标最优化求解，得到理想解为 $\boldsymbol{F}^* = [f_1^*, f_2^*, \cdots, f_p^*]^{\mathrm{T}}$

2. 求解多目标优化问题的非劣解

针对式 (8-1) 所表述的多目标优化问题，采用线性加权的单目标法求得一系列非劣解，记第 r 个非劣解及目标向量为 $\boldsymbol{x}_r$ 和 $\boldsymbol{F}_r = [f_{r1}, f_{r2}, \cdots, f_{rp}]^{\mathrm{T}}$。

3. 确定模糊隶属度及贴近度

一般不能直接比较非劣解的优劣而确定最优解。考虑到各非劣解接近理想解的程度是模糊的，可以采用模糊隶属度来表示非劣解中各分目标值相对于理想解中相应值的接近程度，从而构造出非劣解模糊子集和理想解模糊子集，以便用贴近度概念确定最优解。考虑到非劣解的各分目标值是分布在理想解相应分目标值的附近，且隶属度

只与两者的距离有关，并为避免各分目标值量纲和数量级不同的影响，一般可取以下正态分布、哥西分布和尖 Γ 分布三种对称分布形式的隶属度计算公式。

(1) 正态分布的表达式为

$$\mu(F_{rj})=\exp\left[-\left(\frac{F_{rj}-F_j^*}{\frac{1}{k_r}\sum_{r=1}^{k_r}|F_{rj}-F_j^*|}\right)^2\right] \tag{8-19}$$

(2) 哥西分布表达式为

$$\mu(F_{rj})=\frac{1}{1+\left(\frac{F_{rj}-F_j^*}{\frac{1}{k_r}\sum_{r=1}^{k_r}|F_{rj}-F_j^*|}\right)^2} \tag{8-20}$$

(3) 尖 Γ 分布表达式为

$$\mu(F_{rj})=\exp\left[\pm\frac{F_{rj}-F_j^*}{\frac{1}{k_r}\sum_{r=1}^{k_r}|F_{rj}-F_j^*|}\right]\quad \begin{matrix}\text{当 } F_{rj}\leqslant F_j^* \text{ 时取“+”}\\ \text{当 } F_{rj}>F_j^* \text{ 时取“−”}\end{matrix} \tag{8-21}$$

式中 j——目标函数数目，$j=1,2,\cdots,p$；

k_r——非劣解组数；

F_{rj}——第 r 组非劣解中第 j 个目标值；

F_j^*——理想解第 j 个目标值；

$\mu(F_{rj})$——F_{rj} 对 F_r^* 的隶属度。

有了各非劣解对理想解的隶属度，即可在目标值空间得到非劣解的模糊子集（模糊非劣解）

$$\widetilde{F}_r=[\mu(F_{r1}),\mu(F_{r2}),\cdots,\mu(F_{rp})]^{\mathrm{T}}\quad (r=1,2,\cdots,k_r) \tag{8-22}$$

它们都表征了各组非劣解中各单目标值相对于理想解中相应单目标值的隶属程度。

不难理解，相应有理想解的模糊子集（模糊理想解）

$$\widetilde{F}^*=[\mu(F_1^*),\mu(F_2^*),\cdots,\mu(F_p^*)]^{\mathrm{T}}=[1,1,\cdots,1]^{\mathrm{T}} \tag{8-23}$$

以上两个模糊集的贴近程度可以用模糊贴近度 $\sigma(\widetilde{F}^*,\widetilde{F}_r)$ 来表征，其值越大表明两者越接近。常采用下列公式计算

$$\begin{aligned}\sigma(\widetilde{F}^*,\widetilde{F}_r)&=1-\frac{1}{p}\sum_{j=1}^{p}|1-\mu(F_{rj})|^q\\&=1-\frac{1}{p}\{[1-\mu(F_{r1})]^2+[1-\mu(F_{r2})]^2+\cdots+[1-\mu(F_{rp})]^2\}\end{aligned} \tag{8-24}$$

$$\sigma(\widetilde{F}^*,\widetilde{F}_r)=\frac{1}{p}\sum_{j=1}^{p}\mu(F_{rj})=\frac{1}{p}[\mu(F_{r1})+\mu(F_{r2})+\cdots+\mu(F_{rp})] \tag{8-25}$$

$$\sigma(\tilde{F}^*,\tilde{F}_r)=\frac{2\sum_{j=1}^{p}\mu(F_{rj})}{p+\sum_{j=1}^{p}\mu(F_{rj})}=\frac{2[\mu(F_{r1})+\mu(F_{r2})+\cdots+\mu(F_{rp})]}{p+[\mu(F_{r1})+\mu(F_{r2})+\cdots+\mu(F_{rp})]} \tag{8-26}$$

4. 依据择优原则确定最优解

求出各非劣解对理想解的贴近度后，可根据择优原则和极大化原则寻求最优解：最优解是最贴近理想解的非劣解，即贴近度最大的非劣解就是最优解，即

$$F^*=\max[\sigma(\tilde{F}^*,\tilde{F}_r)] \tag{8-27}$$

习　　题

8.1　用线性加权法求下列多目标优化问题，权重 $w_1=3/5$，$w_2=2/5$。

$$\min F(\boldsymbol{x})=[f_1(\boldsymbol{x})\quad f_2(\boldsymbol{x})]^{\mathrm{T}}=[-5x_1+2x_2\quad x_1-4x_2]^{\mathrm{T}}$$

$$\text{s. t.}\begin{cases}-x_1+x_2\leqslant 3\\ x_1+x_2\leqslant 8\\ 0\leqslant x_1\leqslant 6\\ 0\leqslant x_2\leqslant 4\end{cases}$$

8.2　用分层序列法求解下列多目标优化问题。

$$\min F(\boldsymbol{x})=[f_1(\boldsymbol{x})\quad f_2(\boldsymbol{x})]^{\mathrm{T}}=[x_1^2-x_2\quad 2x_2]^{\mathrm{T}}$$

$$\text{s. t.}\begin{cases}x_1-x_2\leqslant 4\\ x_1+x_2\leqslant 8\\ x_1\geqslant 0\\ x_2\geqslant 4\end{cases}$$

第 9 章

现代优化设计方法

随着科学技术的快速发展，在优化设计领域内衍生出一些新方法。其中一类通过借鉴和利用客观世界中的自然现象和物理过程，形成了不需要构造精确的数学搜索方向，具有全局性、自适应和离散化等特点的智能算法。另一类是基于客观世界中的不确定性而提出的不确定性优化设计方法。

本章主要介绍遗传算法、模拟退火算法、粒子群算法、蚁群算法、人工神经网络算法和不确定性优化方法。

9.1 遗传算法

受达尔文（Darwin）生物进化论的启发，基于自然选择原理、自然遗传机制和自适应搜索的算法，约翰·霍兰德（John Holland）教授于 1975 年提出了遗传算法（genetic algorithm，GA）。后来这一理论引起了人们广泛的兴趣，特别是在 20 世纪 80 年代中后期，人们将遗传算法的研究推到了高潮。到了 20 世纪 90 年代，遗传算法的理论已基本成熟。

遗传和变异是决定生物进化的内在因素。生物在进化过程中，优良的个体能够得到更多、更快地繁殖，而劣质的个体则易消亡或得不到较好的繁殖。一个物种中的个体成员间进行一些基因交换，形成杂交优势，可以产生出更优良的个体成员。通过淘汰劣质个体和个体间的基因交换，使整个物种的质量得以提高。另外，变异特性又能使生物的性状发生改变，从而产生新的个体，形成新的物种，推动生物的进化和发展。一种生物要延续下去和进行生物基因交换，还需要一个具有一定规模的群体。基因遗传算法正是在生物界的这一进化原理基础上发展起来的。

按照遗传算法的工作流程，当用遗传算法求解问题时，必须在目标问题实际表示与遗传算法的染色体位串结构之间建立联系，即确定编码和解码运算。一般来说，参数集及适应函数是与实际问题密切相关的，往往由用户自己确定。由于遗传算法计算过程的鲁棒性，它对编码的要求并不苛刻。实际上，大多数问题都可以采用类似基因呈一维排列的定长染色体的表现形式，尤其是基于 0 和 1 符号集的二进制编码形式。

然而，编码的策略或方法对于基因算子，尤其是对交叉和变异算子的功能和设计有很大的影响。由于编码形式决定了交叉算子的操作方式，编码问题往往称作编码——交叉问题。因此，作为遗传算法流程中第一步的编码是基因算法中需要认真研究的问题，很多专家提出了各种编码方法。对于给定的优化问题，由遗传算法个体的表现型集合所组成的空间称为问题空间，由遗传算法基因型个体所组成的空间称为遗传算法编码空间。遗传算子在遗传算法编码空间中对位串个体进行操作。

1. 遗传算法基本原理

在遗传算法中，将设计变量 $\boldsymbol{X}=[x_1,x_2,\cdots,x_n]^{\mathrm{T}}$ 用 n 个同类编码表示，即

$$\boldsymbol{X}:\boldsymbol{X}_1,\boldsymbol{X}_2,\cdots,\boldsymbol{X}_n$$

其中每一个 $\boldsymbol{X}_i$ 都是一个 q 位编码符号串，符号串的每一位称为一个遗传基因，基因的所有可能取值称为等位基因，基因所在的位置称为该基因的基因座。最简单的等位基因由 0 和 1 这两个整数组成，相应的染色体或者个体就是一个二进制符号串，称为个体的基因型，与之对应的十进制数称为个体的表现型。

与传统优化算法根据目标函数大小判断解的优劣的思想类似，遗传算法使用适应度这个概念来度量群体中各个个体的优劣程度，并以个体适应度的大小，通过选择运算决定哪些个体被淘汰，哪些个体遗传到下一代。再经过交叉和变异运算得到性能更加优良的个体和群体，从而实现群体的遗传和更新，最终得到最佳的个体，即最优化问题的最优解。

（1）遗传编码。编码是应用遗传算法时首先要解决的问题。遗传算法不能直接对设计变量本身进行操作，必须通过编码将它们表示成基因型个体符号串。变量编码是以随机形式产生出一个反映不同变量参数的群体成员，也就是第一代群体成员。这些个体成员是问题的解的候选成员。形象地讲，有时也称个体成员为编码串。编码串可以是二进制形式的，也可以是十进制形式的。一个群体中应含有一定数量的个体成员。这里介绍常用的二进制编码方法。

二进制编码所用的符号集是由 0 和 1 组成的二值符号集，它所构成的个体基因型是一个二进制符号串。符号串的长度与所要求的求解精度有关。假设某一参数的取值范围为 $[U_{\min}, U_{\max}]$，若用长度为 l 的二进制符号串来表示，总共能够产生 2^l 个不同的编码。假设某一个体的编码是 $\boldsymbol{X}$：$b_l b_{l-1} b_{l-2}$，…，$b_2 b_1$，则对应的解码公式为

$$x=U_{\min}+\left(\sum_{i=1}^{l} b_i 2^{i-1}\right)\frac{U_{\max}-U_{\min}}{2^l-1} \tag{9-1}$$

（2）初始群体的形成。因为遗传算法是对群体进行操作，所以应准备一些起始搜索的初始群体，其中每一个个体通过随机方法产生。

（3）适应度计算。在研究自然界中生物的遗传和进化时，生物学家使用适应度这个术语来度量物种对生存环境的适应程度。在遗传算法中，使用适应度的大小来评估

个体的优劣，从而决定其遗传机会的多少。度量个体适应度的函数称为适应度函数，对于函数优化问题，必须将优化问题的目标函数 $f(\boldsymbol{X})$ 和个体的适应度函数 fitness($\boldsymbol{X}$) 建立一定的映射关系，且需遵循两个基本原则：①适应度函数必须大于等于零；②优化过程中目标函数变化方向应与群体进化过程中适应度函数的变化方向相一致。

在简单的优化问题中，可以直接用目标函数变换为适应度函数。例如，对于求极大值的目标函数，可通过下面转换关系建立与适应度函数 $fitness(\boldsymbol{X})$ 的映射关系：

$$fitness(\boldsymbol{X})=\begin{cases}f(\boldsymbol{X})=C_{min}, & 当\ f(\boldsymbol{X})+C_{min}>0\\0, & 当\ f(\boldsymbol{X})+C_{min}\leqslant 0\end{cases} \tag{9-2}$$

对于求极小化的目标函数

$$fitness(\boldsymbol{X})=\begin{cases}C_{max}-f(\boldsymbol{X}), & 当\ f(\boldsymbol{X})<C_{max}\\0, & 当\ f(\boldsymbol{X})\geqslant C_{min}\end{cases} \tag{9-3}$$

式中，C_{min} 和 C_{max} 为可调参数，所取的值应使适应度函数 $fitness(\boldsymbol{X})$ 恒大于 0。

对于一些复杂问题，往往需要根据问题的特点构造合适的适应度函数，以改善种群中个体适应度的分散程度，使之既有差距，又不至于差距过大。这样在保持种群中个体多样性的同时，又有利于个体之间的竞争，从而保证算法具有良好的性能。对于有约束问题，常采用罚函数法先将其转化为无约束问题。

(4) 遗传运算。优胜劣汰是遗传算法的最基本思想，在算法中体现这一思想的是复制、交叉和变异等遗传算子。

复制体现了“适者生存”的自然法则。目前有许多不同的选择运算方法，常采用与适应度成比例的概率方法，使高性能的个体以更大的概率生存，从而提高全局收敛的可能性和计算效率。

设群体的大小为 M，个体 i 的适应度为 f_i，则个体 i 被选中的概率 P_{is} 为

$$P_{is}=f_i/\sum_{i=1}^{M}f_i \tag{9-4}$$

每个概率值组成一个区间，全部概率值之和为 1。

交叉重组是生物遗传进化过程中的一个重要环节。模仿这一过程，遗传算法使用交叉运算，即在两个互相配对的个体间按照某种方式其部分基因进行交叉，从而形成两个新生的个体。首先对复制的双亲以交叉概率 p_c 判定是否交叉，对发生交叉的双亲（A 和 B），随机选择交叉的位置 i，彼此交换交叉位置 i 的基因，产生 2 个新的个体。

交叉的目的在于产生新的基因组合，如采用一点交叉，以二进制串为例

$$双亲\ \begin{matrix}A\ 100\vdots 100\\B\ 010\vdots 010\end{matrix}\ \xrightarrow{交叉}\ 后代\ \begin{matrix}A'\ 100\vdots 000\\B'\ 010\vdots 110\end{matrix}$$

生物的遗传和进化过程中，在细胞的分裂和复制环节上可能产生一些差错，从而导致生物的某些基因发生某种变化，产生新的染色体，表现新的生物性能。模仿这一过程，遗传算法采用变异运算，将个体编码串上的某些基因座上的基因值用它的不同位基因来替换，从而产生新的个体。

变异是在交叉算子后作用的算子。变异是按位进行的，即以概率 p_m 改变字符串上的某位基因，以二进制为例

$$0101\hat{0}10 \xrightarrow{\text{变异}} 0101\hat{1}10$$

变异是一个微妙的操作，起到恢复丢失或生成遗传信息的作用，从而保持群体中个体的多样性，有效地防止算法过早收敛，但过分的变异，也会使算法退化为随机搜索。

2. 遗传算法基本步骤

遗传算法的基本步骤为：

(1) 随机产生一组初始群体，每个个体表示为染色体的基因编码。

(2) 对群体中每个染色体计算适应度，并判断是否符合优化准则；若符合，输出最佳个体及其代表的最优解并结束计算，否则转向步骤 (3)。

(3) 依据适应度选择再生个体。

(4) 按照一定的交叉概率和交叉方法，生成新个体。

(5) 按照一定的变异概率和变异方法，生成新的个体。

(6) 经交叉和变异产生新一代的种群，并返回到步骤 (2)。

【例题 9-1】 设有一个二次函数

$$f(x)=x^2, x\in[0,31]$$

要求以整数 1 的精度求 $f(x)$ 的最大值。

解： 遗传算法求解过程见表 9-1。按照基因算法的基本步骤有：

(1) 对函数的变量 x 以二进制形式进行编码，产生出四个初始个体成员，见表 9-1 中的 (1) 项。

(2) 计算 x 和 $f(x)$ 的值，见表中的 (2) 项，以便决定传递到下一代的成员数量 M_p (Passing Members)。

(3) 计算每个个体成员所具有的适应度和比重，见表中的 (3) 项。

(4) 根据各个个体成员所占的比重选出传递到下一代的个体成员及其要复制的数量，见表中的 (4) 项。

(5) 随机地选择进行个体成员间基因交换的伙伴和基因交换的位置，见表中的 (5) 项。

(6) 完成基因交换，生成新一代群体成员，见表中的 (6) 项。

(7) 如果算法进行到了第 GN 代（即代数 GN），那么算法停止，否则返回到

第（2）步中。

表 9-1　　遗传算法的求解过程

个体编号 i	(1) 初始群体	(2) x_i	(2) $f_i(x_i)$	(3) $f_i/\sum f_i$	(3) f_i/f_m	(4) 选择次数 M_p
1	01101	13	169	0.144	0.58	1
2	11000	24	576	0.492	1.97	2
3	01000	8	64	0.055	0.22	0
4	10011	19	361	0.309	1.23	1
总和			1170	1.00	4.00	4
平均值			292.5	0.25	1.00	1
最大值			576	0.492	1.97	2
个体编号 i	(4) 选择结果	(5) 配对	(5) 位选择	(6) 新一代群体	(2) x_i	(2) $f_i(x_i)$
1	0110—1	2	1	01100	12	144
2	1100—0	1	1	11001	25	625
3	11—000	4	3	11011	27	729
4	10—011	3	3	10000	16	256
总和						1754
平均值						439
最大值						729

注　f_m 为适应度平均值。

从表 9-1 可以看出，在产生出来的第二代的群体成员中，它们所代表的函数 $f(x)$ 的最大值大大好于第一代中的 $f(x)$ 的最大值，从 576 增加到了 729（理论最大值为 $31^2=961$），平均值也从 293 增至 439，总和从 1170 增至 1754。因此，可以肯定基因算法在一代一代地改善所代表的解的质量，第三代的群体成员将优于第二代。以这样的方式，直至第 GN 代为止，最后从第 GN 代群体成员中选择优良的个体作为问题的解。

一般地讲，基因算法中的个体变异概率值 P_m 都较小，有时为 0，本例中 P_m 为 0。因为个体变异只是作为算法的一种辅助措施。但有人在初期的研究中，也曾将个体变异概率取得较大。

9.2 模拟退火算法

模拟退火算法（simulated annealing algorithm，SA）的思想最早是由米特罗波利斯（Metropolis）等于1953年提出的。1982年，Kirkpatrick等将退火思想引入组合优化领域，提出了一种解大规模组合优化问题，特别是非确定性多项式（non - deterministic polynomial，NP）完全组合优化问题的有效近似算法——模拟退火算法。它源于对固体退火过程的模拟，采用Metropolis接受准则，并用一组称为冷却进度表的参数控制算法进程，使算法在多项式时间里给出一个近似最优解。

9.2.1 模拟退火算法原理

1. 物理背景

模拟退火算法的原理源于物理退火过程的模拟。在热力学和统计物理中，将固体加温至融化状态，再徐徐冷却使其最后凝固成规整晶体的过程称为物理退火（也称为固体退火）。

物理退火过程可以分为升温过程、降温过程和等温过程三个部分。

（1）升温过程和降温过程。在加热过程中，随着温度的不断升高，固体粒子的热运动逐渐增强，能量也在增加。当温度升高至熔解温度时，固体溶解为液体，此时，粒子可以自由运动，排列从较有序的结晶态转变为无序的液态，这一过程有助于消除固体内可能存在的非均匀态，熔解过程和熵增加过程相联系，系统能量也随温度的升高而增加。

在冷却时，随着温度的徐徐降低，液体粒子的热运动不断减弱，并逐渐趋向有序状态，当温度降低至结晶温度时，粒子运动变为围绕晶体格点的微小振动，液体凝固成固体的晶态。在上述冷却过程中，系统的熵值不断减小，能量也随温度降低逐渐趋于最小值。在冷却时，如果温度急剧降低，那么物体只能冷凝为非均匀的亚稳态，系统能量也不会达到最小值。

（2）等温过程。在物理退火中，系统在每一个温度下达到平衡态的过程可以用封闭系统的等温过程来描述。等温过程是热力学过程的一种，即指热力学系统在恒定温度下发生的各种物理或化学过程。该过程可以保证在每个温度下系统都能够达到平衡，最终达到固体的基态。退火过程应该遵守热平衡封闭系统的自由能减少定律，即对于与周围环境交换热量而温度保持不变的封闭系统，系统状态的自发变化总是朝着自由能减少的方向进行。当自由能达到最小值，系统达到平衡态。

2. 数学描述

在利用模拟退火算法求解优化问题时，解和目标函数类似于退火过程中物体的状态和能量函数，而最优解就是物体达到能量最低时的状态。以下给出退火过程的数学描述。

假设热力学系统 S 有 n 个离散的状态，其中状态 i 的能量表示为 E_i。设在温度 T_k 下系统达到热平衡，此时处于状态 i 的概率为

$$P_i(T_k)=C_k\exp\left(\frac{-E_i}{T_k}\right) \tag{9-5}$$

式中　C_k——已知参数；

exp() ——以自然常数 e 为底的指数函数。

假设在同一个温度 T 下，有两个不同的能量状态 E_1 和 E_2，并设 $E_1<E_2$。根据式（9-5），可以得到：

$$\frac{P_1(T)}{P_2(T)}=\exp\left(-\frac{E_2-E_1}{T}\right) \tag{9-6}$$

因为 $E_1<E_2$，所以 $\exp\left(-\frac{E_2-E_1}{T}\right)<1$。因此，$P(T_1)<P(T_2)$。这说明在相同温度下，系统处于能量小状态的概率比处于能量大状态的概率要大。此外，在温度高时，系统处于任意能量状态的概率基本相同，接近 $1/n$。此时，模拟退火算法可以在解空间任何区域进行搜索，避免早熟收敛。在温度低时，系统处于能量低状态的概率较大。此时，模拟退火算法可以在部分高质量解区域进行重点搜索，提高搜索效率。当温度趋向于 0 时，系统将无限接近能量最低状态。此时，模拟退火算法无限接近全局最优解。此外，在退火过程中要求系统在每个温度下都能够达到平衡态。

上述过程可以用 Monte Carlo 方法模拟，但是该方法需要进行大量采样才能获得比较好的计算结果，工作量较大。而根据前面的分析，系统偏好能量较低的状态，因此在采样时可以只考虑有重要作用的状态，这样就可以又好又快地得到结果。

Metropolis 等在 1953 年设计出一种重要的采样法，即以概率接受新状态。假设在温度 T 下，由当前状态 i 产生新的状态 j，两种状态对应的能量分别为 E_i 和 E_j。如果 $E_i>E_j$，那么就接受新状态 j。如果 $E_i<E_j$，那么要根据系统处于新状态 j 的概率判断该状态是否为“重要”状态。上述概率用 r 表示，且

$$r=\exp\left(\frac{E_i-E_j}{K_B T}\right) \tag{9-7}$$

式中　K_B——Boltzmann 常数；

T——热力学温度。

在［0，1］之间产生随机数 ξ，如果 $r>\xi$，那么新状态 j 为“重要”状态，接受该状态，否则仍然保留状态 i。上述接受新状态的规则就称为 Metropolis 准则。由式（9-7）可知，在满足一定条件下，高温下可以接受与当前状态差较大的新状态为重要状态，低温下只能接受和当前状态差较小的新状态为重要状态。当温度趋向 0 时，就不能接受任何劣于当前状态的新状态。这种机制和温度调整策略对是否接受新状态的影响是一致的。

综上所述，物理退火过程和模拟退火算法的对应关系见表 9-2。

表 9-2　物理退火过程和模拟退火算法的对应关系

物理退火	模拟退火算法	物理退火	模拟退火算法
系统状态	解	加温过程	设置初始高温
系统能量	目标函数	降温过程	温度下降
系统最低能量状态（基态）	全局最优解	等温过程	基于 Metropolis 准则搜索

9.2.2 模拟退火基本步骤

设目标函数为 $y=f(x)$，模拟退火算法流程如图 9-1 所示，具体来讲包括：

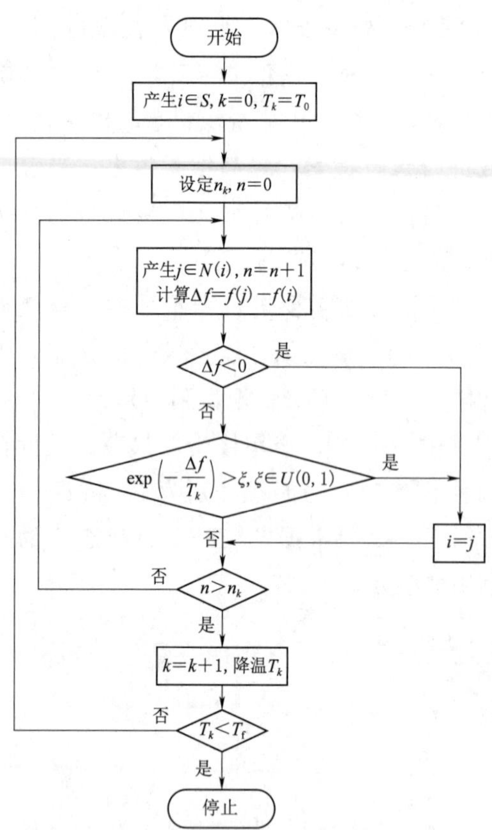

图 9-1　模拟退化算法计算流程

(1) 选定初始控制温度 T_0，马氏链长度 L_0（类似于迭代次数的概念），在可行解空间中随机选取一个初始解 i_0，此时，最优解 $i=i_0$，迭代次数 $k=0$，降温函数（即控制参数衰减函数）$T_k=h(k)$。

(2) 产生一次随机扰动，在可行解空间中得到一个新解 j。

(3) 判断是否接受新解，判断准则为 Metropolis 准则：

1) 若 $f(i)\geqslant f(j)$，则接受新解 j，此时最优解 $i=j$。

2) 若 $f(i)<f(j)$，则依概率接受新解 j，即 $\exp\left[\frac{f(i)-f(j)}{T_k}\right]>\text{random}(0,1)$ 时，接受新解 j，此时最优解 $i=j$，否则，拒绝 j，此时最优解仍为 i。

(4) 重复执行 L_0 次步骤 (2) 和步骤 (3)，得到链长为 L_0 的马氏过程下的一个最优解。

(5) 判断是否满足停止准则，若满足则输出最优解，算法停止，否则执行。

(6) 迭代次数 $k=k+1$，最优解更新为步骤 (4) 得到的解，温度函数变成 T_{k+1}，马氏链长度（等温过程的迭代次数）变为 L_{k+1}，回到步骤 (2)。

【例题 9-2】 用模拟退火方法计算下列优化问题

$$\min f(\boldsymbol{X})=\left(4-2.1x_1^2+\frac{1}{3}x_1^4\right)x_1^2+x_1x_2+(-4+4x_2^2)x_2^2$$

$$\text{s.t.}\quad -64\leqslant x_1\leqslant 64,\ -64\leqslant x_2\leqslant 64。$$

解：利用MATLAB优化工具箱，选择模拟退火算法，x_1 和 x_2 初始值均设为0.5，函数容差设为0.001，可以求得当 $x_1=-0.09$，$x_2=0.713$ 时，$f(x)$ 取得最小值−1.0316。图9-2为最优函数值和当前函数值与迭代次数曲线，从中可以看出，该方法在迭代过程中随机扰动产生新解，以防收敛到局部最优解，最终经过1150次迭代，模拟退火算法收敛到了其整体最优解。

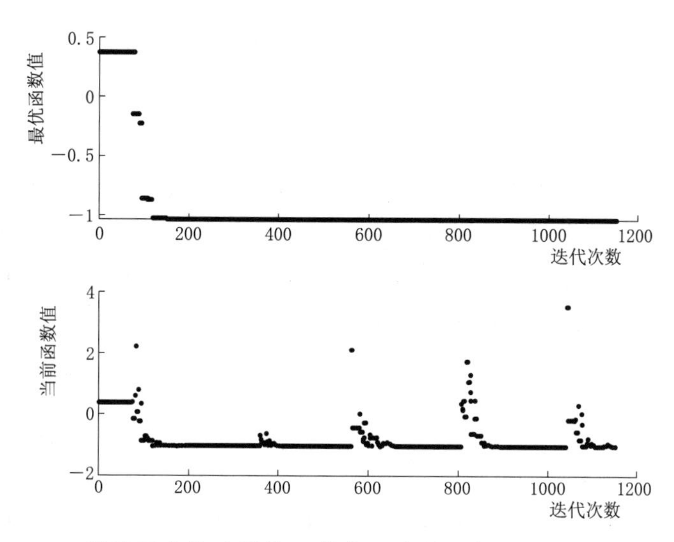

图9-2　模拟退化算法最优函数值和当前函数值与迭代次数曲线

9.3　粒子群算法

粒子群优化算法（particle swarm optimization，PSO）源于对鸟群捕食的行为研究，是一种进化计算技术，于1995年由Eberhart博士和Kennedy博士提出。该算法最初是受到飞鸟集群活动的规律性启发，进而利用群体智能建立的一个简化模型。粒子群算法在对动物集群活动行为观察基础上，利用群体中的个体对信息的共享使整个群体的运动在问题求解空间中产生从无序到有序的演化过程，从而获得最优解。

1. 粒子群算法基本原理

粒子群算法是一种基于种群的智能算法，种群中的每一个成员叫作粒子，代表着一个潜在的可行解，而食物的位置则被认为是全局最优解。种群在 D 维解空间上搜寻全局最优解，并且每个粒子都有一个适应函数值和速度来调整它自身的飞行方向以保证向食物的位置飞行。在飞行过程中，群体中的所有粒子都具有记忆的能力，能对自身位置和自身经历过的最佳位置进行调整。为了实现接近食物位置这个目的，每个粒子通过不断地向自身经历的最佳位置（*pbest*）和种群中最好的粒子位置（*gbest*）学习，最终接近食物的位置。

粒子群算法的数学描述如下，假设种群规模为 N，在迭代时刻 t，每个粒子在 D 维空间的位置可以表示为 $\overline{x}_i(t)=(x_i^1,x_i^2,\cdots,x_i^d,\cdots,x_i^D)$，粒子的速度表示为 $\overline{v}_i(t)=(v_i^1,v_i^2,\cdots,v_i^d,\cdots,v_i^D)$。坐标位置 $\overline{x}_i(t)$ 和速度 $\overline{v}_i(t)$ 在 $t+1$ 时刻，按下述方式进行调整：

$$\begin{aligned}&\overline{v}_i(t+1)=w\cdot v_i(t)+c_1r_1[\overline{p}_i(t)-\overline{x}_i(t)]+c_2r_2[\overline{p}_g(t)-\overline{x}_i(t)]\\&\overline{x}_i(t+1)=\overline{x}_i(t)+\overline{v}_i(t+1)\end{aligned} \tag{9-8}$$

$$\begin{cases}v_i^d=v_{\max} & (v_i^d>v_{\max})\\ v_i^d=-v_{\max} & (v_i^d<-v_{\max})\end{cases} \tag{9-9}$$

由式（9-8）可以看出粒子的速度更新公式包含三部分：第一部分是 $\overline{v}_i(t)$，表示粒子先前的速度，它具有自身开拓、扩大搜索空间、探索新搜索区域的趋势，这使得算法具有全局优化的能力，但是在算法迭代后期它可能影响局部精细搜索；第二部分是 $\overline{p}_i(t)$，表示 i 所经历的最优位置（*pbest*），称作粒子的“自知部分学习”，表示粒子本身的思考，即向自身学习的能力；第三部分是 $\overline{p}_g(t)$，表示种群中最好的粒子位置（*gbest*），称作粒子的“社会部分”学习，表示粒子向整个种群学习的能力。

粒子速度更新的三部分共同决定了可行空间的搜索能力，其作用分别是：第一部分［$\overline{v}_i(t)$］用来平衡全局和局部搜索的能力；第二部分（*pbest*）使粒子有强的局部搜索能力；第三部分（*gbest*）表现了粒子间的信息共享。另外，c_1 和 c_2 表示粒子的加速常数，通常在［0，2］之间取值，r_1 和 r_2 是两个在［0，1］之间均匀分布的随机数。当粒子在搜寻空间飞行时，粒子速度更新后，可能超出既定的最大速度，公式（9-9）用来限制在粒子速度更新后的数值。w 为惯性权重，表示在多大程度上保留原来的速度，w 越大，全局搜索能力越强，局部搜索能力越弱；w 越小，则局部搜索能力越强，全局搜索能力越弱。计算结果表明，当 w 在 0.8～1.2 之间时，粒子群算法有更快的收敛速度；而当其大于 1.2 时，算法则容易陷入局部极值。

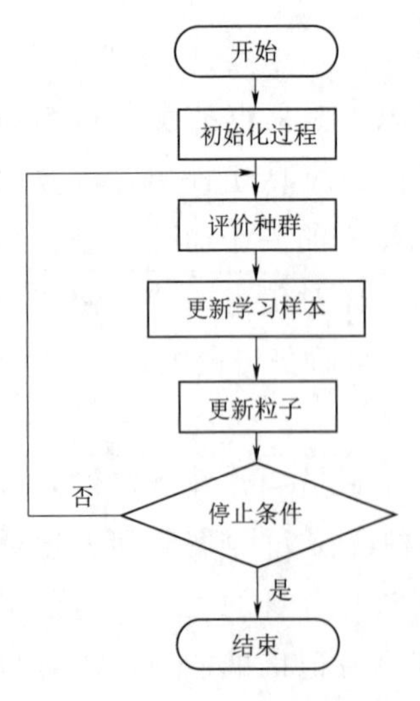

图 9-3 PSO 基本流程

2. 粒子群算法基本步骤

对于极小值问题，用 *fitness* 表示粒子对应的适应度函数，*pbest_value* 表示粒子自身的最优历史位置（*pbest*）对应的适应度函数值，*gbest_value* 表示种群中运行最优的粒子（*gbest*）对应适应度函数。PSO 基本流程如图 9-3 所示，具体来讲包括：

（1）初始化，随机产生的粒子的位置和速度。

(2) 评价种群，计算每个粒子的适应度函数。

(3) 更新过程，首先比较适应度函数数值 *fitness* 与 *pbest_values*，如果 *fitness*＜*pbest_values*，则此时粒子对应的 *pbest* 就是当前粒子的位置；其次比较每个粒子的 *pbest_values* 与 *gbest_values*，如果 *pbest_values*＜*gbest_values*，则 *gbest* 就是 *pbest* 所对应的粒子位置；

(4) 更新粒子，根据式 (9-8) 更新粒子的速度和位置。

(5) 停止条件，循环回到步骤 (2)，直到终止条件满足，停止条件通常是满足最大的迭代次数。

【例题 9-3】 求函数 $f(x,y)=3\cos(xy)+x+y^2$ 的最小值，其中 x 的取值范围为 [−4，4]，y 的取值范围为 [−4，4]。这是一个有多个局部极值的函数，其函数图形如图 9-4 所示。

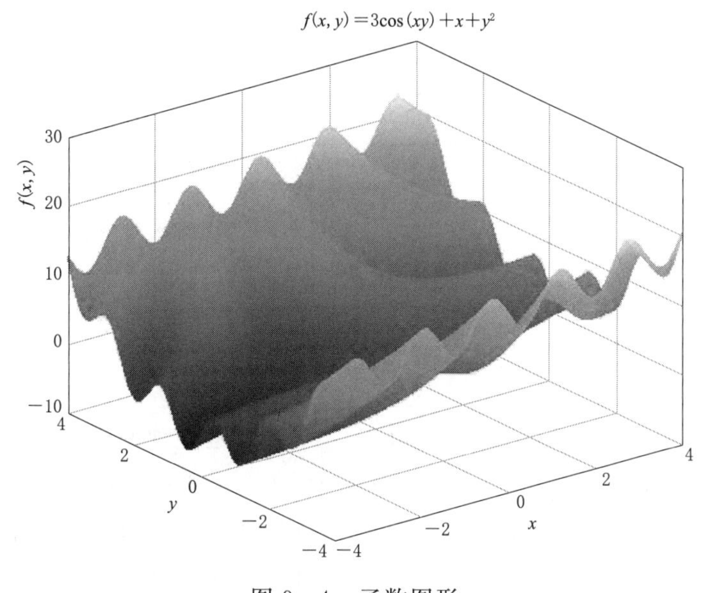

图 9-4　函数图形

解：求解过程如下

(1) 初始化群体粒子个数为 $N=100$，粒子维数为 $D=2$，最大迭代次数为 $T=200$，学习因子 $c_1=c_2=1.5$，惯性权重最大值为 $w_{\max}=0.8$，惯性权重最小值为 $w_{\min}=0.4$，位置最大值为 $X_{\max}=4$，位置最小值为 $X_{\min}=-4$，速度最大值为 $V_{\max}=1$，速度最小值为 $V_{\min}=-1$。

(2) 初始化种群粒子位置 x 和速度 v，粒子个体最优位置 p 和最优值 *pbest*，粒子群全局最优位置 g 和最优值 *gbest*。

(3) 计算动态惯性权重值 w，更新位置 x 和速度值 v，并进行边界条件处理，判断是否替换粒子个体最优位置 p 和最优值 *pbest*，以及粒子群全局最优位置 g 和最优

值 *gbest*。

（4）判断是否满足终止条件：若满足，则结束搜索过程，输出优化值；若不满足，则继续进行迭代优化。

通过运行该方法对应的程序，可以得到如图 9-5 所示的迭代次数和适应度值的关系，从中可以看出，模拟退火算法具有较好的收敛性，可以快速收敛到最优值。当 $x=-4.0$，$y=-0.7633$ 时，函数 $f(x)$ 取得最小值 -6.406。

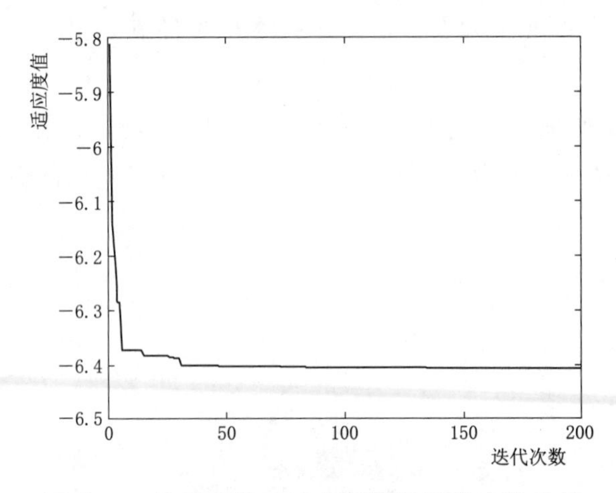

图 9-5　粒子群算法适应度值和迭代次数曲线

9.4　蚁群算法

蚁群优化算法（ant colony optimization，ACO）是一种源于大自然生物世界的仿生进化算法，最初是由意大利学者 Dorigo 等于 1991 年通过模拟自然界中蚂蚁集体寻径行为而提出的一种基于种群的启发式随机搜索算法。其本质上是一个复杂的智能系统，具有较强的鲁棒性、优良的分布式计算机制、易于与其他方法结合等特点。它是一种群智能算法，是由一群无智能或有轻微智能的个体（agent）通过相互协作而表现出智能行为，从而为求解复杂问题提供了一种新的可能性。

蚁群算法是一种仿生学算法，是由自然界中蚂蚁觅食行为而启发的。在蚂蚁觅食过程中，蚁群总能够在没有任何提示的情况下寻找到一条从蚁巢和食物源的最优路径，并且能随环境的变化，适应性地搜索新的路径，产生新的选择。其根本原因是蚂蚁在寻找食物时，能在其走过的路径上释放一种特殊的分泌物——信息素，随着时间的推移该物质会逐渐挥发，后来的蚂蚁选择该路径的概率与当时这条路径上的信息素强度成正比。图 9-6 显示了一个蚂蚁觅食过程：在图 9-6（a）中，有一群蚂蚁，假如 A 是蚁巢，E 是食物源（反之亦然）。这群蚂蚁将沿着蚁巢和食物源之间的直线路径行驶。假如在 A 和 E 之间突然出现了一个障碍物［图 9-6（b）］，那么，在 B

点（或D点）的蚂蚁将要做出决策，到底是向左行走还是向右行走。由于一开始路上没有前面蚂蚁留下的信息素，蚂蚁朝着两个方向行进的概率是相等的。但是当有蚂蚁走过时，它将会在它行进的路上释放出信息素。后面的蚂蚁通过路上信息素的浓度，做出决策，往左还是往右。很明显，沿着短边的路径上信息素将会越来越浓［图9－6（c）］，从而吸引越来越多的蚂蚁沿着这条路径行驶。

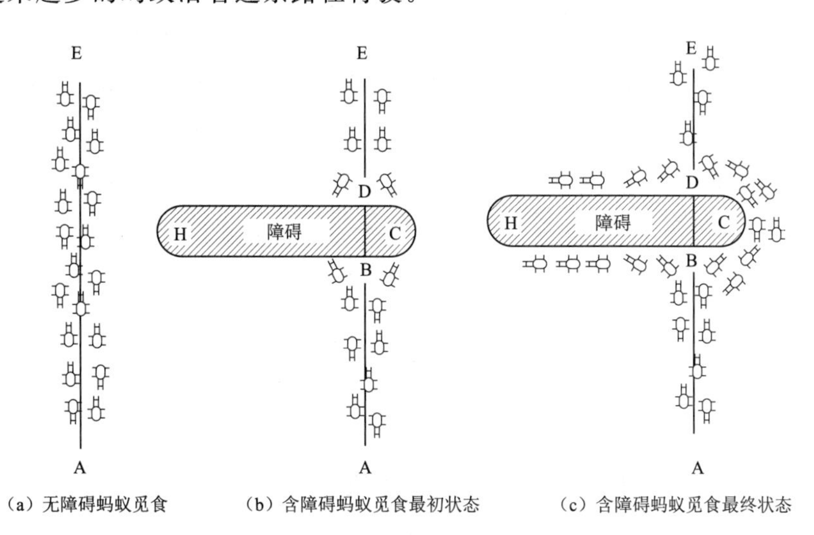

图9－6　蚂蚁觅食的例子

1. *蚁群算法基本原理*

基于以上真实蚁群寻找食物时的最优路径选择问题，可以构造人工蚁群来求解最优化问题，例如旅行商问题（travel salesperson problem，TSP）。该方法具有分布式特性，鲁棒性强并且容易与其他算法结合，但是同时也存在着收敛速度慢，容易陷入局部最优等缺点。

TSP指旅行家要旅行 n 个城市，要求各个城市经历且仅经历一次然后回到出发城市，并要求所走的路程最短，此类问题用一般的算法是很难得到最优解的，因此一般需要借助一些启发式算法求解。本节以TSP为例介绍蚁群算法的原理。

（1）每只蚂蚁从一个城市走到另一个城市的过程中都会在路径上释放信息素，并且蚂蚁选择下一个城市的依据是一个概率公式，即

$$P_{ij}^{k}(t)=\begin{cases}\dfrac{\tau_{ij}^{\alpha}(t)\eta_{ij}^{\beta}(t)}{\sum_{s\notin tabu_k}\tau_{is}^{\alpha}(t)\eta_{is}^{\beta}(t)} & j\in \text{tabu}_k\\ 0 & other\end{cases} \tag{9-10}$$

式中　α——信息素启发式因子，它反映了信息素对蚂蚁路径选择的作用；

β——期望启发式因子，它反映了信息素在蚂蚁选择路径时被重视的程度；

d_{ij}——城市 i 和 j 之间的距离；

$\eta_{ij}(t)$——启发函数，表达式为 $\eta_{ij}(t)=1/d_{ij}$；

$tabu_k$——禁忌表，记录蚂蚁 k 当前所走过的城市；

τ_{ij}——城市 i 到城市 j 的路径上的信息素的量。

（2）蚂蚁留下的信息素，因为是化学物质，所以随着时间的流失，信息素会以一定的速率挥发。根据不同的规则可以将蚁群算法分为蚁周模型（ant - cycle）、蚁量模型（ant - quantity）和蚁密模型（ant - density）三种模型。通常使用的是蚁周模型，故本文只介绍蚁周模型，规则是：完成一次路径循环后，蚂蚁才释放信息素。有了这么一个规则后，可以想象，经过一次路径循环后，路径上的信息素为多少。

根据上面所提供的信息可知，当所有的蚂蚁完成一次路径循环后，才更新信息素。因此路径上的信息素应该分为两部分：之前未挥发所残留的信息素和经过当前循环所有蚂蚁在经过该路径后所留下的信息素。用公式表述为

$$\tau_{ij}(t+n)=(1-\rho)\tau_{ij}(t)+\Delta\tau_{ij}(t,t+n) \tag{9-11}$$

$$\Delta\tau_{ij}(t,t+n)=\sum_{k=1}^{m}\Delta\tau_{ij}^{k}(t,t+n) \tag{9-12}$$

式中　　ρ——信息素挥发因子，$\rho\in[0,1)$；

$\Delta\tau_{ij}(t,t+n)$——经过一次循环后城市 i 到城市 j 的路径上的信息素的增量；

$(t, t+n)$——走过 n 步以后蚂蚁即完成一次循环；

$\Delta\tau_{ij}^{k}(t, t+n)$——表示经过一次循环后蚂蚁 k 在它走过的路上的信息素增量。

现在未挥发所残留的信息素很容易进行求解，定义一个信息素挥发因子 ρ 便能解决。经过一次循环所有蚂蚁留下的信息素被定义为

$$\Delta\tau_{ij}^{k}(t,t+n)=\begin{cases}\dfrac{Q}{L_k} & \text{蚂蚁 } k \text{ 走过路径}(i,j)\\ 0 & \text{其他}\end{cases} \tag{9-13}$$

式中，Q 是控制比例常数，一般定为1。这表明，蚂蚁留下的信息素跟它走过的完整路径的总长度有关，越长则留下的信息素越少。为了找到更短的路径，就应该让短的路径信息素浓度高些。

2. 蚁群算法基本步骤

基本蚁群算法的具体实现步骤如下：

（1）参数初始化。令时间 $t=0$ 和循环次数 $N_c=0$，设置最大循环次数 G，将 m 个蚂蚁置于 n 个元素（城市）上，令有向图上每条边 (i, j) 的初始化信息量 $\tau_{ij}(t)=c$，其中 c 表示常数，且初始时刻 $\Delta\tau_{ij}(0)=0$。

（2）循环次数 $N_c=N_c+1$。

（3）蚂蚁的禁忌表索引号 $k=1$。

（4）蚂蚁数目 $k=k+1$。

（5）蚂蚁个体根据状态转移概率公式（9-10）计算的概率选择元素 j 并前进，$j\in tabu_k$。

(6) 修改禁忌表指针，即选择好之后将蚂蚁移动到新的元素，并将该新元素移动到该蚂蚁个体的禁忌表中。

(7) 若尚有部分蚂蚁未走完所有城市，即 $k<m$，则跳转到第（4）步；否则，执行第（8）步。

(8) 记录本次最佳路线。

(9) 根据式（9-11）和式（9-12）更新每条路径上的信息量。

(10) 若满足结束条件，即如果满足循环次数，则循环结束并输出程序优化结果；否则清空禁忌表并跳转到第（2）步。

【例题 9-4】 求函数 $f(x,y)=20(x^2-y^2)^2-(1-y)^2-3(1+y)^2+0.3$ 的极小值，其中 $x\in[-5,5]$，$y\in[-5,5]$。

解： 运行该方法对应的程序，设置最大迭代次数为 20，蚂蚁个数为 20，信息素蒸发系数为 0.9，转移概率常数为 0.2。当 $x=5$，$y=5$ 时，函数极值为 −123.7。图 9-7 为最优函数值和迭代次数曲线，从图中可以看出，蚁群算法具有较好的收敛性，能够快速收敛到最小值。

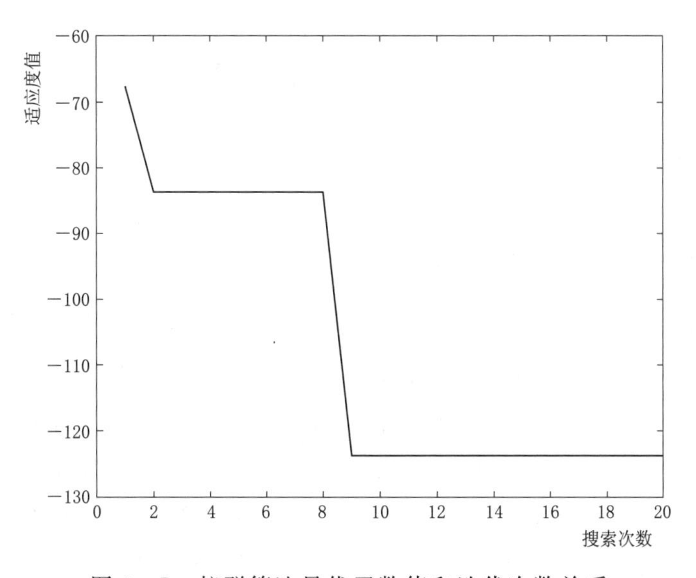

图 9-7 蚁群算法最优函数值和迭代次数关系

9.5 人工神经网络算法

人工神经网络是一种在模拟大脑神经元和神经网络结构、功能基础上建立的现代信息处理系统，其实质是根据某种数学算法或模型，将大量的神经元处理单元，按照一定规则互相连接而形成的一种具有高容错性、智能化、自学习和并行分布特点的复杂网络结构。将设计问题的目标函数与网络的某种能量函数对应起来，网络状态向能量函数极小值方向移动的过程可视作最优化问题的求解过程，网络的动态稳定点就是问题的全局或局部最优解。这种算法特别适合于离散变量的组合最优化问题和约束最优化问题的求解。

9.5.1 感知器

感知器是第一个从算法上可以完整描述的人工神经网络，它的出现极大地推动了神经网络的研究，把人工神经网络研究从理论推向了实践。感知器也可以称为单层神经网络，或者叫作神经元，是组成神经网络的最小单元。感知器结构图如图 9－8 所示，这种神经元模型由一个线性累加器和传递函数单元组成。输入信号由突触加权，再与偏置一起由累加器求和，之后通过传递函数单元获得输出。

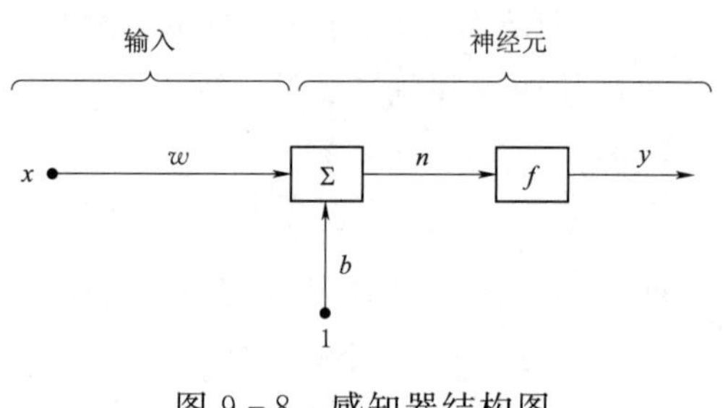

图 9－8 感知器结构图

累加器对突触加权后的信号与偏置求和，得到的响应值 n 为

$$n=wx+b \tag{9-14}$$

此时，感知器的输出为

$$y=f(n)=f(wx+b) \tag{9-15}$$

式中 w——权值；

b——偏置；

wx——w 和 x 的内积。

在感知器进行学习时，每一个样本都将作为一个刺激输入神经元。输入信号是每一个样本的特征，期望的输出是该样本的类别。假设输入向量是 $\boldsymbol{x}=(x_1,x_2,\cdots,x_R)$，传递函数选用符号函数（sgn），感知器如图 9－9 所示。此时，神经元的状态是总输入 n 的双值函数。当 n 大于 0 时，$y=1$，表示神经元被触发产生一个新的脉冲；当 n 小于 0 时，$y=0$，表示神经元未被触发，保持原来的状态不变。

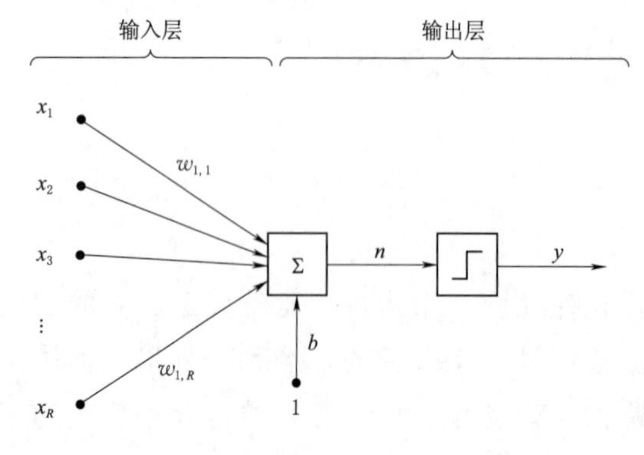

图 9－9 传递函数为符号函数的感知器

除符号函数之外，常用的传递函数还包括硬限幅函数、对称硬限幅函数和线性函数等。

人工神经网络是将上述人工神经元以某种方式组合起来的网格结构。人工神经网格通过某种学习方法或某种模式的演变迭代模拟生物体中神经网络的某些结构和功能，用以解决不同的工程实际问题。

目前提出的人工神经网络模型已有 40 多种，按网络结构分为前馈型和反馈型。Hopfield 神经网络属于后者，由于其引入了“能量函数”的概念，该方法在求解优化问题中表现出了良好的潜质。本节介绍常见的 Hopfield 神经网络的基本原理和方法。

9.5.2 Hopfield 神经网络

Hopfield 网络是神经网络发展历史上的一个重要里程碑，由美国加州理工学院物理学家 Hopfield 教授于 1982 年提出，是一种循环的神经网络，从输出到输入有反馈连接，其分为离散型（discrete hopfield neural network，DHNN）和连续型（continues hopfield neural network，CHNN）两种。两者的差别主要取决于用微分方程模型还是差分方程模型来描述。离散网络的神经元变换函数为符号函数，连续网络的神经元变换函数为单调上升函数。

1. 离散型

离散 Hopfield 神经网络是一种单层反馈非线性神经网络，网络中的神经元都与其他神经元相连，每个神经元都接受其他神经元输出的反馈，神经元之间可以相互制约，其结构如图 9-10 所示。$\boldsymbol{x}=(x_1,x_2,\cdots,x_R)$ 和 $\boldsymbol{y}=(y_1,y_2,\cdots,y_R)$ 为神经元 1 到 R 的输入向量和输出向量，同时 $\boldsymbol{y}$ 也是 DHNN 中反馈网络的输入向量。$\boldsymbol{b}=(b_1,b_2,\cdots,b_R)$ 为每个神经元对应的偏置值，$w_{i,j}$ 为第 j 个神经元输出反馈到第 i 个神经元上的权值。DHNN 中的神经元是二值神经元，有 1 和 0 两种状态，分别表示激活和抑制。

DHNN 在输入 $\boldsymbol{x}$ 的激发下，进行动态变化过程，直到每个神经元的状态都不再改变时，就达到稳定状态。设网络的初始状态为 $\boldsymbol{y}(0)=(y_1(0),y_2(0),\cdots,y_R(0))$，对网络施加输入量之后，网络进入动态过程，即

$$y_i(t+1)=f\left[\sum_{j=1}^{R}w_{i,j}y_j(t)+x_i-b_i\right]=f(n_i) \tag{9-16}$$

式中，f 为传递函数，仅考虑对称 DHNN 网络，满足 $w_{i,j}=w_{j,i}$，一般有 $w_{i,i}=0$。传递函数为对称饱和线性函数（satlins）或符号函数（sgn），因此式（9-16）可写为

$$y_i(t+1)=\text{satlins}(n_i)=\begin{cases}1, & n_i>1\\ n_i, & -1\leqslant n_i\leqslant 1\\ -1, & n_i<-1\end{cases} \tag{9-17}$$

或

$$y_i(t+1)=\text{sgn}(n_i)=\begin{cases}1, & n_i\geqslant 0\\ 0, & n_i<0\end{cases} \tag{9-18}$$

网络运行的方式有异步和同步两种：

(1) 异步串行方式。在任意时刻 t，随机地或按某一确定的顺序对网络的某一神

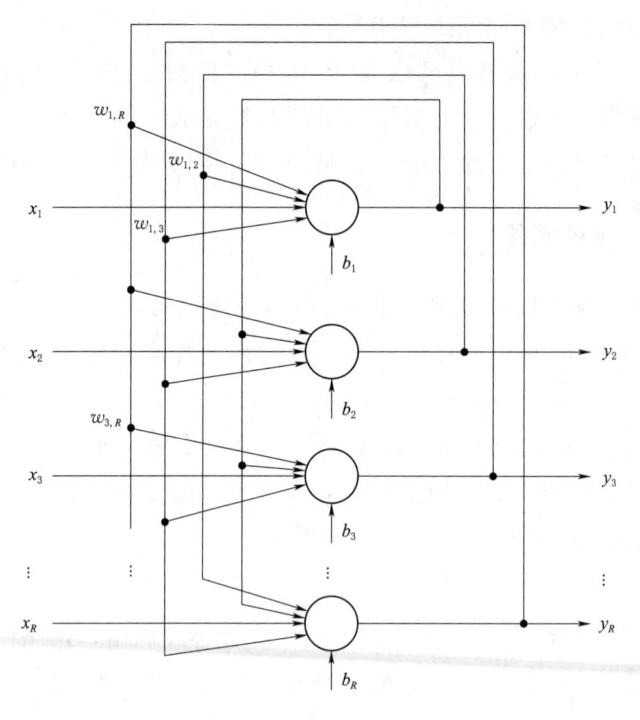

图 9-10 DHNN 结构

经元状态进行演变更新，其余神经元的状态保持不变，这种运行方式称为异步串行方式。

(2) 同步并行方式。在任意时刻 t，网络中的部分神经（如同一层）的状态同时演变更新，或网络中的全部神经元的状态同时进行演变更新，这种运行方式称为同步并行方式。

离散型 Hopfield 网络在某一时刻 t 的能量函数定义为

$$E(t)=-\frac{1}{2}\sum_{j=1}^{R}\sum_{i=1}^{R}w_{i,j}y_i(t)y_j(t)+\sum_{j=1}^{R}b_jy_j(t) \tag{9-19}$$

可以证明，如果网络的权值矩阵是对称的且无自反馈，即有 $w_{i,j}=w_{j,i}$ 和 $w_{i,i}=0$，当网络状态按照异步串行方式更新时网络是稳定的，必定会收敛于一个稳定状态。也就是说，在网络的循环演变过程中，能量函数是单调下降的。当网络最终趋于稳定状态时，能量函数达到最小值。这就是 Hopfield 网络可以用来求解最优化问题的依据。

在上述网络演变中，能量函数的变化可表示为

$$\frac{\Delta E(t)}{\Delta y_j(t)}=-\sum_{i=1}^{R}w_{i,j}y_i(t)+b_j \tag{9-20}$$

或

$$\Delta E(t)=-\left(\sum_{i=1}^{R}w_{i,j}y_i(t)-b_j\right)\Delta y_j(t) \tag{9-21}$$

其中，$\Delta E(t)$ 是 t 时刻网络能量的增量，$\Delta y_j(t)$ 是 t 时刻神经元 j 的状态增量，$\sum_{i=1}^{R} w_{i,j} y_i(t)$ 是 t 时刻神经元 j 的总输入，b_j 是神经元 j 的偏置值。由式（9－21）不难理解，当总输入大于偏置值时，为使能量函数下降，即使 $\Delta E(t)<0$，神经元的状态应该增加。反之，当总输入小于偏置值时，神经元的状态应该减小或保持不变。也就是说，若取激活函数为符号函数，即令

$$y_j(t+1)=\operatorname{sgn}\left[\sum_{i=1}^{R} w_{i,j} y_i(t)-b_j\right]=\begin{cases}1, & \text{当} \sum_{i=1}^{R} w_{i,j} y_i(t)-b_j>0 \\ 0, & \text{当} \sum_{i=1}^{R} w_{i,j} y_i(t)-b_j \leqslant 0\end{cases} \tag{9-22}$$

可保证网络在演变过程中，能量函数始终单调下降，最后达到极小值。可见，如果能使最优化问题的目标函数与人工神经网络的能量函数相对应，则可以通过上面的网络演变得到最优化问题的最优解。

2. 连续型

连续型 Hopfield 网络的结构与离散型相同，状态方程也相同，不同的是激活函数为连续可微、单调上升的 S 型函数，即

$$\begin{aligned} n_j &= \sum_{i=1}^{R} w_{i,j} x_i(t)-b_j \\ y_j(t+1) &= f(n_j)=\frac{1}{1+\mathrm{e}^{-\lambda n_j}} \end{aligned} \tag{9-23}$$

Hopfield 网络用来求解最优化问题的基本步骤如下：

（1）选择一个合适的问题表达式，使神经元的输出与最优化问题的解彼此对应。

（2）构造计算能量函数，使其最小值对应问题的最优值。

（3）由计算能量函数和解的表达式推出对应的连接权矩阵和偏置向量。

（4）构造相应的神经网络。

（5）进行网络的演变运算，直到网络达到稳定状态，得到最优解为止。

在用 Hopfield 网络求解最优化问题时，关键在于针对不同的问题构造相应的能量函数和网络结构。为此首先需要把目标函数和约束条件与网络的能量函数联系起来，即令网络的能量函数等于最优化问题的目标函数或惩罚函数，即

$$f(\boldsymbol{X})=E=-\frac{1}{2} \sum_{j=1}^{R} \sum_{i=1}^{R} w_{i,j} x_i x_j+\sum_{j=1}^{R} b_j x_j \tag{9-24}$$

或

$$\phi(\boldsymbol{X})=E=-\frac{1}{2} \sum_{j=1}^{R} \sum_{i=1}^{R} w_{i,j} x_i x_j+\sum_{j=1}^{R} b_j x_j \tag{9-25}$$

从而确定网络的结构和结构参数（权值 $w_{i,j}$ 和偏置 b_j）。然后按异步串行方式不

断对网络进行更新，当网络达到稳定状态时，便可得到最优化问题的最优解。

对于无约束的二次函数最优化问题，有

$$\min f(\boldsymbol{X})=-\frac{1}{2}\boldsymbol{X}^{\mathrm{T}}\boldsymbol{H}\boldsymbol{X}+\boldsymbol{X}^{\mathrm{T}}\boldsymbol{B} \tag{9-26}$$

显然，若将二阶导数矩阵 $\boldsymbol{H}$ 当作权矩阵 $\boldsymbol{W}$，将梯度 $\boldsymbol{B}$ 当作偏置向量 $\boldsymbol{b}$，则有

$$E(\boldsymbol{X})=f(\boldsymbol{X})=-\frac{1}{2}\boldsymbol{X}^{\mathrm{T}}\boldsymbol{W}\boldsymbol{X}+\boldsymbol{X}^{\mathrm{T}}\boldsymbol{b} \tag{9-27}$$

也就是说，此时对应 Hopfield 网络的能量函数就是目标函数本身。

对于线性规划问题，有

$$\begin{aligned}&\min f(\boldsymbol{X})=\boldsymbol{C}^{\mathrm{T}}\boldsymbol{X}\\&\text{s. t. } \boldsymbol{A}\boldsymbol{X}-\boldsymbol{B}=0\\&x_1,x_2,\cdots,x_R\geqslant 0\end{aligned} \tag{9-28}$$

建立对应的外点惩罚函数

$$\phi(\boldsymbol{X},r)=\boldsymbol{C}^{\mathrm{T}}\boldsymbol{X}+r[\boldsymbol{A}\boldsymbol{X}-\boldsymbol{B}]^{\mathrm{T}}[\boldsymbol{A}\boldsymbol{X}-\boldsymbol{B}] \tag{9-29}$$

若取

$$\begin{aligned}\boldsymbol{W}&=-2r\boldsymbol{A}^{\mathrm{T}}\boldsymbol{A}\\\boldsymbol{b}&=-\boldsymbol{C}+2r\boldsymbol{A}^{\mathrm{T}}\boldsymbol{B}\end{aligned} \tag{9-30}$$

可以验证，当能量函数取作

$$E(\boldsymbol{X})=-\frac{1}{2}\boldsymbol{X}^{\mathrm{T}}(-2r\boldsymbol{A}^{\mathrm{T}}\boldsymbol{A})\boldsymbol{X}+\boldsymbol{X}^{\mathrm{T}}(\boldsymbol{C}-2r\boldsymbol{A}^{\mathrm{T}}\boldsymbol{B}) \tag{9-31}$$

惩罚函数 $\phi(\boldsymbol{X},r)$ 与能量函数 $E(\boldsymbol{X})$ 的值仅相差一个常数 $\boldsymbol{B}^{\mathrm{T}}\boldsymbol{B}$，即

$$E(\boldsymbol{X})=\phi(\boldsymbol{X},r)+c \tag{9-32}$$

其中 c 为一常数，可见以能量函数式（9-31）建立神经网络并运算求解，当能量函数达到极小时惩罚函数也达到极小，对应的解就是线性规划问题的最优解。

当网络的能量函数确定以后，变量 $\boldsymbol{X}$ 还需用神经元的状态向量 $\boldsymbol{Y}$ 表示，设它们之间的转换矩阵为 $\boldsymbol{T}$，即

$$\boldsymbol{X}=\boldsymbol{T}\boldsymbol{Y} \tag{9-33}$$

将上式代入式（9-26）后得

$$E(\boldsymbol{Y})=-\frac{1}{2}\boldsymbol{Y}^{\mathrm{T}}\boldsymbol{T}^{\mathrm{T}}\boldsymbol{H}\boldsymbol{T}\boldsymbol{Y}+\boldsymbol{Y}^{\mathrm{T}}\boldsymbol{T}^{\mathrm{T}}\boldsymbol{B} \tag{9-34}$$

令

$$\boldsymbol{W}=\boldsymbol{T}^{\mathrm{T}}\boldsymbol{H}\boldsymbol{T},\boldsymbol{b}=\boldsymbol{T}^{\mathrm{T}}\boldsymbol{B} \tag{9-35}$$

则有

$$E(\boldsymbol{Y})=-\frac{1}{2}\boldsymbol{Y}^{\mathrm{T}}\boldsymbol{W}\boldsymbol{Y}+\boldsymbol{Y}^{\mathrm{T}}\boldsymbol{b} \tag{9-36}$$

这就是用神经网络算法求解二次函数最优化问题的能量函数。

对应的神经元状态演变关系为

$$\begin{aligned} \boldsymbol{N}(t) &= \boldsymbol{W}\boldsymbol{Y}(t)-\boldsymbol{b} \\ \boldsymbol{Y}(t+1) &= \mathrm{sgn}[\boldsymbol{N}(t)] \end{aligned} \tag{9-37}$$

或

$$y_j(t+1)=\mathrm{sgn}\left[\sum_{i=1}^{n} w_{i,j} y_i(t)-b_j\right] \tag{9-38}$$

【例题 9-5】 求解如下无约束最优化问题：

$$\min f(\boldsymbol{X})=-x_1x_2-2x_1x_3+3x_2x_3-5x_1+3x_3$$

解： 首先将目标函数代入式（9-24），比较可知对应的神经网络为三结点 Hopfield 网络，网络参数如下：

$w_{12}=w_{21}=1$，$w_{13}=w_{31}=2$，$w_{23}=w_{32}=-3$，$w_{11}=w_{22}=w_{33}=0$，$b_1=-5$，$b_2=0$，$b_3=3$

即

$$\boldsymbol{W}=\begin{bmatrix}0 & 1 & 2\\1 & 0 & -3\\2 & -3 & 0\end{bmatrix},\ \boldsymbol{b}=\begin{bmatrix}-5\\0\\3\end{bmatrix}$$

按式

$$\boldsymbol{N}(t)=\boldsymbol{W}\boldsymbol{Y}(t)-\boldsymbol{b}$$

和

$$\boldsymbol{Y}(t+1)=\mathrm{sgn}[\boldsymbol{N}(t)]$$

对网络进行更新，取 $\boldsymbol{Y}(0)=\boldsymbol{X}^0=[0\quad 1\quad 1]^{\mathrm{T}}$。

因

$$\boldsymbol{N}(0)=\begin{bmatrix}0 & 1 & 2\\1 & 0 & -3\\2 & -3 & 0\end{bmatrix}\begin{bmatrix}0\\1\\1\end{bmatrix}-\begin{bmatrix}-5\\0\\3\end{bmatrix}=\begin{bmatrix}8\\-3\\-6\end{bmatrix}$$

有

$$\boldsymbol{Y}(1)=\mathrm{sgn}[\boldsymbol{N}(0)]=\begin{bmatrix}1\\0\\0\end{bmatrix}$$

同理有

$$\boldsymbol{N}(1)=[5\quad 1\quad -1]^{\mathrm{T}},\ \boldsymbol{Y}(2)=[1\quad 1\quad 0]^{\mathrm{T}}$$
$$\boldsymbol{N}(2)=[6\quad 1\quad -4]^{\mathrm{T}},\ \boldsymbol{Y}(3)=[1\quad 1\quad 0]^{\mathrm{T}}$$

可见，网络到此已达到稳定状态，故所求无约束问题的最优解是

$$\boldsymbol{X}^*=[1\quad 1\quad 0]^{\mathrm{T}},f(\boldsymbol{X}^*)=-6$$

9.6 不确定性优化方法

工程结构的传统设计都是确定性设计，即按自然条件和效益要求在规范约束下进行的设计。首先根据对结构的功能要求和实际的客观条件来决定结构的类型、结构拓扑和所用材料，然后进行规划，即结构的优化设计。以牛顿力学为代表的近代科学认为，事物之间存在严格的、定量的因果关系；过程序列中每一个环节都被上一个环节的输入所单一决定，并引起下一个环节确定性的输出。传统设计把结构设计中的一切信息和各个环节的因果关系都看作严格的确定性事物，因而在“安全”“经济”的指导思想下寻找所谓的唯一最优解。然而，在许多实际的工程问题中，不可避免地存在着材料特性、结构几何参数、边界条件、初始条件和测量误差等不确定性。虽然这些不确定性数值一般较小，但系统非线性及多系统耦合效应则会使结构或结构系统产生较大的波动而无法发挥其规定作用，甚至会造成严重的后果。不确定环境下工程结构的优化设计逐渐得到了学者和工程师的重视，面对这种需求，发展相对完整的面向工程结构的不确定优化设计技术成为必然。不确定性主要分为随机性、模糊性和未确知性。本节介绍随机性和模糊性相关的优化问题。

由于因果关系的缺陷或不明确形成事物的随机性，考虑事物的随机性，产生了统计数学；由于定义不明确造成事物的模糊性，研究事物的模糊性，产生了模糊数学。统计数学是从不充分的因果关系中去把握广义的因果律，即概率统计规律，它以概率分布为桥梁，把不确定性在形式上转化确定性，即把随机性数量化，然后即可用经典数学的方法进行求解。模糊数学是从事物不清晰边界的中间过渡中去寻找广义的倾向性，它以隶属函数为纽带，把不确定性形式上转化为确定性，即把模糊性数量化，然后用经典数学的方法处理。

9.6.1 随机优化设计方法

随机性是人们认识较早、研究成果较多的一种不确定性。随机性是由于条件不充分，条件和事件之间不能出现必然的因果关系而导致结果的不可预知性。在工程实际结构中，随机性主要表现为结构的材料参数、几何尺寸及载荷的随机性，相应的数学方法主要有概率论、数理统计和随机过程。

与随机性有关的不确定性有两种基本形式。第一种形式的随机性是当设计者测量或试验某种物品的物理或力学性质时所获得的数据不确定性。例如机械零件由于制造误差的原因，几何尺寸不可能做到绝对精确；再如材料的力学参数，如弹性模量、抗拉强度、屈服强度、疲劳强度、摩擦形式等，在试验中获得的数据都具有不确定性。第二种形式的随机性是由随机过程或偶然因素引起的不确定性。例如风力、地震力等对结构的影响都随年份、季节或时间而有所不同。

1. 结构设计中的随机不确定性问题

工程结构和机械设计中的不少问题都含有一些不可忽视的随机因素，例如，工作载荷、风载荷或地震载荷；所用材料的物理和力学性质，如材料极限强度、弹性模量、摩擦系数、加工的工艺尺寸等。在这些情况下，设计者应该在考虑若干随机因素的情况下作出最佳的设计决策。对于一般的建筑结构，最大的风荷载是根据历年的统计资料得到的，真实荷载是服从极限分布的随机变量；而结构中的活荷载多少也是随着一年中不同季节或月份而有所不同，因而承受的竖向荷载也具有不确定性。此外，所用钢材的强度屈服极限值也是一个随机变量。设计是在保证结构具有足够的安全可靠性下，合理选择其型钢的类型及其型号、材质，使其建设投资费用最少。

高速公路或机场跑道路面的寿命，一般取决于道路层系厚度、材料、施工质量、排水措施、含水量、温度的变化范围等因素。当然，在相同的材料与施工的质量条件下，费用将随各路层厚度的增加而增加。若各路层的厚度越小，虽开始时投资可少一些，但日后的修路费就会增大，由于这些都是一些随机因素，因此必须从概率的角度来考虑费用和寿命的最佳关系以合理确定路面各层的厚度，使其投入的建设和维护的费用为最少。

2. 基于随机模型的优化方法

20 世纪 70 年代末设计者对工程问题中的随机因素带来的影响予以重视，并首先在压杆的优化设计中加以考虑。由于当时对含随机因素问题的求解采用了一种按正态分布转换为确定性问题的方法，即机会约束法，因此存在较大的局限性。20 世纪 80 年代末开始，设计者开始将优化技术与概率论和数理统计及计算机技术用于处理含随机因素的工程问题。随机优化方法在其发展过程中，数学界和工程界的研究工作者共同面临一个棘手的问题，即对含有随机因素的模型缺少较好的概率分析和数值计算方法，特别是对于非线性数学模型中既含有随机参数又含有随机变量函数的概率分析和计算问题。

当工程设计问题既含有随机变量 $\boldsymbol{x}$ 和随机参数 $\boldsymbol{\omega}$ 时，其优化设计的数学模型一般可以表示为

$$\begin{cases} \min\limits_{x\in(\Omega,F,P)\subset R^n} E\{f(\boldsymbol{x},\boldsymbol{\omega})\} \\ \text{s.t. } P\{g_j(\boldsymbol{x},\boldsymbol{\omega})\leqslant 0\}\geqslant \alpha_j^0 \quad (j=1,2,\cdots,m) \\ \boldsymbol{\omega}\in(\Omega,F,P)\subset R^k \end{cases} \tag{9-39}$$

式中 $\boldsymbol{x}$——n 维随机设计变量；

$\boldsymbol{\omega}$——k 维随机参数；

$E\{\cdot\}$——取目标函数 $f(\boldsymbol{x},\boldsymbol{\omega})$ 的统计均值；

$P\{\cdot\}$——取约束函数 $g_j(\boldsymbol{x},\boldsymbol{\omega})\leqslant 0$ 满足的概率值；

而 $\alpha_j^0 \in [0, 1]$ ——规定要求满足的最小允许概率值。

针对式（9-39）表示的随机优化模型，较为成熟的求解方法是一种所谓的机会约束法。该方法的基本思想是把随机变量（包括随机设计变量和随机设计参数）及其函数全部假定为正态分布变量，然后根据正态分布的可加性原理，将目标函数和约束函数在随机变量的均值处进行 Taylor 级数展开，取其线性项，便可将该随机模型转化为等价的确定性模型。

不妨设 $\boldsymbol{y}=(\boldsymbol{x},\boldsymbol{\omega})\in(\Omega,F,P)\subset R^N$，求解如下形式的数学模型：

$$\begin{cases} \text{find } \boldsymbol{X}=(\mu_{x_1},\mu_{x_2},\cdots,\mu_{x_n})^{\mathrm{T}} \\ \min F = W_1 f(\boldsymbol{\mu}_y) + W_2\left[\sum_{i=1}^{N}\left(\left.\dfrac{\partial f}{\partial y_i}\right|_{y_i=\mu_{y_i}}\right)^2 \sigma_{y_i}^2\right] \\ \text{s.t. } g_j(\boldsymbol{\mu}_y) - \phi^{-1}(\alpha_j^0)\left[\sum_{i=1}^{N}\left(\left.\dfrac{\partial g_j}{\partial y_i}\right|_{y_i=\mu_{y_i}}\right)^2 \sigma_{y_i}^2\right]^{\frac{1}{2}} \geqslant 0 \\ \qquad j=1,2,\cdots,m \end{cases} \tag{9-40}$$

式中 $\mu_{y_i}(i=1,2,\cdots,n)$ ——n 个随机设计变量的均值，$N=n+k$ 为随机变量的总数；

$f(\boldsymbol{\mu}_y)$、$g_j(\boldsymbol{\mu}_y)$ ——目标函数和约束函数用随机变量均值计算的值；

$\partial f/\partial y_i$、$\partial g_j/\partial y_i$——目标函数与约束函数对随机变量的偏导数；

$\phi^{-1}(\alpha_j^0)$ ——随机约束函数相应于满足给定概率值 α_j^0 时标准正态分布的反函数值，可从常用的概率表中查出。

从式（9-40）中可以看出，由于其利用了正态分布的固有特性，即利用 α_j^0 计算标准正态分布的反函数值 $\phi^{-1}(\alpha_j^0)$，因此只有当随机设计变量 $\boldsymbol{x}$ 和参数 $\boldsymbol{\omega}$ 都服从正态分布，且目标函数 $f(\boldsymbol{x}, \boldsymbol{\omega})$ 和 $g_j(\boldsymbol{x}, \boldsymbol{\omega})$ 也服从正态分布的前提下才是合理的。但是，随着离差系数 $\delta_{y_i}=\sigma_{y_i}/\mu_{y_i}$ 的增大和随机变量函数非线性程度的增加，式（9-39）和式（9-40）之间等价性误差会越来越大。

众所周知，在工程设计中，许多随机变量并不都服从正态分布，而且在考虑随机因素时，其随机变量的离差系数也都比较大，随机函数多数是一些非线性函数，因此，一般无法保证式（9-39）和式（9-40）之间的等价性。为解决该问题，接下来将分别介绍随机结构可靠性优化模型和随机结构鲁棒性优化模型。

3. 随机结构可靠性优化模型

随机变量是描述、刻画随机现象的量，当数学优化问题中有随机变量介入时，便会出现随机优化问题。由于随机变量介入数学优化问题的方式不同，以及所联系的实际背景的区别，所对应的数学优化问题的提法也有多种。如果按照随机变量出现的位置来划分，常见的随机优化可以分为随机变量出现在目标函数里以及随机变量出现在约束函数里两种类型。

(1) 目标函数含随机变量的优化问题。随机变量进入目标函数的随机优化主要有 E 模型和 P 模型两种模型。

E 模型：使目标函数的概率期望达到最优的模型通常称为期望值模型。

$$\begin{cases}\text{find } \boldsymbol{x} \\ \min \boldsymbol{Eh}'\boldsymbol{x} \\ \text{s.t. } \boldsymbol{Ax}=\boldsymbol{b}, \ x_i \geqslant 0\end{cases} \tag{9-41}$$

P 模型：这种模型是使目标函数值不小于某一指定值的概率达到极大值。

$$\begin{cases}\text{find } \boldsymbol{x} \\ \max P\{\boldsymbol{h}'(\boldsymbol{w})\boldsymbol{x} \geqslant \boldsymbol{u}_0\} \\ \text{s.t. } \boldsymbol{Ax}=\boldsymbol{b}, \ x_i \geqslant 0\end{cases} \tag{9-42}$$

(2) 约束函数含随机变量的优化问题。在实际问题中，常见的处理优化问题中的随机变量有两种方式：一种是等待观察到随机变量的实现以后再解出相应的优化问题（做出决策）；另外一种是在观察到随机变量的实现以前就依据以往的经验做出决策。如果随机变量等到实现观察以后，却发现所做决策是不可行解，不同的处理方法将导致不同的随机优化模型。在随机变量出现在约束函数里的模型中，据随机变量处理方式的不同大致形成随机优化三大类问题，即分布问题、带补偿二阶段（多阶段）问题和机会约束优化问题，随机规划框架图如图 9-11 所示。下面将介绍随机优化问题的分布问题。

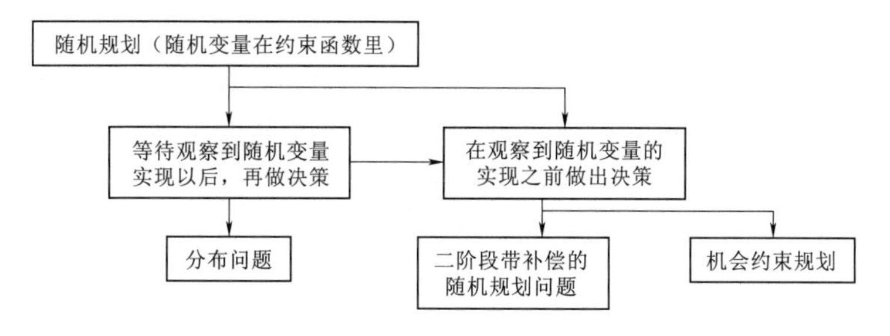

图 9-11 随机规划框架图

设某一优化问题的各项系数中含有随机变量，在观察到这些随机变量的实现以后，这些系数将变为已知确定的数，从而得到相应的确定优化问题。对应于不同的观察值，便得到不同的确定优化问题，从而有不同的最优值和最优解。要解决的不仅是确定性的优化问题本身，而且还要知道所有这些最优值的概率分布情况。

考虑线性优化问题：

$$\begin{cases}\text{find } \boldsymbol{x} \\ \min \boldsymbol{h}'\boldsymbol{x} \\ \text{s.t. } \boldsymbol{Ax}=\boldsymbol{b} \\ \qquad \boldsymbol{Dx}=\boldsymbol{d}, \ \boldsymbol{x} \geqslant 0\end{cases} \tag{9-43}$$

式中，$\boldsymbol{b}=(b_1,b_1,\cdots,b_m)$，$\boldsymbol{h}=(h_1,h_1,\cdots,h_n)$，$\boldsymbol{x}=(x_1,x_1,\cdots,x_n)$，$\boldsymbol{A}$ 为 $m\times n$ 矩阵，$\boldsymbol{D}$ 为 $m_1\times n$ 矩阵，$\boldsymbol{d}$ 为 m_1 维向量。假设 $\boldsymbol{A}$、$\boldsymbol{b}$、$\boldsymbol{h}'$ 的元素 a_{ij}、b_i、h_j 等都可以是随机的，它们均定义在某一概率空间（Ω，F，P）上。$\boldsymbol{D}$、$\boldsymbol{d}$ 则为非随机的矩阵和向量。

在观察到这些随机变量的实现 $a_{ij}(\omega)$、$b_i(\omega)$、$h_j(\omega)(i=1,2,\cdots,m;j=1,2,\cdots,n)$之后，便得到一个确定性的线性优化问题：

$$\begin{cases}\text{find } \boldsymbol{x}\\ \min h_1(\boldsymbol{\omega})x_1+\cdots+h_n(\boldsymbol{\omega})x_n\\ \text{s. t. } a_{11}(\boldsymbol{\omega})x_1+\cdots+a_{1n}(\boldsymbol{\omega})x_n=b_i\\ \qquad\vdots\\ \qquad a_{n1}(\boldsymbol{\omega})x_1+\cdots+a_{nn}(\boldsymbol{\omega})x_n=b_n\\ \qquad \boldsymbol{Dx}=\boldsymbol{d},\boldsymbol{x}\geqslant 0\end{cases} \tag{9-44}$$

设式（9-44）的最优解为 $\boldsymbol{x}^*(\boldsymbol{\omega})$，最优值为 $z(\boldsymbol{\omega})$。对应于不同的样本点 $\boldsymbol{\omega}$，式（9-44）各项系数的值不同，从而得到不同的 $x^*(\boldsymbol{\omega})$ 和 $z(\boldsymbol{\omega})$。决策者在观察到随机变量的实现之前需要知道：这些随机变量的各种可能值，$z(\boldsymbol{\omega})$ 可能取哪些值以及取某些值的概率有多大等，即要求出 $z(\boldsymbol{\omega})$ 概率分布。这种求 $z(\boldsymbol{\omega})$ 概率分布的问题称为分布问题。

分布问题是采用等待观察到随机变量的实现以后再做决策的方式来处理随机变量。除此以外，处理数学优化中的随机变量的另一种方式是在观察到随机变量的实现之前便做出决策。

现假定式（9-43）中目标函数的系数向量是非随机的。在约束条件中 A、b 的实现之前便作出决策 $\boldsymbol{x}$，则有可能这一决策 x 对于某些可能值不满足其中的约束条件：

$$A(\boldsymbol{\omega})x=b(\boldsymbol{\omega}) \tag{9-45}$$

处理约束条件受到破坏的不同原则将产生机会约束优化问题和二级段带补偿随机优化问题。

4. 随机结构鲁棒性优化模型

鲁棒优化中“鲁棒”的含义是模型对数据的不确定具有免疫性。下面将介绍一种考虑概率分布的线性优化问题的鲁棒优化模型。

机会约束规划又被称为概率规划，其形式很多，例如 Maximax 机会约束规划、Minimax 机会约束规划及随机相关机会规划等。机会约束规划模型的基本形式为

$$\begin{cases}\text{find } \boldsymbol{x}\\ \min \overline{f}\\ \text{s. t. } \Pr\{f(\boldsymbol{x},\xi)\leqslant\overline{f}\}\geqslant\beta\\ \qquad \Pr\{g_i(\boldsymbol{x},\xi)\leqslant 0\}\geqslant\alpha\quad (i=1,2,\cdots,m)\\ \qquad \boldsymbol{x}\in X\subset R^n\end{cases} \tag{9-46}$$

式中 $\boldsymbol{x}$——决策变量；

ξ——随机参数；

β——目标的实现概率；

α——相应约束的可行概率。

对含有随机参数的线性问题，模型可表示为

$$\begin{cases} \text{find } \boldsymbol{x} \\ \max z = \sum_{j=1}^{r}(c_j+\xi_j)x_j + \sum_{j=r+1}^{r}(c_j+\xi_j)x_j + (c_0+\xi_0) \\ \text{s. t. } \sum_{j=1}^{r}(a_{ij}+\eta_{ij})x_j + \sum_{j=r+1}^{r}(a_{ij}+\eta_{ij})x_j - (b_i+\xi_i) \leqslant 0 \\ \quad i=1,2,\cdots,m \\ \quad x_j \geqslant 0, j=1,2,\cdots,n \\ \quad x_j \text{ 取整}, j=1,2,\cdots,r \end{cases} \tag{9-47}$$

式中 ζ_j、η_{ij} 和 ξ_i——随机参数。

概率密度函数已知，分别为 $\theta_j(\zeta_j)$、$\phi_{ij}(\eta_{ij})$ 和 $\varphi_{ij}(\xi_i)$，并且所有的随机参数互相独立。

参照机会约束规划，设 $\boldsymbol{x}^*$ 为预选用解，将解的鲁棒性指标定义为

$$\begin{cases} \Pr\left\{\sum_{j=1}^{r}(a_{ij}+\eta_{ij})x_j^* + \sum_{j=r+1}^{r}(a_{ij}+\eta_{ij})x_j^* - (b_i+\xi_i) \leqslant 0\right\} = \gamma_i \\ i=1,2,\cdots,m \end{cases} \tag{9-48}$$

式中 γ_i——$\boldsymbol{x}^*$ 对约束 i 的鲁棒性指标。

令 $\gamma=\min\limits_i \gamma_i$，称 γ 为 $\boldsymbol{x}^*$ 对模型的鲁棒性指标。

根据上述定义可知，当 $\gamma=1$ 时，可以适应随机变量的任何一种实现，鲁棒性最强，但这种解过于保守，与 Soyster 模型的效果类似。另外，若直接求定义的鲁棒性指标，相当于求多个随机变量线性组合的概率分布，难度可想而知，目前常用的方法是使用 Monte Carlo 模拟，但需要进行大量的计算，也就是现在机会约束规划经常采用的方法。

【例题 9-6】 假设一含有随机参数的数学优化模型为

$$\min f(X) = 2x_1 + 3x_2$$

$$\text{s. t.} \begin{cases} (2+\eta_1)+6x_2-(180+\xi_1) \geqslant 0 \\ 3x_1+(3.4-\eta_2)x_2-(162+\xi_2) \geqslant 0 \\ x_1+x_2 \leqslant 100 \\ x_1, x_2 \geqslant 0 \end{cases}$$

式中 η_1、η_2、ξ_1 和 ξ_2——随机变量。

它们的分布规律见表9-3。

表9-3 随机变量的分布规律

随机变量	分布参数	随机变量	分布参数
η_1	$U(0.8,0.8)$	ξ_1	$N(0,12)$
η_2	Exp{0.4}	ξ_2	$N(0,9)$

解： 根据概率论中的“3σ 法则”，即对于正态分布的随机变量来说，它的值落在区间 $[\mu-3\sigma,\ \mu+3\sigma]$ 内几乎是肯定的，这里 ξ_1 的取值区间为 $[-10.646,\ 10.464]$，ξ_2 的下界为-9。

根据模型中随机参数的概率分布情况，在算例约束模型式的基础上，分别为两个含有随机参数的约束方程，建立鲁棒性条件约束，设相应的鲁棒性能指标为 $\gamma_1^* \geqslant 0.8$，$\gamma_2^* \geqslant 0.7$，$\gamma^* \geqslant 0.7$，修改上述模型得

$$\min f(X)=2x_1+3x_2$$

$$\text{s.t.}\begin{cases}1-\exp\{-2(2x_1+6x_2-180)/(1.6^2x_1^2+20.928^2)\}\geqslant 0.8\\ 1-\exp\{-(3x_1+3.4x_2-162)/2[0.4^2x_2^2+3^2+(-0.4)^2x_2^2+9^2]\}\geqslant 0.7\\ x_1+x_2\leqslant 100\\ x_1,x_2\geqslant 0\end{cases}$$

运用遗传算法对模型进行求解，计算得到的最优解 $x_1=35.14$，$x_2=23.72$，对应的函数值为141.47。

9.6.2 模糊优化设计方法

模糊性是事物的外延不明确，即事物从差异的一方到另一方存在着中间联系过渡状态，而呈现出的结果亦此亦彼性。在工程实际结构中，模糊性主要表现为设计目标和约束条件的模糊性、载荷与环境因素的模糊性及设计准则的模糊性。模糊性同样广泛存在于结构的材料特性、几何特征、载荷及边界条件等方面。

经典数学建立在集合理论基础上，所描述的概念具有明确的外延。集合论要求一个对象对于一个集合，要么属于，要么不属于，两者必居其一。而模糊性的概念不具有明确的外延。模糊数学的创始人美国控制论专家 L. A. Zadeh 教授在他的论文《*Fuzzy Sets*》中引入了“隶属函数”的概念，用来描述差异的中间过渡，这是精确性对模糊性的一种逼近，因而他首次成功地运用了数学方法来描述模糊概念，很快形成了一个新的数学学科，并在理、工、农、医及社会科学的各个领域得到了广泛应用和迅速发展。

1\. 结构设计中的模糊不确定性问题

现代科学技术的发展要求精细化与定量化描述客观事物，但随着对事物认识的不

断完善和数学处理手段的不断增强，人们发现有时候对事物的精确描述根本不可能，这是因为在结构设计中有大量的模糊信息和因素需要考虑和处理。设计的优劣标准、结构的抗力、地震烈度、场地分类、计算模型和设计参数等均具有较强的模糊性。它们的模糊性是由于不可能给它们以严格的定义和确定性的评定标准而形成的。而这些因素又直接影响着结构的安全性和经济性。以水工结构（土石坝）设计为例，土石坝结构设计中填筑料的物理力学参数，虽都由三轴试验、直剪试验或其他试验测得，但由于试验仪器及技术水平和试验者的经验所限，测出的数据具有模糊性；坝体填筑料间的价格比系数也取决于这些坝料的料场条件、开采、筛选、级配、运输、碾压填筑等多环节，因而具有模糊性；坝体填筑料分区界限，都是参照已有工程的经验及设计者的主观设想选定，因而具有模糊性；大坝上下游库水位、库区地震烈度等均有模糊性。正确处理这些不确定信息必将使工程设计理论发生重大的变化，也将为提高工程设计的质量和水平，充分发挥材料的作用，降低工程造价，提高工程结构的安全可靠性起重大的作用。考虑了模糊性因素的结构优化设计称为模糊优化设计。

2. 普通结构的模糊优化设计

普通结构的模糊优化设计，可以只考虑结构反应允许范围的模糊性。这种模糊优化设计的数学模型为

$$\begin{cases}\text{find } \overline{X}\\ \widetilde{\min}\, W(\overline{X})\\ \text{s. t. } g_m(\overline{X})\,\widetilde{\in}\,\widetilde{G}_m\,(m=1,2,\cdots,M)\end{cases} \tag{9-49}$$

式中，符号上的波浪号表示该量或该关系式中含有模糊因素。式（9－49）中约束函数 $g_m(\overline{X})$ 代表结构的反应（应力 σ、位移 μ 等）和结构的某些物理量（如频率 ω、几何尺寸 x 等）。这些反应和物理量是确定性量，但它们的允许范围 $\widetilde{G}_m$ 是模糊区间。称这种确定性量 $g_m(\overline{X})$ 的模糊约束为普通模糊约束。由于确定性量是模糊量的特殊情况，所以式（9－49）也包括部分约束为确定性的情况。

物理量 g_m 的模糊允许范围 $\widetilde{G}_m$ 的隶属函数应该具有图 9－12 所示的性质。图 9－12 中 g_m^U 和 g_m^L 为约束水平最高时允许范围的上、下限，d_m^U 和 d_m^L 是过渡区长度，也就是上、下限的容许偏差。隶属函数 $\mu_{G_m}(g_m)$ 的曲线部分主要是表示允许范围边界的逐渐过渡性，可根据物理量的性质及设计对该量的要求而近似给出。

隶属度 $\mu_G(g)$ 可以定义为物理量 g 对模糊约束的满足度。当 $\mu_G(g)=1$ 时，该约束得到严格的满足，当 $\mu_G(g)=0$ 时该约束未得到满足，当满足介于 0 和 1 之间时，该约束得到具有某一水平的满足，若用 β_m 表示 g_m 对模糊约束的满足度，则可记为

$$\beta_m=\mu_{G_m}(g_m) \tag{9-50}$$

因此，式（9－50）中的模糊约束表示在 $\beta_m>0$ 的意义下 g_m 属于模糊子集 $\widetilde{G}_m$；$\widetilde{\min}$ 表

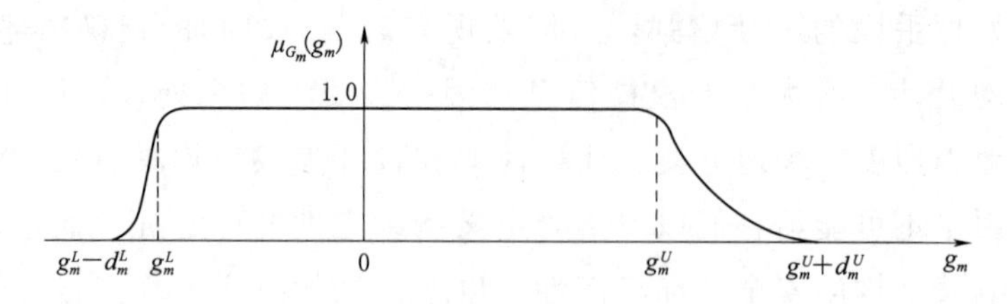

图 9-12 物理量 g_m 的隶属函数

示在此意义下目标函数模糊趋小。

当过渡区曲线取为直线时，隶属函数 $\mu_{G_m}(g_m)$ 可以表示为

$$\mu_{\tilde{G}_m}(g_m)=\begin{cases}1, & g_m^L\leqslant g_m\leqslant g_m^U \\ \dfrac{g_m-g_m^L+d_m^L}{d_m^L}, & g_m^L-d_m^L\leqslant g_m\leqslant g_m^L \\ \dfrac{-g_m+g_m^U+d_m^U}{d_m^U}, & g_m^U\leqslant g_m\leqslant g_m^U+d_m^U \\ 0, & g_m\leqslant g_m^L-d_m^L \text{ 或 } g_m\geqslant g_m^U+d_m^U\end{cases} \tag{9-51}$$

利用对约束的满足度概念来解释式（9-49）所示模糊规划的方法，也就是水平截集解法，按照此法可将模糊规划式（9-49）转化为一系列具有不同约束水平 λ（即满足度的下限）的非模糊规划。

$$\begin{cases}\text{find } \overline{X} \\ \min W(\overline{X}) \\ \text{s. t. } \beta_m=\mu_{G_m}(g_m)\geqslant\lambda \quad (m=1,2,\cdots,M)\end{cases} \tag{9-52}$$

式中的约束等价于要求满足

$$g_m(\overline{X})\in G_{m\lambda}=[g_{m\lambda}^L,g_{m\lambda}^U] \quad (m=1,2,\cdots,M) \tag{9-53}$$

其中，$G_{m\lambda}$ 是模糊允许区间 $\tilde{G}_m$ 的水平截集。

给出不同的水平 λ，用一般非模糊优化的方法即可求出规划式（9-52）的一系列最优解 $\overline{X}^*(\lambda)$。虽然较大的 λ 值能够使设计方案安全可靠，但 λ 值越大，设计方案的经济性越差。因此，在区间［0，1］内必然存在一个使设计方案既安全可靠，又经济节省的最优 λ^*，与之对应的水平截集为

$$G_m(\lambda^*)=\{g_m\,|\,\mu_{G_m}(g_m)\geqslant\lambda\} \quad (m=1,2,3,\cdots,M) \tag{9-54}$$

称为最优水平截集。

关于最优水平截集 λ^* 的选取可以通过二级模糊综合评判、加权平均型算法来求解。二级模糊综合评判的基本步骤可以归结如下：

（1）确定因素集。因素集是影响评判对象的各种因素所组成的一个普通集合，以 U 表示，将众多的因素分为 m 类，即 $U=\{u_1,u_2,\cdots,u_m\}$。各元素 $u_i(i=1,2,\cdots,m)$ 代表各影响因素。每个因素子集 u_i 有 n 个因素 $u_i=(u_{i1},u_{i2},\cdots,u_{in})$。

（2）确定权重集。为了反映各因素的重要程度，对含有 n 个因素的因素集 u_i 应赋予一个相应的权数。由各权数所组成的集合 $\mathbf{A}=(a_1,a_2,\cdots,a_m)$ 称为权重集。通常，各权数 a_i 应满足归一性和非负条件。一般地，各个权数由人们根据实际问题的需要主观确定，也可以由确定隶属度的方法来确定。同样的因素，如果取不同的权数，评判的最后结果也将不同。

（3）确定备择集。备择集是评判者对评判对象可能做出的各种总的评判结果所组成的集合，以 V 表示，即 $V=\{v_1,v_2,\cdots,v_I\}$，各元素 $V_i(i=1,2,\cdots,I)$ 代表各种可能的总评判结果，模糊综合评判的目的就是在综合考虑所有影响因素的基础上，从备择集中得出一个最佳的评判结果。

（4）模糊综合评判。首先从因素集 U 中的单个因素出发进行评判，确定评判对象对备择集中各元素的隶属程度。设评判对象按因素集中第 i 个因素 u_i 进行评判时，对备择集中第 j 个元素 V_j 的隶属程度为 r_{ij}，则按第 i 个因素 u_i 评判的结果可用模糊集合表示为

$$R_i=\frac{r_{i1}}{v_1}+\frac{r_{i2}}{v_2}+\cdots+\frac{r_{im}}{v_m} \tag{9-55}$$

则一级模糊评判的单因素评判矩阵为

$$\widetilde{\boldsymbol{R}}=\begin{bmatrix}\widetilde{R}_1\\ \widetilde{R}_2\\ \vdots\\ \widetilde{R}_n\end{bmatrix}=(r_{ij})_{n\times m}=\begin{bmatrix}r_{11} & r_{12} & \cdots & r_{1m}\\ r_{21} & r_{22} & \cdots & r_{2m}\\ \vdots & \vdots & \ddots & \vdots\\ r_{n1} & r_{n2} & \cdots & r_{nm}\end{bmatrix} \tag{9-56}$$

式中，$\widetilde{\boldsymbol{R}}$ 是单因素评判矩阵。单因素评判集实际上可视为因素集 U 和备择集 V 之间的一种模糊关系，即影响因素与评判对象之间的“合理关系”。考虑了权重后，得到一级模糊综合评价集 $\boldsymbol{B}$ 为

$$\widetilde{\boldsymbol{B}}_i=\widetilde{\boldsymbol{A}}_i\circ\boldsymbol{R}_i=[a_{i1},a_{i2},\cdots,a_{in}]\circ\begin{bmatrix}r_{i11} & r_{i12} & \cdots & r_{i1p}\\ r_{i21} & r_{i22} & \cdots & r_{i2p}\\ \vdots & \vdots & \ddots & \vdots\\ r_{in1} & r_{in2} & \cdots & r_{inp}\end{bmatrix}=[b_{i1},b_{i2},\cdots,b_{ip}] \tag{9-57}$$

式中，“$\circ$”表示某种合成运算。按所有因素进行评判，便得到二级模糊综合评价集为

$$\widetilde{\boldsymbol{B}}=\widetilde{\mathbf{A}}\circ\boldsymbol{R}=[a_1,a_2,\cdots,a_n]\circ\begin{bmatrix}r_{11} & r_{12} & \cdots & r_{1m}\\ r_{21} & r_{22} & \cdots & r_{2m}\\ \vdots & \vdots & \ddots & \vdots\\ r_{n1} & r_{n2} & \cdots & r_{nm}\end{bmatrix}=[b_1,b_2,\cdots,b_m] \tag{9-58}$$

（5）最优水平值的确定。采用加权平均法来确定最优水平值 λ^*，即

$$\lambda^* = \left(\sum_{k=1}^{m} b_k \lambda_k\right) / \left(\sum_{k=1}^{m} b_k\right) \tag{9-59}$$

除了上述常见的二层模糊综合评判方法，另外一种常见的确定最优截集水平的方法为单层模糊综合评判。在复杂系统中，影响因素很多，如果权重分配比较均衡且满足和为1的条件；当因素数超过10个，其中会有多数因素权重分配不足0.1，通过“取小”“取大”等模糊运算后，微小的权重会“淹没”多数评价因素值，结果难以准确。对于这类问题，可以把影响因素按特点分为几层，先对每一层内进行综合评判，再对评判结果进行高层次的综合评判。二级模糊综合评判是其中最常用的一种。

3. 模糊荷载作用下结构的优化设计

在模糊荷载作用下，结构的最大反应也是模糊的，这时优化设计表现为具有广义模糊约束的数学规划，即

$$\begin{cases} \text{find } \overline{X} \\ \widetilde{\min}\, W(\overline{X}) \\ \text{s.t. } \tilde{g}_m(\overline{X}) \tilde{\subset} \tilde{G}_m \quad (m=1,2,\cdots,M) \end{cases} \tag{9-60}$$

它与式（9－49）的唯一区别就在于这里的约束函数 $\tilde{g}_m(\overline{X})$ 也是模糊的。当然这个数学模型里也可以包括部分普通模糊约束及非模糊约束。

利用满足度的概念来解此模糊规划，为此定义了对广义模糊约束的满意度为

$$\beta_m(\overline{X}) = \frac{\int_{-\infty}^{\infty} \mu_{G_m}(g)\mu_{g_m}(g)\mathrm{d}g}{\int_{-\infty}^{\infty} \mu_{g_m}(g)\mathrm{d}g} \tag{9-61}$$

式中 g——模糊反应 $\tilde{g}_m$ 的基本变量；

$\mu_{g_m}(g)$ ——$\tilde{g}_m$ 的隶属函数（可根据模糊荷载的隶属函数用力学和数学的方法求出）；

$\mu_{g_m}(g)$ ——反应 $\tilde{g}_m$ 的模糊允许区间 $\tilde{G}_m$ 的隶属函数。

至此即可用与上述同样的概念将模糊规划式（9－60）转化为一系列具有不同约束水平 λ 的非模糊规划，即

$$\begin{cases} \text{find } \overline{X} \\ \min W(\overline{X}) \\ \text{s.t. } \beta_m = \lambda \quad (m=1,2,\cdots,M) \end{cases} \tag{9-62}$$

它与式（9－52）概念相同，只是满足度 β_m 的求法不同，当所有约束都是普通模糊约束时，此解法即蜕化为水平截集解法。

4. 双目标两层次模糊优化设计

模糊优化设计可以很方便地用来解决双目标的优化问题。这时可以根据目标的重要性分为第一目标和第二目标。第一目标是最重要的目标，对土建工程而言，一般是工程的造价 $C(\overline{X})$ 趋小，第二目标可根据问题的性质选定，设为 $E(\overline{X}) \to \min$。这时，

可采用如下的两层次优化方法。

第一层次：以结构造价为主要目标，求解模糊最小造价设计：

$$\begin{cases}\text{find } \overline{X} \\ \min W(\overline{X})=C(\overline{X}) \\ \text{s.t. } \widetilde{g}_m(\overline{X})\widetilde{\subset}\widetilde{G}_m \quad (m=1,2,\cdots,M)\end{cases} \tag{9-63}$$

求得优化设计方案系列 $\overline{X}^*(\lambda_s)(s=1,2,\cdots,S)$ 和相应的造价 $C(\lambda_m)$。

第二层次：在上面求出的优化方案系列 $\overline{X}^*(\lambda_s)$ 中进行选优。为此，首先求出这些优化设计方案的第二目标值 $E[\overline{X}^*(\lambda_m)]$。由于造价 C 和第二目标值 E 都是具有约束水平 λ 的优化设计方案的函数，也就是 λ 的函数。在坐标纸上绘出 $C(\lambda)$ 和 $E(\lambda)$ 曲线，即可根据具体的问题性质和要求决策出最佳的约束水平 λ^*。这样求出的设计方案 $\overline{X}^*(\lambda^*)$ 就是考虑了两个目标的优化方案。

【例题 9-7】 图 9-13 所示为一个齿轮传动装置的装配尺寸链简图，其轴向装配间隙 A_0 最大允许范围为 [0.083，0.430]，单位为 mm，同时最适宜范围为 [0.15，0.30]，单位为 mm。设计图样规定：双联齿轮的轴宽度 $A_3\in$[47.92，48197]，单位为 mm，两个垫片厚度 $A_2=A_4\in$[1.5，1.54]，单位为 mm。通过合适的设计方法确定安装尺寸 A_1 的设计值及相应制造公差。

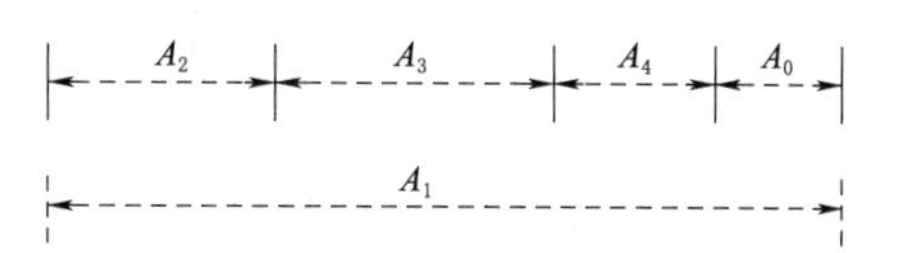

图 9-13　齿轮传动装置的装配尺寸链简图

如图 9-13 所示的装配尺寸链示意图，将轴向装配间隙 A_0 作为设计质量指标，有

$$y=A_0-(A_2+A_3+A_4)$$

相应的设计目标为 $\widetilde{y}_0$，隶属度函数 $\mu_{\widetilde{y}_0}$ 选择梯形隶属度函数形式，即有

$$\mu_{\widetilde{y}_0}(y)=\begin{cases}(y-0.083)/0.067, & y\in[0.083,0.150] \\ 1, & y\in[0.150,0.300] \\ (0.43-y)/0.13, & y\in[0.300,0.430] \\ 0, & \text{其余}\end{cases}$$

假定各尺寸链各组成环误差呈正态分布，A_1 的制造公差表示为 $\pm\Delta x$，并控制该公差不小于 9 级精度的标准公差 I_{T9}。在控制废品率不超过 0.1%条件下，设计变量为 $x_1=A_1$，$x_2=\Delta x$，建立模糊稳健优化设计模型，有

$$\begin{cases}\min\limits_{x} \mathrm{Var}(y)/P(\widetilde{A}) \\ \text{s.t. } \int_{0.083}^{0.430} f(y)\mathrm{d}y \geqslant 0.999 \\ \qquad 2x_2 \geqslant I_{T9} \\ \qquad \boldsymbol{x}=(x_1,x_2)\end{cases}$$

其中，$P(\tilde{A})=\int_{0.083}^{0.430}\mu_{\tilde{A}}f(y)\mathrm{d}y=\int_{0.083}^{0.430}\mu_{\tilde{A}_0}f(y)\mathrm{d}y$ 。

在相同条件下，基于稳健的设计思想，也可以建立如下的双目标优化模型，即

$$
\begin{cases}
\max\limits_{\boldsymbol{x}}\ [f_1(\boldsymbol{x}),f_2(\boldsymbol{x})] \\
\text{s. t.}\ \int_{0.083}^{0.430}f(y)\mathrm{d}y\geqslant 0.999 \\
\qquad 2x_2\leqslant I_{\mathrm{T9}} \\
\qquad \boldsymbol{x}=(x_1,x_2)
\end{cases}
$$

式中，$f_1(\boldsymbol{x})=\Delta x$，$f_2(\boldsymbol{x})=\int_{0.083}^{0.430}\mu_{\tilde{A}_0}f(y)\mathrm{d}y$ 。

基于建立的双目标优化模型，采用物理规划法对优化模型进行求解。根据约束条件和设计者的经验确定方差和优质品率的偏好区间，容差和模糊优质品率的偏好区间见表9-4。由三次插值法分别得到 $f_1(\boldsymbol{x})$ 和 $f_2(\boldsymbol{x})$ 的偏好函数，并确定综合偏好函数以确定目标函数，问题同样转化为典型的随机优化问题。采用不同优化法的优化结果见表9-5。在数据信息有限的条件下，采用模糊稳健优化方法（单目标和双目标）所获得产品的优质品率明显高于概率优化方法的优质品率，且容差在容许范围内，产品设计质量具有较好的稳健性。

表9-4　　容差和模糊优质品率的偏好区间

函数	g_{i5}（高度不满意）	g_{i4}（不满意）	g_{i3}（可容忍）	g_{i2}（满意）	g_{i1}（高度满意）
$f_1(\boldsymbol{x})$	0.01	0.02	0.03	0.04	0.05
$f_2(\boldsymbol{x})$	0.80	0.85	0.90	0.92	0.95

表9-5　　不同优化法的优化结果比较

模型与方法	x_1/mm	x_2/mm	优质品率/%	合格率/%
概率法	51.081	0.1621	93.189	99.729
单目标法	51.052	0.0370	99.987	99.999
双目标法	51.160	0.0355	99.998	100.00

习　题

9.1　利用遗传算法、模拟退火算法、粒子群算法、蚁群算法和人工神经网络算法求解下列函数极值

$$\min f(x_1,x_2)=-x_1^3+2x_2^2+27x_1-8x_2$$

9.2　利用遗传算法、模拟退火算法、粒子群算法和蚁群算法求解下列约束优化

问题

$$\min f(x_1,x_2)=-x_1^2+2x_2^2-4x_1-8x_2+15$$

$$\text{s. t.} \quad \begin{cases} 9-x_1^2-x_2^2\geqslant 0 \\ x^1\geqslant 0, x_2\geqslant 0 \end{cases}$$

9.3　利用遗传算法、模拟退火算法、粒子群算法和蚁群算法求解下列函数极值

$$\min f(x_1,\ x_2)=\left\{\sum_{i=1}^{5} i\cos[(i+1)x_1+i]\right\}\left\{\sum_{i=1}^{5} i\cos[(i+1)x_2+i]\right\},\ x_1,\ x_2\in[-10,\ 10]$$

第 10 章

结构优化设计实施中的若干技术

前面各章介绍的基于数学技术的优化方法可以用于各种工程结构的优化设计。但是，考虑实际工程结构的特性，对结构优化过程中从优化模型建立、结构分析计算到寻找最优解的算法进行某种程度的简化、近似，可以减小计算规模，加快优化算法收敛，而不至于引入明显的误差。

本章介绍结构优化设计实施中的若干技术。

10.1 问题规模的缩减

10.1.1 基向量缩减法

某些实际工程结构的优化设计问题设计变量的个数 n 非常庞大，使得优化设计问题的规模也非常庞大。具有丰富工程经验的工程师们可以提供一些可行设计，已建的一些类似结构系统也可以为我们提供一些设计检验。考虑若干个可行设计 $\boldsymbol{X}_1$、$\boldsymbol{X}_2$、…、$\boldsymbol{X}_r$，其中，$r \ll n$。将设计变量 $\boldsymbol{X}$ 表达为这些可行设计的线性组合

$$\boldsymbol{X} = c_1\boldsymbol{X}_1 + c_2\boldsymbol{X}_2 + \cdots + c_r\boldsymbol{X}_r = \sum_{i=1}^{r} c_i\boldsymbol{X}_i \tag{10-1}$$

式中，c_i 为待定系数。如果将 $\boldsymbol{c} = [c_1 \quad c_2 \quad \cdots \quad c_r]^{\mathrm{T}}$ 作为设计变量，可以将以 $\boldsymbol{X}$ 为设计变量的优化设计问题转化为以待定系数 $\boldsymbol{c}$ 为设计变量的优化设计问题。因为 $r \ll n$，采用这种变换后的优化设计问题规模远小于原问题的规模。由于这种变换以若干个可行设计 $\boldsymbol{X}_1$、$\boldsymbol{X}_2$、…、$\boldsymbol{X}_r$ 为基向量，故这种方法称为基向量缩减法。

10.1.2 设计变量关联法

在杆系结构的优化设计中，常常将杆件的断面尺寸或模量作为设计变量。当结构的杆件数量很多时，可以根据结构的特性在某些杆件断面尺寸或模量之间建立起某种关联关系，从而减少独立的设计变量数目，减小优化设计的规模。以图 10－1 所示的 12 杆桁架结构为例，将各杆的横截面面积作为设计变量，如果各杆的横截面面积各自

独立选取，则有 12 个设计变量。如果考虑结构的对称性，则杆 1、2、3、7、9 的截面面积分别和杆 4、5、6、8、10 的面积相同。这样，独立的设计变量从 12 个减少到 7 个。进一步假设杆件 11 的面积设为杆件 12 的面积的 3 倍，则只剩下 6 个独立的设计变量，则有

$$\boldsymbol{X}=[x_1,x_2,x_3,x_4,x_5,x_6]^{\mathrm{T}}=[A_1,A_2,A_3,A_7,A_9,A_{12}]^{\mathrm{T}}$$

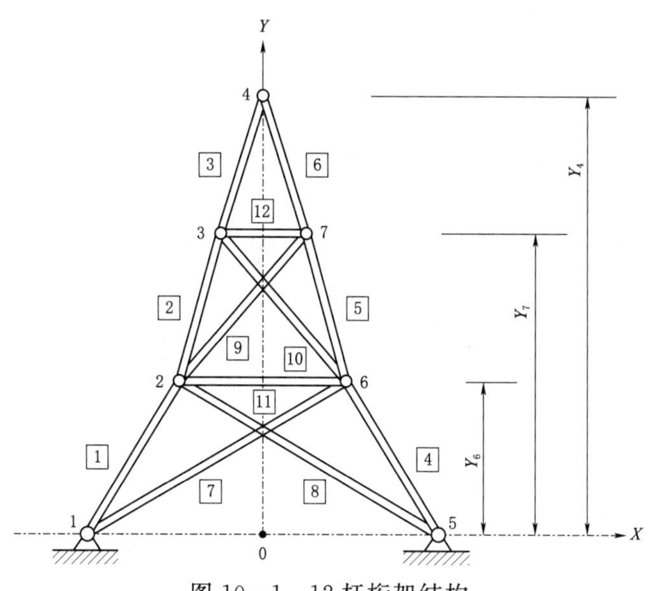

图 10-1　12 杆桁架结构

各杆的截面面积用 $\boldsymbol{A}=[A_1,A_2,\cdots,A_{12}]^{\mathrm{T}}$ 表示，则截面面积 $\boldsymbol{A}$ 和设计变量 $\boldsymbol{X}$ 之间的关系为

$$\underset{12\times1}{\boldsymbol{A}}=\underset{12\times6}{\boldsymbol{T}}\ \underset{6\times1}{\boldsymbol{X}} \tag{10-2}$$

其中

$$\boldsymbol{T}=\begin{bmatrix}1&0&0&0&0&0\\0&1&0&0&0&0\\0&0&1&0&0&0\\1&0&0&0&0&0\\0&1&0&0&0&0\\0&0&1&0&0&0\\0&0&0&1&0&0\\0&0&0&1&0&0\\0&0&0&0&1&0\\0&0&0&0&1&0\\0&0&0&0&0&3\\0&0&0&0&0&1\end{bmatrix} \tag{10-3}$$

这种通过建立设计变量之间的关联关系，只考虑独立的设计变量，减小优化设计规模的方法称为设计变量关联法。这种减少设计变量数目的思路可以拓展到其他的优化设计问题。例如，对图 10-1 所示的桁架结构进行几何形状优化设计，要求：①保持关于 Y 轴的对称性；②结点 2、3、4 和结点 6、7、4 分别在一条直线上。在所有描述结构形状的结点坐标中，选取 X_5、X_6、Y_6、Y_7、Y_4 为独立的设计变量，非独立的关联设计变量为

$$X_1=-X_5,\ Y_1=0,\ X_2=-X_6,\ Y_2=Y_6,\ X_7=\frac{Y_4-Y_7}{Y_4-Y_6}X_6$$

$$X_3=-X_7,\ Y_3=Y_7,\ X_4=0,\ Y_5=0$$

于是，独立设计变量 $\boldsymbol{X}=[x_1,x_2,x_3,x_4,x_5]^{\mathrm{T}}=[X_5,X_6,Y_6,Y_7,Y_4]^{\mathrm{T}}$；独立和非独立设计变量之间的关联关系可以通过结构的几何变量 $\boldsymbol{Z}$ 具体定义。

$$\begin{aligned}\boldsymbol{Z} &= [z_1 \quad z_2 \quad \cdots \quad z_{14}]^{\mathrm{T}} \\ &= [X_1 \quad Y_1 \quad X_2 \quad Y_2 \quad X_3 \quad Y_3 \quad X_4 \quad Y_4 \quad X_5 \quad Y_5 \quad X_6 \quad Y_6 \quad X_7 \quad Y_7]^{\mathrm{T}}\end{aligned}$$

式中，$z_i=r_i(\boldsymbol{X})$，$i=1,2,\cdots,14$。

写成矩阵形式：

$$\underset{14\times1}{Z}=\underset{14\times5}{T}\ \underset{5\times1}{X}$$

其中

$$T=\begin{bmatrix}-1&0&0&0&0&0&0&1&0&0&0&0&0\\0&0&-1&0&K&0&0&0&0&0&1&0&K&0\\0&0&0&1&0&0&0&0&0&0&1&0&0\\0&0&0&0&0&1&0&0&0&0&0&0&1\\0&0&0&0&0&0&1&0&0&0&0&0&0\end{bmatrix}^{\mathrm{T}} \qquad (10-4)$$

$$K=\frac{Y_4-Y_7}{Y_4-Y_6}$$

10.2 快速重分析技术

10.2.1 增量响应法

考虑结构静力优化设计问题，设计变量为 $\boldsymbol{X}^0$，相应的结构劲度矩阵为 $\boldsymbol{K}^0$，荷载向量为 $\boldsymbol{F}^0$，结构的位移向量 $\boldsymbol{Y}^0$ 可以通过平衡方程求解得到

$$\boldsymbol{K}^0\boldsymbol{Y}^0=\boldsymbol{F}^0 \qquad (10-5)$$

或写为

$$\boldsymbol{Y}^0=[\boldsymbol{K}^0]^{-1}\boldsymbol{F}^0 \qquad (10-6)$$

当设计变量变化为 $\boldsymbol{X}^0+\Delta\boldsymbol{X}$，相应地，劲度矩阵变化为 $\boldsymbol{K}^0+\Delta\boldsymbol{K}$，荷载向量变化

为 $\boldsymbol{F}^0+\Delta\boldsymbol{F}$，由此产生的位移变化为 $\boldsymbol{Y}^0+\Delta\boldsymbol{Y}$。此时，平衡方程表示为

$$(\boldsymbol{K}^0+\Delta\boldsymbol{K})(\boldsymbol{Y}^0+\Delta\boldsymbol{Y})=\boldsymbol{F}^0+\Delta\boldsymbol{F} \tag{10-7}$$

将式（10-7）展开有

$$\boldsymbol{K}^0\boldsymbol{Y}^0+\Delta\boldsymbol{K}\boldsymbol{Y}^0+\boldsymbol{K}^0\Delta\boldsymbol{Y}+\Delta\boldsymbol{K}\Delta\boldsymbol{Y}=\boldsymbol{F}^0+\Delta\boldsymbol{F} \tag{10-8}$$

式（10-8）减去式（10-5），整理后有

$$(\boldsymbol{K}^0+\Delta\boldsymbol{K})\Delta\boldsymbol{Y}=\Delta\boldsymbol{F}-\Delta\boldsymbol{K}\boldsymbol{Y}^0 \tag{10-9}$$

式（10-9）中略去 $\Delta\boldsymbol{K}\Delta\boldsymbol{Y}$，得

$$\boldsymbol{K}^0\Delta\boldsymbol{Y}=\Delta\boldsymbol{F}-\Delta\boldsymbol{K}\boldsymbol{Y}^0 \tag{10-10}$$

由式（10-10）解得位移向量的首次近似公式

$$\Delta\boldsymbol{Y}_1=[\boldsymbol{K}^0]^{-1}(\Delta\boldsymbol{F}-\Delta\boldsymbol{K}\boldsymbol{Y}^0) \tag{10-11}$$

式（10-9）减去式（10-10）得

$$(\boldsymbol{K}^0+\Delta\boldsymbol{K})\Delta\boldsymbol{Y}-\boldsymbol{K}^0\Delta\boldsymbol{Y}_1=\boldsymbol{0}$$

改写为

$$(\boldsymbol{K}^0+\Delta\boldsymbol{K})(\Delta\boldsymbol{Y}-\Delta\boldsymbol{Y}_1)=-\Delta\boldsymbol{K}\Delta\boldsymbol{Y}_1 \tag{10-12}$$

定义

$$\Delta\boldsymbol{Y}_2=\Delta\boldsymbol{Y}-\Delta\boldsymbol{Y}_1 \tag{10-13}$$

略去 $\Delta\boldsymbol{K}\Delta\boldsymbol{Y}_2$，则式（10-12）成为

$$\boldsymbol{K}^0\Delta\boldsymbol{Y}_2=-\Delta\boldsymbol{K}\Delta\boldsymbol{Y}_1 \tag{10-14}$$

或写为

$$\Delta\boldsymbol{Y}_2=-[\boldsymbol{K}^0]^{-1}\Delta\boldsymbol{K}\Delta\boldsymbol{Y}_1 \tag{10-15}$$

由式（10-13）可知

$$\Delta\boldsymbol{Y}=\Delta\boldsymbol{Y}_1+\Delta\boldsymbol{Y}_2=\sum_{i=1}^{2}\Delta\boldsymbol{Y}_i \tag{10-16}$$

上述过程可继续反复进行，一般地，式（10-16）可拓展为

$$\Delta\boldsymbol{Y}=\sum_{i=1}^{\infty}\Delta\boldsymbol{Y}_i \tag{10-17}$$

其中，

$$\Delta\boldsymbol{Y}_i=[\boldsymbol{K}^0]^{-1}\Delta\boldsymbol{K}\Delta\boldsymbol{Y}_{i-1} \tag{10-18}$$

如果设计变量的增量 $\Delta\boldsymbol{X}$ 不足够小，式（10-17）中序列 $\Delta\boldsymbol{Y}_i$ 可能不收敛。为保证算法的有效可行，在开始迭代之前应该确定设计变量增量 $\Delta\boldsymbol{X}$ 的大小。

迭代过程满足

$$\frac{\|\Delta\boldsymbol{Y}_i\|}{\left\|\sum_{j=1}^{i}\Delta\boldsymbol{Y}_j\right\|}\Delta\boldsymbol{Y}\leqslant\varepsilon \tag{10-19}$$

或迭代次数大于给定的最大迭代次数时，停止迭代。式（10-19）中，$\|\Delta\boldsymbol{Y}_i\|$ 为向量

$\Delta \boldsymbol{Y}_i$ 的模，ε 为给定的迭代收敛精度。

10.2.2 基向量法

在结构静力优化设计中，修改设计变量后的结构重分析可以通过若干个结构分析的精确解近似完成。对于大多数实际问题，由于设计变量的个数远小于结构分析的自由度数目，故而求解这样的近似结果可以大量地节省计算工作量。

结构的平衡方程为

$$\underset{m\times m}{\boldsymbol{K}}\ \underset{m\times 1}{\boldsymbol{Y}}=\underset{m\times 1}{\boldsymbol{P}} \tag{10-20}$$

式中 $\boldsymbol{K}$——结构劲度矩阵；

$\boldsymbol{Y}$——结点位移列阵；

$\boldsymbol{P}$——荷载列阵；

m——结构分析的自由度总数。

优化设计时设计变量为 $\boldsymbol{X}=[x_1,x_2,\cdots,x_n]^{\mathrm{T}}$。考虑 r 个设计向量 $\boldsymbol{X}_1,\boldsymbol{X}_2,\cdots,\boldsymbol{X}_r$，通过求解平衡方程可以得到相应的结构在荷载作用下的位移的精确解 $\boldsymbol{Y}_1,\boldsymbol{Y}_2,\cdots,\boldsymbol{Y}_r$，平衡方程为

$$\boldsymbol{K}_i\boldsymbol{Y}_i=\boldsymbol{P},\quad i=1,2,\cdots,r \tag{10-21}$$

式中 $\boldsymbol{K}_i$——对应设计变量 $\boldsymbol{X}_i$ 的结构劲度矩阵。

将这 r 个设计向量 $\boldsymbol{X}_1,\boldsymbol{X}_2,\cdots,\boldsymbol{X}_r$ 称为基本设计向量，相应的位移 $\boldsymbol{Y}_1,\boldsymbol{Y}_2,\cdots,\boldsymbol{Y}_r$ 称为基本位移向量。在基本设计向量的邻域中，考虑设计向量 $\boldsymbol{X}_N$，相应的结构在荷载作用下的位移 $\boldsymbol{Y}_N$ 应满足的平衡方程为

$$\boldsymbol{K}_N\boldsymbol{Y}_N=\boldsymbol{P} \tag{10-22}$$

式中 $\boldsymbol{K}_N$——对应设计变量 $\boldsymbol{X}_N$ 的结构劲度矩阵。

用基本位移向量 $\boldsymbol{Y}_1,\boldsymbol{Y}_2,\cdots,\boldsymbol{Y}_r$ 的线性组合近似的表达位移 $\boldsymbol{Y}_N$，则有

$$\boldsymbol{Y}_N=c_1\boldsymbol{Y}_1+c_2\boldsymbol{Y}_2+\cdots+c_r\boldsymbol{Y}_r=\boldsymbol{Yc} \tag{10-23}$$

式中，$\boldsymbol{Y}=[\boldsymbol{Y}_1,\boldsymbol{Y}_2,\cdots,\boldsymbol{Y}_r]$为 $n\times r$ 阶基本位移矩阵，$\boldsymbol{c}=[c_1,c_2,\cdots,c_r]^{\mathrm{T}}$ 为待定系数列矩阵。

将式（10-23）代入式（10-22），并用 $\boldsymbol{Y}^{\mathrm{T}}$ 前乘方程两边得

$$\boldsymbol{Y}^{\mathrm{T}}\boldsymbol{K}_N\boldsymbol{Yc}=\boldsymbol{Y}^{\mathrm{T}}\boldsymbol{P} \tag{10-24}$$

令

$$\widetilde{\boldsymbol{K}}=\boldsymbol{Y}^{\mathrm{T}}\boldsymbol{K}_N\boldsymbol{Y} \tag{10-25}$$

$$\widetilde{\boldsymbol{P}}=\boldsymbol{Y}^{\mathrm{T}}\boldsymbol{P} \tag{10-26}$$

式（10-24）成为

$$\widetilde{\boldsymbol{K}}\boldsymbol{c}=\widetilde{\boldsymbol{P}} \tag{10-27}$$

由式（10-27）可以解得待定系数列矩阵 $\boldsymbol{c}=[c_1,c_2,\cdots,c_r]^{\mathrm{T}}$，进而由式（10-23）得到近似的位移 $\boldsymbol{Y}_N$。由于方程（10-27）的阶数 r 远小于方程（10-22）的阶数 m，这种近似解法大大地减少了解方程组的计算工作量。

10.3 设计灵敏度分析

结构优化设计中运用的数学规划法一般分为两类：一类是建立在导数计算基础上的所谓梯度方法，这类方法除需计算目标函数和约束函数外，还需要计算目标函数和约束函数的导数。另一类方法则不需要计算目标函数及约束函数的导数，而仅仅需要计算这些函数的值。第一类方法利用了更多的有关设计点的分析信息，因而它比第二类方法更加有效，所需结构重分析的次数要少。通常将计算目标函数、约束函数对设计变量的导数称为设计灵敏度分析（sensitivity anlysis）。事实上，基于数学规划方法的结构优化设计，其求解的效率在很大程度上依赖于设计灵敏度分析的效率和精度，它可以为选择搜索方向从而得到改进的、可行的、新的设计点提供重要信息。

对结构优化设计来说，一般目标函数对设计变量的导数比较容易计算。约束函数由于其中包含结构性态响应（如位移、应力等），而性态响应与设计变量之间的关系需要通过结构分析才能确定，且一般没有显式关系。因此，求解约束函数对设计变量的导数比较困难。设计灵敏度分析特别是求解约束函数对设计变量的导数与设计变量的性质以及结构分析方法有着密切的关系。由于有限单元法在结构分析中的广泛应用，许多设计灵敏度分析方法都是基于有限单元法的。这些方法在以结构尺寸参数作为设计变量的结构尺寸优化、以反映结构拓扑的参数作为设计变量的结构拓扑优化及最优材料分布等问题中得到广泛应用。在以结构形状参数为设计变量的形状优化问题中，基于有限单元法的设计灵敏度分析往往会碰到困难，这主要是由于设计变量的改变使结构形状发生变化，从而使有限元网格发生变化，这样设计灵敏度分析必须基于好的有限元自适应网格改进技术（Apaptive Mesh Refinement）并且计算工作量是巨大的；另外形状的改变可能导致有限元网格的畸形从而降低分析精度。

设计灵敏度分析一般可分为：有限差分法、半解析法和解析法三类。

10.3.1 差分法

有限差分法设计灵敏度分析的基本做法是使设计变量有一微小摄动 Δx_i，通过结构分析（如有限单元法）求出结构性态响应，再由差分格式来计算约束函数 $g(X)$ 关于设计变量 X 的近似导数。一种简单的策略是采用向前差分格式，即

$$\frac{\partial g}{\partial x_i}=\frac{g(X^i)-g(X)}{\Delta x_i} \tag{10-28}$$

式中，$X^i=(x_1,x_2,\cdots,x_i+\Delta x_i,\cdots,x_n)^{\mathrm{T}}$。

由泰勒展开可知

$$g(X^i)=g(X)+\frac{\partial g}{\partial x_i}\bigg|_X\cdot\Delta x+\frac{1}{2}\left(\frac{\partial^2 g}{\partial x_i^2}\right)\bigg|_X\cdot\Delta x_i^2+\cdots$$

则

$$\frac{\partial g}{\partial x_i}=\frac{g(X^i)-g(X)}{\Delta x_i}+o(\Delta x_i)$$

可见，式（10-28）的截断误差与 Δx_i 同阶。有时采用更为精确的“中心”差分公式，即

$$\frac{\partial g}{\partial x_i}=\frac{g(X^{i+})-g(X^{i-})}{2\Delta x_i} \tag{10-29}$$

式中

$$X^{i+}=(x_1\quad x_2\quad \cdots x_i+\Delta x_i\quad \cdots\quad x_n)^{\mathrm{T}}$$

$$X^{i-}=(x_1\quad x_2\quad \cdots x_i-\Delta x_i\quad \cdots\quad x_n)^{\mathrm{T}}$$

为了说明中心差分公式的截断误差，将 $g(X^{i+})$ 和 $g(X^{i-})$ 在 X 展开成 Taylor 级数：

$$g(X^{i+})=g(X)+\left(\frac{\partial g}{\partial x_i}\right)\bigg|_X\cdot\Delta x_i+\frac{1}{2}\left(\frac{\partial^2 g}{\partial x_i}\right)\bigg|_x\cdot\Delta x_i^2+\cdots$$

$$g(X^{i-})=g(X)+\left(\frac{\partial g}{\partial x_i}\right)\bigg|_X\cdot(-\Delta x_i)+\frac{1}{2}\left(\frac{\partial^2 g}{\partial x_i}\right)\bigg|_x\cdot(-\Delta x_i^2)+\cdots$$

两式相减，得

$$\frac{\partial g}{\partial x_i}=\frac{g(X^{i+})-g(X^{i-})}{2\Delta x_i}+o(\Delta x_i^2)$$

表明中心差分公式的截断误差与 Δx_i^2 同阶。虽然中心差分公式比向前差分公式精度要高，但在求解每一个导数时，需要多求一次函数值，即多做一次结构分析，增加了计算工作量。采用有限差分法原理简单，无须修改结构分析程序，易于实现。但亦有很大不足，主要表现为

（1）计算工作量巨大。当设计变量个数为 n 时，向前差分至少需要进行 $n+1$ 次结构分析，而中心差分法则至少需要 $2n+1$ 次结构分析。

（2）设计变量的微小摄动 Δx_i 难以确定。从截断误差的角度看，Δx_i 越小越精确，但 Δx_i 过小舍入误差则占优势，同样会使数值失真。

（3）各个设计变量对结构响应的敏感性不一样，故要求的摄动 Δx_i 不一样，增加了分析的难度。

10.3.2 半解析法

有限元静力分析的基本方程为

$$\boldsymbol{KY}=\boldsymbol{F} \tag{10-30}$$

式中 $\boldsymbol{K}$——结构劲度矩阵；

$\boldsymbol{Y}$——结点位移列阵；

$\boldsymbol{F}$——结点荷载列阵，一般它们都是设计变量 $\boldsymbol{X}$ 的函数。

将式（10－30）对设计变量 x_i 求导有

$$\frac{\partial \boldsymbol{K}}{\partial x_i}\boldsymbol{Y}+\boldsymbol{K}\frac{\partial \boldsymbol{Y}}{\partial x_i}=\frac{\partial \boldsymbol{F}}{\partial x_i}$$

则位移对设计变量的导数可确定为

$$\boldsymbol{K}\frac{\partial \boldsymbol{Y}}{\partial x_i}=\boldsymbol{P}_{\mathrm{ps}} \tag{10-31}$$

式（10－31）的求解可以利用已经分解好的整体劲度矩阵 $\boldsymbol{K}$ 关于 $\boldsymbol{P}_{\mathrm{ps}}$ 前代、回代而完成。

在式（10－31）中

$$\boldsymbol{P}_{\mathrm{ps}}=\frac{\partial \boldsymbol{F}}{\partial x_i}-\frac{\partial \boldsymbol{K}}{\partial x_i}\boldsymbol{Y} \tag{10-32}$$

称为伪荷载。在求得$\frac{\partial \boldsymbol{Y}}{\partial x_i}$后，可以方便地求出结构应力对设计变量 x_i 的导数。

单元应力为

$$\boldsymbol{\sigma}^{\mathrm{e}}=\boldsymbol{DBY}^{\mathrm{e}}=\boldsymbol{SY}^{\mathrm{e}} \tag{10-33}$$

式中 $\boldsymbol{\sigma}^{\mathrm{e}}$——单元应力；

$\boldsymbol{D}$——弹性矩阵；

$\boldsymbol{B}$——应变位移变换矩阵；

$\boldsymbol{S}$——应力矩阵。

将式（10－33）对设计变量 x_i 求导，则得到单元应力对 x_i 的导数

$$\frac{\partial \boldsymbol{\sigma}^{\mathrm{e}}}{\partial x_i}=\frac{\partial \boldsymbol{S}}{\partial x_i}\boldsymbol{Y}^{\mathrm{e}}+\boldsymbol{S}\frac{\partial \boldsymbol{Y}^{\mathrm{e}}}{\partial x_i} \tag{10-34}$$

半解析法在设计灵敏度分析时使用有限差分法完成 $\boldsymbol{K}$、$\boldsymbol{F}$ 及 $\boldsymbol{S}$ 对设计变量的导数计算，比如使用向前差分公式，有

$$\left.\begin{aligned}\frac{\partial \boldsymbol{K}}{\partial x_i}&=\frac{\boldsymbol{K}(\boldsymbol{X}^i)-\boldsymbol{K}(\boldsymbol{X})}{\Delta x_i}\\ \frac{\partial \boldsymbol{F}}{\partial x_i}&=\frac{\boldsymbol{F}(\boldsymbol{X}^i)-\boldsymbol{F}(\boldsymbol{X})}{\Delta x_i}\\ \frac{\partial \boldsymbol{S}}{\partial x_i}&=\frac{\boldsymbol{S}(\boldsymbol{X}^i)-\boldsymbol{S}(\boldsymbol{X})}{\Delta x_i}\end{aligned}\right\} \tag{10-35a}$$

或使用中心差分公式

$$\left.\begin{aligned}\frac{\partial \boldsymbol{K}}{\partial x_i}&=\frac{\boldsymbol{K}(\boldsymbol{X}^{i+})-\boldsymbol{K}(\boldsymbol{X}^{i-})}{2\Delta x_i}\\\frac{\partial \boldsymbol{F}}{\partial x_i}&=\frac{\boldsymbol{F}(\boldsymbol{X}^{i+})-\boldsymbol{F}(\boldsymbol{X}^{i-})}{2\Delta x_i}\\\frac{\partial \boldsymbol{S}}{\partial x_i}&=\frac{\boldsymbol{S}(\boldsymbol{X}^{i+})-\boldsymbol{S}(\boldsymbol{X}^{i-})}{2\Delta x_i}\end{aligned}\right\}\tag{10-35b}$$

半解析法不需要复杂的公式推导，增加的程序工作亦较少，更主要的是省机时（与差分法相比可省工作量一半以上），但是，对于设计变量的微小摄动 Δx_i 仍难于确定。

10.3.3 解析法

如果不用有限差分法而直接解析地推导出$\dfrac{\partial \boldsymbol{K}}{\partial x_i}$、$\dfrac{\partial \boldsymbol{F}}{\partial x_i}$，由式（10－31）求解出$\dfrac{\partial \boldsymbol{Y}}{\partial x_i}$，进而由式（10－34）解析地求出应力对设计变量的导数，这种方法称为解析法。解析法具有精度高、耗费机时少的优点，具有广阔的应用前景。

一般说来，由于劲度矩阵 $\boldsymbol{K}$ 及荷载矩阵 $\boldsymbol{F}$ 难以用设计变量显式表示，因此，需要对$\dfrac{\partial \boldsymbol{K}}{\partial x_i}$、$\dfrac{\partial \boldsymbol{F}}{\partial x_i}$做变换。如前所述，结构灵敏度分析不仅与结构分析方法有关，还与设计变量的性质有关。在结构优化设计中，设计变量可以是结构单元的尺寸、结构的材料，也可以是描述结构形状的参数。

1. 劲度矩阵对设计变量的导数

结构劲度矩阵是由单元劲度矩阵叠加而形成的，$\boldsymbol{K}=\sum\limits_i \boldsymbol{K}_i^{\mathrm{e}}$，因此，结构劲度矩阵对设计变量的导数可以通过单元劲度矩阵对设计变量的导数叠加而形成。首先推导各单元劲度矩阵对设计变量的导数，然后按照与形成结构劲度矩阵同样的方法、同样的步骤，将之拼装起来，便形成结构劲度矩阵对设计变量的导数。可见，关键在于推导单元劲度矩阵对设计变量的导数。有限元分析中，形成单元劲度矩阵的一种高效算法可表述如下：

对单元的任意 i，j 结点有

$$(K_{km})_{ij}=(H_{ln})_{ij}E_{klmn}\tag{10-36}$$

式中

$$(H_{ln})_{ij}=\int_{v_{\mathrm{e}}}(N_{i,l})(N_{j,n})\mathrm{d}V\tag{10-37}$$

$$E_{klmn}=\delta_{kl}\delta_{mn}\lambda+(\delta_{km}\delta_{ln}+\delta_{lm}\delta_{kn})\mu\tag{10-38}$$

式中 $N_{i,j}$——形函数对坐标的导数，$N_{i,j}=\frac{\partial N_i}{\partial x_i}$；

δ_{ij}——Kronecker 记号；

λ、μ——Lame 系数；

E_{klmn}——弹性张量；

k、l、m、n——结点自由度方向编号。

对结点数为 ne，结点自由度为 nd 的单元，其劲度矩阵为

$$K^e=[(K_{km})_{ij}] \quad (i,j=1,2,\cdots,ne;\ k,m=1,2,\cdots,nd)$$

例如对空间 20 结点块体单元有

$$\boldsymbol{K}^e=\begin{bmatrix} k_{11} & k_{12} & k_{13} \\ k_{21} & k_{22} & k_{23} \\ k_{31} & k_{32} & k_{33} \end{bmatrix}_{ij} \quad (i,j=1,2,\cdots,20)$$

对式（10－37）进行数值积分有

$$(H_{ln})_{ij}=\sum_{r=1}^{NG_r}\sum_{s=1}^{NG_s}\sum_{t=1}^{NG_t} w_r w_s w_t (N_{i,l})(N_{j,n})\det|J| \tag{10-39}$$

式中 NG_r、NG_s、NG_t——r、s、t 坐标方向的积分阶数；

w_c、w_s、w_t——r、s、t 方向的积分权重；

$\det|J|$——Jacobi 行列式。

将式（10－39）代入式（10－36）并令 $W=\overline{\omega}_r\overline{\omega}_s\overline{\omega}_t$，则

$$(K_{km})_{ij}=\sum_r\sum_s\sum_t W(N_{i,l})(N_{j,n})\det|J|E_{klmn} \tag{10-40}$$

从式（10－40）中可以看出，E_{klmn} 表示单元材料特性的量，而 $(H_{ln})_{ij}$ 则是与单元形状单元位移插值相关的量。如果设计变量取结构的材料，则只需将 E_{klmn} 对设计变量求导，此时有

$$\frac{\partial \boldsymbol{K}^e}{\partial \mathrm{d}p}=(H_{ln})_{ij}\frac{\partial E_{klmn}}{\partial \mathrm{d}p} \tag{10-41}$$

而$\frac{\partial E_{klmn}}{\partial \mathrm{d}p}$是可以通过式（10－38）很容易求出来的。这里为避免与结点坐标 x_i 混淆，将设计量改用 di 来表示，下面亦如此。

如果设计变量为确定结构形状的参数比如结构边界控制点的坐标，则只需将 $(H_{lm})_{ij}$ 对设计变量求导，此时有

$$\frac{\partial \boldsymbol{K}^e}{\partial \mathrm{d}p}=\frac{\partial (H_{ln})_{ij}}{\partial \mathrm{d}p}E_{klmn} \tag{10-42}$$

由式（10－40）可以看出，权重 W 与设计变量无关，而 $N_{i,l}$、$N_{i,n}$ 及 $\det|J|$均与设计变量有关。因此有

$$\frac{\partial (H_{ln})_{ij}}{\partial \mathrm{d}p}=\sum_r\sum_s\sum_t W\left(\frac{\partial (N_{i,l})}{\partial \mathrm{d}p}(N_{j,n})\det|J|\right)$$

$$+\left(N_{i,l}\frac{\partial (N_{j,n})}{\partial \mathrm{d}p}\det|J|+(N_{i,l})(N_{j,n})\frac{\partial (\det|J|)}{\partial \mathrm{d}p}\right) \tag{10-43}$$

写成矩阵形式为

$$\frac{\partial \boldsymbol{K}^{\mathrm{e}}}{\partial \mathrm{d}p}=\sum_r\sum_s\sum_t W\left(\frac{\partial [\boldsymbol{B}]^{\mathrm{T}}}{\partial \mathrm{d}p}[\boldsymbol{D}][\boldsymbol{B}]\det|J|+[\boldsymbol{B}]^{\mathrm{T}}[\boldsymbol{D}]\frac{\partial [\boldsymbol{B}]}{\partial \mathrm{d}p}\det|J|\right)$$

$$+[\boldsymbol{B}]^{\mathrm{T}}[\boldsymbol{D}][\boldsymbol{B}]\frac{\partial (\det|J|)}{\partial \mathrm{d}p} \tag{10-44}$$

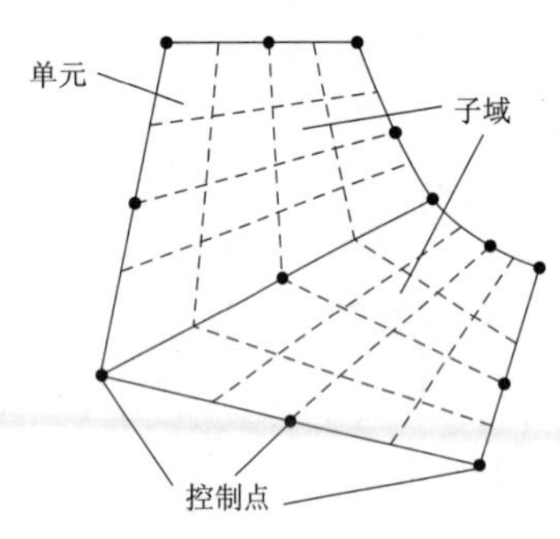

图 10-2 结构、子域、单元示意

需要指出的是，[$\boldsymbol{B}$] 及 $\det|J|$并不直接与设计变量 $\mathrm{d}p$ 相关，它们与单元本身的几何形状有关，而单元的几何形状是由设计变量 $\mathrm{d}p$ 确定的。可以按下述方法来定义单元形状与设计变量的关系，根据设计变量将结构分为若干个子域，这些子域的控制点的几何信息为 $\mathrm{d}p$ 的函数。对子区域，可以采用等参映射将其自动剖分而得到单元。显然，单元的几何形状取决于子区域的控制点的几何性质，即取决于结构设计变量，结构、子域、单元示意如图 10-2 所示。等参映射可表示为

$$\begin{cases}x=\sum N_i(r,s,t)x_i\\ y=\sum N_i(r,s,t)y_i\\ z=\sum N_i(r,s,t)z_i\end{cases} \tag{10-45}$$

这里，x、y、z 表示单元结点的坐标，x_i、y_i、z_i 表示子区域控制点的坐标，它们是设计变量的函数。

下面来推导$\dfrac{\partial [\boldsymbol{B}]}{\partial \mathrm{d}p}$及$\dfrac{\partial \det|J|}{\partial \mathrm{d}p}$

对三维弹性问题有

$$\boldsymbol{B}=[\boldsymbol{B}_1\quad \boldsymbol{B}_2\quad \cdots\quad \boldsymbol{B}_{ne}]$$

$$\boldsymbol{B}_i=\begin{bmatrix}N_{i,x}&0&0\\0&N_{i,y}&0\\0&0&N_{i,z}\\N_{i,y}&N_{i,x}&0\\0&N_{i,z}&N_{i,z}\\N_{i,z}&0&N_{i,x}\end{bmatrix} \tag{10-46}$$

式 (10-46) 中 $N_{i,l}$ 表示形函数对整体坐标的导数，它与形函数对自然坐标的导数有下述关系

$$\begin{bmatrix} N_{i,x} \\ N_{i,y} \\ N_{i,z} \end{bmatrix} = [\boldsymbol{J}]^{-1} \begin{bmatrix} N_{i,r} \\ N_{i,s} \\ N_{i,t} \end{bmatrix} \tag{10-47}$$

这里，$[\boldsymbol{J}]=\begin{bmatrix} x_{,r} y_{,r} z_{,r} \\ x_{,s} y_{,s} z_{,s} \\ x_{,t} y_{,t} z_{,t} \end{bmatrix}$为 Jacobi 矩阵。

由式（10－45）不难推出

$$x_{,r}=\frac{\partial x}{\partial r}=\frac{\partial}{\partial r}(\sum N_i x_i)=\sum \frac{\partial N_i}{\partial r} x_i \tag{10-48}$$

同样可写出 $y_{,r}$，$z_{,r}$，$x_{,s}$，…，$z_{,t}$。

对设计变量 dp 的导数为

$$\frac{\partial [\boldsymbol{B}]}{\partial \mathrm{d}p}=\begin{bmatrix} \frac{\partial \boldsymbol{B}_1}{\partial \mathrm{d}p} & \frac{\partial \boldsymbol{B}_2}{\partial \mathrm{d}p} & \cdots & \frac{\partial \boldsymbol{B}_{\mathrm{ne}}}{\partial \mathrm{d}p} \end{bmatrix}$$

其中各子矩阵为

$$\frac{\partial \boldsymbol{B}_i}{\partial \mathrm{d}p}=\begin{bmatrix} \frac{\partial N_{i,x}}{\partial \mathrm{d}p} & 0 & 0 \\ 0 & \frac{\partial N_{i,y}}{\partial \mathrm{d}p} & 0 \\ 0 & 0 & \frac{\partial N_{i,z}}{\partial \mathrm{d}p} \\ \frac{\partial N_{i,y}}{\partial \mathrm{d}p} & \frac{\partial N_{i,x}}{\partial \mathrm{d}p} & 0 \\ 0 & \frac{\partial N_{i,z}}{\partial \mathrm{d}p} & \frac{\partial N_{i,y}}{\partial \mathrm{d}p} \\ \frac{\partial N_{i,z}}{\partial \mathrm{d}p} & 0 & \frac{\partial N_{i,x}}{\partial \mathrm{d}p} \end{bmatrix} \tag{10-49}$$

$\frac{\partial N_{i,x}}{\partial \mathrm{d}p}, \frac{\partial N_{i,y}}{\partial \mathrm{d}p}, \frac{\partial N_{i,z}}{\partial \mathrm{d}p}$可以由式（10－47）推导，注意到 $N_{i,r}$，$N_{i,x}$，$N_{i,t}$ 仅仅是自然坐标 r，s，t 的函数，它们的值仅取决于高斯样点的坐标（r，s，t），故它们与设计变量无关，于是有

$$\begin{aligned} \frac{\partial}{\partial \mathrm{d}p}\begin{bmatrix} N_{i,x} \\ N_{i,y} \\ N_{i,z} \end{bmatrix} &= \frac{\partial}{\partial \mathrm{d}p}\left([\boldsymbol{J}]^{-1}\begin{bmatrix} N_{i,r} \\ N_{i,s} \\ N_{i,t} \end{bmatrix}\right) = -[\boldsymbol{J}]^{-1}\frac{\partial [J]}{\partial \mathrm{d}p}[\boldsymbol{J}]^{-1}\begin{bmatrix} N_{i,r} \\ N_{i,s} \\ N_{i,t} \end{bmatrix} \\ &= -[\boldsymbol{J}]^{-1}\frac{\partial [\boldsymbol{J}]}{\partial \mathrm{d}p}\begin{bmatrix} N_{i,x} \\ N_{i,y} \\ N_{i,z} \end{bmatrix} \end{aligned} \tag{10-50}$$

式中

$$\frac{\partial[\boldsymbol{J}]}{\partial \mathrm{d}p}=\begin{bmatrix}\frac{\partial x_{,r}}{\partial \mathrm{d}p} & \frac{\partial y_{,r}}{\mathrm{d}p} & \frac{\partial z_{,r}}{\partial \mathrm{d}p}\\ \frac{\partial x_{,s}}{\partial \mathrm{d}p} & \frac{\partial y_{,s}}{\mathrm{d}p} & \frac{\partial z_{,s}}{\partial \mathrm{d}p}\\ \frac{\partial x_{,t}}{\partial \mathrm{d}p} & \frac{\partial y_{,t}}{\mathrm{d}p} & \frac{\partial z_{,t}}{\partial \mathrm{d}p}\end{bmatrix} \tag{10-51}$$

由式（10-48）有

$$\frac{\partial x_{,r}}{\partial \mathrm{d}p}=\frac{\partial}{\partial \mathrm{d}p}\left(\frac{\partial x}{\partial r}\right)=\frac{\partial}{\partial \mathrm{d}p}\left(\sum\frac{\partial N_i}{\partial r}x_i\right)=\sum\frac{\partial N_i}{\partial r}\frac{\partial x_i}{\partial \mathrm{d}p} \tag{10-52}$$

这里，$\frac{\partial x_i}{\partial \mathrm{d}p}$表示子区域控制点的坐标对设计变量的导数，可以方便地解析求得。同样可以得到$\frac{\partial y_{,r}}{\partial \mathrm{d}p}$、$\frac{\partial z_{,r}}{\partial \mathrm{d}p}$、$\frac{\partial x_{,s}}{\partial \mathrm{d}p}$、…、$\frac{\partial x_{,t}}{\partial \mathrm{d}p}$等。

于是有

$$\frac{\partial}{\partial \mathrm{d}p}\begin{Bmatrix}N_{i,x}\\ N_{i,y}\\ N_{i,z}\end{Bmatrix}=-[\boldsymbol{J}]^{-1}\begin{bmatrix}\sum\frac{\partial N_i}{\partial r}\frac{\partial x_i}{\partial \mathrm{d}p} & \sum\frac{\partial N_i}{\partial r}\frac{\partial y_i}{\partial \mathrm{d}p} & \sum\frac{\partial N_i}{\partial r}\frac{\partial x_i}{\partial \mathrm{d}p}\\ \sum\frac{\partial N_i}{\partial s}\frac{\partial x_i}{\partial \mathrm{d}p} & \sum\frac{\partial N_i}{\partial s}\frac{\partial y_i}{\partial \mathrm{d}p} & \sum\frac{\partial N_i}{\partial s}\frac{\partial x_i}{\partial \mathrm{d}p}\\ \sum\frac{\partial N_i}{\partial t}\frac{\partial x_i}{\partial \mathrm{d}p} & \sum\frac{\partial N_i}{\partial t}\frac{\partial y_i}{\partial \mathrm{d}p} & \sum\frac{\partial N_i}{\partial t}\frac{\partial x_i}{\partial \mathrm{d}p}\end{bmatrix}\begin{Bmatrix}N_{i,x}\\ N_{i,y}\\ N_{i,z}\end{Bmatrix} \tag{10-53}$$

由式（10-47）求得$\begin{Bmatrix}N_{i,x}\\ N_{i,y}\\ N_{i,z}\end{Bmatrix}$后便可由式（10-53）求得$\frac{\partial}{\partial \mathrm{d}p}\begin{Bmatrix}N_{i,x}\\ N_{i,y}\\ N_{i,z}\end{Bmatrix}$，进而由式（10-49）求得$\frac{\partial[\boldsymbol{B}]}{\mathrm{d}p}$。

Jacobi 行列式为

$$\det|J|=\begin{vmatrix}x_{,r}y_{,r}z_{,r}\\ x_{,s}y_{,s}z_{,s}\\ x_{,t}y_{,t}z_{,t}\end{vmatrix}=x_{,r}y_{,s}z_{,t}+x_{,s}y_{,t}z_{,r}$$

$$+x_{,t}y_{,r}z_{,s}-x_{,t}y_{,s}z_{,r}-x_{,r}y_{,t}z_{,s}-x_{,s}y_{,r}z_{,t} \tag{10-54}$$

Jacobi 行列式对设计变量 dp 的导数为

$$\frac{\partial}{\partial \mathrm{d}p}(\det|J|)=\frac{\partial x_{,r}}{\partial \mathrm{d}p}(y_{,s}z_{,t}-y_{,t}z_{,s})+\frac{\partial x_{,s}}{\partial \mathrm{d}p}(y_{,t}z_{,r}-y_{,r}z_{,t})$$
$$+\frac{\partial x_{,t}}{\partial \mathrm{d}p}(y_{,r}z_{,s}-y_{,s}z_{,r})+\frac{\partial y_{,r}}{\partial \mathrm{d}p}(x_{,t}z_{,s}-x_{,s}z_{,t})$$
$$+\frac{\partial y_{,s}}{\partial \mathrm{d}p}(x_{,r}z_{,t}-x_{,t}z_{,r})+\frac{\partial y_{,t}}{\partial \mathrm{d}p}(x_{,s}z_{,r}-x_{,r}z_{,s})$$
$$+\frac{\partial z_{,r}}{\partial \mathrm{d}p}(x_{,s}y_{,t}-x_{,t}y_{,s})+\frac{\partial z_{,s}}{\partial \mathrm{d}p}(x_{,t}y_{,r}-x_{,r}y_{,t})$$
$$+\frac{\partial z_{,t}}{\partial \mathrm{d}p}(x_{,r}y_{,s}-x_{,s}y_{,r}) \tag{10-55}$$

式（10－55）中各个分量均可通过式（10－52）及形函数对自然坐标的导数求得。

将求得的$\frac{\partial[\boldsymbol{B}]}{\partial \mathrm{d}p}$及$\frac{\det|J|}{\partial \mathrm{d}p}$代入式（10－17）中运用求单元劲度矩阵同样的方法、步骤便可求得$\frac{\partial \det|J|}{\partial \mathrm{d}p}$。

2. 荷载矩阵对设计变量的导数

结点荷载矩阵可以由单元等效结点荷载拼装而成，即 $\boldsymbol{F}=\sum_i \{\boldsymbol{R}\}_i^{\mathrm{e}}$

一般说来

$$\{\boldsymbol{R}\}_i^{\mathrm{e}}=\{\boldsymbol{F}\}_i^{\mathrm{e}}+\{\boldsymbol{Q}\}_i^{\mathrm{e}}+\{\boldsymbol{G}\}_i^{\mathrm{e}}+\{\boldsymbol{H}\}_i^{\mathrm{e}} \tag{10-56}$$

式中　$\{\boldsymbol{F}\}_i^{\mathrm{e}}$、$\{\boldsymbol{Q}\}_i^{\mathrm{e}}$、$\{\boldsymbol{G}\}_i^{\mathrm{e}}$、$\{\boldsymbol{H}\}_i^{\mathrm{e}}$——由于集中荷载、面力、体力及初应变引起的单元等效结点荷载。

为方便只考虑面力和体力的作用。

设面力$\{\boldsymbol{q}\}=[q_{jx},q_{jy},q_{jz}]^{\mathrm{T}}$作用在单元的一个曲面 S 上，则单元第 j 个结点的等效结点荷载为

$$\{\boldsymbol{Q}_j\}=[Q_{jx},Q_{jy},Q_{jz}]^{\mathrm{T}}=\iint_S N_j[q_x,q_y,q_z]^{\mathrm{T}}\mathrm{d}S \tag{10-57}$$

考虑面力正交于所作用的曲面（比如水工结构中常见的静水压力），设面力作用在 $r=\pm1$ 面，则有

$$\{\boldsymbol{Q}_j\}=\begin{Bmatrix}Q_{jx}\\Q_{jy}\\Q_{jz}\end{Bmatrix}=\mp\int_{-1}^{+1}\int_{-1}^{+1}[N_j]_{r=\pm1}$$
$$q[y_{,s}z_{,t}-z_{,s}y_{,t},z_{,s}x_{,t}-x_{,s}z_{,t},x_{,s}y_{,t}-y_{,s}x_{,t}]_{r\pm1}^{\mathrm{T}}\mathrm{d}s\mathrm{d}t \tag{10-58}$$

对作用在 $s=\pm1$，$t=\pm1$ 面上的面力同样可以给出如式（10－58）的结点等效荷载。一般 q 值不变，如作用在大坝表面的水压力，使用同样的高斯样点则 N_j 亦保持不变。故有

$$\left\{\frac{\partial \boldsymbol{Q}_j}{\partial \mathrm{d}p}\right\}=\left\{\begin{array}{c}\dfrac{\partial Q_{jx}}{\partial \mathrm{d}p}\\ \dfrac{\partial Q_{jy}}{\partial \mathrm{d}p}\\ \dfrac{\partial Q_{jz}}{\partial \mathrm{d}p}\end{array}\right\}=\mp\sum_s\sum_t W\left[qN_j\left\{\begin{array}{c}\dfrac{\partial y_{,s}}{\partial \mathrm{d}p}z_{,t}+y_{,s}\dfrac{\partial z_{,t}}{\partial \mathrm{d}p}-\dfrac{\partial z_{,s}}{\partial \mathrm{d}p}y_{,t}-z_{,s}\dfrac{\partial y_{,t}}{\partial \mathrm{d}p}\\ \dfrac{\partial z_{,s}}{\partial \mathrm{d}p}x_{,t}+z_{,s}\dfrac{\partial x_{,t}}{\partial \mathrm{d}p}-\dfrac{\partial x_{,s}}{\partial \mathrm{d}p}z_{,t}-x_{,s}\dfrac{\partial z_{,t}}{\partial \mathrm{d}p}\\ \dfrac{\partial x_{,s}}{\partial \mathrm{d}p}y_{,t}+x_{,s}\dfrac{\partial y_{,t}}{\partial \mathrm{d}p}-\dfrac{\partial y_{,s}}{\partial \mathrm{d}p}x_{,t}-y_{,s}\dfrac{\partial x_{,t}}{\partial \mathrm{d}p}\end{array}\right\}_{r=\pm1}\right] \tag{10-59}$$

式（10－59）中，$\dfrac{\partial x_{,s}}{\partial \mathrm{d}p}$、$\dfrac{\partial z_{,t}}{\partial \mathrm{d}p}$等在式（10－52）中已经给出。因此，运用式（10－59）按照形成面力荷载同样的方法和同样的步骤，便可形成面力荷载对设计变量的导数。

设作用在单元上的体力为$\{\boldsymbol{g}\}=[g_x,g_y,g_z]^{\mathrm{T}}$，则单元第 j 个结点的等效结点荷载为

$$\{\boldsymbol{G}_j\}=\left\{\begin{array}{c}G_{jx}\\ G_{jy}\\ G_{jz}\end{array}\right\}=\int_1^{-1}\int_{-1}^1\int_{-1}^1 N_j[g_x,g_y,g_z]^{\mathrm{T}}\det|J|\,\mathrm{d}r\mathrm{d}s\mathrm{d}t \tag{10-60}$$

如果体力保持常数（如自重），使用相同的高斯样点，则有

$$\left\{\frac{\partial \boldsymbol{G}_j}{\partial \mathrm{d}p}\right\}=\sum_r\sum_s\sum_t W\left(N_j[g_x,g_y,g_z]^{\mathrm{T}}\frac{\partial(\det|J|)}{\partial \mathrm{d}p}\right) \tag{10-61}$$

式中，$\dfrac{\partial(\det|J|)}{\partial \mathrm{d}p}$在公式（10－51）中已经给出。因此，由式（10－61）按照形成体力荷载同样的方法与同样的步骤便可形成体力对设计变量的导数。

3. 解析法设计灵敏度分析的主要步骤

解析法设计灵敏度分析，其主要步骤如下：

（1）对第 k 次迭代，由设计变量 $\{\mathrm{d}p\}^k$ 确定各子区域，对子区域自动剖分，生成各单元。

（2）计算结构响应。求出 $x_{,r},\cdots,z_{,t},[\boldsymbol{J}],[\boldsymbol{J}]^{-1},\det|\boldsymbol{J}|,N_{i,x},N_{i,y},N_{iz}$，构造$[\boldsymbol{B}]$，形成 $[\boldsymbol{K}]^{\mathrm{e}}$，进而组装成 $\boldsymbol{K}$，最后求得结点位移 $\{u\}$ 及单元应力 $\{\sigma\}$。

（3）计算$\dfrac{\partial \boldsymbol{K}^{\mathrm{e}}}{\partial \mathrm{d}p}$并拼装成$\dfrac{\partial \boldsymbol{K}}{\partial \mathrm{d}p}$，计算$\dfrac{\partial \boldsymbol{R}^{e}}{\partial \mathrm{d}p}$并拼装成$\dfrac{\partial \boldsymbol{F}}{\partial \mathrm{d}p}$，由式（10－32）求得伪荷载 P_{ps}。

（4）由式（10－31）求得$\dfrac{\partial \boldsymbol{Y}}{\partial \mathrm{d}p}$，并求解应力对设计变量的导数

$$\left\{\frac{\partial \sigma}{\partial \mathrm{d}p}\right\}=[\boldsymbol{D}]\left([\boldsymbol{B}]\left\{\frac{\partial \boldsymbol{u}}{\partial \mathrm{d}p}\right\}^{\mathrm{e}}+\frac{\partial[\boldsymbol{B}]}{\partial \mathrm{d}p}\{\boldsymbol{u}\}^{\mathrm{e}}\right) \tag{10-62}$$

(5) 转入 $k+1$ 次迭代。

由前面的推导可以看出，解析法求解设计灵敏度，可以完全按照结构静力分析的步骤进行。与差分法与半解析法相比，计算工作量亦大大减少。

【例题 10-1】 图 10-3 为悬臂梁受力示意图，几何尺寸 $b=2\text{m}$，$l=10\text{m}$，材料特性 $E=3.4\times10^7\text{kN/m}^2$，$\mu=0.2$，荷载 $P=10\text{kN}$，将梁的高度 b 作为设计变量，求解应力对设计变量的导数。

解： 按平面应力问题求解，梁的厚度取为单位 1。将梁离散为两层，每层 10 个单元，共 20 个 8 结点等参单元。表 10-1 给出了梁上表面应力灵敏度结果比较。

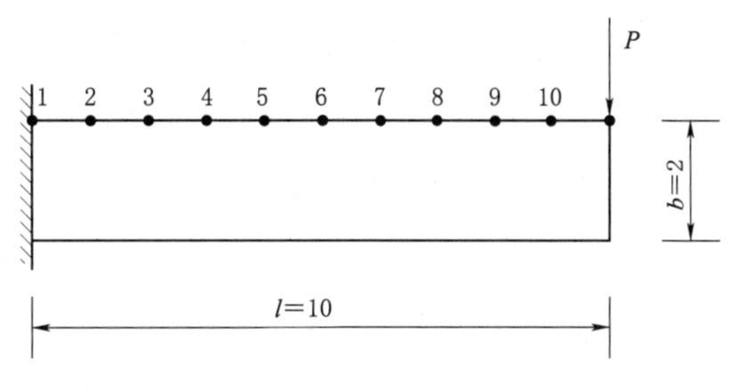

图 10-3 悬臂梁受力示意图

表 10-1 **应力灵敏度结果比较**

点号	1	2	3	4	5	6	7	8	9	10
理论解	−150	−135	−120	−105	−90	−75	−60	−45	−30	−15
本书解	−151.95	−136.69	−121.52	−106.44	−91.27	−76.2	−60.78	−45.61	−30.53	−15.29
误差/%	1.3	1.25	1.27	1.44	1.41	1.60	1.30	1.36	1.77	1.93

10.4 多层优化

当结构系统复杂且规模庞大时，结构优化设计问题会包含数量庞大的设计变量和约束条件，最优问题求解工作量会大到无法控制。在这种情况下，优化设计问题可以采用不同的方法分解为一系列较小的问题求解。分层优化设计就是一种分解的方法，它将原问题重新表述为若干个较小规模的子问题（子系统层级）和一个保持各子系统之间关联关系的统合问题（系统层级）。这种思想在线性规划和动态规划中也有应用。

本章介绍两层优化设计方法，系统被分解为若干个子系统，每一个子系统都有各自的优化设计目标和约束条件，作为第一层优化设计，每一个子系统独自求解，统合问题作为第二层优化设计求解。

设优化设计问题为

$$
\begin{cases}
\text{find } \boldsymbol{X} \\
\min f(\boldsymbol{X}) \\
\text{s.t. } g_j(\boldsymbol{X})\leqslant 0 \quad (j=1,2,\cdots,m) \\
\qquad h_k(\boldsymbol{X})=0 \quad (k=1,2,\cdots,p) \\
\qquad x_i^l\leqslant x_i\leqslant x_i^u \quad (i=1,2,\cdots,n)
\end{cases}
$$

式中　x_i^l，x_i^u——设计变量 x_i 的上、下界。

设计向量 $\boldsymbol{X}$ 可以分解为

$$\boldsymbol{X}=\begin{Bmatrix}\boldsymbol{Y}\\\boldsymbol{Z}\end{Bmatrix} \tag{10-63}$$

式中　子向量 $\boldsymbol{Y}$——统合设计变量或关联设计变量；

　　子向量 $\boldsymbol{Z}$——各子系统的设计向量。

向量 $\boldsymbol{Z}$ 又可依次分解为

$$\boldsymbol{Z}=\begin{Bmatrix}\boldsymbol{Z}_1\\\vdots\\\boldsymbol{Z}_k\\\vdots\\\boldsymbol{Z}_K\end{Bmatrix} \tag{10-64}$$

式中　子向量 $\boldsymbol{Z}_k$——只与第 k 个子系统有关的设计变量；

　　　　K——子系统总数。

根据设计变量的分类将约束条件重新分组，有

$$\begin{Bmatrix}g_1(\boldsymbol{X})\\g_2(\boldsymbol{X})\\\vdots\\g_m(\boldsymbol{X})\end{Bmatrix}=\begin{Bmatrix}g^{(1)}(\boldsymbol{Y},\boldsymbol{Z}_1)\\g^{(2)}(\boldsymbol{Y},\boldsymbol{Z}_2)\\\vdots\\g^{(K)}(\boldsymbol{Y},\boldsymbol{Z}_K)\end{Bmatrix}\leqslant 0 \tag{10-65}$$

$$\begin{Bmatrix}l_1(\boldsymbol{X})\\l_2(\boldsymbol{X})\\\vdots\\l_p(\boldsymbol{X})\end{Bmatrix}=\begin{Bmatrix}l^{(1)}(\boldsymbol{Y},\boldsymbol{Z}_1)\\l^{(2)}(\boldsymbol{Y},\boldsymbol{Z}_2)\\\vdots\\l^{(K)}(\boldsymbol{Y},\boldsymbol{Z}_K)\end{Bmatrix}=0 \tag{10-66}$$

设计变量的上、下限表示为

$$\begin{aligned}&\boldsymbol{Y}^{(l)}\leqslant\boldsymbol{Y}\leqslant\boldsymbol{Y}^{(u)}\\&\boldsymbol{Z}_k^{(l)}\leqslant\boldsymbol{Z}_k\leqslant\boldsymbol{Z}_k^{(u)}\quad(k=1,2,\cdots,K)\end{aligned} \tag{10-67}$$

类似地，目标函数表示为

$$f(\boldsymbol{X})=\sum_{k=1}^{K}f^{(k)}(\boldsymbol{Y},\boldsymbol{Z}_k) \tag{10-68}$$

式中　$f^{(k)}(\boldsymbol{Y},\boldsymbol{Z}_k)$ ——第 k 个子系统对整个目标函数的贡献。

应用式（10-63）～式（10-68），两层优化设计问题可以表述为

（1）第一层优化设计问题。将统合设计变量 $\boldsymbol{Y}$ 设置为 $\boldsymbol{Y}^*$，求 $\boldsymbol{Z}_k$，在满足相应约束条件的情况下极小化目标函数，即

$$\begin{cases}\text{find } \boldsymbol{Z}_k \\ \min\ f^{(k)}(\boldsymbol{Y}^*,\boldsymbol{Z}_k) \\ \text{s.t. } g^{(k)}(\boldsymbol{Y},\boldsymbol{Z}_k)\leqslant 0 \\ \quad\ h^{(k)}(\boldsymbol{Y},\boldsymbol{Z}_k)=0 \\ \quad\ \boldsymbol{Z}_k^{(l)}\leqslant \boldsymbol{Z}_k\leqslant \boldsymbol{Z}_k^{(u)} \quad (k=1,2,\cdots,K)\end{cases} \tag{10-69}$$

可以看出，第一层优化设计问题是对固定不变的统合设计变量$\boldsymbol{Y}^*$，求目标函数的极小值。目标函数为

$$f(\boldsymbol{Y}^*,\boldsymbol{Z})=\sum_{k=1}^{K} f^{(k)}(\boldsymbol{Y}^*,\boldsymbol{Z}_k) \tag{10-70}$$

（2）第二层优化设计问题。将各子系统的设计变量$\boldsymbol{Z}_k$设置为第一层优化设计问题的最优解$\boldsymbol{Z}_k^*$，求$\boldsymbol{Y}$，在满足相应约束条件的情况下极小化目标函数为

$$\begin{cases}\text{find } \boldsymbol{Y} \\ \min\ f(\boldsymbol{Y})=\sum_{k=1}^{K} f^{(k)}(\boldsymbol{Y},\boldsymbol{Z}_k^*) \\ \text{s.t. } \boldsymbol{Y}^{(l)}\leqslant \boldsymbol{Y}\leqslant \boldsymbol{Y}^{(u)}\end{cases} \tag{10-71}$$

一旦解出最优值$\boldsymbol{Y}^*$，转入第一层次优化，如此反复依次进行第一、第二层次优化，直至迭代收敛。

两层次优化设计的基本步骤如下：

1）选择初始统合设计变量$\boldsymbol{Y}^*$。

2）进行第一层次优化设计，求各子问题式（10-69）的最优解$\boldsymbol{Z}_k^*,k=1,2,\cdots,K$。

3）进行第二层次优化设计，求统合问题的最优解$\boldsymbol{Y}^*$。

4）比较统合问题的最优解$\boldsymbol{Y}^*$，作收敛判断。

5）如果不收敛则转步骤2）重新进行迭代，直至收敛。

【例题10-2】 对图10-4所示两杆桁架做最轻设计。设桁架的高为h，两杆的横截面面积分别为A_1和A_2，各杆许用应力为$[\sigma_0]=10^5\text{Pa}$，单位体积的重量为76500N/m^3，桁架高度限制为1m$\leqslant h\leqslant$6m，各杆面积限制在0～0.1m^{2}之间。

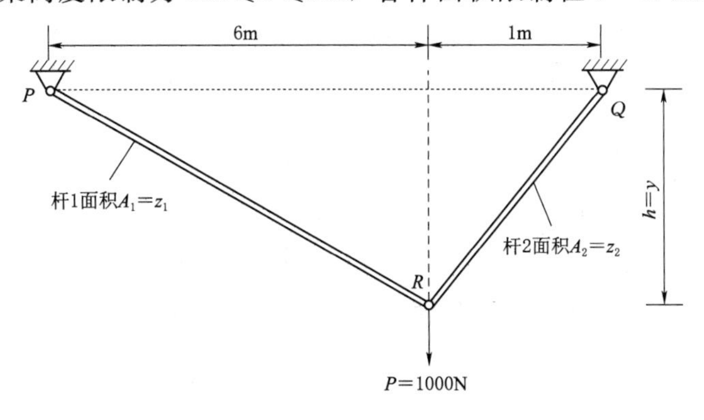

图10-4 两杆桁架

解： 将桁架的高度 h 取为统合设计变量 y，两杆的横截面面积分别取为子系统 1 和子系统 2 的设计变量 z_1 和 z_2，即 $\boldsymbol{Y}=\{y\}$，$\boldsymbol{Z}_1=\{z_1\}$，$\boldsymbol{Z}_2=\{z_2\}$。

各杆的应力为

$$\sigma_1=\frac{P\sqrt{y^2+36}}{7yz_1},\sigma_2=\frac{6P\sqrt{y^2+1}}{7yz_2}$$

则优化设计问题可以表述为

求 $$\boldsymbol{X}=[y,z_1,z_2]^{\mathrm{T}},$$

$$\min f(\boldsymbol{X})=76500z_1\sqrt{y^2+36}+76500z_2\sqrt{y^2+1}$$

$$\text{s. t. }\ \frac{P\sqrt{y^2+36}}{7[\sigma_0]yz_1}-1\leqslant 0,\frac{6P\sqrt{y^2+1}}{7[\sigma_0]yz_2}-1\leqslant 0$$

$$1\leqslant y\leqslant 6,0\leqslant z_1\leqslant 0.1,0\leqslant z_2\leqslant 0.1$$

(1) 第一层次优化设计

子系统 1，求 z_1：

$$\min f^{(1)}(\boldsymbol{Y}^*,z_1)=76500z_1\sqrt{(y^*)^2+36}$$

$$\text{s. t. }\ g_1(y^*,z_1)=\frac{1428.5714\times 10^{-6}\sqrt{(y^*)^2+36}}{y^*z_1}-1\leqslant 0 \tag{10-72}$$

$$0\leqslant z_1\leqslant 0.1$$

该问题的解为 $z_1^*=\dfrac{1428.5714\times 10^{-6}\sqrt{(y^*)^2+36}}{y^*}$。

子系统 2，求 z_2：

$$\min f^{(2)}(\boldsymbol{Y}^*,z_2)=76500z_2\sqrt{(y^*)^2+1}$$

$$\text{s. t. }\ g_1(y^*,z_1)=\frac{8571.4285\times 10^{-6}\sqrt{(y^*)^2+1}}{y^*z_2}-1\leqslant 0 \tag{10-73}$$

$$0\leqslant z_2\leqslant 0.1$$

该问题的解为 $z_2^*=\dfrac{8571.4285\times 10^{-6}\sqrt{(y^*)^2+1}}{y^*}$。

(2) 第二层次优化设计。求统合设计变量 $\boldsymbol{Y}=\{y\}$，有

$$\begin{aligned}&\min f(\boldsymbol{Y})=f^{(1)}(y,z_1^*)+f^{(2)}(y,z_2^*)\\&\text{s. t. }\ 1\leqslant y\leqslant 6\end{aligned} \tag{10-74}$$

将第一层次问题的最优解代入，有

$$\min f(\boldsymbol{Y})=76500z_1^*\sqrt{y^2+36}+76500z_2^*\sqrt{y^2+1}$$

$$=109.2857\frac{y^2+36}{y}+655.7143\frac{y^2+1}{y}$$

$$\text{s.t.}\quad 1\leqslant y\leqslant 6$$

目标函数在区间［1，6］的图形如图 10－5 所示，最优解为 $y^*=2.45\text{m}$，$f^*=3747.7\text{N}$。

由于两杆桁架为静定桁架，故最优解为 $h^*=y^*=2.45\text{m}$，$A_1^*=z_1^*=3.7790\times10^{-3}\text{m}^2$，$A_2^*=z_2^*=9.2579\times10^{-3}\text{m}^2$，$f^*=3747.7\text{N}$。

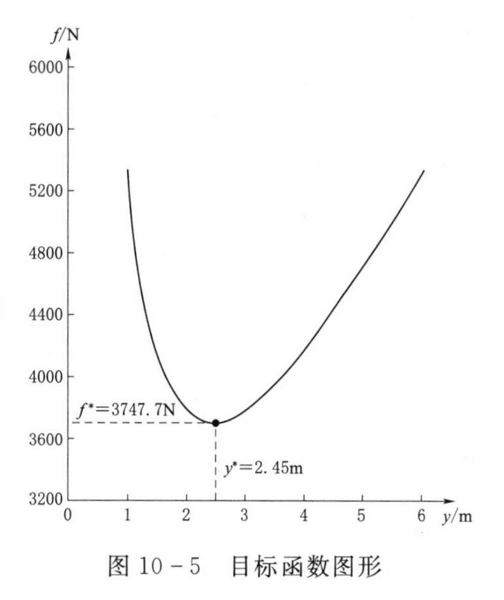

图 10－5　目标函数图形

10.5　并行处理

应用并行计算（parallel computing）可以更有效地求解大规模的优化设计问题。并行计算是指同时使用多种计算资源解决计算问题的过程，是提高计算机系统计算速度和处理能力的一种有效手段。它的基本思想是用多个处理器来协同求解同一问题，即将被求解的问题分解成若干个部分，各部分均由一个独立的处理机来并行计算。并行计算系统既可以是专门设计的、含有多个处理器的超级计算机，也可以是以某种方式互连的若干台的独立计算机构成的集群。

1. 计算方案

优化设计问题及其拓展的分析计算，例如有限元计算等，可以采用下列计算方案：

（1）采用多层计算方案，对子问题进行并行计算。

（2）采用子结构方案，对子结构进行并行分析。

（3）采用并行计算进行优化问题寻优计算。

2. 计算步骤

如果采用多层计算方案，各子系统的寻优由各子处理器并行完成，而统合优化设计则由主处理器完成。如果优化设计问题包含一些拓展计算，例如有限元计算，则可以将问题分解为若干个子结构，子结构由各子处理器并行计算，而主处理器则处理主系统层级的计算。具体步骤总结如下：

（1）初始化优化设计系统，将初始设计变量输送到各子处理器。

（2）在各子处理器上对子结构进行有限元计算。

（3）主处理器集成结构劲度矩阵和荷载矩阵，求解各子结构公共边界上的结点位移，并将结构输送到各子处理器。

(4) 各子处理器计算结点位移和应力，以便检验约束条件。

(5) 主处理器接收各子处理器的数据，检查优化迭代的收敛条件，如果不收敛则转步骤 (1) 重新开始优化算法。

对结构优化设计问题，许多学者提出了不同的并行计算算法。例如，Atiqullah 和 Rao 提出了一种模拟退火算法的并行计算算法，一些设计变量被输送到不同的子处理器进行子问题优化设计，各子处理器的信息汇集到主处理器完成优化设计的一个完整迭代过程。整个优化设计过程在各处理器间不断重复进行，因此，除了个别负责输入和输出的处理器外，其他各处理器在大部分时间内几乎是同样繁忙的。因此，并行优化设计的"分步解决"策略需要"通信和结合"的过程，且将对该过程的需求保持为最小。

习　　题

10.1　思考题

(1) 为何要缩减工程结构优化设计问题的规模？如何缩减工程结构优化设计问题的规模？

(2) 有哪些结构快速重分析的方法？其基本思路是什么？

(3) 什么是设计灵敏度分析？设计灵敏度分析的基本思路是什么？设计灵敏度分析一般可分为几类？

(4) 有限差分法设计灵敏度分析的基本做法是什么？该方法有什么不足？

(5) 相较于有限差分法设计灵敏度分析，半解析法有什么优势？还存在哪些不足？

(6) 解析法设计灵敏度分析的基本思路是什么？该方法包含哪几个步骤？解析法的优点有哪些？

(7) 分层优化设计的基本思路是什么？

(8) 应用并行计算求解优化设计问题及其拓展的分析计算可以采用哪些计算方案？

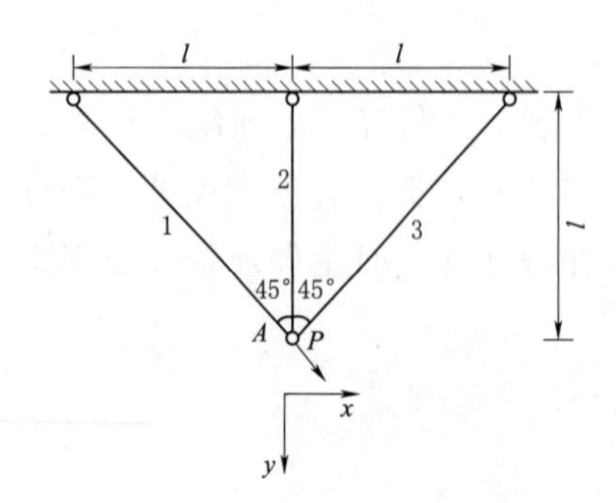

图 10-6　第 10.2 题图

10.2　图 10-6 所示三杆桁架受外荷载 P 作用，材料的弹性模量为 E，比重为 ρ，许用拉应力为 $[\sigma^+]$，许用压应力为 $[\sigma^-]$，A 点水平位移和竖向位移不超过 δ_x^0 和 δ_y^0。以三根杆件的横截面积 x_1、x_2、x_3 为设计变量，以结构重量为目标函数，考虑各杆应力约束和 A 点位移约束。

(1) 建立结构优化设计模型；

(2) 计算应力设计灵敏度；

（3）计算结点 A 位移设计灵敏度。

10.3　根据各自专业，选择一个适合采用分层优化设计的问题，建立分层优化设计的算法。

10.4　在各类结构优化问题的求解算法中，哪些问题适合应用并行计算求解？根据各自专业，选择一个适合应用并行计算的问题，建立应用并行计算的算法。

第 11 章

土木工程结构优化设计

人类出现以来，为满足住和行以及生产活动的需要，从构木为巢、掘土为穴的原始操作开始，到今天能建造摩天大厦［图 11-1（a）］、超长大桥［图 11-1（b）］，以至移山填海的宏伟工程［图 11-1（c）］，经历了漫长的发展过程。在当下材料资源短缺、环境影响以及技术竞争等多方压力下，需要发展更轻质、更低成本且更安全的结构，因而结构优化设计的技术变得尤为重要。20 世纪 60 年代，数学规划法被引入到

（a）上海中心、环球金融中心和金茂大厦

（b）港珠澳大桥

（c）美济岛

图 11-1　我国代表性土木工程结构

优化算法中，并逐渐在土木工程结构中得到了广泛应用。结构优化设计的目的是在满足强度、刚度和稳定性的要求下，对结构做出最安全经济的设计。以所需要满足的要求作为约束条件，以截面尺寸或者结构外形等作为设计变量，以结构性能指标或者造价作为目标函数，建立可进行最终优化的数学模型，并运用恰当的求解方法进行求解。

本章以土木工程结构中常见的简单构件、简支薄腹梁渡槽、地下埋管、板梁式高桩码头和水下隧道结构为例，进行结构优化设计研究。

11.1 构件的优化设计

构件是土木工程结构的基本部件，结构的设计通常也是从构件开始进行的。构件的尺寸优化是大型土木工程结构优化设计的基础，所谓尺寸优化，是指对构件的几何尺寸进行优化，以达到降低结构重量或降低造价成本的目的。本节以土木工程中常见的中心受压组合 H 型钢柱、矩形截面钢筋混凝土简支梁和中心受压钢筋混凝土矩形截面柱为例，建立其优化设计模型，从而为大型土木工程结构优化设计打下基础。

11.1.1 中心受压组合 H 型钢柱优化设计

钢结构在土木工程中应用非常广泛，许多结构中采用钢柱作受压构件。下面以中心受压组合 H 型钢为例，建立这类构件的优化设计数学模型。

图 11-2 所示为中心受压 H 形钢柱，已知柱长 l，两端支承任意，弹性模量为 E，材料容重为 ρ，材料容许应力为 $[\sigma]$，腹板高度为 h，腹板厚度为 δ，翼缘厚度为 t，翼缘宽度为 b，柱子受中心压载为 P。试求在满足强度条件、整体稳定条件和局部稳定条件下柱子的重量最轻设计。

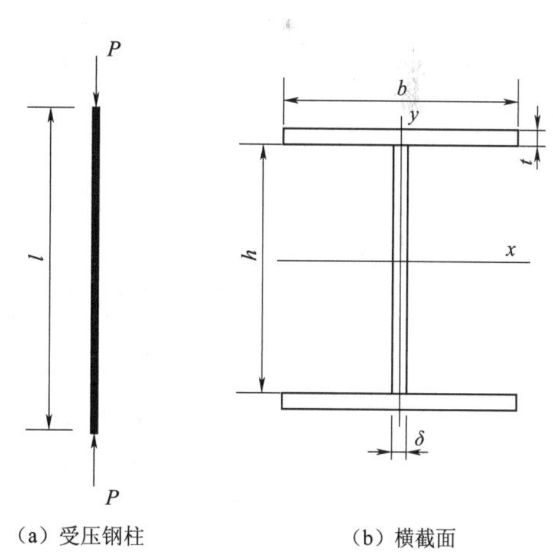

图 11-2 中心受压钢柱及横截面

1. 设计变量

由于材料容重 ρ 与柱子长度 l 为常量，因此可选柱子的截面尺寸 δ、h、t、b 为设计变量。

2. 目标函数

钢柱重量 W 的最轻设计可表示为

$$W=\rho lA=\rho l(\delta h+2bt)$$

3. 约束条件

(1) 强度条件。对于中心受压柱，强度条件可以表示为

$$\sigma=\frac{P}{A}\leqslant[\sigma],\text{即}\frac{P}{\delta h+2tb}\leqslant[\sigma]$$

(2) 柱子各个方向有相同的稳定性条件。对于中心受压柱，该条件表示截面关于 x 和 y 两个主轴有相同的惯性矩（$I_x=I_y$），即

$$I_x=I_y$$

即

$$\frac{\delta h^3}{12}+\frac{bt^3}{6}+\frac{(h+t)^2}{2}bt=\frac{tb^3}{6}+\frac{h\delta^3}{12}$$

(3) 整体稳定性。根据规范，整体稳定条件可表示为

$$\sigma=\frac{P}{\varphi A}\leqslant[\sigma],\text{即}\frac{P}{\varphi(\delta h+2bt)}\leqslant[\sigma]$$

式中 φ——折减系数，是杆件最大长细比 λ 的函数。

例如对于 A3 钢，通过拟合得 φ 的表达式为

$$\varphi(\lambda)=0.9938+0.0009\lambda-0.00009\lambda^2+0.0000002\lambda^3,\quad 0\leqslant\lambda\leqslant 200$$

$$\lambda=\frac{\mu l}{i}=\mu l\sqrt{I_x/A}=\mu l\sqrt{I_y/A}$$

(4) 局部稳定性条件。根据规范，局部稳定条件通过截面尺寸之间的几何条件保证。对腹板有

$$\frac{h}{\delta}\leqslant 50\sqrt{\frac{2400}{\sigma_s}}+0.1\lambda$$

式中 σ_s——钢材的屈服应力。

对翼缘板有

$$b\leqslant 30t\sqrt{\frac{2400}{\sigma_s}}$$

(5) 设计变量非负条件为

$$\delta>0,h>0,t>0,b>0$$

4. 优化数学模型

$$\begin{cases}
\text{find } \boldsymbol{X}=[\delta \quad h \quad t \quad b]^{\mathrm{T}} \\
\min F(X)=W=\rho l(\delta h+2bt) \\
\text{s. t. } \dfrac{P}{\delta h+2tb}\leqslant[\sigma] \\
\qquad \dfrac{\delta h^3}{12}+\dfrac{bt^3}{6}+\dfrac{(h+t)^2}{2}bt=\dfrac{tb^3}{6}+\dfrac{h\delta^3}{12} \\
\qquad \dfrac{P}{\varphi(\delta h+2bt)}\leqslant[\sigma] \\
\qquad \dfrac{h}{\delta}\leqslant 50\sqrt{\dfrac{2400}{\sigma_s}}+0.1\lambda \\
\qquad b\leqslant 30t\sqrt{\dfrac{2400}{\sigma_s}} \\
\qquad \delta>0,h>0,t>0,b>0
\end{cases} \tag{11-1}$$

【例题 11-1】 中心受压H形钢柱，已知柱长 $l=15\text{m}$，两端支承为铰支 $\mu=1$，材料为 A_3 钢，材料容重 $\rho=78\text{kN/m}^3$，材料容许应力 $[\sigma]=170\text{MPa}$，$\sigma_s=240\text{MPa}$，柱子所受中心压载 $P=1000\text{kN}$。试求在满足强度条件、整体稳定条件和局部稳定条件下柱子的重量最轻设计。

解：依据上述优化数学模型，利用混合罚函数法求解，迭代过程见表11-1。对约束条件进行分析，最终优化结果在强度及整体稳定方面有一定的富裕，而腹板和翼缘板的局部稳定达到临界状态。

表 11-1　　H形钢柱优化罚混合函数法迭代过程

迭代次数	罚因子 R	设计变量/cm				目标函数 W /kN
		δ	h	t	b	
1	2.0	0.59	27.22	2.48	44.85	27.95
2	0.4	0.59	27.21	2.34	38.16	22.76
3	8.0×10^{-2}	0.59	27.17	1.92	34.14	17.22
4	1.6×10^{-2}	0.58	26.99	1.46	32.13	12.85
5	3.2×10^{-3}	0.57	26.44	1.21	31.04	10.57
6	6.4×10^{-4}	0.54	25.74	1.10	30.49	9.43
7	1.28×10^{-4}	0.52	25.33	1.04	30.22	8.91
8	2.56×10^{-5}	0.51	25.15	1.02	30.10	8.67
9	5.12×10^{-6}	0.50	25.07	1.01	30.05	8.57
10	1.02×10^{-6}	0.50	25.03	1.00	30.02	8.52
11	2.05×10^{-7}	0.50	25.01	1.00	30.01	8.50
12	4.09×10^{-8}	0.50	25.00	1.00	30.00	8.49
13	8.9×10^{-9}	0.50	25.00	1.00	30.00	8.49

11.1.2 矩形截面钢筋混凝土简支梁的优化设计

在工程建筑物中经常采用矩形截面钢筋混凝土简支梁作受力构件，例如许多大型车间的轨道梁就采用了矩形截面钢筋混凝土简支梁，因此探讨此类构件的优化设计问题具有一定的现实意义。下面建立这类构件的优化数学模型。

图11-3所示矩形截面钢筋混凝土简支梁，梁的跨度为 l，荷载作用下截面最大弯矩为 M，最大剪力为 V，梁横截面宽度为 b，梁横截面高度为 h。试求在满足强度条件以及钢筋混凝土规范所规定的构造要求条件下，钢筋混凝土梁本身材料费用最少的设计。

1. 设计变量

对于等截面矩形梁，梁的造价主要取决于混凝土的造价与钢筋的造价。混凝土造

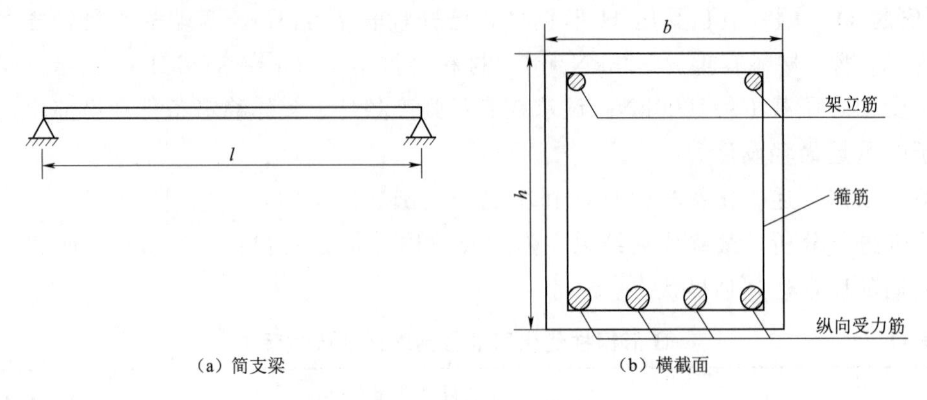

(a) 简支梁　　(b) 横截面

图 11-3　矩形截面简支梁

价取决于截面面积与单价，钢筋价格取决于主筋、箍筋和架立筋的用量与单价。当考虑仅在受拉区配纵向受拉钢筋的单筋钢筋混凝土矩形截面梁时，架立筋一般按构造要求配置，是常数；箍筋同样按构造要求配置时，虽然随梁高 h 变化，但不太灵敏，也可看作常数。因此可选梁的截面尺寸 b、h 和梁的主筋面积 A_g 为设计变量。

2. 目标函数

等截面矩形梁，可取梁单位长度的价格作目标函数为

$$C=bhc_h+A_gc_g$$

式中　c_h——混凝土单价；

c_g——钢筋单价。

3. 约束条件

(1) 抗弯强度条件为

$$M\leqslant\frac{1}{\gamma_d}M_u=\frac{1}{\gamma_d}\left[f_cbx\left(h_0-\frac{x}{2}\right)\right]$$

$$f_cb=f_yA_g$$

$$h_0=h-a$$

式中　M——弯矩设计值；

M_u——截面极限弯矩值；

γ_d——结构系数；

f_c——混凝土轴心抗压强度设计值；

h_0——截面有效高度；

a——与混凝土保护层厚度以及配筋方式有关，按规定取值；

f_y——钢筋抗拉强度设计值；

x——混凝土受压区计算高度。

令相对受压区高度 $\xi=x/h_0$，再令 $a_s=\xi(1-\xi)$，则上述抗弯条件可表示为

$$M \leqslant \frac{1}{\gamma_d} M_u = \frac{1}{\gamma_d} f_c \alpha_s b h_0^2$$

$$f_c \xi b h_0 = f_y A_g$$

具体计算时，可先令 $\xi = f_y A_g / (f_c b h_0)$，得到 $\alpha_s = \xi(1-0.5\xi)$，再进行抗弯条件验算。

（2）最小配筋率限制条件为

$$\rho = \frac{A_g}{b h_0} \geqslant \rho_{min}$$

式中 ρ——受弯构件纵向受拉钢筋实际配筋率；

ρ_{min}——受弯构件纵向受拉钢筋最小配筋率，按规定取值。

（3）最大配筋率限制条件为

$$\xi \leqslant \xi_b$$

式中 ξ_b——相对界限受压区高度，按规范取值或按钢筋材料特性计算。

（4）抗剪强度条件（只需按构造要求配箍筋条件）为

$$V \leqslant 0.07 f_c b h_0$$

（5）梁尺寸限制条件为

$$b > 0, h > 0, b \geqslant b_0$$

不等式中 b_0 为梁宽度的下限值。

对于受弯构件，h 越大，b 越小越有利，但实际上 b 不能太小，因此应按实际情况进行限定。

4. 优化数学模型

优化数学模型为

$$\begin{cases} \text{find } \boldsymbol{X} = [b \quad h \quad A_g]^T \\ \min F(\boldsymbol{X}) = C = bhc_h + A_g c_g \\ \text{s.t. } M \leqslant \dfrac{1}{\gamma_d} M_u = \dfrac{1}{\gamma_d} f_c \alpha_s b h_0^2 \\ \qquad f_c \xi b h_0 = f_y A_g \\ \qquad \dfrac{A_g}{b h_0} \geqslant \rho_{min} \\ \qquad \xi \leqslant \xi_b \\ \qquad V \leqslant 0.07 f_c b h_0 \\ \qquad b > 0, h > 0, b \geqslant b_0 \end{cases} \tag{11-2}$$

【例题 11-2】 某矩形截面钢筋混凝土简支梁，已知设计数据如下：荷载作用下截面设计最大弯矩为 $M=47.58\text{kN}\cdot\text{m}$，设计最大剪力为 $V=30\text{kN}$，混凝土设计轴心抗压强度 $f_c=12.5\text{N/mm}^2$，钢筋设计抗拉强度 $f_y=310\text{N/mm}^2$，结构系数 $\gamma_d=1.2$，纵向受拉钢筋最小配筋率 0.15%，相对界限受压区高度 $\xi_b=0.544$，$a=45$mm，梁宽度的下限值 $b_0=200$mm，混凝土单价 $c_h=400$ 元/m³，钢筋单价 $c_g=3500$ 元/m³。试求在满足强度条件以及钢筋混凝土规范所规定的构造要求条件下，钢筋混凝土梁本身材料费用最少的设计。

依据上述优化数学模型，利用混合罚函数法求解。罚函数法迭代过程见表 11－2。对约束条件进行分析，梁的宽度达到下限值。最大配筋率为 0.78%，介于矩形截面梁常用配筋范围 0.60%～1.5%之间。

表 11－2　　混合罚函数法迭代过程

迭代次数	罚因子 R	设计变量			目标函数/元
		b/mm	h/mm	A_g/mm²	
1	2.0	220	700	650.0	84.35
2	0.4	204	405	773.4	60.09
3	8.0×10^{-2}	203	404	763.5	59.59
4	1.6×10^{-2}	202	405	566.3	52.54
5	3.2×10^{-3}	201	405	565.5	52.41
6	6.4×10^{-4}	200	406	565.0	52.33
7	1.28×10^{-4}	200	406	564.7	52.29
8	2.56×10^{-5}	200	406	564.6	52.27
9	5.12×10^{-6}	200	406	564.6	52.27

11.1.3 中心受压钢筋混凝土矩形截面柱的优化设计

钢筋混凝土结构中另一类主要的构件是受压构件。下面以中心受压钢筋混凝土构件为例，探讨受压构件的优化设计问题。图 11－4 所示两端任意支撑的中心受压钢筋混凝土矩形截面柱，已知柱长 l，采用对称配筋，柱子受中心压载 P。试求在满足强度条件、整体稳定条件下柱子的最优设计。

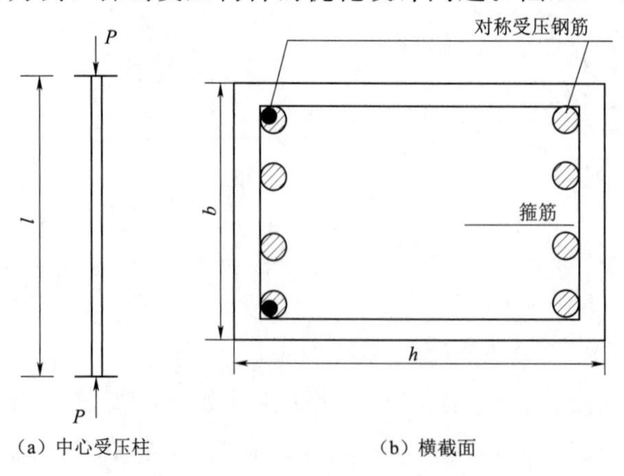

图 11－4　中心受压钢筋混凝土柱

1. 设计变量

对于等截面矩形柱，柱本身造价取决于混凝土的造价与钢筋的造价。混凝土造价取决于截面面积与单价，钢筋价格取决于主筋、箍筋和架立筋的用量与单价。当考虑对称配筋时，箍筋一般按构造要求配置。因此选梁的截面尺寸 b、h 和柱的受压钢筋面积 A_g 为设计变量。

2. 目标函数

等截面矩形梁，可取柱单位长度的价格 C 作为目标函数，即

$$C=bhc_h+A_gc_g$$

式中 c_h——混凝土单价；

c_g——钢筋单价。

3. 约束条件

（1）正截面受压承载力条件为

$$P\leqslant\frac{1}{\gamma_d}P_{cr}=\frac{1}{\gamma_d}\varphi(f_cA_c+f'_yA_g)$$

式中 P——轴力设计值；

A_c——截面面积；

γ_d——钢筋混凝土结构的结构系数；

f_c——混凝土轴心抗压强度设计值；

f'_y——钢筋抗压强度设计值；

A_g——柱的受压钢筋面积；

φ——钢筋混凝土轴心受压构件的稳定系数，与构件的计算长度（l_0）与截面短边尺寸（b）比值有关。

钢筋混凝土轴心受压构件的稳定系数 φ 见表 11－3。

表 11－3　　钢筋混凝土轴心受压构件的稳定系数 φ

l_0/b	<8	10	12	14	16	18	20	22	24	26	28
φ	1.0	0.98	0.95	0.92	0.87	0.81	0.75	0.70	0.65	0.60	0.56
l_0/b	30	32	34	36	38	40	42	44	46	48	50
φ	0.52	0.48	0.44	0.40	0.36	0.32	0.29	0.26	0.23	0.21	0.19

为了应用方便，对表 11－3 进行数值拟合，有

$$\varphi\left(\frac{l_0}{b}\right)=1.2687-0.0291\times\frac{l_0}{b}+0.0001\times\left(\frac{l_0}{b}\right)^2$$

（2）构造要求为

最大配筋限制　　$\frac{A_g}{bh}\leqslant 0.03$

最小配筋限制　　$\frac{A_g}{bh}\geqslant 0.004$

A_g 至少配 $4\phi 12$，$A_g\geqslant 4.52\text{cm}^2$。

(3) 截面尺寸限制条件为

$$b > b_0,\ h > 0,\ h \geqslant b$$

式中 b_0——柱截面宽度的下限值。

4. 优化数学模型

$$\begin{cases} \text{find } \boldsymbol{X} = [b \quad h \quad A_g]^T \\ \min F(\boldsymbol{X}) = C = bhc_h + A_g c_g \\ \text{s.t. } P \leqslant \dfrac{1}{\gamma_d} P_{cr} = \dfrac{1}{\gamma_d} \varphi (f_c A_c + f'_y A_g) \\ \quad \dfrac{A_g}{bh} \leqslant 0.03 \\ \quad \dfrac{A_g}{bh} \geqslant 0.004 \\ \quad A_g \geqslant 4.52\text{cm}^2 \\ \quad b > b_0, h > 0, h \geqslant b \end{cases} \tag{11-3}$$

【例题 11-3】 一现浇矩形截面钢筋混凝土轴心受压柱，柱底固定，顶部为不移动铰接，柱高6500mm，该柱承受的轴向力设计值为651.0kN，结构系数 $\gamma_d = 1.2$，拟采用C20混凝土，混凝土设计轴心抗压强度 $f_c = 10.0\text{N/mm}^2$，钢筋设计抗拉强度 $f_y = 310\text{N/mm}^2$，梁宽度的下限值 $b_0 = 200\text{mm}$，混凝土单价 $C_h = 400$ 元/m^3，钢筋单价 $C_g = 35000$ 元/m^3。试求在满足强度条件以及钢筋混凝土规范所规定的构造要求条件下，钢筋混凝土柱本身材料费用最少的设计。

解：依据上述优化数学模型，利用混合罚函数法求解。混合罚函数法迭代过程见表11-4。最大配筋率为1.60%，介于矩形截面柱常用配筋范围0.80%～2.0%之间。

表 11-4　　混合罚函数法迭代过程

迭代次数	罚因子 R	设计变量			目标函数/元
		b/mm	h/mm	A_g/mm^2	
1	2.0	400	600	1500.0	148.50
2	0.4	282	333	1515	90.56
3	8.0×10^{-2}	279	337	1506	90.34
4	1.6×10^{-2}	279	337	1505	90.32

11.2 简支薄腹梁渡槽结构优化设计

渡槽是输送水流跨越渠道、河流、道路、山冲、谷口等的架空输水建筑物，其修建和使用具有悠久的历史。世界上最早的渡槽诞生于中东和西亚地区，公元前700余年，亚美尼亚已有渡槽。我国渡槽修建也有悠久的历史，古代人们凿木为槽，引水跨越河谷、洼地。据记载，西汉时修渠所建渡槽称为“飞渠”。中华人民共和国成立初期所建渡槽多采用木、砌石及钢筋混凝土等材料，槽身过水断面多为矩形，支撑结构多为重力式槽墩，跨度和流量一般不大，施工方法多为现场浇筑。20世纪60年代以后，施工方法向预制装配化发展。各种类型的排架结构、空心墩、钢筋混凝土U形薄壳渡槽及预应力混凝土渡槽相继出现。随着大型灌区工程的发展，又促使采用各种拱式与梁式结构渡槽以适应大流量、大跨度，便于预制吊装等要求，并且开始应用跨越能力大的斜拉结构形式。而“南水北调”国家战略的实施，建设了一系列渡槽，仅中线工程就有21座渡槽，其中就包括如图11-5所示的南水北调中线沙河渡槽。

渡槽由槽身、支承结构、基础、进口建筑物及出口建筑物等部分组成，其中槽身置于支承结构上，槽身重及槽中水重通过支承结构传给基础，再传至地基。渡槽的型式多种多样，近年来，许多学者针对大跨度、大流量的特大型渡槽进行了研究。其中，简支薄腹梁渡槽因具有结构简单、施工吊装方便、接缝处止水构造简单等优点得到了广泛应用。本节以简支薄腹梁渡槽为例，阐述槽身优化设计的方法。

图11-5 南水北调中线沙河渡槽

1. *槽身结构荷载及荷载组合*

槽身承受的荷载有自重、水荷载、风荷载、槽面活动荷载、变温荷载及地震荷载等。

（1）荷载计算。

1）自重：只考虑槽身钢筋混凝土部分的重量，容重取为$24.5kN/m^3$。

2）水荷载：考虑水对侧墙及底板的压力，水容重取为$10.3kN/m^3$。

3）风荷载：其计算公式为

$$W=KK_z gW_0\beta, W_0=av^2$$

式中 g——重力加速度；

K——风载体形系数；

K_z——风压高度系数；

W_0——基本风压；

a——系数，取$a=1/16$；

v——风速，取 20m/s；

β——风振系数。

4）槽面活荷载：包括人群荷载（$4kN/m^2$）及车辆荷载（汽-10），前者小于后者。

5）变温荷载：温度变化引起槽身的伸缩变形，引起变温荷载。槽身与支座的摩擦系数取为 0.05。

6）地震荷载。用反应谱法计算为

$$P=CK_e\beta W$$

式中 P——地震荷载；

C——综合影响系数；

K_e——地震系数；

β——动力放大系数；

W——槽身重量。

考虑垂直于槽身水流的水平向和竖向地震惯性力 P_h 和 P_n，水平自振周期按图 11-6（b）框架计算，为

$$T_h=2\pi\sqrt{\frac{\overline{W}}{K_g}}$$

$$\overline{W}=G_1+G_2+\frac{1}{4}(G_3+G_4+G_5) \tag{11-4}$$

$$M_0=\frac{\tan(1.7l/H)}{1.7l/H}G_0$$

式中 $\overline{W}$——折算质量；

K——一个支座上桩的抗侧向移动刚度；

g——重力加速度；

G_1——一跨槽身的质量；

G_2、G_4——一个支座上两个平台的质量；

G_3、G_5——一个支座上墩和桩的质量；

l、H——槽宽及水深；

G_0——一跨槽体中水的质量。

渡槽计算模型如图 11-6（a）所示，在满槽时 $\overline{W}$ 还应加上槽中水的折算质量 M_0。

竖向自振周期按均布质量的简支梁计算为

$$T_v=\frac{2l^2}{\pi}\sqrt{\frac{\overline{m}}{EI}} \tag{11-5}$$

式中 l——梁跨；

EI——简支梁的抗弯刚度；

$\overline{m}$——简支梁的单位长度的质量（包括槽身自重及水重）。

（2）槽身荷载组合。荷载组合采用极限状态设计表达式，即

$$\gamma_0 \varphi S \leqslant \frac{1}{\gamma_d} R \qquad (11-6)$$

式中 R——结构构件抗力设计函数；

S——荷载效应函数；

φ——设计状况系数；

γ_0——结构重要性系数，取 $\gamma_0=1.10$；

γ_d——结构系数，取 $\gamma_d=1.20$。

槽身荷载组合及荷载效应系数见表 11-5。槽身允许挠度为 $l/500$（短期荷载组合）、$l/550$（长期荷载组合）。

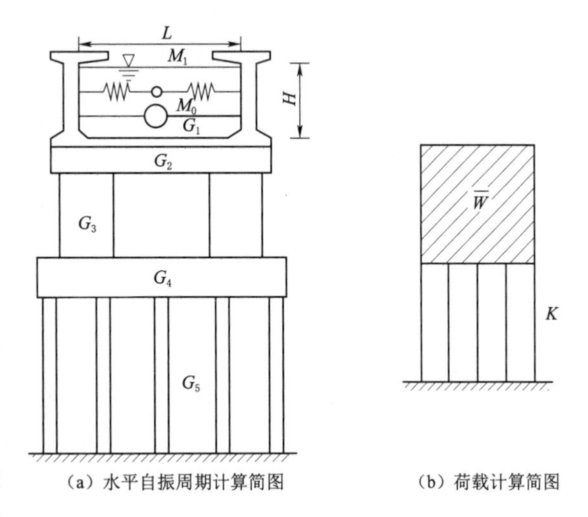

图 11-6 渡槽计算模型

表 11-5 槽身荷载组合及荷载效应系数

场景	荷载		自重 γ_G	水荷载 γ_Q	风荷载 γ_G	槽面活荷载 γ_Q	7 级地震荷载 γ_Q	温度荷载 γ_t	φ
正常情况	使用期	工况 1	1.05	1.00					1.00
		工况 2	1.05	1.00	1.30	1.20			1.00
		工况 3	1.05	1.00	1.30	1.20		1.10	1.00
	施工期	工况 1	1.05		1.70				1.00
非正常情况	使用期	工况 1	1.05	1.00			1.00		0.85
		工况 2	1.05	1.00	0.26		1.00		0.85
	施工期	工况 1	1.05				1.00		0.85

注 工况 1 为只考虑槽体自重和水荷载。工况 2 为考虑槽体自重、水荷载、风荷载和活荷载。工况 3 为在工况 2 的基础上考虑温度荷载。不同工况对应不同的荷载组合。

2. 槽身结构分析模型

由于槽身是梁结构，故结构分析可以简化为横向断面分析和纵向分析两个平面问题。断面分析可沿水流向取一个单位长的典型段，简化为平面框架，如图 11-7（a）所示。横撑杆面积为折算到单位长槽身的面积。风、水、槽面活荷载见图 11-7（a）。自重及地震荷载按断面的质量分布到断面上。纵向结构分析可以简化为简支梁，如图 11-7（b）所示。

3. 槽身结构优化设计模型

以槽身结构钢筋混凝土部分的造价为目标，优化设计变量分为三组：槽身断面尺

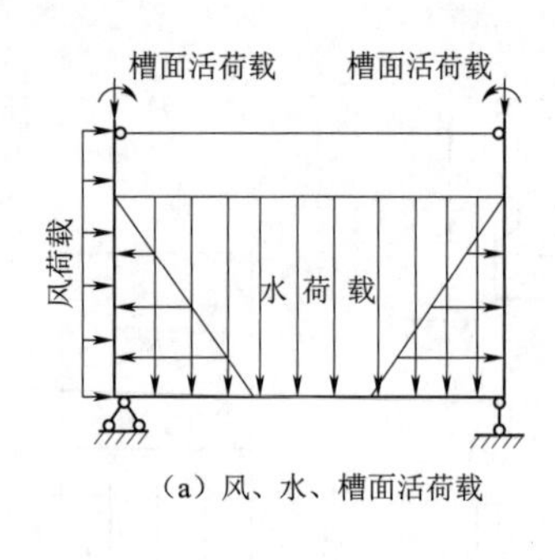

(a) 风、水、槽面活荷载

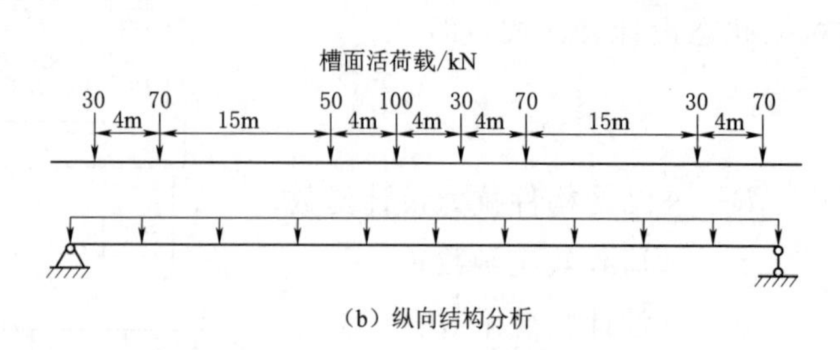

(b) 纵向结构分析

图 11-7 渡槽剖面计算简图

寸、预应力钢绞线和普通钢筋的用量，以及纵向预应力钢绞线的重心坐标。

$$\begin{cases} \min C=V_{\mathrm{h}}(X,A_{y},H)+G_{y}(X,A_{y},H)C_{y}+G_{\mathrm{g}}(X,A_{y},A_{\mathrm{g}},H)C_{\mathrm{g}} \\ X=[x_{1},x_{2},\cdots,x_{L}]^{\mathrm{T}} \\ A_{y}=[a_{y1},a_{y2},\cdots,a_{ym}]^{\mathrm{T}} \\ A_{\mathrm{g}}=[a_{\mathrm{g1}},a_{\mathrm{g2}},\cdots,a_{\mathrm{g}m}]^{\mathrm{T}} \\ H=[h_{1},h_{2},\cdots,h_{L}]^{\mathrm{T}} \end{cases} \tag{11-7}$$

式中 C——一跨槽身的钢筋混凝土部分造价；

V_{h}——一跨槽身混凝土方量；

G_{y}——一跨槽身预应力钢绞线用量；

G_{g}——一跨槽身普通钢筋用量；

C_{h}——混凝土综合单价；

C_{g}——普通钢筋综合单价；

X——断面几何尺寸设计变量；

A_{y}——断面各部分预应力钢绞线面积；

A_{g}——槽身各部分预应力普通钢筋面积；

H——槽身纵向预应力钢绞线重心线在 9 个典型断面处的竖向坐标，如图 11-8 所示。

4. 约束条件

优化模型式（11-7）的约束条件为：

（1）施工及使用期正、斜截面强度条件。

（2）施工及使用期抗裂条件，刚度及稳定条件。

（3）最大、最小配筋条件。

（4）构造要求条件。

5. 优化设计

由于槽身为梁结构，故优化设计简化为断面优化和纵向优化两个平面问题，并认为断面配筋与纵向配筋相互独立。断面尺寸优化设计变量中有些分量可能对断面和纵

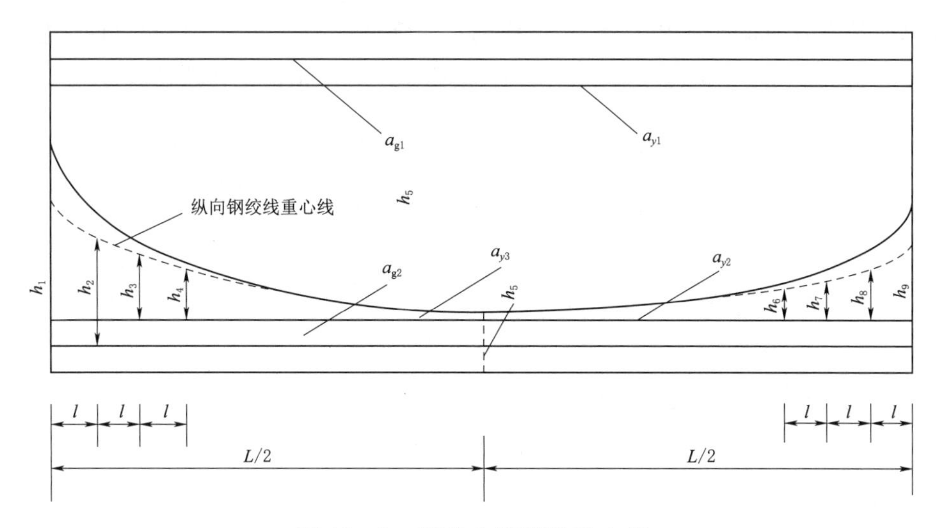

图 11-8　预应力钢绞线重心线

向优化均有影响。为简单化原问题，根据 X 中每个分量对断面及纵向优化影响的大小，分为两组，令一组分量由断面结构优化决定，另一组由纵向结构优化决定。

(1) 断面结构优化设计。取槽身沿水流向单位长度一段的钢筋混凝土部分的造价（不含纵向钢筋）为目标函数，以侧墙与底板的厚度及配筋、配钢绞线率作为优化设计变量。当侧墙和底板厚度确定后，由结构分析得到的内力就确定了。问题转化为在确定的断面尺寸及内力下的配筋问题。配筋的原则是尽量利用预应力钢绞线承担荷载，普通钢筋起补充和构造作用，故配筋是确定的。因此实际上可只以侧墙及底板厚度作为主动优化变量，其他优化变量随之而定。

断面结构优化问题表示为

$$\begin{cases}\min C=(2hx_1+lx_2)C_h+(2ha_{y1}+la_{y2})\gamma_y C_y+G_g(a_{g1}\sim a_{g5})C_g \\ \text{s. t. 原结构优化问题中的所有约束条件}\end{cases} \tag{11-8}$$

式中　C——单位长槽身钢筋混凝土部分造价；

x_1、x_2——侧墙及底板的厚度，见图 11-9；

h——侧墙高度及底板宽度；

a_{y1}、a_{y2}——侧墙及底板中每延米配置的预应力钢绞线面积；

$G_g(a_{g1}\sim a_{g5})$——普通钢筋的用量，其中，a_{g5} 可视为常量，不必计入目标函数；

γ_g——钢筋的容重，取 78kN/m^3；

C_h、C_y、C_g 的意义同前。

由于约束条件很难表为优化变量的显式函数表达式，且主动优化变量数较少，故优化方法采用递归的一维搜索法。

(2) 纵向结构优化设计。纵向结构优化设计目标为一跨槽身钢筋混凝土部分的造价（不含断面优化设计时所配的钢筋），优化设计变量为图 11-9 所示的 x_3、x_4 及图 11-8

所示的纵向预应力钢绞线面积 $a_{y1} \sim a_{y3}$，纵向普通钢筋面积 $a_{g1} \sim a_{g2}$ 以及纵向预应力钢绞线的重心线轨迹坐标 $h_1 \sim h_7$。a_{g5} 为其他构造筋面积之和结构优化问题表示为

$$\begin{cases} \min C = V_h(x_3, x_4)C_h + l\left(\sum_{i=1}^{3} a_{yi}\right)C_y + l\left(\sum_{i=1}^{2} a_{gi}\right)C_g \\ \text{s. t. 原结构优化问题中的所有的约束条件} \end{cases} \tag{11-9}$$

式中 C——一跨槽身钢筋混凝土部分的造价（不含断面优化时的配筋）；

$V_h(x_3, x_4)$——一跨槽身混凝土方量；

l——跨度；

x_3、x_4——图 9-10 所示断面的有关尺寸；

a_{yi}、a_{gi}——图 11-9 所示预应力钢绞线及普通钢筋的面积；

C_h，C_y，C_g 的意义同前。

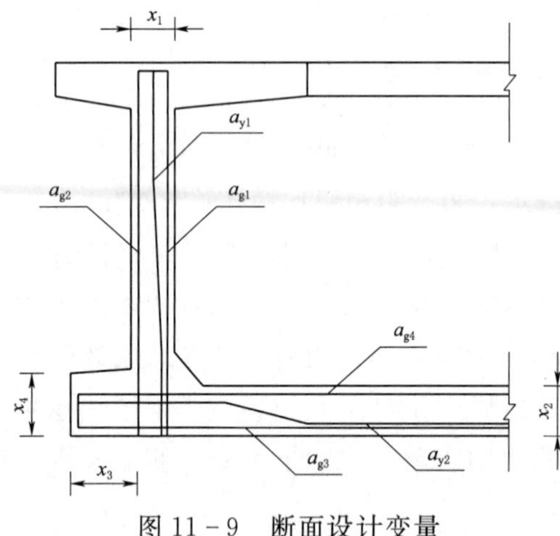

图 11-9 断面设计变量

纵向结构优化设计变量较多，为提高优化效率，采用递归一维搜索与线性规划结合的方法。

（3）优化结果。按原设计配筋及原纵向配预应力钢绞线配筋图如图 11-10、图 11-11 所示（原设计断面尺寸不够，这里已经将底板加宽 180cm），原设计非预应力配筋图如图 11-12 所示，优化后的断面配筋图及竖向、横向、纵向配筋图如图 11-13、图 11-14 所示。

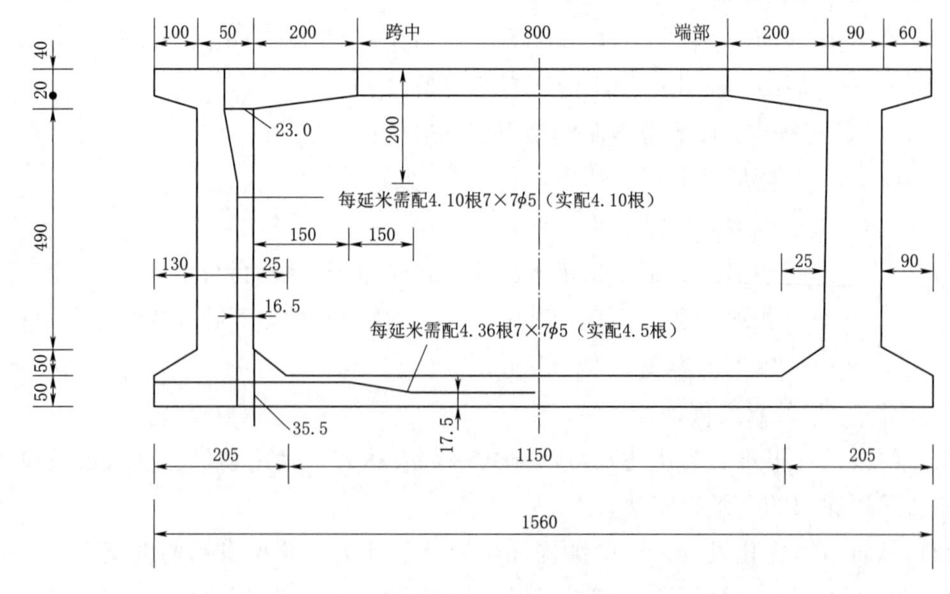

图 11-10 原设计配筋图（单位：cm）

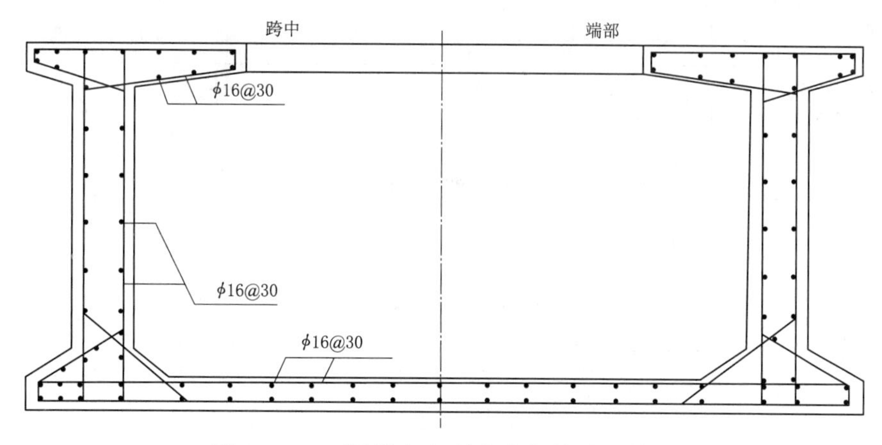

图 11-11　原纵向配预应力钢绞线配筋图

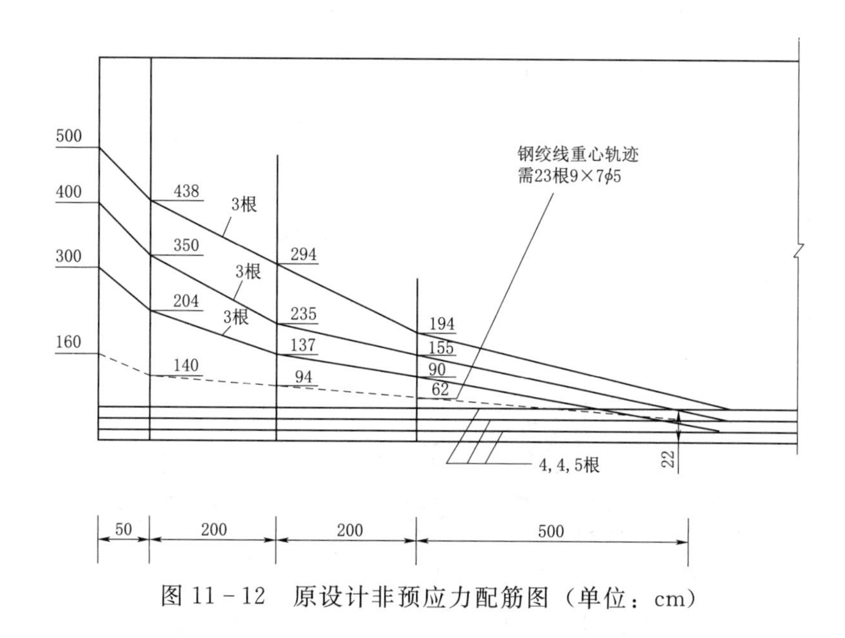

图 11-12　原设计非预应力配筋图（单位：cm）

优化设计同原设计相比，一跨槽身混凝土及预应力钢绞索两表项节省的费用表见表 11-6。优化设计后，侧墙及底板有所加厚，但其预应力钢绞线的用量大幅度下降。由于槽身混凝土方量有所增加，故自重荷载加大，纵向预应力钢绞线配置有所增加，其中半个槽身弯起钢绞线 9×7ϕ5 有 9 根，直通的 22.5 根，共 31.5 根，一个槽身 63 根，双槽合计 126 根。

表 11-6　　　　优化设计节省费用表

项目	槽身混凝土	侧墙钢绞线	底板钢绞线	纵向钢绞线	合计
节省数量	$-50m^3$	15.76kN	66.64kN	−24.73kN	—
节省费用/万元	−2.2342	19.3182	8.3800	−3.114	22.85

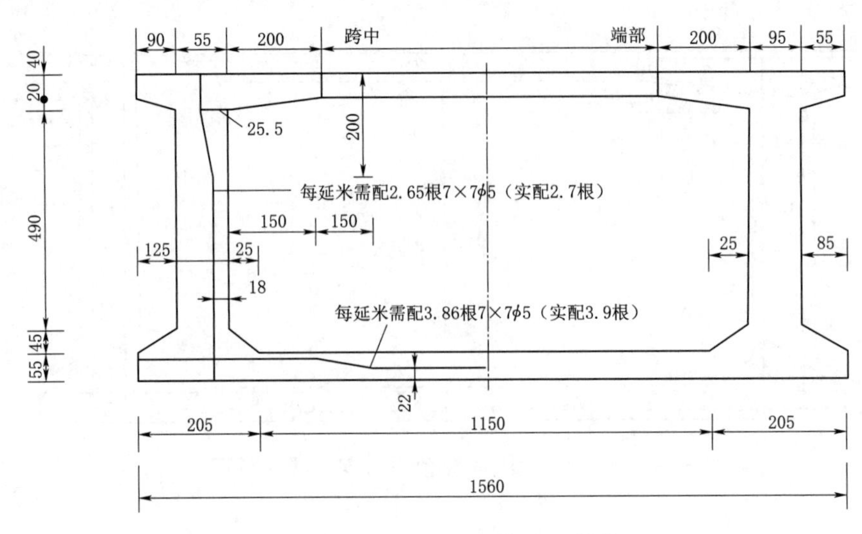

图 11-13 优化后的断面配筋图（单位：cm）

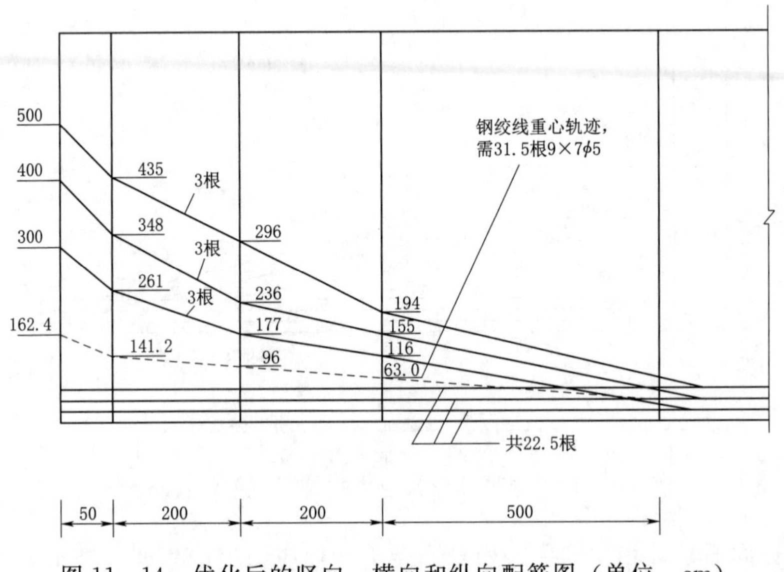

图 11-14 优化后的竖向、横向和纵向配筋图（单位：cm）

11.3 地下埋管结构优化设计

随着国民经济与生产技术的不断发展，地下埋管广泛地应用于市政、交通、水利、冶金以及能源等部门，例如市政工程中的各种给、排水管道和煤气管道，水利工程中的各种引水管道、排水涵洞以及倒虹吸管等；在能源工业中则有输送石油、天然气的油管、气管和供热管等。钢筋混凝土管在地下给排水工程中占据重要地位。早在 19 世纪 70 年代，丹麦就成立了世界上最早的制管公司。20 世纪初，许多国家都建立了制管厂以及给排水管公司，并开始研究设计制管设备。

我国地下埋管工程的建设也具有较长的历史。1950 年第一次在北京市敷设了几十千米长的 $\phi600 \sim \phi1400$mm 的预应力混凝土输水管；20 世纪 80 年代建成的引滦入津工程，明渠线上修建的地下管道总长约占引滦全线的 13%。随着经济的高速发展，我国大部分地区工业、农业和生活用水出现紧张趋势，水资源短缺已成为制约当地经济发展的重要因素，因此许多大规模、远距离的管道供水工程也已经建成，比如引松入长工程、东-深供水工程等。引松入长工程的地下埋管如图 11-15 所示。

图 11-15　引松入长工程的地下埋管

埋管按敷设方式大致可分为沟埋式、上埋式、隧道式三类。沟埋式是指在天然地面或老填土上开挖较深的沟槽，然后将管道放至沟底，再回填土料并分层加以夯实。上埋式是指在开阔平埋的地面上直接铺设管道，然后再上面覆土夯实的情况，它又称为地面堆土埋管。在管道施工中，为了保证道路或渠堤的完整性，或为避免大开挖对地面建筑的破坏以及影响交通等问题，有时采用顶管法或盾构法，按照此种施工方式进行铺设的称为隧道式。

11.3.1　地下埋管结构优化设计数学模型

1. 设计变量

地下埋管结构的优化设计一般是在埋管内径、内水压力和地面荷载等已确定的条件下，对埋管的管壁厚度和环向配筋量进行优化计算，从而确定最经济安全的管壁厚度和环向配筋率。因此，一般取埋管管壁厚度 x_1、内层环向钢筋配筋率 x_2、外层环向钢筋配筋率 x_3 为设计变量，示意图如图 11-16 所示。

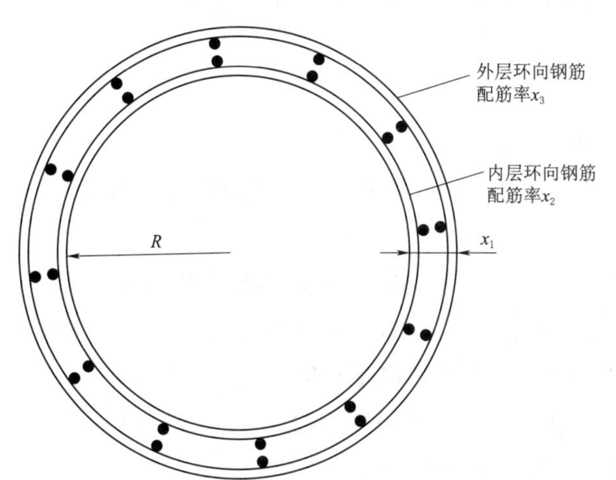

图 11-16　地下埋管结构优化设计变量示意图

2. 目标函数

对于钢筋混凝土结构来说，钢筋和混凝土两种材料在资源上和价格上有较大的差距，如果使重量最轻，得出的优化设计势必是截面很小、钢筋很密的结构，这显然在造价上是不经济的，施工上也不方便。因此，一般选用结构造价 C 作为目标函数。

在地下埋管的优化设计中，为简化目标函数，只计入混凝土和环向配筋的费用，至于其他因素如箍筋、架立筋、构造筋、模板、施工及敷设费用等，因为在整个优化设计过程中，其实际的变化是很微小的，所以在目标函数可不予考虑。

对于单位长度钢筋混凝土管，其造价的目标函数为

$$C(X)=F(X)=C_c\pi[(R+x_1)^2-R^2]+C_s\gamma_s 2\pi[(R+a)x_2x_1+(R+x_1-a)x_3x_1] \tag{11-10}$$

式中 C_c——混凝土单价，元/m³；

C_s——钢筋单价，元/t；

γ_s——钢筋容重，t/m³；

a——混凝土保护层厚度，m；

R——钢筋混凝土管内半径，m。

3. 约束条件

（1）几何约束。根据结构布置、施工和使用要求，对设计变量所加的限制为

$$\begin{cases}T_{min}\leqslant x_1\leqslant T_{max}\\ \rho_{min}\leqslant x_2\leqslant\rho_{max}\\ \rho_{min}\leqslant x_3\leqslant\rho_{max}\end{cases}$$

式中 T_{max}、T_{min}——管壁允许最大、最小厚度，对于低压钢筋混凝土管道可取 $T_{min}=0.12d$；

d——管内直径。

（2）应力约束。考虑在最不利荷载组合条件下，地下埋管三个控制截面（管顶 A、管侧 B、管底 C）上各控制点的环向应力，均限制在许可应力范围之内，即

$$\begin{cases}\sigma_t\leqslant[\sigma_t]\\ \sigma_c\leqslant[\sigma_c]\end{cases}$$

式中 σ——控制点的实际环向应力；

$[\sigma_t]$、$[\sigma_c]$——混凝土容许拉、压应力，混凝土抗拉强度一般约为极限抗压强度的 1/10 左右。

对于地下钢筋混凝土压力水管来说，在正常使用状态下，不允许出现裂缝，钢筋与混凝土之间始终保持共同变形，钢筋的应力水平不高，远远低于钢筋的抗拉极限强度，因此在应力约束条件中无须再加入对钢筋应力的强度约束。

（3）变形约束。钢筋混凝土管属于刚性管，当其横截面形状改变量不超过 0.1% 管径时，一般不会出现裂缝。为了限制裂缝开展则需满足

$$\Delta\leqslant 0.1\% D$$

式中　Δ——管直径方向最大变形；

D——管道平均直径。

（4）优化计算模型。根据以上分析，地下埋管结构优化设计的数学模型可表示为

$$\begin{cases} \text{find } X=[x_1 \quad x_2 \quad x_3] \\ \min F(X)=C_c\pi[(R+x_1)^2-R^2]+C_s\gamma_s 2\pi[(R+a)x_2x_1+(R+x_1-a)x_3x_1] \\ \text{s.t. } T_{\min}\leqslant x_1\leqslant T_{\max} \\ \quad \rho_{\min}\leqslant x_2\leqslant\rho_{\max} \\ \quad \rho_{\min}\leqslant x_3\leqslant\rho_{\max} \\ \quad \sigma_t\leqslant[\sigma_t] \\ \quad \sigma_c\leqslant[\sigma_c] \\ \quad \Delta\leqslant 0.1\%D \end{cases}$$

11.3.2　工程案例

1. 基本资料

某一上埋式地下钢筋混凝土管道如图11-17所示。管内直径 $D=200\text{cm}$，均匀内水压力，管顶回填土高度 $p_0=50.0\text{kPa}$；混凝土采用C25级，钢筋采用Ⅱ级，双筋布置，混凝土保护层厚度 $H_0=3.8\text{m}$。

地基：$E=80.0\text{MPa}$（硬基），$\mu=0.25$。

基础：采用弧形刚性混凝土座垫。$E=2.80\times10^4\text{MPa}$，$\mu=0.167$，$\gamma_c=25\text{kN/m}^3$，其中心包角 $2\alpha=90°$。

埋管混凝土：$E=2.80\times10^4\text{MPa}$，$\mu=0.167$，$\gamma_c=25\text{kN/m}^3$，混凝土单价 $C_c=500$ 元/m³。

钢筋：$E=2.0\times10^5\text{MPa}$，$\gamma_s=7.8\text{kN/m}^3$，钢筋单价 $C_s=3000$ 元/t。

回填土：$E=10.0\text{MPa}$，$\mu=0.35$，$\gamma=18.0\text{kN/m}^3$，

约束条件：包括几何约束、应力约束和变形约束。

（1）几何约束。管壁厚度 $200\text{mm}\leqslant x_1\leqslant300\text{mm}$，内层环向钢筋配筋率 $0.4\%\leqslant x_2\leqslant2.5\%$，外层环向钢筋配筋率 $0.4\%\leqslant$

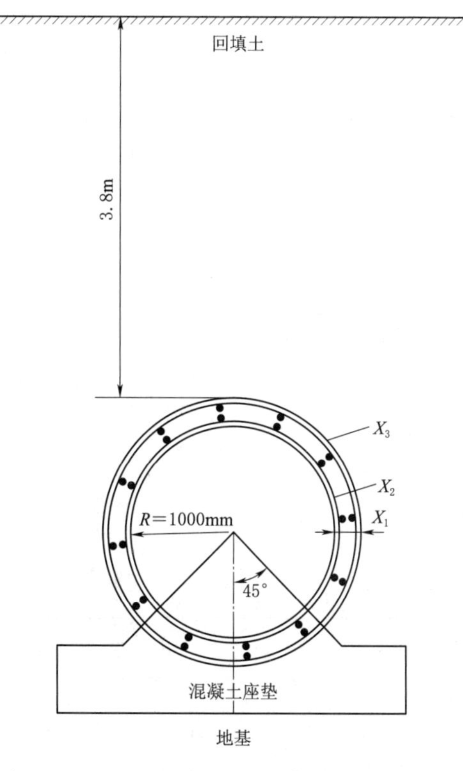

图11-17　上埋式地下钢筋混凝土管道

$x_3 \leqslant 2.5\%$

(2) 应力约束：

$$\sigma_t \leqslant [\sigma_t] = 1.75\text{MPa}$$

$$\sigma_c \leqslant [\sigma_c] = 17.0\text{MPa}$$

(3) 变形约束：

$$\Delta \leqslant 0.1\% D$$

2. 优化模型

依据前述模型及基本资料，得到相应优化数学模型为

$$\begin{cases} \text{find } X = [x_1 \ x_2 \ x_3]^T \\ \min F(X) = C_c \pi[(R+x_1)^2 - R^2] + C_s \gamma_s 2\pi[(R+a)x_2 x_1 + (R+x_1-a)x_3 x_1] \\ \qquad = 500\pi(x_1^2 + 2x_1) + 39000\pi[1.035 x_2 x_1 + (0.965 + x_1) x_3 x_1] \\ \text{s.t. 管壁厚度} \quad 200\text{mm} \leqslant x_1 \leqslant 300\text{mm} \\ \quad \text{内层环向钢筋配筋率} \quad 0.4\% \leqslant x_2 \leqslant 2.5\% \\ \quad \text{外层环向钢筋配筋率} \quad 0.4\% \leqslant x_3 \leqslant 2.5\% \\ \quad \text{应力} \quad \sigma_t \leqslant 1.75\text{MPa}, \ \sigma_c \leqslant 17.0\text{MPa} \\ \quad \text{变形约束} \quad \Delta \leqslant 0.1\% D \end{cases}$$

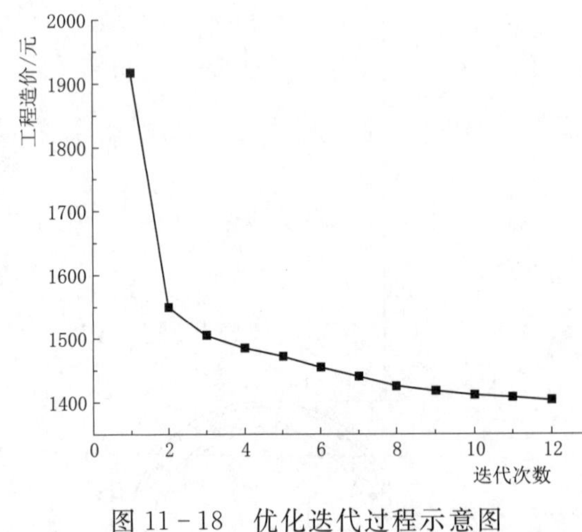

图 11-18 优化迭代过程示意图

3. 优化求解及结果分析

最优化求解方法采用复合形法。结构分析方法采用有限单元法。优化迭代过程示意图如图 11-18 所示。

初始方案与优化方案主要参数对比见表 11-7。由表 11-7 可以看出，初始设计方案的工程造价 $F=1917$ 元，优化方案的工程造价 $F=1404$ 元，经优化设计后，工程造价下降了 513 元，约为 26.7%，因此优化设计对工程造价的降低具有极其重要的实际意义。

表 11-7 初始方案与优化方案主要参数对比

设计方案	管壁厚度 x_1/mm	内层环向配筋率 x_2/%	外层环向配筋率 x_3/%	工程造价 F/元
初始方案	250	1.50	1.50	1917
优化方案	272	0.60	0.55	1404

初设方案与优化方案管壁控制性截面环向应力对比见表 11－8。从表 11－8 可知，管壁控制性截面内外侧环向应力值有所增加，但最大拉应力和最大压应力均未超过混凝土的容许应力，故管壁混凝土的强度能够满足施工要求与正常使用要求。

表 11－8　　初设方案与优化方案对比　　单位：MPa

方　案	管壁控制性截面环向应力					
	管顶 A		管侧 C		管底 B	
	内侧	外侧	内侧	外侧	内侧	外侧
初始方案	1.41	－1.05	－1.57	1.08	1.34	－1.27
优化方案	1.46	－1.09	－1.75	1.13	1.41	－1.33

对于固定管内径的地下埋管，其管壁厚度与环向配筋率，主要是根据管体强度及抗裂要求来确定的。在优化方案中，虽然管壁厚度增加了，但配筋率减少了，致使总的工程造价下降。

11.4　板梁式高桩码头整体优化设计

港口码头作为连接铁路、公路、航空和管道等多种运输方式的重要枢纽，是我国构建综合交通运输网不可或缺的组成部分，对促进国际贸易和地区经济社会发展具有重要作用。其中高桩码头具有结构简单、承受荷载大、砂石用料少、能适应软土地基等优点，在世界各国的港口中得到了广泛的应用。高桩码头发展迅速，已经从传统建设模式发展到装配式，我国已于 2022 年建成首座装配式高桩码头——连云港港徐圩港区六港池 64#－65# 液体散货泊位工程，如图 11－19 所示。

图 11－19　连云港港徐圩港区六港池 64#－65# 液体散货泊位工程

高桩码头由上部结构（桩台或承台）、桩基、接岸结构、岸闸和码头设备等部分组成。上部结构构成码头面并与桩基连成整体，直接承受作用在码头面的垂向及水平荷载，并将其传递给桩基。桩基用来支承上部结构，并将上部结构及码头面的荷载传递到地基深处，同时也有利于稳固岸坡。接岸结构的主要功用是将桩台与港区陆域相连。

高桩码头为透空结构，波浪放射小，对水流影响小。根据上部结构型式的不同分为承台式、无梁板式、梁板式、桁架式和孤立墩式 5 种。

以 1 万～5 万 t 以上级顺岸式码头为研究对象，运用数学规划原理进行码头结构优化设计。结构分析和优化设计主要依据是相关工程技术规范。优化设计目标是采用一个码头工程标准段的钢筋混凝土结构部分的工程定额直接费，使费用最少。有关工程定额直接费的计算可参见码头结构相关定额标准。以桩基和梁格的布置及梁、板、桩的尺寸和配筋率为优化设计参数，板梁式高桩码头工程结构优化设计的成果，可直接作为初步设计的设计文档的一部分，并为高桩码头整体空间静、动力计算校核，计算机绘图，统计工程材料、机械、工日等清单提供接口数据。

1. 结构分析原则

板梁式高桩码头工程结构分析分为板、纵向梁、横向梁及桩等基本结构的内力分析计算。

（1）板的分析。按板的位置分为前沿板、中间主板、后沿板以及桩台分段的两端边沿板等。各种板的内力分析可分别计算。根据 1 万～5 万 t 级码头的受力特点，所有的板均以单向板或悬臂板方式布置。板上的堆货荷载、固定荷载和移动荷载简化为均布力和集中力。由移动荷载引起的板内最大弯矩和剪力，其最不利位置由计算机布置完成。

（2）纵向梁分析。纵向梁分为边梁、轨道梁和一般纵梁三种（管沟梁起到边梁和轨道梁的作用）。内力分析计算采用带悬臂端的刚性支座等跨连续梁计算模型。当大于 5 跨时按 5 跨计算，并考虑支座宽度的影响。堆货荷载由计算机自动组合均布力的作用跨，对于每一个控制截面的内力都找其对应的最不利组合。移动机械按多年集中力计算，按一定步距在纵梁上从头至尾移动，计算其内力包络值。两台以上移动机械的组合，其间距按《港口工程技术规范（1987）》要求和最不利情况布置。

（3）横梁和桩的分析。横梁和桩的内力按柔性桩台组合单元的杆系有限元计算，横梁按梁单元计算，桩按杆单元计算，桩分为支承桩和摩擦桩两种，其荷载按可能出现的多种最不利的情况组合，计算横梁及桩的内力包络值。桩台的整体空间静、动力分析按梁系模型进行，方法有 m 法、K 法、P—y 曲线法、假想嵌固点法等。

2. 高桩码头结构的整体优化设计原则

高桩码头结构优化分为整体布置优化和局部构件优化。整体布置优化即以桩台钢筋混凝土部分的定额直接费为目标函数，优化桩台的梁格及桩基布置。局部构件优化设计即以单个构件的定额直接费为目标函数，优化其断面尺寸和配筋率。按照《港口工程技术规范（1987）》及上述技术原则，设计的步骤是面板、纵向梁、横梁和桩自上而下地分别进行，上部结构因优化设计会引起构件的断面变化，断面的变化会影响到下部结构的内力。但这种影响引起的内力变化比起活荷载和基本的固定荷载引起的内力变化很小。因此，可以得出这样的结论：对于一个确定的梁格和桩基布置，桩台的最小定额直接费，就可以认为是各构件自上而下、各自分别进行构件局部优化的定额直接费之和，即这个结论是符合工程实际的。

(1) 整体优化设计。整体优化是以前（或后）方桩台一个标准段的钢筋混凝土部分的造价（定额直接费）为目标，优化码头结构整体布置，即优化参数为纵梁数（按构造要求的边梁及轨道梁数，不在优化参数之列）、横向排架数、一个排架上的桩数（按构造要求布置的桩的数目和位置固定，不参与优化）、桩规格号（即 $60\times60\text{cm}^2$、$55\times55\text{cm}^2$、$50\times50\text{cm}^2$，等预应力空心方桩）。钢筋混凝土结构部分包括板、纵向梁、横向梁、桩、桩帽、护轮坎、磨耗层、靠船构件、水平撑等。整体优化数学模型可表达为

$$\min W=\sum_{i=1}^{5}u_i(\boldsymbol{X})$$
$$\text{s.t.}\quad X_{\min}\leqslant\boldsymbol{X}\leqslant X_{\max}$$
$$P_{\min}\leqslant\boldsymbol{N}(\boldsymbol{X})\leqslant P_{\max}$$

式中 $u_1(X)$——面板的总定额直接费（包括护轮坎，磨耗层等）；

$u_2(X)$——纵向梁的总定额直接费；

$u_3(X)$——横向梁的总定额直接费；

$u_4(X)$——桩基部分的总定额直接费；

$u_5(X)$——靠船构件、水平撑部分总定额直接费；

$\boldsymbol{X}$——设计变量，$\boldsymbol{X}=[x_1,x_2,x_3,x_4]^{\mathrm{T}}$，设计变量 x_1，x_2，x_3，x_4 均为正整数，分别表示纵梁数、横梁排架数，每个排架上的桩数及桩的规格号；

$X_{\min}$——优化参数的下限；

$X_{\max}$——优化参数的上限；

$\boldsymbol{N}(\boldsymbol{X})$——一个排架上各桩的桩力包络值，$\boldsymbol{N}(\boldsymbol{X})=(n_1(X),n_2(X),\cdots)^{\mathrm{T}}$；

$P_{\min}(X)$、$P_{\max}(X)$——单桩的极限承载力允许值。

这里 $u_i(X)$ 和 $N(x)$ 分别表示构件的定额直接费及桩力，它们与设计变量 X 有关，但一般不能写成 X 的数学表达式。

(2) 最优化方法。对上述整体优化问题，可采用动态规划法、搜索桩数最少数和穷举法三种解决方法。

1) 动态规划法。动态规划法是在如下假定条件下应用的：板的总定额直接费与纵梁有直接关系，而与其他构件的优化设计变量是弱联系；纵向梁的总定额直接费取决于纵向梁数及横向排架数，而与桩数、桩规格号是弱联系；横梁和桩基部分的定额直接费主要受横向排架数、桩数、桩规格号的影响，纵梁数的变化对此影响不大；靠船

构件、水平撑定额直接费只与横梁排架有关；磨耗层、护轮坎定额直接费基本是常数，因此，原结构的整体优化问题可以改写为

$$\min W=U_1(x_1)+U_2(x_1,x_2)+U_3(x_2,x_3,x_4)+U_4(x_2,x_3,x_4)+U_5(x_2)$$

$$\text{s. t. } X_{\min}\leqslant X\leqslant X_{\max}$$

$$P_{\min}\leqslant N(X)\leqslant P_{\max}$$

最优决策分为三段，其递推表达式写为

$$W_1(x_{i,j})=\min[W_{i-1}(x_{i-1,k})+\Delta_i(x_{i-1,k}x_{i,j})]$$

$$W_1(x_{i,j})=\Delta(x_{i,j})$$

当 $i=3$ 时，$x_{i,j}$ 实际上表示一个二维变量，$x_{3,j}=(x_{3,l},x_{4,n})^{\mathrm{T}}$，$j$ 在 $[1,\ m3\times m4]$ 范围之内。$W^*=\min[W_3(x_{3,j})]$ 为最优值。

第一段：$W_1(x_{i,j})$为纵梁数取 $x_{1,j}$ 时板的总定额直接费 $u_1(x_{1,j})$。

第二段：$\Delta(x_{2,j},\ x_{1,k})$ 为纵向梁数取 $x_{1,k}$、横向排架数取 $x_{2,j}$ 时纵向梁的总定额直接费+靠船构件定额直接费、水平撑定额直接费之和，即 $u_2(x_{2,j},x_{1,k})+u_5(x_{2,j})$；$W(x_{2,j})$ 为横向排架取 $x_{2,j}$ 时桩台除横向排架以外各部分定额直接费之和的最小值，即 $\min[U_1(X)+U_2(X)+U_5(X)]$。

第三段：$\Delta_3(x_{3,j},x_{2,k})=\Delta_3(x_{4,n},x_{3,l},x_{2,k})$ 为横向排架数取 $x_{2,k}$，一个排架上桩数取 $x_{3,l}$、桩规格号取 $x_{4,n}$ 时，横向排架的定额直接费 $W_3(\overline{x}_{3,j})$ 即为在此桩数和桩规格号的组合下桩台的最优造价，而 W^* 就为全局最优造价（定额直接费）。

2）搜索桩数最少法。此法基于我国筑港工程实践中提出的“长桩大跨”设计思想，以求桩数最少作为目标，间接地体现定额直接费最小。问题可以表达为

$$\min NS=NS(x_2,x_3)$$

$$\text{s. t. } X_{\min}\leqslant X\leqslant X_{\max}$$

$$P_{\min}\leqslant N(X)\leqslant P_{\max}$$

3）穷举法。穷举法即遍历梁格、桩基所有可行的布置方案组合，求出最优方案的总定额直接费数。问题可以表述为

$$\min W=\sum_{i=1}^{2}u_i(x_1,x_2)+u_5(x_2)+\sum_{j=3}^{4}u_j(x_2,x_3,x_4)$$

$$\text{s. t. } X_{\min}\leqslant X\leqslant X_{\max}$$

$$P_{\min}\leqslant N(X)\leqslant P_{\max}$$

3. 构件的局部最优化设计原则

构件的局部最优化设计以单个构件的定额直接费为目标函数，优化设计变量为其尺寸及配筋率。进行优化设计的构件为板、纵向梁和横向梁。板梁式高桩码头中板的构造类型分为实心板、空心板、迭合板、现浇板、沟盖板，前三种板又有预应力与非预应力之分，以迭合板为例，其优化设计问题可以表述为

$$\min u = \sum_{i=1}^{4} C_i V_i(X) + C_5$$

目标函数满足下列约束条件：①正、负弯矩强度条件；②剪力强度条件；③最大裂缝开展宽度条件和抗裂条件；④最大、最小配筋率条件；⑤预应力施工条件。

式中 C_1 和 C_2——现浇和预制混凝土定额直接费；

C_3 和 C_4——现浇和预制钢筋定额直接费；

C_5——安装工程定额直接费；

V_1 和 V_2——现浇和预制混凝土的体积；

V_3 和 V_4——现浇和预制钢筋的重量；

X——设计变量，这里采用单筋方法配筋，故是单变量的最优化设计问题，设计变量取板厚，预制部分的厚度按满足施工荷载自动取；

C_i——一般是与体积有关的阶梯函数，如安装工程定额直接费是和构件体积有关的阶梯函数。

纵向梁为叠合梁，当预制部分高度为 0 时，就变为现浇梁，当现浇部分高度为 0 时，就退化为预制梁。横向梁为倒 T 形截面的叠合梁，当下横梁宽度与上横梁一致时，就变为矩形断面的叠合梁。纵向梁和横向梁的优化设计方法同板。

4. 工程案例

某码头前方桩台的一个标准段，原设计的断面图及梁板布置图如图 11－20 和图 11－21 所示。图 11－20 中，每根桩打入深度可任意选择，对于支撑柱，桩打入持力层，桩长不在优化中考虑。图 11－21 中，面板的分块数可视预制和安装等条件任意选择。

（1）原设计的几何尺寸、荷载分布、结构构件信息为

1）基本数据：前方桩台标准段长 58.8m，宽 14.5m；前轨道梁中心至码头前沿距离 2.00m；后轨道梁中心至码头后沿距离 2.00m；边跨排架中心至变形缝的距离 1.25m；码头面标高 5.5m；设计高水位 4.0m；设计低水位 1.0m；施工水位 2.0m。

2）设计荷载：堆货 20kN/m^2；两台 MH－4－25 门机；25T 轮胎吊；撞击力 630.0kN；挤靠力 43.5kN；系缆力 350.0kN。

3）结构构件：

码头前沿板、后沿板及中间主板为非预应力叠合板；边沿板为现浇悬臂板，板原设计和优化结果见表 11－9、纵向梁原设计和优化结果见表 11－10、横向梁原设计和优化结果见表 11－11。纵向梁为非预应力叠合梁；横向梁为非预应力倒 T 型叠合梁。桩为 50cm×50cm 的预应力空心方桩，极限承载力为 4400kN。板、箍筋、构造筋一律采用普通Ⅰ级钢。纵梁和横梁均采用普通Ⅱ级钢，桩的预应力主筋采用冷拉Ⅱ级钢，其他筋采用普通Ⅰ级钢，其他构件均采用普通Ⅰ级钢。

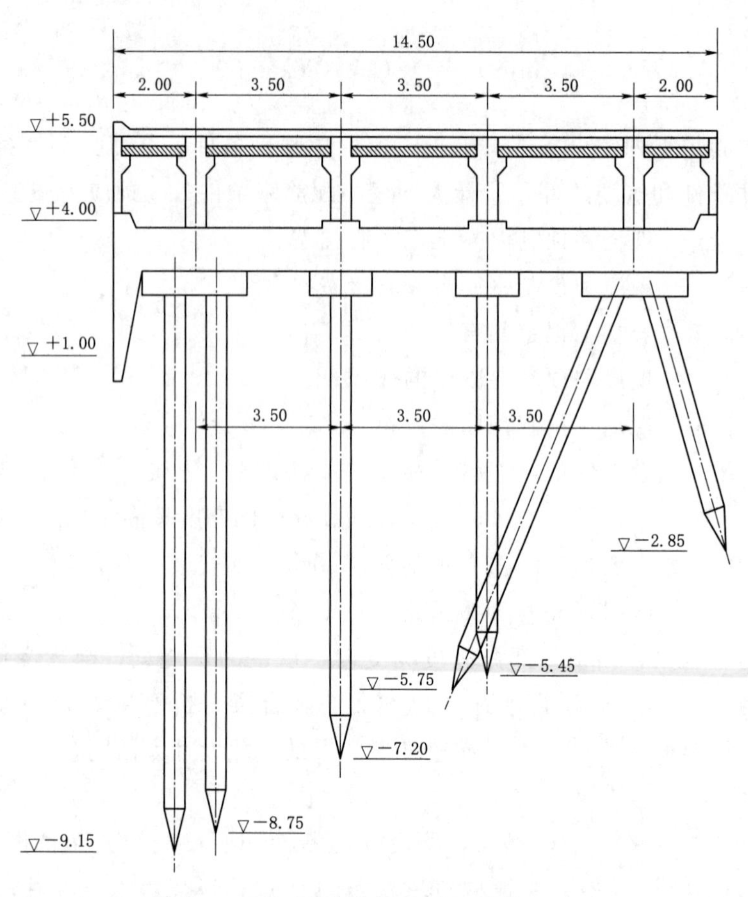

图 11-20 原设计断面图（单位：m）

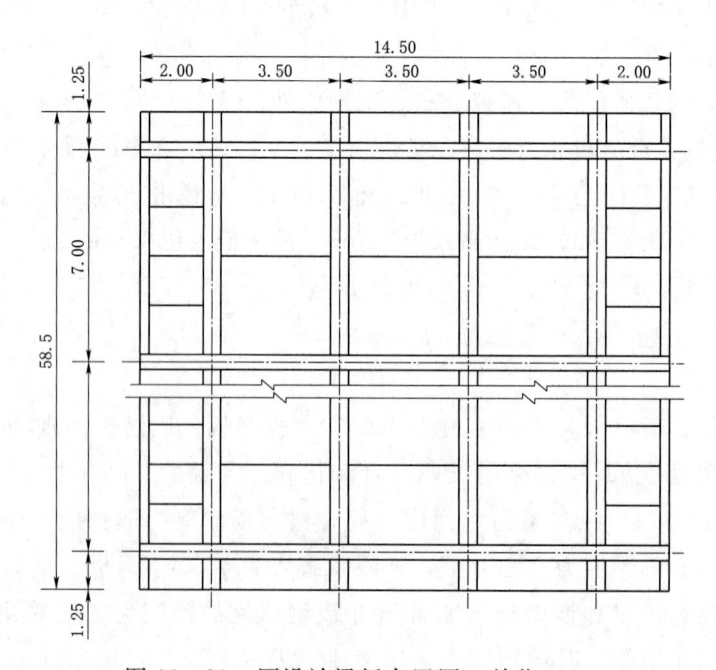

图 11-21 原设计梁板布置图（单位：m）

表 11-9 **板原设计和优化结果**

板			原设计	整体优化、局部不优化	整体、局部都优化
前后沿板非预叠合板	尺寸/cm	长	147.5	147.5	142.5
		宽	165.0	152.0	152.0
		厚	33.0	33.0	20.0
		预制厚	15.0	15.0	10.0
	数量		64	70	70
	内力	M_+	33.80kN·m	33.80kN·m	31.75kN·m
		M_-	31.17kN·m	31.17kN·m	29.98kN·m
		Q	145.97kN	145.97kN	144.07kN
	配筋率/%	μ_+	0.451	0.451	1.209
		μ_-	0.451	0.451	1.154
中间主板非预叠合板	尺寸/cm	长	305.0	305.0	308.33
		宽	330.0	253.33	253.33
		厚	33.0	33.0	20.0
		预制厚	15.0	15.0	10.0
	数量		48	63	63
	内力	M_+	56.36kN·m	56.36kN·m	53.22kN·m
		M_-	43.75kN·m	43.75kN·m	43.80kN·m
		Q	125.17kN	125.17kN	120.22kN
	配筋率/%	μ_+	0.722	0.722	1.707
		μ_-	0.614	0.614	1.478
边沿板现浇板	尺寸/cm	长	105.00	105.0	105.00
		宽	1210.00	1210.00	1210.00
		厚	45.0	45.0	18.0
	数量		2	2	2
	内力	M_+	0.0kN·m	0.0kN·m	0.0kN·m
		M_-	74.34kN·m	74.34kN·m	70.62kN·m
		Q	253.06kN	253.06kN	245.97kN
	配筋率/%	μ_+	0.527	0.527	2.54
总造价/元			131714	136800	127879

表 11－10　　纵向梁原设计和优化结果

纵向梁			原设计	整体优化、局部不优化	整体、局部都优化
边梁叠合梁	尺寸/cm	长	660.0	760.0	760.0
		宽	30.0	30.0	35.0
		厚	100.0	100.0	77.0
		预制厚	67.0	67.0	57.0
	数量		16	14	14
	内力	M_+	348.1kN·m	414.5kN·m	344.8kN·m
		M_-	192.3kN·m	192.3kN·m	191.1kN·m
		Q	245.30kN	255.60kN	244.10kN
	配筋率/%	μ_+	1.019	1.153	1.491
		μ_-	0.670	0.670	0.912
		μ	0.091	0.091	0.096
纵梁叠合梁	尺寸/cm	长	660.0	760.0	760.0
		宽	45.0	45.0	40.0
		厚	120.0	120.0	121.0
		预制厚	87.0	87.0	101.0
	数量		16	14	14
	内力	M_+	662.4kN·m	1015.3kN·m	938.6kN·m
		M_-	443.4kN·m	506.9kN·m	506.9kN·m
		Q	674.1kN	765.3kN	725.0kN
	配筋率/%	μ_+	1.049	1.320	1.320
		μ_-	0.678	0.769	0.822
		μ	0.22	0.282	0.310
轨道梁叠合梁	尺寸/cm	长	660.0	760.0	760.0
		宽	45.0	45.0	45.0
		厚	150.0	150.0	141.0
		预高	117.0	117.0	121.0
	数量		16	14	14
	内力	M_+	1271.2kN·m	1673.4kN·m	1615.6kN·m
		M_-	986.6kN·m	1051.5kN·m	872.9kN·m
		Q	1166.4kN	1349.9kN	1319.6kN
	配筋率/%	μ_+	1.090	1.352	1.049
		μ_-	0.907	0.952	0.678
		μ	0.389	0.522	0.22
总造价/元			130698	142369	139387

表 11-11　　横向梁原设计和优化结果

横向排架			原设计	整体优化、局部不优化	整体、局部都优化
横向梁刀T形迭合梁	尺寸/cm	长	1450.0	1450.0	1450.0
		上宽	40.0	40.0	40.0
		下宽	80.0	80.0	215.0
		高	230.0	230.0	215.0
		预高	80.0	80.0	74.0
	数量		9	8	8
	内力	M_+	1200.1kN·m	1536.7kN·m	1463.0kN·m
		M_-	1177.6kN·m	1246.1kN·m	1225.6kN·m
		Q	557.5kN	828.8kN	790.4kN
	配筋率/%	μ_+	0.370	0.457	0.506
		μ_-	0.694	0.772	0.851
		μ	0.064	0.079	0.084
总造价/元			77337.5	73827.9	72315.4
桩基	规格		50.50	50.50	50.50
	直桩数		36	24	24
	对桩数		18	16	16
总造价/元			199583.1	151627.1	151627.1
标准段总造价/元			602756.0	565826.0	552411.0

(2) 优化结果分析。本例题计算了三种情况：①按原设计不优化计算；②构件尺寸按原设计、只进行整体结构布局优化设计；③整体结构和局部构件都进行优化设计。

计算结果表明：

1) 上述三种情况下面板部分的定额直接费分别为131710元、136800元、127879元。第②种情况比第①种情况定额直接费有所上升，是因为在约束条件中给出了板的最大宽度（如主板的最大宽度为1.65m）。在整体优化情况下，板的总块数增加了（上述三种情况下一个标准段需安装的板分别为112块、133块、133块），故安装费用分别增加为22974.8元、27282.6元和27282.6元。若放宽板的最大宽度，减少板的总块数，后两种情况下板的定额直接费将下降。

2) 上述三种情况下纵向梁的定额直接费分别为130698元、142369元和139387元，②和③两种情况定额直接费比原设计上升了，主要是由于跨度增大了，纵向梁的内力相应增加（如轨道梁最大弯矩分别为 1271.2kN·m、1673.4kN·m、1615.6kN·m）导致配筋率上升，钢筋部分的定额直接费分别为 45812.3 元、55768.2 元和 55642.2 元。所以情况②和③比情况①费用上升。

（3）上述三种情况下横梁和桩基部分的定额直接费分别为 276920.6 元、225455.0 元和 223942.5 元，②和③两种情况比原设计费用有显著下降。

（4）上述三种情况下桩台一个标准段的总体定额直接费分别为 602756 元、565826 元和 552411 元。②和③两种情况比原设计分别下降 6.13%和 8.35%，符合优化设计规律。在“长桩大距”情况下，符合上部结构定额直接费有所上升、下部结构定额直接费下降，总体定额直接费降低的规律。

（5）对于本工程算例，整体优化设计采用动态规划法、搜索桩数最少法及穷举法三种方法得到的结果完全一致。

整体和局部都优化后，码头结构断面图和梁板布置分别如图 11-22 和图 11-23 所示。

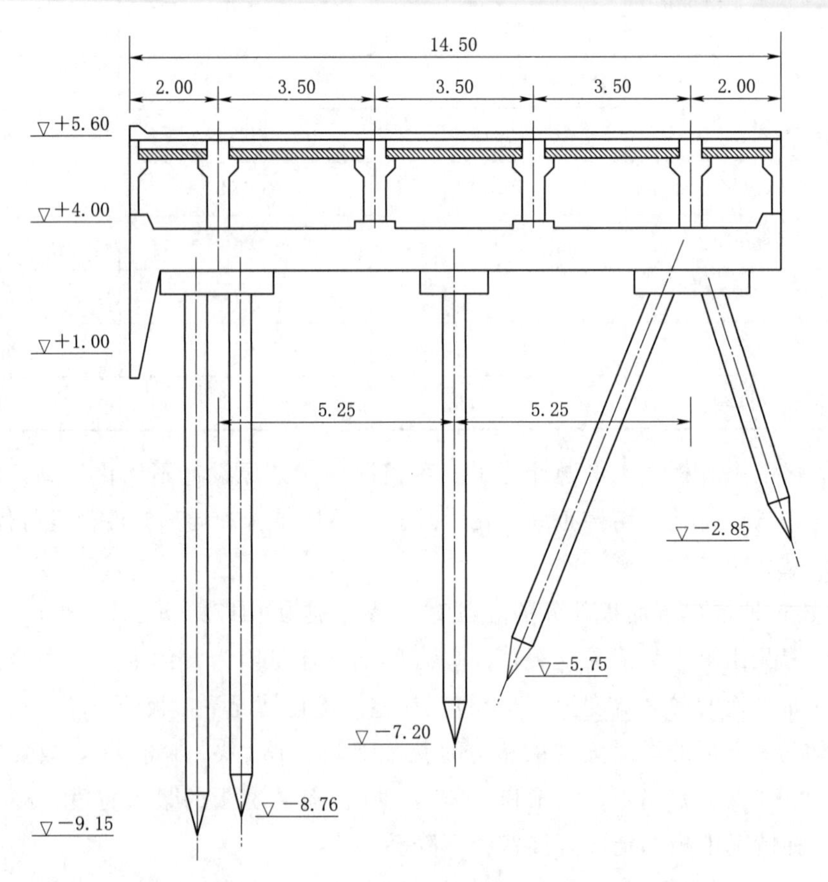

图 11-22 码头结构断面图（单位：m）

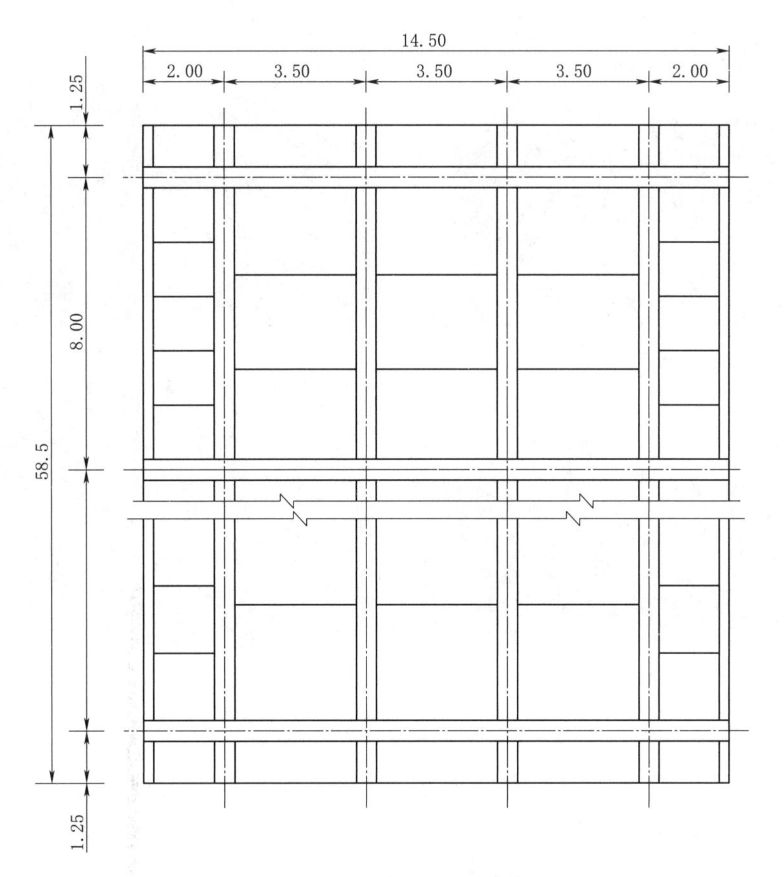

图 11-23 梁板布置图（单位：m）

11.5 水下隧道工程结构优化设计

以某种用途、在地面下用任何方法按规定形状和尺寸修筑的断面面积大于 $2m^2$ 的洞室称为隧道，而修建于江、河、湖、泊、海峡之下的隧道，称为水下隧道。自 20 世纪 30 年代起，发达国家就开始修建海峡水下隧道，如英吉利海峡隧道、日本青函海峡隧道、日本东京湾水隧道、挪威莱尔多海底隧道等。20 世纪 50 年代以来，我国开始修建水下隧道，如上海打浦路隧道［图 11-24（a)］、上海长江隧道、武汉长江隧道、南京长江隧道、南京玄武湖隧道、重庆水碾河下穿隧道等。比较而言，我国水下隧道以跨越江、河、湖、泊的交通隧道居多。厦门翔安隧道作为我国第一条海底隧道 2010 年 4 月建成通车［图 11-24（b)］，国内第二条海底隧道青岛胶州湾海底隧道［图 11-24（c)］2011 年 6 月通车运行。港珠澳大桥海底隧道［图 11-24（d)］的完工，标志着我国海底隧道建造技术达到了一个新高度。

隧道作为地下工程结构物，与地面结构相比，在结构计算理论和施工方法等方面

(a) 上海打浦路隧道

(b) 厦门翔安隧道

(c) 青岛胶州湾海底隧道

(d) 港珠澳大桥海底隧道

图 11-24　我国典型水下隧道

有很多不同之处。主要是埋置在地层内的衬砌结构所承受的荷载形式、方式比地面结构复杂，施工空间有限，工作面狭小，光线差，劳动条件差，施工难度大。我国自 20 世纪 50 年代以来，对水下隧道工程结构的设计方法、施工技术、安全评价等进行了深入的研究和实践，取得了一定的工程经验。全世界已建成的水下隧道大多运行良好，但亦有坍塌、渗漏、上浮、涌水（泥）等严重破坏导致无法正常运行的案例。水下隧道结构因其工程地质勘查困难、隧道结构与围岩相互作用不清、衬砌结构长期承受较大外水压力等使得水下隧道结构施工建设工期较长，工程造价较高。对水下隧道结构进行优化设计，在满足围岩变形，隧道结构强度、刚度、稳定性等条件下，设计出安全可靠、经济合理的最优结构型式具有重大的需求和现实意义。

1. 水下隧道结构优化设计数学模型

(1) 设计变量。图 11-25 (a) 为某隧道结构优化设计断面功能分布图，由于该典型断面为对称结构，现取其一半结构进行优化设计研究。图 11-25 (b) 为断面关键几何尺寸图（一半结构）。图 11-25 (b) 中，d_1 为隧道顶板厚度，d_2 为边墙厚度，d_3 为围护桩厚度，d_4 为路面厚度，d_5 为底板厚度，d_6 为人行道底板厚度。h_1 为行车道净空，h_2 为行车道顶板拐角竖直高度，h_3 为人行道净空。m_1 为行车道顶板拐角水平长度，m_2 为人行道顶板拐角水平长度。w_1 为行车道净宽，w_2 为人行道净宽，c_1 为隧道结构顶板吊顶限界厚度。

隧道顶板厚度 d_1，底板厚度 d_5 以及边墙厚度 d_2 等变量对整个隧道的断面面积影

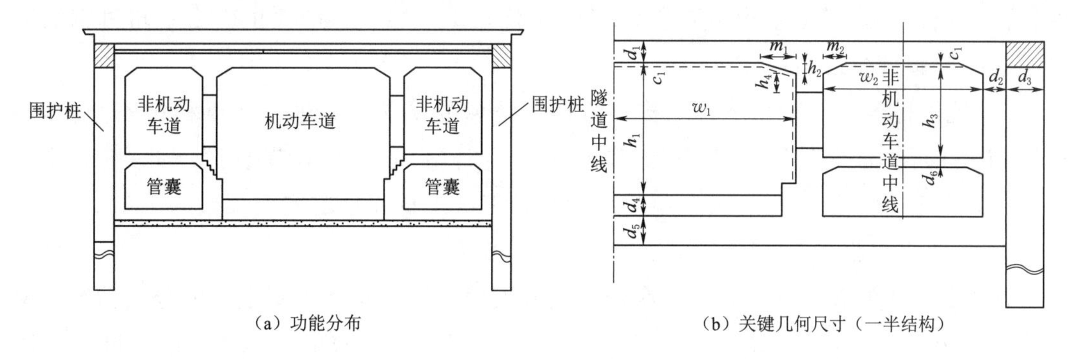

(a) 功能分布　　(b) 关键几何尺寸（一半结构）

图 11-25　结构优化设计断面

响较大，隧道顶板拐角处的坡度对该处的应力集中有较大影响，故选取 d_1、d_2、d_4、d_5、m_1、m_2、h_2 等隧道结构关键几何尺寸为设计变量，其余几何尺寸量设为预定参数。

(2) 目标函数。隧道结构工程造价主要取决于其断面面积。另外，其还与施工等环节有关。考虑工程安全性、经济性和适用性，选取隧道结构断面面积最小为目标函数。

(3) 约束条件：

1) 建筑限界条件：隧道结构断面形状应根据交通流量、荷载、抗浮稳定、通风、防水防火防灾及耐久性等综合因素分析确定。该隧道结构断面设计采用建筑限界，根据《公路隧道设计规范》(JTG D70—2004) 四级公路设计车速为 30km/h 时，公路隧道断面建筑限界如图 11-26 所示。车道宽度 $W=3.25\times2\text{m}$，$L_L=L_R=0.25\text{m}$。

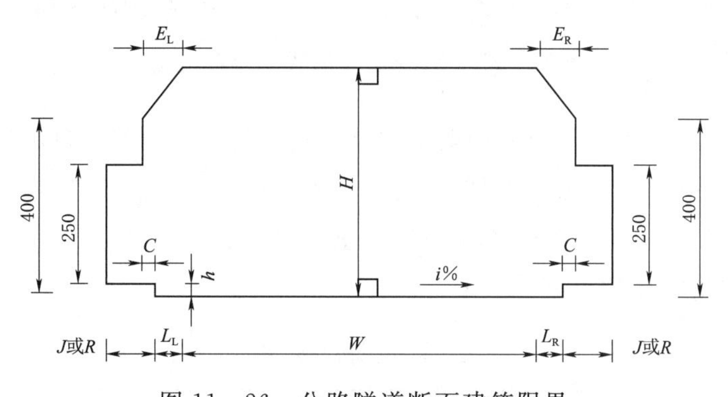

图 11-26　公路隧道断面建筑限界

由图 11-25 (b) 及图 11-26 可知，隧道结构断面优化设计变量的取值范围如下：$0.60\leqslant d_1\leqslant0.80$、$0.40\leqslant d_2\leqslant0.50$、$0.20\leqslant d_4\leqslant0.50$、$0.50\leqslant d_5\leqslant0.90$、$0.40\leqslant m_1\leqslant1.00$、$0.40\leqslant m_2\leqslant1.00$ 和 $0.10\leqslant h_2\leqslant0.50$。

2) 强度条件。该水下隧道结构采用 C30 防水钢筋混凝土，C30 混凝土的抗拉强度标准值为 2.2MPa，轴心抗压强度标准值为 20MPa，弯曲抗压强度标准值为 22MPa。

结构优化设计中，隧道结构断面最大压应力不超过20MPa；最大拉应力不超过钢筋混凝土的抗拉强度标准值4MPa。

3）抗浮稳定。对于水下建（构）筑物根据规范要求，要进行抗浮稳定安全验算。目前相关部门还没有颁发水下隧道抗浮稳定计算规范，本节参照《水闸设计规范》（SL 265—2001），确定水下隧道结构正常工况下抗浮稳定安全系数为1.10。

2. 结构分析模型

依据设计方提供的原设计方案参数，充分模拟隧道结构和地基土体的分层情况，建立隧道结构和周围土体整体平面数值分析模型。结构重分析数值计算模型如图11-27所示。图11-27中，水平方向为x方向（向右为正），以隧道结构轴线为基准向右取60m作为计算边界；竖直方向为y方向（向上为正），由于围护桩桩底最深高程为−21.113m，为消除边界效应该方向底部计算边界取至高程−40.00m处。隧道结构及围护桩结构模型图如图11-27（b）所示。

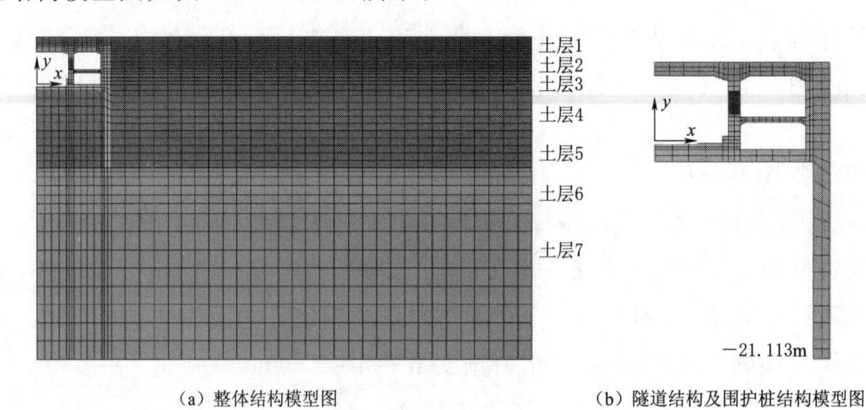

（a）整体结构模型图　　（b）隧道结构及围护桩结构模型图

图11-27　结构重分析数值计算模型

模型底部采用固端约束，x方向两侧边界设法向约束，顶部为自由边界。土体和隧道结构均采用平面4节点等参单元划分，共1864个单元，1993个节点。土体采用D-P本构模型，隧道结构采用线弹性本构模型。土体材料参数见表11-12，土层自上而下编号，隧道结构材料参数见表11-13。

表11-12　　土体材料参数

土层	土层名称	密度/(g/cm³)	凝聚力/kPa	内摩擦角/(°)	弹性模量/MPa	泊松比
土层1	杂填土	1.70	13.4	1.0	3.5	0.42
土层2	淤泥质黏土	1.70	13.4	1.0	2.1	0.42
土层3	粉质黏土	1.94	33.7	4.8	3.6	0.38
土层4	粉质黏土	1.88	22.0	2.2	3.2	0.38
土层5	粉质黏土	1.88	17.0	0.9	2.7	0.38

续表

土层	土层名称	密度/(g/cm³)	凝聚力/kPa	内摩擦角/(°)	弹性模量/MPa	泊松比
土层6	黏土	1.95	29.3	3.4	3.5	0.35
土层7	粉质黏土	1.84	28.5	1.7	2.4	0.38

表 11-13　　隧道结构材料参数

材　料	密度/(g/cm³)	弹性模量/GPa	泊松比
结构混凝土	2.45	27.00	0.167
等效咬合桩	2.23	13.50	0.234
等效钢管桩	2.45	29.25	0.167
等效钢板混凝土	2.45	31.58	0.167

3. 结构优化设计结果及分析

借助ANSYS有限元软件的APDL参数化语言及优化求解器，编制结构分析和优化求解命令流，经过21次重分析，搜索到最优设计方案。表11-14为隧道结构优化设计结果。

表 11-14　　隧道结构优化设计结果

方案	隧道断面面积/m^2	抗浮安全系数K_s	最大拉应力/MPa	最大压应力/MPa	竖向位移（向上为正）/mm		d_1/m	d_2/m	d_4/m	d_5/m	m_1/m	m_2/m	h_2/m
					最大	最小							
原设计	27.7	1.25	2.81	3.85	−31.1	−28.6	0.80	0.50	0.40	0.70	0.90	0.60	0.30
优化设计	23.3	1.17	4.00	4.98	−9.8	−4.8	0.69	0.40	0.28	0.50	0.99	0.79	0.13

由表11-14可知，在满足建筑限界情况下，较之原设计方案，优化设计方案中d_1、d_2、d_4、d_5及h_2相应减小，m_1和m_2相应增大。其中d_2、d_5和拉应力（最大拉应力位于隧道顶板中部内边壁）达到临界约束。与原设计方案相比，优化设计方案的隧道结构断面面积减少16%；隧道顶部边墙拐角处斜率（$k=h_2/m_1$）减小，结构断面形状变化趋缓，应力分布更加均匀；隧道结构应力略有增大，但都在混凝土抗压强度和钢筋混凝土抗拉强度内，整体受力更为合理。经过优化调整，改善了隧道结构受力和变形的工作性态。隧道结构断面抗浮稳定满足规范要求，且有一定的安全裕度。表明水下隧道结构断面优化设计方案安全可靠、经济合理。

第12章

水工结构优化设计

水利工程是调控水资源时空分布、优化水资源配置最重要的工程措施，也是国民经济和社会可持续发展的重要基础设施。远古以来，我国的祖先就为治理水患、开发水利，进行过长期的奋斗，也取得了辉煌的业绩，如春秋时期修筑的洛河水利工程以及秦代时李冰主持修建的都江堰分洪灌溉工程等。中华人民共和国成立后，我国水利建设得到了快速发展，大江大河基本形成由河道及堤防、水库、蓄滞洪区等组成的流域防洪工程体系，通过综合采取“拦、分、蓄、滞、排”措施，基本具备防御大洪水的能力；通过综合采取“蓄、引、提、调”等措施确保城乡供水安全。

本章结合作者团队参与的水利工程领域结构优化设计项目，重点介绍包括重力坝、拱坝、面板堆石坝、心墙堆石坝、胶结颗粒料坝、水闸与泵站等结构优化数学模型的构建，同时给出了若干的工程优化设计案例，以利于深入理解并掌握此类结构的优化设计理论与技术。

12.1 重力坝优化设计

重力坝是水工建筑物中一种古老而迄今应用仍很广的坝体结构型式，其工作原理可以概括为两点：①依靠坝体自重在坝基面上产生摩阻力来抵抗水平水压力以达到稳定的要求；②利用坝体自重在水平面上产生的压应力来抵消由于水压力所引起的拉应力以满足强度的要求。因此，坝体的断面较大，一般做成上游面近于垂直的三角形断面。由于坝体断面尺寸大，水泥用量较多，坝体应力较低，材料强度不能充分发挥，因此进行断面设计时，在保证不沿坝基面或地基中软弱结构面产生滑动的情况下，尽量减少坝体与地基的接触面，减小扬压力，减少水泥用量，以达到经济的目的。

重力坝按结构型式可以分为实体重力坝、宽缝重力坝、空腹重力坝、支墩坝、大头坝等。实体重力坝是最简单的型式，其优点是设计和施工方便，应力分布也较明确，但缺点是扬压力大和材料的强度不能充分发挥，工程量较大。与实体重力坝相比，宽缝重力坝具有降低扬压力、较好利用材料强度、节省工程量和便于坝内检查及维护等优势，但缺点是施工较为复杂，模板工程量大。空腹重力坝不但可以进一步降低扬压力，而且可以利用坝内空腔布置水电站厂房，坝顶溢流宣泄洪水，利于解决在狭窄河谷中布置发电厂房和泄水建筑物的困难；其缺点是腹孔附近可能会产生一定的拉应力，局部需要配置较多的钢筋，应力分析及施工工艺也比较复杂。

我国重力坝的发展随着国家经济建设及技术的发展呈现出不同特征。中华人民共和国建立初期，由于经济水平不高，施工机械化水平低，大坝工程建设从经济性方面考虑较多，因此对能够节省材料的坝型，如支墩坝、宽缝重力坝等选用较多。1958—1990年间我国曾修建了17座宽缝重力坝，典型工程有新安江宽缝重力坝（高105m，图12-1）、丹江口宽缝重力坝（高97m）、云峰宽缝重力坝（高113m，图12-2）等。20世纪50—60年代初是我国宽缝重力坝的全盛时期，其后，随着我国技术经济水平的提高，坝工界对此类坝特性的认识逐渐加深，宽缝重力坝也逐渐衰落，到20世纪90年代后基本停建。

图12-1　新安江宽缝重力坝

图12-2　云峰宽缝重力坝

20世纪50—80年代，我国兴建了8座空腹重力坝（亦称腹拱坝），代表性工程有石泉空腹重力坝（高62m）、枫树空腹重力坝（高93m，图12-3）等。与宽缝重力坝一样，空腹重力坝节省混凝土也是由于坝体挖空后可减小扬压力。实际上如果实体重力坝内设置纵横排水廊道、打排水孔、进行抽排，则实体重力坝扬压力也可大幅度减小，实体

图12-3　枫树空腹重力坝

重力坝中采用上述施工措施后，使空腹重力坝在造价上不再具有优势。因此，20 世纪 90 年代以后空腹重力坝也已停建。

实体重力坝是建造最多的一种混凝土坝，代表性的工程有三峡实体重力坝（高 175m，图 12-4）、刘家峡实体重力坝（高 147m）、三门峡实体重力坝（高 106m）、漫湾实体重力坝（高 132m）、乌江渡拱形实体重力坝（高 165m，图 12-5）等。

图 12-4 三峡实体重力坝

图 12-5 乌江渡拱形实体重力坝

12.1.1 基岩上实体重力坝断面优化设计

本节以水平基面上的实体重力坝非溢流坝为研究对象，构建其优化设计模型。

1. 设计变量

重力坝非溢流坝段的断面由坝高、坝顶宽度、坝底宽度以及上、下游坝坡决定。重力坝断面示意图如图 12-6 所示。

在实际工程中，一般来说坝高 H 由调洪演算确定，坝顶宽度 B 由交通要求等因素确定，是预设参数。因此，实体重力坝断面形状的几何特征可由上述两个已知参数 H、B，以及上游起坡点高度 x_1、下游起坡点高度 x_2、上游起坡水平距离 x_3 及下游坝坡水平距离 x_4 四个变化参数完全确定，因此，可取设计变量为

$$\boldsymbol{X}=[x_1,x_2,x_3,x_4]^{\mathrm{T}} \tag{12-1}$$

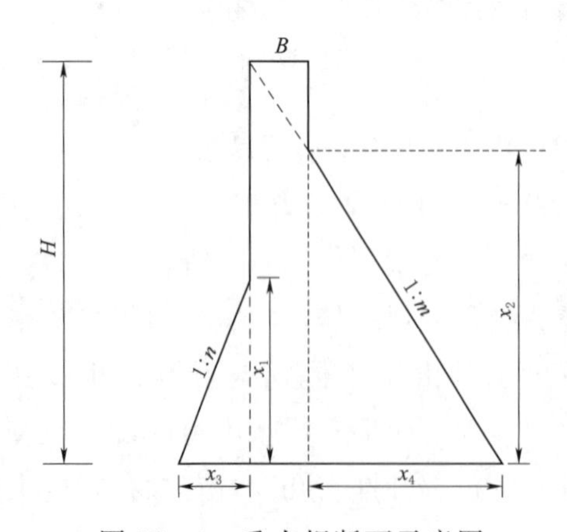

图 12-6 重力坝断面示意图

2. 目标函数

考虑到实体重力坝造价主要取决于混凝土用量，因此选取单位长度坝段混凝土体积为目

标函数，即取断面面积为 $S(\boldsymbol{X})$ 为目标函数，具体表达式为

$$f(\boldsymbol{X})=S(\boldsymbol{X})=\frac{x_1x_3}{2}+\frac{x_2x_4}{2}+BH \tag{12-2}$$

3. 约束条件

实体重力坝断面优化设计考虑的约束条件包括几何约束和性态约束两类。

(1) 重力坝优化设计中需要考虑的几何约束包括以下四个方面：

1) 上游面坡度比。实体重力坝上游坝坡可以是垂直的，对于坝基摩擦系数较小的工程，为了利用上游坝面上的水重来增加坝体的抗滑稳定，可将大坝的迎水面设计为倾斜的，但上游坝面的坡度宜小于 1∶0.2。因此，上游坝面的坡比几何约束为

$$0\leqslant x_3/x_1\leqslant 0.2 \tag{12-3}$$

2) 上游面起坡点高度 x_1。对于上游坝坡为垂直的重力坝，意味着上游坝坡的起坡点高度为0；依据工程经验，上游面起坡点上限一般不超过坝高的2/3。因此，上游坝面的起坡点高度几何约束为

$$0\leqslant x_1\leqslant \frac{2}{3}H \tag{12-4}$$

3) 下游面坡度比。依据工程经验，下游坝面的坡度通常在0.5～0.9范围内，因此，下游坝面的坡比几何约束为

$$0.5\leqslant x_4/x_2\leqslant 0.9 \tag{12-5}$$

4) 下游面起坡点高度 x_2。下游坝坡起坡点高度多依据工程实际确定，一般可取为常数，优化模型中将其选为设计变量是为了在可变化范围内进一步挖掘潜力。依据经验下游坝面的起坡点高度几何约束为

$$H-2B-h_c\leqslant x_2\leqslant H-B-h_c \tag{12-6}$$

式中 h_c——超高，依据规范确定。

(2) 重力坝性态约束主要包括稳定与强度两个方面。

1) 抗滑稳定约束条件。稳定约束主要校核沿坝基面的抗滑稳定性，稳定性约束条件为

$$K=\frac{f\sum W}{\sum P}\geqslant [K] \tag{12-7}$$

或

$$K'=\frac{f'\sum W+c'A}{\sum P}\geqslant[K'] \tag{12-8}$$

式中 K、$[K]$——按抗剪强度计算的抗滑稳定安全系数及允许值；

K'、$[K']$——按抗剪断强度计算的抗滑稳定安全系数及允许值；

f——坝体混凝土与建基面的抗剪摩擦系数；

f'、c'——坝体混凝土与建基面的抗剪断摩擦系数和凝聚力；

$\sum W$——作用于坝体上的全部荷载（包括扬压力）对滑动平面的法向分量值；

$\sum P$——作用于坝体上的全部荷载（包括扬压力）对滑动平面的切向分量值；

A——坝基面截面积。

2）强度约束条件。强度约束主要考虑设计工况下坝基面的应力，规范要求运行期坝踵垂直正应力不出现拉应力，坝趾垂直正应力不超过坝体混凝土和基岩允许承载力，即

$$\sigma_y^u=\frac{\sum W}{T}+\frac{6\sum M}{T^2}\geqslant 0 \tag{12-9}$$

$$\sigma_y^d=\frac{\sum W}{T}-\frac{6\sum M}{T^2}\leqslant[\sigma] \tag{12-10}$$

式中 σ_y^u——坝踵的垂直正应力，以压为正；

σ_y^d——坝趾的垂直正应力，以压为正；

$[\sigma]$——坝趾的允许压应力；

$\sum W$——坝基截面以上全部垂直力之和（包括扬压力），以向下为正；

$\sum M$——坝基截面以上全部垂直力（包括扬压力）以及坝体上的水平力对坝基截面形心的力矩之和，以使上游面产生压应力为正；

T——坝基面截面沿上、下游方向的宽度。

另外，设计规范还要求在施工期坝趾垂直拉应力不超过 0.1MPa，此条件一般由完建期控制，其表达式为

$$\bar{\sigma}_y^d=\frac{\overline{W}}{T}-\frac{6\overline{M}}{T^2}\geqslant -0.1\text{MPa} \tag{12-11}$$

式中 $\bar{\sigma}_y^d$——坝趾的垂直正应力，以压为正；

$\overline{W}$——坝体自重，以向下为正；

$\overline{M}$——坝体自重对坝基截面形心的力矩，以使上游面产生压应力为正。

4. 优化设计模型及求解

综合上述分析，由式（12-1）～式（12-11）形成水平基岩面上实体重力坝断面

优化设计模型。

实体重力坝优化设计模型中的目标函数和大部分约束条件都是设计变量的非线性函数，因此其优化是一个非线性规划问题。前文介绍的非线性规划方法均可用来求解，目前常用的主要有复形法、罚函数法、序列线性规划法和序列二次规划法以及遗传算法等。

12.1.2 考虑深层滑动的重力坝断面优化设计

与完整基岩上修建重力坝不同，在具有软弱夹层的岩基上修建的混凝土重力坝，其坝体连同部分地基在内的深层滑动稳定问题是设计重力坝时必须考虑的重要问题。当坝基中有软弱夹层、缓倾角结构面及不利地形时，应该核算坝体带动部分坝基的抗滑稳定性。重力坝主要是依靠其重量来维持平衡的，因此决定大坝造价的主要因素——混凝土材料的用量很大，而对于具有软弱夹层的混凝土重力坝就更是如此。因此，在具有软弱夹层岩基上如何设计出既安全又经济的重力坝的最优断面形式是个值得研究的问题。

本节研究既考虑坝体的强度和稳定约束条件又考虑深层滑动稳定条件的重力坝断面优化设计。深层滑动是针对单坡段的双斜滑动面[参见图 12-7 (a)]研究的，其稳定分析按极限平衡理论采用被动抗力法进行。

1. 单坡段的双斜滑动面稳定计算

坝基软弱夹层面的抗滑稳定，目前多采用极限平衡理论进行核算。根据极限平衡理论推求软弱夹层滑动面的抗滑稳定安全系数的方法通常有被动抗力法和剩余推力法等。其中，被动抗力法概念明确，符合静力平衡条件，计算简单，可避免大量的试算工作，当夹层滑动面为单坡段，应用该方法得到较好结果。

采用该法计算深层滑动面的抗滑稳定安全系数 K_2，公式为

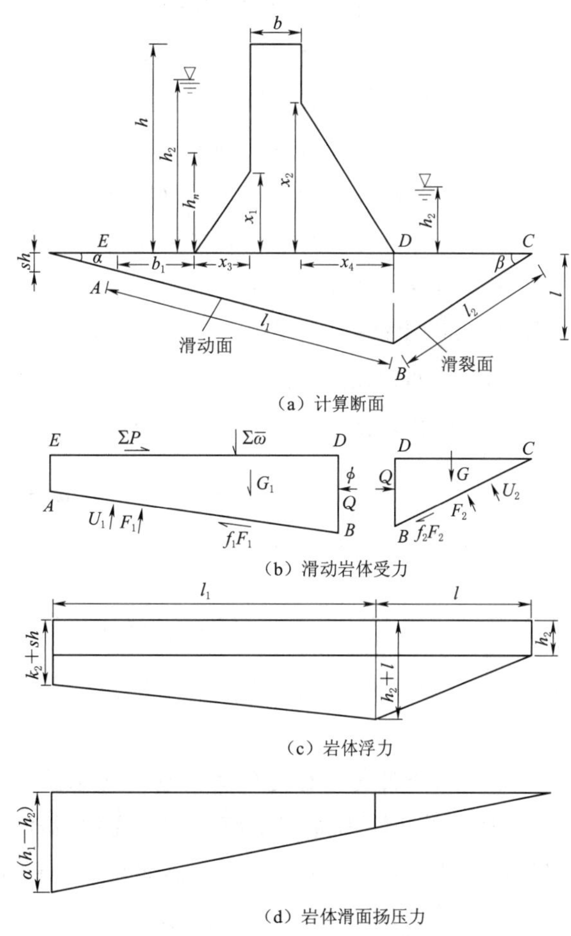

图 12-7 重力坝深层滑动示意图

$$K_2=\frac{f_1[(\sum W+G_1)\cos\alpha-Q\sin(\psi-\alpha)-\sum P\sin\alpha-U_1]+Q\cos(\psi-\alpha)}{(\sum W+G_1)\sin\alpha+\sum P\cos\alpha} \tag{12-12}$$

其中

$$Q=\frac{f_2(G_2\cos\beta-U_2)+G_2\sin\beta}{\cos(\psi+\beta)-f_2\sin(\psi+\beta)} \tag{12-13}$$

$$\beta=\arctan\left(-f_2+\sqrt{\frac{1+f_2^2}{f_2+\tan\psi}f_2}\right) \tag{12-14}$$

式中 Q——坡段垂面的抗力，kN；

$\sum W$——作用于坝体上的垂直荷载（不包括扬压力），kN；

$\sum P$——作用于软弱夹层以上的坝体和坝基的水平荷载，kN；

G_1——滑动面以上的岩体重量，kN；

G_2——坝后滑裂面以上岩体和水重，kN；

U_1——滑动面上扬压力，kN；

U_2——滑裂面上扬压力，kN；

f_1——滑动面上抗剪摩擦系数；

f_2——滑裂面上抗剪摩擦系数；

α——软弱夹层与水平面的夹角；

ψ——抗力 Q 的作用方向与水平面的夹角，(°)；

β——产生最小抗力时，尾岩抗力体的破裂角，(°)。

式中变量参见图 12-7。

2. 优化设计模型

(1) 取断面控制尺寸 x_1、x_2、x_3、x_4 [参见图 12-7 (a)] 作为设计变量，考虑到设计变量变化范围，可取上述变量的倒数作为优化模型的设计变量，即

$$\alpha_i=\frac{1}{x_i},i=1,2,3,4 \text{ 或 } \boldsymbol{\alpha}=[\alpha_1\quad \alpha_2\quad \alpha_3\quad \alpha_4]^{\mathrm{T}} \tag{12-15}$$

(2) 目标函数取断面面积，即

$$f(\boldsymbol{\alpha})=\left[hb+\frac{1}{2}\left(\frac{1}{\alpha_1\alpha_3}+\frac{1}{\alpha_2\alpha_4}\right)\right] \tag{12-16}$$

式中 h——坝高；

b——顶宽。

(3) 约束条件包括稳定约束、应力约束及几何约束。

1) 稳定约束。考虑坝基面和软弱夹层滑动面的抗滑稳定，其安全系数要求不小于规定的容许值 $[K_{1c}]$ 和 $[K_{2c}]$（后者可参照前者确定），即

$$\begin{cases}g_1(\boldsymbol{\alpha})=-K_1+[K_{1c}]\leqslant 0\\ g_2(\boldsymbol{\alpha})=-K_2+[K_{2c}]\leqslant 0\end{cases} \tag{12-17}$$

2）应力约束。考虑了坝基及上游折坡点所在截面的上、下游边界四个点应力，它们应分别满足规定的控制条件：

$$\begin{cases} g_3(\boldsymbol{\alpha})=\sigma_{y\max}-[\sigma_f^+]\leqslant 0 \\ g_4(\boldsymbol{\alpha})=-\sigma_{y\min}-[\sigma_f^-]\leqslant 0 \\ g_5(\boldsymbol{\alpha})=\sigma_{\max}-[\sigma_h^+]\leqslant 0 \\ g_6(\boldsymbol{\alpha})=-\sigma_{\min}-\alpha_0\gamma h'\leqslant 0 \end{cases} \tag{12-18}$$

式中 $\sigma_{y\max}$、$\sigma_{y\min}$——坝基面最大、最小垂直应力；

$[\sigma_f^+]$、$[\sigma_f^-]$——坝基容许压、拉应力；

$\sigma_{\max}$、$\sigma_{\min}$——坝体截面最大、最小主压应力（这里近似取边界点的值）；

$[\sigma_h^+]$——混凝土容许压应力；

$\gamma h'$——计算截面的上游水压力强度；

α_0——系数，采用0.25～0.4。

以上约束条件未计坝体截面的稳定，并只计上述四个点的应力约束，是考虑深层滑动稳定条件常起控制作用而拟定的（这一点已为实际计算所证明）。

3）几何约束。根据要求和一些实际考虑，对设计变量施加的几何约束为

$$\begin{cases} g_7(\boldsymbol{\alpha})=-ha_1+1\leqslant 0 \\ g_8(\boldsymbol{\alpha})=a_1-0.2a_3\leqslant 0 \\ g_9(\boldsymbol{\alpha})=a_2-0.8a_4\leqslant 0 \\ g_{10}(\boldsymbol{\alpha})=-a_2+0.6a_4\leqslant 0 \\ g_{11}(\boldsymbol{\alpha})=-ha_2+1\leqslant 0 \\ g_{12}(\boldsymbol{\alpha})=a_2-a_1\leqslant 0 \end{cases} \tag{12-19}$$

（4）优化模型。该优化问题优化数学模型归结为

$$\begin{cases} \text{find } \boldsymbol{\alpha}=[\alpha_1 \quad \alpha_2 \quad \alpha_3 \quad \alpha_4]^{\mathrm{T}} \\ \min f(\boldsymbol{\alpha})=\left[hb+\dfrac{1}{2}\left(\dfrac{1}{\alpha_1\alpha_3}+\dfrac{1}{\alpha_2\alpha_4}\right)\right] \\ \text{s.t. 式（12-17）～式（12-19）} \end{cases}$$

（5）优化模型求解算法。优化模型为一般的非线性规划问题，可采用序列二次规划法加以研究。为了建立其相应的近似二次规划，须在当前设计点（$\boldsymbol{\alpha}^{(0)}$）对目标函数和约束函数进行泰勒展开。目标函数取二阶近似，约束函数取一阶近似，得到的二次规划为

$$\begin{cases} \text{find } \boldsymbol{\alpha} \\ \min f(\boldsymbol{\alpha})=\dfrac{1}{2}\boldsymbol{\alpha}^{\mathrm{T}}\boldsymbol{H}\boldsymbol{\alpha}+\boldsymbol{C}^{\mathrm{T}}\boldsymbol{\alpha}+E \\ \text{s.t. } \boldsymbol{B}\boldsymbol{\alpha}\leqslant D \\ \qquad \boldsymbol{\alpha}\geqslant 0 \end{cases} \tag{12-20}$$

其中

$$H=\begin{bmatrix}\frac{1}{\alpha_1^3\alpha_3} & 0 & \frac{1}{2\alpha_1^2\alpha_2^3} & 0\\ 0 & \frac{1}{\alpha_2^3\alpha_4} & 0 & \frac{1}{2\alpha_2^2\alpha_4^2}\\ \frac{1}{2\alpha_1^2\alpha_3^2} & 0 & \frac{1}{\alpha_1\alpha_3^3} & 0\\ 0 & \frac{1}{2\alpha_2^2\alpha_4^2} & 0 & \frac{1}{\alpha_2\alpha_4^3}\end{bmatrix} \tag{12-21}$$

$$C=-\frac{1}{2}\begin{bmatrix}\frac{1}{\alpha_1^2\alpha_3} & \frac{1}{\alpha_2^2\alpha_4} & \frac{1}{\alpha_1\alpha_3^2} & \frac{1}{\alpha_2\alpha_4^2}\end{bmatrix}^{\mathrm{T}} \tag{12-22}$$

式中 $\boldsymbol{H}$——目标函数的海森矩阵，且是正定的；

$\boldsymbol{C}$——目标函数的梯度向量；

E——$\boldsymbol{\alpha}^{(0)}$ 有关的常数项；

$\boldsymbol{B}$——12×4 的矩阵，其中第 i 行元素为 $B_i=\nabla^{\mathrm{T}}g_i(\boldsymbol{\alpha}^{(0)})$；

$\boldsymbol{D}$——12×1 的列阵，其元素 $d_i=g_i(\boldsymbol{\alpha}^{(0)})-\nabla^{\mathrm{T}}g_i(\boldsymbol{\alpha}^{(0)})\cdot\boldsymbol{\alpha}^{(0)}$。

根据坝体和部分坝基上所受荷载，按所述方法计算应力和稳定安全系数，然后代入式（12-17）～式（12-19），即可得到各约束函数的显式表示，再通过相应的导数计算，即可求出各个约束函数的梯度$\nabla^{\mathrm{T}}g_i$。

以上二次规划是凸规划，其求解可通过库恩-塔克条件化为线性互补问题，即

$$\begin{cases}\boldsymbol{F}-\boldsymbol{MZ}=q\\ \boldsymbol{F}\geqslant 0,\boldsymbol{Z}\geqslant 0,\boldsymbol{F}^{\mathrm{T}}\boldsymbol{Z}=0\end{cases} \tag{12-23}$$

其中

$$\begin{cases}\boldsymbol{F}=\begin{Bmatrix}\boldsymbol{V}\\ \boldsymbol{\mu}\end{Bmatrix}_{16\times1} & \boldsymbol{M}=\begin{bmatrix}\boldsymbol{O} & -\boldsymbol{B}\\ \boldsymbol{B}^{\mathrm{T}} & \boldsymbol{H}\end{bmatrix}_{16\times16}\\ \boldsymbol{q}=\begin{Bmatrix}\boldsymbol{D}\\ \boldsymbol{C}\end{Bmatrix}_{16\times1} & \boldsymbol{Z}=\begin{Bmatrix}\boldsymbol{\lambda}\\ \boldsymbol{\alpha}\end{Bmatrix}_{16\times1}\end{cases} \tag{12-24}$$

这里新出现的 $\boldsymbol{\lambda}=[\lambda_1\lambda_2\cdots\lambda_{12}]^{\mathrm{T}}$、$\boldsymbol{\mu}=[\mu_1\mu_2\cdots\mu_{12}]^{\mathrm{T}}$ 分别为不等式约束和变量非负约束的拉格朗日乘子及不等式约束转化为等式约束的松弛变量，它们均为非负常数。

对这个线性互补问题求解，便可确定优化的设计变量 $\boldsymbol{\alpha}$。在新的设计点重新建立二次规划和线性互补问题，求得更新的设计点，直到满足精度要求为止。

3. 考虑深层滑动的重力坝断面优化设计案例

（1）基本资料。坝高 $h=100$m，坝顶宽 $b=16$m，上游水深 $h_1=98$m，泥沙深 $h_n=0$m，下游水深 $h_2=0$m，混凝土容重 $\gamma_h=2.45\mathrm{t/m^3}$，基岩容重 $\gamma=2.75\mathrm{t/m^3}$，容许应力 $[\sigma_f^+]=[\sigma_h^+]=700\mathrm{t/m^2}$，$[\sigma_f^-]=0$，容许稳定安全系数 $[K_{1c}]=[K_{2c}]=1.10$，

渗透力系数在上游折坡点截面、坝基面、深层滑动面的值分别为0.3、0.5、0.5，$\alpha_0=0.35$，摩擦系数在坝基面$f=0.65$，在滑裂面$f_2=0.75$，抗力倾角$\psi=0°$，夹层上游临空面离坝踵距离$b_1=0$。对下列参数采用变化值：软弱滑动面摩擦系数$f_1=0.55\sim0.75$，倾角$\alpha=0°\sim25°$，夹层上游临空面的深度$sh_1=0\sim20$m。

荷载考虑水压力、泥沙压力、自重和扬压力。各个验算截面上扬压力中的渗透压力近似假设为按直线分布而在水头差上乘以小于1的系数折算。深层滑动面（包括滑裂面）上的浮托力按各点位置到下游水位的水深计算，参见图12-7（c）、（d）所示。

（2）优化求解及计算结果。依据基本资料，按12.1.2节模式构建相应优化设计模型，采用序列二次规划法求解。首先通过泰勒展开把原问题转化为二次规划问题，然后根据库恩-塔克优化条件将二次规划化为线性互补问题求得问题的改进解。重复上述过程直至求得问题的最优解。

优化迭代过程结果见表12-1。表中给出了优化目标值f、优化断面尺寸$x_i(i=1\sim4)$、抗滑稳定安全系数K_1、K_2及优化迭代次数（初始迭代向量不完全相同）等。由于在所计算的情况中，应力远小于容许值，因此这里未予列出。

表12-1　优化迭代过程结果

压层上游临空面深度 sh_1/m	α /(°)	f_1	f /m²	x_1 /m	x_2 /m	x_3 /m	x_4 /m	K_1	K_2	n
0	5	0.75	3636.15	55.48	66.87	11.75	51.15	1.11	1.10	6
	10	0.65	4478.26	74.36	76.28	14.87	60.97	1.36	1.10	14
	15	0.65	4315.25	67.34	75.29	13.47	60.08	1.30	1.10	12
	20	0.65	3863.22	59.33	69.08	11.87	55.33	1.17	1.10	11
	25	0.55	3659.19	54.28	66.42	10.86	53.13	1.11	1.10	10
10	10	0.60	3819.15	65.47	66.89	13.09	53.54	1.16	1.10	13
20	10	0.60	3520.82	67.97	69.74	13.59	41.84	1.10	1.10	9

12.2　拱坝体形优化设计

拱坝是一个高次超静定的空间壳体结构。坝体承受的荷载一部分通过拱的作用传递给两岸基岩；另一部分通过垂直梁的作用传到坝底基岩。坝体的稳定主要靠两岸拱端的反力作用，并不靠坝体自重来维持。在外荷载作用下，坝体应力状态以受压为主，这有利于充分发挥混凝土或岩石等筑坝材料抗压强度高的特点，从而节省工程量。由于拱坝的高次超静定特性，它具有很强的超载能力，当外荷载增大或坝体发生局部开裂时，坝体应力可自行调整，只要坝肩稳定可靠，坝体的安全裕度一般较大。另外，拱坝是整体性的空间结构，坝体轻韧、弹性较好，具有较高的抗震能力。

我国自 1958 年建成第一座混凝土拱坝——响洪甸拱坝（坝高 80m）后，拱坝建设得到迅速发展，先后建成的代表性拱坝有流溪河拱坝（坝高 78m）、白山拱坝（坝高 150m）、龙羊峡拱坝（坝高 178m）、李家峡拱坝（坝高 155m）、东风拱坝（坝高 165m）等。随着我国经济的快速发展，拱坝建设数量及建设规模实现了跨越式发展，目前我国拱坝建设数量全世界最多，特别是高拱坝数量占全世界的 40%。截至 2022 年，建成的 200m 以上的高拱坝 9 座，分别是大岗山拱坝（210m）、构皮滩拱坝（232.5m）、二滩拱坝（240m）、拉西瓦拱坝（250m）、乌东德拱坝（270m）、溪洛渡拱坝（285.5m，图 12－8）、白鹤滩拱坝（289m，图 12－9）、小湾拱坝（294.5m）、锦屏一级拱坝（305m，图 12－10）。锦屏一级拱坝、小湾拱坝和白鹤滩拱坝也是目前世界上最高的三座拱坝。

图 12－8 溪落渡拱坝

图 12－9 白鹤滩拱坝

图 12－10 锦屏一级拱坝

拱坝体形设计和基础处理设计是该此类工程设计中的两个关键问题。随着拱坝技术的发展，拱坝体形也趋于多样化，为了能获得比较合理的体形，拱坝体形优化设计便应运而生。这方面的研究国外开始于 20 世纪 60 年代末期，我国从 20 世纪 70 年代末期开始，中国水利水电科学研究院、河海大学、浙江大学等单位先后开展了拱坝优化的研究，经过数十年的努力，我国在拱坝优化领域已经处于国际领先地位，所建立的优化模型全面反映了规范的要求，并已在许多工程实践中得到应用。依据优化设计技术，我国拱坝建设已从早期的单心圆等厚拱坝发展了多样化的拱型，三心圆、抛物线、对数螺旋线、椭圆、统一二次曲线拱坝相继建成。本书作者团队先后参与了二滩、拉西瓦、小湾、溪洛渡、构皮滩、白鹤滩等拱坝的结构分析及体型优化设计工作。

12.2.1 拱坝体形的几何描述

拱坝是一个高次超静定的空间壳体结构，因此首先要建立拱坝的几何模型，从而为拱坝体形设计确定拱坝的几何形状与尺寸提供依据。

1. 拱坝几何模型的构造方法

描述拱坝体形的几何模型可分为连续型几何模型和离散型几何模型。由于前者较为实用，易被设计人员所接受，因此目前在拱坝体形设计中应用得较多。连续型拱坝几何模型（图 12－11）可用下面四种方法来构造。

（1）用一个函数描述坝体上游面，另一个函数描述坝体厚度。

（2）用一个函数描述坝体中面，另一个函数描述坝体厚度。

（3）用一个函数描述坝体上游面，另一个函数描述坝体下游面。

（4）用一个函数描述坝体下游面，另一个函数描述坝体厚度。

在工程设计中，第（1）、（2）两种方法采用较多，通常是通过对拱冠梁（铅直断面）和各层水平拱圈的描述来建立拱坝的几何模型。

2. 拱冠梁的几何描述

拱冠梁是全坝中最高的梁。如图 12－12 所示，只要确定了拱冠梁上游面曲线 $y_{cu}(z)$ 和拱冠梁厚度 $T_c(z)$，就可以得到拱冠梁下游面曲线 $y_{cd}(z)$，从而确定了拱冠梁断面形状。

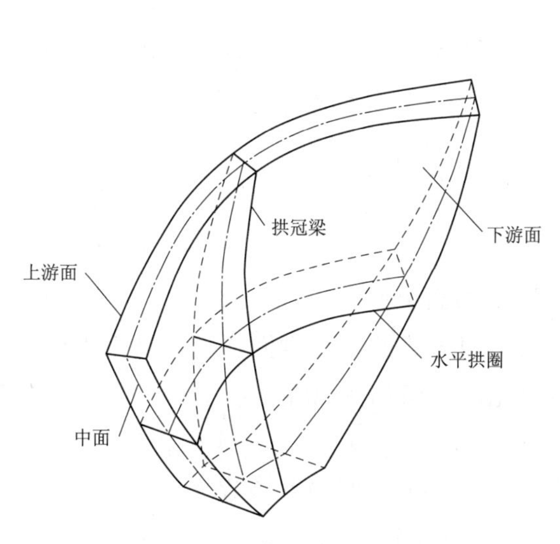

图 12－11　连接型拱坝几何模型

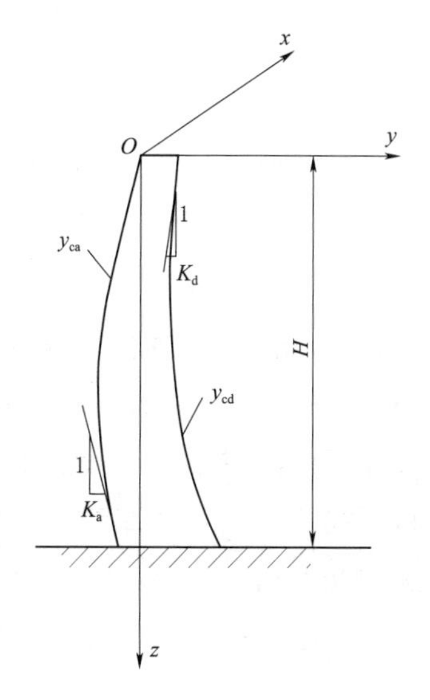

图 12－12　拱冠梁

通常将上游面曲线方程 $y_{cu}(z)$ 假设为 z 坐标的多项式，即

$$y_{cu}(z)=a_0+a_1z+a_2z^2+\cdots a_nz^n \tag{12-25}$$

在式（12-25）中若 $n=1$，即拱冠梁上游面为一直线，则拱坝称为单曲拱坝；当 $n>1$ 时拱坝称为双曲拱坝。

拱冠梁厚度一般也设为 z 坐标的多项式形式，即

$$T_c(z)=b_0+b_1z+b_2z^2+\cdots+b_nz^n \tag{12-26}$$

这样，拱冠梁下游面方程为

$$y_{cd}(z)=y_{cu}(z)+T_c(z) \tag{12-27}$$

上、下游倒悬度 K_u、K_d 可分别表示为

$$K_u=y'_{cu}(H)=a_1+2a_2H+\cdots+na_nH^{n-1} \tag{12-28}$$

$$K_d=y'_{cd}(0)=y'_{cu}(0)+T'_c(0)=a_1+b_1 \tag{12-29}$$

3. 水平拱圈的几何描述

确定水平拱圈的几何模型也就是确定其上下游面的曲线方程。水平拱圈如图 12-13 所示，可利用拱轴线方程和拱圈厚度来描述拱圈上下游方程。以左半拱为例，设拱轴线上任一点 $m(x_m,\ y_m)$ 处的法线与上、下游面的交点为 $u(x_{mu},\ y_{mu})$ 和 $d(x_{md},\ y_{md})$，则有

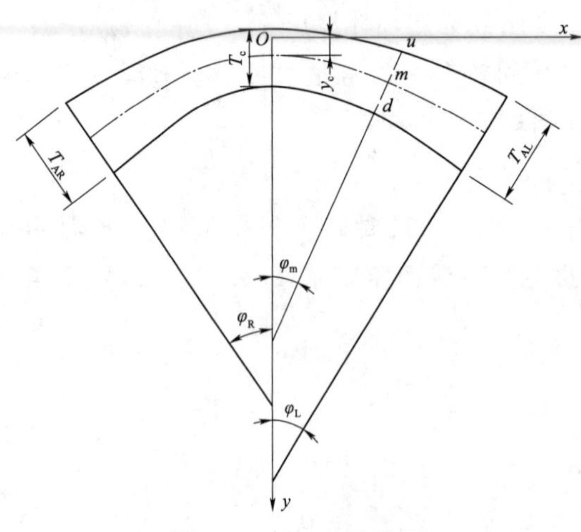

图 12-13 水平拱圈

$$\begin{cases} x_{mu}=x_m+0.5T_m\sin\varphi_m & (12-30a)\\ y_{mu}=y_m-0.5T_m\cos\varphi_m & (12-30b)\\ x_{md}=x_m-0.5T_m\sin\varphi_m & (12-31a)\\ y_{md}=y_m+0.5T_m\cos\varphi_m & (12-31b) \end{cases}$$

其中，T_m 为 m 点处的拱圈厚度，一般可假设拱圈厚度为

$$T_m=T_c+(T_L-T_c)\left(\frac{S_m}{S_L}\right)^{\alpha} \tag{12-32}$$

式中 α——给定正实数，一般可取 $\alpha=1.7\sim2.2$；

S_m、S_L——分别为拱轴线从拱冠至 m 点与拱端的弧长。

选择不同的拱轴线方程便形成了各种不同形式的水平拱圈。随着拱坝设计水平的提高和研究的深入，拱圈线型也趋于多样化，下面仍然以左半拱为例分别说明各种水平拱圈的几何描述。

（1）三心圆拱圈。三心圆拱圈如图 12-14 所示。拱轴线方程为

$$\begin{cases} x=R_0\sin\varphi\\ y=y_c+R_0(1-\cos\varphi) \end{cases} \quad (\varphi\leqslant\varphi_0) \tag{12-33a}$$

$$\begin{cases} x=R\sin\varphi-(R-R_0)\sin\varphi_0 \\ y=y_c+R_0+(R-R_0)\cos\varphi_0-R\cos\varphi \end{cases} \quad (\varphi\leqslant\varphi_0) \tag{12-33b}$$

拱冠曲率半径为

$$R_c=R_0 \tag{12-34}$$

式中　R_0、R_0——中圆的半径（m）和半中心角（°）；

　　　R——侧圆的半径，m。

（2）对数螺旋线拱。对数螺旋线拱如图 12-15 所示，拱轴线方程为

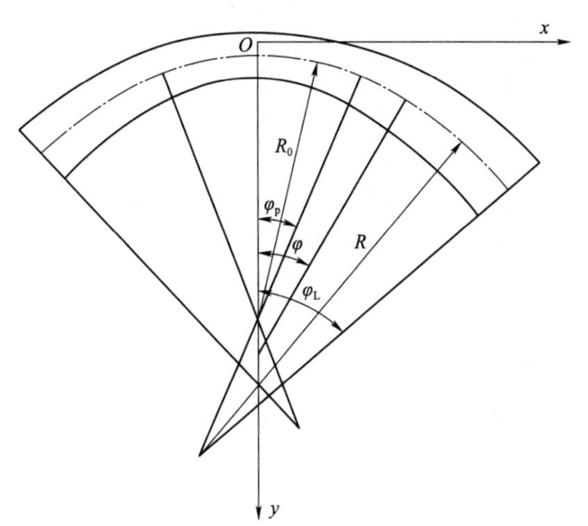

图 12-14　三心圆拱圈

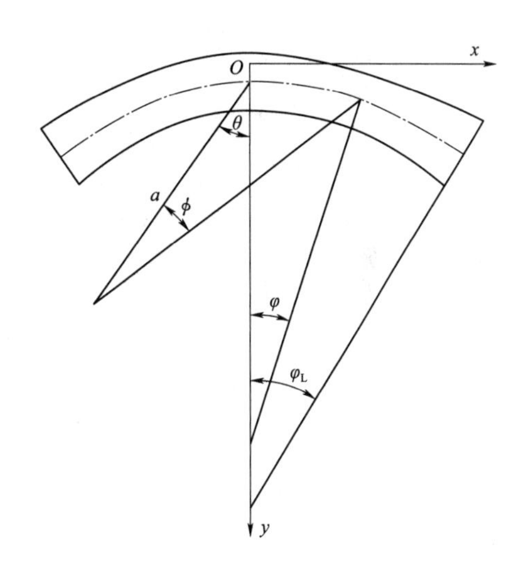

图 12-15　对数螺旋线拱圈

$$\begin{cases} x=a[e^{K\phi}\sin(\phi+\varphi)-\sin\theta] \\ y=y_c+a[\cos\theta-e^{K\phi}\cos(\phi+\theta)] \end{cases} \tag{12-35}$$

拱冠曲率半径为

$$R_c=a\sqrt{1+K^2} \tag{12-36}$$

式中　　a——长度参数；

　　　　K——指数参数；

　　　　θ——拱轴线上任一点法线与极半径的夹角，$\theta=\arctan K$；

　　　　ϕ——极角。

可以证明 $\phi=\varphi$（φ 为拱轴线上任一点的法线与 y 轴的夹角）。

（3）抛物线拱圈。抛物线拱圈如图 12-16 所示，拱轴线方程为

$$\begin{cases} x=R_c\tan\varphi \\ y=y_c+\dfrac{x^2}{2R_c} \end{cases} \tag{12-37}$$

（4）双曲线拱圈。双曲线拱圈如图 12-17 所示。拱轴线方程为

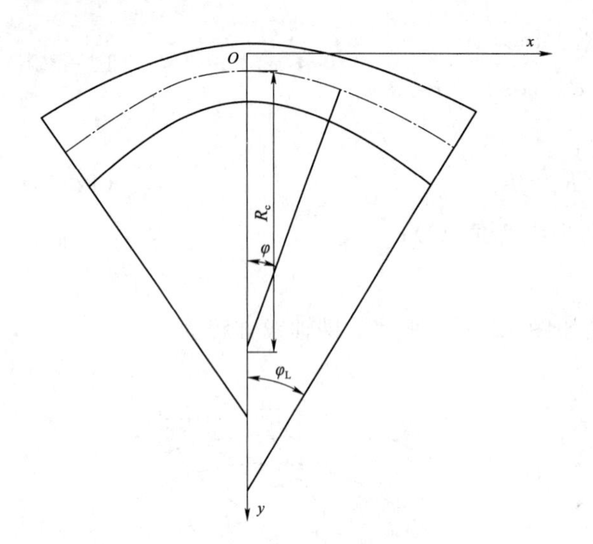

图 12-16 抛物线拱圈

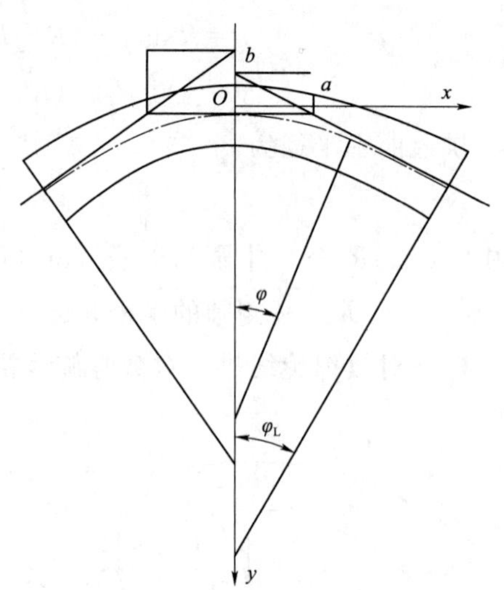

图 12-17 双曲线拱圈

$$\begin{cases} x=\dfrac{b\tan\varphi}{\sqrt{\xi^2-\tan^2\varphi}} \\ y=y_c+a\left(\sqrt{1+\left(\dfrac{x}{b}\right)^2}-1\right) \end{cases} \tag{12-38}$$

拱冠曲率半径为

$$R_c=b/\xi \tag{12-39}$$

式中 a、b——分别为实半轴长度和虚半轴长度；

$\xi=a/b$——两半轴之比。

(5) 椭圆拱圈。椭圆拱圈如图 12-18 所示。拱轴线方程为

$$\begin{cases} x=\dfrac{a\tan\varphi}{\sqrt{\xi^2+\tan^2\varphi}} \\ y=y_c+b\left(1-\sqrt{1-\left(\dfrac{x}{a}\right)^2}\right) \end{cases} \tag{12-40}$$

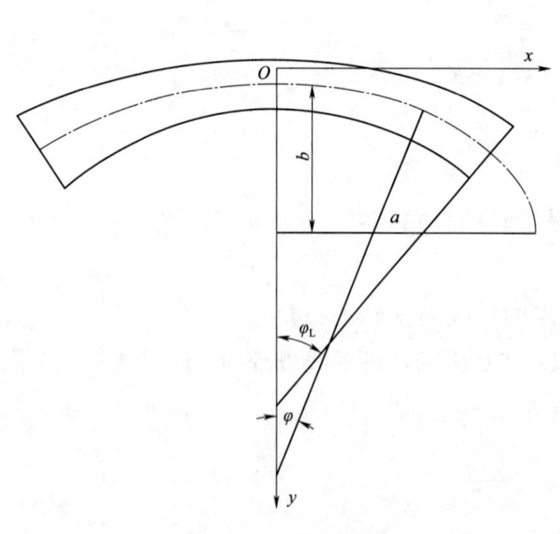

图 12-18 椭圆拱圈

拱冠曲率半径为

$$R_c=a/\xi \tag{12-41}$$

式中 a、b——与 x 轴平行和垂直的椭圆半轴长度；

ξ——两半轴之比。

当 $a>b$ 时，即 $b/a<1$，为长椭圆；当 $a<b$ 时，即 $b/a>1$，为扁椭圆。

(6) 一般二次曲线拱圈。一般二次曲线拱圈轴线方程为

$$x^2=a(y-y_c)^2+b(y-y_c),\quad b>0,y>y_c \tag{12-42}$$

拱冠曲率半径为

$$R_c=b/2 \tag{12-43}$$

式中

当 $a=0$ 时，式（12-42）是抛物线方程；当 $a>0$ 时，式（12-42）为双曲线方程；当 $a<0$ 时，式（12-42）为椭圆方程（$-1<a<0$ 时为长椭圆，$a<-1$ 时为扁椭圆）；当 $a=-1$ 时式（12-42）为圆的方程。

若同样以拱轴线上任一点的法线与 y 轴的夹角 φ 为参数，式（12-42）可写为

$$\begin{cases} x=\dfrac{b\tan\varphi}{2\sqrt{1-a\tan^2\varphi}} \\ y=\begin{cases} y_c+\dfrac{-b+\sqrt{b^2+4ax^2}}{2a}, & a\neq 0 \\ y_c+\dfrac{x^2}{b}, & a=0 \end{cases} \end{cases} \tag{12-44}$$

12.2.2 拱坝体形单目标优化设计

选用合适方法构建拱坝几何模型后，依据不同几何模型构造特点建立拱坝体型优化设计的数学模型。下面以一般二次曲线双曲拱坝为例，讨论拱坝体形优化设计数学模型的构建，并给出案例分析。

1. 优化设计模型构建

(1) 一般二次曲线双曲拱坝设计变量通常包括拱冠梁断面的设计变量与水平拱圈的设计变量。

1) 拱冠梁断面的设计变量。如前所述，只要确定了拱冠梁上游面曲线 $y_{cu}(z)$ 与拱冠梁厚度 $T_c(z)$，其断面形状也就完全确定了。设 $y_{cu}(z)$ 和 $T_c(z)$ 均是 z 坐标的三次多项式，即

$$y_{cu}(z)=a_0+a_1z+a_2z^2+a_3z^3 \tag{12-45}$$

$$T_c(z)=b_0+b_1z+b_2z^2+b_3z^3 \tag{12-46}$$

则可选取四个控制高程（$z=z_1$、z_2、z_3、z_4）处的拱冠梁上游面坐标与拱冠梁厚度为设计变量，即 $x_1=y_{cu}(z_1)$、$x_2=y_{cu}(z_2)$、$x_3=y_{cu}(z_3)$、$x_4=y_{cu}(z_4)$，$x_5=T_c(z_1)$、$x_6=T_c(z_2)$、$x_7=T_c(z_3)$、$x_8=T_c(z_4)$。将 $x_1\sim x_4$ 和 $x_5\sim x_8$ 分别代入式（12-45）、式（12-46）后可求得多项式的系数为

$$\begin{Bmatrix} a_0 \\ a_1 \\ a_2 \\ a_3 \end{Bmatrix} = \begin{bmatrix} a_{01} & a_{02} & a_{03} & a_{04} \\ a_{11} & a_{12} & a_{13} & a_{14} \\ a_{21} & a_{22} & a_{23} & a_{24} \\ a_{31} & a_{32} & a_{24} & a_{34} \end{bmatrix} \begin{Bmatrix} x_1 \\ x_2 \\ x_3 \\ x_4 \end{Bmatrix} = [A] \begin{Bmatrix} x_1 \\ x_2 \\ x_3 \\ x_4 \end{Bmatrix} \tag{12-47}$$

$$\begin{Bmatrix} b_0 \\ b_1 \\ b_2 \\ b_3 \end{Bmatrix} = \begin{bmatrix} b_{01} & b_{02} & b_{03} & b_{04} \\ b_{11} & b_{12} & b_{13} & b_{14} \\ b_{21} & b_{22} & b_{23} & b_{24} \\ b_{31} & b_{32} & b_{24} & b_{34} \end{bmatrix} \begin{Bmatrix} x_5 \\ x_6 \\ x_7 \\ x_8 \end{Bmatrix} = [B] \begin{Bmatrix} x_5 \\ x_6 \\ x_7 \\ x_8 \end{Bmatrix} \tag{12-48}$$

这里 $[A]$、$[B]$ 中的元素均只与控制高程的 z 坐标有关。将式（12-47）、式（12-48）分别代入式（12-45）、式（12-46）就可用设计变量 $x_1 \sim x_8$ 确定拱冠梁断面形状。

2）确定水平拱圈的设计变量。式（12-42）和式（12-44）给出了一般二次曲线拱圈的拱轴线方程，其中包含待定系数 a、b，由式（12-43）知 $b=2R_c$，但 a 是一无量纲系数，若直接以其为设计变量不便于设计人员合理确定其初值，为此可将其用拱轴线弦长 X_L、似半中心角 φ_L 和拱冠曲率半径 R_{cL} 表示为

$$a=\frac{1}{\tan^2\varphi_L}-\frac{R_c}{X_L^2} \tag{12-49}$$

将 a、b 代入式（12-42）或式（12-44）就可用某一高程处的 X_L、φ_L 和 R_{cL} 来确定该高程的拱轴线方程，加上拱端厚度 T_{AL} 共四个体形参数即可确定一个水平拱圈的形状。同样，可假设 X_L、φ_L、R_{cL} 和 T_{AL} 沿高度方向为 z 坐标的三次多项式为

$$X_L(z)=c_0+c_1z+c_2z^2+c_3z^3 \tag{12-50}$$

$$\varphi_L(z)=d_0+d_1z+d_2z^2+d_3z^3 \tag{12-51}$$

$$R_{cL}(z)=e_0+e_1z+e_2z^2+e_3z^3 \tag{12-52}$$

$$T_{AL}(z)=f_0+f_1z+f_2z^2+f_3z^3 \tag{12-53}$$

则可取四个控制高程（$z=z_1$、z_2、z_3、z_4）处的体形参数为设计变量，即 $x_9=x_L(z_1),\cdots,x_{12}=x_L(z_4)$；$x_{13}=\varphi_L(z_1),\cdots,x_{16}=\varphi_L(z_4)$；$x_{17}=R_{cL}(z_1),\cdots,x_{20}=R_{cL}(z_4)$；$x_{21}=T_{AL}(z_1),\cdots,x_{24}=T_{AL}(z_4)$。将 $x_9 \sim x_{24}$ 分别代入式（12-50）～式（12-53）解出相应的系数后，左半拱即可由这16个设计变量确定。对右半拱也可选择相应的16个设计变量来确定其形状。

可见，对一般二次曲线拱坝进行体形优化，设计变量总数为40个。其中，在确定水平拱圈形状时，对于高拱坝和地形条件比较复杂的拱坝，三次曲线可能不足以描述其体形参数 x_L、φ_L、R_{cL}、T_{AL} 和 X_R、φ_R、R_{cR}、T_{AR} 沿 z 坐标的变化，这时可采用拉格朗日插值公式来描述，那么设计变量的数量还要相应增加。另外，由于坝址确定以后，河谷形状也就确定了，这样各高程两岸拱轴线弦长基本不再变化，因此，可将 x_L、x_R 取为定值以减少设计变量。

(2) 在拱坝体形优化中，根据研究的出发点不同，可以选用不同的目标函数。以降低造价为目的可以选择经济性目标函数，以安全为目标的可以选择拱坝的安全性能指标为目标函数，当然还可以综合考虑安全性与经济性进行拱坝多目标优化设计。此处给出常用的一些目标函数的表达形式。

1) 经济性目标函数。影响拱坝工程造价的主要因素是大坝的混凝土方量和基岩开挖量，经济性目标函数可表示为

$$f(\boldsymbol{X})=c_1V_1(\boldsymbol{X})+c_2V(\boldsymbol{X}) \tag{12-54}$$

式中 $V_1(\boldsymbol{X})$、$V_2(\boldsymbol{X})$——坝体混凝土体积和基岩开挖体积，两者都是设计变量 $\boldsymbol{X}$ 的函数；

c_1、c_2——混凝土和基岩开挖的单价。

基岩开挖量与坝址的地形、地质情况有关，当坝址确定后，进行拱坝体形优化设计时一般都是用拱端厚度来控制基岩开挖量，因此常取大坝的体积为目标函数。

2) 安全性目标函数。反映拱坝安全性的主要是大坝对荷载作用的响应，如应力、位移等。

静力荷载作用下，通常选用坝体的最大拉应力 σ_{max} 作为目标函数，即

$$f(\boldsymbol{X})=\sigma_{max} \tag{12-55}$$

地震荷载作用下可选坝体最大动应力或动变形为目标函数。但由于动力反应是多方面的，为了能够综合反映拱坝抗震性能，一般选拱坝结构在地震过程中所吸收的能量为目标函数，即

$$f(\boldsymbol{X})=\sup_{t\in[0,T]}H(t,\boldsymbol{X}) \tag{12-56}$$

式中 $[0,T]$——地震历时；

H——结构的 Hamilton 函数，包括结构的动能和势能。

(3) 拱坝体形优化设计的约束条件可分为几何约束、应力约束和稳定约束等，它们应能全面满足设计规范的规定以及其他施工要求。对于具体工程有时还要考虑一些特殊要求引入其他约束条件。

1) 坝体厚度约束。一方面考虑到坝顶交通、布置等方面的要求，应规定坝顶最小厚度，另一方面为了便于施工，控制开挖量对最大坝厚也要加以限制。写成约束条件为

$$g_1(\boldsymbol{X})=t_{min}-T\leqslant 0 \tag{12-57}$$

$$g_2(\boldsymbol{X})=T-t_{max}\leqslant 0 \tag{12-58}$$

式中 t_{min}、t_{max}——坝体允许的最小及最大厚度值。

2) 倒悬度约束。为了便于立模施工，坝体表面倒悬度应加以限制，即

$$g_3(\boldsymbol{X})=K_u-[K_u]\leqslant 0 \tag{12-59}$$

$$g_4(\boldsymbol{X})=K_d-[K_d]\leqslant 0 \tag{12-60}$$

式中 $[K_u]$、$[K_d]$——上、下游倒悬度允许值，一般取 $[K_u]=0.3$，$[K_d]=0.25$。

3）保凸约束。对每一悬臂梁的上、下游面还应满足保凸条件，即

$$g_5(\boldsymbol{X})=-\frac{\partial^2 y}{\partial z^2}\leqslant 0 \tag{12-61}$$

在实际计算时式（12-61）可用差分表示。

4）应力约束。规范规定的各种荷载作用下，坝体主应力应满足

$$g_6(\boldsymbol{X})=\sigma_1-[\sigma_1]\leqslant 0 \tag{12-62}$$

$$g_7(\boldsymbol{X})=[\sigma_3]-\sigma_3\leqslant 0 \tag{12-63}$$

式中 σ_1、σ_3——主拉应力和主压应力；

$[\sigma_1]$、$[\sigma_3]$——相应的允许值。

5）稳定约束。拱坝坝肩抗滑稳定性约束有以下三种表示方式，可根据工程的具体情况选用其中一种。

a. 抗滑稳定系数约束，即

$$g_8(\boldsymbol{X})=[K]-K\leqslant 0 \tag{12-64}$$

式中 K——抗滑稳定系数，用三维刚体极限平衡法计算；

$[K]$——允许最小值。

b. 拱座推力角约束，即

$$g_8(\boldsymbol{X})=\psi-[\psi]\leqslant 0 \tag{12-65}$$

式中 ψ——拱座推力角，如图12-19所示；

$[\psi]$——允许最大值。

c. 拱圈中心角约束，即

$$g_8(\boldsymbol{X})=\phi-[\phi]\leqslant 0 \tag{12-66}$$

式中 ϕ——拱圈中心角，$\phi=\varphi_L+\varphi_R$；

$[\phi]$——拱圈中心角允许最大值。

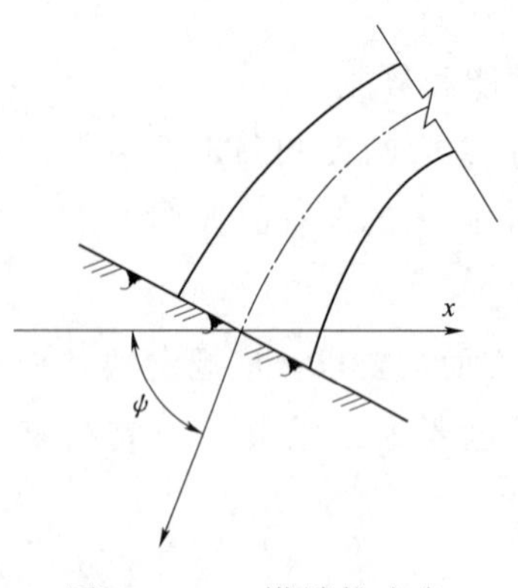

图12-19 拱端推力角

6）开裂深度约束。根据已建拱坝的经验，随着拱坝高度的增加，坝踵开裂的现象也越来越严重，对于高拱坝而言，要保证坝踵不发生开裂几乎是不可能的。实际上由于拱坝是高次超静定结构，具有很强的自适应能力，一般认为只要坝踵开裂后裂缝是稳定的，即可保证拱坝的正常运行。因此，在对高拱坝进行体形优化时，有时需要考虑开裂深度约束，进行开裂约束下的拱坝体形优化设计。开裂深度约束就是指当拱坝坝踵区主拉应力超过混凝土抗拉强度后，坝踵附近发生开裂，这时应对裂缝的可能开展深度 l_c 加以限制，即

$$g_9(\boldsymbol{X})=l_c-[l_c]\leqslant 0 \tag{12-67}$$

式中　$[l_c]$——允许开裂深度，可取 $[l_c]=0.75\min(l_d,T)$，这里 l_d 为防渗帷幕至上游坝面的距离；

T——开裂处的坝体厚度。

(4) 综合以上分析，拱坝体形单目标优化的数学模型可以表述为

$$\begin{cases}\text{find } \boldsymbol{X}=[x_1 \quad x_2 \quad \cdots \quad x_n]^T \\ \min f(\boldsymbol{X}) \qquad \text{式(12-54)～式(12-56)选择} \\ \text{s. t. } g_j(\boldsymbol{X})\leqslant 0 \quad \text{式(12-57)～式(12-67)选定}\end{cases} \tag{12-68}$$

由于式（12-68）中的目标函数和大部分约束条件都是设计变量的非线性函数，因此拱坝体形优化是一个非线性规划问题，可采用前文介绍的非线性规划方法求解，常用的主要有复形法、罚函数法等。

2. 拱坝单目标优化设计工程案例

某拱坝坝顶高程 610.00m，最大坝高 278m，属于 300m 级的特高拱坝。坝址两岸岸坡陡峻，山体雄厚，基岩裸露，地形完整，无沟谷切割，河谷呈对称的窄 U 形。坝基岩体为峨眉山玄武岩，地质条件较好，适宜修建混凝土拱坝。

以设计单位提供的抛物线型双曲拱坝为初始设计体形，分别以减少坝体混凝土方量和降低上游面拉应力为目标，采用改进的复形法，对抛物线、双曲线、椭圆、一般二次曲线、三心圆以及对数螺旋线六种坝型进行优化设计研究。

(1) 基本资料包括材料基本参数、荷载组合等。

1) 材料参数有

混凝土：容重 $\gamma_c=24.0\text{kN/m}^3$，弹性模量 $E_c=24\text{GPa}$，泊松比 $\mu_c=0.167$，热膨胀系数 $\alpha_c=1.0\times10^{-5}/℃$。

坝基岩体：容重 $\gamma=28.5\text{kN/m}^3$，泊松比 $\mu=0.25$，拱坝坝基岩体综合变形模量见表 12-2。

表 12-2　　　　拱坝坝基岩体综合变形模量

高程/m		610.00	590.00	560.00	520.00	480.00	440.00	400.00	360.00	332.00
变形模量/GPa	左岸	15.8	16.6	17.4	16.5	15.5	15.1	14.7	14.2	13.6
	右岸	15.2	15.9	16.6	16.2	15.8	15.1	14.4	14.0	13.6

2) 荷载组合：

计算荷载组合为“正常蓄水位＋自重＋泥沙＋温降”：

上游正常蓄水位 600.00m（相应下游水位 379.90m）；

上游淤沙高程 490.00m（淤沙浮容重 $\gamma_s=5.0\text{kN/m}^3$，内摩擦角 $\varphi_s=0$）。

拱坝温度荷载见表 12-3。

表 12-3　　拱 坝 温 度 荷 载

高程/m	610.00	590.00	560.00	520.00	480.00	440.00	400.00	360.00	332.00
T_m/℃	−2.78	−1.87	−0.79	−0.53	−0.44	−0.40	−0.35	−0.21	0.00
T_d/℃	0.00	2.07	7.75	9.81	10.47	10.64	10.41	8.96	6.00

3）拱圈拱轴线弦长参数。各高程两岸拱轴线弦长 x_L、x_R 的取值见表 12-4。

表 12-4　　拱坝各高程拱轴线弦长　　单位：m

高程	610.00	590.00	560.00	520.00	480.00	440.00	400.00	360.00	332.00
x_L	292.46	285.50	274.87	260.82	247.70	228.78	188.17	106.19	42.50
x_R	304.79	290.79	272.18	249.17	229.92	215.20	186.02	135.64	59.18

（2）优化结果与分析。表 12-5～表 12-13 为采用不同拱圈线型所得到的优化方案体形参数。表 12-14 综合列出了六种优化体形和初设方案的主要体形特征以及在“正常蓄水位＋自重＋泥沙＋温降”荷载组合下坝体特征应力和位移的有限元分析结果。

表 12-5　　抛物线体型优化方案体型参数

高程/m	参数							
	拱冠梁		拱端厚度/m		拱冠曲率半径/m		似半中心角/(°)	
	y_{cu}/m	厚度/m	左岸	右岸	左岸 R_{cl}	右岸 R_{cr}	左岸 φ_l	右岸 φ_r
610.00	0.000	12.755	15.029	15.587	289.689	278.522	45.273	47.578
590.00	−8.831	20.125	23.927	24.500	273.871	270.603	46.191	47.059
560.00	−20.756	30.282	32.372	33.498	262.110	261.354	46.361	46.162
520.00	−33.643	42.119	44.643	45.590	238.501	232.475	47.559	46.985
480.00	−42.327	51.965	55.363	59.515	227.790	211.067	47.398	47.448
440.00	−45.977	59.776	65.283	65.624	215.693	201.347	46.687	46.905
400.00	−43.765	65.506	72.513	71.342	216.752	194.646	40.962	43.702
360.00	−34.860	69.109	74.512	74.363	213.816	206.986	26.411	33.237
332.00	−24.200	70.342	74.133	73.191	284.074	321.197	8.509	10.440

表 12-6　　双曲线体型优化方案体型参数

高程/m	参数							
	拱冠梁		拱端厚度/m		拱冠曲率半径/m		似半中心角/(°)	
	y_{cu}/m	厚度/m	左岸	右岸	左岸 R_{cl}	右岸 R_{cr}	左岸 φ_l	右岸 φ_r
610.00	0.000	12.755	15.029	15.587	289.689	278.522	45.273	47.578
590.00	−7.790	20.125	23.927	24.500	273.871	270.603	46.191	47.059

续表

高程/m	参数							
	拱冠梁		拱端厚度/m		拱冠曲率半径/m		似半中心角/(°)	
	y_{cu}/m	厚度/m	左岸	右岸	左岸 R_{cl}	右岸 R_{cr}	左岸 φ_l	右岸 φ_r
560.00	−19.042	30.282	32.372	33.498	262.110	261.354	46.361	46.162
520.00	−32.346	42.119	44.643	45.590	238.501	232.475	47.559	46.985
480.00	−42.469	51.965	55.363	59.515	227.790	211.067	47.398	47.448
440.00	−48.058	59.776	65.283	65.624	215.693	201.347	46.687	46.905
400.00	−47.760	65.506	72.513	71.342	216.752	194.646	40.962	43.702
360.00	−40.223	69.109	74.512	74.363	213.816	206.986	26.411	33.237
332.00	−29.915	70.342	74.133	73.191	284.074	321.197	8.509	10.440

表 12-7　双曲线体型优化方案各高程拱轴线方程

高程/m	方程	
	左岸	右岸
610.00	$x^2=0.0358y^2+563.1720y$	$x^2=0.0255y^2+583.600y$
590.00	$x^2=0.0575y^2+547.9000y$	$x^2=0.0215y^2+549.5880y$
560.00	$x^2=0.00592y^2+518.1400y$	$x^2=0.0164y^2+516.5520y$
520.00	$x^2=0.0639y^2+469.7440y$	$x^2=0.0316y^2+466.2500y$
480.00	$x^2=0.0562y^2+455.7080y$	$x^2=0.0622y^2+432.4980y$
440.00	$x^2=0.00934z^2+439.2540y$	$x^2=0.1310y^2+416.5340y$
400.00	$x^2=0.0409y^2+432.9340y$	$x^2=0.0811y^2+433.9640y$
360.00	$x^2=0.00557y^2+416.9500y$	$x^2=0.3560y^2+461.7880y$
332.00	$x^2=0.3440y^2+563.0380y$	$x^2=16.4000y^2+647.0600y$

表 12-8　椭圆体型优化方案体型参数

高程/m	参数							
	拱冠梁		拱端厚度/m		拱冠曲率半径/m		似半中心角/(°)	
	y_{cu}/m	厚度/m	左岸	右岸	左岸 R_{cl}	右岸 R_{cr}	左岸 φ_l	右岸 φ_r
610.00	0.000	12.550	14.666	15.311	276.631	310.243	47.032	46.226
590.00	−7.994	19.648	23.922	24.088	280.521	293.114	45.840	46.159
560.00	−19.457	29.227	32.699	32.835	276.399	274.192	46.037	45.923
520.00	−32.906	40.137	44.890	46.215	253.877	248.294	46.241	45.380
480.00	−43.074	49.106	56.156	60.011	243.249	234.055	46.616	44.744

续表

高程/m	参数							
	拱冠梁		拱端厚度/m		拱冠曲率半径/m		似半中心角/(°)	
	y_{cu}/m	厚度/m	左岸	右岸	左岸 R_{cl}	右岸 R_{cr}	左岸 φ_l	右岸 φ_r
440.00	−48.671	56.335	65.070	66.074	233.162	226.430	45.837	43.765
400.00	−48.404	62.027	71.938	70.426	227.970	233.782	39.643	39.145
360.00	−40.982	66.383	72.429	73.990	222.410	229.142	27.590	31.166
332.00	−30.838	68.746	71.862	72.069	270.682	332.548	9.287	10.346

表 12-9　椭圆体型优化方案各高程拱轴线方程

高程/m	方程	
	左岸	右岸
610.00	$x^2=-0.0270y^2+553.2620y$	$x^2=-0.1180y^2+620.4860y$
590.00	$x^2=-0.0224y^2+561.0420y$	$x^2=-0.0938y^2+586.2280y$
560.00	$x^2=-0.0810y^2+552.7980y$	$x^2=-0.0773y^2+548.3840y$
520.00	$x^2=-0.0305y^2+507.75440y$	$x^2=-0.0192y^2+49.5880y$
480.00	$x^2=-0.0711y^2+486.4980y$	$x^2=-0.0183y^2+468.1100y$
440.00	$x^2=-0.0954z^2+466.3240y$	$x^2=-0.0170y^2+452.8600y$
400.00	$x^2=-0.0101y^2+455.9440y$	$x^2=-0.0702y^2+467.5640y$
360.00	$x^2=-0.7250y^2+444.8200y$	$x^2=-0.1200y^2+458.2940y$
332.00	$x^2=-3.1700y^2+541.3640y$	$x^2=-1.5700y^2+665.0960y$

表 12-10　一般二次曲线体型优化方案体型参数

高程/m	参数							
	拱冠梁		拱端厚度/m		拱冠曲率半径/m		似半中心角/(°)	
	y_{cu}/m	厚度/m	左岸	右岸	左岸 R_{cl}	右岸 R_{cr}	左岸 φ_l	右岸 φ_r
610.00	0.000	12.144	14.039	15.078	277.673	345.311	47.289	46.965
590.00	−11.566	20.495	25.629	24.654	289.565	302.045	44.848	44.481
560.00	−25.855	30.354	34.605	36.497	288.495	276.911	45.959	44.447
520.00	−39.357	39.595	47.622	48.719	254.813	268.441	42.666	44.791
480.00	−46.742	45.869	59.012	61.926	269.440	246.914	45.233	42.293
440.00	−48.259	50.808	68.060	67.566	256.276	234.332	42.563	42.067
400.00	−44.155	56.045	73.566	71.077	213.510	212.653	36.046	36.989
360.00	−34.677	63.213	69.910	71.488	203.697	195.526	28.574	31.246
332.00	−24.978	70.253	70.114	70.458	262.210	300.189	11.748	13.291

表 12-11　　一般二次曲线体型优化方案各高程拱轴线方程

高程/m	左岸		右岸	
	方程	线型	方程	线型
610.00	$x^2=-0.0493y^2+555.3460y$	椭圆	$x^2=-0.4120y^2+690.6220y$	椭圆
590.00	$x^2=-0.0180y^2+579.1300y$	椭圆	$x^2=-0.0420y^2+604.0900y$	椭圆
560.00	$x^2=-0.1660y^2+576.9900y$	椭圆	$x^2=0.0043y^2+553.8220y$	双曲线
520.00	$x^2=0.2330y^2+509.6260y$	双曲线	$x^2=-0.1460y^2+536.8820y$	椭圆
480.00	$x^2=-0.1990y^2+538.8800y$	椭圆	$x^2=0.0551y^2+493.8280y$	双曲线
440.00	$x^2=-0.0691y^2+512.5520y$	椭圆	$x^2=0.0420y^2+468.6640y$	双曲线
400.00	$x^2=0.6010y^2+427.0200y$	双曲线	$x^2=0.4560y^2+425.3060y$	双曲线
360.00	$x^2=-0.3080y^2+407.3940y$	椭圆	$x^2=0.6390y^2+391.0520y$	双曲线
332.00	$x^2=-14.900y^2+524.4200y$	椭圆	$x^2=-7.8100y^2+600.3780y$	椭圆

表 12-12　　三心圆体型优化方案体型参数

高程/m	参数										
	拱冠梁		拱端厚度/m		拱轴线半径/m			似半中心角/(°)			
	y_{cu}/m	厚度/m	左岸	右岸	中圆	左圆	右圆	中圆左侧	中圆右侧	左岸	右岸
610.00	0.00	12.74	16.62	16.04	297.78	596.50	634.71	20.98	19.23	42.04	40.92
590.00	−4.14	19.92	24.41	24.65	295.79	565.69	580.70	19.63	18.84	41.68	41.24
560.00	−10.24	30.47	35.28	35.94	285.48	533.01	524.68	18.03	18.03	41.26	41.29
520.00	−17.35	43.67	48.10	48.19	262.63	507.54	485.71	16.43	16.58	40.57	40.10
480.00	−22.22	55.25	58.78	57.61	235.72	492.83	472.24	15.07	14.79	39.66	37.93
440.00	−23.67	64.53	67.07	64.56	211.69	478.02	467.60	13.55	12.71	37.53	35.49
400.00	−20.52	70.82	72.73	69.44	197.47	452.23	455.10	11.46	10.42	31.87	30.74
360.00	−11.58	73.44	75.52	72.61	200.01	404.62	418.05	8.40	7.99	19.65	23.39
332.00	−1.24	72.71	75.62	74.03	215.46	352.49	368.57	5.46	6.24	9.07	11.87

表 12-13　　对数螺旋线体型优化方案体型参数

高程/m	参数									
	拱冠梁		拱端厚度/m		长度参数/m		指数参数		似半中心角/(°)	
	y_{cu}/m	厚度/m	左岸	右岸	左岸	右岸	左岸	右岸	左岸	右岸
610.00	0.00	12.93	16.04	16.55	250.42	273.37	0.396	0.910	38.39	37.33
590.00	−2.39	21.53	23.63	23.43	265.71	279.07	0.895	0.880	36.77	36.19

续表

高程/m	参数									
	拱冠梁		拱端厚度/m		长度参数/m		指数参数		似半中心角/(°)	
	y_{cu}/m	厚度/m	左岸	右岸	左岸	右岸	左岸	右岸	左岸	右岸
560.00	−7.08	32.78	34.32	33.40	274.43	281.03	0.874	0.876	35.12	34.05
520.00	−13.99	45.05	47.04	45.68	266.60	279.34	0.897	0.918	33.85	30.77
480.00	−20.05	54.71	57.67	56.32	246.43	276.13	0.948	0.978	33.42	27.85
440.00	−23.09	62.24	65.85	64.76	224.80	275.08	0.996	1.018	32.68	25.73
400.00	−21.17	68.17	71.20	70.53	212.45	279.87	1.007	0.997	28.81	22.65
360.00	−12.31	73.04	73.38	73.19	220.22	294.20	0.950	0.875	17.55	17.62
332.00	−0.92	76.10	76.81	76.82	243.41	311.88	0.851	0.708	7.24	8.45

表12-14　双曲拱坝各体形特征参数对比表

特征参数	初始设计体形	优化设计体形					
		抛物线	双曲线	椭圆	二次曲线	对数线	三心圆
坝体方量/10^4 m^3	667.53	657.75	644.46	627.57	608.99	668.74	661.73
最大主拉应力/MPa	5.37	5.07	5.00	4.64	4.26	4.28	4.72
最大主压应力/MPa	−12.76	−13.79	−14.25	−13.56	−13.91	−12.23	−16.03
最大顺河向位移/cm	8.75	7.17	7.78	10.94	10.16	11.381	11.62
拱冠梁顶厚/m	13.00	12.75	12.825	12.550	12.144	12.928	12.743
拱冠梁底厚/m	70.00	70.342	69.039	68.746	70.253	76.098	72.711
最大拱端厚度/m	74.58	74.512	73.950	73.990	73.566	76.817	75.622
最大中心角/(°)	96.45	94.846	92.843	93.258	94.254	75.722	82.960
上游倒悬度	0.450	0.450	0.449	0.441	0.390	0.358	0.386
下游倒悬度	0.015	0.077	0.034	0.034	0.162	−0.029	0.026

可以看出，若按坝体体积排序，从小到大依次为一般二次曲线体型＜椭圆体型＜双曲线体型＜抛物线体型＜三心圆体型＜对数螺旋线体型；若按最大拉应力大小排序，则从小到大依次为一般二次曲线体型＜对数螺旋线体型＜椭圆体型＜三心圆体型＜双曲线体型＜抛物线体型。可见无论是坝体混凝土方量还是最大拉应力，一般二次曲线体型在几种体型中均为最小，与初设体形相比，坝体混凝土方量和最大拉应力分别降低了8.77%和20.67%。这是因为一般二次曲线拱坝是椭圆、抛物线、双曲线等类型拱坝的一般形式，它能更好地适应河谷形状的变化，充分体现拱坝的结构特点。

12.2.3 拱坝双目标模糊优化设计

1. 拱坝多目标优化一般表述

进行拱坝体形多目标优化时，其分目标函数可以依据各方要求列出，约束函数依据具体情况可依据式（12-57）～式（12-67）选取，相应的数学模型可表示为

$$\begin{cases}\text{find } \boldsymbol{X}=[x_1 \quad x_2 \quad \cdots \quad x_n]^{\mathrm{T}} \\ \min F(\boldsymbol{X})=[f_1(\boldsymbol{X}) \quad f_2(\boldsymbol{X}) \quad \cdots \quad f_p(\boldsymbol{X})]^{\mathrm{T}} \\ \text{s. t. } \ g_j(\boldsymbol{X})\leqslant 0 \quad (j=1,2,\cdots,m)\end{cases} \tag{12-69}$$

2. 拱坝双目标优化设计案例

某抛物线双曲拱坝，高 292m，在满足其他约束条件下，进一步考虑体积 $[V]=$ 850 万 m^3 及第一主拉应力 $[\sigma_1]=3.5$MPa 约束。现以坝体体积最小和最大拉应力最小为目标，进行两目标体形优化。

拱坝双目标优化数学模型为

$$\begin{cases}\text{find } \boldsymbol{X}=[x_1 \quad x_2 \quad \cdots \quad x_n]^{\mathrm{T}} \\ \min F(\boldsymbol{X})=[V(\boldsymbol{X}) \quad \sigma_1(\boldsymbol{X})]^{\mathrm{T}} \\ \text{s. t. } \ g_j(\boldsymbol{X})\leqslant 0 \quad (j=1,2,\cdots,m)\end{cases} \tag{12-70}$$

式中 $V(\boldsymbol{X})$——坝体体积；

$\sigma_1(\boldsymbol{X})$——坝体最大拉应力。

（1）分别以坝体体积最小和最大拉应力最小为目标进行单目标优化求得理想解为 $\boldsymbol{F}^*=[597.526 \quad 3.080]^{\mathrm{T}}$

（2）采用线性加权方法将双目标问题转化为单目标优化问题，即

$$\begin{cases}\text{find } \boldsymbol{X}=[x_1 \quad x_2 \quad \cdots \quad x_n]^{\mathrm{T}} \\ \min F(\boldsymbol{X})=\omega_1\dfrac{V}{[V]}+\omega_2\dfrac{\sigma_1}{[\sigma_1]} \\ \text{s. t. } V\leqslant[V] \qquad \sigma_1\leqslant[\sigma_1] \\ \qquad g_j(\boldsymbol{X})\leqslant 0 \quad (j=1,2,\cdots,m)\end{cases} \tag{12-71}$$

式中 $[V]$、$[\sigma_1]$——分别为最大体积和最大拉应力的允许值；

ω_1、ω_2——为权系数。

（3）取不同组合的权系数即可由式（12-71）求出各种不同的非劣解，记第 r 个非劣解及其目标向量为 $\boldsymbol{X}_r$ 和 $\boldsymbol{F}_r=[F_{r1} \quad F_{r2}]^{\mathrm{T}}$。本次计算的 9 组非劣解为：

$$\omega_1=0.1, \omega_2=0.9 \text{ 时}: \boldsymbol{F}_1=[807.575 \quad 1.924]^{\mathrm{T}}$$

$$\omega_1=0.2, \omega_2=0.8 \text{ 时}: \boldsymbol{F}_2=[772.327 \quad 1.980]^{\mathrm{T}}$$

$$\omega_1=0.3, \omega_2=0.7 \text{ 时}: \boldsymbol{F}_3=[764.500 \quad 2.025]^{\mathrm{T}}$$

$$\omega_1=0.4,\omega_2=0.6\text{ 时}:\boldsymbol{F}_4=[753.506\quad 2.104]^T$$

$$\omega_1=0.5,\omega_2=0.5\text{ 时}:\boldsymbol{F}_5=[719.818\quad 2.415]^T$$

$$\omega_1=0.6,\omega_2=0.4\text{ 时}:\boldsymbol{F}_6=[707.090\quad 2.425]^T$$

$$\omega_1=0.7,\omega_2=0.3\text{ 时}:\boldsymbol{F}_7=[678.080\quad 2.644]^T$$

$$\omega_1=0.8,\omega_2=0.2\text{ 时}:\boldsymbol{F}_8=[657.208\quad 2.910]^T$$

$$\omega_1=0.9,\omega_2=0.1\text{ 时}:\boldsymbol{F}_9=[647.879\quad 3.083]^T$$

每个非劣解都是可行解，满足规定的约束条件，其差别在于强度储备的多少和工程量的不同。

（4）确定双目标优化问题最优解的几何法。对双目标优化问题，模糊贴近度可用几何作图方法求出，从而用几何方法确定最优解。令

$$d=\sqrt{[1-\mu(F_{r1})]^2+[1-\mu(F_{r2})]^2}$$

$$c=\mu(F_{r1})+\mu(F_{r2})$$

则有

$$\sigma(\widetilde{F}^*,\widetilde{F}_r)=1-\frac{1}{2}d^2 \tag{12-72}$$

$$\sigma(\widetilde{F}^*,\widetilde{F}_r)=\frac{1}{2}c \tag{12-73}$$

$$\sigma(\widetilde{F}^*,\widetilde{F}_r)=\frac{2c}{2+c} \tag{12-74}$$

式中 d——模糊非劣解与模糊理想解之间的距离；

c——模糊非劣解两分目标隶属度之和。

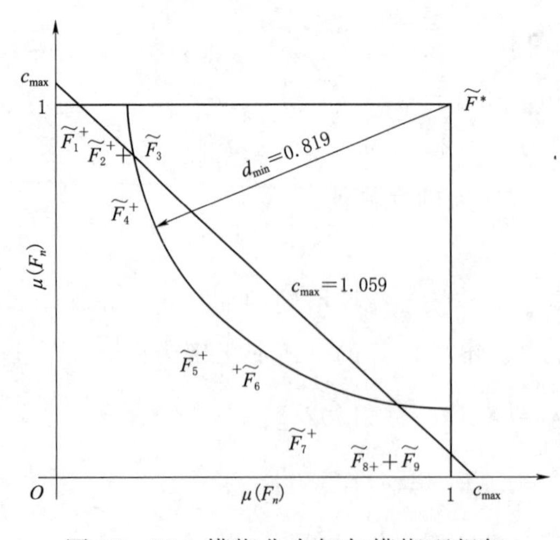

图 12-20 模糊非劣解与模糊理想解

由式（12-72）和式（12-73）、式（12-74）可见，d_{min} 和 c_{max} 对应最大贴近度。

在求得非劣解基础上，计算隶属度并组成相应的模糊非劣解 $\widetilde{F}_r$，可将模糊非劣解与理想解的分布情况用图 12-20 表示。图中标出了 d_{min} 和 c_{max} 的几何意义，不难用作圆弧或推 45°斜线的办法求出它们。由图可知，按式（12-72）非劣解 $\boldsymbol{F}_4$ 的贴近度最大，按式（12-73）、式（12-74）则非劣解 $\boldsymbol{F}_2$ 的贴近度最大。

12.3 土石坝优化设计

土石坝是土坝、堆石坝和土石混合坝的总称，是人类最早建造的坝型，具有悠久的发展历史，是坝工中重要的坝型之一。由于土石坝可利用坝址附近的土料、石料及砂砾石料，因此，它具有就地取材、施工方便、工期短、造价低、节约水泥钢材、适应较差的地质条件、安全性能好等优点，在国内外被广泛采用。

依据土石坝的发展进程，大致可以分为三个阶段：古代土石坝阶段（19 世纪中期以前）、近代土石坝阶段（19 世纪中期至 20 世纪初期）和现代土石坝阶段（20 世纪初期以后）。

古代土石坝阶段，大坝多数仅凭经验建造，在坝体断面形状、筑坝材料及坝体构造等方面都存在很大的任意性，坝坡较缓，一般为 1：7～1：6，有的甚至更缓，同时坝顶也较宽。

近代土石坝发展阶段，土石坝的设计理论一直落后于其他坝型。在总结建坝经验和失事教训基础上，提出了一些确定坝体断面尺寸的原则和施工应遵守的规则，这一阶段土石坝的上下游坡有所变陡，大坝的高度也有较快的增加，在坝体构造方面逐步形成了均质坝、心墙坝和斜墙坝三大基本坝型。

现代土石坝阶段，随着岩土力学、施工技术和计算机的发展，土石坝技术出现了较快的发展，特别是有限元分析方法的出现，使土石坝的应力、变形、稳定等问题的分析更加深入，并取得了满意的结果。现代土石坝的发展体现了新的特点：

（1）坝高迅速增加。土石坝在高坝中所占比例逐渐增大，据统计 20 世纪 80 年代 100m 以上的高坝中土石坝的占比达到 65%，主要原因是：①土石坝能充分利用当地材料，降低工程造价；②由于施工技术的发展，使建造高土石坝更加安全可靠；③土石坝对地质条件要求相对较低，具有良好地质条件的坝址逐渐减少，建造土石坝更加合理。

（2）对筑坝材料的要求有所放宽。由于设计和施工技术的发展，现在几乎所有的土料包括砂砾石、风化料等，只要不含大量有机物和水溶性盐类，都可以用于筑坝，此外传统黏土心墙的用料也得到了拓展。我国 2014 年完工的糯扎渡砾石土心墙堆石坝坝高 261.5m（图 12-21），上游坝坡坡度为 1：1.9，下游坝坡坡度为 1：1.8，坝体中央为直立心墙，心墙两侧为反滤层，反滤层外是堆石体坝壳。2016 年开工建设的两河口水电站大坝（图 12-22）为砾石土心墙堆石坝，坝高 295m。

（3）新坝型得到快速发展。特别是 20 世纪 60 年代，由于重型振动碾应用于压实堆石和砂卵石，有效减小了堆石体变形，解决了早期抛石面板堆石坝面板开裂漏水问题，新型混凝土面板堆石坝得到快速发展。图 12-23 为我国第一座现代意义的混凝土面板堆石坝——西北口坝，坝高 95m；图 12-24 为经受“5·12”汶川地震考验并获得

图 12-21 糯扎渡砾石土心墙堆石坝

图 12-22 两河口砾石土心墙堆石坝

图 12-23 我国第一座现代意义的混凝土面板堆石坝——西北口坝

2009年国际里程碑特别工程奖的紫坪铺混凝土面板堆石坝；图12-25为2013年国际里程碑入选工程的深厚覆盖层九甸峡面板堆石坝；图12-26为我国建成的最高面板堆石坝水布垭面板堆石坝（坝高233m）。我国在建的最高面板堆石坝是拉哇水电站混凝土面板堆石坝，最大坝高239m。

图12-24　紫坪铺混凝土面板堆石坝

图12-25　九甸峡面板堆石坝

土石坝一般体积方量大，典型设计断面尺寸也大，因此探讨土石坝的优化设计对优化结构布局及料区分布，充分发挥坝料的作用，对降低工程造价、提高土石坝的设计效率具有重要的实际意义，开展土石坝工程的优化设计研究是提高土石坝工程设计水平的一个重要发展方向。本书作者团队先后参与了水布垭面板坝、黑泉面板坝、梅溪覆盖层上面板坝、成屏面板坝等工程的分析计算及优化设计工作。

本节主要介绍混凝土面板堆石坝及心墙堆石坝断面优化设计问题。

图 12-26 水布垭面板堆石坝

12.3.1 混凝土面板堆石坝优化设计

1. 混凝土面板堆石坝优化设计数学模型

混凝土面板堆石坝是采用堆石料坝体为支撑结构，并在其上游表面设置混凝土面板为防渗结构的一种堆石坝。经过多年理论研究与工程实践，基岩上混凝土面板堆石坝断面结构的分区已基本标准化，自上游到下游依次为混凝土面板、垫层、过渡区、主堆石区、任意料区与下游堆石区。依据不同需求，大坝的下游可沿高程设置宽度不同的马道，用于观测、检修及交通等，岩基上面板堆石坝典型断面及设计变量示意图如图 12-27 所示。

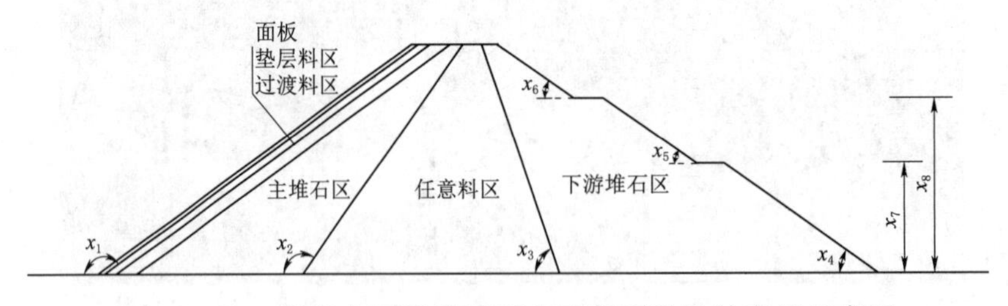

图 12-27 岩基上面板堆石坝典型断面及设计变量示意图

(1) 设计变量。

1) 岩基上面板堆石坝。对于岩基上面板堆石坝断面，坝高、坝顶总宽度都是根据工程规划要求确定的不变参数，此外，断面中垫层区、过渡区多采用等宽度布置，依据坝顶总宽度，坝顶主堆石顶宽、任意料区顶宽、下游堆石区顶宽也是预先确定的参数，因此，岩基上面板堆石坝断面优化设计，一般选取描述断面坝料分区及下游坝坡形状的其他关键几何特征量为设计变量。

a. 取上下游坝坡角 x_1、x_4 为设计变量，以反映整个断面的大小。

b. 取堆石料分界坡角 x_2、x_3 为设计变量，使各种石料得到合理利用。

c. 取下游坝坡变坡角 x_5、x_6 以及相应高度 x_7、x_8 为设计变量，以反映下游坝坡变坡要求与设置马道的需要。

一般情况下，岩基上面板堆石坝典型断面的优化设计变量可表示为

$$\boldsymbol{X}=[x_1,x_2,\cdots,x_8]^{\mathrm{T}}$$

针对不同的具体工程，设计变量的选取可有所不同。

2）覆盖层地基上混凝土面板堆石坝

对于覆盖层地基上混凝土面板堆石坝，图 12－28 给出了其典型断面示意图。

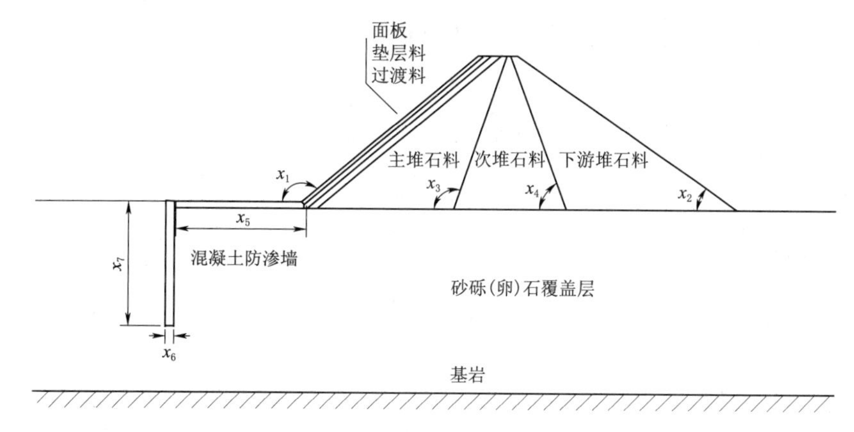

图 12－28　覆盖层地基上混凝土面板堆石坝典型断面示意图

a. 取上下游坝坡角 x_1，x_2 为设计变量，以反映整个断面的大小。

b. 取堆石料分界坡角 x_3，x_4 为设计变量，使各种石料得到合理利用。

c. 防渗墙受力复杂，其应力状态与其偏离坝趾的距离密切相关，因而取坝趾到防渗墙的距离（趾板长度）x_5 以及防渗墙厚度 x_6 作设计变量，以反映防渗墙的受力与变形。

d. 一般深度不太大的覆盖层地基，防渗墙嵌入岩基，以截断坝基渗流。以防渗墙长度 x_7 作为设计变量，主要考虑深厚覆盖层在满足渗透稳定的条件下，能从水量损失与成墙造价综合比较中确定较为合适的成墙长度。

面板、趾板厚度、垫层及过渡层的厚度虽可在一个小范围内变动，但目前已有较成熟的经验，且趋向等宽度布置，可不必取为变量。

这样，典型断面的优化设计变量可表示为

$$\boldsymbol{X}=[x_1,x_2,\cdots,x_7]^{\mathrm{T}}$$

对上述设计变量，可根据具体工程取舍。

(2) 目标函数。岩基上面板堆石坝断面由不同材料分区组成，对于特定的工程而言，综合考虑开采、运输及施工等因素可以确定所用不同材料的方量单价。这样断面

目标函数可表示为

$$f(\boldsymbol{X})=\sum 断面内某种坝料方量单价 \times 断面上该料区的面积$$

如果将各料区的单价进行比较，选取某材料的单价为1.0，则其他材料单价与他的比值，即为单价比（记为 C_i）。从而目标函数可进一步表示为

$$f(\boldsymbol{X})=\sum 某种坝料方量单价比 C_i \times 断面上该料区的面积 S_i$$

（3）约束条件。面板堆石坝几何约束及性态约束条件，依据规范并参照国内外已建工程的经验确定。

1）坝坡角 i 在经验范围内，内部分区满足几何拓扑关系，即

$$1:1.8 \leqslant \tan(x_i) \leqslant 1:1.3$$

$$1:1.8 \leqslant \tan(x_i) \leqslant 1:1.3$$

$$x_4 \leqslant x_3 \leqslant x_2 \leqslant x_1$$

2）覆盖层上面板坝趾板长度一般为

$$3.0 \leqslant x_5 \leqslant \left(\frac{1}{5} \sim \frac{1}{3}\right) H \quad (\text{m})$$

3）防渗墙厚度通常为

$$0.5 \leqslant x_6 \leqslant 1.3 \quad (\text{m})$$

4）防渗墙长度 x_T 的范围为

$$S-\Delta \leqslant x_7 \leqslant S+\Delta$$

式中 S——由文献推荐的LANE统计结果得到的一个长度；

Δ——根据具体工程拟定一个范围。

6）坝体在荷载作用下，整体及坝坡有足够的稳定性，即

$$F_S(\boldsymbol{X}) \geqslant [F]$$

式中 F_S——稳定安全系数；

$[F]$——允许安全系数。

7）坝体在荷载作用下，产生的沉陷在允许范围内，即

$$\delta(\boldsymbol{X}) \leqslant [\delta]$$

式中 δ——结构产生的沉陷；

$[\delta]$——允许沉陷。

8）坝体在荷载作用下有较好的工作性态，不发生塑性剪切破坏，即

$$S_L < 1.0$$

式中 S_L——应力水平。

9）面板、趾板、防渗墙在荷载作用下的拉、压应力处在混凝土的允许应力范围内，有

$$\sigma_L \leqslant [\sigma_L], \quad \sigma_C \leqslant [\sigma_C]$$

式中 σ_L、σ_C——结构的最大拉、压应力；

$[\sigma_L]$、$[\sigma_C]$——相应结构的允许最大拉、压应力。

10）防渗墙与趾板之间及面板与趾板之间接缝错动，张开量小于允许值，即

$$S\leqslant[S],\quad T\leqslant[T]$$

式中 S、T——相应接缝的最大错动及张开量；

$[S]$、$[T]$——相应于 S、T 的允许值。

11）透水地基内满足渗透稳定要求，水量损失（悬挂式防渗墙）在可接受的范围内，即

$$J\leqslant[J],\quad Q\leqslant[Q]$$

式中 J——透水坡降；

$[J]$——允许渗透坡降；

Q——渗流量；

$[Q]$——允许渗流量。

12）在地震区，对于覆盖层内可能存在的饱和细砂料，要求地震过程中不发生液化，即

$$u_d/\sigma_0<1.0$$

式中 u_d——地震过程中累计孔隙水压力；

σ_0——静平均应力。

(4) 优化数学模型。综上分析，覆盖层地基上混凝土面板堆石坝断面优化设计数学模型表述为

$$\begin{cases}\text{find } \boldsymbol{X}=[x_1,x_2,\cdots,x_n]^T\\ \min F(\boldsymbol{X})=\sum_{i=1}^{M}c_i s_i\\ \text{s. t. 满足给定的约束条件。}\end{cases}$$

2. 覆盖层上混凝土面板堆石坝优化设计案例

(1)基本资料。某水库面板堆石坝坝高 35m,大坝典型断面覆盖层深达 26m,上下两层,下层厚 20m 左右,较为密实,上层厚 6m 左右,密实度较下部稍松。坝体和趾板拟直接建在覆盖层上,坝基采用垂直混凝土防渗墙方案,深达岩基,某覆盖层上面板堆石坝断面及设计变量示意图如图 12-29 所示。典型断面内面板等厚度 0.35m,层料区等水平宽度 1.5m,过渡料等水平宽度 3.5m,主堆石区坝顶宽度 6.0m,下游堆石料区坝顶宽度 5.0m,趾板初始长度 6m(厚度 0.58m 保持不变),防渗墙厚度 0.8m。

(2)断面优化设计数学模型。

1)设计变量取趾板长为 x_1,上游坝坡角为 x_2,主堆石与下游堆石分界坡角为 x_3,下游坝坡角为 x_4。设计变量(图 12-29)可表示为

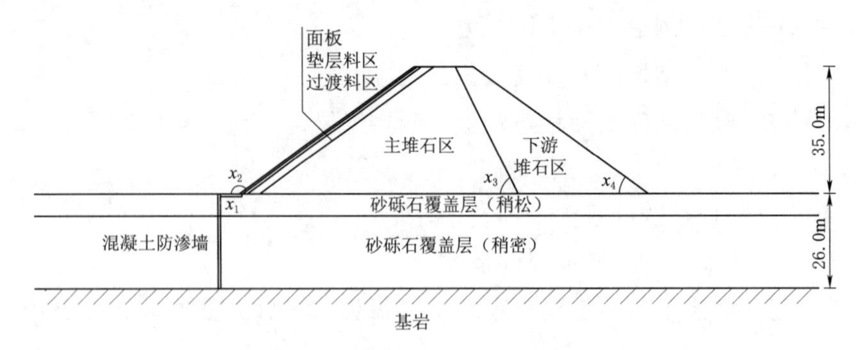

图 12-29 某覆盖层上面板堆石坝断面及设计变量示意图

$$\boldsymbol{X}=[x_1,x_2,x_3,x_4]^{\mathrm{T}}$$

2）各料综合比价 c_i 取为：下游堆石料 1.00，主堆石料 1.51，过渡料 1.92，垫层料 2.27，面板、趾板 19.93。相应的面积 s_i 由断面的几何参数确定，目标函数表示为

$$F(\boldsymbol{X})=\sum_{i=1}^{6}c_is_i=1072.85+612.5(\cot x_4-\cot x_3)+924.8[\cot x_3+\cot(\pi-x_2)]+11.5x_1$$

3）该坝优化设计几何约束条件为：$3.0\mathrm{m}\leqslant x_1\leqslant 10.0\mathrm{m}$，$2.488\mathrm{rad}\leqslant x_2\leqslant 2.544\mathrm{rad}$，$0.588\mathrm{rad}\leqslant x_4\leqslant 0.656\mathrm{rad}$，$x_4\leqslant x_3\leqslant x_2$。

4）该工程覆盖层为砂卵石，无细砂料，在防渗体系完好的情况下不可能产生渗透破坏或地震液生化破坏。大坝基础无不利地质构造，覆盖层上层稍松，摩擦角较小（38°），在坝体及库水压力作用下对初设方案作整体稳定校核，$F_S=6.07$，远大于规范要求（2.0），故坝体整体稳定性具有很高的安全储备。因此，该工程主要考虑的性态约束为

防渗墙、面板及趾板主拉应力（面板顺坡向）$\sigma_L\leqslant 1000\mathrm{kPa}$；

防渗墙、面板及趾板主压应力（面板顺坡向）$\sigma_C\leqslant 10000\mathrm{kPa}$；

防渗墙与趾板及面板与趾板接缝张开量 $T\leqslant 20.0\mathrm{mm}$；

防渗墙与趾板及面板与趾板接缝错动量 $S\leqslant 15.0\mathrm{mm}$；

上下游坝坡静力稳定安全系数 $F_S\geqslant 1.15$；

坝体应力水平 $SL<1.0$。

（3）最优设计方案的求解。该优化模型求解过程中，结构分析中土石料本构关系采用邓肯 $E-\mu$ 模型，分级加荷模拟施工过程。防渗墙与覆盖层砂卵石之间、面板与垫层之间均设置 Goodman 单元，以反映相互间的变形。防渗墙沿厚度剖分为四排单元，以反映偏心拉、压受力特性，底部按嵌固处理。坝坡稳定分析用瑞典圆弧法。覆盖层砂卵石料及坝体堆石料及接触面参数见表 12-15 和表 12-16。防渗墙弹性模量取 18.5GPa，面板、趾板弹性模量取 26.0GPa，泊松比均为 0.167，容重均为 $24.0\mathrm{kN/m^3}$。

计算工况上游水位高 32.80m，下游枯水。

表 12-15　覆盖层砂卵石料及坝体堆石料参数

坝料	γ /(kN/m³)	C /kPa	φ /(°)	k	n	R_f	G	F	D	K_{ur}	n_{ur}
深层砂卵石料	20.0	0.0	39	1200	0.35	0.874	0.47	0.18	3.6	1800	0.35
浅层砂卵石料	20.0	0.0	38	900	0.35	0.874	0.43	0.18	3.6	1350	0.35
下游堆石料	20.0	0.0	41	1000	0.10	0.900	0.46	0.16	4.8	1500	0.10
主堆石料	20.0	0.0	43	1100	0.10	0.900	0.35	0.16	4.8	1650	0.10
过渡料	20.5	0.0	41	1350	0.24	0.865	0.40	0.20	5.1	1750	0.24
垫层料	20.5	0.0	40	1500	0.24	0.865	0.40	0.20	5.1	1800	0.24

表 12-16　接触面参数

接触面	δ /(°)	C /kPa	R_f	K_1	n	K_n/kPa	
						压	拉
防渗墙与砂卵石料	18	0.0	0.86	14000	0.66	10^8	100
面板与垫层料	28	0.0	0.86	45000	0.65	10^8	100
面板与趾板及防渗墙与趾板	28	0.0	0.86	45000	0.65	10^8	100

覆盖层地基上面板堆石坝优化问题的目标函数，是设计变量的非线性函数；性态约束是设计变量的隐函数。因此，上面的优化总是非线性数学规划问题。选用三种非线性优化方法——罚函数法、复形法及可行方向法分别求解，得到了一致的结果，优化成果见表 12-17。表 12-18 给出罚函数法迭代过程。

表 12-17　三种非线性方法优化成果

方法	初始点				初始目标函数值 F^0	最优点				最优目标函数值 F^L	优化效果*	结构重分析次数
	x_1	x_2	x_3	x_4		x_1	x_2	x_3	x_4			
罚函数法	6.00	2.520	1.107	0.620	3446.92	3.345	2.511	1.569	0.649	3184.34	7.6%	350
复形法	6.00	2.520	1.107	0.620	3446.92	3.334	2.510	1.570	0.650	3181.38	7.7%	527
可行方向法	6.00	2.520	1.107	0.620	3446.92	3.334	2.510	1.570	0.650	3181.38	7.7%	453

表 12-18　罚函数法迭代过程

罚函数构型次数	罚因子	变量				目标函数	最优点					
		x_1	x_2	x_3	x_4		S_L	σ_L /kPa	T /mm	S /mm	$F_上$	$F_下$
1	2.00	6.00	2.5200	1.1070	0.6200	3446.92	0.90	850.43	11.69	5.4	1.175	1.224
2	0.40	4.48	2.5234	1.5030	0.6200	3303.92	0.91	860.81	13.62	5.3	1.183	1.224

续表

罚函数构型次数	罚因子	变量				目标函数	最优点					
		x_1	x_2	x_3	x_4		S_L	σ_L /kPa	T /mm	S /mm	$F_上$	$F_下$
3	0.08	4.28	2.5213	1.5050	0.6200	3295.25	0.91	867.40	13.60	5.1	1.178	1.224
4	0.016	3.60	2.5133	1.5159	0.6450	3218.46	0.92	876.40	13.70	4.7	1.158	1.161
5	0.0032	3.40	2.5121	1.5623	0.6472	3194.72	0.93	892.10	14.00	4.6	1.155	1.155*
6	0.00064	3.35	2.5105	1.5689	0.6493	3184.34	0.93	905.20	14.23	4.6	1.151	1.151*

注 由于 $\sigma_C \ll [\sigma_C]$ 的表中未列出对应数值；

* 表示达到临界约束。

(4) 优化方案分析。最优方案目标函数下降 7.7%。优化方案与初始设计方案对比图如图 12－30 所示。由图 12－30 可以看出，优化方案较初始设计方案的主要变化有三个方面，即：①趾板长度减小；②下游堆石料区增大；③上下游坝坡变陡。具体分析如下：

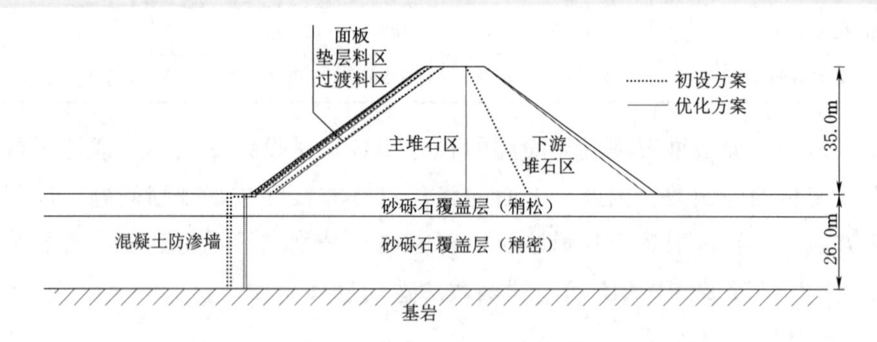

图 12－30 优化方案与初始设计方案对比图

1) 趾板长度变化。防渗墙的变位和应力与趾板长度关系密切。趾板较长时(6m)，防渗墙在竣工期受到的侧压力较小，墙体变位及下部拉应力也小；蓄水后，在库水压力作用下，墙体产生较大的变位，相应的下部主拉应力为 0.85MPa。趾板较短时 (3.35m)，防渗墙在竣工期受到的侧压力增大，墙体向上游的变位增大，相应的下部主拉应力增为 0.91MPa，与趾板拉缝的张开量增为 14.23mm。蓄水后，墙体变位及主拉应力较长趾板时为小。此外，竣工期防渗墙上游侧受压，下游侧受拉；蓄水期则相反。墙体主压应力远小于允许值。不论长度如何，防渗墙底部主拉应力偏大，应引起足够重视。

2) 下游堆石料区加大，上下游坝坡变陡。由于下游堆石料价格便宜，优化后其在断面中所占的比重增大，上下游坝坡变陡，减小了整个断面的面积，从而降低了造价，故上述成果是合理的。优化后，上下游坝坡稳定安全系数达到临界约束，说明坝坡稳定对上下游坝坡的变化起控制作用。此外，优化后下游坝坡略陡于上游坝坡。这主要是因为采用了线性强度指标，其相应的最危险滑弧较浅，上游坝坡最危险滑弧基本在垫层内，垫层料摩擦角（40°）小，因而在达到允许稳定安全系数时，下游坝坡陡于上游坝坡是合理的。

12.3.2 土质心墙堆石坝断面优化设计

早期建成的黏土心墙堆石坝多采用大体积心墙，心墙的上下游边坡均缓于 1∶0.5。这种缓边坡心墙超出了不出现渗透变形的要求，而且土料的抗剪强度远低于堆石，为了满足坝体的抗滑稳定，常需放缓堆石边坡，增加工程量，很不经济。20 世纪 60 年代以来，国外高坝建设中，在提高心墙和堆石的填筑密度以后，逐渐出现了一些窄心墙的堆石坝。窄心墙堆石坝虽然坝体断面较小，但要求土料的防渗性能、抗管涌性能要好，且黏土心墙与堆石坝壳比较，具有较高的压缩性，沿着心墙边界接触面出现的剪应力会使心墙有效垂直正应力下降，使心墙产生水力劈裂的可能性增大。因此，探讨土质心墙堆石坝的优化设计对提高土质心墙堆石坝的设计效率、优化结构布局及料区分布，充分发挥坝料的作用，降低工程造价具有重要的实际意义。

1. 土质心墙堆石坝断面优化设计数学模型

（1）土质心墙堆石坝典型断面如图 12-31 所示，设计变量的选取一般主要基于以下几个方面：

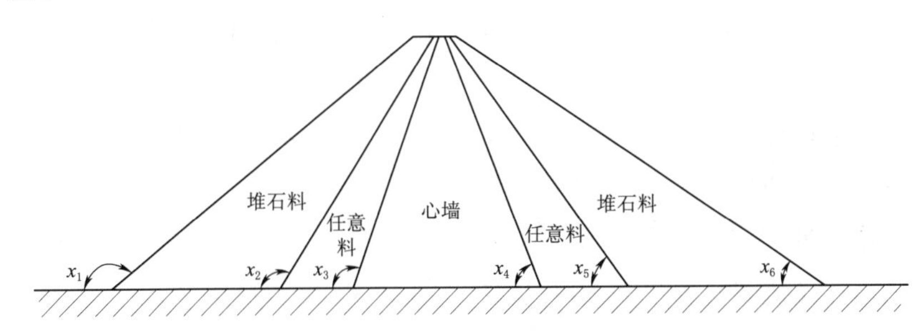

图 12-31　土质心墙堆石坝典型断面示意图

1）取上下游坝坡角 x_1，x_6 为设计变量，以反映整个断面的大小。

2）取心墙坡角 x_3，x_4 为设计变量，以反映心墙断面的大小。

3）取上下游堆石料与任意料分界坡角 x_2，x_5 为设计变量，以使各种不同料得到充分利用。

这样，典型断面的优化设计变量可表示为

$$\boldsymbol{X}=[x_1,x_2,\cdots,x_6]^{\mathrm{T}}$$

对上述设计变量，可根据具体工程取舍。

（2）以工程造价为目标函数，则目标函数可表示为

$$f(\boldsymbol{X})=\sum 某种坝料方量单价比\ C_i \times 断面上该坝料区的面积\ S_i$$

（3）土质心墙堆石坝的约束条件主要考虑以下方面：

1）上下游坝坡角 x_1，x_6 满足

$$1:2.5 \leqslant \tan(\pi - x_1) \leqslant 1:1.3$$

$$1:2.5 \leqslant \tan x_6 \leqslant 1:1.3$$

2）料区分界坡角 x_2，x_3，x_4，x_5 应满足

$$x_5 \leqslant x_4 \leqslant x_3 \leqslant x_2$$

3）坝体在荷载作用下，整体及坝坡有足够的稳定性，即

$$F_S(\boldsymbol{X}) \geqslant [F]$$

式中 F_S——稳定安全系数；

$[F]$——允许安全系数。

4）坝体在荷载作用下，产生的沉陷在允许范围内，即

$$\delta(\boldsymbol{X}) \leqslant [\delta]$$

式中 δ——结构产生的沉陷；

$[\delta]$——允许沉陷。

5）坝体在荷载作用下有较好的工作性态，不发生塑性剪切破坏，即

$$S_L < 1.0$$

式中 S_L——应力水平。

6）坝体内满足渗透稳定要求，水量损失在可接受的范围内，即

$$J \leqslant [J], \quad Q \leqslant [Q]$$

式中 J——透水坡降；

$[J]$——允许渗透坡降；

Q——渗流量；

$[Q]$——允许渗流量。

7）心墙不出现水力劈裂现象，即

$$\frac{\sigma_1}{\gamma h} > 1.0$$

式中 σ_1——心墙上游大主应力；

γh——心墙上游大主应力点对应水压力。

8）在地震区，对于覆盖层内可能存在的饱和细砂料，要求地震过程中不发生液化，即

$$u_d / \sigma_0 < 1.0$$

式中 u_d——地震过程中累计孔隙水压力；

σ_0——静平均应力。

（4）综上分析，心墙堆石坝断面优化设计数学模型表述为

$$
\begin{cases}
\text{find } \boldsymbol{X}=[x_1,x_2,\cdots,x_n]^{\mathrm{T}} \\
\min F(\boldsymbol{X})=\sum_{i=1}^{M} c_i s_i \\
\text{s.t. 给定的约束条件。}
\end{cases}
$$

2. 土质心墙堆石坝断面优化设计案例

某水电枢纽工程心墙堆石坝方案坝高 128.0m，工程规模属一等大（1）型工程。某心墙堆石坝初设方案坝体断面图如图 12-32 所示。心墙顶宽 2m，心墙上、下游过渡层等水平宽度 5m，坝体上游坡坡度为 1∶1.8，下游坡坡度为 1∶1.6；任意料区上游坡度为 1∶0.90，下游坡度为 1∶0.85，土质心墙上游坡度为 1∶0.4，下坡度为 1∶0.1。

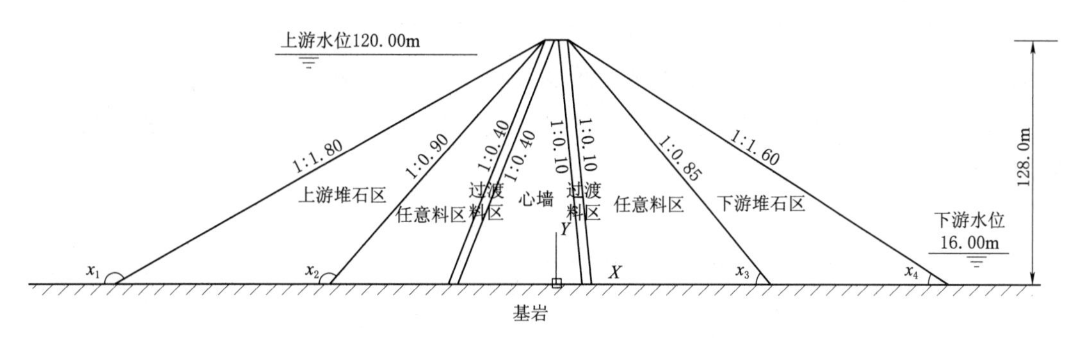

图 12-32　某心墙堆石坝初设方案坝体断面图

上游水位高 120.00m，下游水位高 16.00m，上游水位允许 6 天时间内骤降到 90.00m。

（1）断面优化设计数学模型。优化设计土质心墙时，应给出土质心墙中允许的最大水力坡降及通过心墙的最大允许渗流量。根据设计单位初设的心墙上、下游坡度，进行了一次平面稳定渗流计算。最大渗透坡降为 17.86，通过心墙单宽渗流量为 0.99L/min，这些值符合工程要求。

本次断面优化设计不考虑心墙断面的变化，设计变量取上下游坝坡角 x_1，x_4，以及上下游堆石料与任意料分界坡角 x_2，x_3。设计变量可表示为

$$\boldsymbol{X}=[x_1,x_2,x_3,x_4]^{\mathrm{T}}$$

考虑上游堆石料、两侧任意料及过渡料，上下游堆石料合比价为 1.20，任意料、过渡料综合比价为 1.0，根据断面几何参数得到相应料区面积后即得目标函数表达式。

几何约束条件为

$$2.484 \leqslant x_1 \leqslant 2.760(\text{rad})$$
$$2.00 \leqslant x_2 \leqslant 2.60(\text{rad})$$
$$0.700 \leqslant x_3 \leqslant 1.30(\text{rad})$$
$$0.38 \leqslant x_4 \leqslant 0.656(\text{rad})$$

由于本工程不对心墙进行优化，该工程主要考虑的性态约束为

满蓄水位时，下游坝坡稳定性满足规范要有

$$F_S(\boldsymbol{X}) \geqslant [F] = 1.40$$

水位骤降时，上游坝坡稳定性满足规范要有

$$F_S(\boldsymbol{X}) \geqslant [F] = 1.20$$

坝体在荷载作用下有较好的工作性态，不发生塑性剪切破坏，即

$$S_L < 1.0$$

心墙不出现水力劈裂现象，即

$$\frac{\sigma_1}{\gamma h} > 1.0$$

(2) 最优设计方案的求解。结构分析时土石料本构关系采用邓肯 $E-\mu$ 模型，分级加荷模拟施工过程，心墙与过渡料之间设置 Goodman 接触单元，以反映相互间的变形，坝坡稳定分析用瑞典圆弧法。坝体材料非线性参数见表 12-19。坝体材料渗流及稳定用参数见表 12-20。

表 12-19　　坝体材料非线性参数

材料	参数									
	γ /(t/m³)	φ /(°)	c /(t/m²)	R_f	K	n	G	F	D	K_{ur}
堆石	2.21	42	0	0.75	994	0.34	0.35	0.15	7	1192.8
	1.27	40	0	0.75	795	0.34	0.35	0.15	7	954.2
任意料	2.13	38	0	0.75	680	0.58	0.40	0.13	5	876
	1.26	36	0	0.75	544	0.58	0.40	0.13	5	652.8
过渡区	2.23	42	0	0.85	999	0.35	0.31	0.10	5	1198.8
	1.29	40	0	0.85	799	0.35	0.31	0.10	5	959.0
接触面		34	0	0.95	4800	0.53				
		32	0	0.95	4000	0.50				
心墙	1.91	25	10	0.80	420	0.50	0.45	0.20	2	504

表 12-20　　坝体材料渗流及稳定用参数

材料	参数							
	$\gamma_{干}$ /(t/m³)	$\gamma_{饱}$ /(t/m³)	$\gamma_{湿}$ /(t/m³)	水下		水上		k/(m/s)
				φ/(°)	c/(t/m²)	φ/(°)	c/(t/m²)	
堆石	1.27	2.27	2.22	40	0	42	0	3.2×10^{-6}
任意料	1.26	2.26	2.13	36	0	38	10	3.2×10^{-6}
心墙黏土	1.09	2.09	1.91	23	5	25	10	1.2×10^{-6}

初设点取为 $[\boldsymbol{X}]^{(0)}=[2.6329, 2.302, 0.866, 0.5586]^{T}$(rad)。相应的造价为 $F=2.77\times10^{4}$。优化中的迭代 48 次时收敛，得到设计变量为 $[\boldsymbol{X}]^{*}=[2.5897, 2.1242, 0.8217, 0.5730]^{T}$(rad)，目标函数为 $F^{*}=2.59\times10^{4}$，工程造价比初设方案降低了 6.95%。优化后，初设方案与优化方案对比如图 12－33 所示。优化后，坝体竖向位移最大值为 0.83m，为坝高的 0.65%；坝体内各部位最大应力水平小于 1.0；心墙不会发生水力劈裂，各工况下坝坡稳定安全系数满足规范要求。其中，水位骤降工况下上游坝坡的最小稳定安全系数为 1.206，正常水位工况下下游坝坡的最小稳定安全系数为 1.403，以上两个安全系数非常接近规范规定的安全系数，因此，可以认为优化后得到的设计变量为最优设计变量。

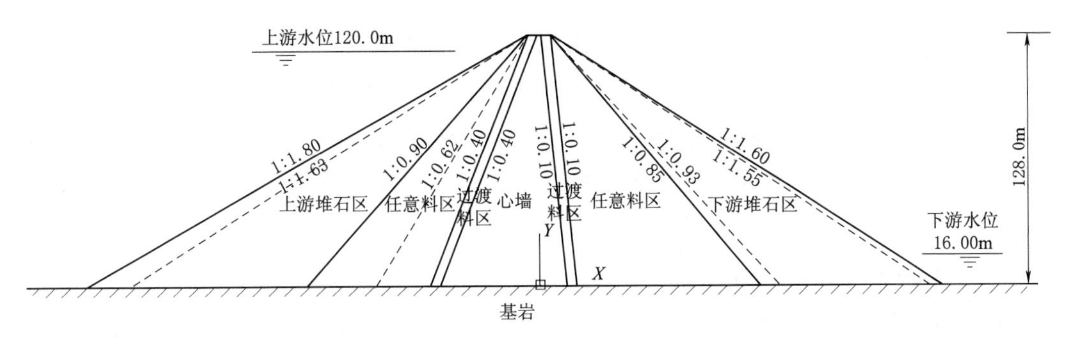

图 12－33　心墙堆石坝初设方案与优化方案坝体断面对比图

12.3.3　土石坝广义模糊优化设计

实际上，土石坝设计、建造及运行过程中存在着大量随机性和模糊性等不确定性因素，如设计的优劣标准、荷载、设计参数、计算模型、材料强度及物理量的允许区间范围，结构的刚度、稳定性、频率等因素，它们既具有随机性，又具有模糊性，而这些因素又直接影响着结构的安全性和经济性。在进行土石坝结构设计中通常考虑的不确定性因素主要包括大坝上下游水位的随机性；地震烈度及场地等级划分的不确定性；岩土地基或筑坝材料参数的随机性；土石坝稳定分析和应力应变分析的计算模型的不确定性；土石坝结构设计中的允许应力、允许位移、尺寸限制、频率禁区的模糊性；土石坝的坝料分区、刚度、稳定性等要求都存在模糊性。

前文描述的土石坝断面优化设计，没有考虑土石坝结构设计中的众多物理量的边界具有的中间过渡性，称为普通优化设计或确定性优化设计。如果仅考虑约束允许范围的模糊性，从而得到土石坝模糊优化设计模型，称之为土石坝的普通模糊约束优化设计。同时考虑土石坝优化模型中的约束允许范围、约束函数和目标函数的模糊性，则称为土石坝广义模糊约束优化设计。

1. 土石坝广义模糊约束优化设计数学模型

根据土石坝断面确定性优化模型，建立土石坝广义模糊约束设计优化数学模型。

$$\begin{cases}\text{find } \boldsymbol{X}=[x_1,x_2,\cdots,x_n]\\ \min f(\boldsymbol{X})\\ \text{s.t. } g_m(\tilde{\boldsymbol{X}})\subset G_m \quad (m=1,2,\cdots,M)\end{cases}$$

广义模糊优化模型中，目标函数仍然采用工程造价最低为目标函数，同时考虑价格比系数及坝料分界线的模糊性，并考虑设计变量尺寸限制边界的模糊性。约束函数 $g_m(\tilde{X})$ 和约束允许区间 G_m 包括模糊性和非模糊性因素，如考虑土石坝坝坡稳定的允许可靠指标的模糊性，土石坝坝体或坝基允许渗透坡降 J 的模糊性以及土石坝坝料价格比系数的模糊性等。当然，普通约束函数和普通约束允许区间可以看作模糊约束函数和模糊约束条件特殊型式。在实际应用过程中，根据具体的坝型（心墙坝或面板坝）和不同的分析方法（静力分析或动力分析）选取不同的约束条件。

上式中不仅目标函数具有模糊性，而且约束函数的物理量及其取值允许范围具有模糊性，故称为广义模糊约束优化设计问题。若完全不考虑各个量的模糊性，则广义模糊约束优化模型退化为常规的优化设计模型。

2. 隶属函数的选取

在土石坝的广义模糊优化问题中，由于各模糊量的隶属函数特征研究尚不充分，基于已有的部分理论研究成果，采用斜线型隶属函数进行分析是可行的。模糊量的隶属函数的斜线表达式主要有降半梯形分布、升半梯形分布和梯形分布几种形式。

基于已有经验，材料分区线倾角 x_i（设计变量）的隶属函数可采用梯形分布；坝坡稳定安全系数或可靠指标的隶属函数形式可用升半梯形分布；应力水平的隶属函数采用降半梯形分布；最大主应力 σ_1 或面板主应力的隶属函数为降半梯形分布；坝体沉降 V 的隶属函数为降半梯形分布。

在进行土石坝断面的优化设计时，应根据工程实例进行具体分析，选择目标函数、设计变量和约束条件中的模糊性因素及其隶属函数。

3. 土石坝广义模糊优化模型约束的解法

上述所表达的广义模糊约束优化问题，采用满足度解法求解。即先将广义模糊约束优化问题转化为普通模糊约束的优化问题，然后用“水平截集解法”求出一列 λ -水平的最优解。对求解得到的一系列优化解，可以进一步用一维搜索法求最优设防水平和最满意方案。

4. 土石坝模糊广义优化设计案例

(1) 基本资料。某混凝土面板坝最大坝高 129.0m，坝顶高程 2010.00m，正常蓄水位高程 2005.00m。大坝为Ⅰ级建筑物，坝基良好坝料计算数见表 12-21。面板混凝土弹性模量 E 为 2.5×10^7kPa，泊松比 μ 为 0.17，容重 γ 为 24.0kN/m^3。

表 12-21 坝料计算数

材料	计算数											
	γ /(kN/m³)	C	φ /(°)	φ_0 /(°)	$\Delta\varphi$ /(°)	K	n	K_{ur}	N_{ur}	R_f	K_b	m
垫层料	22.0	0	42	55	12.0	1000	0.32	2100	0.32	0.60	660	0.30
堆石料	21.5	0	41	54	12.0	1000	0.32	2100	0.32	0.66	630	0.30
砂石料	22.0	0	40	53	10.7	900	0.50	1890	0.50	0.77	500	0.40
强风化料	21.0	0	39	50	11.3	450	0.30	950	0.50	0.65	280	0.25

（2）对应广义模糊优化模型，对相关要素概述如下：

1）设计变量取坝料分界线与水平方向的夹角，则基本设计变量 $\boldsymbol{X}=[x_1,x_2,x_3,x_4]^{\mathrm{T}}$（以弧度表示）。

2）以造价 $f(\boldsymbol{X})$ 为目标函数，并设主堆石料的价格比系数为 1.0，强风化料、垫层过渡料、砂砾料、混凝土面板的单价比系数分别为 0.7、1.2、0.9、12.5。

3）由设计院提供的几何约束条件为 $\boldsymbol{X}^{\mathrm{L}}=[2.485\quad 1.500\quad 0.785\quad 0.500]^{\mathrm{T}}$，$\boldsymbol{X}^{\mathrm{U}}=[2.554\quad 2.300\quad 1.200\quad 0.650]^{\mathrm{T}}$，初始方案为 $\boldsymbol{X}^0=[2.52\quad 1.220\quad 1.090\quad 0.530]^{\mathrm{T}}$。其中带上标 L 者表示该指标的下限，带上标 U 者表示该指标的上限。取几何约束条件中的上下容许值为模糊边界，即考虑基本变量的模糊性，其隶属函数的形式采用梯形分布，取 $d_{x_i}^{\mathrm{L}}=0.1x_i^{\mathrm{L}}$，$d_{x_i}^{\mathrm{U}}=0.1x_{x_i}^{\mathrm{U}}(i=1,2,3,4)$。

4）性态约束按照国外工程经验取坝体允许最大沉降 $[V]=H/150(\mathrm{m})$（H 为坝高，单位 m）；混凝土面板允许最大挠度 $[\delta]=H/200(\mathrm{m})$；坝体允许最大主应力 $[\sigma_1]=2\gamma H$（H 为坝高，γ 为堆石体容重）；蓄水期面板顺坡向应力 σ 满足模糊约束条件，面板应力条件 $\sigma\leqslant[\sigma]$，其隶属函数采用降半梯形分布，取 $[\sigma]=2.0\mathrm{MPa}$，并取 $d_\sigma^{\mathrm{L}}=0.1[\sigma]$；坝体的最大应力水平 SL 不超过 1.0；考虑坝坡稳定约束条件为广义模糊约束条件，坝坡稳定约束条件 $g_1(\boldsymbol{X})\subset G_1$，即约束函数 g_1 和约束允许范围 G_1 均具有模糊性。约束函数 g_1 为坝坡稳定的模糊可靠指标，其隶属函数形式采用升半梯形分布，再按国标取目标可靠指标 $\beta=3.7$，$d_\beta^{\mathrm{L}}=0.1$。在对坝坡稳定的模糊随机可靠性分析时，考虑土石料参数的模糊性和随机性，并且土石料的容重、黏聚力和内摩擦角均服从模糊正态分布，即 $\tilde{m}_{\mathrm{f}}=\bigcup\limits_{a\in[0,1]}a[U+c(a-1),U+c(1-a)]$（$U$ 为土性参数的均值，c 取均值 U 的 10%）。

设模糊随机极限状值采用三角模糊数，即

$$\bar{b}=\bigcup_{a\in[0,1]}a[0.1\times(a-1),0.1\times(1-a)]$$

土石料容重、黏聚力和内摩擦角的空间变异系数分析取 0.0058、0.0、0.095。计算中不考虑不同料区之间的土石料参数的互相关性，考虑同一料区的土石料容重、黏聚力和内摩擦角之间的相关性。

5）该广义模糊优化数学模型为

$$
\begin{cases}
\text{find } \boldsymbol{X}=[x_1,x_2,x_3,x_4]^{\mathrm{T}} \\
\underset{\sim}{\min}\, f(\boldsymbol{X}) \\
\text{s. t. } V(\boldsymbol{X}) \leqslant 0.86\text{m} \\
\qquad \delta(\boldsymbol{X}) \leqslant 0.645\text{m} \\
\qquad \sigma_1(\boldsymbol{X}) \leqslant 2.58\text{MPa} \\
\qquad SL < 1.0 \\
\qquad \sigma(\boldsymbol{X}) \underset{\sim}{\leqslant} 1.0\text{MPa} \\
\qquad g_1(\boldsymbol{X}) \subset G_1 \\
\qquad 2.485 \underset{\sim}{\leqslant} x_1 \underset{\sim}{\leqslant} 2.554 \\
\qquad 1.500 \underset{\sim}{\leqslant} x_2 \underset{\sim}{\leqslant} 2.300 \\
\qquad 0.785 \underset{\sim}{\leqslant} x_3 \underset{\sim}{\leqslant} 1.200 \\
\qquad 0.500 \underset{\sim}{\leqslant} x_4 \underset{\sim}{\leqslant} 0.650
\end{cases}
$$

（3）广义模糊优化模型求解。此模型中包含有广义模糊约束、普通模糊约束及普通约束，是一个广义模糊规划问题。采用满足度解法，将广义模糊规划问题转化为非模糊规划系列优化问题，

$$
\begin{cases}
\text{find } \boldsymbol{X}_\lambda=[x_1,x_2,x_3,x_4]_\lambda^{\mathrm{T}} \\
\underset{\sim}{\min}\, f(\lambda) \\
\text{s. t. } V(\lambda) \leqslant 0.86\ (\text{m}) \\
\qquad \delta(\lambda) \leqslant 0.645\ (\text{m}) \\
\qquad \sigma_1(\lambda) \leqslant 2.58\ (\text{MPa}) \\
\qquad SL < 1.0 \\
\qquad \sigma(\lambda) \leqslant 2.0+0.1\times 2.0\times\lambda\ (\text{MPa}) \\
\qquad \beta_1 \geqslant \lambda \\
\qquad 2.485-0.1\times 2.485\times\lambda \leqslant x_1 \leqslant 2.554+0.1\times 2.554\times\lambda \\
\qquad 1.500-0.1\times 1.500\times\lambda \leqslant x_2 \leqslant 2.300+0.1\times 2.300\times\lambda \\
\qquad 0.785-0.1\times 0.785\times\lambda \leqslant x_3 \leqslant 1.200+0.1\times 1.200\times\lambda \\
\qquad 0.500-0.1\times 0.500\times\lambda \leqslant x_4 \leqslant 0.650+0.1\times 0.650\times\lambda
\end{cases}
$$

式中 β_1——坝坡稳定的可靠指标的满足度；

λ——水平截集值（$0<\lambda<1$）。

对任一确定的 λ，此模型为普通优化问题，采用混合罚函数法进行求解。

(4) 计算结果及讨论

1) 广义模糊优化满意解。对不同的 λ 值，求解非线性规划问题得到一系列优化解 $\boldsymbol{X}^*(\lambda)$ 和相应的 $F^*(\lambda)$，具有 λ 水平的最优解见表 12-22。

表 12-22　具有 λ 水平的最优解

设计变量和目标函数	λ											初始方案
	0.01	0.1	0.2	0.3	0.4	0.5	0.6	0.7	0.8	0.9	1.0	
x_1^* (°)	141.996	141.968	141.847	142.143	142.153	142.314	143.275	143.847	143.949	143.984	144.326	144.3854
x_2^* (°)	129.731	129.731	127.829	129.719	127.827	127.884	132.890	132.887	132.440	127.260	132.061	127.1966
x_3^* (°)	68.892	72.532	74.784	73.849	73.009	67.442	74.125	74.1241	74.203	67.699	73.974	62.4524
x_4^* (°)	32.666	32.208	31.938	31.749	31.277	31.344	31.227	30.8148	30.812	30.773	30.619	30.36676
$F^*(\lambda)$	21786.2	21819.5	21844.9	22011.9	22324.3	22480.2	22798.5	22956.6	23009.1	23141.2	23262.2	24496.1

2) 广义模糊优化最满意设计方案。根据表 12-21 求得的优化解，进一步考虑求最优设防水平和最满意设计方案。取该面板坝损失期望 $E(\lambda)=a\mathrm{e}^{-(b\lambda+c)}$，由于该面板坝为Ⅰ级建筑物，按王光远院士建议应取较大的 a，b 值，较小的 c 值，本工程可取 $a=27000$，$b=5$，$c=0$，即 $E(\lambda)=27000\mathrm{e}^{-5\lambda}$。将 $\lambda-F^*(\lambda)$ 拟合成连续曲线，有

$$F(\lambda)=5276.8\lambda^4-13983\lambda^3+11731\lambda^2-1587.9\lambda+21812$$

则综合效用目标函数可表示为

$$W(\lambda)=27000\mathrm{e}^{-5\lambda}+5276.8\lambda^4-13983\lambda^3+11731\lambda^2-1587.9\lambda+21812$$

采用一维极小化方法可以求得 $\lambda^*=0.8688$，$W_\lambda^*=23318.5$，由此可以求得最满意方案为

$$\boldsymbol{X}^*=[2.51281\quad 2.24931\quad 1.21699\quad 0.53730]^{\mathrm{T}}\quad (\mathrm{rad})$$

$$\text{或}\quad \boldsymbol{X}^*=[143.97\quad 128.88\quad 69.73\quad 30.79]^{\mathrm{T}}\quad (°)$$

与最满意方案对应的该面板坝的造价 $F^*=23123.8$。

3) 结果比较分析。由表 12-21 可以看出，随着水平截集值 λ 的增大，设计变量 x_1 增大，x_4 减小，即随着约束水平的增强，优化方案的上下游坝坡逐渐变缓，与此相对应的优化方案目标函数即造价逐渐增大，这与坝坡上下游模糊可靠指标的变化规律相一致，说明坝坡稳定约束是面板坝广义模糊优化设计模型中的主要约束条件，更好地解决坝坡稳定约束问题对提高土石坝优化效果具有较大作用。初始设计方案的目标函数值 $F_{初}=24496.1$，最满意设计方案目标函数值 $F^*=23123.8$，即最满意方案比初始设计方案在造价上节省 5.6%，当 $\lambda=1.0$ 时，可以得到只考虑约束函数的模糊性而不考虑约束函数允许范围的模糊性时的优化方案。当采用常规优化方法，即不考虑约束的模糊性时，得到最优方案的造价 $F_{常}=23640.1$，常规优化方案比初始方案在造价上节省 3.5%。

12.4 胶结颗粒料坝优化设计

胶结颗粒料坝主要指胶结砂砾石坝、胶结土坝及堆石混凝土坝。

胶结砂砾石坝是 20 世纪 80 年代发展起来的一种新型筑坝技术，其特点是将少量胶凝材料、水添加到河床砂砾石或开挖废弃料等坝址附近易获得的基材中，用简易设备和工艺进行拌和，形成胶凝砂砾石料，再使用高效率的土石方运输机械和压实机械施工，填筑成体型介于碾压混凝土坝与面板堆石坝之间的一种新坝型。该筑坝技术最大限度利用河床砂砾及开挖废弃料，可减轻水利枢纽对周围环境的破坏和不利影响，施工速度快，工程造价低。是一种环保型的水工建筑物，在国外亦被称为“zero emission dam”（无污染坝）。

胶结砂砾石筑坝技术扩大了坝型选择范围，放宽了筑坝条件，丰富了以土石坝、混凝土坝、砌石坝等为主的筑坝技术体系。胶结砂砾石坝兼有堆石坝和碾压混凝土坝两种坝型优点，具有断面小、施工速度快、用料省、施工导流方便、温控简单、抗震性能好、适应较软弱地基等特点，有较高的安全可靠性和经济性，具有较强的竞争力和推广应用前景。近年来，日本、土耳其、希腊、法国、菲律宾等国家的诸多永久工程中应用了该坝型。

我国早期先后在福建洪口、云南功果桥、大华桥、贵州沙沱、四川飞仙关等工程的围堰临时工程中应用该筑坝技术，取得了一定的实践经验。随着国内对该坝型相关研究的投入持续增加，从胶结砂砾石料的基本特性、耐久性、静动力本构、结构计算分析、防渗体系、施工设备、施工工艺等方面，对胶凝砂砾石筑坝技术进行了较为系统的研究，取得了系列重要成果。工程应用也从早期的临时性工程向永久性工程方向发展。2015 年我国第一座高度超过 50m 的胶结砂砾石坝永久工程试验坝——山西守口堡大坝（图 12 - 34）开工建设，大坝坝顶长 354m，最大坝高 61.6m，坝顶宽 6m，2023 年 9 月 16 日，山西省重点水利工程项目守口堡胶结砂砾石大坝正式下闸蓄水，标志着我国首座胶结砂砾石水库建成并投入试运行。

图 12 - 34 守口堡胶结砂砾石大坝

随后，我国胶结砂砾石永久性工程应用逐渐增加。2016 年完工的四川顺江堰溢流坝（图 12 - 35，坝高 14.1m），成为我国建成了第一座胶凝砂砾石坝永久工程。2021

年6月，四川金鸡沟水库枢纽胶结砂砾石大坝（图12-36）完工，最大坝高33m、坝顶长72m。

图12-35 顺江堰溢流坝

图12-36 金鸡沟水库枢纽胶结砂砾石大坝

地处贵州黔东南苗族侗族自治州雷山县的西江水库大坝，经过比较，采用胶结坝方案，就地利用开挖河床砂砾石料、坝肩料及西江旅游公路开挖弃料等胶结筑坝，做到了零弃渣，极大地减少了对景区周边自然植被的破坏，且节约投资20%。工程于2020年年初浇筑，当年6月23日遭遇过坝洪水，漫坝历时8h，工程完好无损，实现了“漫顶不溃”，该工程2021年7月完工，如图12-37所示。

图12-37 西江水库大坝

本书作者团队2017年在浙江黄岩山区河道上自行设计并建设了2座坝高3m的胶结砂砾石溢流坝工程，运行多年状态良好。基于该类新型坝的独特优势，其应用越来越广，因此进行此类大坝的优化设计研究具有重要意义。

胶结砂砾石坝结构设计的核心理念是“宜材适构，宜构适材”：一是调整坝体结构来适应材料特性而充分利用当地材料筑坝；二是考虑坝体功能分区，针对结构不同分区选择合适的材料，实现结构均匀安全度，避免超强，同时满足结构强度、防渗和抗冻等要求。为此，本节讨论两种模式的胶结颗粒料坝的断面优化设计。

12.4.1 基于高程功能分区的断面优化设计

1. 优化设计数学模型

(1) 对于中低坝，吸收已有研究成果，在兼顾快速施工的情况下，胶结砂砾石坝坝体功能分区如图12-38所示，除了在上游面布置防渗面板外，根据坝体高程不同，分别设置高、中、低三个掺量胶结砂砾石料区。

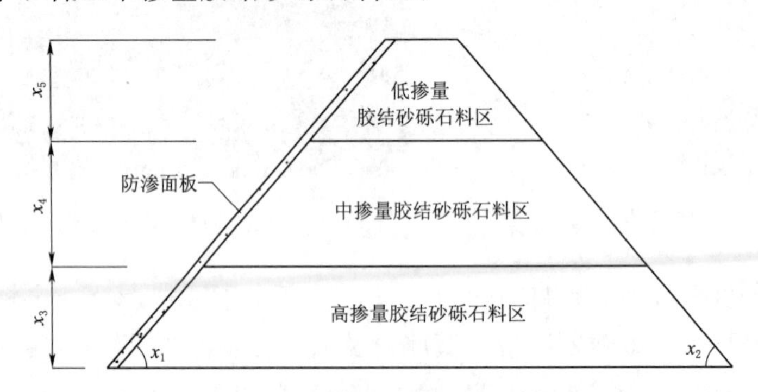

图12-38 胶结砂砾石坝坝体功能分区示意图

与其他大坝结构类似，大坝结构的高度、顶宽等依据规划及使用功能确定，作为预定参数。因此，典型胶结砂砾石坝的优化可以取上下游坝坡角 x_1、x_2 以及材料分区高度 x_3、x_4、x_5 为设计变量，有

$$\boldsymbol{X}=[x_1, x_2, x_3, x_4, x_5]^{\mathrm{T}}$$

(2) 目标函数仍选用综合造价最少为目标函数，假设高、中和低掺量胶结砂砾石料区胶凝单位综合单价分别为 c_1、c_2 和 c_3，三个分区对应面积分别为 s_1、s_2 和 s_3，则单位坝段目标函数为

$$F(\boldsymbol{X})=c_1 s_1+c_2 s_2+c_3 s_3$$

(3) 根据《胶结颗粒料筑坝技术导则》(SL 678—2014) 相关规定要求，胶结砂砾石坝约束条件包括以下几何约束与性态约束：

1) 胶结砂砾石坝非溢流坝段基本断面呈梯形，胶结砂砾石坝上游坝坡宜缓于1∶0.3，下游坝坡宜缓于1∶0.5，即

$$\begin{cases}1:1 \leqslant \tan x_1 \leqslant 1:0.3 \\ 1:1 \leqslant \tan x_2 \leqslant 1:0.5\end{cases} \tag{12-75}$$

此外，高度方向材料分区高度和不超过总坝高，即

$$x_3+x_4+x_5=H \tag{12-76}$$

2) 胶结砂砾石坝断面设计应满足坝体整体及局部稳定要求，即

$$F_s \geqslant [F_s] \tag{12-77}$$

3）施工期坝踵垂直应力应小于材料容许压应力，坝趾垂直应力不应出现拉应力，即

$$\begin{cases} \sigma_Y \leqslant [\sigma_c], & \text{坝踵位置} \\ \sigma_Y \leqslant 0, & \text{坝趾位置} \\ \sigma_1 \leqslant 0, |\sigma_3| \leqslant [\sigma_c] \end{cases} \tag{12-78}$$

4）运行期在各种荷载组合下，坝踵垂直应力不应出现拉应力，坝趾垂直应力不应出现拉应力，即

$$\begin{cases} \sigma_Y \leqslant 0, \text{坝踵和坝趾位置} \\ \sigma_1 \leqslant 0, |\sigma_3| \leqslant [\sigma_c] \end{cases} \tag{12-79}$$

式中　σ_Y——竖向应力；

σ_1、σ_3——第一主应力和第三主应力；

$[\sigma_c]$——容许压应力。

（4）优化数学模型。综上分析，静力工况下胶结颗粒料坝断面优化设计数学模型表述为：

$$\begin{cases} \text{find } \boldsymbol{X} = [x_1, x_2, \cdots, x_5]^T \\ \min F(\boldsymbol{X}) = \sum_{i=1}^{M} c_i s_i \\ \text{s.t. 式（12-75）～式（12-79）。} \end{cases}$$

2. 胶结颗粒料坝优化设计案例

（1）基本资料。某胶结砂砾石坝，坝高为52.4m，坝顶宽度为8m，初设断面形状为上、下游对称的梯形，坝坡比均为1∶0.8。蓄水期上游最大水深50.0m，下游无水。

（2）优化数学模型。根据胶结颗粒料坝功能分区的理念，此处将该坝体分为位于坝体下部的高掺量胶结砂砾石料区、位于坝体中部的中掺量胶结砂砾石料区和位于上部的低掺量料区。为简化设计过程，此次设计假定高、中、低三种掺量的胶结砂砾石料区高度保持不变，均占高程的1/3，不同区域坝料强度值及综合单价具体见优化设计模型。因此，优化设计中可变参数为上下游坡角。综合材料参数、分区材料价格以及选定的约束，此优化设计数学模型为

$$\begin{cases} \text{find } \boldsymbol{X} = [x_1, x_2]^T; \\ \min F(\boldsymbol{X}) = 100 s_1 + 80 s_2 + 60 s_3 \\ \text{s.t. } 1:1 \leqslant \tan x_1 \leqslant 1:0.3 \\ \qquad 1:1 \leqslant \tan x_2 \leqslant 1:0.5 \end{cases}$$

$$\begin{cases}\sigma_Y \leqslant 1.5\text{MPa}, & \text{坝踵位置} \\ \sigma_Y \leqslant 0, & \text{坝趾位置} \\ \sigma_1 \leqslant 0, |\sigma_3| \leqslant 1.5\text{MPa}, & \text{高掺量区} \\ \sigma_1 \leqslant 0, |\sigma_3| \leqslant 1.0\text{MPa}, & \text{中掺量区} \\ \sigma_1 \leqslant 0, |\sigma_3| \leqslant 0.65\text{MPa}, & \text{低掺量区}\end{cases} \quad \text{(施工期)}$$

$$\begin{cases}\sigma_1 \leqslant 0, |\sigma_3| \leqslant 1.5\text{MPa}, & \text{高掺量区} \\ \sigma_1 \leqslant 0, |\sigma_3| \leqslant 1.0\text{MPa}, & \text{中掺量区} \\ \sigma_1 \leqslant 0, |\sigma_3| \leqslant 0.65\text{MPa}, & \text{低掺量区}\end{cases} \quad \text{(竣工期)}$$

$$\begin{cases}\sigma_Y \leqslant 0, \text{坝踵和坝趾位置} & \\ \sigma_1 \leqslant 0, |\sigma_3| \leqslant 1.5\text{MPa}, & \text{高掺量区} \\ \sigma_1 \leqslant 0, |\sigma_3| \leqslant 1.0\text{MPa}, & \text{中掺量区} \\ \sigma_1 \leqslant 0, |\sigma_3| \leqslant 0.65\text{MPa}, & \text{低掺量区}\end{cases} \quad \text{(运行期)}$$

（3）经过优化，上游坝坡变为 1∶0.34，下游坝坡变为 1∶0.77。

12.4.2 基于上下游功能分区的断面优化设计

在 12.4.1 节针对中低坝探讨了沿高程分区进行断面优化设计的问题，随着坝高的增加，大坝坝体断面宽度方向尺寸增加较大，采用同一种胶结料建筑坝体，不同部位材料的性能将得不到较好的发挥。基于已有的结构分析研究，大坝蓄水运行期，坝体内应力从上游到下游有减小的趋势。因此，借鉴高面板堆石坝设计思想，对胶结砂砾石高坝也可以引入基于上下游功能分区的思想，并开展优化设计研究。设想的胶结砂砾石坝坝体上下游功能分区示意图如图 12-39 所示。

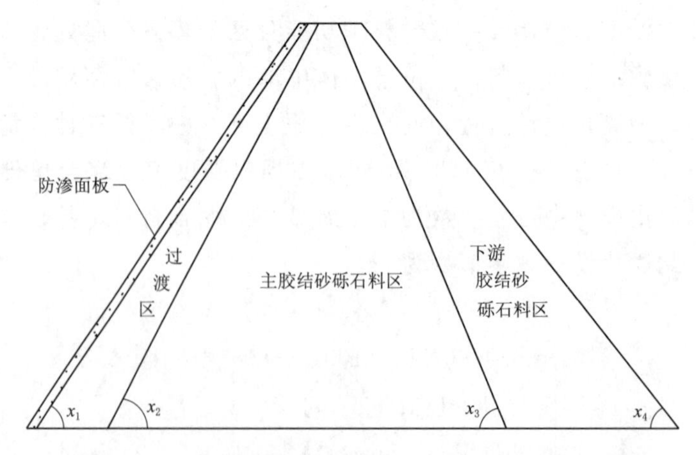

图 12-39 胶结砂砾石坝坝体上下游功能分区示意图

1. 优化设计数学模型

参照 12.4.1 节的途径，选取相应的设计变量，给定各分区材料价格或胶凝参量可建立经济性目标函数，依据规范列出相应的几何约束及性态约束，完成基于上下游功能分区的胶结砂砾石坝断面优化设计数学模型。

2. 优化设计案例

某胶结砂砾石坝高为 100m，坝顶宽度为 10m，断面形状为上、下游对称的梯形，坝坡比均为 1∶0.7。坝体断面内材料分区如图 12－37 所示。在保持原设计上下游坝坡不变基础上，即 x_1 和 x_4 不变，进行坝内料区的优化。

（1）基于给出的要求，以主胶结砂砾石料分区角度 x_2 和下游胶结砂砾石料分区角度 x_3 为设计变量，即 $\boldsymbol{X}=[x_2, x_3]^T$

（2）确定过渡区胶结砂砾石料区胶凝掺量为 140kg/m^3，对应面积为 A_1；主胶结砂砾石料区胶凝掺量为 120kg/m^3，对应面积为 A_2；下游胶结砂砾石料区胶凝掺量为 100kg/m^3，对应面积为 A_3。以单位坝段内的胶凝掺量为目标函数，此时目标函数为

$$f(\boldsymbol{X})=140A_1+120A_2+100A_3$$

（3）依据规范，确定约束条件，即

$$\begin{cases} 1:1 \leqslant x_2 \leqslant 1:0.3 \\ 1:1 \leqslant x_3 \leqslant 1:0.3 \\ K \geqslant 1.10 \\ \sigma_1 \leqslant 0\text{MPa}, |\sigma_3| \leqslant 2.0\text{MPa}, \text{过渡区} \\ \sigma_1 \leqslant 0\text{MPa}, |\sigma_3| \leqslant 1.5\text{MPa}, \text{主胶结砂砾石区} \\ \sigma_1 \leqslant 0\text{MPa}, |\sigma_3| \leqslant 1.0\text{MPa}, \text{下游胶结砂砾石料区} \\ \sigma_Y \leqslant 0.0\text{MPa}, \text{运行期坝踵位置} \end{cases}$$

（4）经过优化寻优，最优解为主胶结砂砾石料区上游分区线坡比为 1∶0.68，主胶结砂砾石料区下游分区线坡比为 1∶0.43，单位坝段内的胶凝掺量减少 2.6％。

12.5 水闸及泵站优化设计

我国地域辽阔且有复杂的地形，不同地区间的水资源分配极不均衡，供需矛盾突出，需要建设相关水利设施进行科学调配，因此催生并促进了不同类型水闸及泵站的发展。

从 20 世纪 60 年代发展至今，我国水闸、泵站工程的建设、升级改造不断推进，市场规模快速扩展。三盛公水利枢纽（图 12－40）是中华人民共和国成立以来在黄河上建设的最大的一座大型平原闸坝枢纽，称为万里黄河第一闸，枢纽工程坐落于内蒙古自治区磴口县巴彦高勒镇（原名三盛公）东南 2km 处的黄河干流上，总干渠首闸设

计引水流量 560m^3/s，年引水能力 45 亿 m^3。图 12-41 为荆江分洪闸（南闸），图 12-42 为被誉为“中国第一河口大闸”的浙江曹娥江大闸枢纽工程。

图 12-40 三盛公水利枢纽

图 12-41 荆江分洪闸（南闸）

图 12-42 曹娥江大闸枢纽工程

图 12-43 为国家南水北调东线“源头”——江都水利枢纽，工程主要由 4 座大型电力抽水站、12 座大中型水闸以及输变电工程、引排河道组成，其中江都抽水站建于 1961 年，至 1977 年建成，设计流量 400m^3/s，共装机 33 台套，装机容量 55800kW，相应抽水能力 508m^3/s，其规模是我国乃至亚洲最大的电力排灌工程。2023 年 1 月，该工程入选“人民治水·百年功绩”治水工程项目名单。

图 12-43 江都水利枢纽

图 12-44 为 2022—2023 年度获得第一批中国建设工程鲁班奖（国家优质工程）

的瓜洲泵站工程。瓜洲泵站于2016年年底开始兴建，2019年正式投入使用。该工程是目前江苏省城市圈装机容量和规模最大的城市排涝泵站，实现了主城区由被动防御到主动排涝的华丽转身。古城区古运河排涝标准提升至20年一遇，扬州城市的防洪标准提升至100年一遇。

图12-44 瓜洲泵站

水闸及泵站工程在水资源区域调度、防洪抗旱、农田灌溉和城乡供水等方面发挥着重要作用。随着经济建设的快速发展，我国建设了大量水闸、泵站工程。据统计，截至2021年年底，我国已建成流量为5m^3/s及以上的水闸100321座，其中大型水闸923座，分洪闸8193座，排（退）水闸17808座，挡潮闸4955座，引水闸13796座，节制闸55569座；建成各类装机流量1m^3/s或装机功率50kW以上泵站93699处，其中大型泵站444处，中型泵站4439处，小型泵站88816处。

今后，水闸、泵站工程建设必须符合绿色、节能、环保的水利开发理念要求，因此有必要寻求更加安全、经济的水闸及泵站结构型式以及设计理论、设计方法。因此，探索此类结构的优化设计具有重要意义。本书作者团队开展了江苏境内60余座水闸工程、40余座泵站工程的现状调研，并对近20座水闸、泵站进行结构分析与优化设计研究。

12.5.1 水闸结构优化设计

水闸工程是一个大系统，除闸室结构，还包括岸墙、引桥、上下游翼墙、铺盖、消力池等周边建筑物，其中闸室是水闸工程的主体，其结构及基础投资占总工程的投资较大。考虑到水闸工程系统的复杂性，本节只对水闸工程闸室和基础整体结构进行优化设计研究，并给出案例。

1. 水闸结构优化设计数学模型

（1）设计变量。根据闸室的结构特点及影响闸室受力和稳定的主要因素，同时考虑闸室和基础相互作用的机理，确定闸室和基础的关键几何尺寸为设计变量。不同结构型式，设计变量的数目不同。一般可选取底板的厚度（x_1）、中墩厚度（x_2）、边墩厚度（x_3）、缝墩厚度（x_4）等作为设计变量，即

$$\boldsymbol{X}=[x_1,x_2,\cdots,x_n]^{\mathrm{T}}$$

（2）目标函数。水闸工程结构的造价主要取决于其总混凝土方量，还与施工等环节有关。目前水闸优化设计中一般选取闸室和基础整体结构的总造价最小为目标函

数，其中各分部钢筋混凝土结构造价按综合单价计算，其表达式为

$$f(\boldsymbol{X})=\sum_{i=1}^{m}c_iV_i$$

式中 c_i——水闸各部分结构材料综合单价；

V_i——水闸各部分结构的体积。

（3）约束条件。水闸结构优化设计通常考虑以下约束条件：

1）几何尺寸约束：根据工程经验，底板厚度取闸孔净宽的1/8～1/5，闸墩厚度需满足构造要求。

2）地基承载力约束：闸室平均基底应力不大于地基允许承载力，最大基底应力不大于地基允许承载力的1.2倍，闸室基底应力的最大值和最小值之比不大于规范规定的允许值。

3）抗滑稳定约束：闸室的抗滑稳定安全系数不小于规范规定的允许值。

4）结构强度约束：闸室和基础结构的最大压应力不超过混凝土的轴心抗压强度标准值，最大拉应力不超过钢筋混凝土的抗拉强度。考虑截面配筋作用，根据一般的实际工程经验，钢筋混凝土的抗拉强度应不超过4MPa。

5）闸室沉降：闸室最大沉降不得超过规范规定的允许值15cm，最大沉降差不超过5cm。

6）渗透稳定性：闸室地基及两侧满足渗透稳定性，具体指标依据设计规范选取。

（4）水闸优化设计数学模型。依据具体工程特点，合理选取设计变量，综合确定不同部位材料综合造价并科学合理选定约束指标，即可构建其优化设计数学模型。

2. 水闸结构优化设计案例

（1）工程概况。某水闸工程等别为Ⅱ等，工程规模为大（2）型，主要建筑物级别为2级，次要建筑物级别为3级。闸身总净宽105m，每孔净宽15m，共7孔，共4块底板。闸身顺水流向长16.5m，垂直水流向长122.76m，闸底板面高程－2.50m。其中设通航孔1孔，布置于北侧，其余为泄洪孔，泄洪孔设置胸墙，胸墙底高程3.00m。工程所在区域勘探深度范围内地层为第四纪滨海相沉积层。根据土层的工程性质差异，分为11个主要工程地质层，其中第2层包含1个亚层。闸基处土质为粉砂，地基承载力较高，但抗渗性和抗冲刷能力差。由于采用天然地基作为基础持力层，为保证建筑物的抗渗安全，闸底板下采用30cm厚地下连续墙围封，墙底高程－12.00m。同时由于第（2）层重粉质砂壤土地基承载力较小，且为液化土层，为保证建筑物安全及结合建筑物总体布置，采用12％水泥土对闸身地基处理，换填高程－5.70m。

（2）换土垫层基础水闸整体结构优化设计模型：

1）设计变量。根据该闸室的结构特点及影响闸室受力和稳定的主要因素，同时考虑闸室和地基相互作用机理，选取底板的厚度（x_1）、中墩厚度（x_2）、边墩厚度（x_3）、缝墩厚度（x_4）作为设计变量，而闸墩和底板长度与防渗和上部结构布置

有关，闸孔单宽由水力计算确定，闸墩高度由上下游水位及浪高确定，垫层厚度由易液化土层厚度确定，因此定为不变参数。

2）目标函数。选取工程闸室结构的总造价最小为目标函数，其中各分部钢筋混凝土结构造价按综合单价计算，表达式为

$$f(X)=\sum_{i=1}^{3}c_iV_i$$

式中 c_1——水闸底板结构材料综合单价；

V_1——水闸底板结构的体积；

c_2——水闸闸墩结构材料综合单价；

V_2——水闸闸墩结构的体积；

c_3——水闸胸墙结构材料综合单价；

V_3——水闸胸墙结构的体积。

水闸结构不同部位材料综合单价见表12-23。

表12-23　　水闸结构不同部位材料综合单价　　单位：元/m^3

结构	底板	闸墩	胸墙
综合单价	593.3	776.4	611.2

3）约束条件。水闸优化中考虑的约束条件包括：

a. 各设计变量的几何尺寸界限。底板厚度范围 $1.88m\leqslant x_1\leqslant 3.00m$；中墩厚度范围 $1.60m\leqslant x_2\leqslant 2.30m$；边墩厚度范围 $1.00m\leqslant x_3\leqslant 1.35m$；缝墩厚度范围 $1.00m\leqslant x_4\leqslant 1.35m$。

b. 地基承载力要求。闸室平均基底应力不大于地基允许值承载力，即 $\overline{\sigma}_b\leqslant 110.00kPa$；最大基底应力不大于地基允许承载力的1.2倍，即 $\sigma_{bmax}\leqslant 132.00kPa$；基底应力的最大值和最小值之比在基本荷载组合下不大于1.50，即 $\eta\leqslant 1.50$；特殊荷载组合下不大于2.00，即 $\eta\leqslant 2.00$。

c. 抗滑稳定性要求。闸室的抗滑稳定安全系数在基本荷载组合下不小于1.30，即 $K_C\geqslant 1.30$；特殊荷载组合下不小于1.15，即 $K_C\geqslant 1.15$。

d. 闸室结构强度要求。闸室结构采用C30钢筋混凝土，C30混凝土的抗拉强度标准值为2.0MPa，轴心抗压强度标准值为20MPa。强度约束条件控制闸室内压应力不超过轴心抗压标准值20MPa，即 $\sigma_{sps}\leqslant 20.00MPa$；考虑截面配筋作用，根据一般的实际工程经验，钢筋混凝土的抗拉强度应不超过4MPa，即 $\sigma_{sts}\leqslant 4.00MPa$。

e. 闸室沉降要求。闸室最大沉降不得超过规范规定的允许值15cm，即 $s_{max}\leqslant 15.00cm$；最大沉降差不超过5cm，即 $s_{max}-s_{min}\leqslant 5.00cm$。

f. 渗透稳定性要求。该水闸结构在优化过程中不涉及防渗排水设施布置的改变，

因此，在优化模型中不将水闸的抗渗稳定性作为约束条件。

4）水闸整体结构优化数学模型。综合上述，该水闸整体结构优化数学模型表达式为

$$
\begin{cases}
\text{find } \boldsymbol{X}=[x_1,x_2,x_3,x_4]^{\mathrm{T}} \\
\min f(\boldsymbol{X})=\sum_{i=1}^{3} c_i V_i \\
\text{s.t.} \quad 1.88\text{m}\leqslant x_1\leqslant 3.00\text{m} \\
\qquad 1.60\text{m}\leqslant x_2\leqslant 2.30\text{m} \\
\qquad 1.00\text{m}\leqslant x_3\leqslant 1.35\text{m} \\
\qquad 1.00\text{m}\leqslant x_4\leqslant 1.35\text{m} \\
\qquad s_{\max}\leqslant 15.00\text{cm} \\
\qquad s_{\max}-s_{\min}\leqslant 5.00\text{cm} \\
\qquad K_C\geqslant 1.30 \text{ 或 } 1.15 \\
\qquad \sigma_{\text{bmax}}\leqslant 132.00\text{kPa} \\
\qquad \bar{\sigma}_{\text{b}}\leqslant 110.00\text{kPa} \\
\qquad \eta=\dfrac{\sigma_{\max}}{\sigma_{\min}}\leqslant 1.50 \text{ 或 } 2.00 \\
\qquad \sigma_{\text{sts}}\leqslant 4.00\text{MPa} \\
\qquad \sigma_{\text{sps}}\leqslant 20.00\text{MPa}
\end{cases}
$$

（3）优化寻优及结果分析。通过寻优计算得到最优解，表12-24列出了原方案、优化方案及建议方案的设计变量值，表12-25列出了工程优化前后状态变量值，表12-26列出了工程优化前后不同部位体积。具体分析如下：

表12-24　　工程优化前后设计变量值　　单位：m

设计变量	x_1	x_2	x_3	x_4
原方案	2.50	2.30	1.35	1.35
优化方案	2.17	2.25	1.22	1.05
建议方案	2.15	2.25	1.20	1.10

表12-25　　工程优化前后状态变量值

方案	闸室最大拉应力/MPa	闸室最大压应力/MPa	闸室最大沉降/cm	闸室沉降差/cm	基底应力/kPa	基底应力不均匀系数η	抗滑稳定安全系数
原方案	3.83	3.86	10.12	2.15	123.47	1.34	1.58
优化方案	4.00	4.18	9.70	2.57	117.61	1.55	1.49

表 12-26　　工程优化前后不同部位体积　　单位：m^3

方案	底板	中墩	边墩	缝墩	胸墙	总和
原方案	5061.4	1258.9	518.3	1512.1	400.8	8751.5
优化方案	4307.0	1234.4	465.3	1160.4	400.8	7567.8

1）由表 12-23 可知，经优化后优化设计变量均有所减小，底板厚度 x_1 由 2.5m 变为 2.17m，减少了 13.2%，中墩厚度 x_2 由 2.3m 变为 2.25m，减少了 2.2%，边墩厚度 x_3 由 1.35m 变为 1.22m，减少了 9.6%，缝墩厚度 x_4 由 1.35m 变为 1.05m，减少了 22.2%。考虑到工程实际可行性，在优化方案的基础上，给出了满足施工要求的建议方案。

2）由表 12-24 可知，在满足各约束条件的前提下，优化设计方案与原设计方案相比，闸室最大压应力由 3.86MPa 变为 4.18MPa，增大了 7.7%，最大拉应力由 3.83MPa 变为 4.00MPa，增大了 4.5%；闸室沉降由 10.12cm 降为 9.70cm，减小了 6.9%，闸室沉降差由 2.15cm 变为 2.57cm，增加了 19.5%，最大基底应力由 123.47kPa 降为 117.61kPa，减小了 4.7%。经过优化设计后，闸室结构应力略有增大，但都在混凝土抗压强度和钢筋混凝土抗拉强度范围内，整体受力更为合理，闸室沉降差、基底应力不均匀系数有所增大，抗滑稳定安全系数减小，但均满足规范要求，基底应力和闸室沉降有所减小，说明闸室沉降和基底应力有一定的改善。

3）由表 12-25 可知，优化设计方案与原设计方案相比，底板体积减小 14.9%，中墩体积减小 1.9%，边墩体积减小 10.2%，缝墩体积减小 23.3%，闸室结构总体积减小 13.5%，闸室缝墩优化空间最大，底板和边墩优化空间较大，且优化空间相差较小，中墩优化空间最小，在同类工程设计中，可适当减小缝墩、边墩和底板的厚度。

12.5.2　泵房结构拓扑优化设计

泵房结构尺寸优化设计的建模过程与水闸基本类同，此处不再做进一步的叙述。随着材料技术及施工技术的快速发展，泵站结构不同部位使用不同材料具备了可行性。因此，在保证结构安全的前提下，尝试开展泵房结构的拓扑优化设计，进而开发设计结构更加合理，造价更为经济的泵站工程具有重要意义。本节基于拓扑优化理论，开展泵房结构拓扑优化设计。

1. 泵房结构拓扑优化的多阶段设计思想

（1）基本思想。泵房结构的安全性保证一般分为以下两个方面：一是泵房结构尺寸满足施工、水力学计算、机电设备要求等方面的界限约束；二是泵房结构各安全控制指标在规范允许范围内。本书提出的多阶段式泵房结构拓扑优化基本思路是：

1）给定初步设计，或进行通常意义下泵房结构的尺寸优化设计。

2）进行局部构件的拓扑优化。

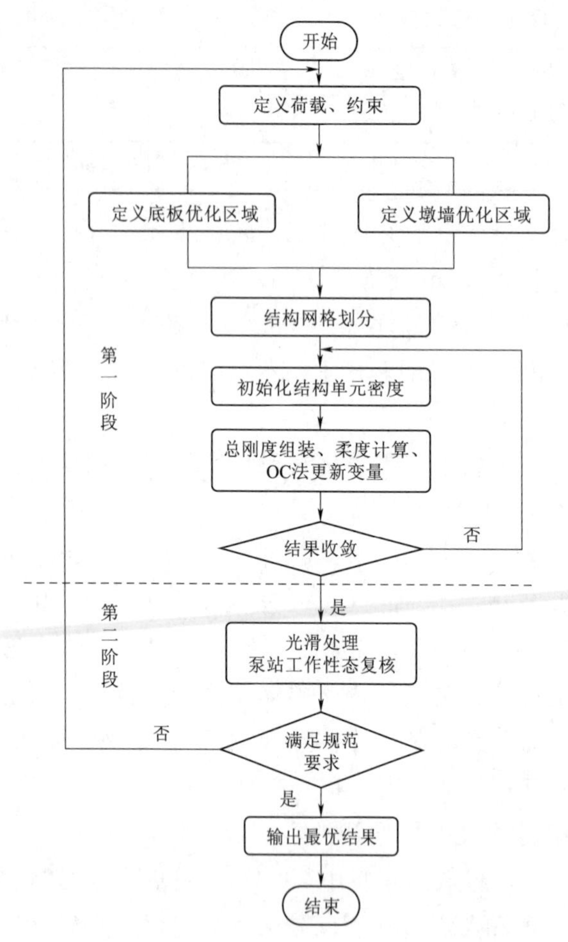

图 12-45　泵站工程两阶段优化方法流程

3）局部拓扑替代后的安全复核。

通过上述策略，一方面可以获得通常意义下的泵房优化设计方案，另一方面可有效降低拓扑优化求解的难度，泵站工程两阶段优化方法流程如图 12-45 所示。

（2）优化步骤。拓扑优化步骤如下。

1）进行传统优化设计，获得拓扑优化的初始方案。

2）进行拓扑优化，包括：①定义泵房结构的载荷、设计域、约束及材料相关属性；②对结构进行网格划分；③初始化结构单元密度 ρ，计算单元刚度矩阵 $\boldsymbol{K}_e$，组装整体刚度矩阵 $\boldsymbol{K}$；④计算目标结构整体柔度 $C(\rho)$，进行目标函数和总体积的敏度分析；⑤使用 OC 法对设计变量更新，若满足收敛条件 $|\rho^{(k+1)}-\rho^{(k)}|/\rho^{(k+1)}\leqslant 0.01$，则输出目标函数及设计变量值，否则返回步骤③循环迭代。

3）拓扑替代复核，包括：①泵房结构底板、墩墙拓扑优化形态光滑处理；②光滑拓扑区域植入整体泵房结构，构建泵房、地基整体有限元模型；③进行强度、刚度及稳定性等规范安全控制指标复核，若满足，则拓扑优化方案安全、可靠。否则返回①开始新的迭代。

2. 基于材料插值模型的拓扑优化数学模型

基于 SIMP 方法的材料插值模型，建立以结构单元密度为优化设计变量、以优化结构的柔度最小（刚度最大、应变能最小）为优化目标函数、以结构整体的体积约束为优化约束条件的泵房结构拓扑优化数学模型。优化数学模型为

$$\begin{cases}\text{find } \boldsymbol{\rho}=[\rho_1,\rho_2,\cdots,\rho_{N_e}]^{\mathrm{T}}\\ \min C(\boldsymbol{\rho})=\{\boldsymbol{U}\}^{\mathrm{T}}[\boldsymbol{K}]\{\boldsymbol{U}\}=\sum_{e=1}^{N_e}\boldsymbol{u}_e^{\mathrm{T}}\boldsymbol{k}_e\boldsymbol{u}_e\\ \text{s. t.}\begin{cases}V(\boldsymbol{\rho})/V_0=f\\ \boldsymbol{F}=\boldsymbol{KU}\\ 0\leqslant\rho_{\min}\leqslant\rho_e\leqslant 1\end{cases}\end{cases}$$

式中 $\boldsymbol{\rho}$——设计变量序列；

$C(\boldsymbol{\rho})$——结构整体柔度；

$\boldsymbol{U}$——位移向量；

$\boldsymbol{K}$——整体刚度矩阵；

$\boldsymbol{u}_e$——单元位移向量；

$\boldsymbol{k}_e$——单元刚度矩阵；

N_e——单元数；

$V(\boldsymbol{\rho})$——优化后结构体积；

f——体积系数；

V_0——结构原体积；

$\boldsymbol{F}$——载荷列向量；

n——单元数；

$\rho_{\min}$——最小密度值，一般取 10^{-3}。

对于总刚度矩阵 $\boldsymbol{K}$ 和优化结构总体积 V 的求解，首先设 x 点处的弹性模量为 $E(x)$，得出基于 SIMP 插值函数的密度-弹性关系的表达式为

$$E(x)=[\rho(x)]^p E_0, \quad \rho \geqslant 1$$

式中 $\rho(x)$——结构内 x 处的相对密度；

p——惩罚因子，一般取 $p=3$；

E_0——结构材料的弹性模量。

由单元刚度矩阵求和得总刚度矩阵为

$$\boldsymbol{K}=\sum_{e=1}^{M}\boldsymbol{K}_e=\sum_{e=1}^{M}\int_{\Omega_e}[\rho(x)]^{\mathrm{p}}\boldsymbol{B}^{\mathrm{T}}\boldsymbol{D}_0\boldsymbol{B}\,\mathrm{d}\Omega_e$$

式中 $\boldsymbol{B}$——应变矩阵；

$\boldsymbol{D}_0$——初始弹性矩阵；

Ω_e——单元所处空间区域；

M——总单元数。

进一步可得单元体积，求和得总体积为

$$V=\sum_{e=1}^{M}V_e=\sum_{e=1}^{M}\int_{\Omega_e}\rho(x)\,\mathrm{d}\Omega_e$$

C、K、V 的敏度求解为

$$\frac{\partial \boldsymbol{C}}{\partial \rho_{\mathrm{m}}}=-\boldsymbol{U}^{\mathrm{T}}\frac{\partial \boldsymbol{K}}{\partial \rho_i}\boldsymbol{U}$$

$$\frac{\partial \boldsymbol{K}}{\partial \rho_{\mathrm{m}}}=\sum_{e=1}^{M}\int_{\Omega_e}p[\rho(x)]^{p-1}N_{\mathrm{m}}\boldsymbol{B}^{\mathrm{T}}\boldsymbol{D}_0\boldsymbol{B}\,\mathrm{d}\Omega_e$$

$$\frac{\partial V}{\partial \rho_{\mathrm{m}}}=\sum_{e=1}^{M}\int_{\Omega_e}N_i\,\mathrm{d}\Omega_e$$

3. 泵房结构拓扑优化设计案例

（1）基本资料。某泵站工程等别为Ⅱ等，主要建筑物级别为 2 级，泵房结构从下至上分为水泵层、流道层、厂房三层。泵房为钢筋混凝土结构，底板采用钢筋混凝土整体浇筑，采用 C30 混凝土。泵房共分为 4 孔，单孔尺寸为 5.60m，横向宽 27.8m，纵向长 25m，底板厚 1.2m，中墩厚 1m，边墩厚 1.2m。泵房外部、内部结构示意图如图 12 - 46、图 12 - 47 所示。

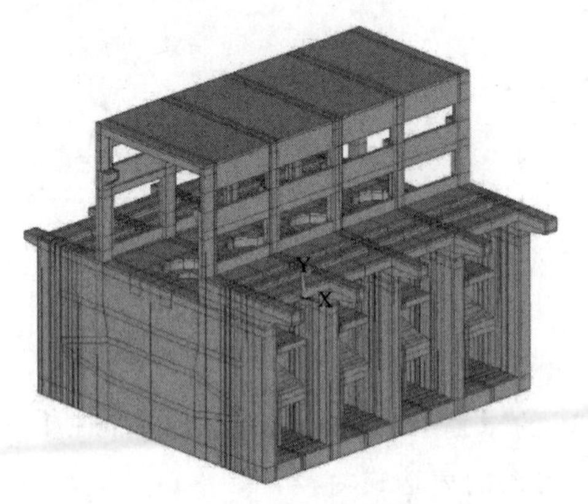

图 12 - 46 泵房外部结构示意图

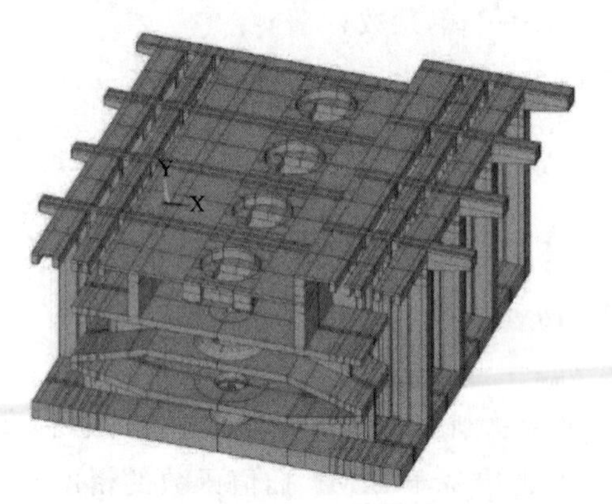

图 12 - 47 泵房内部结构示意图

（2）拓扑优化求解。采用 APDL 语言编写了整体泵房结构三维有限元模型和拓扑优化命令流，实现了泵房结构的拓扑优化设计。为提升计算效率，局部拓扑优化阶段采用简化的泵房结构模型，保留泵房结构中底板、墩墙，未建模部分如流道层、电机层部分及上部结构的自重以荷载形式作用于墩墙。底板、墩墙有限元网格如图 12 - 48 所示，底板、墩墙和地基整体有限元网格如图 12 - 49 所示。底板、墩墙结构采用六面体单元划分，单元总数为 277452 个。

图 12 - 48 底板、墩墙有限元网格

图 12 - 49 底板、墩墙和地基整体有限元网格

为实现底板及墩墙表面的挡水或挡土功能，拓扑优化中保留底板、墩墙结构表面 0.2m 范围内作为保留空间，对底板、墩墙其他区域进行拓扑优化，结构体积删除率

定为35%，伪密度定为0.8～1.0。图12-50、图12-51给出了底板、墩墙的伪密度云图，云图中呈深色伪密度值较小，云图中呈浅色伪密度值较高。如依据设定阈值删除低伪密度值区域，获得的底板拓扑形态如图12-52所示，墩墙拓扑形态如图12-53所示。经优化处理，泵房结构体积减小了13.7%。

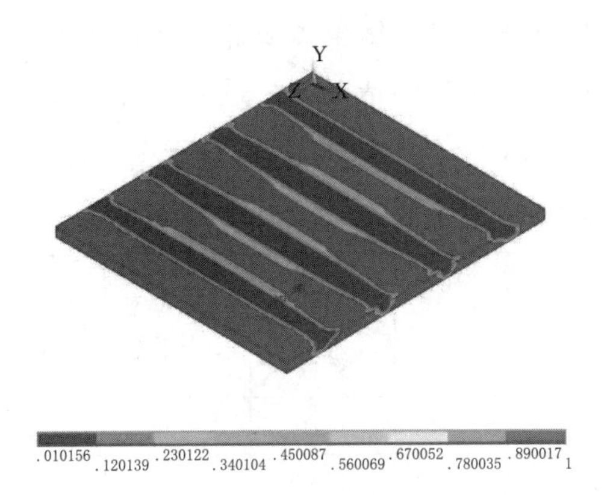

图12-50 底板伪密度云图

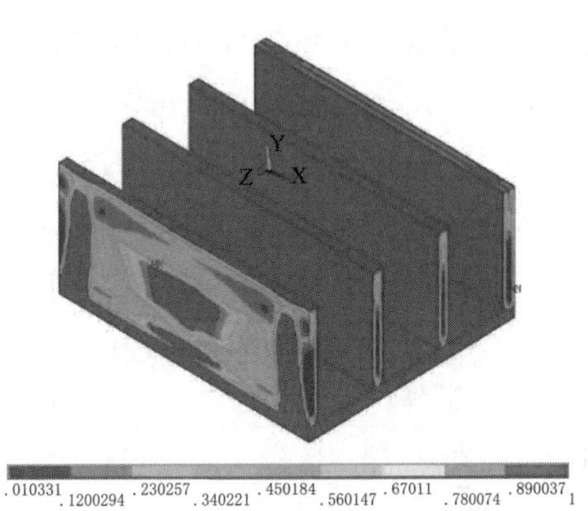

图12-51 墩墙伪密度云图

图12-52 底板拓扑形态

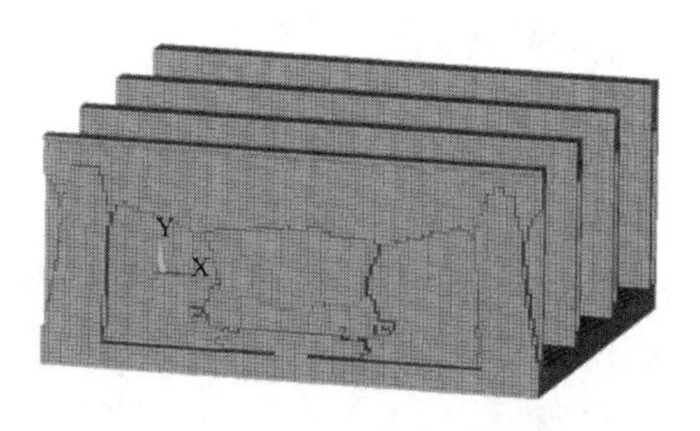

图12-53 墩墙拓扑形态

(3) 泵房结构工作性态复核。光滑处理后底板、墩墙拓扑形态如图12-54、图12-55所示。将光滑处理过的底板、墩墙与原泵房结构进行无缝对接，进行整体工作性态复核。

图12-54 光滑处理后底板拓扑形态

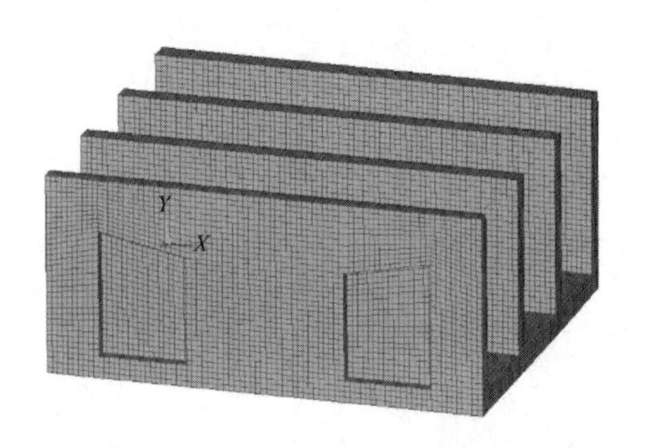

图12-55 光滑处理后墩墙拓扑形态

泵房整体结构拓扑优化结果见表12-27。由计算结果可知，经过优化设计，泵房结构应力略有增大，但均在混凝土抗压强度和钢筋混凝土抗拉强度范围内，材料性能得到充分发挥。泵房沉降及泵房沉降差有所减小，泵房的结构变形得到一定改善。基底应力小幅度减小，降低了泵房结构对地基土的要求。泵房基底应力不均匀系数有所增大，抗滑稳定安全系数减小，但均满足规范要求。以上结果表明此拓扑优化方案是安全可靠的。拓扑优化能在泵房结构几何尺寸不易变动的情况下，进一步提升优化空间，获取经济、合理的优化设计方案，为今后类似工程的设计提供有益参考。

表12-27　泵房整体结构拓扑优化结果

方案	泵房最大拉应力/MPa	泵房最大压应力/MPa	泵房最大沉降/cm	泵房沉降差/cm	最大基底应力/kPa	基底应力不均匀系数	抗滑稳定安全系数	总体积/m^3
优化前	2.84	3.78	7.11	1.85	260.51	1.70	1.60	3686.9
优化后	2.99	4.31	6.36	1.77	242.64	1.83	1.65	3180.1

第 13 章

风电机组结构优化设计

“碳达峰、碳中和”战略目标的提出和实施，为可再生能源产业和低碳经济建设提供了更多的机遇和挑战。风能作为一种清洁可再生能源，已成为我国新能源发展的重要方向。风能利用的装置是风力发电机组，主要由风轮系统、传动系统、支撑系统、辅助系统、控制系统等组成。目前风力发电已呈现出大型化（达到兆瓦级甚至十兆瓦级）、海洋化（从陆地扩展至海上）、智能化（辅以智能化结构、材料和控制策略）、数字化（精准预测和实时感知调控）等趋势，对风电降本增效及风力机结构体系的安全经济提出了更高的要求。

本章重点介绍风力机叶片、传动系统、塔架等核心部件的结构优化设计问题。

13.1 风力机叶片优化设计

叶片是风电机组的核心零部件，提高叶片研发水平不仅可以提高风能利用效率，还能使风电机组的整体性能得到改善，从而实现风电的进一步降本增效。

图 13－1 给出了现代风力机叶片和早期风力机叶片的对比。早期风力机叶片一般采用 NACA 系列翼型，这些翼型的升阻比较低，失速时气动性能不稳定，而现代风力机叶片则采用专门为风力机设计的 DU、NREL 等系列翼型，能得到更为合理的叶片气动外形。此外，早期叶片一般采用简单的悬臂梁结构，结构较为刚性，需承受较大的弯矩和剪力，结构设计时主要考虑叶片的强度和重量，而现代风力机叶片则需要有

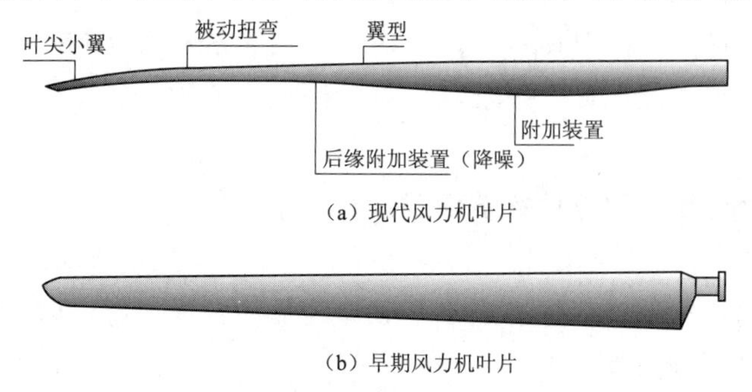

图 13－1　现代风力机叶片和早期风力机叶片对比示意图

效减小弯矩和剪力，提高叶片的挥舞和摆振刚度，综合考虑叶片的重量、强度、刚度、振动、疲劳等多个性能指标。图 13－2 为现代风力机叶片实例。

图 13－2　现代风力机叶片实例

目前大多叶片设计仍然将气动设计和结构设计分开进行，不能充分考虑叶片的气动弹性耦合效应，有效降低叶片的重量和载荷。

风力机叶片优化设计涉及复杂的寻优搜索过程，须满足多项技术指标，其中某些指标之间会互相制约，因此优化设计技术对于提高风力机叶片的经济性、安全性和适用性十分重要。同时考虑气动外形和结构两方面对风力机叶片进行一体化整体最优体型设计已成业内共识和追求的目标。

本节着重讨论叶片气动外形优化设计、结构优化设计以及气动-结构一体化的整体最优体型设计。

13.1.1　叶片气动外形优化设计

气动外形优化设计是指叶片外表面最优几何形状的选择，它是由翼型族、弦长、扭角和相对厚度的分布来定义的。叶片气动外形优化设计包括翼型优化、弦长优化、扭角优化、翼型布置位置优化、叶片长度优化等。

传统设计的缺点是需事先确定设计叶尖速比、叶片安装角等参数，要得到合适的设计结果，需要人为试验，并且没有考虑实际风速的概率分布，因而不能使所设计风力机的年能量输出最大。同时传统设计所设计的叶片往往需大幅修正，而修正后的叶片已经偏离了设计点，使设计效果难以控制。因此有必要借助现代设计手段设计出最佳的叶片气动性能。

（1）叶片气动外形优化设计数学模型：

1）设计变量。叶片的气动外形主要由翼型、弦长和扭角所决定，当选定使用的翼型系列之后，需要根据设计目标确定每个截面的最佳弦长、扭角以及翼型布置位置。

因此设计变量可表示为

$$\boldsymbol{X}=[x_{C1},x_{C2},\cdots,x_{Cn},x_{\beta1},x_{\beta2},\cdots,x_{\beta n},x_{p1},x_{p2},\cdots,x_{pm}]^{\mathrm{T}} \tag{13-1}$$

式中 $x_{Ci}(i=1,2,\cdots,n)$——第 i 个截面的弦长；

$x_{\beta i}(i=1,2,\cdots,n)$——第 i 个截面的扭角；

$x_{pi}(i=1,2,\cdots,m)$——第 i 个翼型的布置位置。

2）目标函数。叶片气动外形设计目标一般为年发电量最大或单位输出能量成本最小。年发电量等于年平均功率和年总时间的乘积，单位输出能量成本等于成本与年发电量的比值，具体可表示为

$$F(\boldsymbol{X})=\max AEP=\sum_{i=1}^{N-1}\frac{1}{2}[P(v_i)+P(v_{i+1})]\times f(v_i<v_0<v_{i+1})\times 8760 \tag{13-2}$$

或

$$F(\boldsymbol{X})=\min\frac{Cost}{AEP} \tag{13-3}$$

式中 AEP——年发电量；

P——输出功率；

v——风速，$f(v_i<v_0<v_{i+1})$ 为风速的 Weibull 分布概率；

$Cost$——叶片成本。

3）约束条件。设计变量应满足的约束方程为

$$\begin{cases}X_{Ci}^{L}\leqslant x_{Ci}\leqslant X_{Ci}^{U}\\ X_{\beta i}^{L}\leqslant x_{\beta i}\leqslant X_{\beta i}^{U}\\ X_{pi}^{L}\leqslant x_{pi}\leqslant X_{pi}^{U}\end{cases} \tag{13-4}$$

带 U、L 上标的参数分别为设计变量对应的上、下限。

此外，为了保证叶片主要功率输出段表面的光滑性，需对弦长和扭角加以限制，可将它们定义为按贝塞尔曲线分布，如图 13-3 所示。

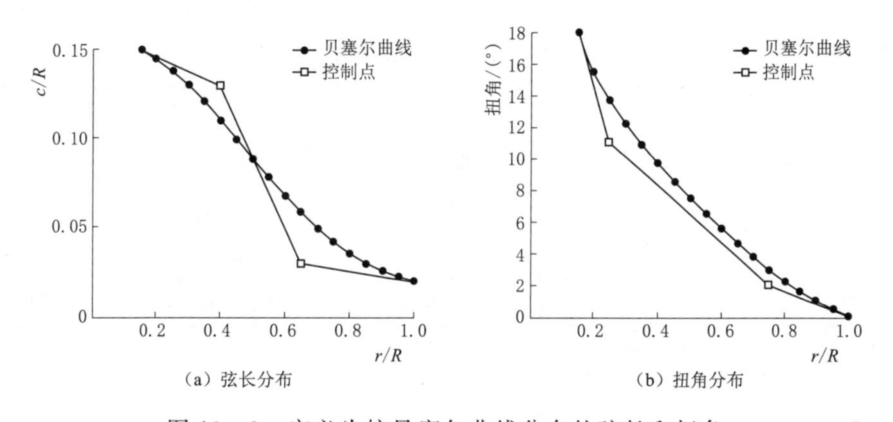

图 13-3 定义为按贝塞尔曲线分布的弦长和扭角

根据上述优化设计数学模型，结合之前介绍的优化设计方法，就可对叶片气动外

形进行优化设计研究。

(2) 优化设计实例。以下以弦长、扭角以及翼型布置位置为设计变量，以年发电量最大为目标函数，对某 1.5MW 风力机叶片进行气动外形优化设计。

1) 设计参数。风轮、风况基本参数见表 13-1。

表 13-1　风轮、风况基本参数值

参　数	数值	参　数	数值
风轮直径/m	76	风轮转速/(r/min)	19
叶片数	3	切入风速/(m/s)	4
翼型系列	DU、NACA	切出风速/(m/s)	25
轮毂直径/m	3	空气密度/(kg/m^3)	1.225
轮毂高度/m	75	Weibull 形状参数	1.91
额定风速/(m/s)	12	Weibull 尺度参数/(m/s)	6.8
额定功率/MW	1.5		

优化算法采用粒子群算法，其基本参数选取如下：种群大小为 100，迭代次数为 500，最小惯性权重为 0.4，最大惯性权重为 0.9。

2) 优化结果。年发电量对比见表 13-2。优化之后，叶片发电量增长为 0.188GWh/a，即增长 5.97%。

表 13-2　年发电量对比

参数	原设计	优化设计
年发电量/(GWh/a)	3.148	3.336

原设计方案与优化设计方案的叶片弦长、扭角对比见表 13-3。

表 13-3　叶片弦长、扭角对比

半径 r/m	弦长 $C(r)$/m		扭角 $\beta(r)$/(°)	
	原设计	优化设计	原设计	优化设计
2.035	2	1.91	3.73	11.80
4.921	2.703	2.53	6.83	11.80
7.807	3.08	2.97	7.38	11.80
10.693	2.82	2.95	5.32	8.23
13.616	2.53	2.78	3.77	5.11
16.539	2.3	2.58	2.58	3.26
19.462	2.12	2.35	1.63	2.15

续表

半径 r/m	弦长 $C(r)$/m		扭角 $\beta(r)$/(°)	
	原设计	优化设计	原设计	优化设计
22.385	1.98	2.15	0.86	1.47
25.308	1.84	1.93	0.22	0.67
28.231	1.73	1.75	−0.31	0.10
31.154	1.64	1.57	−0.77	−0.58
34.077	1.56	1.43	−0.49	−1.02

将表13-3中弦长与扭角数据做成图13-4与图13-5。由图可见，优化叶片的弦长在最大弦长区域略有减小，在主要功率输出段域明显增大，在叶尖区域又有所减小。优化叶片的扭角在叶根区域差别较大，在叶片中段与叶尖则变化较小。

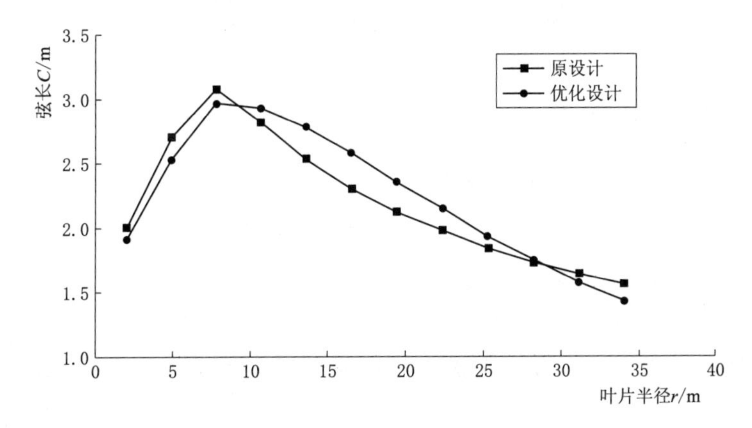

图13-4　叶片弦长对比

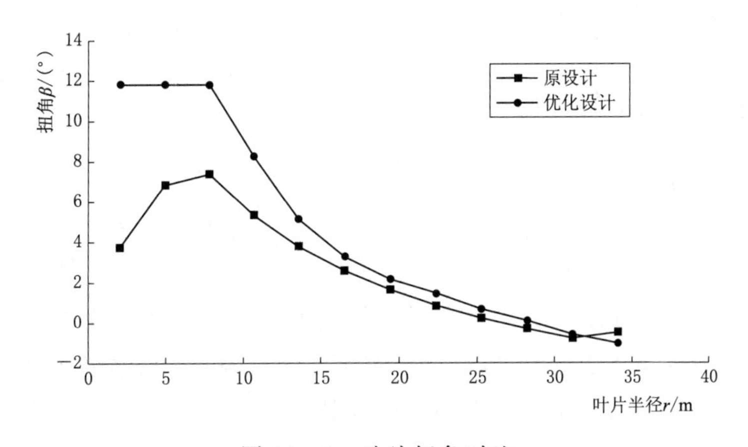

图13-5　叶片扭角对比

图13-6为叶片风能利用系数对比图。从图13-6中可以看到，优化叶片在低风速下的功率利用系数显著增大，超过额定风速后也略有增大，这说明优化设计叶片具

有良好的启动性能，并且更大限度地利用了风能资源。

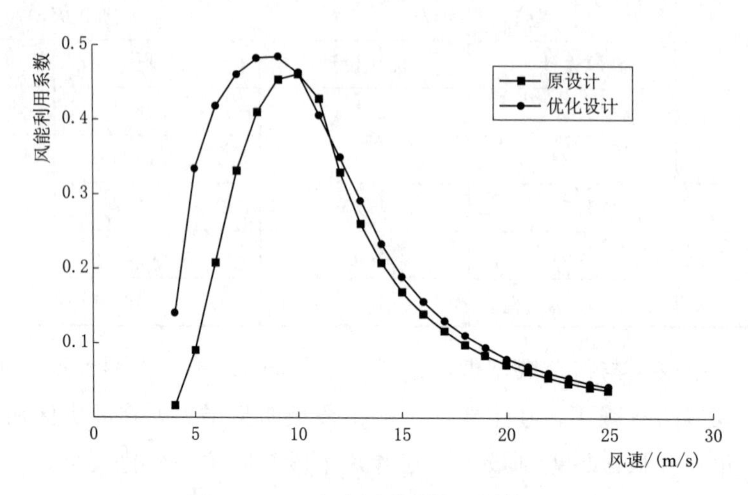

图 13－6　叶片风能利用系数对比

13.1.2　叶片结构优化设计

结构优化设计是指叶片截面最优几何形式的选择，它主要是由剖面结构形式、叶片材料以及材料铺层来定义的。叶片结构优化设计包括剖面结构形式优化、叶片材料优化、铺层优化、叶根连接形式优化等。

(1) 叶片结构优化设计数学模型。

1) 设计变量。图 13－7 为一典型的叶片剖面结构型式。由主梁、腹板、前缘与后缘组成。前缘、后缘和腹板一般采用夹芯结构，由玻璃纤维织物与夹芯材料铺设而成，而主梁主要由单向布带铺设而成。

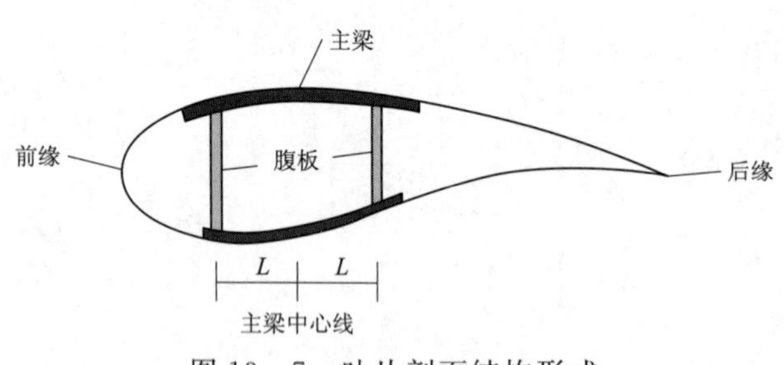

图 13－7　叶片剖面结构形式

其中主梁是叶片的主要承力结构，承载大部分的弯曲载荷，腹板则主要承担叶片挥舞方向的剪切载荷与扭转载荷，主梁几何尺寸、铺层以及腹板布置位置对叶片结构性态有重要影响。因此以上几个参数是叶片结构优化设计的主要设计变量，包括材料类型、主梁宽度、主梁复合材料铺层厚度、铺层角度、铺层位置以及腹板布置位置等，具体可表示为

$$\boldsymbol{X}=[x_{LN1},x_{LN2},\cdots,x_{LNl},x_{LP1},x_{LP2},\cdots,x_{LPm},\cdots$$
$$x_{LA1},x_{LA2},\cdots,x_{LAn},x_{MT1},x_{MT2},\cdots,x_{MTr},x_{SW},x_{WP}]^{\mathrm{T}} \quad (13-5)$$

式中　x_{LN}——材料铺层数；

x_{LP}——材料铺层位置；

x_{LA}——材料铺层角度；

x_{MT}——材料类型；

x_{SW}——主梁宽度；

x_{WP}——腹板布置位置。

2）目标函数。通过减少材料用量来减轻叶片重量是叶片结构优化设计的其中一个目的，即

$$\min F(\boldsymbol{X}) = mass = \sum_i \rho_i V_i \tag{13-6}$$

式中 $mass$——叶片质量；

ρ_i——第 i 种材料的密度；

V_i——第 i 种材料的体积。

通过合理地调整叶片截面形式及材料铺层使叶片自振频率最大，以此来避免共振是叶片结构优化设计的另一个目的，即

$$\max F(\boldsymbol{X}) = F_{叶片} \tag{13-7}$$

式中 $F_{叶片}$——叶片自振频率。

此外，成本最小也是叶片结构设计所追求的目标，即

$$F(\boldsymbol{X}) = \min Cost = \sum_{i=1}^{n} \omega_i f(i) \tag{13-8}$$

式中 ω_i——第 i 种材料的权重系数；

$f(i)$——第 i 种材料的成本。

3）约束条件。叶片在进行结构优化设计时应满足强度、刚度、稳定性、振动性能以及疲劳性能等方面的要求。

强度方面，为了保证叶片不发生破坏，叶片在载荷作用下产生的最大应力、应变不能超过材料的破坏极限，即

$$\begin{cases} \sigma_{\max} \leqslant \sigma_{\mathrm{d}} / \gamma_{S1} \\ \varepsilon_{\max} \leqslant \varepsilon_{\mathrm{d}} / \gamma_{S2} \end{cases} \tag{13-9}$$

式中 $\sigma_{\max}$、$\varepsilon_{\max}$——叶片最大应力与应变；

σ_{d}、ε_{d}——叶片的设计应力与应变；

γ_{S1}、γ_{S2}——对应的安全系数。

刚度方面，为了避免叶片与塔架发生碰撞，要限制叶片在载荷作用下的极限变形。德国劳氏船级社（Germanischer Lloyd，GL）规范规定极限运行载荷下的准静态叶尖位移不能超过塔筒与叶尖无位移时间隙的50%；国际电工委员会（International Electrotechnical Commission，IEC）标准则要求当极限载荷乘以载荷和材料的综合局部安全系数后，叶片与塔架的最小距离在安全净空范围内。根据GL对风力机叶片的认证技

术要求：如果进行静态或准静态分析，则对风轮运行时的所有载荷情况，其最小间隙应保持为未变形结构间隙的50%；对风轮静止时的载荷情况，其最小间隙应为未变形结构间隙的5%。如经动态或气动弹性变形分析，则其最小间隙在风轮运行时总是保持为未变形结构间隙的30%。具体可表示为

$$d_{\max} \leqslant d_{\mathrm{d}} / \gamma_{S3} \tag{13-10}$$

式中 $d_{\max}$——叶尖最大位移；

d_{d}——叶片与塔架之间的允许间隙；

γ_{S3}——位移安全系数。

稳定性方面，叶片在设计载荷作用下不能发生屈曲失稳，即

$$\lambda \geqslant 1.0\gamma_{S4} \tag{13-11}$$

式中 λ——失稳屈曲因子；

γ_{S4}——失稳安全系数。

振动性能方面，叶片的固有频率应与风轮的激振频率错开，避免产生共振，有

$$|F_{\text{叶片}} - F_{\text{风轮}}| \geqslant \Delta \tag{13-12}$$

式中 $F_{\text{叶片}}$——叶片一阶固有频率；

$F_{\text{风轮}}$——风轮激振频率；

Δ——容许差别。

疲劳性能方面，应保证叶片安全有效运行20年。此外，设计变量还应满足叶片加工工艺的要求，如实际制造工艺的可操作性与材料铺层的连续性等。

（2）优化设计实例。以下以主梁宽度、主梁材料铺层数、铺层位置以及腹板布置位置为设计变量，以叶片质量最轻为目标函数，以叶片强度、刚度以及振动性能为约束条件，采用遗传算法与有限单元法相结合的方法对极限挥舞弯矩作用下的某1.5MW风力机叶片结构进行优化设计研究。

1）设计参数。叶片剖面结构形式如图13-7所示。主梁材料铺层如图13-8所

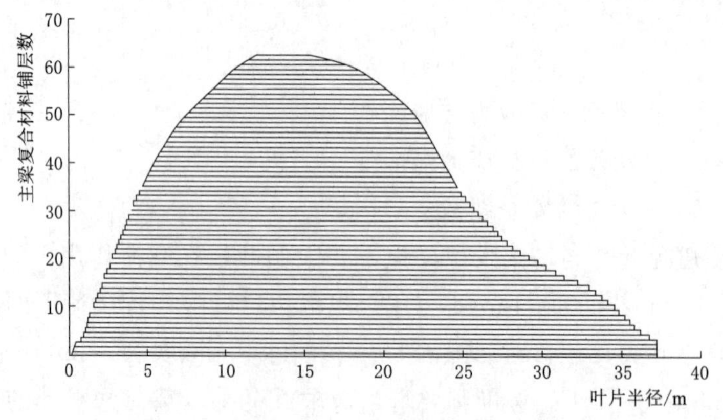

图13-8 主梁材料铺层

示，选取铺层较厚段（4.4～25.3m）进行分析，采用八个控制点对该区域铺层进行模拟。主梁参数化铺层如图 13-9 所示。图中中间四个点每个点包含两个参数，分别为材料铺层数与铺层位置，剩余四个点每个点只包含一个参数，即材料铺层数，并且规定点 4 与点 5 材料铺层数相同。加上主梁宽度与腹板布置位置，共有 13 个设计变量。设计变量与约束条件具体取值见表 13-4。

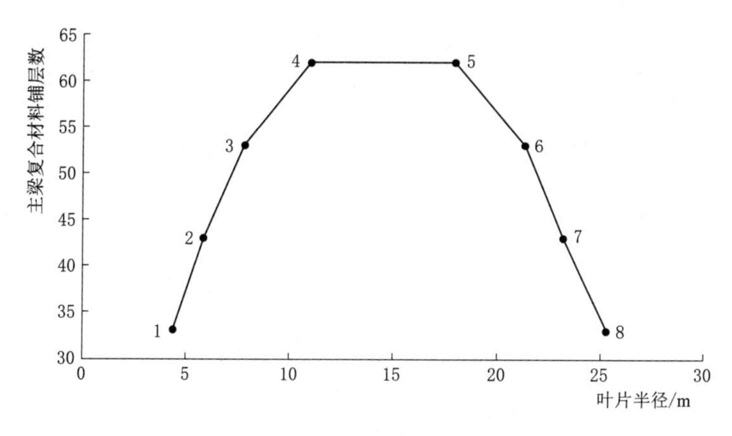

图 13-9　主梁参数化铺层

表 13-4　设计变量与约束条件具体取值

类　别	参数	下限	上限	单位
设计变量	x_{LN1}	28	38	—
	x_{LN2}	28	48	—
	x_{LN3}	33	58	—
	x_{LN4}	35	65	—
	x_{LN5}	33	55	—
	x_{LN6}	28	45	—
	x_{LN7}	28	40	—
	x_{LP1}	7.0	9.0	m
	x_{LP2}	10.0	13.0	m
	x_{LP3}	16.0	19.0	m
	x_{LP4}	20.5	22.0	m
	x_{SW}	0.13	0.25	m
	x_{WP}	0.50	0.7	m
约束条件	ε_{max}	—	5000	μ
	d_{max}	—	5.5	m
	$F_{叶片}$	≤0.94 或≥0.96		Hz

有限单元法的采用，导致整个优化过程计算时间变长，因此遗传算法中的种群大小和迭代次数设置较小，其基本参数选取如下：种群大小为 20，最大进化代数为 30，交叉概率为 0.8，变异概率为 0.01。

2）优化结果。优化前后设计变量值见表 13-5。图 13-10 为原设计方案与优化设计方案主梁材料铺层对比图。

表 13-5　　优化前后设计变量值

方案	x_{LN1}	x_{LN2}	x_{LN3}	x_{LN4}	x_{LN5}	x_{LN6}	x_{LN7}	x_{LP1}	x_{LP2}	x_{LP3}	x_{LP4}	x_{SW}	x_{WP}
原设计	33	43	53	62	53	43	33	7.8	11.0	18.0	21.3	0.188	0.62
优化设计	28	38	51	61	37	33	30	7.0	10.3	16.5	21.5	0.167	0.53

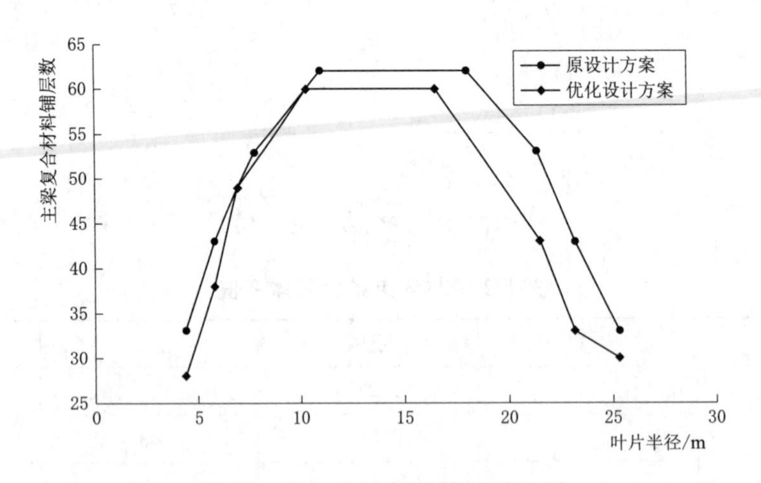

图 13-10　主梁材料铺层对比图

由表 13-5 与图 13-10 可以看到，较之原设计方案，优化设计方案主梁各段材料铺层数均有所减少。由于所受载荷相对较小，铺层数在靠近叶尖段减少幅度较为明显，在靠近叶根段与主梁中段则变化较小。主梁宽度变小，主梁复合材料铺层位置向叶片中段偏移，最大铺层区域变小，腹板布置位置向主梁中心线偏移，这些都有利于减轻叶片质量。

优化前后叶片结构特性对比见表 13-6。与原设计方案相比，优化设计方案的叶片质量减轻了 9.8%。最大等效应变以及最大叶尖位移均有所增大，但都在允许范围之内，其中最大叶尖位移达到临界约束。图 13-11 为优化前后叶片主梁最大等效应变对比图。可以看到，经过优化之后，最大等效应变显著增大，这说明优化设计叶片更大限度地利用了复合材料的性能。由于主梁宽度的减小以及材料铺层数的减少，叶片整体结构刚度相应减小，并且减小程度大于叶片质量的减轻程度，因此叶片一阶自振频率略有降低，但不会发生共振。总的来说，经过优化调整，叶片质量有较大程度减轻，叶片结构特性得到改善，达到了优化设计的目的。

表 13-6 叶片结构特性对比

方案	叶片质量/kg	最大等效应变 μ	最大叶尖位移/m	一阶固有频率/Hz
原设计	6555.2	4286.2	4.59	1.027
优化设计	5912.4	4949.7	5.50	1.010

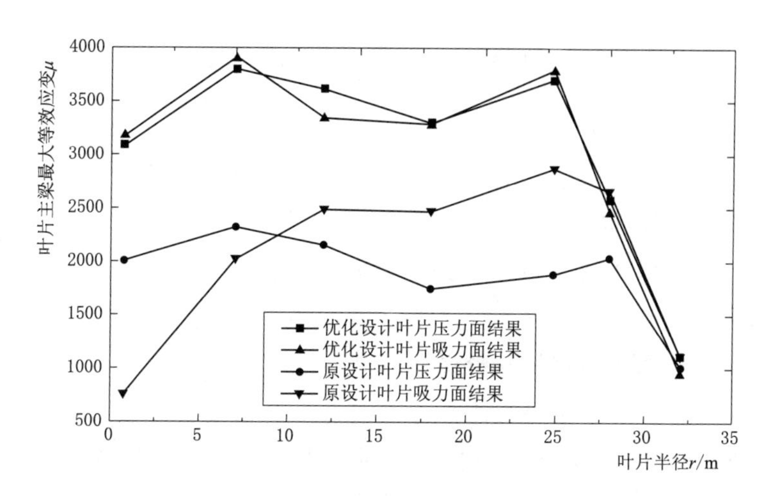

图 13-11 叶片主梁最大等效应变对比图

13.1.3 叶片气动—结构一体化优化设计

前两节内容中，叶片气动外形与结构优化设计是分开进行的，没有考虑它们之间的相互影响。此外，同时涉及气动与结构会导致较大的计算量，亦没有成熟的方法。但实际上叶片气动外形与结构优化设计是密不可分的，若先进行气动外形优化设计，会产生叶片气动性能优良但结构形式较难实现的问题；若先进行结构优化设计，则会出现影响叶片功率输出的问题。因此，在叶片优化设计中应充分考虑气动与结构的相互影响及制约，寻找两者之间的平衡点，从而设计出整体最优体型叶片。

（1）叶片气动—结构一体化优化设计数学模型：

1）设计变量。此时的设计变量既包含了气动外形设计变量，如弦长、扭角等，又包含了结构设计变量，如材料铺层、腹板布置位置等，具体见 13.1.1 节及 13.1.2 节中的设计变量。

2）目标函数。叶片的设计过程是一个复杂的多目标优化问题，仅以单个目标对叶片进行优化并不能获得整体性能均满意的设计方案。为获取叶片整体最优体型设计方案，应有多个目标函数，并包含气动性能与结构性能两方面，即

$$F(\boldsymbol{X})=[f_1(\boldsymbol{X}),f_2(\boldsymbol{X}),\cdots,f_n(\boldsymbol{X})]^{\mathrm{T}} \tag{13-13}$$

式中 $f_n(\boldsymbol{X})$ ——第 n 个目标函数，可以是年发电量最大、单位输出能量成本最小，也可以是质量最轻、频率最大等。

如考虑年发电量最大与叶片质量最轻两个目标，则有

$$\boldsymbol{F}(\boldsymbol{X})=[f_1(\boldsymbol{X}),f_2(\boldsymbol{X})]^{\mathrm{T}} \tag{13-14}$$

$$f_1(\boldsymbol{X})=AEP=\sum_{i=1}^{N-1}\frac{1}{2}[P(v_i)+P(v_{i+1})]f(v_i<v_0<v_{i+1})8760 \tag{13-15}$$

$$f_2(\boldsymbol{X})=mass=\sum_{i=1}^{N}L_i\times A_i\times\rho_i \tag{13-16}$$

式中　AEP——年发电量；

P——输出功率；

v——风速；

$f(v_i<v_0<v_{i+1})$——风速的 Weibull 分布概率；

$mass$——叶片质量；

ρ_i——第 i 种材料的密度；

$L_i\times A_i$——第 i 种材料的体积。

目标函数越多，设计出来的叶片就越合理，但整个设计过程将变得更为复杂，有时甚至会得不到优化结果。因此，设计者应事先根据具体要求确定合理的目标，以便获得叶片整体最优体型。

3）约束条件。叶片应同时满足气动外形与结构性能相应的要求，具体见 13.1.1 节及 13.1.2 节中的约束条件。

（2）优化设计实例。以弦长、扭角、翼型布置位置、风轮转速以及叶片壳厚度为设计变量，以最轻的叶片质量获得最大的年发电量两个目标为目标函数，将叶片简化为梁模型，以叶片强度以及设计变量需满足的要求为约束条件，采用帕雷托（Pareto）遗传算法对某 1.5MW 风力机叶片进行气动外形和结构整体体型优化设计。

1）设计参数。风轮、风况及 Pareto 遗传算法参数值见表 13-7。

表 13-7　　风轮、风况及 Pareto 遗传算法参数值

参　数	数值	参　数	数值
风轮直径/m	76	切出风速/(m/s)	25
叶片数	3	空气密度/(kg/m³)	1.225
翼型系列	DU、NACA	Weibull 形状参数	1.91
轮毂直径/m	3	Weibull 尺度参数/(m/s)	6.8
轮毂高度/m	75	种群大小	100
额定风速/(m/s)	12	最大进化代数	500
额定功率/MW	1.5	交叉率	0.8
切入风速/(m/s)	4	变异率	0.15

约束条件取值范围见表13-8。

表13-8　约束条件取值范围

变量	弦长 C /m	扭角 β /(°)	壳厚度 t /mm	翼型布置位置 (r/R)/%	风轮转速 ω /(r/min)	应变 ε /μ
下限	1.4	−2	20	20	10	—
上限	3.3	12	—	100	20	5000

2）优化结果。叶片优化设计结果如图13-12所示。优化结果A的叶片质量在所有结果中最轻，年发电量最小，优化结果B的叶片质量在所有结果中最重，年发电量最大。

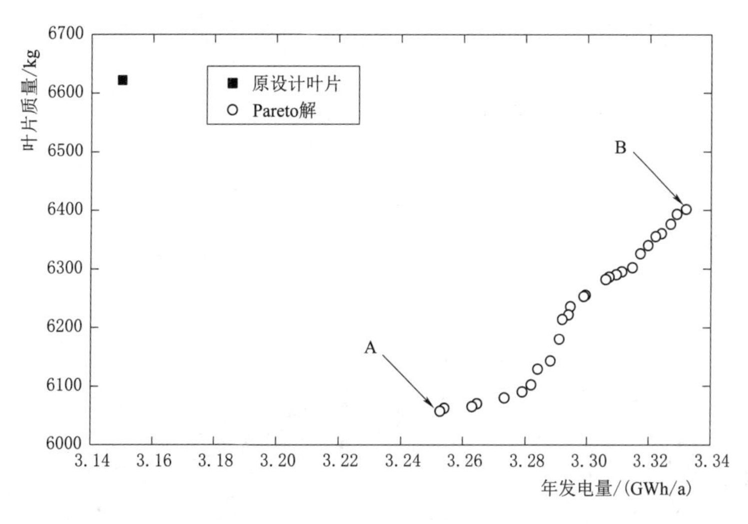

图13-12　优化设计结果

表13-9为优化结果A、B与原设计叶片目标函数的比较，优化结果A的叶片质量与原设计叶片相比减轻了8.53%，年发电量增大了3.34%；优化结果B的叶片质量与原设计叶片相比减轻了3.32%，年发电量增大了5.84%。

表13-9　目标函数比较

目标函数	原设计叶片	优化结果A	优化结果B
年发电量/(GWh/a)	3.148	3.253	3.332
叶片质量/kg	6622	6057	6402

图13-13～图13-15分别为原设计叶片与优化结果A、B的弦长、扭角和叶片质量分布对比图。优化叶片的弦长在最大弦长区域明显减小，在中部区域稍有增加，在叶尖区域则变化较小。叶片转速的降低导致入流角增大，为了获得最高升阻比，优化

叶片的扭角从叶根到叶尖都有所增大，但分布趋势与原设计叶片基本一致。虽然优化叶片在最大弦长区域的弦长有所减小，但由于最大应变的限制使叶片壳厚度增大，因此该区域的质量并没有明显改变，质量的降低主要在叶片中部区域。

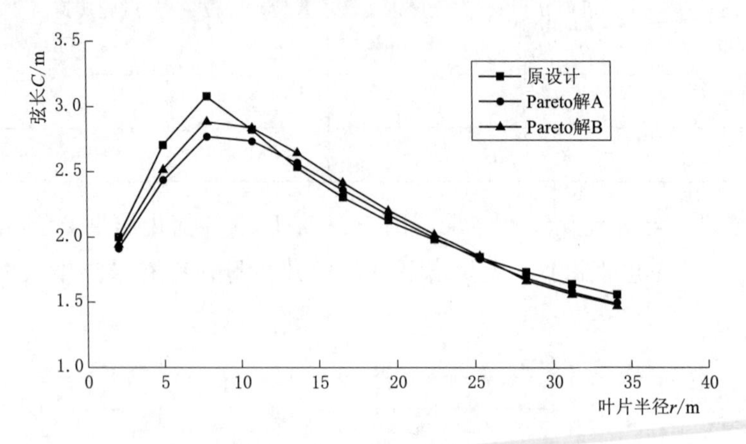

图 13-13 弦长分布对比

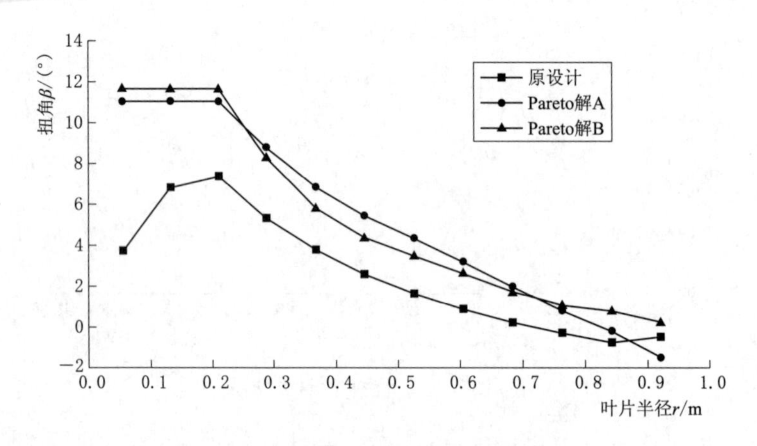

图 13-14 扭角分布对比

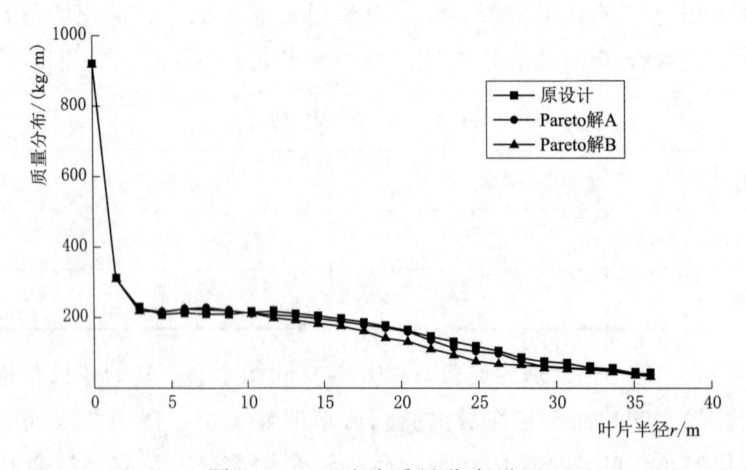

图 13-15 叶片质量分布对比

功率系数对比如图 13－16 所示。从图 13－16 中可以看到，优化叶片在低风速下的功率利用系数显著增大，而在 9～13m/s 风速范围内有所下降，这说明优化设计叶片具有良好的启动性能，并且更大限度地利用了风能资源。

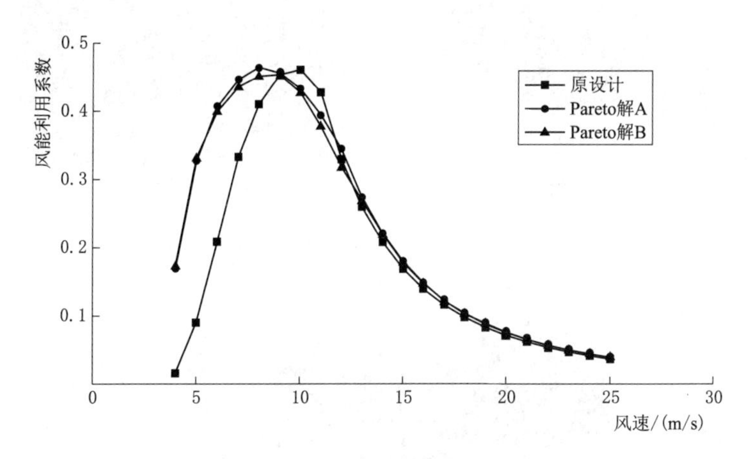

图 13－16　功率系数对比

叶片经过优化调整提高了风力机的年发电量，降低了质量，达到了优化设计的目的。设计者可根据具体要求在优化结果 A、B 之间选取既减轻叶片质量又提高风力机年发电量的最优体型设计方案。

13.2　风力机传动系统结构优化设计

13.2.1　传动系统结构优化

传动系统是风力机最核心的组成部分，传动系统的技术路线很大程度上决定了风电机组的造价及性能。从有无增速机构的角度，风电机组传动系统可分为增速驱动型和直接驱动型，典型代表分别是高速双馈机型和直驱永磁机型。直驱永磁机型采用低速永磁同步发电机，发电机与风轮直接连接，由于风轮转速的限制使得发电机直径增大而增加成本和运输难度，使其竞争力降低；高速双馈机型由高速齿轮箱、双馈发电机构成，其传动系统分为几大部件，各部件相对独立，机组的可维护性较好，但其高速齿轮箱的故障占比较高，因此也降低了该类风电机组的可靠性。

随着风电机组技术的日趋成熟，中速永磁（半直驱）机型开始出现并迅速引起广泛关注，其具有三叶片、变桨控制、中速齿轮箱、中速永磁同步发电机和全功率变流等特征，是在综合考虑高速双馈和直驱永磁机型优缺点的基础上优化设计的新一代风电机组。图 13－17 为三种主流型式的风电机组。

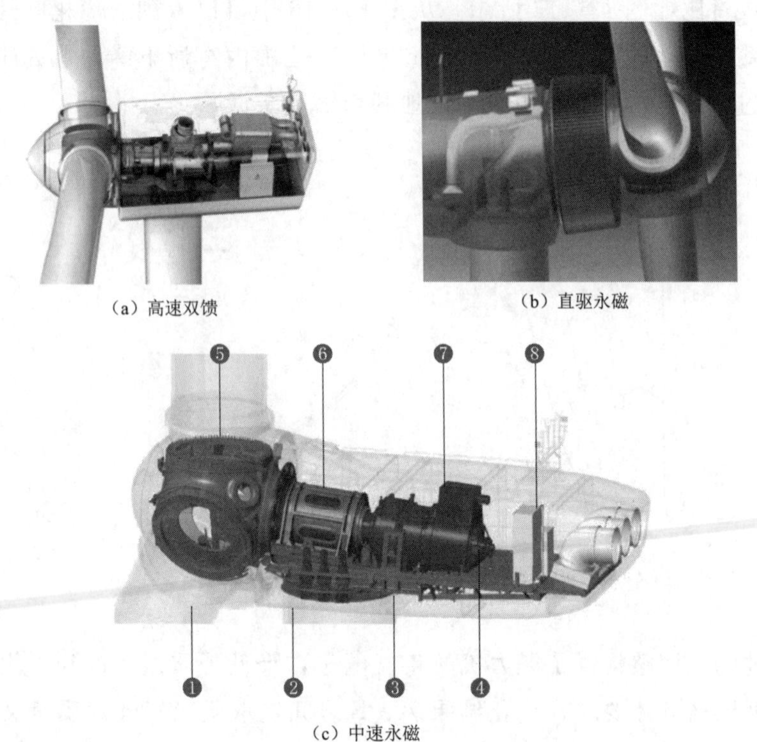

（a）高速双馈　（b）直驱永磁

（c）中速永磁

1—风轮；2—支撑系统；3—中速齿轮箱；4—永磁电机；5—变桨系统；6—主轴系；7—齿箱、电机耦合结构；8—控制系统

图 13－17　三种主流型式的风电机组

以某 3MW 中速永磁风电机组传动系统为研究对象，基于 16 个极限工况下的载荷，以整体几何尺寸为设计变量，低速轴、轴承座、底座三个主要部件的质量为优化目标，最大等效应力为约束条件，并充分考虑了传动系统各组成部分之间的相互影响，对传动系统进行结构设计和优化。

1. 传动系统主要参数和材料属性

传动系统整体模型主要包括低速轴、轴承座、底座、主轴承（轴承座内部）、齿轮箱和发电机，如图 13－18（a）所示。对其低速轴、轴承座、底座三个主要部件进行参数化，低速轴的主要控制参数为跨度 SFL、轴颈处半径 SFR、法兰厚度 SFD1、前轴承处厚度 SFD2、后轴承处 SFD3；轴承座主要控制参数为宽度 ZCZK、主体厚度 ZCZD1、支撑梁厚度 ZCZD2；底座主要控制参数为厚度 DZD1、支撑梁厚度 DZD2。各参数具体描述如图 13－18（b）所示。

低速轴对疲劳强度要求更高，通常选用疲劳性能更好的球墨铸铁 QT450 材料，轴承座和底座通常采用球墨铸铁 QT400 材料。QT450、QT400 材料参数见表 13－10、表 13－11。

表 13-10　　QT450 材料参数

项　　目	参 数 值
密度 ρ	$7060kg/m^3$
抗拉强度 σ_b	420MPa（铸件壁厚：30～60mm）
	390MPa（铸件壁厚：60～200mm）
屈服强度 $\sigma_{0.2}$	280MPa（铸件壁厚：30～60mm）
	260MPa（铸件壁厚：60～200mm）

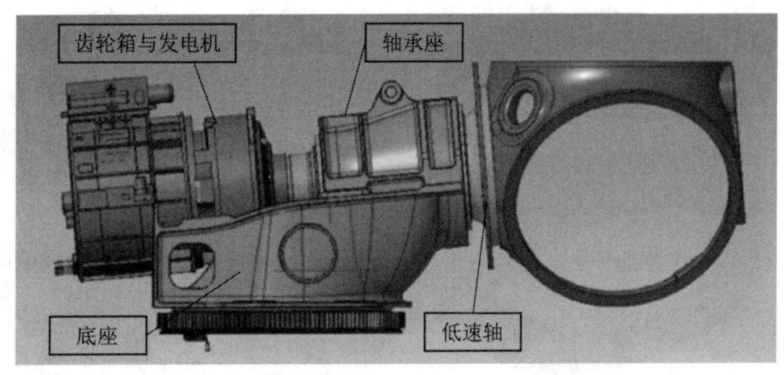

（a）整体模型

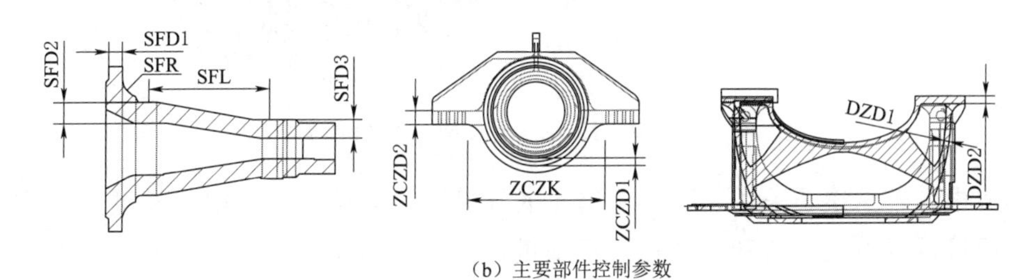

（b）主要部件控制参数

图 13-18　传动系统整体模型和主要部件控制参数

低速轴厚度范围为 150～270mm，大部分厚度为 180mm 以上，因此取抗拉强度 $\sigma_b=390MPa$；屈服强度 $\sigma_{0.2}=260MPa$，局部材料安全系数 $\gamma_m=1.1$，因此低速轴设计极限强度为 $[\sigma]=\sigma_{0.2}/1.1=236.4MPa$。

表 13-11　　QT400 材料物性参数

项　　目	参 数 值
密度 ρ	$7010kg/m^3$
抗拉强度 σ_b	370MPa（铸件壁厚：30～60mm）
	360MPa（铸件壁厚：60～200mm）
屈服强度 $\sigma_{0.2}$	230MPa（铸件壁厚：30～60mm）
	220MPa（铸件壁厚：60～200mm）

轴承座和底座厚度范围为 60～200mm，大部分厚度为 60mm 以上，因此取抗拉强度 σ_b=360MPa；屈服强度 $\sigma_{0.2}$=220MPa，局部材料安全系数 γ_m=1.1，因此轴承座和底座设计极限强度为 $[\sigma]=\sigma_{0.2}/1.1$=200MPa。

2. 数值建模及结构优化

（1）数值计算模型和边界条件设置。建立传动系统整体有限元数值计算模型。为了使有限元网格设置在尺寸优化时满足不同模型的要求，避免因尺寸变化而导致网格划分失败，模型实体网格以更方便的四面体网格为主，六面体单元网格为辅，并对传动系统关键部位进行局部细化。传动系统有限元分析模型如图 13-19 所示。

图 13-19　传动系统有限元分析模型

模型中，轴承滚子采用 Link180 单元进行模拟，轴承滚子有限元模型如图 13-20 所示。通过设置单元材料和拉杆截面积来模拟滚子的刚度。轴承座与底座采用螺栓紧固连接，选用了 10.9 级 M42 高强度螺栓，采用梁单元模拟螺杆，螺杆与螺母采用 MPC184 单元连接模拟螺纹啮合效果。计算中还考虑了螺栓预紧力和各部件接触面间摩擦力的影响，螺栓连接有限元模型如图 13-21 所示。

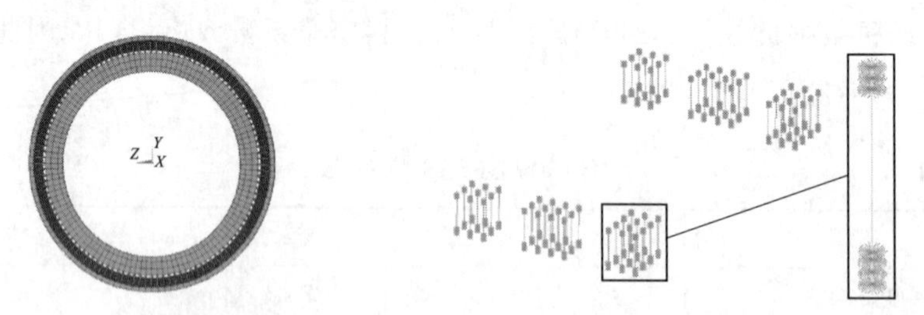

图 13-20　轴承滚子有限元模型　　图 13-21　螺栓连接有限元模型

机组极限载荷参照《德国劳氏船级社风机认证指南》（GL 2010）规范计算，轮毂中心静止坐标系极限载荷见表 13-12。载荷表中的每一行代表某一方向上的弯矩和力的极值。每一列代表每个工况所包含的空间坐标系三个分量下的扭矩和力。表中的所有载荷还应乘以相应工况下所需的安全系数。空间坐标系采用轮毂中心坐标系，坐标原点位于轮毂中心，不随风轮旋转。X 轴沿着风轮的旋转轴线；Z 轴垂直于 X 轴向上；Y 轴沿水平方向，坐标系符合右手定则。

表 13-12　　轮毂中心静止坐标系极限载荷表

载荷工况		M_x /(kN·m)	M_y /(kN·m)	M_z /(kN·m)	F_x /kN	F_y /kN	F_z /kN
M_x	Max	7473.6	−2942.5	2558.4	125.4	−247.1	−1131.0
M_x	Min	−6479.5	−2315.7	−1684.4	134.2	266.0	−1104.2
M_y	Max	3940.9	11918	3847.2	363.6	−114.2	−1308.4
M_y	Min	857.3	−11139	30.1	99.7	203.3	−1096.4
M_z	Max	1183.6	−3509.9	11226	126.2	−70.1	−1153.9
M_z	Min	4085.6	2203.8	−11397	349.5	−9.71	−1151.2
M_{yz}	Max	4106.2	10615	−5912.0	311.8	−80.3	−1148.7
M_{yz}	Min	1605.0	−0.42	−2.41	60.1	−23.5	−1463.3
F_x	Max	3862.0	916.1	2467.6	1160.4	−15.1	−1319.2
F_x	Min	−230.1	−1258.0	−1302.7	−800.8	−4.53	−1106.3
F_y	Max	8.96	−739.9	−949.0	39.1	434.4	−1024.9
F_y	Min	6.11	−1678.5	658.7	50.9	−431.6	−1036.1
F_z	Max	31.9	−1438.0	−341.8	107.8	−94.4	−717.9
F_z	Min	2053.1	−2171.7	903.5	136.5	−64.6	−1521.4
F_{yz}	Max	2058.4	−2164.2	899.8	137.0	−66.9	−1521.3
F_{yz}	Min	31.9	−1438.0	−341.8	107.8	−94.4	−717.9

边界条件设置为：底座底部为固定支撑；底座与轴承座采用螺栓连接，接触方式为摩擦接触，摩擦系数为 0.5；其余接触为绑定接触；齿轮箱和发电机采用扭簧模拟，扭转刚度为 1.15E9N·m/rad。

数值计算出传动系统各部件的应力变形等结果，论证了原设计方案的可行性。在此基础上，先采用拓扑优化方法确定总体方案的设计，并明确方向再进行结构局部细节的优化设计。

(2) 结构拓扑优化设计。拓扑优化时先利用有限元方法对连续体结构进行离散化，通过控制单元密度的值来改变结构中单元的弹性模量，寻求结构最佳的传力路线，以实现优化设计区域内的材料分布。传动系统结构属于全承载式结构，在确定设计区域时应尽可能大，因此将低速轴、轴承座和底座三个主要部件作为拓扑空间。以结构总体柔度最小（即刚度最大）为目标，建立 SIMP（solid isotropic material with penaliza-

tion）变密度法优化设计数学模型，即

$$\begin{cases} \text{find } \boldsymbol{X}=[x_1,x_2,x_3,\cdots,x_n]^{\mathrm{T}} \\ \min C=\boldsymbol{U}^{\mathrm{T}}\boldsymbol{K}\boldsymbol{U}=\sum_{e=1}^{N}\boldsymbol{u}^e\boldsymbol{k}^e\boldsymbol{u}^e=\sum_{e=1}^{N}(x^e)^P\boldsymbol{u}^e\boldsymbol{k}_0\boldsymbol{u}^e \\ \text{s. t. } \sum_{e=1}^{N}x_e v_e \leqslant fV_0 \\ \quad \boldsymbol{K}\boldsymbol{U}=\boldsymbol{F}, 0<x_{\min}\leqslant x^e\leqslant x_{\max} \end{cases} \tag{13-17}$$

式中 x——单元密度；

$x_{\min}$——单元密度的最小值；

$x_{\max}$——单元密度的最大值；

x^e——第 e 个单元的相对密度；

P——惩罚因子；

N——离散单元的数目；

C——结构的总体柔度；

$\boldsymbol{K}$——优化后的总刚度矩阵；

$\boldsymbol{k}^e$——优化后结构单元刚度矩阵；

$\boldsymbol{k}_0$——优化前结构单元刚度矩阵；

$\boldsymbol{U}$——优化后的总位移矢量；

$\boldsymbol{u}^e$——优化后结构单元位移矢量；

$\boldsymbol{F}$——力矢量；

f——优化体积分数；

V_0——结构的原体积；

v_e——优化后的体积。

根据 16 个极限工况的计算结果，以位移、应力综合最小为目标，全局最大应力 236MPa 及体积分数 0.7 为响应约束，进行拓扑优化计算。拓扑优化结果如图 13-22 所示。

根据拓扑优化结果、极限强度和疲劳强度计算结果，调整模型控制参数，对传动系统几何模型进行修改。低速轴跨度不变，减少了法兰厚度和前后轴承处的轴厚度；为了减少 M_x 最大工况下轴尾部扭矩的应力集中，在应力集中的相应部位增设了卸荷槽；去掉了轴承座中部的两片翼片，减小了外翼片的形状和轴承座的厚度，增大了腹孔的尺寸；去掉了底座中间的填充板，减少了前加强筋的长度和两侧支撑梁的厚度。

（3）结构多目标优化设计。为了进一步减轻系统的重量，采用拓扑优化结果作为细部尺寸优化的初始方案。通过响应面法对传动系统部件尺寸进行详细优化，以得到最优解。

(a) 低速轴拓扑

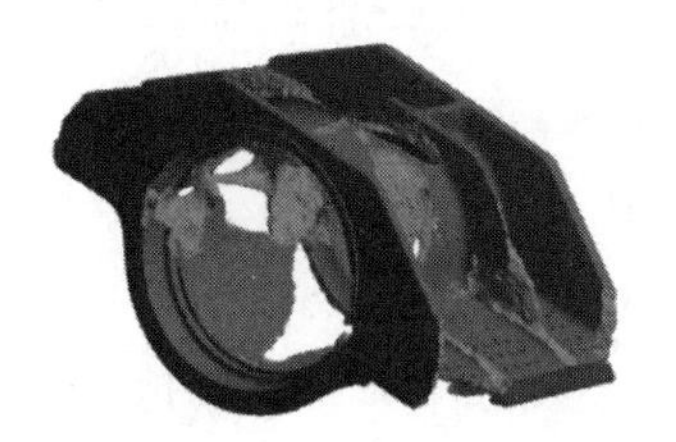
(b) 轴承座拓扑

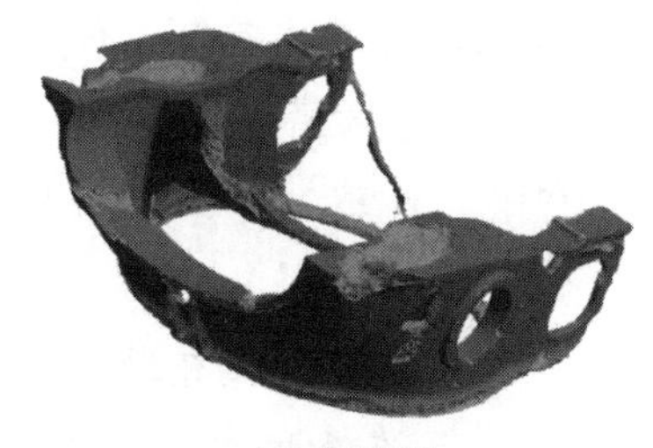
(c) 底座拓扑

图 13-22 拓扑优化结果

13.2.2 具体优化过程

1. 设计变量

选取结构尺寸 $X=[P8,P9,\cdots,Pn](n=16)$ 作为多目标优化的设计变量。变量的下限和上限见表 13-13。

表 13-13 变量的下限和上限 单位：mm

参数	$P8$ _ZCZD3	$P9$ _ZCZD2	$P10$ _ZCZD1	$P11$ _SPL	$P12$ SFR	$P13$ _SFD4	$P14$ _SFD3	$P15$ _SFD2	$P16$ _SFD1
上限	220	60	50	1800	537	400	200	500	200
下限	180	40	25	1725	450	300	150	460	150

2. 目标函数

设计时让低速轴、轴承座和底座的质量都达到最轻，因此目标函数为

$$F\{P4,P5,P6\}=[V(X)_4\cdot\rho_4,V(X)_5\cdot\rho_5,V(X)_6\cdot\rho_6] \tag{13-18}$$

式中 $P4$、$P5$、$P6$——低速轴、轴承座和底座的质量；

V——体积；

ρ——密度。

3. 约束条件

极限载荷条件下产生的最大应力不能超过材料的强度许用值。即

$$\begin{cases} P1\leqslant 236\text{MPa} \\ P2\leqslant 200\text{MPa} \\ P3\leqslant 200\text{MPa} \end{cases} \tag{13-19}$$

式中 $P1$、$P2$、$P3$——低速轴、底座、轴承座在所有工况下的最大等效应力。

4. 优化求解

优化过程中，根据求解计算的复杂程度选用直接法或者响应面法获得输出参数的值。直接法是把样本点的设计变量导入到有限元模型，根据实际的有限元模型计算得到需要的输出参数，样本点数量越多，优化结果越准确，但计算时间也更长。而响应面法是一种综合试验设计和数学建模的优化方法，通过建立因变量与自变量之间的数学模型，获得样本点设计变量相对应的输出参数。使用响应面法可以节省大量计算资源，减少解决目标问题所需的时间。传动系统整体设计结构复杂，16 个工况计算需要 32h。如果每次寻优都要进行有限元计算，那么所需要的时间将很长。因此，这里采用响应面法进行优化求解。

首先，传动系统设计参数采用最优空间填充设计方法，获得建立响应面所需的 55 个样本点，并对样本点对应的传动系统模型进行静强度计算。然后，根据样本点的计算结果，通过非参数回归方法建立输入与输出参数之间的响应面。由于响应面的精度会影响优化的最终结果，因此需要对其进行验证。在响应面上随机选取 6 个点作为验证点，将验证点的尺寸参数代入几何模型进行静力计算，得到验证的响应面精度点。响应面输出参数误差见表 13-14。各输出参数的决定系数均接近于 1，最大相对残差和相对均方根误差均接近于 0，说明通过响应面计算获得的输出参数值准确可靠。

表 13-14 响应面输出参数误差

参数	$P1$	$P2$	$P3$	$P4$	$P5$	$P6$
决定系数（最佳值为 1）						
样本点	0.99718	0.99813	0.99723	0.99861	0.99846	0.99944
最大相对残差（最佳值为 0%）						
样本点	0.204%	0.431%	0.373%	0.160%	0.236%	0%
验证点	0.196%	0.428%	0.299%	0.159%	0.236%	0%
相对均方根误差（最佳值为 0%）						
样本点	0.160%	0.364%	0.302%	0.143%	0.191%	0%
验证点	0.172%	0.378%	0.288%	0.138%	0.208%	0%

5. 优化结果

采用非支配排序遗传算法（NSGA Ⅱ），参数具体设置为：初始样本数为 9000，最大迭代次数为 20，交叉概率为 0.98，变异概率为 0.01。当迭代到第 8 步时，程序计算收敛，得出 5 个满足要求的优化方案。

优化方案中，低速轴增加了轴的长度以提高轴的弯曲刚度；减小轴的厚度以达到降低质量的目的；轴承座的长度与低速轴有关，并随着轴长度的增加而增加。与初始方案相比，优化方案的传动系统总质量减少了9.5%～10.4%。

优化方案和初始方案的设计参数见表13-15。

表13-15　　优化方案和初始方案的设计参数

参数	初始方案	方案1	方案2	方案3	方案4	方案5	单位
P8. ZCZD3	220	202	202	202	188	200	mm
P9_ZCZD2	60	58	52	52	57	55	mm
P10. ZCZDI	50	36	34	34	34	37	mm
P11SFL	1725	1731	1733	1744	1746	1733	mm
P12. SFR	537	509	488	488	463	487	mm
P13. SFD4	180	397	395	395	365	394	mm
P14. SFD3	150	168	163	163	176	157	mm
P15. SFD2	460	497	488	493	479	489	mm
P16. SFDI	200	151	152	152	151	150	mm
P4	12.75	11.71	11.54	11.56	11.39	11.70	t
P5	15.74	12.21	12.27	12.13	12.47	12.41	t
P6	17.81	17.81	17.81	17.81	17.81	17.81	t
总质量	46.30	41.73	41.62	41.50	41.66	41.91	t

由于优化方案目标函数的值是通过响应面计算得到的，与实际结果存在差异。因此，还需将优化方案的设计参数代入几何模型中进行有限元计算，以验证优化结果的准确性。优化方案的程序计算结果及实际模型验证结果对比见表13-16。程序计算结果与验证结果最大误差不超过2.5%，最大应力不超过相应材料的许用强度，表明优化结果准确可靠，优化方案可较大幅度减轻传动系统结构重量，显著降低成本。

表13-16　　结　果　对　比

参数	P1/MPa	P2/MPa	P3/MPa	总质量/t	减重/%
初始方案	219.55	190.68	187.01	46.3	—
方案1	223.81	193.46	199.65	41.73	9.9
验证1	227.13	192.78	195.21	41.35	
(误差)	(1.48%)	0.35%)	(2.22%)	(0.92%)	
方案2	222.65	190.88	198.82	41.62	10.1
验证2	220.22	193.3	198.36	41.55	
(误差)	(1.10%)	(1.27%)	(0.23%)	(0.17%)	
方案3	222.51	193.47	199.39	41.5	10.4
验证3	226.6	195.12	197	41.47	
(误差)	(1.84%)	(0.85%)	(1.20%)	(0.07%)	

续表

参数	P1/MPa	P2/MPa	P3/MPa	总质量/t	减重/%
方案 4	229.68	192.7	199.58	41.66	
验证 4	224.28	195.61	197.07	41.6	10.0
(误差)	(2.35%)	(1.51%)	(1.26%)	(0.14%)	
方案 5	222.19	194.43	194.39	41.91	
验证 5	224.36	194.21	193.15	41.7	9.5
(误差)	(0.98%)	(0.11%)	(0.64%)	(0.50%)	

最终优化方案的选择可以根据具体情况需要由其他优化策略来综合确定。例如，根据最小质量策略，可以选择优化方案 3；根据最短低速轴策略，可选择优化方案 1。

13.3 风力机塔架结构优化设计

塔架是风电机组支撑系统的重要组成部分，托举整个机舱的同时，将风轮提升至设计高度，以获取较高的运行风速。大叶轮与高塔架已成为当前大型风电机组的主要特征，塔架高度的增加将使得结构的承载更加复杂，也会使塔架的成本大幅提升。塔架按结构型式一般可分为钢锥筒塔架、混凝土塔架、钢制分片塔架、桁架式塔架和混合式塔架等（图 13-23）。塔架结构属于特殊作用的高耸结构，具有高柔、外露、无

(a) 钢锥筒塔架

(b) 混凝土塔架

(c) 钢制分片式塔架

(d) 桁架式塔架

(e) 混合式塔架

图 13-23 风电机组塔架主要的结构型式

围护的特点，顶部又有大质量、大刚度的旋转风轮和机舱结构，受力随风轮运转和运行方式不同而不同，因而在设计中要解决许多特殊的问题。塔架结构设计时必须满足一般的设计准则，在充分满足功能要求的基础上，做到安全可靠、技术先进和经济合理。因此，开展塔架结构的优化设计研究意义重大。

13.3.1 钢锥筒塔架结构优化设计

钢锥筒塔架结构是由钢板卷制成环状塔节，多段环状塔节再通过螺栓和法兰盘连接，形成完整塔架。根据锥筒塔架的几何与受力特点，可将其简化成集弯曲变形、轴向压缩变形及扭转变形为一体的复杂梁柱问题，模型即可被视为一端固定、一端自由的变截面悬臂梁结构。钢锥筒塔架力学模型如图 13-24 所示。

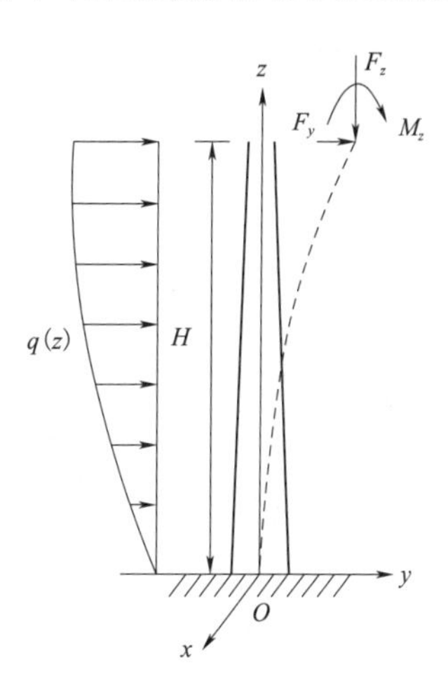

图 13-24 钢锥筒塔架力学模型

钢锥筒塔架底部占地面积小、结构简单、施工便利，因此应用广泛，具有面广量大特点。但近年来，随着风电单机容量的增加，塔架高度也逐渐提升，导致塔体钢板厚度也逐渐增厚，塔架的成本出现几何倍数的增长。因此，在确保安全的条件下实现降本增效的需求日益迫切，优化设计技术的应用为其提供了有效途径。

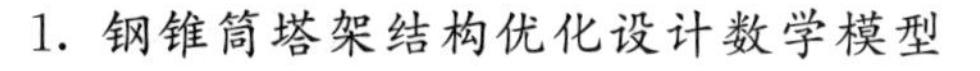
1. 钢锥筒塔架结构优化设计数学模型

（1）设计变量。塔架高度一般是由机位点风特征以及机组容量要求确定的不变参数。因此塔架结构优化设计变量，一般选取塔架横截面尺寸以及筒壁厚度参数为设计变量。常规的钢锥筒塔架结构主要选取塔架结构的底部外径和壁厚、塔架结构的顶部外径和壁厚为设计变量。针对超高塔架，一般还需要考虑塔筒分段的高度以及对应段的壁厚为设计变量，此外，必要时还可以选取连接法兰盘厚度为设计变量。因此，针对不同结构形式的塔架结构，选取的设计变量亦有不同。

（2）目标函数。对于特定的塔架结构而言，需要综合考虑构件加工制作、运输、安装等因素以确定所用不同材料的方量单价，以最低成本作为目标函数。这样塔架结构的目标函数可表示为

$$f(\boldsymbol{X})=\sum_{i=1}^{m}C_iM_i$$

式中 C_i——第 i 段塔筒材料单价；

M_i——第 i 段塔筒材料质量。

（3）约束条件。塔架结构设计中需要满足强度、刚度、稳定性和抗疲劳等性能，涉及细节较多，详细要求参见风电相关规范。

（4）优化数学模型。综合上述三点，可构建出钢锥筒塔架结构优化设计数学模型。

2. 钢锥筒塔架结构优化设计案例

（1）基础资料。某风电场 1.5MW 风电机组塔架设计参数：正常运行时风力机的风轮转速为 18.5r/min，额定风速 13m/s，切出风速 25m/s，塔架高 62.4m，塔筒材料为 Q355 钢，塔架体系初始总质量为 164.698t，其中风轮及机舱质量为 65t，塔筒从下往上按壁厚分成 4 段，塔架的初始设计参数见表 13－17。

（2）优化设计数学模型。针对塔架初设设计方案，为了提升优化效果，将塔架沿高度方向分成 7 段，从下往上 10m 一段，最后一段 2.4m，塔架分段顺序如图 13－25 所示。

表 13－17　　塔架初始设计参数

部件	长度/m	厚度/mm	最大直径/m	最小直径/m	质量/t
塔段 1	17.60	24.0	4.00	3.56	39.986
塔段 2	22.40	20.0	3.56	2.99	36.922
塔段 3	20.80	14.0	2.99	2.72	20.881
塔段 4	1.60	18.0	2.72	2.70	1.909

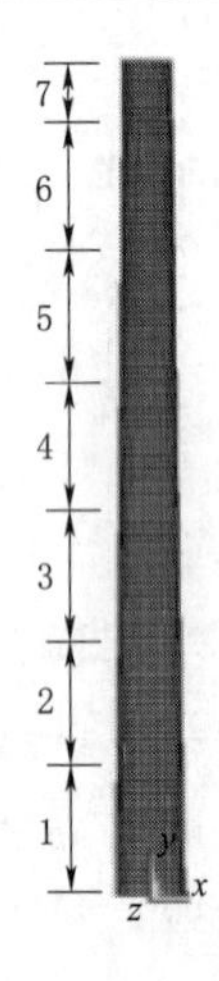

图 13－25　塔架分段顺序

设计变量取每段塔筒的壁厚，用 $x_1 \sim x_7$ 表示，同时选取塔筒底部直径 x_8 以及塔筒顶部直径 x_9 作为设计变量。因此，塔筒优化设计变量可表示为

$$\boldsymbol{X}=[x_1, x_2, \cdots, x_9]^{\mathrm{T}}$$

考虑到塔筒使用相同的钢材，因此目标函数可表示为 7 段塔筒用钢量的总和，即

$$f(\boldsymbol{X})=\sum_{i=1}^{7} M_i$$

该塔筒在优化过程中，设计变量的上下限取值范围依据经验拟定，见表 13－18。

最大应力不超过设计强度：$\sigma_{e\max}-313.6$，0（单位：MPa）。

塔顶部最大水平位移不超过允许值：$d_{\max}-0.624$，0（单位：m）。

塔顶部最大转角位移不超过允许值：$\theta_{\max}-5\leqslant 0$（单位：度）。

频率约束满足：$0.339\leqslant f_{0,1}\leqslant 0.833$（单位：Hz）。

稳定约束一阶屈曲因子 λ_1 满足：$\lambda_1-1.2\geqslant 0$。

表 13－18　　设计变量取值范围

变量	x_1/mm	x_2/mm	x_3/mm	x_4/mm	x_5/mm	x_6/mm	x_7/mm	x_8/m	x_9/m
下限	20	18	16	14	12	10	16	3.50	2.00
上限	30	28	24	22	20	18	28	4.50	3.00

(3) 优化求解及结果分析。采用 Matlab 程序自编 PSO 算法程序，运用有限元程序 ANSYS 的 APDL 语言形成塔架的有限元模型；在优化程序中嵌入有限元计算模型，PSO 算法的参数设置为：种群大小为 5，最大迭代次数为 50，变异概率为 0.1，最大惯性权重为 0.9，最小惯性权重为 0.4。

方案设计变量及结构参数对比见表 13－19。优化后塔架的质量最终优化为 137.787t，比初始设计的质量轻了 16.30%，减重效果明显。

表 13－19　　方案设计变量及结构参数对比

方案	设计变量									塔架质量与结构参数					
	x_1 /mm	x_2 /mm	x_3 /mm	x_4 /mm	x_5 /mm	x_6 /mm	x_7 /mm	x_8 /m	x_9 /m	M /t	d_{max} /m	θ_{max} /(°)	σ_{max} /MPa	$f_{0,1}$ /Hz	λ_1
初始方案	24	24	20	20	14	14	18	4.00	2.70	162.298	0.377	1.52	104.70	0.559	1.752
优化方案	20	18	16	15	12	10	16	3.86	2.04	137.787	0.596	2.68	120.26	0.447	1.326

13.3.2　钢-混组合塔架结构优化设计

风电需求的日益扩大加之风电技术不断发展并日趋成熟。为了更充分、高效地利用风能资源，风电机组正在朝着更大功率的方向发展。近年来，国内陆上风机单机容量呈现高速增长态势，2020 年，国内新增风电机组平均单机容量为 2.66MW，2MW 及以上机型占据主流。到 2022 年，5～7MW 陆上风机已逐步成为新增风电装机的主流，而时至当下，10MW 及以上陆上风电机组也纷纷问世，批量生产启动在即。随着大功率风电机组的应用，塔架的高度也随之快速提升，前述钢制锥筒塔架的不足逐步凸显：一方面是塔架直径的增大导致生产、运输难度加大，成本急剧增加；另一方面结构受力性能方面也出现新的难题，如柔性引起的频率降低、运行位移加大等。在这种背景下，风电工程界提出并设计了一种新的塔架——钢混组合塔架。

钢—混凝土混合塔架最为常见的结构形式为下混上钢的形式，塔架下部为锥筒式混凝土塔筒，上部为锥筒式钢制塔筒，两种不同材料的塔筒使用法兰和螺栓进行连接和固定。其优势在于，塔架下段如果采用混凝土结构，可直接在施工现场进行浇筑或采用分片预制后现场连接吊装，很好地解决大尺寸塔筒的公路运输问题；混凝土材料的阻尼特性优秀，相比较于钢制塔筒有很好的抗冲击和抗疲劳性能，当风机塔架高度超过 140m 后，钢—混凝土混合塔架相比于钢构式塔架拥有更长的寿命；下部混凝土塔筒刚度大，提升了整个塔架的整体刚度，提升了塔架的低阶频率，也有利于降低运行过程中的变位；此外，混凝土还具有良好的防腐性能，有利于降低维护费用。因此，该塔架提出并初步应用后得到快速发展。

本节结合一个案例讨论钢混塔架的优化设计问题。

1. 钢-混组合塔架结构优化设计数学模型

(1) 设计变量。为反映组合塔架整体特征，通常选取以下关键几何参数为设计变量：混凝土段底部外径（x_1）和壁厚（x_2）、混凝土段顶部外径（x_3）和壁厚（x_4）、混凝土段高度（x_5）、钢塔段底部壁厚（x_6）、钢塔段顶部外径（x_7）和壁厚（x_8）。同时为了反映连接段这一关键部位，进一步选取连接段的关键几何参数：钢垫板厚度（x_9）、法兰盘厚度（x_{10}）。因此，混塔优化设计变量可表示

$$\boldsymbol{X}=[x_1,x_2,\cdots,x_{10}]^T$$

(2) 目标函数选用钢混组合塔架总成本最低为优化目标，其表达式为

$$f(\boldsymbol{X})=A_1V_1+C_1M_1+C_2M_2$$

式中 V_1——混凝土段总体积；
M_1——连接段部件总质量；
M_2——钢塔段总质量；
A_1——混凝土单价；
C_1——连接段材料单价；
C_2——钢塔筒单价。

(3) 约束条件。设计变量参考工程经验和相关设计规范确定；性态约束主要考虑以下几个方面：

1）频率约束。为了防止塔架与叶片发生共振，一般要求塔架的固有频率与叶片转动频率及叶片通过频率都有 10%以上的间隔，即满足：

$$\begin{cases} f_{0,1}\leqslant 0.9f_R \\ 1.1f_R\leqslant f_{0,1}\leqslant 0.9f_{R,3} \end{cases}$$

式中 $f_{0,1}$——塔架的第一阶固有频率；
f_R——正常运行时叶片的最大旋转频率；
$f_{R,3}$——3 倍的叶片旋转频率。

2）最大位移约束。参考《高耸结构设计规范》（GB 50135—2019），塔架许用挠度应控制在塔架总高度的 1/150 以内，塔架最大位移约束为

$$d_{max}-H/150\leqslant 0$$

式中 d_{max}——塔架顶部最大水平位移；
$H/150$——塔架顶部最大容许水平位移。

3）钢塔段应力约束。钢塔最大应力不超过设计强度，即

$$\sigma_{emax}-f_{y1}/\gamma_m\leqslant 0$$

式中 σ_{emax}——钢塔全段内的最大等效应力；
f_{y1}——钢材的屈服极限；

γ_m——材料的安全系数。

4）连接段应力约束。钢垫板和法兰盘的最大应力不超过其设计强度，即

$$\sigma_{max}-f_{y2}/\gamma_m\leqslant 0$$

式中 σ_{max}——连接段法兰盘和钢垫板的最大等效应力；

f_{y2}——连接段钢材的屈服极限；

γ_m——材料的安全系数。

5）混凝土段应力约束。最大拉压应力不超过强度设计值，即

$$\begin{cases}\sigma_t-f_t\leqslant 0\\ \sigma_c-f_c\leqslant 0\end{cases}$$

式中 σ_t——混凝土段最大拉应力；

σ_c——混凝土段最大压应力；

f_t——混凝土抗拉强度设计值；

f_c——混凝土抗压强度设计值。

6）稳定性约束。为保证钢塔局部稳定，考虑钢塔段最大应力不超过塔筒局部稳定的临界应力值；保证塔顶在特定外荷载作用下塔架的整体稳定性，塔架的第一阶临界屈曲荷载因子要大于轴向荷载因子的 1.1 倍，即

$$\lambda_1-\gamma_s\geqslant 0$$

式中 λ_1——第一阶临界屈曲荷载因子

γ_s——允许荷载因子。

（4）优化设计数学模型。综合设计变量、目标函数及约束条件，即可构建钢混组合塔架优化数学模型。

2. 钢-混组合塔架结构优化设计案例

（1）基本资料。某组合塔架由 4 段组成，其中底部第Ⅰ段为混凝土段，高度为 55m，Ⅱ、Ⅲ、Ⅳ段为钢塔段，三段钢塔高度合计 82.8m，塔架总高度为 137.8m。上部三段钢塔筒之间通过法兰盘连接，底部混凝土段通过其顶部的钢垫板与第Ⅱ段钢塔筒下部的法兰盘实现连接，沿混凝土塔壁竖向设置 24 束预应力钢绞线，每束包含 9 根低松弛钢绞线（1×9ϕs15.2），组合塔架示意图如图 13-26 所示，组

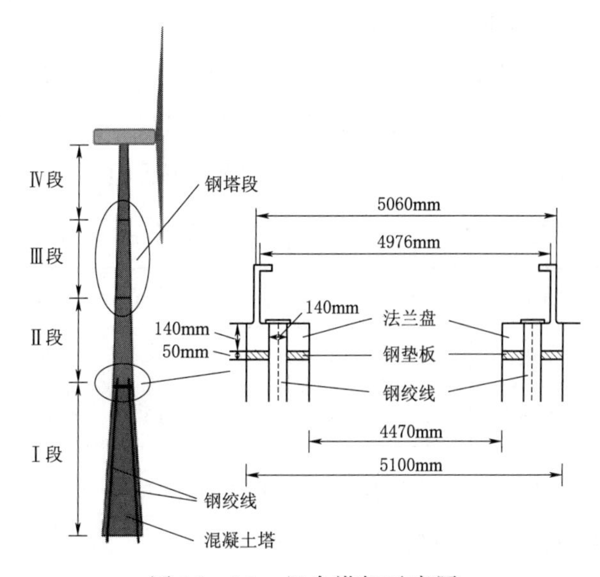

图 13-26 组合塔架示意图

合塔架初始设计参数见表 13－20。

表 13－20　　组合塔架初始设计参数

塔段	高度/m	底部外径/mm	顶部外径/mm	底部厚度/mm	顶部厚度/mm
Ⅳ	26.88	4450	3280	24	28
Ⅲ	27.28	4900	4450	32	24
Ⅱ	28.64	5100	4900	42	32
Ⅰ	55.00	7800	5100	330	315

组合塔架的钢塔段、法兰盘、钢垫板均采用 Q355 钢材，钢塔段材料的设计强度为 313.6MPa，法兰盘与钢垫板材料的设计强度为 268.2MPa；混凝土段强度等级取 C60，对应抗拉强度设计值为 2.04MPa，抗压强度设计值为 27.5MPa。组合塔架材料计算参数见表 13－21。

表 13－21　　组合塔架材料计算参数

材　　料	弹性模量/GPa	泊松比	密度/(kg/m³)
混凝土	36	0.2	2500
钢筒、连接段	200	0.3	7850
钢绞线	195	0.3	7850

(2) 优化设计数学模型。设计变量包括混凝土段底部外径（d_1）和壁厚（t_1）、混凝土段顶部外径（d_2）和壁厚（t_2）、混凝土段高度（h）、钢塔段底部壁厚（t_3）、钢塔段顶部外径（d_3）和壁厚（t_4）。为了反映连接段这一关键部位，在上述设计变量的基础上增加了连接段的关键几何参数：钢垫板厚度（t_5）、法兰盘厚度（t_6）。参考工程经验和相关设计规范，设计变量取值范围见表 13－22。

表 13－22　　设计变量取值范围

取值范围	d_1/m	d_2/m	d_3/m	h/m	t_1/mm	t_2/mm	t_3/mm	t_4/mm	t_5/mm	t_6/mm
下限	6	3	2	50	260	260	30	10	40	120
上限	9	6	4	120	380	380	60	30	80	170

不同材料单价如下：泵送 C60 混凝土为 720 元/m³；法兰盘和钢垫板材料为 13600 元/t；钢塔筒材料为 9200 元/t。

综合上述分析，该风电机组钢混组合塔架的优化设计数学模型为

$$\begin{cases} \text{find } \boldsymbol{X}=[d_1, d_2, d_3, h, t_1, t_2, t_3, t_4, t_5, t_6]^T \\ \min F=720V_1+13600M_1+9200M_2 \\ \text{s. t. } f_{0,1}\leqslant 0.189 \\ \quad 0.231\leqslant f_{0,1}\leqslant 0.567 \\ \quad d_{max}-0.918\leqslant 0 \\ \quad \sigma_{emax}-313.6\leqslant 0 \\ \quad \sigma_{max}-268.2\leqslant 0 \\ \quad \sigma_t-2.04\leqslant 0 \\ \quad \sigma_c-27.5\leqslant 0 \\ \quad \lambda_1-1.1\geqslant 0 \end{cases}$$

（3）优化求解及结果分析。在 Workbench 平台上完成组合塔架的优化设计。表 13-23 为优化前后的设计变量值，混凝土段的高度较初始方案的高度增加了 30.3m，变化最为显著，优化后的钢塔架底部壁厚有所增加，顶部壁厚有所减小；优化后的法兰盘和钢垫板厚度均有所减小；混凝土段底部和顶部外径、壁厚有所减小。针对本案例，混凝土用料增加了 47.1%，钢塔用料减少了 26.5%，塔架总成本比初始方案减少了 15.7%，优化效果明显。进一步的分析表明，混凝土段高度占塔架总高度的 61.9%时成本最低；法兰盘占连接段总厚度的 76.2%时受力性能最佳。

表 13-23　　混塔优化前后的设计变量值

参数	d_1/m	d_2/m	d_3/m	t_1/mm	t_2/mm	t_3/mm	t_4/mm	t_5/mm	t_6/mm	h/m
初始值	7.80	5.10	3.28	330	315	50	140	42	28	55.0
优化值	7.67	4.63	3.15	322	303	43	138	45	26	85.3

参 考 文 献

[1] 蔡新，郭兴文，张旭明．工程结构优化设计 [M]．北京：中国水利水电出版社，2003.

[2] 孙林松．工程结构优化设计 [M]．北京：科学出版社，2023.

[3] 庞丽萍，肖现涛．最优化方法 [M]．大连：大连理工大学出版社，2021.

[4] 王光远．工程软设计理论 [M]．北京：科学出版社，1992.

[5] 李元科．工程最优化设计 [M]．北京：清华大学出版社，2006.

[6] 刘勇，马良，张惠珍，等．智能优化算法 [M]．上海：上海人民出版社，2019.

[7] DORIGO M，MANIEZZO V，COLORNI A. Ant system：optimization by a colony of cooperating agents [J]．IEEE Transactions on Systems，Man，and Cybernetics，Part B (Cybernetics)，1996，26 (1)：29 - 41.

[8] DORIGO M，DI CARO G，GAMBARADELLA L M. Ant algorithms for discrete optimization [J]．Artificial life，1999，5 (2)：137 - 172.

[9] DENEUBOURG J - L，PASTEELS J M，VERHAEGHE J - C. Probabilistic behaviour in ants：a strategy of errors [J]．Journal of theoretical Biology，1983，105 (2)：259 - 271.

[10] 许波峰，李振，朱紫璇，等，大型下风向柔性叶片参数化建模及两目标优化设计 [J]．太阳能学报，2023，44 (3)：147 - 154.

[11] 蔡新，高强，郭兴文，等．水平轴风力机塔架多目标优化及模糊优选 [J]．太阳能学报，2016，37 (11)：2821 - 2826.

[12] 蔡新，姚景智，郭兴文．泵房结构拓扑优化设计 [J]．人民黄河，2021，43 (10)：134 - 138.

[13] DUAN H，WANG D，Yu X. Research on the optimum configuration strategy for the adjustable parameters in ant colony algorithm [J]．Journal of Communication and Computer，2005，2 (9)：32 - 35.

[14] 蔡新，崔朕铭，陈卫东，等．湿室型泵房整体结构优化设计 [J]．河海大学学报（自然科学版），2018，46 (1)：37 - 42.

[15] 李艳君．拟生态系统算法及其在工业过程控制中的应用 [D]．杭州：浙江大学，2001.

[16] 王凌．智能优化算法及其应用 [M]．北京：清华大学出版社，2001.

[17] 徐宁，李春光，张健，等．几种现代优化算法的比较研究 [J]．系统工程与电子技术，2002，24 (12)：100 - 103.

8] 段海滨．蚁群算法原理及其应用 [M]．北京：科学出版社，2005.

] GUTJAHR W J. A generalized convergence result for the graph - based ant system metaheuristic [J]．Probability in the Engineering and Informational Sciences，2003，17 (4)：545 - 569.

GUTJAHR W J. A graph - based ant system and its convergence [J]．Future generation computer systems，2000，16 (8)：873 - 888.

纪会，徐心和．一种新的进化算法——蚁群算法 [J]．系统工程理论与实践，1999，19 (3)：- 87.

．带杂交算子的蚁群算法 [J]．计算机工程，2001，27 (12)：74 - 76.

[平．神经网络与深度学习应用实战 [M]．北京：电子工业出版社，2018.

[2 人工神经网络：理论及应用 [M]．西安：西安电子科技大学出版社，2019.

[26 孙玺菁．数学建模算法与应用 [M]．北京：国防工业出版社，2021.

王晓军，许孟辉．工程结构不确定优化设计技术 [M]．北京：科学出版社，2013.

[27] 赵继俊. 优化技术与MATLAB优化工具箱 [M]. 北京：机械工业出版社，2011.
[28] 杨若黎，顾基发. 一种高效的模拟退火全局优化算法 [J]. 系统工程理论与实践，1997 (5)：29-36.
[29] 包子阳，余继周，杨杉. 智能优化算法及其MATLAB实例 [M]. 北京：电子工业出版社，2016.
[30] 王燕军，梁治安. 最优化基础理论与方法 [M]. 上海：复旦大学出版社，2011.
[31] 卢宇婷，林禹攸，彭乔姿，等. 模拟退火算法改进综述及参数探究 [J]. 大学数学，2015 (6)：96-103.
[32] 沈长松，王世夏，林益才，等. 水工建筑物 [M]. 北京：中国水利水电出版社，2008.
[33] 韩瑞锋. 遗传算法原理与应用实例 [M]. 北京：兵器工业出版社，2010.
[34] 潘家铮. 潘家铮院士文选 [M]. 北京：中国电力出版社，2003.
[35] 颜雪松，伍庆华，胡成玉. 遗传算法及其应用 [M]. 武汉：中国地质大学出版社，2018.
[36] 明宇，蔡新，郭兴文，等. 基于新型本构模型的胶凝堆石坝多目标优化 [J]. 河海大学学报（自然科学版），2013，41 (2)：156-160.
[37] 王光远. 工程结构与系统抗震优化设计的实用方法 [M]. 北京：中国建筑工业出版社，1999.
[38] 钱令希. 工程结构优化设计 [M]. 北京：水利电力出版社，1983.
[39] 程耿东. 工程结构优化设计基础 [M]. 北京：水利电力出版社，1984.
[40] 江爱川. 结构优化设计 [M]. 北京：清华大学出版社，1986.
[41] 李炳威. 结构优化设计 [M]. 北京：人民交通出版社，1989.
[42] 孙文俊，胡维俊，周锡波. 考虑深层滑动的重力坝断面优化设计及软弱夹层影响分析 [J]. 华东水利学院学报，1985 (4)：1-9.
[43] 孙林松，王德信，许世刚. 进化策略在重力坝优化设计中的应用 [J]. 河海大学学报（自然科学版），2000 (4)：104-106.
[44] 江泉，蔡新，鲁锦伯. 重力坝深层抗滑稳定可靠度分析 [J]. 河海大学学报，1997 (S3)：146-148.
[45] 张发祥，张旭明. 肋拱渡槽优化设计研究 [J]. 海河水利，1995 (4)：3-4.
[46] 蔡新，郭兴文，王德信，等. 拱坝整体非线性稳定分析 [J]. 河海大学学报（自然科学版），1999 (2)：77-83.
[47] 戴双喜，蔡新，徐锦才，等. 小型水电站引水建筑物模糊综合安全评价 [J]. 河海大学学报（自然科学版），2013，41 (2)：161-165.
[48] 谢能刚，孙林松，王德信. 拱坝体型的多目标模糊优化设计 [J]. 计算力学学报，2002 (2)：192-194.
[49] 杨海霞，杜成斌，王德信. 拱坝非线性开裂分析的分载位移法 [J]. 水力发电，1997 (7)：21-24，64.
[50] 黄文雄，王德信，许庆春. 高拱坝的开裂与体形优化 [J]. 水力发电，1997 (7)：28-31，60.
[51] 黄文雄，许庆春，王德信. 拱坝的非线性开裂有限元分析 [J]. 河海大学学报，1994 (5)：100-103.
[52] 孙林松，王德信，裴开国. 以应力为目标的拱坝体型优化设计 [J]. 河海大学学报（自然科学版），2000 (1)：59-62.
[53] 孙文俊，孙林松，王德信，等. 拱坝体形的两目标优化设计 [J]. 河海大学学报（自然科学版
2000 (3)：39-43.
[54] 孙林松，王德信，孙文俊. 整体响应与局部特征统一分析方法及其在拱坝设计中的应用 [J]
学与实践，1999 (2)：16-17.
[55] 孙林松，王德信，孙文俊，等. 小湾拱坝开裂约束下体型优化设计研究 [J]. 云南水
1998 (3)：6-8.
[56] 孙林松，王德信，孙文俊. 考虑开裂深度约束的拱坝体形优化设计 [J]. 水利学报，1

19 - 23.

[57] 顾浩，王德信．混凝土面板堆石坝断面优化设计［J］．岩土工程学报，1994（4）：96 - 103.

[58] 郭兴文，王德信，蔡新．覆盖层地基上混凝土面板堆石坝优化设计研究［J］．河海大学学报（自然科学版），1998（4）：54 - 59.

[59] 蔡新，吴威，吴黎华，等．覆盖层地基上面板堆石坝区间优化设计［J］．计算力学学报，1998（4）：102 - 108.

[60] 蔡新，王德信．混凝面板堆石坝模糊优化设计［J］．河海大学学报（自然科学版），1997（4）：8 - 13.

[61] 蔡新，王德信，郭兴文．清平面板堆石坝抗震分析［J］．工程力学，199（2）：86 - 91.

[62] 王德信，许庆春，苏超．高拱坝体形优化设计程序［M］．南京：河海大学出版社，1992.

[63] 汪树玉，刘国华，杜王盖．拱坝多目标优化的研究与应用［J］．水利学报，2001（10）：48 - 53.

[64] 许庆春，孙兆明，王德信．双曲拱坝初始体型的设计［J］．河海科技进展，1991（3）：90 - 94.

[65] 朱伯芳，贾金生，饶斌，等．拱坝体形优化的数学模型［J］．水利学报，1992（3）：23 - 32.

[66] 李瓒．混凝土拱坝设计［M］．北京：中国电力出版社，2000.

[67] 吴媚玲．水工建筑物专题——混凝土坝设计［M］．北京：中国水利水电出版社，1996.

[68] 周储伟，王德信，张旭明，等．板梁式高桩码头优化研究［J］．河海大学学报，1994（6）：22 - 27.

[69] 蔡新，杨建贵，王海祥．土石坝广义模糊优化设计［J］．河海大学学报（自然科学版），2002（1）：24 - 28.

[70] 蔡新，吴中如，王德信．工程结构不确定性设计的哲学思考［J］．河海大学学报（哲学社会科学版），2000（1）：12 - 15，80.

[71] 顾荣蓉，蔡新，朱杰，等．基于粒子群优化算法的风力机塔架结构优化设计［J］．水电能源科学，2015，33（8）：203 - 206，190.

[72] 朱杰，蔡新，潘盼，等．风力机叶片结构参数敏感性分析及优化设计［J］．河海大学学报（自然科学版），2015，43（2）：156 - 162.

[73] 隋允康，叶红玲，彭细荣，等．连续体结构拓扑优化应力约束凝聚化的 ICM 方法［J］．力学学报，2007，39（4）：554 - 563.

[74] 王选，刘宏亮，龙凯，等．基于改进的双向渐进结构优化法的应力约束拓扑优化［J］．力学学报，2018，50（2）：385 - 394.

[75] 陈小前，赵勇，霍森林，等．多尺度结构拓扑优化设计方法综述［J］．航空学报，2023，44（15）：25 - 60.

[76] CHENG，K T，OLHOFF N. An investigation concerning optimal design of solid elastic plates［J］. International Journal of Solids and Structures，1981，17（3），305 - 323.

[77] XIE Y M，STEVEN G P. A simple evolutionary procedure for structural optimization［J］. Computers and Structures，1993，49（5）：885 - 896.

[78] BENDSØE M P，KIKUCHI N. Generating optimal topologies in structural design using a homogenization method［J］. Computer Methods in Applied Mechanics and Engineering，1988，71（2）：197 - 224.

张旭明，王德信．结构灵敏度分析的解析方法［J］．河海大学学报，1998，26（5）：47 - 52.

BENDSØE M P，SIGMUND O. Topology Optimization：Theory，Methods，and Applications［M］. Berlin：Springer，2003.

HRISTENSEN P W，KLARBRING A. An Introduction to Structural Optimization［M］. Berlin：inger，2009.

S S. Engineering Optimization：Theory and Practice［M］.（4th Edition）. Hoboken：John & Sons，Inc.，2010.

王选，孙鹏文，等．连续体结构拓扑优化方法及应用［M］．北京：中国水利水电出版